电子科学与工程系列图书

脉宽调制 DC - DC 功率变换
——电路、动态特性与控制设计

［韩］崔秉周（Byungcho Choi） 著
雷鑑铭　汪少卿　等译

机 械 工 业 出 版 社

本书是涉及脉宽调制（PWM）DC－DC功率变换技术的权威性参考书。

本书为功率电子学领域工程师、研究人员和学生理解PWM DC－DC变换器提供全面而完整的指南。全书分为三个部分，阐述了PWM DC－DC变换器电路和工作原理及其动态特性，同时也深度讨论了PWM DC－DC变换器控制设计。主要内容包括：DC－DC变换器基础；DC－DC变换器电路；动态建模；功率级动态特性；闭环性能；电压模控制及反馈设计；电流模控制及补偿设计；电流模控制的采样效应。

本书提供完整的个性化测试题和仿真结果，以及可下载的PPT文件和可直接运行的PSpice程序（下载地址：http：//booksupport. wiley. com）。本书对于专业领域的工程师、本科生和研究生来说是一本理想的参考书。

译 者 序

当今电力电子技术及功率变换中，迫切需要具有基于传统电力电子变换架构去构建新的电力电子变换拓扑结构的研发能力。电力电子领域包含处理电力变换中所涉及的所有工程和科学领域。每一个电力电子领域都有各自的理论框架、基本原理、分析方法和工程学科。《脉宽调制 DC - DC 功率变换——电路、动态特性与控制设计》一书对脉宽调制（PWM）DC - DC 变换器提出一种专门的处理方法，内容涵盖 PWM DC - DC 变换器的建模、动态特性分析与控制设计，是对现有教科书的一种补充。为了推动我国在电力电子技术研究及功率变换领域的发展，使国内更多的设计人员与高等院校学生了解电力电子变换领域，在机械工业出版社的大力支持下，由华中科技大学在电力电子技术领域长期从事一线研究的教师们组织并完成本书的翻译工作，将一本电力电子技术领域的设计参考书籍奉献给读者。

本书内容涵盖三个部分：第一部分介绍 PWM DC - DC 变换器的静态特性，专注于稳态时域操作；第二部分涵盖了 PWM DC - DC 变换器的建模、动态特性分析与控制设计；第三部分介绍了电流模控制的功能基础、动态建模和分析、补偿设计和应用，完整地探讨了电流模控制的采样效应。书中给出了大量实例，并尽可能采用计算机仿真作为辅助工具来证明理论研究的有效性和分析预测的准确性，并提出了可以直接运用于实践的技术内容。本书是一本自成体系、理论性及实践性较强的专著。本书内容涵盖基本理论和工程应用细节。本书适合电气传动、自动化、电机控制及电力电子技术领域的研究人员和技术人员阅读，也可作为高等院校电子信息类专业的教师、研究生及高年级本科生的教材和专业参考书。

本书由华中科技大学光学与电子信息学院及武汉国际微电子学院副院长雷鑑铭博士负责组织并完成全书翻译工作，参与本书翻译工作的还有武汉工商学院信息工程学院汪少卿老师，硕士生王晓龙、李斌、徐明、谭和苗、毛奕陶和刘黛眉等。本书在翻译过程中得到了华中科技大学光学与电子信息学院诸多老师的帮助及支持，在此表示感谢。特别感谢文华学院外国语学院英语系肖艳梅老师的审校。

电力电子变换器涉及的专业面广，鉴于译者水平有限，书中难免有不足及疏漏之处，敬请广大读者批评指正和谅解，在此表示衷心的感谢。

译者

于华中科技大学喻园

原书前言

电力电子领域包含处理电力变换所涉及的所有工程和科学领域。每一个特定电力电子领域都有各自的理论框架、基本原理、分析方法和工程学科。因此，每一个特定电力电子领域都需要专门针对该领域的特定知识、技能和专业，以及坚实的电气工程背景。本书就是为了满足那些工作在电力电子某一特定领域（即 PWM DC-DC 功率变换）的学生、研究人员和工程师的需求而编写的。

本书主要是一本面向本科生的教材，他们正开始专注于 PWM DC-DC 功率变换方向的电力电子研究。本书对 PWM DC-DC 变换器有更专门的处理方法，是现有教科书的一种补充。本书也是工作在 PWM DC-DC 变换器建模、分析与控制领域的研究生和工程师的参考书。

本书根据技术内容及目标读者不同分为三个部分。前 4 章涵盖 PWM DC-DC 变换器的静态特性，专注于稳态时域操作。这部分主要是针对第一次接触到电力电子学的本科生。有经验的工程师或研究生可以快速浏览或跳过该部分的一些章节。

本书的第二部分是接下来的 5 章。这部分对 PWM DC-DC 变换器的动态特性进行了分析。第二部分涵盖了 PWM DC-DC 变换器的建模、动态特性分析与控制设计。虽然大部分内容适合有一定学术背景的初级或高年级学生，但是对于没有经验的本科生而言，可以忽略其中一些较深的主题。这部分内容可以作为工作于 PWM DC-DC 变换器的建模和控制领域的工程师们的参考。

最后 2 章讲的是 PWM DC-DC 变换器的一个非常重要的主题——电流模控制。这部分介绍了电流模控制的功能基础、动态建模和分析、补偿设计和应用。其中一章完整地探讨了电流模控制的采样效应。本书的最后一部分是针对有经验的工程师和研究生的。工程师可能会对电流模控制有深入的了解。对于研究生来说，这部分可以作为他们对相关主题开展研究的基础。

本书适合作为本科生或研究生一个学期的电力电子学课程教材。典型的本科生和研究生课程的教学大纲将包含如下内容。

本科生课程

第1章：PWM DC－DC功率变换
第2章：功率级元器件
第3章：Buck变换器
第4章：DC－DC功率变换器电路
第5章：PWM DC－DC变换器建模
第6章：功率级传递函数
第8章：闭环性能和反馈补偿

研究生课程

第3章：Buck变换器
第5章：PWM DC－DC变换器建模
第7章：PWM DC－DC变换器的动态性能
第8章：闭环性能和反馈补偿
第9章：PWM变换器的建模、分析与设计的实际考虑
第10章：电流模控制——功能基础及经典分析
第11章：电流模控制——采样效应及新型控制设计流程

在编写本书的过程中，在如下两个方面做出特别努力：

1）尽可能采用计算机仿真作为辅助工具来证明理论研究的有效性和分析预测的准确性。

2）提出了可以直接运用于实践的技术内容；给出了带工程细节的变换器设计案例，以致每个设计可以立即用于实践。

以下材料用于辅助使用这本书来学习和讲授PWM DC－DC变换器的学生和教师。

章后习题：除第1章外的每一章包含大量习题来强化正文中的技术内容。这些习题按照它们的重要性及其意义分为不同等级，不一定体现在难度上。带星号“*”的习题是重要习题，而带双星号“**”的习题是更重要、更基础的习题。

在线教学与学习辅助：授课用的PPT文件通过链接**http：//booksupport.wiley.com**下载。用于模拟仿真的PSpice代码也可以通过相同的地址获取。

作者对许多帮助改进本书技术内容的人深表感激。尤其是，电流模控制章节深受作者在弗吉尼亚理工学院和弗吉尼亚州立大学的学习和研究经历的影响。作者对与上述工作相关的人表示特别的感谢，在写本书时这些工作是非常有价值的参考。每一章末尾都给出了有关参考文献的清单。最热诚的感谢要给予作者的大女儿Jieyeon（她成功地进入电子电子领域，并成为一名优秀的工程师），她为完成本书

提供了大量技术支持和编辑帮助。

本书内容源于作者在韩国大邱庆国大学（KNU）过去 10 年里的讲课资料。作者要感谢 KNU 的学生们，是他们鼓励作者承担编写本书的任务。本书的有些材料也源于作者主讲的多个电力电子工业短期课程。作者还要对参与短期课程的工程师们表示感谢，是他们提供了宝贵的反馈意见。

Byungcho Choi
韩国大邱

目　录

第二部分 PWM DC - DC 变换器的建模、动态特性与设计

第 7 章　PWM DC – DC 变换器的动态性能 …………………… 241

第 8 章　闭环性能和反馈补偿 …… 267

第 9 章　PWM 变换器的建模、分析与设计的实际考虑 ………… 329

第三部分 电流模控制

第一部分　DC－DC 功率变换电路

第1章 PWM DC－DC功率变换

DC－DC功率变换被广泛运用于产生与原直流电压电平不同的直流电压：换句话说，将直流电压的电平转换成另一数值。DC－DC功率变换有许多不同的方式，每一种方式都有其独特的电路技术。使用脉宽调制（PWM）技术的DC－DC变换是众多方案中最常见的一种，被称为PWM DC－DC功率变换。

本书广泛涉及DC－DC功率变换的各个方面，涵盖工程与学术两个方向。本书前言部分介绍了PWM DC－DC功率变换的概述。本章讨论了DC－DC功率变换电路的基本原理和独特性质，以及PWM概念。本章还介绍了用于现代电子设备和系统的PWM DC－DC功率变换系统的特点和问题。最后，本章给出了接下来章节的内容。

1.1 PWM DC－DC功率变换

通过PWM技术实现DC电压源变换的过程即为PWM DC－DC功率变换。然而对于理解DC－DC功率变换电路的特征和性质，需要更明确和更精确的描述。

1.1.1 DC－DC功率变换

为了系统化准确描述DC－DC功率变换，本节讨论两种使灯泡点亮的方法，该灯泡是由电池直流电压供电。假定灯泡需要在恒定的12V电压下工作，而电池电压充电状态下在18～30V之间变化。第一种使用可变电阻和控制器的方法如图1.1所示。假设控制器消耗的电流可忽略。

在图1.1中，控制器调整可变电阻R_x的阻值，满足以下关系：

$$V_O = \frac{R_O}{R_x + R_O} V_B = 12V \tag{1.1}$$

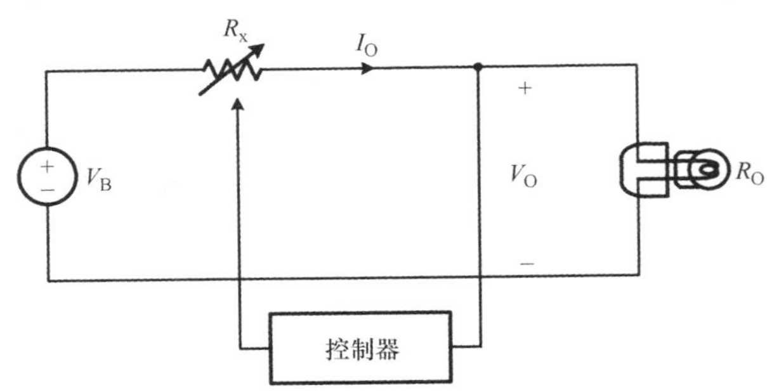

图1.1 点亮灯泡的典型方法

式中，V_O 是通过灯泡的电压；R_O 是灯泡的电阻；V_B 是变化的电池电压，满足 $18V < V_B < 30V$。图 1.1 中的电路的确实现了从可变电压源提供一固定直流电压的目标，但是其中有一个关键问题使得这种结构不切实际。

可变电阻同时也会消耗欧姆功率

$$P_{loss} = P_{in} - P_{out} = I_O V_B - I_O V_O = I_O (V_B - V_O) \tag{1.2}$$

式中，P_{in}是电池提供的输入功率；P_{out}是灯泡消耗的功率；I_O 是从电池流向灯泡的电流。功率损耗由流经灯泡的工作电流和电池电压与灯泡工作电压之差的乘积决定。这种功耗很容易变大。例如，当一额定电压为 12V、功率为 60W 的灯泡与一电压为 30V 的电池连接时，功率损耗 $P_{loss} = (60/12)(30-12)W = 90W$。该功率损耗比灯泡消耗的功率 $P_{out} = 60W$ 还要大。

功率损耗总是转化为热量，必须使用适当的冷却系统来消除所产生的热量。冷却系统通常使用笨重的散热器和嘈杂的风扇，进而增加了整个系统的尺寸和重量。因此，图 1.1 中的结构不能用于尺寸和重量受限的应用，而这又通常是大多数现代电子设备和系统的应用要求。

一种替代方法如图 1.2 所示，电池和灯泡之间接入开关网络和 *LC* 滤波器。在每一个开关周期 T_s 内，开关保持连接 a 点的时间为 T_{on}，剩余时间 $T_s - T_{on}$保持连接 p 点。该开关称为单刀双掷（SPDT）开关，因为它包含了一个固定点，并且保持连接到两个连接点（a 与 p）中的一个。对应 SPDT 开关的切换动作，电池电压在 SPDT 开关的输出端被转换为矩形波，如图 1.2 中的 v_X 所示。然后将矩形波施加到 *LC* 滤波

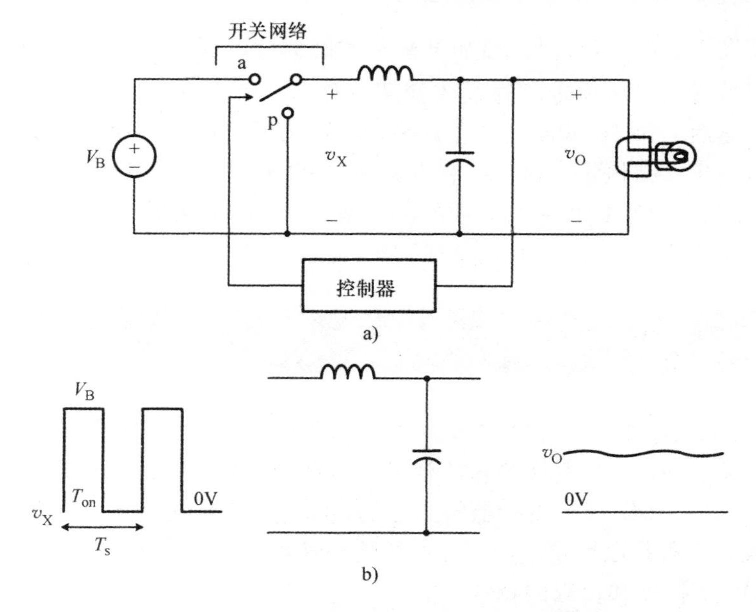

图 1.2　适用于灯泡的 DC－DC 功率转换

a）电路图　b）*LC* 滤波器的输入输出波形

器。LC 滤波器将矩形波变换为平滑的连续电压波形，如图 1.2 中的 v_O 所示。

如果 LC 滤波器充分滤波，则输出电压几乎成为大小等于 v_X 平均值的直流波形：

$$v_O(t) \approx V_O = \overline{v}_X(t) = \frac{T_{on}}{T_s}V_B \tag{1.3}$$

当电池电压变化时，为了保持 $V_O=12V$，控制器调整 T_{on}与 T_s 的比率，在保持 T_s 恒定时，控制器改变 T_{on}以满足条件

$$\frac{T_{on}}{T_s}V_B = 12V \tag{1.4}$$

例如，当电池电压 $V_B=24V$，开关周期 $T_s=10\mu s$ 时，控制器调整 $T_{on}=5\mu s$ 以满足 $V_O=(5\times10^{-6}/10\times10^{-6})24V=12V$。如果电池电压增大到 $V_B=30V$，控制器减小 T_{on}到 $4\mu s$ 以调整 V_O 达到 12V，即 $V_O=(4\times10^{-6}/10\times10^{-6})30V=12V$。

虽然图 1.1 和图 1.2 都实现了同样的目标，但是它们之间存在重大差异。图 1.2 假设为无损耗操作，因为 SPDT 开关和 LC 滤波器中的无功元件不消耗任何功率。无损耗操作解决了与功率损耗相关的所有问题。由于不需要热管理，电路尺寸可以更小并且包装重量更轻，从而使其与现代电子系统能完全兼容。

现在，DC－DC 功率变换的更准确的描述是改变直流电源电平的过程，同时消除或最小化功率损耗。从这个角度来看，图 1.2 是 DC－DC 功率变换电路的典型示例，而图 1.1 所示的常规电路并不是。

1.1.2 PWM 技术

可以从图 1.2 的工作过程设想 PWM 技术的概念，即调节 SPDT 开关的 T_{on}与 T_s 的比率以保持输出电压恒定。通过改变 T_{on}/T_s 比，矩形电压波形的脉冲宽度被自适应调制，然后通过 LC 滤波器产生其平均值作为输出电压，使得尽管输入电压变化，输出电压仍保持恒定。这种控制方案称为 PWM 技术，基于 PWM 方案的 DC－DC 变换电路称为 PWM DC－DC 变换器。PWM DC－DC 变换器广泛适用于现代工业和消费电子产品，从而成为最流行的 DC－DC 功率变换电路。

1.2 DC－DC 功率变换系统

DC－DC 功率变换系统的基本概念如图 1.2 所示，其框图如图 1.3 所示。该系统由直流电源、DC－DC 变换器和负载组成。直流电源为 DC－DC 变换器提供任意直流电压。然后，DC－DC 变换器将给定的直流电压转换为负载所需的值，并将其传送到负载。负载是以恒定电压工作并最终消耗电量的应用系统。本节介绍直流电源、DC－DC 变换器和负载的特性。

具有非理想特性的直流源

实际的直流源的特性在许多方面都远低于理想电压源。首先，直流电源的电平

随时间而变化，如电池、燃料电池和其他独立直流电源。根据直流电源的特性和条件，电压的变化可能是渐变的或突变的。

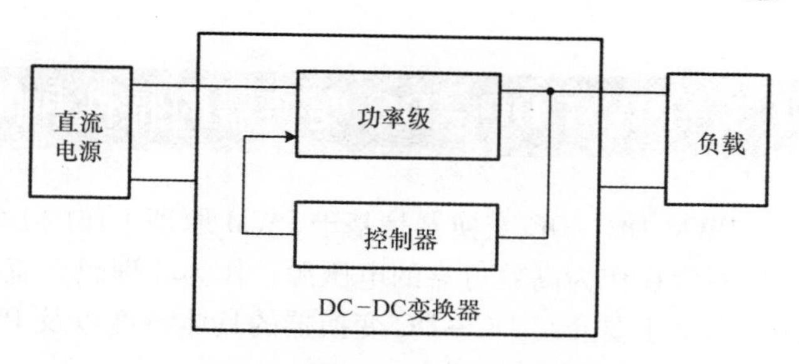

图1.3 DC-DC功率变换系统

其次，整流交流电源通常用作直流电源的替代品。对于这种情况，整流交流电源可能包含大量交流成分，称为交流纹波。此外，整流交流电源的输出可能会受各种噪声的影响。因此，直流电源就是其电压可以变化，被交流纹波和噪声污染，并能从一个值切换到另一个值的任何非理想电源。

作为电压源的DC-DC变换器

DC-DC变换器从非理想电源获得任意电压，同时需要为负载提供固定的直流电压。因此，除了改变电平之外，DC-DC变换器还应具有在电压变化、存在交流纹波分量和输入电压突变的情况下保持其输出恒定的能力。理想情况下，DC-DC变换器应该起到理想电压源的作用，由非理想电压源供电，并为负载产生所需的直流电压，忽略电压源条件。

虽然实际的DC-DC变换器的结构和工作方式比图1.2更复杂，但是它们仍然可以分为两个功能模块：功率级和控制器。功率级使用各种电路元器件将输入电压的电平改变为期望值，而控制器为功率级实现其功能提供必要的信号。

DC-DC变换器的功率级有许多种结构，每个DC-DC变换器根据其功率级结构有不同的命名。尽管结构多样，但所有功率级都采用通用电子元器件来完成DC-DC功率转换。功率级利用半导体器件来实现SPDT开关的功能，能量存储器件进行滤波，并且变压器在功率变换时改变电路的电压和电流。

控制器的结构和功能也不尽相同。尽管如此，所有的控制器提供功率级所需控制信号的功能相同，以产生固定的输出电压，而与输入电压和其他工作条件无关。在PWM DC-DC变换器中，这一重要功能以闭环方式采用PWM技术实现。闭环PWM控制器使用各种模拟和数字集成电路（IC）以及分立元器件来产生所需的控制信号。

动态电流沉负载

DC-DC变换器的负载可以是任何以固定直流电压工作的电子设备或系统。负载从DC-DC变换器中抽取电流以满足其功率要求。因此，负载电流可能会根据负载系统的运行状况而波动。尤其是当高频数字系统连接到DC-DC变换器时，电流可能频繁而快速地发生变化，包括两个不同值之间的阶跃变化。因此，就DC-DC变换器而言，负载系统就是一个动态电流沉，其电流水平可能会大范围且突然地变化。

1.3 PWM DC－DC变换器的特性和问题

PWM DC－DC变换器是基于PWM原理工作的DC－DC变换器。PWM DC－DC变换器旨在作为高效可靠的电压源，作为非理想直流电源和动态负载间的接口。因此，本节主要介绍DC－DC变换器的具体特性以及PWM DC－DC变换器实现这些特性所涉及的问题。

功率级元器件

DC－DC变换器在功率级中采用半导体器件，诸如电感器和电容器的无功元件和变压器；相反，功率级不会包含任何电阻元件以避免功率损耗。半导体器件被用作开关，以非常高的频率无损地在导通状态和截止状态间切换，在某些应用中频率高达几MHz。由于这种开关动作，所有功率级元器件都受到周期性的电压和电流激励。开关动作和周期性操作是应用于DC－DC变换器中的功率级元器件的特征。需要进行超出标准线性电路理论的电路分析，来了解周期性开关动作下功率级元器件的工作。

功率级结构

DC－DC变换器接收任意电压作为输入并产生预定的输出电压。输入电压和输出电压之间的比例可能非常大或相当小。同时，DC－DC变换器应提供负载所需的任意负载电流。因此，在电压和电流额定值、输入输出电压比和功率负载方面，对变换器功率级有着苛刻的要求。此外，通常需要DC－DC变换器来提供源极和负载之间的电流隔离。为了满足这些要求，已经发明了许多功率级结构，每种结构具有不同的复杂性和功能性。功率级结构是DC－DC功率变换技术的重要部分。

动态建模与分析

DC－DC变换器功能上是一电压源，不管输入电压、负载电流和其他工作条件有任何变化，其输出电压都应保持恒定的期望值。这种重要功能是通过PWM原理下的闭环反馈控制器来实现的。

众所周知，如果系统设计不正确，闭环控制系统将变得不稳定。可以通过测量闭环控制系统的动态特性来评估其稳定性。有许多分析方法来确定闭环控制系统是否稳定。然而，这些方法主要用于线性时不变系统。如第5章所述，PWM DC－DC变换器属于不能直接应用上述稳定性分析方法的非线性时变系统。

动态建模是指以特定方式描述非线性PWM DC－DC变换器的动态特性的分析过程，在这种分析过程中，最初针对线性系统的所有经典分析方法都可以应用于该分析。因此，动态建模使我们能够使用熟悉的经典控制理论来研究非线性PWM DC－DC变换器的稳定性和性能。动态建模和随后基于动态建模的分析统称为动态建模和分析。动态建模与分析在PWM功率变换技术中起着重要的作用，应得到关注与重视。

动态性能与控制设计

本书将 DC – DC 变换器的性能分为两类：静态性能和动态性能。静态性能将 DC – DC 变换器表征为静态电压源。静态性能包括输入输出电压转换比和功率负载能力。静态性能仅由功率级决定，与反馈控制器无关。

第二类是将 DC – DC 变换器描述为闭环控制动态系统的动态性能。最重要的动态性能是稳定性。DC – DC 变换器应建立周期性稳态工作，以产生所需的输出电压。当引入一定的干扰时，变换器可能暂时偏离其稳态工作。但是，当干扰消失时，变换器总是能够返回到原始工作点工作。该重要特性能得以体现的前提条件是变换器满足稳定性要求。

另一个重要的动态性能是阶跃负载响应。稳定的 DC – DC 变换器提供固定的稳态输出电压，无论负载电流发生任何变化。当负载电流发生阶跃变化时，变换器的输出电压在返回到其稳态值之前会出现跃迁偏移。跃迁输出电压响应在本书中称为阶跃负载响应。当采用数字逻辑电路作为负载时，阶跃负载响应尤为重要。现代逻辑电路工作于精确调节的低电压，例如（2.1 ± 0.02）V，并产生较大的脉冲电流。这些逻辑电路自然且频繁地引起负载电流的实质性阶跃变化。对于这种情况，输出电压偏移应最小化，以避免由于电源电压过冲或下冲引起的数字逻辑电路故障。

动态性能仅由反馈控制器的设计决定。对于给定的功率级架构，控制器应满足稳定性和良好的动态性能。虽然控制器设计主要基于动态建模和分析，但是也需要对控制理论、线性系统理论和反馈补偿设计有广泛了解。

1.4 本章重点

本书旨在涵盖 PWM DC – DC 功率变换相关内容，同时着重于 1.3 节所述的特性和问题。第 2 章涉及功率级元器件，介绍了半导体开关、电感、电容和变压器在周期性激励下的电路特性。第 2 章首先介绍了 MOSFET 作为有源开关、二极管作为无源开关和 MOSFET 二极管对作为单刀双掷（SPDT）开关的工作情况。然后，讨论电感和电容的基本电路方程。第 2 章还介绍了周期性激励下与电感和电容有关的重要电路定理。最后，第 2 章介绍了变压器的工作情况，并介绍了实际变压器的电路模型。

第 3 章介绍了最简单的 DC – DC 功率变换电路，称为 Buck 变换器。Buck 变换器的理论基础和工作细节都有介绍。第 3 章还介绍通常适用于所有其他即将提及的 PWM DC – DC 变换器的电路分析技术。此外，第 3 章讨论了 PWM 技术的基础知识和 DC – DC 变换器的闭环控制。第 4 章讨论了一类重要的 PWM DC – DC 变换器的拓扑结构和工作原理。对于每个变换器，首先说明电路拓扑的来源，然后使用第 3 章中建立的分析技术来研究稳态工作。

DC - DC 变换器在其功率级采用半导体开关来实现有效的功率转换。根据开关的状态，变换器的功率级的结构随时间而变化，从而变为非线性时变系统。传统的线性分析技术不能直接应用于非线性时变 DC - DC 变换器。为了规避这一障碍，开始研究 PWM DC - DC 变换器的动态建模。

第 5 章介绍了 PWM DC - DC 变换器的动态建模。该章说明了使用已经用于线性时不变系统的术语和形式来描述非线性时变 DC - DC 变换器动态特性的过程。作为动态建模的最终结果，第 5 章为 PWM DC - DC 变换器提供了线性电路模型，这使得我们可以使用传统的线性分析技术来研究非线性变换器。第 6 章介绍采用第 5 章提出的线性电路模型对 PWM DC - DC 变换器进行动态分析。第 6 章介绍了一类重要的 PWM DC - DC 变换器的动态特性，从而为控制设计和闭环分析提供了理论基础。

在第 7 章中讨论了闭环控制 DC - DC 变换器的动态性能。采用实例来阐述性能标准的含义和意义。第 8 章致力于闭环性能分析和反馈控制器设计。第 8 章首先介绍了一种能大力提升动态分析和控制设计的图形分析方法。基于这种方法，介绍了详细的控制器设计流程；讨论了控制设计对动态性能的影响。第 9 章讨论了 PWM 变换器的建模、分析和设计中的实际考虑；说明了前几章在理想工作条件下为 PWM 变换器研究的结果如何适用于具有非理想工作条件的所有实际的 DC - DC 变换器。

本书的最后两章介绍了 PWM DC - DC 变换器的一个非常重要的主题——电流模控制的理论和技术细节。当前 PWM DC - DC 变换器最流行的控制方案采用额外的电流反馈，这与常规控制方案有差异。第 10 章介绍了电流模控制的基础功能和动态分析；描述了电流模控制的优点与前景；研究了电流模控制下的变换器动态性能，引出闭环分析的一般流程。

第 11 章讨论了电流模控制的采样效应；讨论了采样效应的前因和后果。该章基于变换器的动态特性和性能，分析了采样效应。基于分析结果，建立了电流模控制的系统设计流程。本章还介绍了电流模控制在实际 PWM DC - DC 变换器的应用；给出了多个设计实例来证实提出的理论。

参考文献

1. R. W. Erickson and D. M. Maksimovic, *Fundamentals of Power Electronics,* 2nd Ed., Kluwer Academic Publishers, 2001.

2. R. D. Middlebrook and S. Cuk, *Advances in Switch-Mode Power Conversion,* TESLAco, Pasadena, CA, 1983.

第2章 功率级元器件

PWM DC－DC 变换器的功率级包含半导体开关、电感、电容和变压器。本章将介绍这些功率级元器件在周期性激励下的工作。本章还将介绍几个重要的电路定理，将在后面的章节中用于分析 DC－DC 功率变换电路。最后，本章将分析两个实际的开关电路，即电磁阀驱动电路和电容充电电路，以便理解功率级元器件在实际应用中的功能。

2.1 半导体开关

DC－DC 功率变换电路广泛地使用有源和无源半导体开关。有源开关通常是指通过激励器件端口之一来主动控制其开关状态的三端半导体器件。另一方面，无源开关是由应用电路的工作条件被动地决定其开关状态的双端器件。有源和无源开关的开关动作可以根据需要改变应用电路的电压和电流波形，以实现所需的 DC－DC 功率变化。

如 1.1.1 节中的图 1.2 所示，通过将直流电压转换为矩形波形，并将得到的矩形电压滤波为另一个直流电压来实现 DC－DC 功率变换。采用单刀双掷（SPDT）开关实现从直流输入到中间矩形波形的转换。下面将讨论由一对有源和无源半导体开关实现的 SPDT 开关。

有许多半导体开关可用于 DC－DC 变换电路。开关器件的选择取决于现有器件的性能和应用电路的要求。在许多 DC－DC 变换电路中，与其他替代方案相比，MOSFET 通常用于有源开关，因为它们具有快速的开关特性。由于其优异的开关特性，无源开关使用快速恢复二极管或肖特基二极管。本节介绍作为有源开关的 MOSFET、作为无源开关的二极管以及作为 SPDT 开关的 MOSFET－二极管对的功能。重点放在这些器件在 DC－DC 功率变换电路中的功能性行为，而不是其物理或工作原理。

2.1.1 MOSFET

当用作有源开关时，MOSFET 只能处于截止或导通状态。图 2.1 显示了 n 沟道

MOSFET 的符号及其关断和导通状态的电路表示。当由图 2.1a 中的 v_{GS} 表示的栅极驱动信号低于阈值电压时，MOSFET 关断。在关断状态下，因为不产生导通通道，所以漏源极间简单地表现为开路。当栅极驱动信号电压大于阈值电压时，形成导通沟道并导通 MOSFET。一旦导通，漏极和源极端子通过导通沟道的电阻连接，该电阻由图 2.1b 中的 R_{DS} 表示。虽然电阻 R_{DS} 随着 MOSFET 的电压和电流额定值而变化，但是通常足够小，导通的 MOSFET 可以被看作是短路。

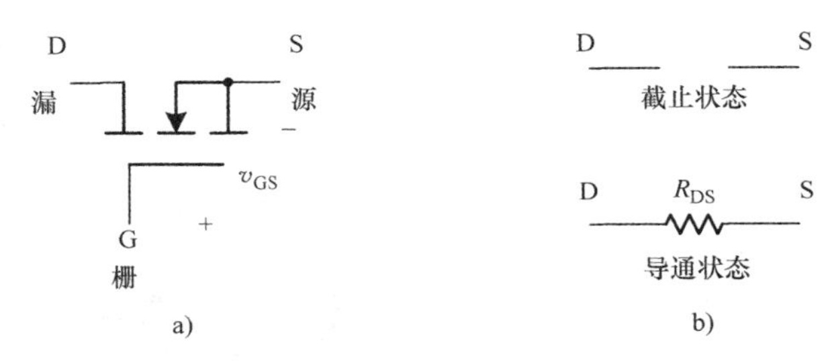

图 2.1　MOSFET

a）器件符号　b）电路表示

2.1.2　二极管

二极管总是处于两种可能的状态之一，即截止或导通状态。图 2.2 描述了二极管的符号及其截止和导通状态下的电路表示。在截止状态下，二极管视为开路。在导通状态下，可以将实际的二极管视为电压源 V_D、电阻器和理想二极管的串联组合。电压源和电阻是必要的，以将二极管的非线性 $v-i$ 特性近似为分段线性函数。理想的二极管确保正极到负极的单向电流流动。虽然电压源和电阻的值随二极管的类型而变化，但是通常可以忽略不计。因此，导通状态电路用于实际电路分析时可以近似视为短路。

图 2.2　二极管

a）器件符号　b）电路表示

二极管的状态由应用电路的条件决定。当外部电路施加正电压时，二极管导通；相反，当外部电路施加负电压时，二极管截止。图 2.3a 所示为由二极管、电阻和时变电压源 v_S 组成的简单电路。当 v_S 由负变为正时，二极管从截止状态变为导通状态。从截止状态到导通状态的过渡发生在负电压 v_S 增加至 0 的时刻。基于二极管在导通和截止状态下的电路特性，二极管和电阻的电压波形如图 2.3b 所示。

也可以根据电流的方向来判断二极管的状态。当应用电路强制施加从正极到负极的正电流时，二极管导通并保持导通状态；相反，当外部电路强制施加从负极到正极的负电流时，二极管截止。图 2.4 是一个简单的电路，它说明了使用时变电流源 i_S 的二极管开关变化。当 i_S 为正时，二极管导通并承载整个电流；相反，当 i_S 变为负时，二极管截止，电流流向电阻。从导通状态到截止状态的过渡发生在正电

流 i_S 减小到0的瞬间。

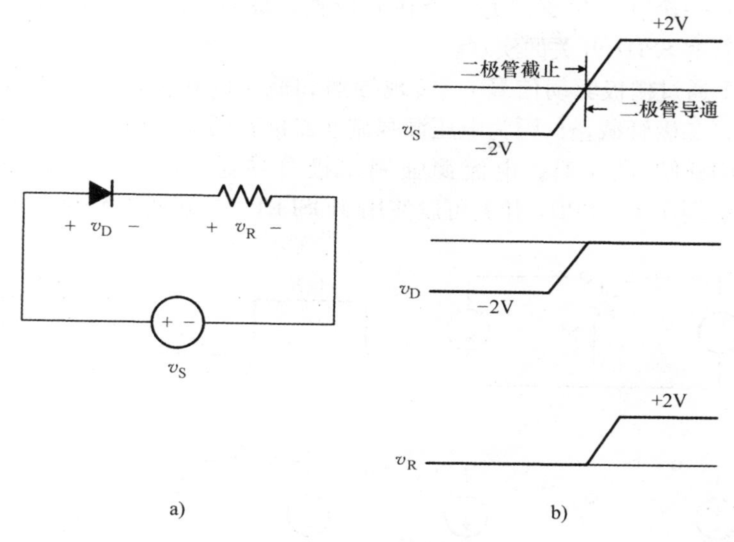

图2.3　电压控制下的二极管开关

a）电路图　b）电压波形

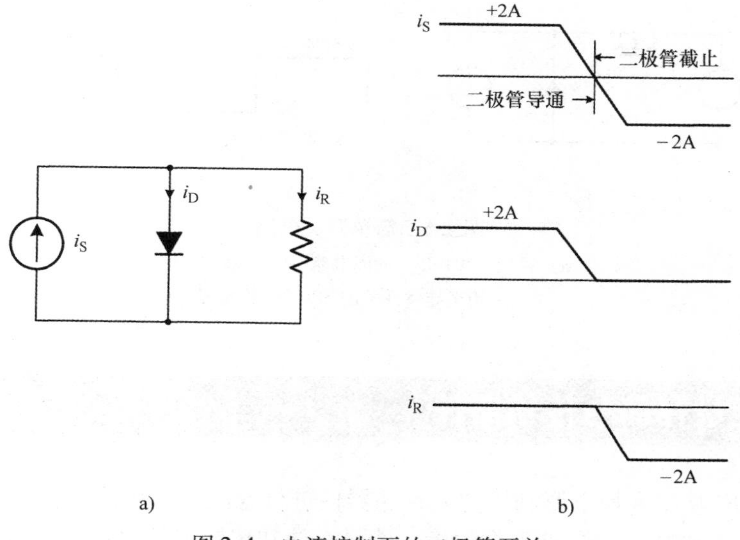

图2.4　电流控制下的二极管开关

a）电路图　b）电流波形

2.1.3　作为单刀双掷开关的MOSFET－二极管对

一个简单的开关电路如图2.5a所示，其中电压源通过SPDT开关连接到电流源。如图 2. 5a 所示，SPDT 开关定期切换其位置。图 2. 5b 表示开关位置不同的两个开关电路：一个在 a 位置，另一个在 p 位置。最后，图 2. 5c 显示了使用 MOSFET 和二极管的 SPDT 开关的实现。

MOSFET 通过栅极驱动信号 v_{GS} 实现导通和截止的切换。当导通信号使 MOSFET 导通时，二极管截止，因为电压源强制在二极管两端施加负电压；相反，当关断信号使 MOSFET 截止时，电流源强制二极管导通。显然，图 2. 5a 等效于图 2. 5c。如该示例所示，SPDT 开关可以使用 MOSFET－二极管对轻松实现。

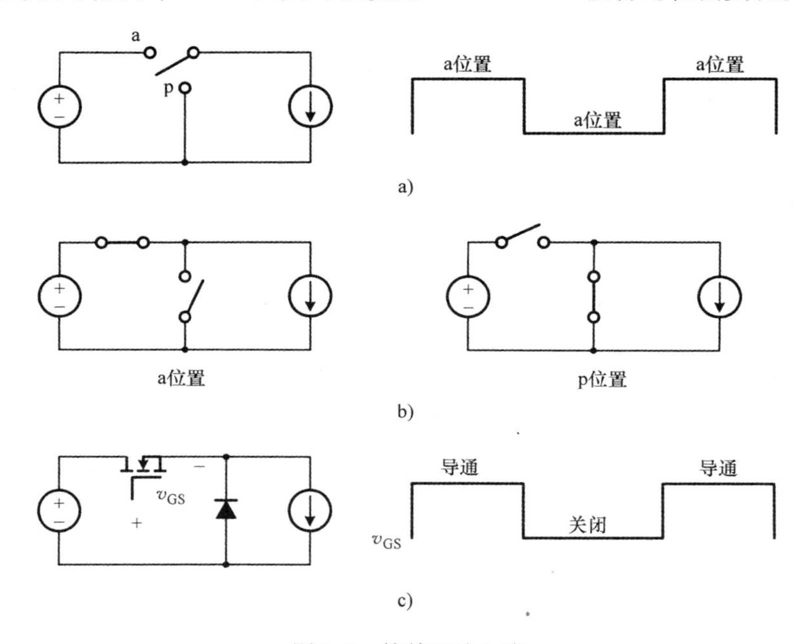

图 2. 5　简单开关电路

a）采用 SPDT 开关的原电路　b）等效电路

c）采用半导体开关的 SPDT 开关实现

2. 2　能量存储与传输器件

DC－DC 功率变换电路利用能量存储器件进行滤波，利用能量传输器件来传输电能，以改变电压和电流波形的幅度。能量存储和传输器件包括电感器、电容器和变压器。本节分析了这种器件在周期性激励下的电路特性。

2. 2. 1　电感器

本节讨论电感器的电路特性。除了基本电路方程外，本节还讨论了周期性激励下电感器的工作。本节还介绍了电感器的重要电路定理。

电路方程

电感器通常是在磁心上卷绕铜线构成的。如图 2.6a 所示，当电感器被电流源 i_L 激发时，磁心内部发生一系列电磁现象。首先，通过铜绕组的电流产生磁场强度 H。磁场强度产生磁通密度：$B=\mu H$，μ 为磁心磁导率。磁心内部的总磁通量 $\Phi=BS$，S 为磁心横截面面积。最后，磁链 $\lambda=n\Phi$，n 为铜绕组圈数。上述过程可以归纳为 $i_L(t)\Rightarrow H(t)\Rightarrow B(t)\Rightarrow\Phi(t)\Rightarrow\lambda(t)$。当电流 i_L 被认为是电磁过程的输入时，磁链 λ 即为该过程的输出。输出变量 λ 与输入变量 i_L 之比，定义为电感器的电感。

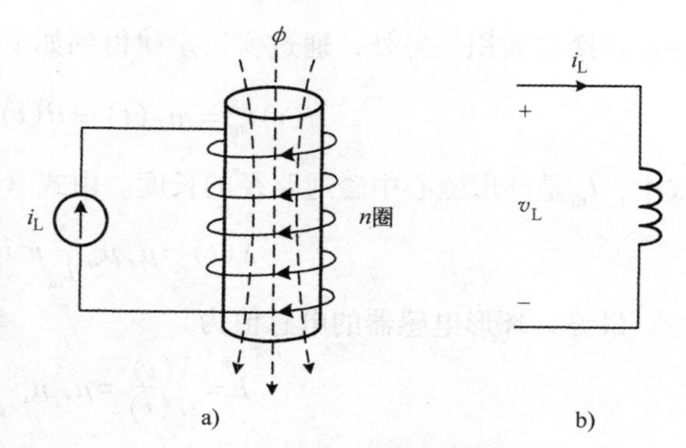

图 2.6　电感器与端口属性
a）电感器内的电磁过程
b）电感器电压/电流波形的极性/方向

$$L\equiv\frac{\lambda(t)}{i_L(t)} \tag{2.1}$$

根据法拉第定律，时变磁链会在电感器两端产生电压

$$v_L(t)=\frac{d\lambda(t)}{d(t)} \tag{2.2}$$

使用电感的定义，法拉第定律可被重写为

$$v_L(t)=L\frac{di_L(t)}{dt} \tag{2.3}$$

从而建立电感器的 $v-i$ 关系。感应电压的极性如图 2.6b 所示。

将式（2.3）积分，得到电感器的另一种电路方程

$$i_L(t)=\frac{1}{L}\int v_L(t)\,dt \tag{2.4}$$

当在整个电感器上施加直流电压 V_S 时，电感器电流由下式给出：

$$i_L(t)=\frac{V_S}{L}t \tag{2.5}$$

式（2.5）表明，只要存在直流电压，电感器电流就会持续线性增加。然而，实际电感器不能承受过大的电流并最终变得饱和。电感器的饱和将在本节稍后讨论。

[例 2.1]　环形电感器的电感值

如图 2.7 所示，本实例给出了使用环形铁心制造的电感器的电感。参考图 2.7a，电感器的磁链由下式给出：

$$\lambda(t)=n\Phi(t)=nSB(t)=nS\mu H(t)=\mu_r\mu_o nSH(t) \tag{2.6}$$

式中，μ_r是磁心材料的相对磁导率；μ_o是真空磁导率；n 是电感线圈的圈数；S 是

磁心的横截面积。另外，通过安培定律得到如下关系：

$$H(t)l_m = ni_L(t) \Rightarrow H(t) = \frac{ni_L(t)}{L_m} \tag{2.7}$$

式中，l_m是环形磁心中磁通路径的长度。由式（2.6）与式（2.7）可得

$$\lambda(t) = \mu_r \mu_o \frac{S}{l_m} n^2 i_L(t) \tag{2.8}$$

最终，环形电感器的电感值为

$$L = \frac{\lambda(t)}{i_L(t)} = \mu_r \mu_o \frac{S}{l_m} n^2 \tag{2.9}$$

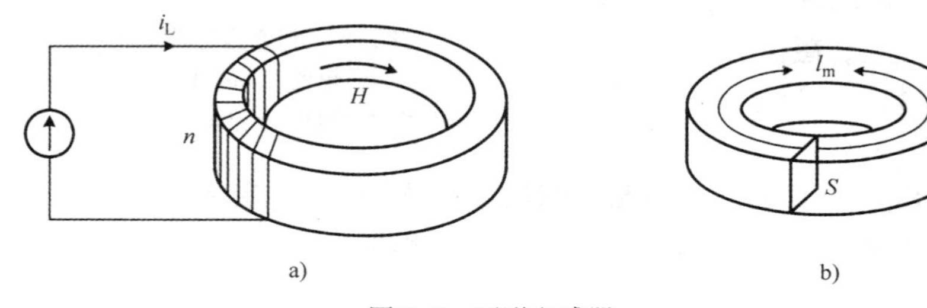

图 2.7　环形电感器

a）电感器结构　b）环形磁心几何尺寸

［例 2.2］　**电感开关电路**

本实例解释了由脉冲电压作为激励的电感器的电路特性。图 2.8 给出了一个简单的开关电路及其电路波形。假设电感器最初未通电，开关断开。$t=0$ 开关闭合时，在电感器上施加直流电压 V_S，并且 i_L以斜率 V_S/L 开始线性增加。然后开关在

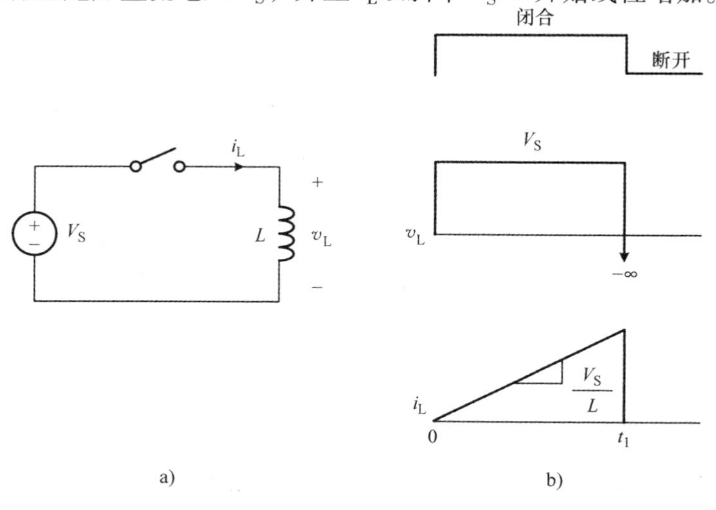

图 2.8　电感开关电路

a）电路图　b）电路波形

$t=t_1$时断开，从而迫使电感器电流突变。电感器电流的变化又导致电感器两端的电压变化。式（2.3）表明电感器将产生一个与电感器电流衰减斜率成正比的负电压。

当假定开关瞬时断开时，感应电压值是无限大的。然而，实际上负电压的大小是有限的，因为实际开关只能在有限的响应时间做出反应。即使如此，幅度仍然足够大以破坏任何实际的半导体开关。

本实例中的电感器的行为也可以采用能量守恒原理来解释。随着电感器电流上升，存储在电感器内的磁能继续增加。当电感器电流在 $t=t_1$ 处突变时，总能量 $E_m=0.5L(i_L(t_1))^2$ 瞬时释放出电压尖峰。如该示例所示，电感器电流的突然中断引起破坏性电压尖峰，因此应该避免，除非电路被有意设计成这样的工作模式。

［例 2.3］　电感开关电路

本实例给出了另一电感开关电路。在图 2.9a 所示的电路中，直流电压源通过有源－无源开关对与电感连接。在图 2.9 中，有源开关的开关状态由图 2.9b 所示的开关驱动信号控制。如前所述，有源－无源开关对用作 SPDT 开关。当有源开关导通时，无源开关断开；相反，当有源开关断开时，无源开关接通。当有源开关导通时，直流电压 V_S 施加在电感器 L 两端，因此电感器电流以斜率 V_S/L 上升。

当有源开关断开时，载流电感器作为电流源，二极管导通。一旦二极管导通，电感器上的电压就变为零。根据式（2.3），当电压为零时，电感器电流保持恒定；因此，电感器电流保持开关断开之前的数值。当开关在下一个工作周期中接通时，电感器电流再次开始增加。通过重复该过程，电感器电流如图 2.9b 所示。

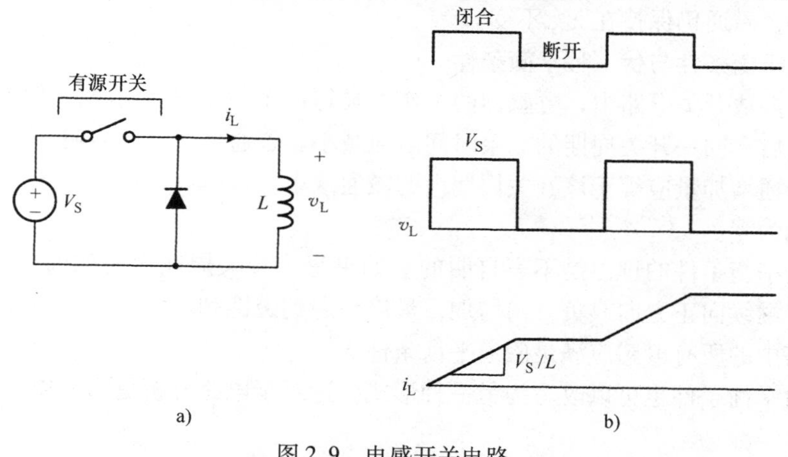

图 2.9　电感开关电路

a）电路图　b）电路波形

电感器饱和

图 2.10 说明了电感器电流 i_L和磁链 λ 之间的关系。λ 与 i_L一起从零开始增加。然而，i_L和 λ 之间的线性关系仅在有限的范围内有效。当电感器电流超过图 2.10 中的临界值 $\pm i_{Lcrit}$时，无论电感器电流的大小如何，磁链在 $\pm\lambda_{sat}$保持不变，这种现象被称为磁饱和。因为 $i_L-\lambda$ 曲线的斜率表示如式（2.1）所示的电感，所以饱

和意味着电感为 0。因此，饱和对电路工作产生深刻的影响。例如，当将直流电压 V_S 施加到电感器 L 时，电流如等式 $i_L(t)=(V_S/L)t$ 向 i_{Lcrit} 方向增加。当电感器电流达到 i_{Lcrit} 时，发生磁饱和。在磁饱和时，电感器电流趋于无穷，因为在饱和瞬间电感变为零。因为实际电路不能支持这样的过大电感电流，所以应该避免磁饱和以防止电路发生灾难性故障。

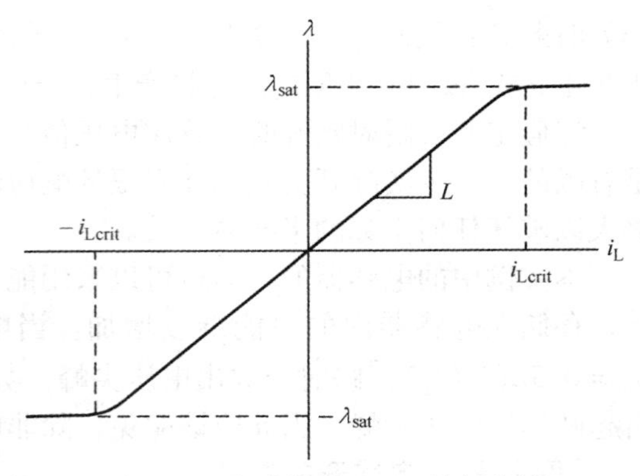

图 2.10　电感器的 $i_L-\lambda$ 特征曲线

磁饱和度归因于电感磁心材料的性质。磁心材料内存在许多磁偶极子。当没有外部电流存在时，磁偶极子是随机取向的。对于这种情况，由于各个磁偶极子的影响彼此抵消，所以磁心材料不显示任何磁性。

当电感器电流开始流动时，磁场在磁心内形成，一些磁偶极子开始与磁场平行排列，从而产生额外的磁通；这种效应被称为磁感应。随着电流持续增加，更多的磁偶极子与磁场对准，从而增加磁通。当电感器电流达到临界值 i_{Lcrit} 时，所有磁偶极子与磁场平行排列，磁通达到最大值 λ_{sat}。磁心开始变得饱和，即使电感电流进一步增加，磁通仍保持在 λ_{sat} 不变。

磁通平衡条件与伏 – 秒平衡条件

在大多数开关电路中，电感器的工作方式是：在一开关周期内，部分时间磁通增加，然后在同一开关周期的剩余时间磁通减小。磁通平衡条件表明，一个开关周期内的磁通增加量应等于该开关周期内的磁通减小量，或者说在一个开关周期内磁通的变化为零。

磁通平衡条件的理由是不言自明的。如果每个开关周期内的磁通变化不为 0，则磁通将继续向正方向或负方向增加，最终会遇到磁饱和。因此，正确设计的电感开关电路中的所有电感应满足磁通平衡条件。

磁通平衡条件也可以改写为另一种形式，这对于电路分析更为方便。法拉第定律规定

$$v_L(t)=n\frac{d\Phi(t)}{dt} \tag{2.10}$$

式中，v_L 是电感器两端的瞬时电压；n 是电感器线圈的圈数；Φ 是电感器内部的磁通。式（2.10）重新调整为

$$d\Phi(t)=\frac{v_L(t)}{n}dt \tag{2.11}$$

为了将磁通的变化表示成电感器电压的函数。现在假设电感器两端施加图2.11中的矩形电压激励。正电压 V_1 增加磁通，而负电压 $-V_2$ 降低磁通。T_1 内的磁通增加量由下式给出：

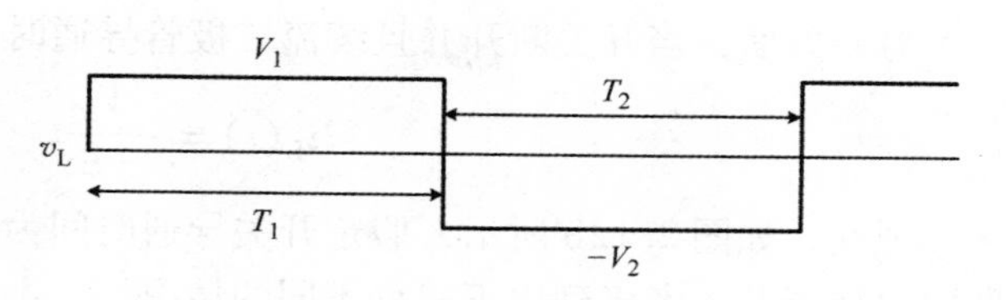

图2.11 伏－秒平衡条件：$V_1T_1=V_2T_2$

$$\Delta\Phi_{\text{inc}}=\frac{V_1}{n}T_1 \tag{2.12}$$

T_2 内的磁通减少量由下式给出：

$$\Delta\Phi_{\text{dec}}=\frac{V_2}{n}T_2 \tag{2.13}$$

基于磁通平衡条件和式（2.12）与式（2.13），得出

$$\Delta\Phi_{\text{inc}}=\Delta\Phi_{\text{dec}}\Rightarrow V_1T_1=V_2T_2 \tag{2.14}$$

电感器电压为正时的电压和时间间隔的乘积应等于电感器电压为负时的电压和时间间隔的乘积，或者等效地，一个开关周期内的电感器电压的平均值必须为零。这个原理被称为伏－秒平衡条件。伏－秒平衡条件概括如下：在开关周期的整数倍时间内计算的电感器电压的平均值为零。此外，相比于开关周期，假设在足够长的时间内进行平均，电感器电压的平均值通常可以被认为是零。

当所有的电路变量都可以稳定且满足电感器的伏－秒平衡条件时，电感开关电路将建立稳态平衡。因此，可以将伏－秒平衡条件作为评估电路波形稳态性的电路定理。

续流路径与续流二极管

电感器电流不应突然中止，因为电感器电流突然中断会产生破坏性的高电压尖峰。因此，连接到电感器并且在电路工作期间将被断开的电路路径应该始终存在替代的电路路径，替代路径仅在初始电感器电流路径断开时才起作用。电感器电流的另一路径称为续流路径。续流路径通常由二极管构成，二极管通常关断，并且只有当初始电感器电流路径中断时才会导通。用于提供续流路径的二极管称为续流二极管。

[例2.4] 具有续流路径的电感开关电路

本实例给出了具有续流路径的电感开关电路的工作情况。电感开关电路的电路图和波形如图2.12所示。如果位于图2.12a中间的续流二极管不存在，则开关断开时将产生高电压尖峰。续流二极管可以防止发生这种电压尖峰。当开关断开时，续流二极管立刻导通，从而产生电感器电流的续流路径。

当开关闭合时，电感器电流按下式增加：

$$i_L(t)=\frac{v_L}{L}t=\frac{V_{S1}-V_{S2}}{L}t \tag{2.15}$$

另一方面，当开关断开并且续流二极管导通时，电感器电流满足

$$i_{\mathrm{L}}(t) = -\frac{V_{\mathrm{S2}}}{L}t \tag{2.16}$$

现在，如图 2. 12b 所示，假定开关导通时间为开关周期的一半，并在剩余的周期内保持断开。考虑到以下三种不同的情况：

- 情况 1：$V_{\mathrm{S2}} = V_{\mathrm{S1}}/2$；
- 情况 2：$V_{\mathrm{S2}} > V_{\mathrm{S1}}/2$；
- 情况 3：$V_{\mathrm{S2}} < V_{\mathrm{S1}}/2$。

这三种情况下的电感器电流波形 i_{L}如图 2. 12b 所示。对于情况 1，电感器电流的上升速率与下降速率相同，产生周期性的三角波形。对于情况 2，下降速率比上升速率快，因此，在下一个操作周期开始之前，电感器电流 i_{L}降至零。当 i_{L}减小到零时，由于二极管不能沿相反方向传输电流，所以二极管关断并在剩余的开关周期内保持关断。

最后，对于情况 3，电感器电流下降的速率比电感器电流上升的速率慢。在每个开关周期，电感器电流的最终值将大于初始值。因此，电感器电流如图 2. 12b 所示。情况 3 违背磁通平衡条件，电路不能达到稳定状态。该电路最终会出现电感器饱和，从而导致灾难性故障。要求读者对三种情况下的电感器电压波形进行绘制，以确认是否符合电感器的伏－秒平衡条件，特别是要了解情况 2 如何满足伏－秒平衡条件。

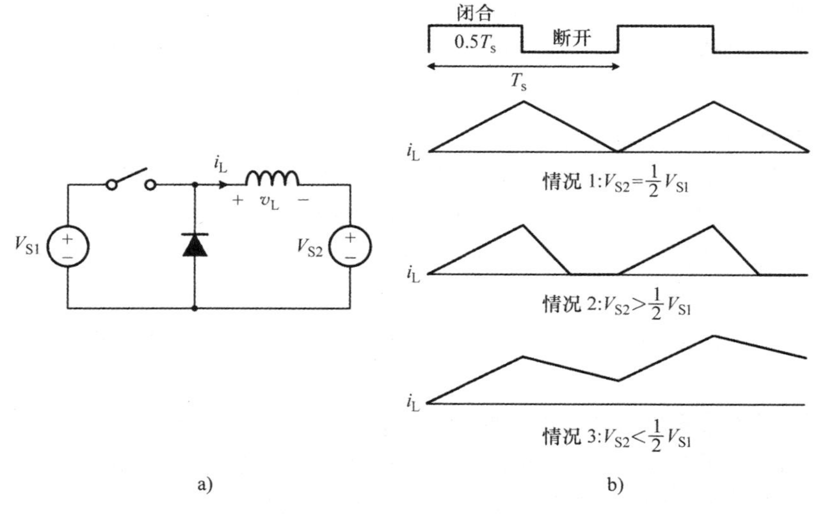

图 2. 12 电感开关电路
a）电路图 b）电路波形

2. 2. 2 电容器

与电感器相同，电容器作为能量存储元件也被广泛用于 DC－DC 功率变换电

路。本节讨论电容器的电路特性，并研究其在周期性激励下的工作。本节还将介绍电容器的重要电路定理。

电路方程

通常通过将一对导体板平行放置并用介电材料填充间隙来制造电容器。当电压源施加在平行板上时，电容器积聚电介质材料内的电荷，如图 2.13 所示。电容器的电容值 C 被定义为累积电荷 q 与施加电压 v_C 的比值，即

$$C \equiv \frac{q(t)}{v_C(t)} \tag{2.17}$$

另一方面，通过电容器的电流表示为

$$i_C(t) \equiv \frac{dq(t)}{dt} \tag{2.18}$$

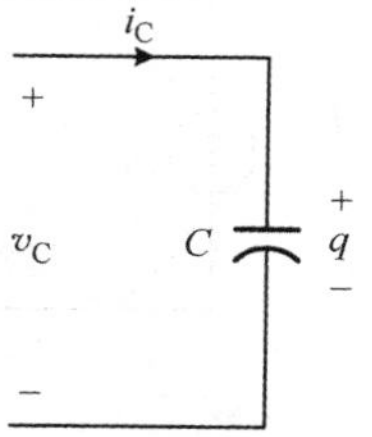

图 2.13　电容器 $v-i$ 极性示意图

代入式（2.17）中电容器的定义，式（2.18）可重写为

$$i_C(t) = C\frac{dv_C(t)}{dt} \tag{2.19}$$

得出电容器的 $v-i$ 特性，将式（2.19）积分可得电容器的另一电路方程

$$v_C(t) = \frac{1}{C}\int i_C(t)\,dt \tag{2.20}$$

电容器的 $v-i$ 极性示意图如图 2.13 所示。

当电容器流过直流电流 I_S 时，电容器两端的电压线性增加：

$$v_C(t) = \frac{I_S}{C}t \tag{2.21}$$

式（2.21）表示在直流电流的情况下，电容器两端电压持续增加。然而，当电容器电压过度增加时，实际的电容器将受损。

[例 2.5]　电容开关电路

本实例说明了简单电容开关电路的工作情况。图 2.14a 为电容开关电路结构，其中理想电流源连接到不带电荷的电容器。电路中间的开关初始闭合。当开关在 $t=0$时断开，直流电流 I_S 流入电容器 C，从而将电容器电压提升 $v_C(t)=(I_S/C)t$。当开关在 $t=t_1$闭合时，电容器电压被迫拉低。根据式（2.19），电容器电压的突然降低又会导致无限大的电流。

当然，一个真正的半导体开关不能承受这么大的电流，这会导致其永久损坏。考虑到能量守恒原理，当开关闭合时，$t=t_1$时刻，电容器积累的能量 $E_e=0.5C(v_C(t_1))^2$立即释放。这种瞬时能量释放会损坏半导体开关。

[例 2.6]　电容开关电路

本实例展示了另一个电容开关电路的工作情况。图 2.15a 给出了电容开关电路，其中电流源通过二极管连接到电容器。电路中间的开关初始闭合。当开关断开

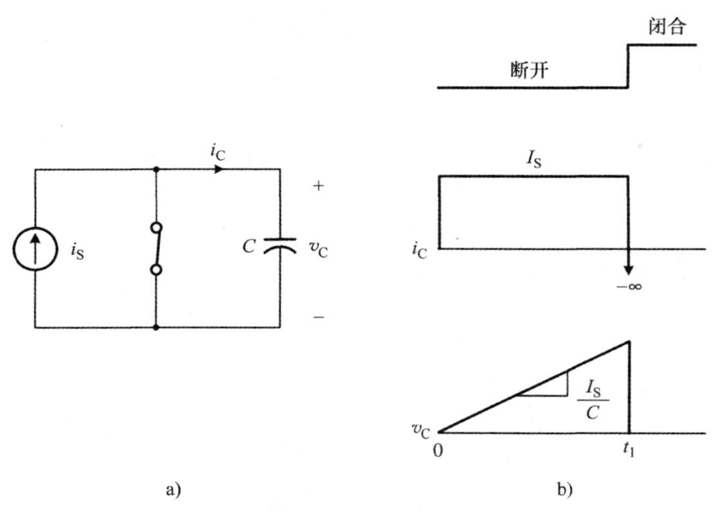

图 2.14　电容开关电路

a）电路图　b）电路波形

时，电流源通过二极管对电容器充电，由等式 $v_C(t)=(I_S/C)t$ 可知会提升电容器电压。当开关闭合时，二极管被提升的电容器电压反向偏置。因为电容器被截止的二极管与电流源隔离，所以电容器电压保持恒定。将充电电容器与电流源隔离的二极管称为隔离二极管。当在下一个开关周期内开关断开时，电容器电压再次开始上升。通过重复该过程，电路产生如图 2.15b 所示的波形。

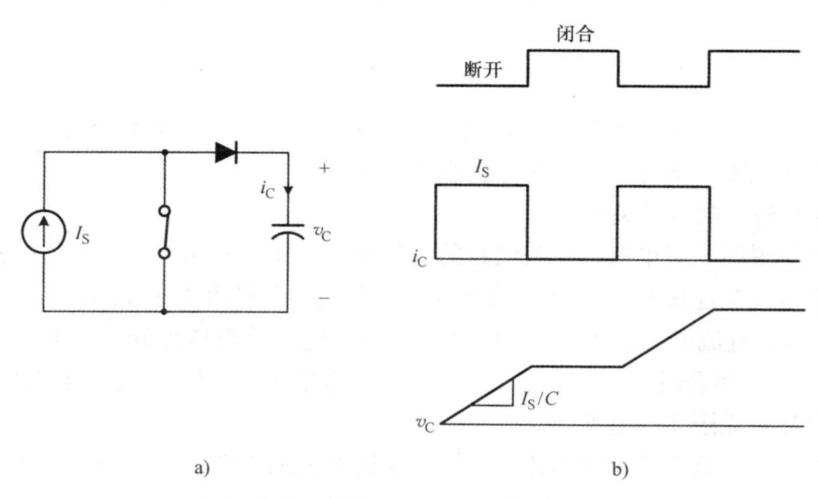

图 2.15　电容开关电路

a）电路图　b）电路波形

绝缘击穿

随着电容器电压的持续上升，它最终达到破坏电容器内介电材料绝缘的临界值。这种绝缘击穿会对电容器和应用电路造成永久性损坏。因此，所有电容器都具有可承受的最高电压。图 2.15 所示的电路是不实际的，因为电容器电压将最终上升到引起绝缘击穿的临界值。

电荷平衡条件与安－秒平衡条件

电荷平衡条件表明，在每个开关周期内，电容器中电荷累积的净变化量为 0。与磁通平衡条件一样，电荷平衡条件是电容开关电路稳定工作的先决条件。电容器中的增量电荷 Δq 由电容 C 和电容器电压增量 Δv_C 的乘积给出：

$$\Delta q = C\Delta v_C \tag{2.22}$$

违反电荷平衡条件意味着电容器电压将在正极或负极持续上升，直到电容器发生绝缘击穿。因为这是任何应用电路都不能接受的，所以所有的电容器都应满足电荷平衡条件。

一个开关周期 T_s 内电荷的增量由下式给出：

$$\Delta q_{T_s} = \bar{i}_C(t)_{T_s} T_s \tag{2.23}$$

式中，$\bar{i}_C(t)_{T_s}$是在一个切换周期 T_s 内的平均电容器电流。式（2.23）电荷平衡条件表明 Δq_{T_s}应为零，从而 $\bar{i}_C(t)_{T_s}$也为 0，因此，在每个开关周期内，平均电容器电流应为零，因此电荷平衡条件被重新表示。当电容器加以图 2.16 所示的周期性矩形电流时，电荷平衡条件可改写为

$$I_1T_1 = I_2T_2 \tag{2.24}$$

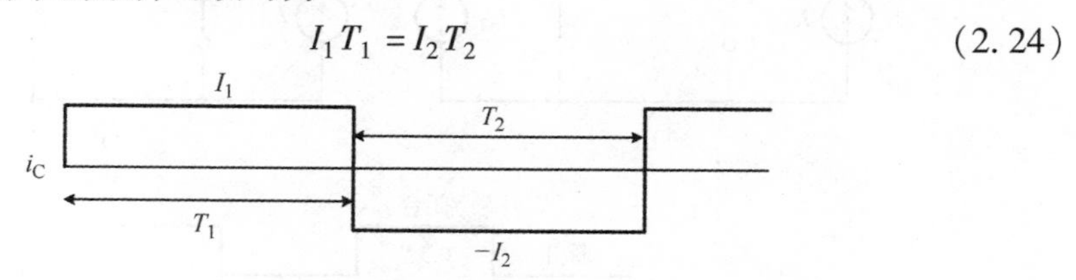

图 2.16　安－秒平衡条件：$I_1T_1 = I_2T_2$

因为正电流 I_1 累积电荷，而负电流 $-I_2$ 消耗电荷。式（2.24）被称为安－秒平衡条件，因为它对电容器电流的幅度和周期的乘积进行约束。

作为电荷平衡条件的扩展应用，电容器电流的平均值通常可以被认为是零。这种广泛应用的电荷平衡条件可以简化对电容开关电路的分析。

［例 2.7］　电容开关电路

本实例给出另一电容开关电路的工作情况。图 2.17a 给出了一个电容开关电路，由电容器、有源开关、二极管和两个电流源组成。作为初始条件，电容器不带电，有源开关闭合。在这种情况下，I_{S1} 流过有源开关，而 I_{S2} 通过二极管形成电流环路。对于这种情况，电容器电流 i_C 为零，如图 2.17a 所示。现在，电路通过断开有源开关来开始工作。

当有源开关打开时，I_{S1} 流入电容器，而 I_{S2} 仍然流过二极管，如图 2.17b 所示。因此，电容器电压线性增加。当有源开关闭合时，二极管被升高的电容器电压反向偏置，I_{S2} 现在流入电容器，与 I_{S1} 相反，如图 2.17c 所示。现在假设开关是周期性

的打开和闭合的，并且持续相同的时间。考虑以下三种情况：

- 情况 1：$I_{S1}=I_{S2}$；
- 情况 2：$I_{S1}<I_{S2}$；
- 情况 3：$I_{S1}>I_{S2}$。

这三种情况下的电容器电压波形 v_C 如图2. 17d 所示。对于情况1，电容器电压 v_C 变为具有相同上升和下降斜率的对称三角波形；对于情况2，下降斜率比上升斜率更大。因此，在下一个工作周期开始之前，v_C 减小到0。当 v_C 变为0时，二极管导通。在这种情况下，I_{S2} 从电容器流向二极管，因此在剩余的工作周期内，v_C 保持为0。

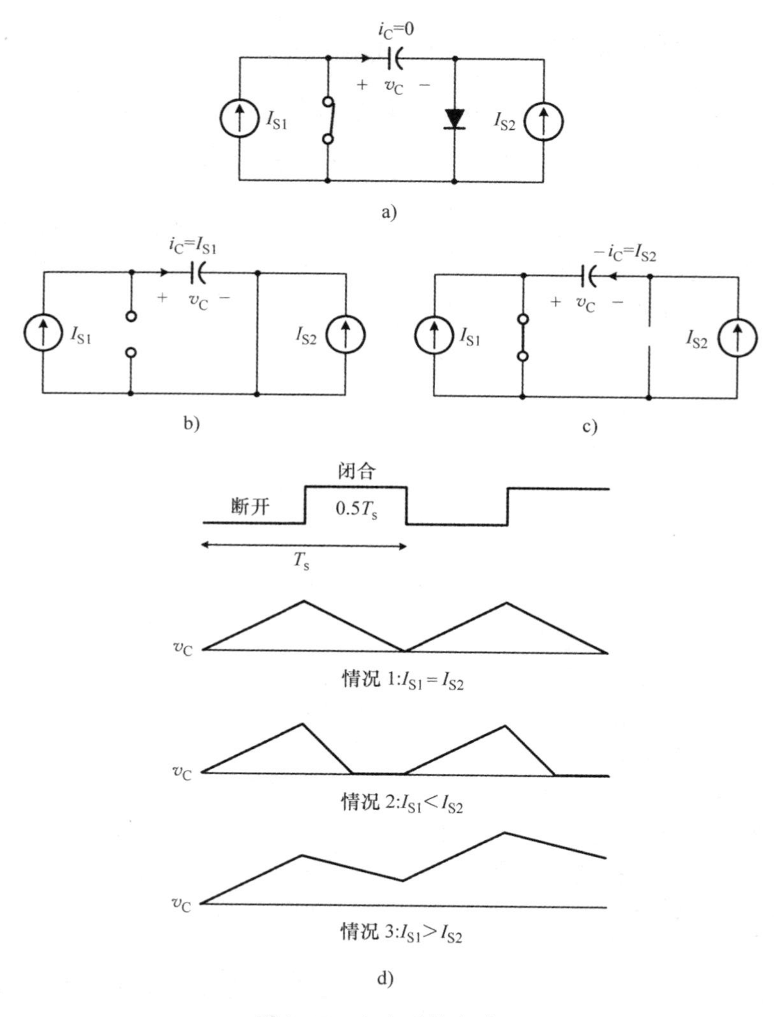

图 2. 17　电容开关电路

a）电路图　b）开关断开时的电流　c）开关闭合时的电流　d）电容器电压波形

对于情况3，电容器电压降低的速率比电容器电压增加的速率慢。因此，电容器电压 v_C 将随周期增加，如图2.17d所示。事实上，情况3打破了电荷平衡状态，电路从未达到稳定状态。绘制电容器电流 i_C 的波形图将是有用的，以便了解三种情况下如何满足安－秒平衡条件。

2.2.3　变压器

变压器广泛用于DC－DC功率变换电路，在传输电能时用来改变电压电平和电流波形。虽然变压器内的电磁过程相当复杂，但是外部电路特性可以通过简单的电路模型来描述。本节讨论实际变压器的电路模型，并解释其用途。

首先讨论理想变压器的概念。然后使用理想变压器和电感器的方程描述实际变压器的电磁过程，从而引出实际变压器的电路模型。

理想变压器

理想变压器是满足电路变量之间预定关系的概念器件。图2.18显示了理想变压器端子的电压/电流的符号和极性/方向。以下为与理想变压器相关的电路变量和参数的定义：

- $v_P(t)$：一次电压　　$i_P(t)$：一次电流
- $v_S(t)$：二次电压　　$i_S(t)$：二次电流
- n：匝数比

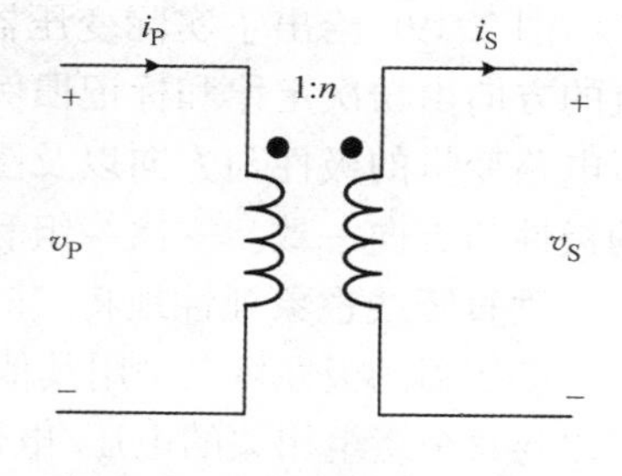

图2.18　理想变压器端子的电压/电流的符号和极性/方向

图2.18中的符号点“•”代表一次电压/电流波形的极性/方向，以及二次电压/电流波形的极性/方向。换句话说，电路变量的极性和方向参照“•”的位置来确定。下面将介绍实际变压器。匝数比 n 是建立理想变压器的端子电压之间和电流之间关系的关键参数。

$$v_S(t)=nv_P(t) \tag{2.25}$$

$$i_P(t)=ni_S(t) \tag{2.26}$$

理想变压器是一个假想的器件，其终端电路变量总是由式（2.25）和式（2.26）控制。例如，如果一次电压 $v_P=V_1$ 是一个直流电压，二次电压也是一个直流电压 $v_S=nV_1$。从式（2.25）和式（2.26）中可以推断，当理想变压器的一个端口短路或开路时，另一个端口与之相同。理想变压器作为一种概念性器件，在代表实际变压器的电路特性方面起着至关重要的作用。事实上，理想变压器被认为是描述实际变压器电路特性的一种方法。下面开始讨论实际变压器。

实际变压器

通过将两个或更多铜绕组缠绕在磁心周围来制造实际变压器。图2.19a为基于环形磁心的双绕组变压器的简化结构。如果一个绕组被称为一次绕组，则另一个绕组称为二次绕组。为了确定实际变压器的端口电路特性，有必要知道一次绕组和二次绕组是如何缠绕的。换句话说，电路端口的极性与方向取决于变压器的绕组方式。下面的标记惯例已被用于规定变压器的绕组方式。

标记惯例：对于一次和二次绕组，绕组的一端标有点“•”作为指示变压器极性的一种手段。“•”的位置确定如下：当一次电流流入绕组的带“•”端，并且二次电流也流入绕组的带“•”端时，由流入相应绕组的两个电流产生的两个磁通累加，如图 2.19a 所示。也就是说，流入绕组端子的一次和二次电流标记“•”产生相互累加的磁通。如图 2.19a 所示，请读者参考图 2.19a 来确认标记惯例、变压器的绕组方式和磁通的方向。

变压器是通过电磁感应在一次绕组和二次绕组之间的耦合而工作的。楞次定律：感应磁通总是与引发感应过程的磁通方向相反。结合标记惯例，楞次定律重申如下：当初始电流进入一次绕组的标记端时，感应电流应从二次绕组的标记端流出。两个磁通方向相反，从而符合楞次定律。

图 2.19b 给出了实际变压器的符号及其端子电压/电流的极性与方向。端子电流的方向由楞次定律和标记惯例确定。绕组电压的极性与绕组电流的方向一致。端口电路变量的极性与方向以及图 2.19b 中标“•”的位置与图 2.18 中理想变压器的极性与方向一致。一次绕组和二次绕组之间的垂直竖线表示实际变压器中存在磁心。垂直竖线也象征性地将实际变压器与理想变压器区分开来。

变压器的极性可以采用其他方式定义。换句话说，每个绕组上的标“•”位置可以与每个绕组相关的电压/电流的极性/方向一起交换。这不会改变变压器的电路特性。

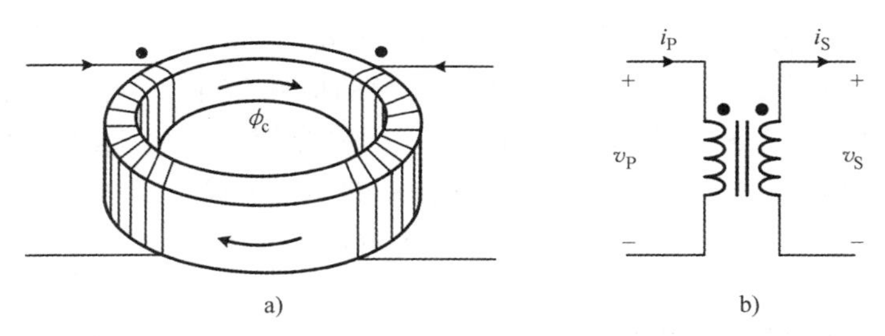

图 2.19 实际变压器的结构、符号和极性

a）结构与极性约定 b）实际变压器的符号与极性

理想变压器的电路模型

可以根据法拉第定律、安培定律和磁心的性质建立实际变压器的电路模型。图 2.20 给出了用于建立实际变压器电路模型的电路结构。为了简化模型推导，实际变压器假定有完美的磁耦合。换句话说，图 2.20a 中的公共磁通 Φ_c 完全通过一次绕组和二次绕组，而没有任何泄漏分量。根据法拉第定律，每个绕组的端电压由下式给出：

$$v_P(t)=\frac{d\lambda_P(t)}{dt}=N_P\frac{d\Phi_c(t)}{dt} \tag{2.27}$$

$$v_S(t)=\frac{d\lambda_S(t)}{dt}=N_S\frac{d\Phi_c(t)}{dt} \tag{2.28}$$

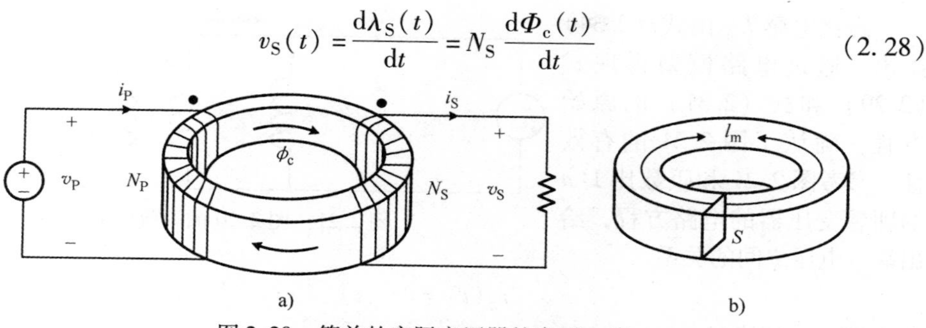

图 2.20　简单的实际变压器的应用电路

a）电路结构　b）环形磁心结构

式中，λ_P 和 λ_S 分别是由公共磁通 Φ_c 在一次绕组和二次绕组之间产生的磁通，而 N_P 和 N_S 分别是一次绕组和二次绕组匝数。由式（2.27）和式（2.28），可得终端电压之间的关系为

$$v_S(t)=\frac{N_S}{N_P}v_P(t) \tag{2.29}$$

沿变压器磁路按照安培定律可得端口电流之间的关系

$$N_Pi_P(t)-N_Si_S(t)=H_cl_m \tag{2.30}$$

式中，H_c 为与 Φ_c 相关的磁场密度；l_m 为磁通路径的长度。式（2.30）可重写为

$$i_P(t)=\frac{N_S}{N_P}i_S(t)+\frac{H_cl_m}{N_P} \tag{2.31}$$

式（2.31）中的最后一项称为磁化电流

$$i_m(t)\equiv\frac{H_cl_m}{N_P} \tag{2.32}$$

一次绕组的磁链由下式给出：

$$\lambda_P(t)=N_P\Phi_c(t)=N_P\mu_r\ \mu_o H_cS \tag{2.33}$$

式中，μ_r 为磁心材料的相对磁导率；μ_o 为真空磁导率；S 为磁心的横截面积。现在，将与式（2.32）的磁化电流和式（2.33）的磁链相关的电感定义为

$$L_m=\frac{\lambda_P(t)}{i_m(t)}=\frac{N_P\mu_r\ \mu_oH_cS}{\frac{H_cl_m}{N_P}}=\mu_r\ \mu_o\frac{S}{l_m}N_P^2 \tag{2.34}$$

该电感称为磁化电感，因为它与磁化电流相关。忽略或移去二次绕组，式（2.34）表示的磁化电感对应于变压器一次绕组的电感，如例 2.1 所示。

根据式（2.29）和式（2.31）可以给出图 2.20 所示的电路，可以采用实际变压器替换为理想变压器加磁化电感的电路模型。该电路模型如图 2.21 所示，其中理想变压器的匝数比确定为

$$n=\frac{N_S}{N_P} \tag{2.35}$$

磁化电感 L_m 由式（2.34）给出。通过电路模型再现式（2.29）和式（2.31）的原始方程，确认了图 2.21 的有效性。参考图 2.21 和匝数比 1∶n 的理想变压器的电路方程，给出端口电压之间的关系

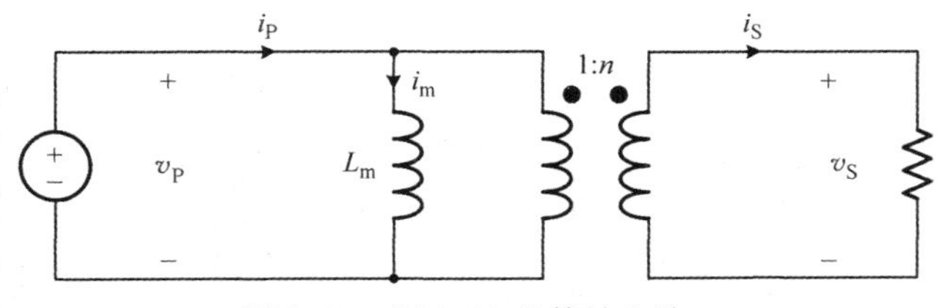

图 2.21　图 2.20 的等效电路

$$v_S(t) = nv_P(t) \tag{2.36}$$

并且端口电流满足

$$i_P(t) = ni_S(t) + i_m(t) \tag{2.37}$$

磁化电流 i_m满足

$$i_m(t) = \frac{\lambda_P(t)}{L_m} = \frac{N_P\ \mu_r\ \mu_o H_c S}{\mu_r\ \mu_o\ \dfrac{S}{l_m}N_P^2} = \frac{H_c l_m}{N_P} \tag{2.38}$$

现在，式（2.37）的电流方程可以改写为

$$i_P(t) = \frac{N_S}{N_P}i_S(t) + \frac{H_c l_m}{N_P} \tag{2.39}$$

即式（2.31）的原始电流方程。

为了总结模型的发展过程，图 2.22 给出了实际变压器的符号和电路模型。理想变压器的匝数比由下式给出：

$$n = \frac{N_S}{N_P} \tag{2.40}$$

磁化电感满足

$$L_m = \mu_r\ \mu_o\ \frac{S}{l_m}N_P^2 \tag{2.41}$$

磁化电感代表实际变压器的非理想性。因此，在受其他设计限制的情况下，优化磁化电感是很好的工程实践方法。磁化电感越大，实际变压器越接近理想变压器。当磁心材料的磁导率被认为是无穷大时，磁化电感变得无限大。对于这种情况，磁化电感消失，电路模型变为理想变压器。

图 2.22b 是实际变压器最简单的电路模型。综合考虑不完全的磁耦合、寄生电

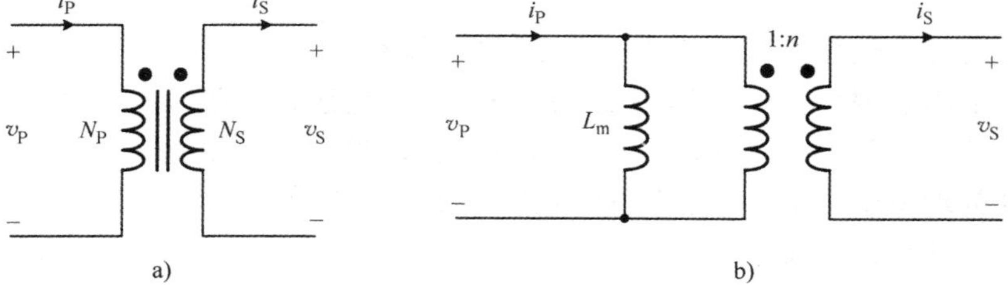

图 2.22　实际变压器的符号与电路模型
a）符号　b）电路模型

路元器件和详细的磁心特性时，该模型变得更加复杂。然而，大多数DC－DC功率变换电路的工作可以使用图2.22b所示的变压器模型进行合适的建模。

［例2.8］ 简单的实际变压器电路

本实例说明了以前的电路模型在实际变压器中的应用。图2.23a给出了一个简单的电路，其中实际变压器连接到电压源v_P和电流源i_S。电压源v_P和电流源i_S的波形如图2.23a所示。变压器由$\mu_r = 5000$、$S = 1\text{cm}^2$、$l_m = 4\pi \times 10^{-1}\text{cm}$的环形铁心构成，一次绕组的匝数$N_P = 10$，二次绕组匝数$N_S = 20$。图2.23b给出了图2.23a的电路模型，磁化电感为

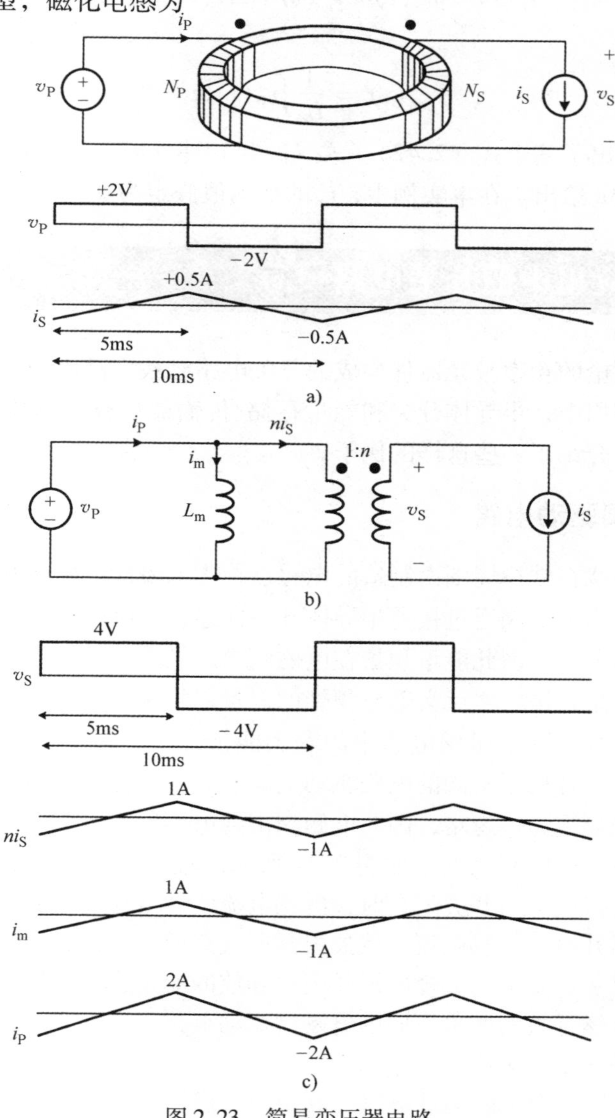

图2.23 简易变压器电路

a）电路结构 b）电路模型 c）电路波形

$$L_m = \mu_r \mu_o \frac{S}{l_m} N_P^2 = 5 \times 10^3 \times 4\pi \times 10^{-7} \frac{10^{-4}}{4\pi \times 10^{-3}} \times 10^2 \text{mH} = 5\text{mH}$$

线圈匝数比为

$$n = \frac{N_S}{N_P} = \frac{20}{10} = 2$$

电路变量表示为

$$v_S(t) = nv_P(t) = 2v_P(t) \tag{2.42}$$

$$i_P(t) = ni_S(t) + i_m(t) = 2i_S(t) + i_m(t) \tag{2.43}$$

以及

$$i_m(t) = \frac{1}{L_m}\int v_P(t)\,dt \tag{2.44}$$

图2.23c给出了基于式（2.42）~式（2.44）建立v_S与i_P的过程，并且v_P与i_S的波形由图2.23a给出。在本实例中，i_m的平均值假定为0。

2.3 实际应用中的开关电路

使用本章讨论的功率级元器件构成的开关电路已被广泛用于工业和消费类电子产品。在这些应用中，半导体开关和能量存储/传输器件被适当地组合以用作功能开关电路。本节介绍了一些这样的例子。

2.3.1 电磁阀驱动电路

将铜线圈缠绕在铁棒周围而制造的电感器称为电磁阀。电磁阀通常用作工业应用中的致动器。当电磁阀通过接通半导体开关而连接到电压源时，在电磁阀电感中产生线性增加的电流，因此能量积聚在电磁阀内。虽然作为致动器在工作期间消耗了一些能量，但是在操作之后大部分积聚的能量仍将保持在电磁阀中。电磁阀驱动电路必须能够安全移除电磁阀电感中的剩余能量，而不损坏半导体开关。在本节中，侧重于效率，分析了不同的电磁驱动电路。为了简化随后的讨论，在致动器工作期间消耗的能量视为可忽略，因此电磁阀由纯电感器表示。

首先，理想电磁阀驱动电路如图2.24所示。很明显，由于缺少续流路径，该驱动电路是不可行的。当开关闭合时，电感电流线性增加，从而将电能存储在电磁阀中；当开关断开时，电感电流突然失去其电流路径，并且存储的能量以不受控制的方式瞬间释放。以高电压尖峰的形式突然释放的能量会损坏半导体开关。本节将讨论不损坏半导体开关的两种不同的电磁阀驱动电路。

耗散型电磁阀驱动电路

图2.25a为第一个电磁驱动电路，其中由二极管和电阻构成的续流路径与螺线管并联使用。当开关断开时，二极管导通作为电感电流的续流路径。这样可以防止

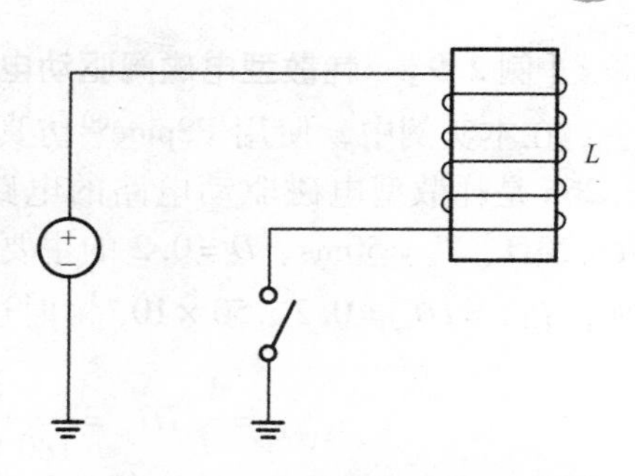

图 2.24 理想电磁阀驱动电路

瞬间的能量释放以保护开关。详细的电路工作过程如下所述。

能量建立期：在开关闭合时，续流二极管关断，等效电路如图 2.25b 所示。电感器电流线性增加：

$$i_L(t)=\frac{V_S}{L}t \tag{2.45}$$

从而在电磁阀电感中积累能量。

能量移除期：当开关在 $t=DT_s$ 时断开时，

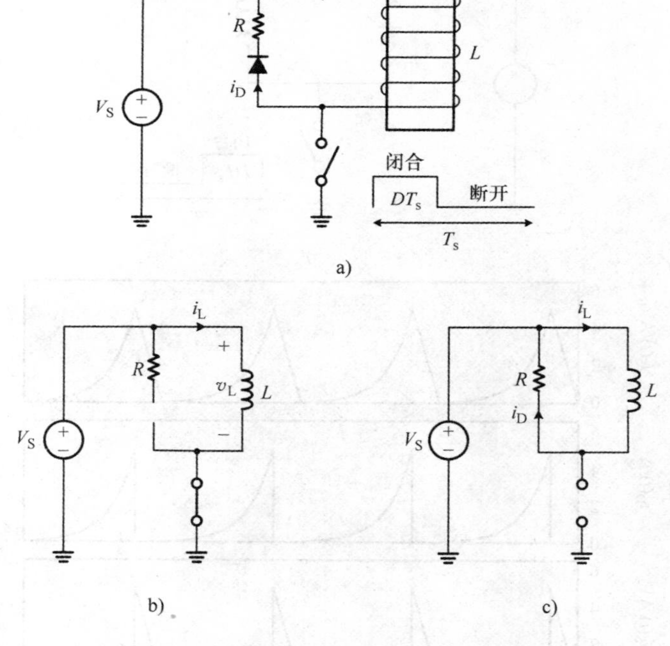

图 2.25 耗散型电磁阀驱动电路
a）电路图 b）能量建立期 c）能量移除期

二极管被打开，续流路径闭合。该期间的等效电路如图 2.25c 所示。续流电流由下式给出：

$$i_D(t)=i_L(t)=i_L(DT_s)\mathrm{e}^{-t/\tau} \tag{2.46}$$

式中，$\tau=L/R$。当续流电流通过电阻器循环时，存储在螺线管电感中的能量在电阻器处逐渐消散。随着续流电流降低到可忽略的值，存储的能量实际上全部被耗散移除。虽然螺线管驱动电路功能正常而不损坏开关，但是由于存储的能量消耗在电阻器中，驱动电路的效率将会很低。耗散型电磁驱动电路如图 2.25a 所示。

［例 2.9］ 耗散型电磁阀驱动电路

在本实例中，使用 PSpice®仿真来说明耗散型电磁驱动电路的工作情况。图 2.26a 是耗散型电磁驱动电路的电路图。图 2.26b 绘出了 $V_S=90V$、$L=180mH$、$R=20\Omega$、$T_s=50ms$、$D=0.2$ 的主要电路波形。当开关闭合时，电感器电流线性增加，在 $t=DT_s=0.2\times50\times10^{-3}s$ 时达到峰值：

$$i_{Lpeak}=\frac{V_S}{L}DT_s=\frac{90}{180\times10^{-3}}\times0.2\times50\times10^{-3}A=5A$$

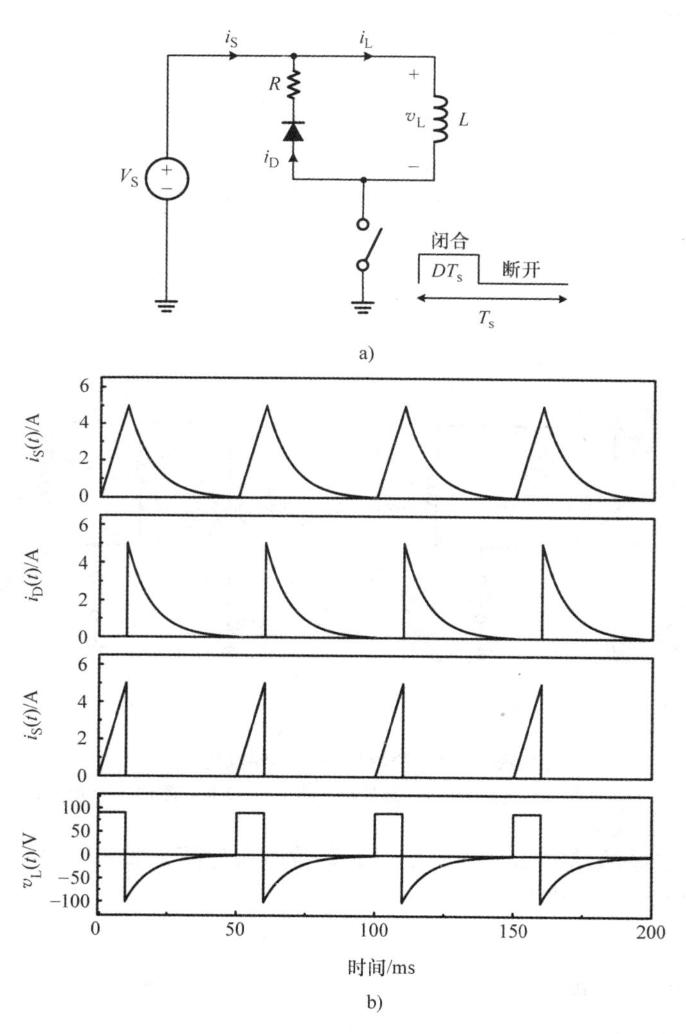

图 2.26 耗散型电磁阀驱动电路

a）电路图 b）电路波形

总能量为

$$E_m = \frac{1}{2}L(i_{Lpeak})^2 = \frac{1}{2} \times 180 \times 10^{-3} \times 5^2 J = 2.25J$$

被存储在电感器中。当开关断开时，能量移除过程开始，电感器电流 i_L 流过二极管、电阻器和电磁阀电感器组成的回路。二极管电流 i_D 指数衰减，同时在电阻上也消耗能量。当存储的能量全部消耗在电阻上时，i_D 趋于零。电流源 i_S 的波形和电感电压 v_L 反映了电路的工作细节。

非耗散型电磁阀驱动电路

如果存储的能量被驱动电路恢复，而不是浪费在电阻上，则电磁阀驱动电路的效率将得到改善。图 2. 27a 所示为非耗散型电磁阀驱动电路。该电路采用一对同步开关和两个二极管。同步开关同时导通和关断，而两个二极管用于为电感器电流建立续流路径。当同步开关关断时，电感器电流流过两个二极管，储存的能量被传回电压源。驱动电路的操作细节如下所述。

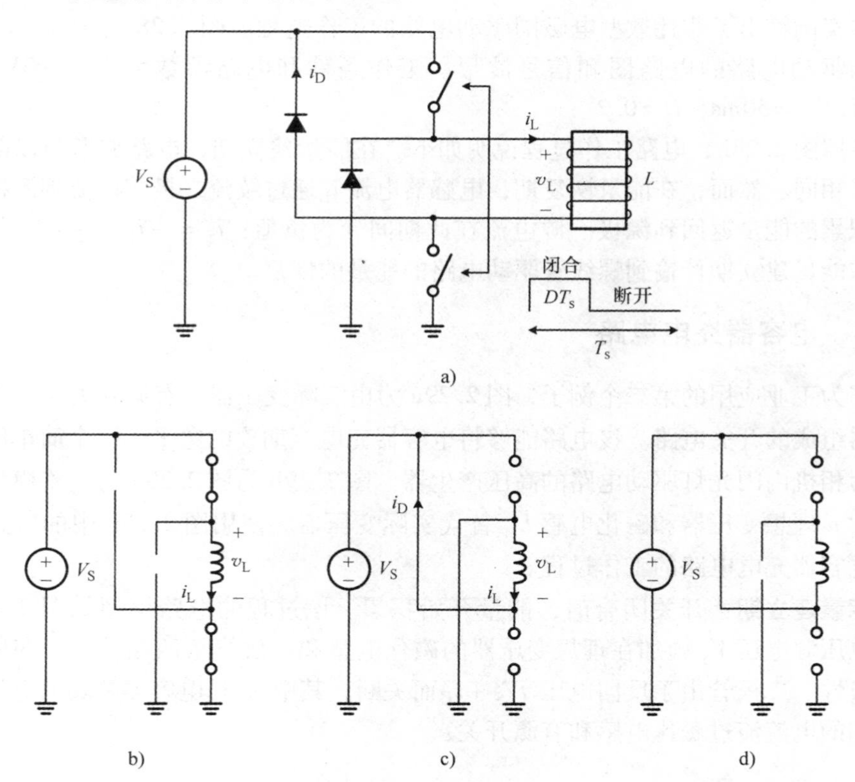

图 2. 27　非耗散型电磁阀驱动电路

a）电路图　b）能量建立期　c）能量恢复期　d）空闲期

能量建立期：当同步开关闭合时，两个二极管反向偏置。这段时间的等效电路如图 2. 27b 所示。在此期间，电磁阀电感器电流线性增加：

$$i_L(t)=\frac{V_S}{L}t \tag{2.47}$$

并且能量从电源存储在螺线管中。

能量恢复期：当 $t=DT_s$ 时开关断开，两个二极管同时导通，如图 2. 27c 所示，产生续流路径。电磁阀电压现在变为 $-V_S$，续流电流以 $-V_S/L$ 斜率从峰值下降：

$$i_D(t)=i_L(t)=i_L(DT_s)-\frac{V_S}{L}t \tag{2.48}$$

在此期间，续流电流进入电压源，存储在电磁阀中的能量被传回电压源。存储的能量因此被驱动电路恢复，而不是消耗在电路中。

空闲期：当续流电流减小到零时，两个二极管关断，此后保持关闭。因为电磁阀与源极隔离，所以所有的电路变量都为零，如图 2. 27d 所示。

［**例 2. 10**］　**非耗散型电磁阀驱动电路**

本实例给出了非耗散型电磁阀驱动电路的工作过程。图 2. 28 所示为非耗散型电磁阀驱动电路的电路图和信号波形。工作条件和电路参数为 $V_S=90\text{V}$，$L=180\text{mH}$，$T_s=50\text{ms}$，$D=0.2$。

参照图 2. 28b，电路工作过程说明如下。在能量建立期，电路波形与以前的耗散情况相同。然而，在能量恢复期，电感器电流 i_L 通过续流二极管回流到源极，从而将积累的能量返回到源极。源电流在此期间变为负值：$i_S=-i_D=-i_L$。负电流表示在能量建立期传输到螺线管驱动电路的能量的恢复。

2. 3. 2　电容器充电电路

作为工业应用的第二个例子，图 2. 29a 为由实际变压器、有源开关、二极管和电容器组成的开关电路。该电路能够将电容器充电至期望的电平。一个简单的应用是作为相机内闪光灯驱动电路的高压产生器。图 2. 29b 为图 2. 29a 的电路模型，其中以 1∶n 理想变压器和磁化电感 L_m 替代实际变压器。使用图 2. 29b 中的电路模型说明电容器充电电路的工作过程。

能量建立期：开关闭合时，能量开始积累。该过程的电路模型如图 2. 30a 所示。电压源电压 V_S 施加在理想变压器的磁化电感和一次绕组两端。由于变压器绕组的极性，二极管由于反向电压 nV_S+v_C 而关断，其中 v_C 是电容器两端的电压。线性增加的电流流过磁化电感和有源开关：

$$i_m(t)=i_Q(t)=\frac{V_S}{L_m}t \tag{2.49}$$

在此期间，由于二次绕组开路，一次绕组不承载任何电流。一次和二次绕组电流均为零，从而满足 1∶n 理想变压器的电流方程。随着磁化电流的增加，能量积累在变压器的磁化电感中。

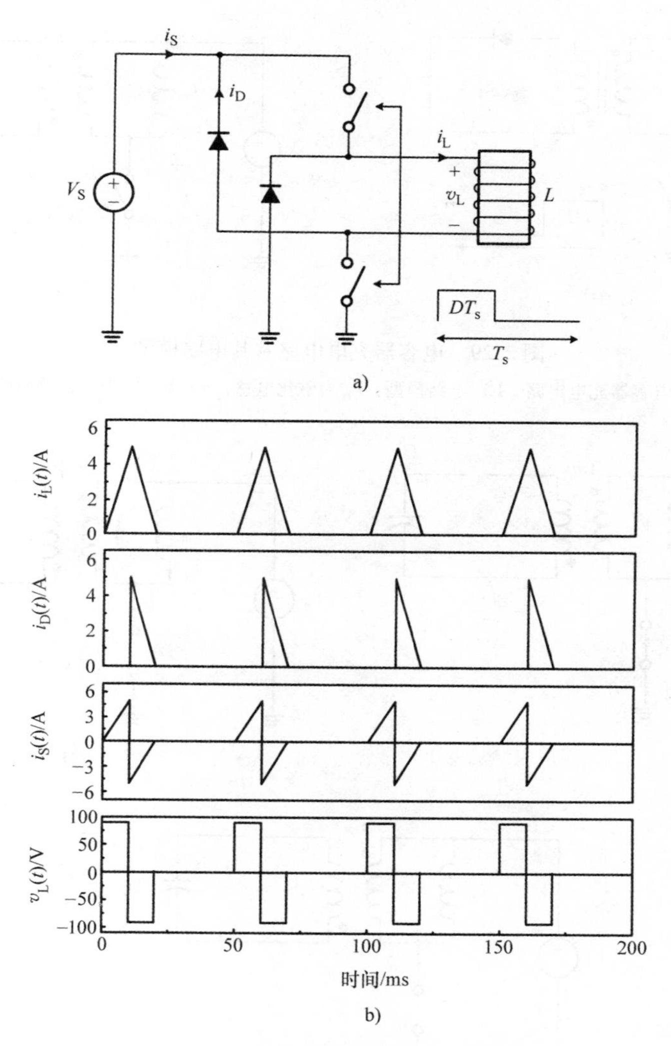

图 2.28　非耗散型电磁阀驱动电路

a）电路图　b）电路波形

能量传输期：当开关在 $t = DT_s$ 时断开，能量传输过程开始。如图 2.30b 所示，磁化电流从有源开关转移到理想变压器的一次绕组，并通过磁化电感和一次绕组形成回路。该电流强制二极管导通，从而符合 1∶n 理想变压器的电流方程。在这种情况下，电容器电压施加于一次绕组，并以负极性形式施加在磁化电感上。磁化电流下降：

$$i_m(t) = -\frac{1}{L_m}\int \frac{1}{n} v_C(t)\,dt \tag{2.50}$$

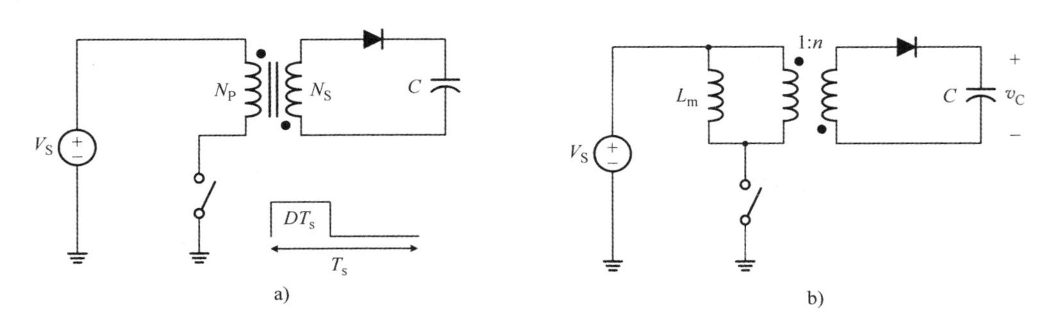

图 2.29　电容器充电电路及其电路模型

a）电容器充电电路　b）电路模型：L_m为磁化电感，$n = N_S/N_P$为变压器线匝比

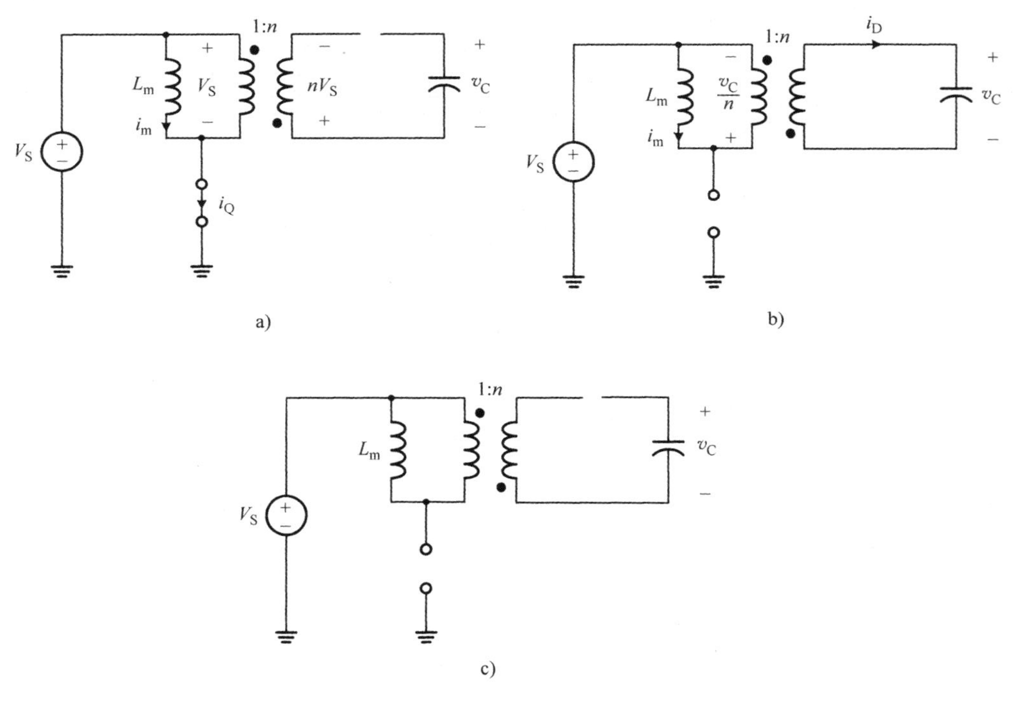

图 2.30　电容器充电电路的工作过程

a）能量建立期　b）能量传输期　c）空闲期

当磁化电流 i_m继续下降时，积累的能量被传递到电容器，从而使电容器电压增加。二极管电流由 1∶n 理想变压器的电路方程决定：

$$i_D(t) = \frac{1}{n} i_m(t) \tag{2.51}$$

空闲期：当 i_m减小到零时，二极管电流也将积累的能量完全传输到电容器。

此时，二极管关断，电容器电压保持不变。该空闲期的电路模型如图2.30c所示。

通过重复上述操作周期，随着电容器电压的升高，电容器中的电荷存储将逐渐增加。

［例2.11］　电容器充电电路

本实例给出了电容器充电电路的工作细节。图2.31所示为$V_S=24V$、$L_m=120\mu H$、$C=5\mu F$、$n=1$、$T_s=100\mu s$和$D=0.4$的电容器充电电路的电路图和仿真波形。

参照图2.31b，电路工作过程说明如下。与能量建立期的开关电流i_Q相同的磁化电流i_m增加到峰值

$$i_{m\,peak}=\frac{V_S}{L_m}DT_s=\frac{24}{120\times10^{-6}}\times0.4\times100\times10^{-6}A=8A$$

因此，计算得出变压器内的总能量为

$$E_m=\frac{1}{2}L_m(i_{m\,peak})^2=\frac{1}{2}\times120\times10^{-6}\times8^2mJ=3.84mJ \tag{2.52}$$

在能量传输期，这些能量以二极管电流形式传送到电容器。因此，E_m表示在一个工作周期内从电压源到电容器传递的能量。二极管电流i_D存在的时段内，电容器电压v_C继续增加。当i_D减少到零时，空闲期开始，v_C保持不变直到下一个能量传输期。

电路重要的工作细节如图2.31b所示。首先，尽管磁化电流i_m在能量建立期线性增加，但是在能量传输期以非线性方式衰减。在能量建立期，磁化电感两端的电压为常数V_S。然而，在能量传输期，时变电容器电压被理想变压器映射并以负极性施加到磁化电感上。因此，磁化电流以非线性方式下降。

其次，能量传输期的持续时间随着工作周期的推进而逐渐减少。磁化电流的衰减斜率与电容器电压的大小成正比，从而逐渐增加。因此，能量传输的速率逐渐变快，导致能量传输期的时间持续缩短。

最后，随着运行周期的推进，电容器电压的增量变小。对于每个工作周期，固定的能量传输到电容器，导致电容器电压随周期增长。由于存储在电容器中的能量是电容器电压的二次函数，因此电容器电压的增量与每个工作周期的初始电压成比例地变小。

从能量守恒关系发现第k个工作周期结束时的电容电压$v_C(kT_s)$满足

$$kE_m=\frac{1}{2}C(v_C(kT_s))^2\Rightarrow v_C(kT_s)=\sqrt{\frac{2E_m}{C}k} \tag{2.53}$$

例如，在第5个工作周期结束时，电容电压为

$$v_C(5T_s)=v_C(500\mu s)=\sqrt{\frac{2\times3.84\times10^{-3}}{5\times10^{-6}}\times5}V=87.6V$$

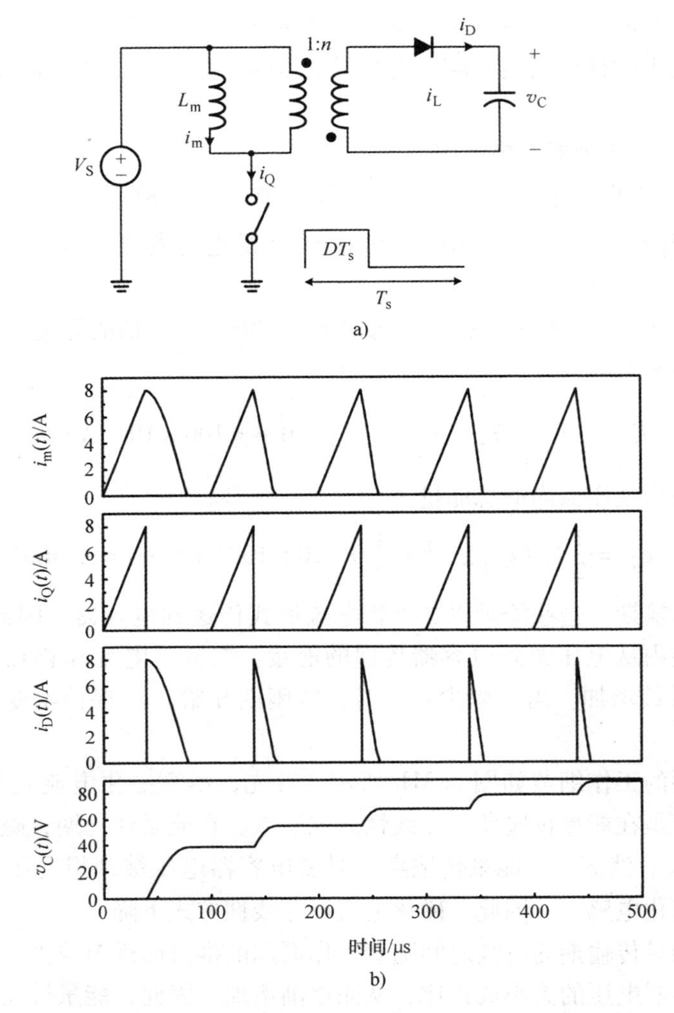

图 2.31 电容器充电电路

a）电路图 b）电路波形

图 2.32 显示了较长时间段的电容器电压 v_C。以固定的 v_C 对电容器充电所需的时间按如下步骤确定。首先，充电过程所需周期数 k 为

$$\frac{1}{2}CV_C^2 = kE_m \Rightarrow k = \frac{1}{2}CV_C^2\frac{1}{E_m} \tag{2.54}$$

式中，E_m由式（2.52）给出，V_C的总充电时间为

$$T_{charge} = kT_s = \underbrace{\frac{1}{2}CV_C^2\frac{1}{E_m}}_{k}T_s \tag{2.55}$$

式中，T_s 为开关周期。例如，$V_C = 300V$ 时所需充电时间为

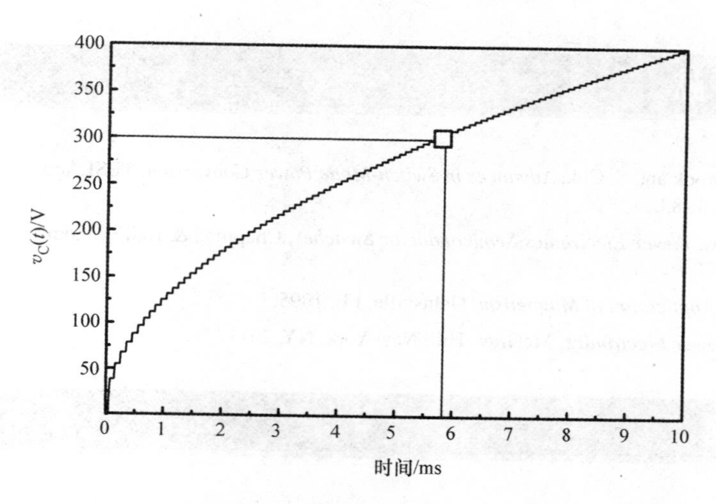

图 2.32　电容器电压曲线

$$T_{\text{charge}} = \frac{1}{2}CV_C^2\frac{1}{E_m}T_s = \frac{1}{2}\times 5\times 10^{-6}\times 300^2\times\frac{1}{3.84\times 10^{-3}}\times 100\times 10^{-6}\text{ms} = 5.86\text{ms}$$

图 2.32 与分析预测密切一致。

2.4　小结

本章研究了功率级电路元器件的电路特性。用十几个例子举例说明了半导体开关、电感器、电容器和变压器的工作情况。DC - DC 功率变换电路中的一个关键功能器件是单刀双掷（SPDT）开关。在本章所涉及的所有开关电路和其他将在后面章节中研究的 DC - DC 变换电路中，使用 MOSFET - 二极管对作为 SPDT 开关。具体来说，在 2.3.2 节的电容器充电电路中，MOSFET 和二极管共同作为 SPDT 开关，即使它们被变压器物理分离。

能量存储与传输器件包括电感器、电容器和变压器。续流路径和磁通平衡条件对于理解电感开关电路的工作情况至关重要。对于电容开关电路，电荷平衡条件可用于分析电路波形。实际变压器被建模为理想变压器和磁化电感的组合。然后使用理想变压器和电感器的电路方程分析实际变压器的工作情况。

本章分析了两种实际的开关电路——电磁阀驱动电路和电容器充电电路；给出了计算机仿真结果来说明开关电路的工作过程。这些建模的 PSpice® 代码以及其他即将推出的仿真实例可以通过 http：//booksupport. wiley. com 网址下载。

参考文献

1. R. D. Middlebrook and S. Ćuk, *Advances in Switch-Mode Power Conversion*, TESLAco, Pasadena, CA, 1983.
2. R. S. Ramshaw, *Power Electronics Semiconductor Switches*, Chapman & Hall, London, 1993.
3. J. K. Watson, *Application of Magnetism*, Gainsville, FL, 1995.
4. D. W. Hart, *Power Electronics*, McGraw-Hill, New York, NY, 2011.

习　　题

2.1* 假设图 P2.1 中的电感器和电容器最初不通电。

a）画出图 a 中 $0 < t < 100\text{ms}$ 内电感器电流 i_L 的波形图。

b）画出图 b 中 $0 < t < 70\text{ms}$ 内电容器电压 v_C 的波形图。

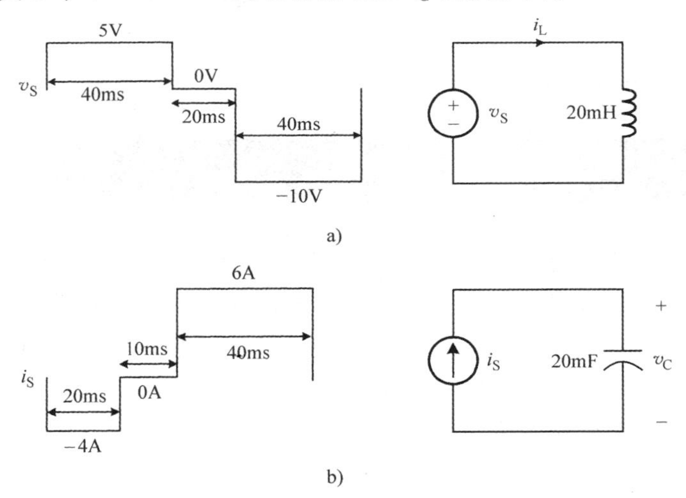

图 P2.1

2.2* 图 P2.2 显示了 4 个不同的开关电路及其各自的电感器电压或电容器电流波形。

a）使用 4V 电压源、2V 电压源、MOSFET 开关和二极管构造电路（图 a），使电路产生给定的电感器电压 v_L 波形。

b）使用与图 a 相同的电路元器件构建电路（图 b），使得电路产生给定的电感器电压 v_L 波形。

c）使用 4A 电流源、2A 电流源、MOSFET 开关和二极管构造电路（图 c），使电路产生给定的电容器电流 i_C 波形。

d）使用与图 c 相同的电路元器件构建电路（图 d），使得电路产生给定的电容器电流 i_C 波形。

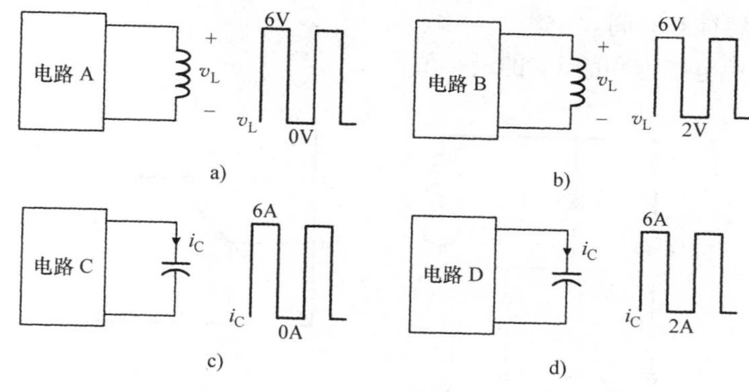

图 P2. 2

2. 3　根据图 P2. 3a 回答问题。

a）参考图 P2. 3b 所示的开关驱动信号，绘制前两个工作周期的 i_L 波形，假设 $i_L(0)=0$。

b）参考图 P2. 3c 所示的开关驱动信号，绘制前两个工作周期的 i_L 波形，假设 $i_L(0)=0$。

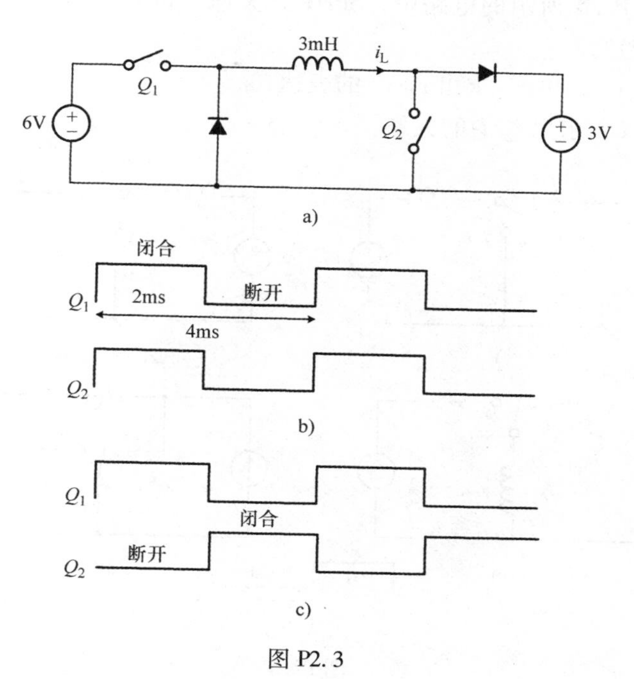

图 P2. 3

2.4* 图 P2.4 所示为开关电路，以及电感 L 的开关驱动信号和 $i_L-\lambda$ 曲线。

a）求出电感 L 的值。

b）假设 $V_X=6V$，绘制前三个周期的 i_L，标记 i_L 的峰值。

c）求电感饱和时间。

d）求避免电感饱和的 V_X 的最小值。

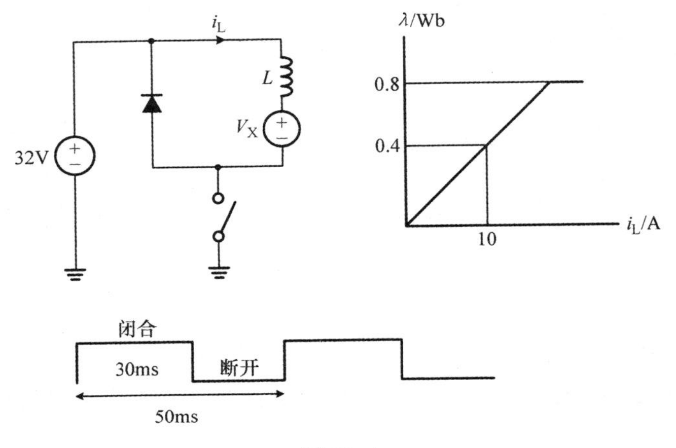

图 P2.4

2.5 在图 P2.5 所示的电路中，SPDT 开关保持位置 x 的时长为 DT_s，位置 y 的时长为 $(1-D)T_s$。

a）对于图 a、b 和 c，求出 v_2/v_1 的表达式。

b）对于图 d，求出 i_2/i_1 的关系。

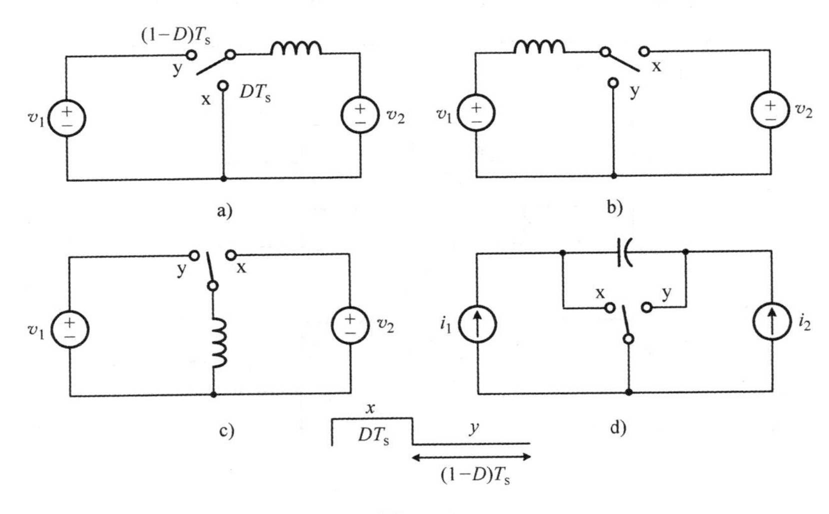

图 P2.5

2.6* 考虑图 P2.6 所示的电路并回答问题。

a）对于图 a，假设电感器最初未通电。绘制以下两种情况下前两个工作周期内 i_L 的波形，标出 i_L 的最大值和最小值：

i）$V_{S1}=4V$ 且 $V_{S2}=6V$；

ii）$V_{S1}=2V$ 且 $V_{S2}=6V$。

b）假设在图 b 中电容器最初未充电。绘制以下两种情况下前两个工作周期内的 v_C 波形，标出 v_C 的最大值和最小值：

i）$I_{S1}=4A$ 且 $I_{S2}=2A$；

ii）$I_{S1}=2A$ 且 $I_{S2}=4A$。

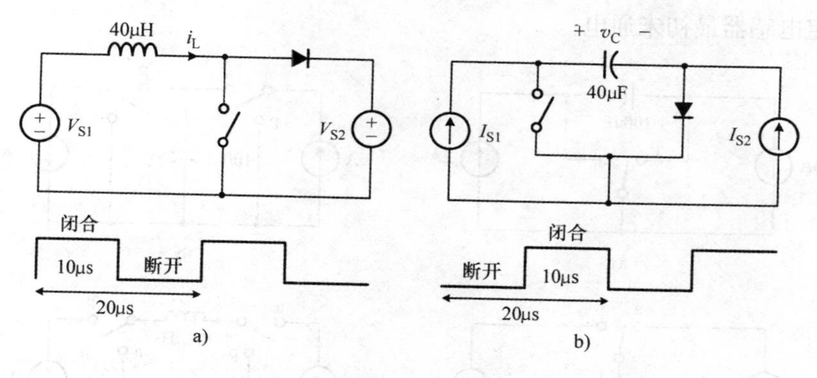

图 P2.6

2.7 假设图 P2.7 所示的电路中所有元器件都是理想的。

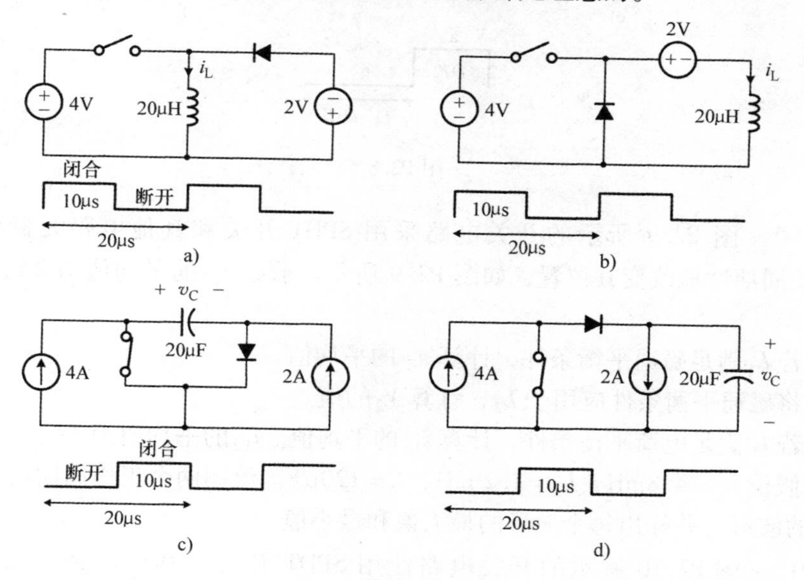

图 P2.7

a）对于图 a 和 b，绘制前两个开关周期的 i_L的波形。假设电感器最初未通电，标出 i_L的最大值和最小值。

b）对于图 c 和 d，绘制前两个开关周期的 v_C 的波形。假设电容器最初未通电，标出 v_C 的最大值和最小值。

2.8* 在图 P2.8 所示的 4 个开关电路中，SPDT 开关保持位置 a 的时长为 DT_s，位置 p 的时长为$(1-D)T_s$。

a）对于图 a 和 b，确定 D 和 T_s 的值，保持每个电路在 $v_{C\ peak}=1.8V$ 时稳态工作，$v_{C\ peak}=1.8V$。假定电容器最初未通电。

b）对于图 c 和 d，确定 D 和 T_s 的值，保持每个电路在 $i_{L\ peak}=12A$ 时稳态工作。假定电感器最初未通电。

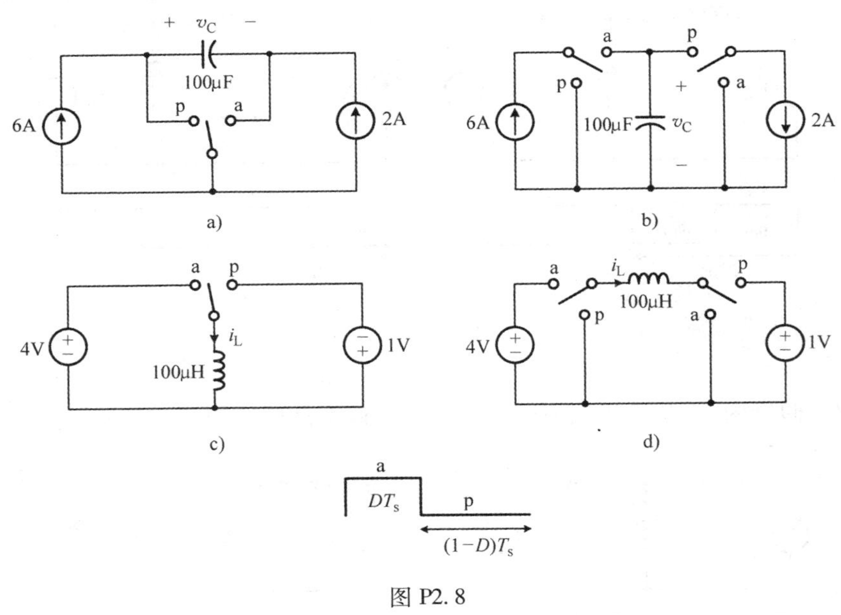

图 P2.8

2.9** 图 P2.9 所示的开关电路采用 SPDT 开关和其他电路元器件构成。SPDT开关周期性地改变其位置，如图 P2.9 所示。假设 i_{L2}的平均值为 2A，回答以下问题。

a）若 L_1满足磁通平衡条件，计算 v_C 的平均值。

b）将磁通平衡条件应用于 L_2，计算 V_2的值。

c）若 C 满足电荷平衡条件，计算 i_{L1}的平均值。i_{L2}的平均值为 2A。

d）假设 $L_1=4.8\text{mH}$，$L_2=1.2\ \text{mH}$，$C=120\mu\text{F}$。绘制两个工作周期内 i_{L1}、i_{L2}、i_C和 v_C 的波形，并标出每个波形的最大值和最小值。

2.10* 图 P2.10 所示的开关电路使用 SPDT 开关和其他电路元器件构成。SPDT开关周期性地改变其位置，如图 P2.10 所示。

a）计算 v_C 的平均值，并计算直流电源 V_1 的值。

b）假设 i_{L1} 的平均值为零，计算 i_{L2} 的平均值。

c）使用 a）和 b）的结果，绘制两个工作周期内 i_{L1}、i_{L2}、i_C 和 v_C 的波形，并标出每个波形的最大值和最小值。

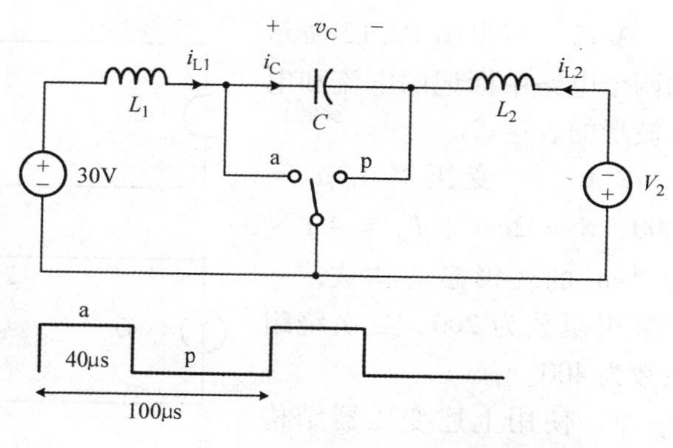

图 P2.9

2.11** 开关驱动信号施加到图 P2.11 所示的 4 个开关电路。对于每个电路，绘制两个工作周期内 i_S、v_T 和 i_{D2} 的波形。

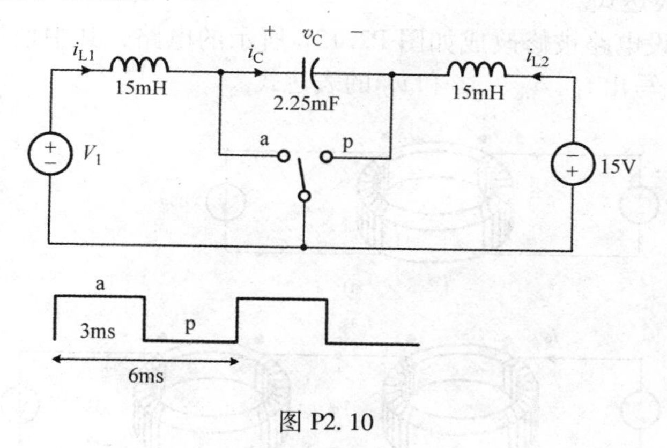

图 P2.10

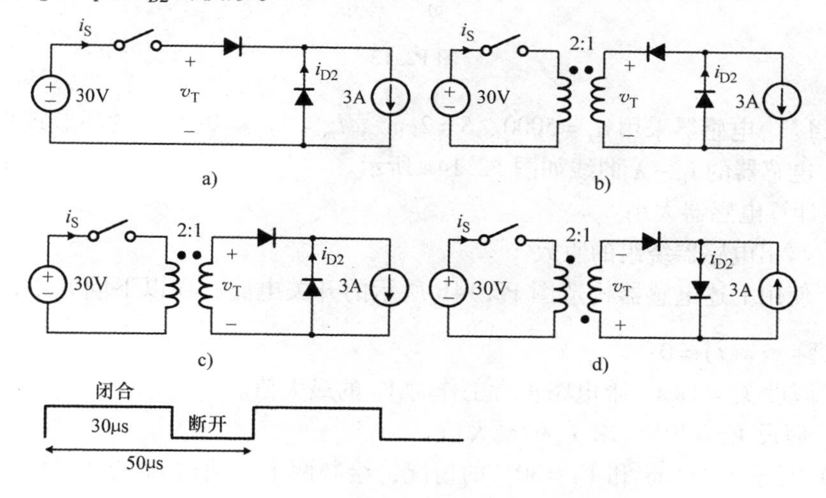

图 P2.11

2.12 写出图 P2.12 所示的两个电路中标记的电流和电压波形的表达式。

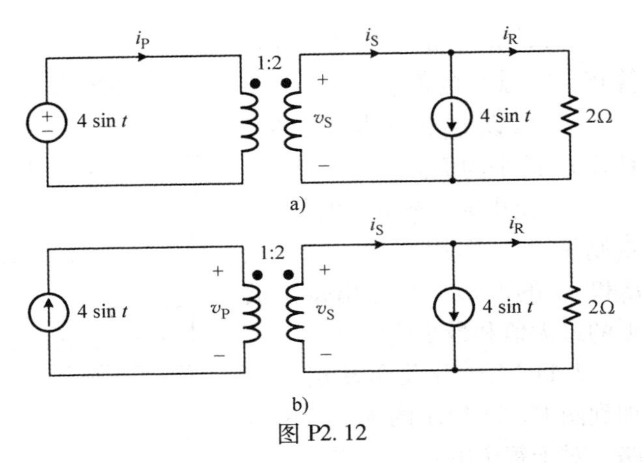

图 P2.12

2.13* 变压器由 $\mu_r = 5000$、$S = 2\text{cm}^2$、$l_m = 4\pi \times 10^{-1}\text{cm}$ 的环形磁心构成，一次绕组匝数为 200，二次绕组匝数为 400。

a）使用上述变压器结构的简单电路如图 P2.13a 所示。写出 i_P 和 v_S 的表达式。

b）现在假设电路被修改成如图 P2.13b 所示的电路，其中使用两个构造相同的上述变压器。写出 i_P、i_m、v_m 和 v_O 的表达式。

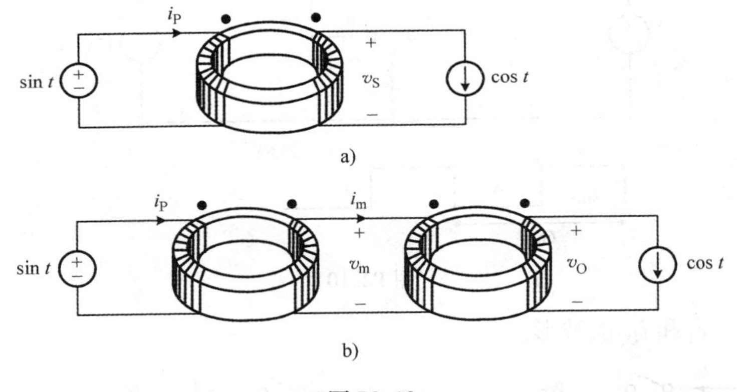

图 P2.13

2.14* 电感器采用 $\mu_r = 5000$、$S = 2\text{cm}^2$、$l_m = 4\pi \times 10^{-1}\text{cm}$ 的环形磁心构成。

a）电感器的 $i_L - \lambda$ 曲线如图 P2.14a 所示。

i）计算电感器大小。

ii）写出电感器绕组的匝数。

b）使用上述电感器构造图 P2.14b 所示的开关电路。在以下问题中，i_P 的平均值为零：$\bar{i}_P(t) = 0$。

i）假设 $T_s = 1\text{ms}$，求电路正常工作时 V_S 的最大值。

ii）假设 $V_S = 30\text{V}$，求 T_s 的最大值。

iii）对于 $T_s = 1\text{ms}$ 和 $V_S = 30\text{V}$ 的情况，绘制两个周期内 i_P 的波形图，标出波形的最大值和最小值。

c）将二次绕组添加到上述电感器中，从而产生匝数比为 1∶0.5 的双绕组变压

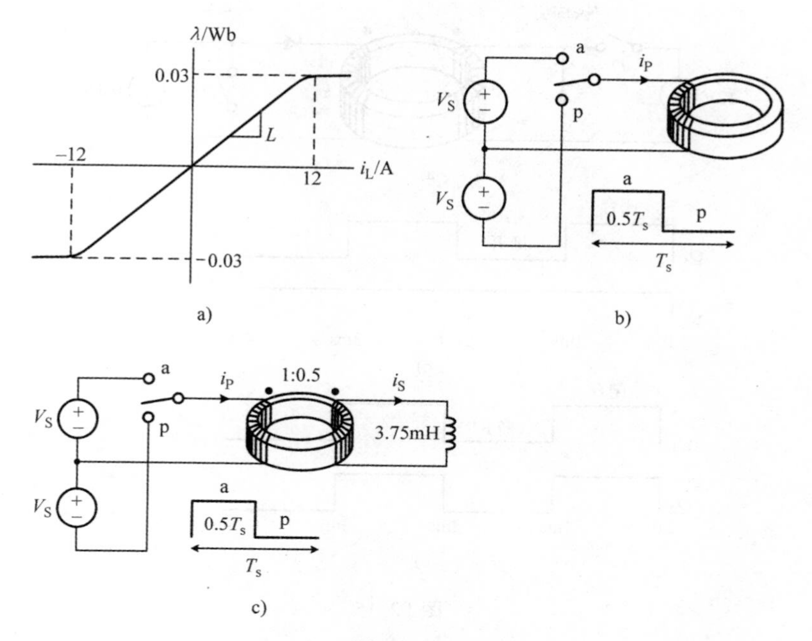

图 P2. 14

器。如图 P2. 14c 所示，3. 75mH 电感器连接变压器的二次绕组两端。对于 T_s = 1ms、V_S = 30V、$\bar{i}_P(t)$ = 0 的情况，绘制两个周期内 i_S 和 i_P 的波形图，标出波形的最大值和最小值。

2. 15 使用 $\mu_r = 5000$、$S = 2\text{cm}^2$、$l_m = 4\pi \times 10^{-1}\text{cm}$ 的环形铁心构造变压器，一次绕组匝数为 10，二次绕组匝数为 30。

a）计算变压器的磁化电感。

b）绘制变压器的电路模型。

c）使用上述变压器构建的简单电路如图 P2. 15a 所示。

i）对于图 2. 15b 所示的开关驱动信号，假设变压器不会饱和，绘制 $0 < t < 4\text{ms}$ 时间内的 i_P 和 v_S 的波形，标出波形的最大值和最小值。

ii）针对图 P2. 15c 所示的开关驱动信号，重复 i）。

2. 16 考虑图 P2. 16 所示的开关电路。根据开关驱动信号，回答以下问题。

a）假设开关驱动信号的 D = 0. 5，计算 v_C 和 i_L 的平均值。

b）令 D = 0. 25，重复 a）。

2. 17* 配置有两个电感器和一个理想变压器的理想电路如图 P2. 17 所示。基于以下试验来确定理想变压器的电感值和匝数比。

- 在端子 y − y′短路的情况下，在端子 x − x′处测量 2mH 电感。
- 在端子 y − y′开路的情况下，在端子 x − x′处测量 7mH 电感。
- 当端子 x − x′上施加电压源 $v_S(t)$ = sin t 时，在端子 y − y′上测量相同的电压

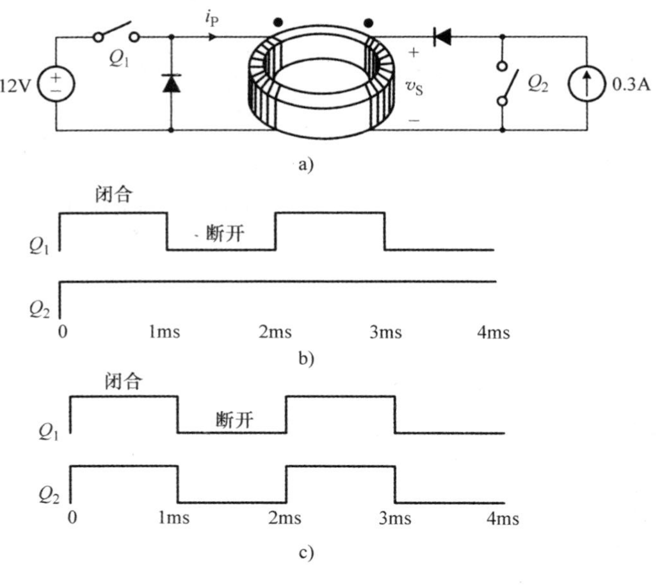

图 P2.15

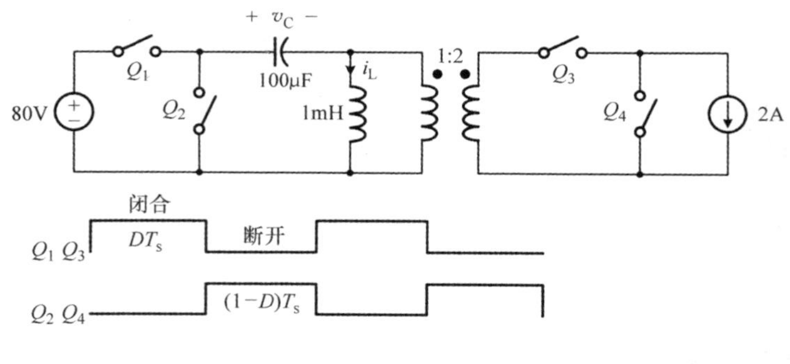

图 P2.16

$v_O(t)=\sin t$。

a）计算理想变压器的电感值 L_1、L_2 和匝数比 n。

b）当连接端子 x－x′和端子 y－y′的电压源 $v_S(t)=\sin t$ 短路时，写出 i'_p 的表达式。

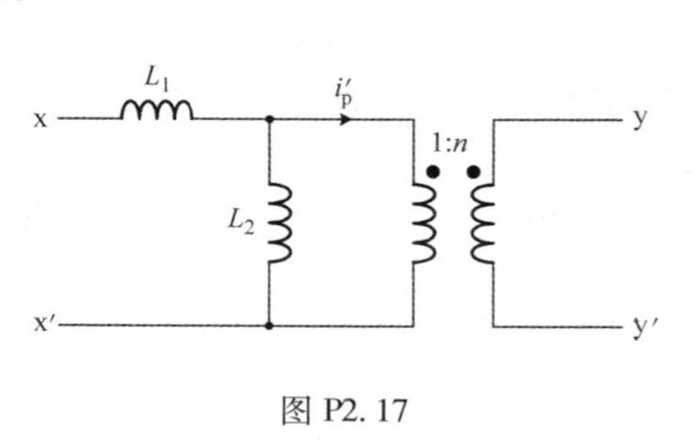

图 P2.17

2.18** 做一些试验以获取实际变压器的电路参数。

- 二次绕组开路时测量电感为 0.5H。
- 当 $v_S(t)=20\sin t$ 连接到一次绕组时，在开路二次绕组处测量 $v_O(t)=5\sin t$。

a）绘制变压器的电路模型。标注模型中的所有电路参数。

b）使用上述变压器配置图 P2. 18 中的 5 个不同的电路。针对每个电路，写出一次绕组电流 i_P 的表达式。

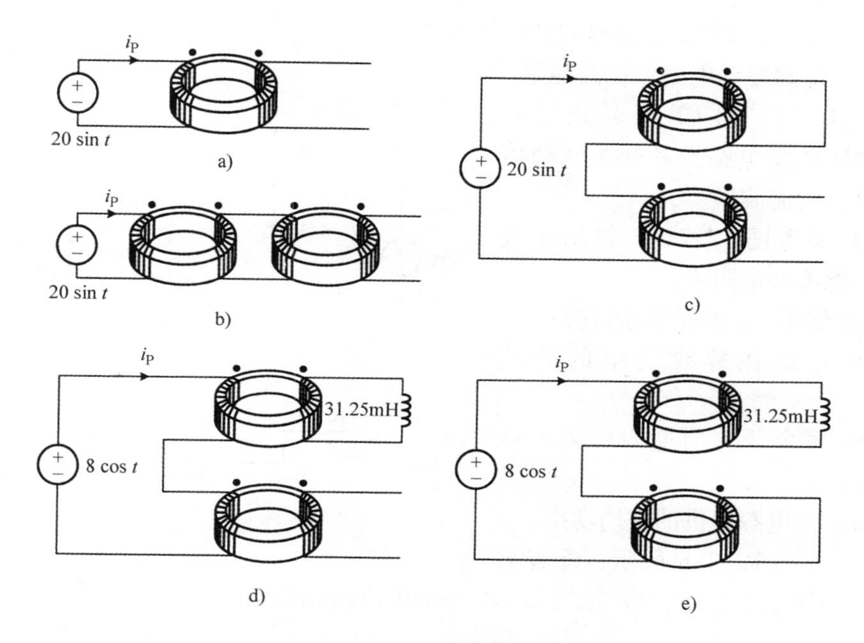

图 P2. 18

2. 19 * 　参考图 P2. 19 所示的两个电路，回答以下问题。变压器由 $\mu_r = 5000$、$S = 2\mathrm{cm}^2$、$l_m = 4\pi \times 10^{-1}\mathrm{cm}$ 的环形铁心构成，一次绕组匝数为 10，二次绕组匝数为 20。

a）对于图 a，绘制两个工作周期内 i_P 的波形，并标出每个波形的最大值和最小值。假设 i_P 和 i_S 的平均值为零。

b）对图 b，重复 a)。

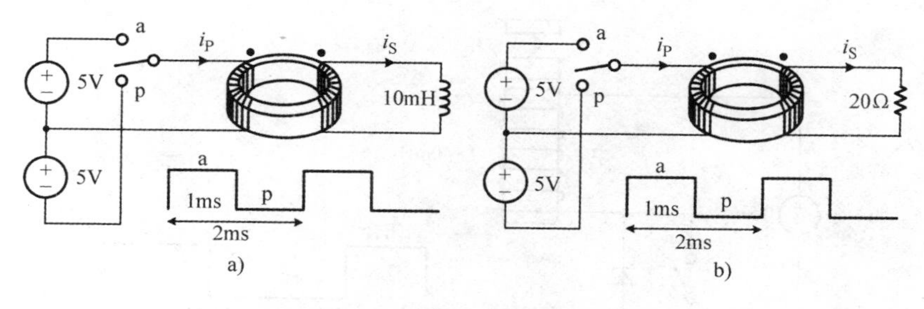

图 P2. 19

2. 20 * 　根据图 P2. 20 所示电磁阀驱动电路，回答以下问题。

a）绘制 $0<t<40\text{ms}$ 的 i_S 和 v_L 波形，并标出最大值和最小值。

b）计算在 $0<t<20\text{ms}$ 期间：

i）从电源向电磁驱动电路传输的能量。

ii）从螺线管驱动电路返回到电源的能量。

iii）电磁驱动电路消耗的能量。

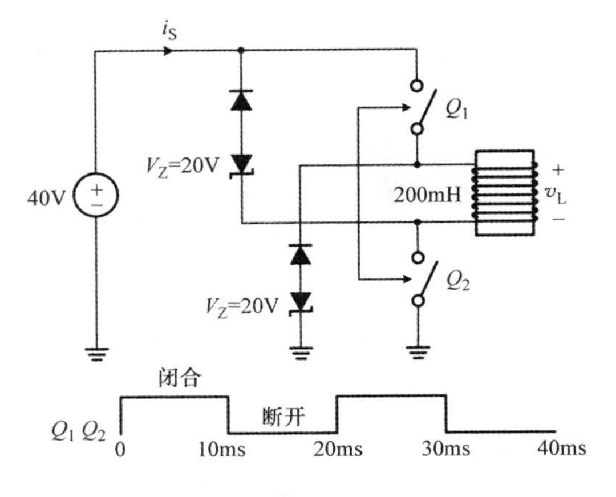

图 P2. 20

2. 21 * *　图 P2. 21 给出了两个电磁阀驱动电路及其开关驱动信号和电感电流波形。

a）参考图 P2. 21a，找出螺线管的电感 L 和电阻 R_D。

b）使用 a）的结果来计算：

i）存储在螺线管中的峰值能量。

ii）每个开关周期内电阻消耗的能量。

iii）由电源提供的平均功率。

c）如图 P2. 21b 所示，配置另一个电磁阀驱动电路，参考图 P2. 21b 中的电磁阀驱动电路，回答问题。

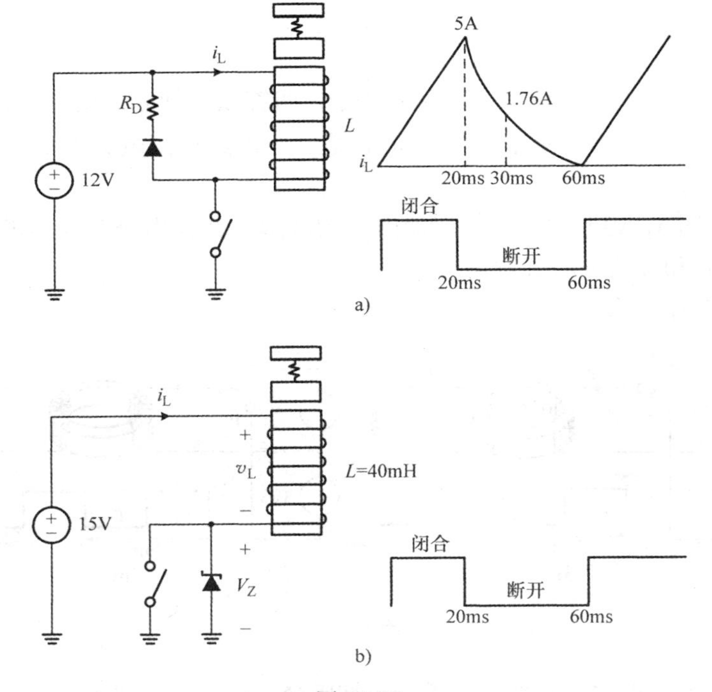

图 P2. 21

i）假定齐纳二极管的 $V_Z=25V$，绘制两个周期内 i_L 和 v_L 的波形，标出每个波形的最大值和最小值。

ii）假设齐纳二极管的 $V_Z=20V$，绘制两个周期内 i_L 的波形，标出 i_L 的最大值和最终值。你认为这个电路是否可行？证明你的观点。

2.22　图 P2.22 所示为电磁阀驱动电路及其开关驱动信号。假设电感器最初未通电。

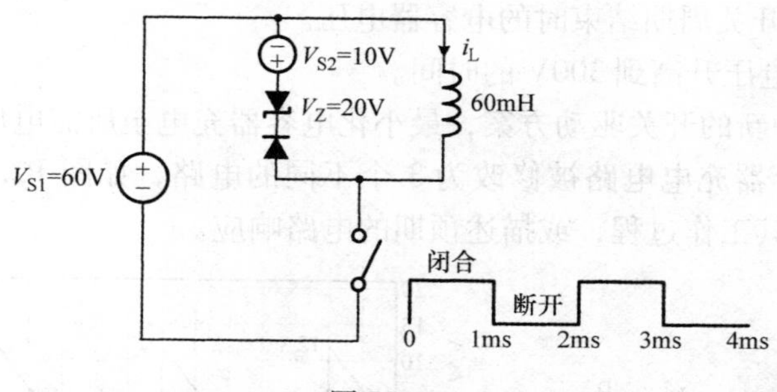

图 P2.22

a）绘制 $0<t<4ms$ 期间内 i_L 的图形，并在图形上标出最大值。

b）计算在 $0<t<1ms$ 期间内从电压源 V_{S1} 抽取的能量。

c）计算 $t=2ms$ 时电感器中存储的能量。

d）计算 $1<t<2ms$ 期间内齐纳二极管消耗的能量。

e）计算在 $1<t<2ms$ 期间内转移到 V_{S2} 的能量。

2.23　修改 2.3.1 节讨论的非耗散型电磁驱动电路，如图 P2.23 所示。根据开关驱动信号，绘制 $0<t<6ms$ 期间 i_L、i_{D1}、i_{D2}、i_{Q1} 和 v_X 的波形，并标出每个波形的最大值和最小值。

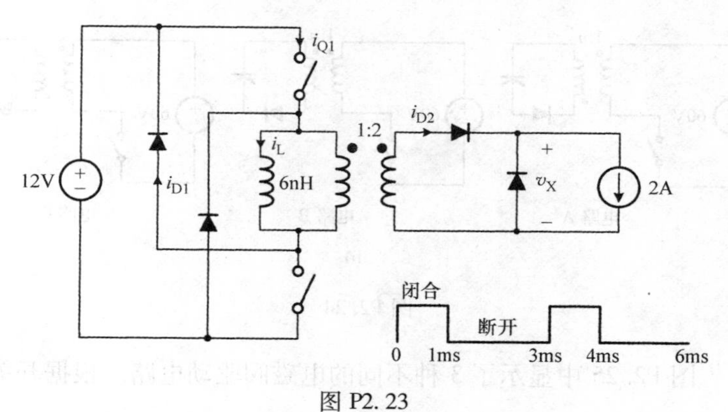

图 P2.23

2.24*　电容器充电电路及其主要电路波形如图 P2.24a 所示。

a）参考电路波形，计算电磁驱动电路的以下电路参数和工作条件：

i）L_m：变压器的磁化电感。

ii）n：变压器的匝数比。

iii）D：开关的占空比。

iv）C：输出电容。

b）根据电路波形计算以下参数：

i）前 10 个开关周期内从电压源传输到电容的能量。

ii）第 10 个开关周期结束时的电容器电压。

iii）电容器电压升高到 300V 的时间。

c）提出一种新的开关驱动方案，最小化电容器充电至所需电压的总时间。

d）假设电容器充电电路被修改为 3 个不同的电路，如图 P2. 24b 所示。对于每个电路，说明其工作过程，或描述预期的电路响应。

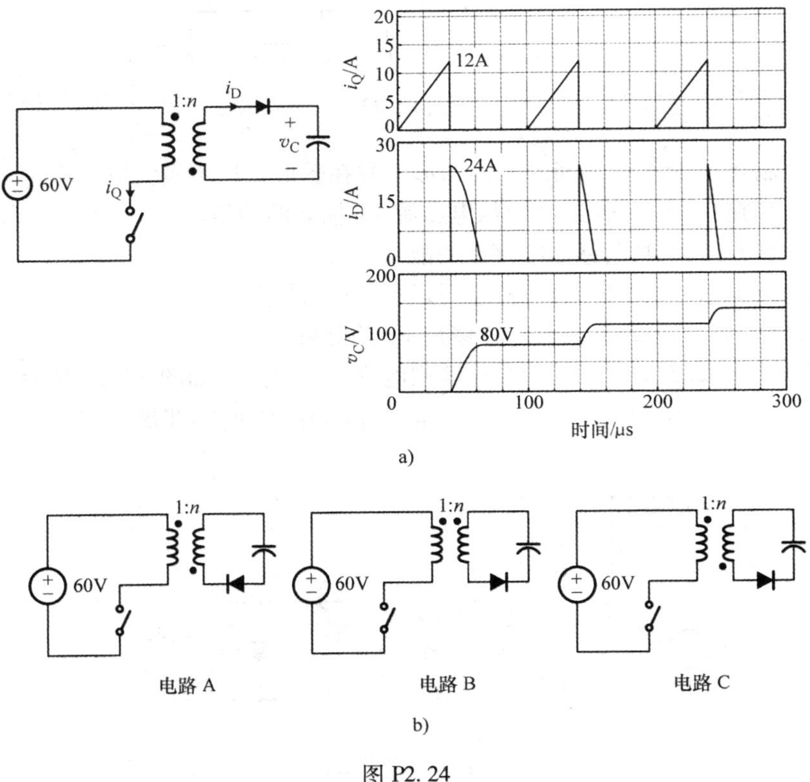

图 P2. 24

2. 25 ** 图 P2. 25 中显示了 3 种不同的电磁阀驱动电路。根据开关驱动信号，回答问题。

a）图 a 使用二极管 - 电阻作为续流路径。

i）写出 $10\text{ms} < t < 100\text{ms}$ 时 i_L的表达式。

ii）计算电阻 $R = 20\Omega$ 时电源消耗的功率。

b）图 b 采用两个独立的电压源：$V_{S1} = 80V$，$V_{S2} = 40V$。

i）绘出 $0 < t < 100ms$ 期间 i_L 的波形并标注 $t = 20ms$ 时 i_L 的值。

ii）当开关断开时，电感器中存储的能量会发生什么变化？

c）图 c 使用实际电容器 $C = 200\mu F$ 代替 V_{S2}。

i）计算 $t = 99ms$ 时 v_C 的值。假设电容器最初未通电，并且在 $t = 99ms$ 时 $i_L = 0$。

ii）在与 i）相同假设下，绘制 $0 < t < 200ms$ 时 i_L 和 v_C 的波形。

iii）随着时间推移，电路最终会发生什么变化？

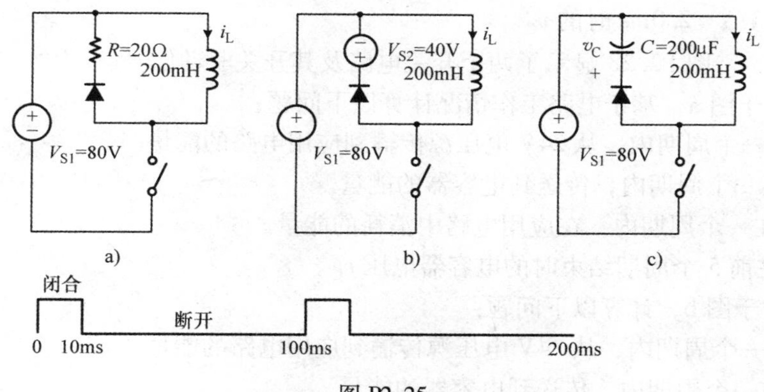

图 P2. 25

2. 26* 一个变压器由 $\mu_r = 5000$、$S = 2cm^2$、$l_m = 4\pi \times 10^{-1} cm$ 的环形铁心构成，一次绕组的匝数为 10，二次绕组的匝数为 20。两个不同的开关电路如图 P2. 26 所示。根据驱动信号，绘制前两个周期内每个电路 i_S 与 i_T 的图形，并标出最大值和最小值。

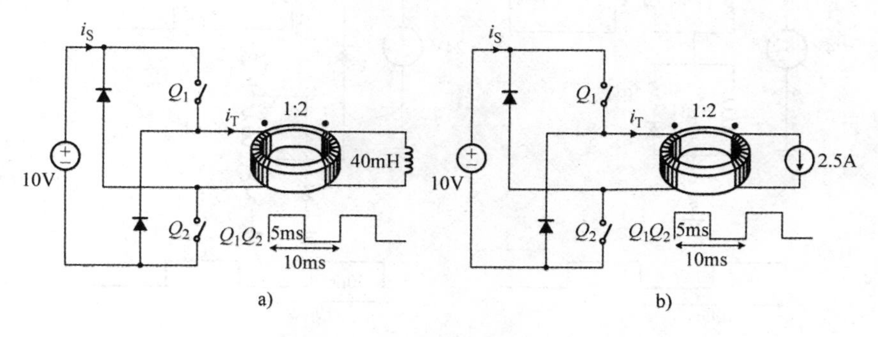

图 P2. 26

2. 27* 考虑图 P2. 27 所示的电路及其开关驱动信号。假设电感器和电容器最初未通电。

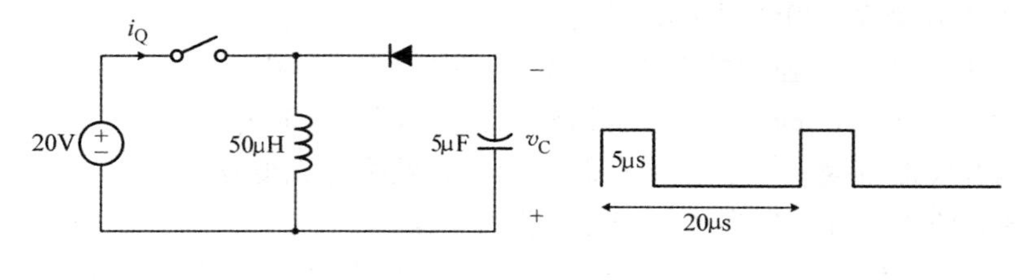

图 P2.27

a）绘出前两个周期内 i_Q 和 v_C 的图形，显示波形的所有特征，包括其最大值和最小值。

b）计算 $t = 2.0\text{ms}$ 时的 v_C。

2.28** 图 P2.28 显示了两个开关电路及其开关驱动信号。

a）对于图 a，基于电路工作情况计算以下问题：

i）在一个周期内，从 24V 电压源传输到应用电路的能量。

ii）在一个周期内，传送到电容器的能量。

iii）在一个周期内，在应用电路中消耗的能量。

iv）在前 5 个周期结束时的电容器电压 v_C。

b）对于图 b，计算以下问题：

i）在一个周期内，从 24V 电压源传输到应用电路的能量。

ii）在一个周期内，传送到电容器的能量。

iii）在一个周期内，从应用电路返回到 24V 电压源的能量。

iv）在前 5 个周期结束时的电容器电压 v_C。

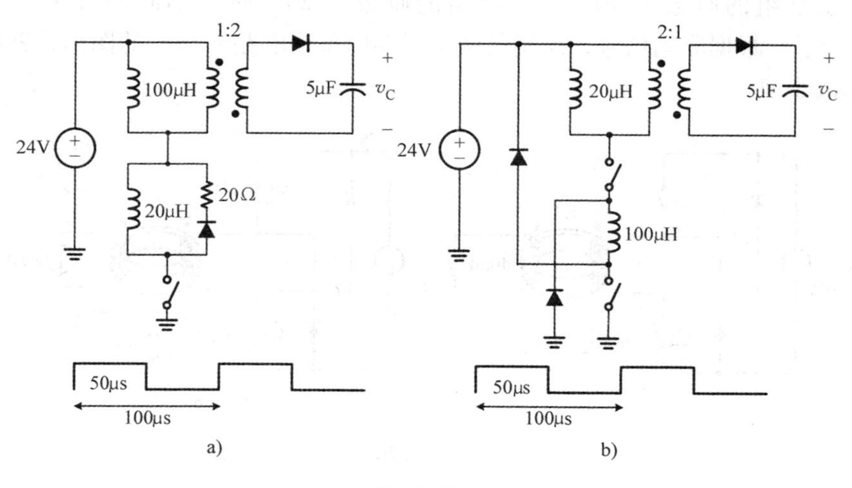

图 P2.28

2.29** 使用 $\mu_r = 5000$、$S = 2\text{cm}^2$、$l_m = 4\pi \times 10^{-1}\text{cm}$ 的环形磁心构成变压

器。一次绕组的匝数为 5，二次绕组的匝数为 10。图 P2. 29 所示的开关电路使用上述变压器制造。

a）根据开关驱动信号，绘制 $0 < t < 100\text{ms}$ 期间 v_C 和 i_C 的波形，标出波形图上的所有重要信息，体现你对电路工作的了解。

b）计算电路的平均功耗。

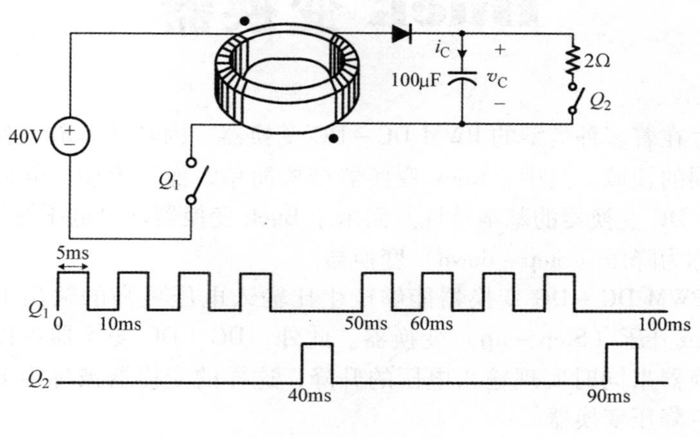

图 P2. 29

第3章 Buck变换器

当前，存在着多种类型的PWM DC-DC变换器，因其功率放大作用的不同而被应用于不同的领域。其中，Buck变换器结构简单，操作方便，同时兼具其他常见PWM DC-DC变换器的基本特性。而由于Buck变换器输出电压始终低于输入电压，故又被称为降压（Step-down）变换器。

另一种PWM DC-DC变换器能够产生比输入电压更高的输出电压，被称为Boost变换器或升压（Step-up）变换器。此外，DC-DC变换器可以通过组合降压和升压变换器来同时实现输入电压的升降，这样的变换器被称为Buck/Boost变换器或者升-降压变换器。

本章讨论了Buck变换器，后续章节将陆续介绍Boost、Buck/Boost变换器以及其他PWM DC-DC变换器。虽然本章重点是介绍Buck变换器，但是其理论基础和分析技术仍可以扩展到其他PWM DC-DC变换器，包括Boost和Buck/Boost变换器。

如第1章中所述，PWM DC-DC变换器的源极可以是任意的独立直流电源或通过对交流电源整流得到的非理想直流电源。另外，负载可以是任意的以恒定电压工作的电气元件、设备和系统。然而，本书中假定直流电源和电阻负载是理想元件，是为了更聚焦于对DC-DC变换器本身的研究。涉及电压源以及负载系统非理想特征的问题，将在第9章中讨论。

本章主要阐述了Buck变换器的功能以及工作细节，并介绍了几种重要的分析方法来揭示Buck变换器的工作过程及特性。此外，本章还对如何使用PWM技术对Buck变换器实施闭环控制进行了说明。

3.1 理想的降压DC-DC功率变换

Buck变换器是降压DC-DC功率变换器最简单的电路结构。降压DC-DC变换器的概念在1.1.1节进行介绍，灯泡驱动电路如图1.2所示。本节介绍降压功率变换的理论知识。

图3.1a所示的概念图可以阐释降压DC-DC功率变换，其主要包括两个功能模块：单刀双掷（SPDT）开关和理想低通滤波器。在一个开关周期T_s内，SPDT

开关保持在位置 a 的时间为 T_{on}，保持在位置 p 的时间为 $T_{off}=T_s-T_{on}$。其中 T_{on} 为导通时间，T_{off} 为断开时间。T_{on} 和 T_s 的比值 D 被称为 SPDT 开关的占空比：

$$D=\frac{T_{on}}{T_s} \tag{3.1}$$

类似地，T_{off} 和 T_s 的比值 D' 为

$$D'=\frac{T_{off}}{T_s}=\frac{T_s-T_{on}}{T_s}=1-D \tag{3.2}$$

SPDT 开关将输入电压 V_S 转换为矩形波 v_X 作为理想低通滤波器的输入，如图 3.1 所示。

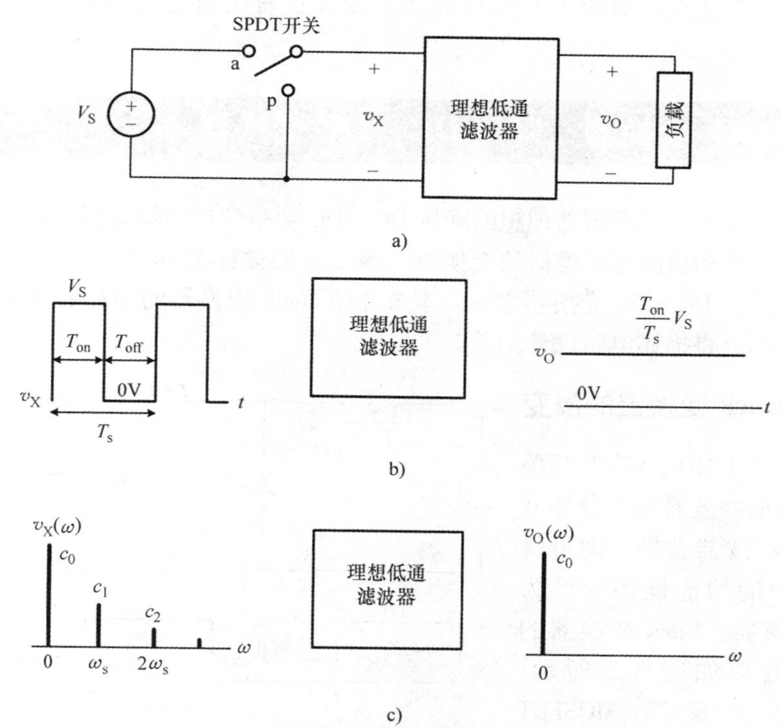

图 3.1　理想的降压 DC - DC 功率变换

a）框图表示　b）时域描述　c）频域描述

将 v_X 进行傅里叶变换展开，可表示为直流分量和正弦谐波曲线的和：

$$v_X(t)=c_0+\sum_{0}^{\infty}c_n\sin(n\,\omega_s t+\theta_n) \tag{3.3}$$

式中，c_0 为直流分量；$\omega_s=2\pi/T_s$ 为 v_X 的基频。直流分量 c_0 为 v_X 的平均值。

$$c_0=\bar{v}_X(t)=\frac{T_{on}}{T_s}V_S=D\,V_S \tag{3.4}$$

若理想低通滤波器的频率 ω_c 低于 v_X 的基频 ω_s，即 $\omega_c<\omega_s$，所有的谐波分量将被完全滤掉，只有直流分量作为低通滤波器的输出。

$$V_O(t) = c_0 = D\,V_S \tag{3.5}$$

图3.1b显示了理想低通滤波器的时域上的输入输出曲线，而图3.1c描绘了频域上的曲线波动范围。

图3.1所示的DC-DC功率变换具有以下特征：

1）由于理想低通滤波器的特征，电路能够为负载提供纯直流电压。

2）电路的电压增益v_O/V_S等于SPDT开关的占空比。因此，输出电压的大小能够通过改变SPDT开关的占空比来调节。

3）由于$0<D<1$，输出电压始终低于输入电压。

基于以上几点，如图3.1所示的功率变换被称为理想的降压DC-DC功率变换。

3.2 Buck变换器：降压DC-DC变换器

尽管图3.1中的框图是理想的降压DC-DC功率变换的概念图，但是确实存在与图3.1结构和功能非常类似的变换器。该变换器被称为Buck变换器，是目前使用最为广泛的DC-DC变换器之一。本节介绍Buck变换器的结构和理论基础，本章的后续部分将描述电路设计细节。

3.2.1 Buck变换器的演变

将图3.1中的SPDT开关和理想低通滤波器用半导体开关和LC滤波器替换，即可将图3.1中的功能框图变换为Buck变换器。Buck变换器的电路及波形如图3.2所示。SPDT开关采用MOSFET开关-二极管对来实现。MOSFET开关的导通/关断由栅极驱动器信号v_{GS}控制，而二极管的状态由MOSFET开关的条件决定。当MOSFET开关导通时，由于输入电压V_S的作用使得pn结反偏，二极管不导通；相反，当MOSFET开关关闭时，电感电流强制二极管导通，从而形成一个电流通路。

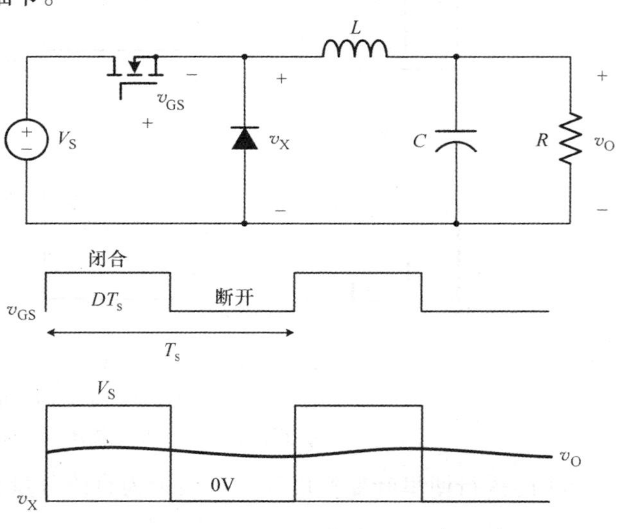

图3.2 Buck变换器和主要波形

二阶LC滤波器用来替代理想低通滤波器。尽管LC滤波器的理想特性稍差，但其功能强大适用范围更广。之后会说明LC滤波器非理想特性的影响可以忽略不计。同时为了方便之后的说明，假定负载为纯电阻。

3.2.2　频域分析

如图 3.2 所示，LC 滤波器不能完全滤除 v_X 的高频分量和输出电压 v_O 的交流分量。输出电压中包含的交流分量是输出（电压）纹波或开关纹波。

由于 LC 滤波器的非理想特性，需进行简单的频域分析以评估输出纹波。带电阻负载 R 的 LC 滤波器的输入－输出传输函数由下式给出：

$$F_f(s)=\frac{v_o(s)}{v_x(s)}=\frac{\frac{1}{sC}\parallel R}{sL+\frac{1}{sC}\parallel R}=\frac{1}{1+\frac{s}{Q\omega_o}+\frac{s^2}{\omega_o^2}} \tag{3.6}$$

式中，ω_o 为极点频率，有

$$\omega_o=\frac{1}{\sqrt{LC}} \tag{3.7}$$

并且 Q 为滤波器电路的阻尼系数，有

$$Q=R\sqrt{\frac{C}{L}} \tag{3.8}$$

图 3.3 所示为 $|F_f|$ 的渐近曲线，其中假设 LC 滤波器具有一对复极点，$Q>0.5$，且滤波器的开关频率比滤波器的极点频率高，即 $\omega_s>\omega_o$。v_X 经过 LC 滤波器后直流分量保持不变，谐波分量被衰减。LC 滤波器的输入由傅里叶级数表示：

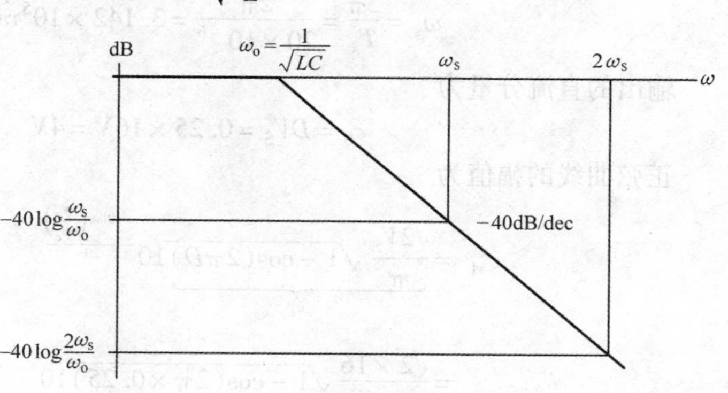

图 3.3　二阶 LC 滤波器传递函数的渐近曲线

$$v_X(t)=c_0+\sum_{n=1}^{\infty}c_n\sin(n\,\omega_s t+\theta_n) \tag{3.9}$$

正弦谐波曲线的系数由傅里叶级数展开得到：

$$c_n=\frac{\sqrt{2}V_S}{n\pi}\sqrt{1-\cos(n2\pi D)} \tag{3.10}$$

参照图 3.3，通过低通滤波器后第 n 次谐波衰减 $-40\log(n\omega_s/\omega_o)$，而直流分量保持不变。因此，$LC$ 滤波器的输出表示为

$$v_{\mathrm{O}}(t) = c_0 + \sum_{n=1}^{\infty} c'_n \sin(n\omega_{\mathrm{s}} t + \theta'_n) \tag{3.11}$$

式中

$$c'_n = c_n 10^{\frac{-40\log\left(\frac{n\omega_{\mathrm{s}}}{\omega_{\mathrm{o}}}\right)}{20}} = \underbrace{\frac{\sqrt{2}V_{\mathrm{S}}}{n\pi}\sqrt{1-\cos(n2\pi D)}}_{c_n} 10^{\frac{-40\log\left(\frac{n\omega_{\mathrm{s}}}{\omega_{\mathrm{o}}}\right)}{20}} \tag{3.12}$$

式（3.11）右边的第二项，表示正弦谐波之和，即为输出纹波。式（3.12）表明如果满足条件 $\omega_{\mathrm{s}} >> \omega_{\mathrm{o}}$，则输出纹波降低到可忽略的水平。该条件可以通过使用较大的滤波器以降低极点频率或增大开关频率来实现。

［例 3.1］ 输出纹波的估算

本实例验证了之前对于输出纹波频域分析的准确度。Buck 变换器的工作条件为 $V_{\mathrm{S}}=16\mathrm{V}$，$L=40\mu\mathrm{H}$，$C=470\mu\mathrm{F}$，$R=1\Omega$，$T_{\mathrm{s}}=20\mu\mathrm{s}$，$D=0.25$。则滤波器的极点频率大小为

$$\omega_{\mathrm{o}} = \frac{1}{\sqrt{LC}} = \frac{1}{\sqrt{40\times10^{-6}\times470\times10^{-6}}}\mathrm{rad/s} = 7.293\times10^{3}\mathrm{rad/s}$$

变换器的开关频率为

$$\omega_{\mathrm{s}} = \frac{2\pi}{T_{\mathrm{s}}} = \frac{2\pi}{20\times10^{-6}} = 3.142\times10^{5}\mathrm{rad/s}$$

输出的直流分量为

$$c_0 = DV_{\mathrm{S}} = 0.25\times16\mathrm{V} = 4\mathrm{V}$$

正弦曲线的幅值为

$$\begin{aligned} c'_1 &= \underbrace{\frac{\sqrt{2}V_{\mathrm{S}}}{\pi}\sqrt{1-\cos(2\pi D)}}_{c_1} 10^{\frac{-40\log\left(\frac{\omega_{\mathrm{s}}}{\omega_{\mathrm{o}}}\right)}{20}} \\ &= \frac{\sqrt{2}\times16}{\pi}\sqrt{1-\cos(2\pi\times0.25)}\,10^{\frac{-40\log\left(\frac{3.142\times10^5}{7.293\times10^3}\right)}{20}} \\ &= 3.880\times10^{-3} \end{aligned}$$

类似地，高次谐波分量的幅值计算结果如下：$c'_2 = 6.860\times10^{-4}$，$c'_3 = 1.439\times10^{-4}$，$c'_4 = 0$，$c'_5 = 3.104\times10^{-5}\cdots$

Buck 变换器的两个重要结论可由先前的分析得到：

1）输出电压的谐波分量大小与直流分量相比可忽略不计。这表明 LC 滤波器能够实现较好的滤波功能且变换器的输出电压 $c_0 = 4\mathrm{V}$。

2）由于正弦谐波曲线的系数大于高次谐波曲线的系数，输出电压纹波的幅值约为 $\Delta v_{\mathrm{O}}(t) \approx 2c'_1 = 2\times3.880\times10^{-3}\mathrm{V} = 7.76\mathrm{mV}$。

图 3.4 给出了 Buck 变换器输出电压的 PSpice® 仿真结果。输出纹波的幅值与预测分析得到的 7.76mV 非常接近。

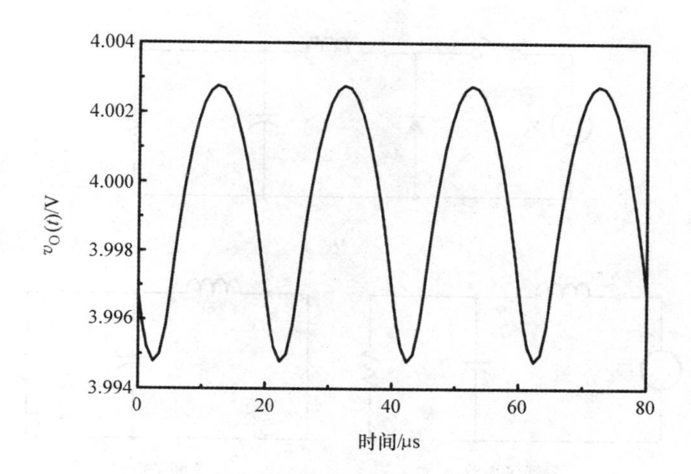

图 3.4 Buck 变换器的输出电压波形

如例 3.1 所示，简单的二阶 *LC* 滤波器的输出纹波容易衰减至可忽略不计。二阶 *LC* 滤波器只是多种滤波器中的一个具体示例。若允许输出纹波较大，可去除二阶滤波器中用到的电容器，得到一阶 *LR* 滤波器。相反，如果需要进一步的纹波衰减，可以采用更高阶或多级的滤波器。

3.3 Buck 变换器的启动瞬态

本节介绍 Buck 变换器的启动过程。首先介绍分段线性分析的概念，然后使用分段线性分析法来解释 Buck 变换器的启动瞬态响应。

3.3.1 分段线性分析

因为半导体器件的开关活动使得变换器的拓扑结构周期性改变，所以无法直接得到 DC - DC 变换器的时域分析结果。分析 DC - DC 变换器时域特征的一种标准方法是分段线性分析法，其中 DC - DC 变换器被认为是几个线性电路的组合，任意一个线性电路在一个开关周期的特定时间间隔内均有效。

当其开关驱动信号打开时（开关管导通，二极管关断），电路被定义为导通时间等效电路；同样，当开关驱动信号关闭时（开关管关闭，二极管导通），电路被定义为关闭时间等效电路。分析 DC - DC 变换器的工作过程首先要单独分析每个子电路而后考虑两个子电路的综合作用。Buck 变换器导通和关断子电路如图 3.5 所示。子电路的分段线性分析法简化了整个分析过程，更重要的是，对变换器的工作过程分析提供了有意义的借鉴。

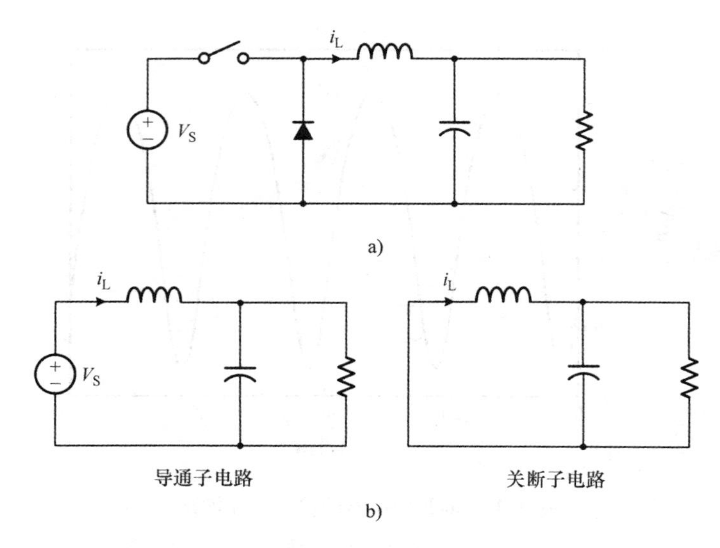

图 3.5　Buck 变换器以及导通和关断子电路
a）Buck 变换器　b）导通和关断子电路

3.3.2　启动响应

DC－DC 变换器的时域响应可由导通和关断时间等效电路的分段分析得到。例如启动过程中电感器电流的响应的计算方法如下。首先，在零初始条件下，当 $0<t<DT_s$时，求得导通子电路的电路方程。电感器电流的表达式可从计算结果中获得。然后，考虑到电路变量，将 $t=DT_s$ 作为新的初始条件，当 $DT_s<t<T_s$ 时，求得关断子电路的电路方程。重复此过程，可获得整个启动周期电感器电流的响应曲线。

作为先前迭代分析的替代方法，定性分析法可以用于预测电感器电流。对于变换器作为导通子电路的时间段 $0<t<DT_s$ 内，电压源向电感器传输能量。因此，如图 3.6 所示，电感器电流增大。对于变换器作为关断子电路的时间段 $DT_s<t<T_s$ 内，电感器中存储的电能被释放到负载中，因此电感器电流减小。

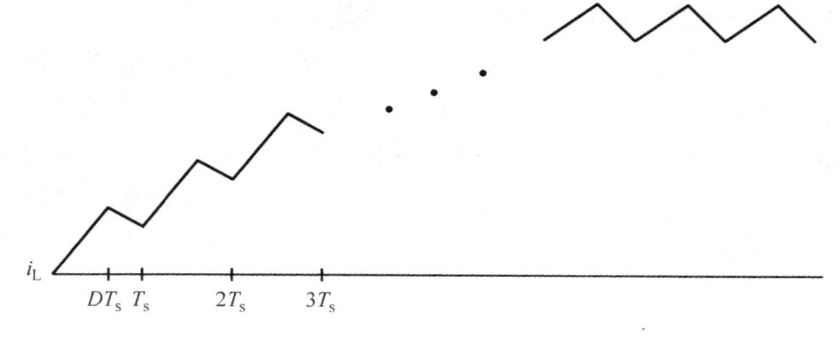

图 3.6　电感器电流的定性分析

在启动过程的早期阶段，电压源传输的能量多于释放到负载的能量。因此，在每个开关周期的电感器中存储的能量始终是增加的。这意味着电感器电流变化曲线如图 3. 6 所示。随着时间的推移，电压源传输的能量与释放到负载的能量之间的差异变小。在导通时间内传输的能量与释放的能量相同时，变换器建立稳定状态且电感器电流变为周期性三角波。

[例 3. 2] 电感器电流的启动响应

本实例说明了 Buck 变换器的启动瞬态响应过程。图 3. 7 给出了在例 3. 1 中介绍的 Buck 变换器启动过程中的电感器电流变化曲线。除负载电阻 $R = 0.1\Omega$ 外其他参数与例 3. 1 中相同。

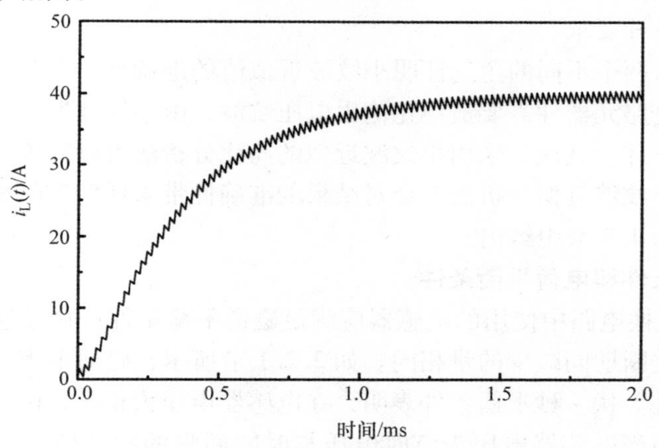

图 3. 7 电感器电流的启动瞬态响应

3. 4 稳态中的 Buck 变换器

合理设计的 DC – DC 变换器最终应达到稳定状态。当一个 DC – DC 变换器达到稳定状态时，电感器电流为周期性的三角波，且输出电压的纹波很小，几乎保持不变。本节首先介绍几种电路分析技术，然后分析稳态下 Buck 变换器的电路波形。

3. 4. 1 电路分析技巧

除标准电路方程外，还采用了几种具体的方法用于 DC – DC 变换器的电路分析。这些方法包括分段线性分析法、小纹波近似分析法、电感器磁通平衡条件和电容器电荷平衡条件。

分段线性分析法

分段线性分析技术是分析时变 DC – DC 功率变换电路非常有效的方法。当与之后的小纹波近似分析法结合使用时，分段线性分析法能够使用非常简单的电路方程来研究 DC – DC 变换器。在大多数情况下，使用基本电路方程的图形结构可准确预测电路波形。

小纹波近似分析法

另一个对 DC - DC 变换器进行稳态分析的关键技术是小纹波近似分析法。该方法假设变换器输出中包含的纹波相对较小，几乎可以将输出看作一个纯直流电压。这个假设大大简化了电路分析，且不会影响精度。

实际上，与直流分量相比，输出电压中的纹波实际上非常小，并且其对变换器功能上的影响可以忽略不计。因此，考虑纹波分量的精确的电路分析是不必要的，在大多数情况下电路分析时假定输出电压恒定不变是完全能够满足需求的。基于小纹波近似的流线型分析方法能够快速产生简单的电路方程，所得到的结果足以满足所有工程化的设计要求。

至少可以从两个不同的角度证明小纹波近似值的准确性。首先，由于 DC - DC 变换器所选的电路元器件需要最小化输出电压纹波，由小纹波近似分析引起的误差确实可以忽略不计。其次，采用小纹波近似的简化分析法可以准确地估计输出电压纹波。因此，小纹波近似分析法不会对结果的准确性带来任何实际影响。对于输出纹波的估算在 3.4.3 节中给出。

磁通平衡条件和电荷平衡条件

DC - DC 变换电路中使用的电感器应满足磁通平衡条件；在导通期间的磁通增加应与磁通在关断期间减少的量相同。如 2.2.1 节所示，磁通平衡条件可以转换为伏 - 秒平衡条件。伏 - 秒平衡条件表明，在电感器电压为正时，电压电平和时间间隔的积分值应与当电感器电压为负时电压与时间间隔的积分值相同。此外，作为伏 - 秒平衡的产生条件，电感器电压的平均值应为零。

电容器应满足电荷平衡条件：在每个开关周期内，电容器进行电荷存储时节点的净变化应为零。电荷平衡条件可以转换成安 - 秒平衡条件。安 - 秒平衡条件表示正电流（流入电容器）和电流流动时间的积分值应与负电流（从电容器流出）和对应的电流流动时间的积分值相同。一般来说，电感器电压和电容器电流的平均值都应该是零。

伏 - 秒和安 - 秒平衡条件限制了 DC - DC 功率变换电路中电感器和电容器的变化。当 DC - DC 变换器达到稳定状态时，电路变量达到满足伏 - 秒和安 - 秒平衡条件的稳定值。从而，这些平衡条件可以作为 DC - DC 变换器电路稳态分析的重要定理。

3.4.2 稳态分析

当前一般采用分段线性分析法、小纹波近似分析法、伏 - 秒平衡条件、安 - 秒平衡条件以及其他标准电路分析技术对 Buck 变换器进行稳态分析。图 3.8 所示为 Buck 变换器、导通和关断子电路及其主要的电路波形。基于小纹波近似分析法，对于导通和关断子电路，变换器的输出保持恒定电压 V_O。从图 3.8b 可以看出，电

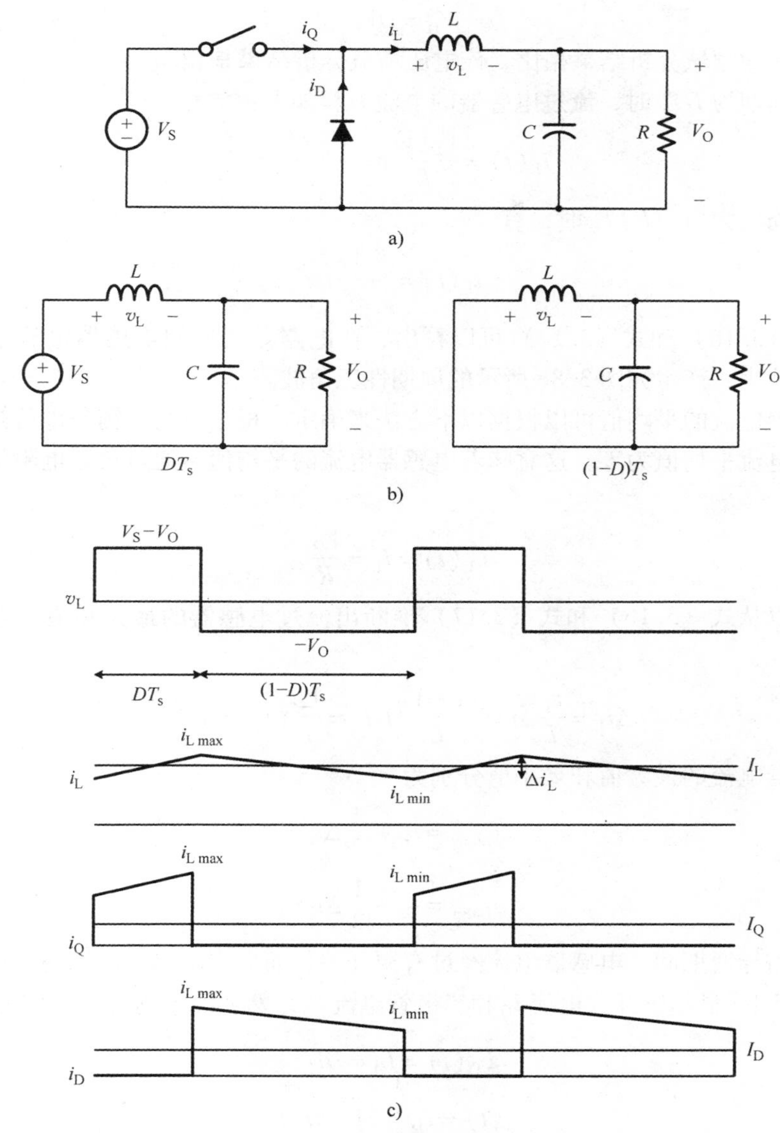

图 3.8　Buck 变换器的稳态分析

a）Buck 变换器　b）导通和关断子电路　c）主要波形

感器两端的电压为

$$v_L(t)=\begin{cases}V_S-V_O & \text{导通子电路}\\ -V_O & \text{关断子电路}\end{cases} \tag{3.13}$$

通过对电感器采用伏 - 秒平衡条件，可以得到

$$(V_S-V_O)DT_s=V_O(1-D)T_s \tag{3.14}$$

化简得到电压增益表达式

$$V_O = DV_S \tag{3.15}$$

与之前的频域分析结果相比，该电压增益分析结果是相同的。

导通周期为 DT_s 时，流过电感器的电流方程如下：

$$i_L(t) = \frac{V_L(t)}{L}t = \frac{V_S - V_O}{L}t \tag{3.16}$$

关断周期为 $(1-D)T_s$ 时，有

$$i_L(t) = -\frac{V_O}{L}t \tag{3.17}$$

从式（3.16）和式（3.17）可以看出，在电路导通期间电感器电流增大，在关断期间减小，产生如图 3.8c 所示的周期性三角波。

电感器电流的平均值可以根据以下方法来确定。根据电荷平衡条件可知，通过电容器的电流平均值为零。这意味着电感器电流的平均值与通过负载电阻的直流电流相同：

$$\bar{i}_L(t) = I_L = \frac{V_O}{R} \tag{3.18}$$

也可以从式（3.16）和式（3.17）推断出流过电感器的最大和最小电流之间的差值

$$\Delta i_L = \frac{v_L}{L}\Delta t = \frac{V_S - V_O}{L}DT_s = \frac{V_O}{L}(1-D)T_s \tag{3.19}$$

电感器电流的最大值和最小值分别为

$$i_{Lmax} = I_L + \frac{1}{2}\Delta i_L \tag{3.20}$$

$$i_{Lmin} = I_L - \frac{1}{2}\Delta i_L \tag{3.21}$$

在电路导通期间，电感器电流经过有源开关，而后在电路关断期间内使二极管导通。图 3.8c 显示了开关电流 i_Q 和二极管电流 i_D，两者的平均电流分别为

$$\bar{i}_Q(t) = I_Q = DI_L \tag{3.22}$$

$$\bar{i}_D(t) = I_D = (1-D)I_L \tag{3.23}$$

[例 3.3] Buck 变换器的稳态分析

本实例阐明了基于小纹波近似分析法的稳态分析的准确性。在表 3.1 中对例 3.1 中 Buck 变换器的电压和电流波形的关键值进行了评估。Buck 变换器的参数为 $V_S = 16\text{V}$，$L = 40\mu\text{H}$，$C = 470\mu\text{F}$，$R = 1\Omega$，$T_s = 20\mu\text{s}$，$D = 0.25$。图 3.9 给出了变换器仿真波形。

3.4.3 输出电压纹波的估算

由于 LC 滤波器的非理想滤波特性，Buck 变换器的输出包含纹波分量。可以对

其进行详尽分析，以得到包含纹波分量的输出电压精确表达式。然而，在实践中，快速估计输出纹波的幅值比精确分析更有用。本节介绍了一个简单的输出纹波分析过程。

表 3.1　Buck 变换器的稳态分析

电路变量	表达式
V_O	$V_S D = 16 \times 0.25\text{V} = 4\text{V}$
v_{Lmax}	$V_S - V_O = 16\text{V} - 4\text{V} = 12\text{V}$
v_{Lmin}	$-V_O = -4\text{V}$
I_L	$\frac{V_O}{R} = \frac{4}{1}\text{A} = 4\text{A}$
Δi_L	$\frac{V_S - V_O}{L} DT_s = \frac{16-4}{40 \times 10^{-6}} \times 0.25 \times 20 \times 10^{-6}\text{A} = 1.5\text{A}$
i_{Lmax}	$I_L + \frac{1}{2}\Delta i_L = 4\text{A} + \frac{1.5}{2}\text{A} = 4.75\text{A}$
i_{Lmin}	$I_L - \frac{1}{2}\Delta i_L = 4\text{A} - \frac{1.5}{2}\text{A} = 3.25\text{A}$

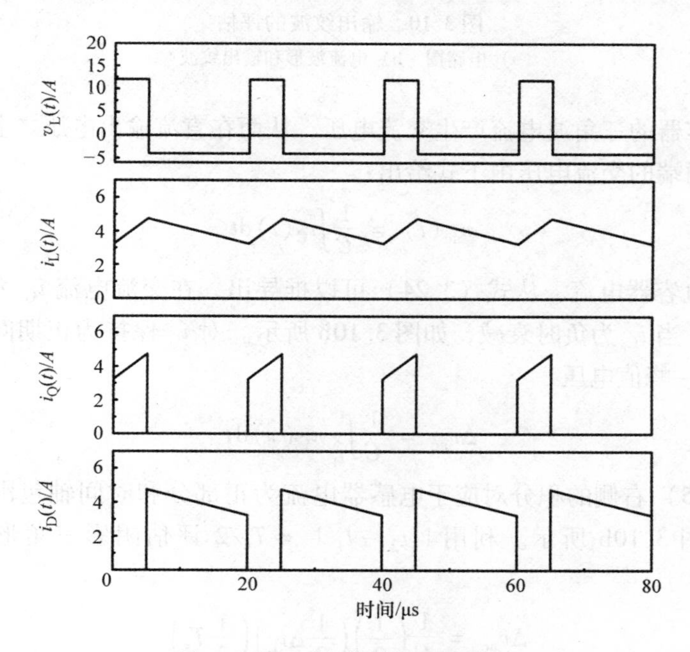

图 3.9　Buck 变换器的电路波形

理想电容器的估算

纹波分析的电路图和波形如图 3.10 所示。如之前的分析，电感器电流是由直流和交流分量构成的三角波形。直流分量完全流过负载电阻，因为电容器对直流电流具有无限大的阻抗。

另一方面，交流分量即电感器电流的三角形部分将流过电容器和负载电阻器。然而，实际变换器通常采用大电容器来进行充分的滤波。在开关频率下评估的电容器的阻抗比负载电阻小得多，因此假设电感器电流的三角形部分能够完全流过电容器，如图 3.10b 所示。

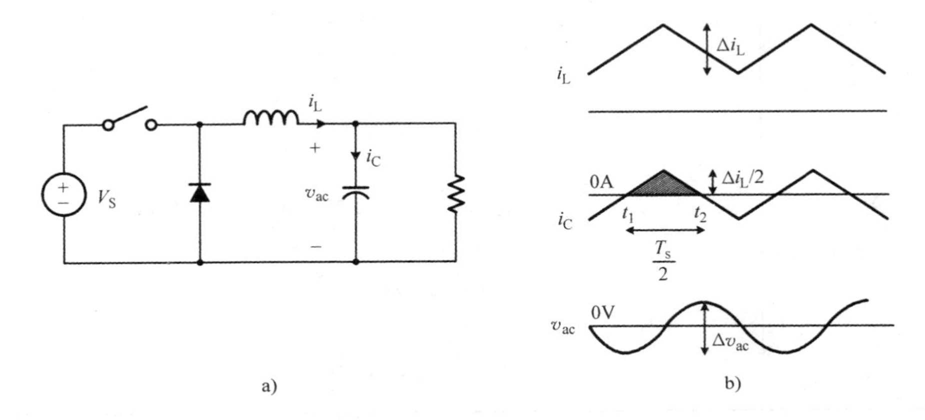

图 3.10 输出纹波的评估

a）电路图 b）电流波形和输出纹波

流过电容器的三角波电流产生交流电压，从而在直流输出电压之上产生纹波分量。电容器两端的交流电压由下式给出：

$$v_{ac}(t) = \frac{1}{C}\int i_C(t)\,dt \tag{3.24}$$

式中，i_C 为电容器电流。从式（3.24）可以推导出，在交流电流 i_C 为正期间，交流电压增加，当 i_C 为负时衰减，如图 3.10b 所示。对 i_C 保持为正期间的电流积分得到 v_{ac} 的峰-峰值电压

$$\Delta v_{ac} = \frac{1}{C}\int_{t_1}^{t_2} i_C(\tau)\,d\tau \tag{3.25}$$

式（3.25）右侧的积分对应于电感器电流为正部分和时间轴包围而成的三角形面积，如图 3.10b 所示。利用 $|t_2 - t_1| = T_s/2$ 评估阴影三角形的面积，式（3.25）变为

$$\Delta v_{ac} = \frac{1}{C}\left(\frac{1}{2}\right)\left(\frac{1}{2}\Delta i_L\right)\left(\frac{1}{2}T_s\right) \tag{3.26}$$

将式（3.19）代入式（3.26）得到 v_{ac} 的峰-峰值电压为

$$\Delta v_{ac} = \frac{1}{8}\frac{V_O}{LC}(1-D)T_s^2 \tag{3.27}$$

由式（3.27）给出的电压摆幅 Δv_{ac} 对应于叠加在输出的直流电压 V_O 上的纹波分量 Δv_O 的幅值。

［**例3.4**］ 电流波形和输出纹波

本实例验证了之前对于输出纹波分析的准确性。图3.11显示了上述实例中使用的Buck变换器的电感器电流 i_L、电容器电流 i_C 和输出电压 V_O 的仿真波形。基于式（3.27），输出纹波的幅值为

$$\begin{aligned}\Delta v_O = \Delta v_{ac} &= \frac{1}{8}\times\frac{V_O}{LC}(1-D)T_s^2\\ &= \frac{1}{8}\times\frac{4}{40\times10^{-6}\times470\times10^{-6}}(1-0.25)(20\times10^{-6})^2\text{V}\\ &= 7.98\text{mV}\end{aligned}$$

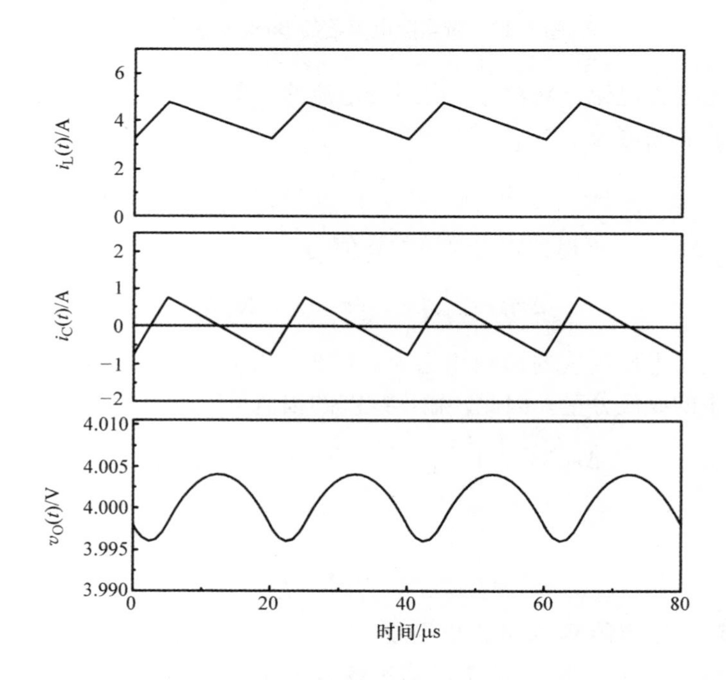

图3.11 Buck变换器的电流波形和输出纹波

需要注意的是，这一时域分析的结果非常接近于例3.1中频域分析得到的结果。分析结果显示 $\Delta v_O=7.98\text{mV}$，而之前的频域分析预测 $\Delta v_O=7.76\text{mV}$。

电容器寄生电阻的影响

关于Buck变换器稳态的早期讨论均基于所有电路元器件都是理想元器件。实际上，变换器的性能受到实际电路元器件的非理想特性的影响。其中最值得关注的是实际电容器的寄生电阻的影响。

由于介电材料的非理想特性，实际电容器含有内部寄生电阻，称为等效串联电

阻（ESR）。因此，实际电容器的电路模型应包括如图 3. 12 中标记为 R_c的 ESR。由于 ESR 的存在，实际电容器的纹波电压 $v_{Cripple}$被分为两部分，即由载流电容器产生的纹波电压 v_{ac}，以及由于 ESR 上的压降引起的纹波电压 v_{esr}，如图 3. 12 所示：

$$v_{Cripple}(t) = v_{ac}(t) + v_{esr}(t) = \frac{1}{C}\int i_C(t)\mathrm{d}t + i_C(t)R_c \tag{3.28}$$

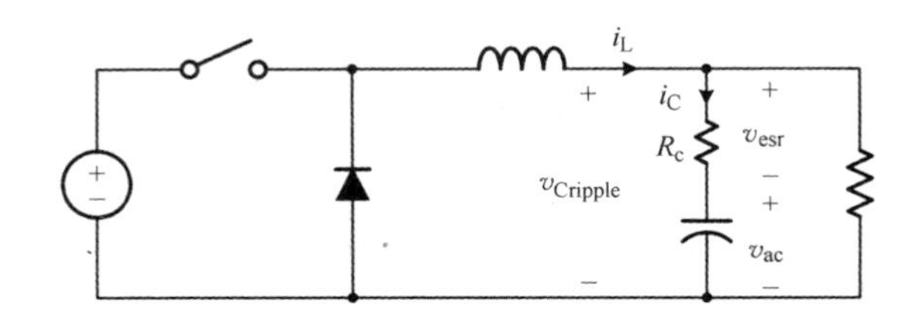

图 3. 12 带实际电容器的 Buck 变换器

式中，i_C 为电容器电流，其对应于电感器电流的三角形部分区域。从式（3. 28）可知，输出纹波的幅值为

$$\Delta v_O = \Delta v_{cripple} \approx \frac{1}{C}\int_{t_1}^{t_2} i_C(\tau)\mathrm{d}\tau + \Delta i_C R_c \tag{3.29}$$

将 $\Delta i_C = \Delta i_L$代入可得到输出纹波的幅值为

$$\Delta v_O \approx \frac{1}{C}\int_{t_1}^{t_2} i_C(\tau)\mathrm{d}\tau + \Delta i_L R_c \tag{3.30}$$

ESR 对输出电压纹波的影响相当大。ESR 产生的纹波分量通常远远大于由电容器本身产生的纹波分量。因此，输出纹波的幅值可以近似为

$$\Delta v_O \approx \frac{1}{C}\int_{t_1}^{t_2} i_C(\tau)\mathrm{d}\tau + \Delta i_L R_c \approx \Delta i_L R_c \tag{3.31}$$

式中

$$\frac{1}{C}\int_{t_1}^{t_2} i_C(\tau)\mathrm{d}\tau << \Delta i_L R_c \tag{3.32}$$

[例 3. 5] 电容器 ESR 的输出纹波

本实例说明了电容器的 ESR 对输出纹波的影响。Buck 变换器示例中 470μF 输出电容器的 ESR 电阻值假定为 $R_c = 0.05\Omega$。图 3. 13 所示为 Buck 变换器 ESR 产生的电压 v_{esr}和输出电压 v_O的仿真波形。与预测结果类似，输出纹波近似电容器 ESR 处产生的三角形电压降。输出纹波的幅值也非常接近式（3. 31）的预测分析：$\Delta v_O \approx \Delta i_L R_c = 1.5 \times 0.05\text{V} = 0.075\text{V}$。

如上所述，由载流电容引起的纹波分量几乎不可检测，输出纹波实际上由输出电容器的电流决定。然而，这并不意味着之前对于理想电容器的纹波分析是无意义的。在式（3. 26）中的纹波计算方法仍然有用，因为方法本身可以用于许多其他 DC – DC 变换器的分析。

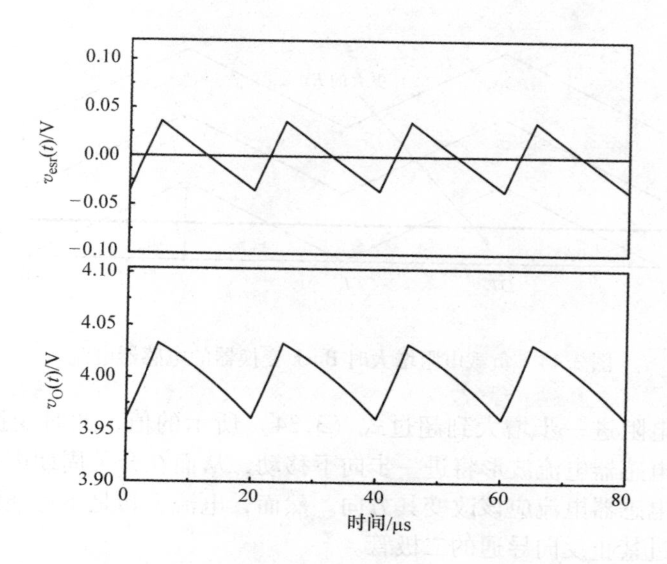

图 3.13　电容器 ESR 压降 v_{esr} 和输出电压 v_O

3.5　不连续导通模式（DCM）中的 Buck 变换器

Buck 变换器的工作过程相对简单易懂。基于小纹波近似和磁通/电荷平衡条件的分段线性分析法为稳态分析提供了切实有效的方案。然而，还有一些 Buck 变换器不符合上述工作原理并且表现出复杂的电路特性。本节介绍一种不连续导通的新型工作模式。

3.5.1　DCM 工作的缘由

图 3.14 阐明了新的工作过程，给出了 Buck 变换器的一组电感器电流曲线，每一个电感器电流的负载电阻值都不同，但占空比相同。随着负载电阻变大，电感器电流减小，同时保持相同的波形曲线。这是因为电感器电流的平均值与负载电阻成反比：

$$I_L = \frac{V_O}{R} \tag{3.33}$$

电感器电流的斜率将不随负载电阻的变化而变化——只要占空比保持不变，决定电感器电流斜率的电感器电压将不会改变。随着负载电阻持续增加，此时电感器电流的最小值会变为 0。

$$I_L = \frac{V_O}{R} = \frac{1}{2}\Delta i_L \tag{3.34}$$

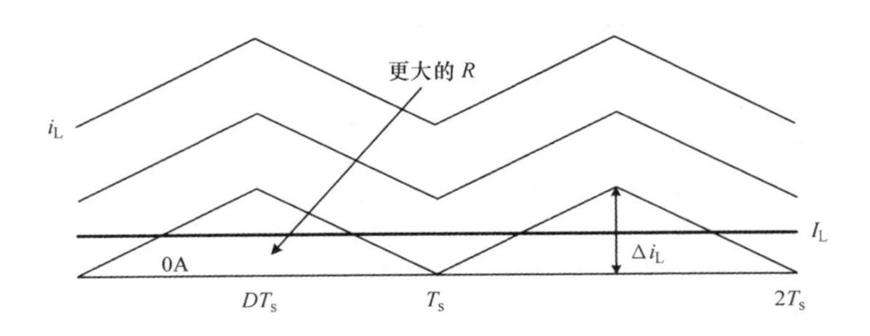

图 3.14　负载电阻增大时 Buck 变换器的电感器电流

如果负载电阻进一步增大到超过式（3.34）所示的值，此时变换器遵循相同的工作原理，电感器电流波形将进一步向下移动，从而在开关周期内产生中断。这种情况意味着电感器电流应该改变其方向。然而，电流反转是不可能的，因为电感器电流无法流过禁止反向导通的二极管。

实际上，当负载电阻变得足够大使平均电感器电流达到临界值 $I_L = \Delta i_L/2$ 以下时，变换器不再满足先前讨论的工作原理，而是进入新的工作模式。这种新的工作模式称为不连续导通模式（DCM），在这种模式下电感器电流在每个开关周期的一定时间间隔内为 0，从而变得不连续。

DCM 工作下的电感器电流如图 3.15 所示。电感器电流的定性描述如下：

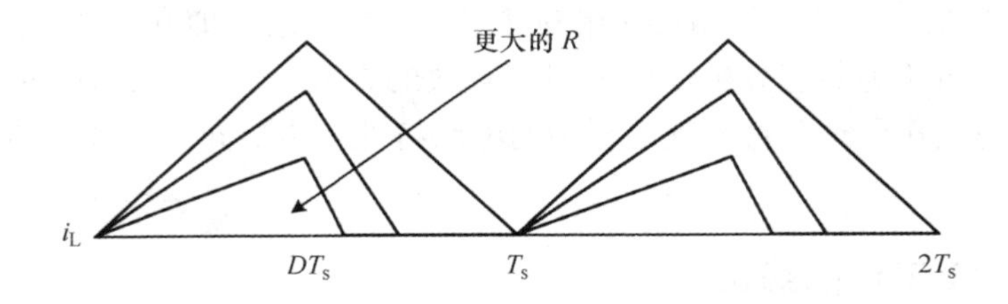

图 3.15　DCM 工作下的电感器电流

1）在电路导通期间，电感器电压 $v_L = V_S - V_O$ 始终为正，这将强制电感器电流线性增长。然而，如图 3.15 所示，当负载电阻变化时，导通时间段内电感器电流的斜率不断变化，负载电阻越大，斜率越平缓。原因是 DCM 工作下的电压增益不仅取决于占空比，而且还取决于负载电阻。如 3.5.3 节所示，DCM 电压增益与负载电阻成正比：随着负载电阻变大，电压增益也变大。因此，更大的负载电阻会产生较大的输出电压，从而减小电感器电流的上升斜率 $(V_S - V_O)/L$。

2）在电路关断期间，负电感器电压 $v_L = -V_O$ 迫使电感器电流线性衰减。产生 DCM 的条件是 $I_L < \Delta i_L/2$，该条件意味着在下一个开关周期开始之前，电感器电流应该减小为零。当电感器电流变为零时，二极管关断，并在开关周期的剩余时间保

持关断状态。其他时间，DCM 的输出电压与负载电阻成正比。因此，随着负载电阻增大，输出曲线变得更陡峭。随着衰减斜率变得越来越大，电感器电流为 0 的时间越长，如图 3.15 所示。

与 DCM 相反，电感器电流一直存在的情况称为连续导通模式（CCM）。我们在前几节的变换器分析中隐含地假设电路一直工作在 CCM。需要意识到，DCM 工作与 CCM 工作同样重要和实用，因为所有的 DC - DC 变换器在正常条件下都工作在 CCM，当负载电流变得小于临界值 $I_L = \Delta i_L / 2$ 时工作在 DCM。

3.5.2 DCM 工作的条件

从之前的分析可以看出，变换器的工作模式由下式决定：

$$\begin{aligned}&I_L > \frac{1}{2}\Delta i_L : \text{CCM}\\&I_L = \frac{1}{2}\Delta i_L : \text{CCM 和 DCM 之间的边界}\\&I_L < \frac{1}{2}\Delta i_L : \text{DCM}\end{aligned} \tag{3.35}$$

参考式（3.18）和式（3.19），CCM 和 DCM 工作之间的边界条件表示为

$$I_L = \frac{1}{2}\Delta i_L \Rightarrow \frac{V_O}{R} = \frac{1}{2} \times \frac{V_O}{L}(1-D)T_s \tag{3.36}$$

式（3.36）用于找到使变换器工作在 CCM/DCM 边界的负载电阻或滤波电感的临界值

$$R_{crit} = \frac{2L}{(1-D)T_s} \tag{3.37}$$

$$L_{crit} = \frac{(1-D)RT_s}{2} \tag{3.38}$$

式（3.37）和式（3.38）使我们能够基于特定电路元器件的值来确定工作模式。当负载电阻大于 R_{crit} 时，变换器工作在 DCM。同样地，当电感减小到小于 L_{crit} 时，变换器也进入 DCM 工作。

[例 3.6]　负载变化导致的工作模式变化

该示例说明了负载电阻变化时工作模式的变化。前述示例中的 Buck 变换器的临界电阻 R_{crit} 估算为

$$R_{crit} = \frac{2L}{(1-D)T_s} = \frac{2 \times 40 \times 10^{-6}}{(1-0.25) \times 20 \times 10^{-6}}\Omega = 5.33\Omega$$

负载电阻在 $0.2R_{crit} < R < 28R_{crit}$ 之间变化时，Buck 变换器的电感器电流波形如图 3.16 所示。当 $R = 5.33\Omega = R_{crit}$ 时，变换器处于 CCM 和 DCM 的边界，当负载电阻进一步增加时，变换器进入 DCM 工作。

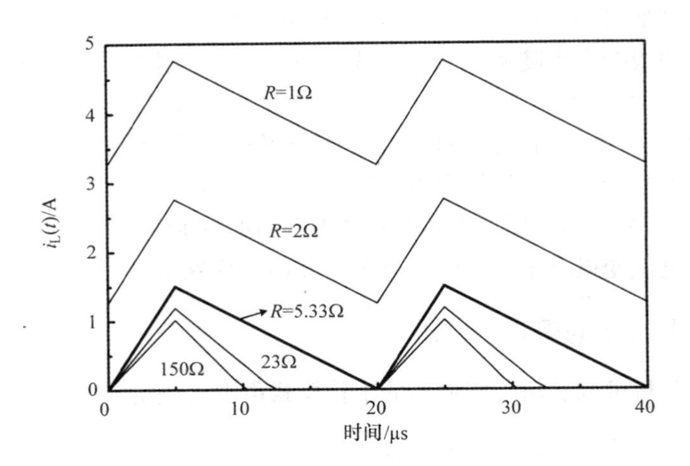

图 3.16　不同负载电阻下的电感器电流波形

[例 3.7]　电感变化导致的工作模式变化

本实例显示了电感变化时工作模式的变化。带负载电阻 $R=1\Omega$ 的 Buck 变换器的临界电感 L_{crit} 如下：

$$L_{crit}=\frac{(1-D)RT_s}{2}=\frac{(1-0.25)\times1\times20\times10^{-6}}{2}\text{H}=7.5\mu\text{H}$$

图 3.17 显示了电感值在 $0.53L_{crit}<L<5.3L_{crit}$ 之间变化时对应的电感器电流波形。随着电感变小，电流摆幅 Δi_L 增加，从而导致变换器在 $L=7.5\mu\text{H}=L_{crit}$ 时处于两种工作模式边界，当 $L<L_{crit}$ 时，进入 DCM。

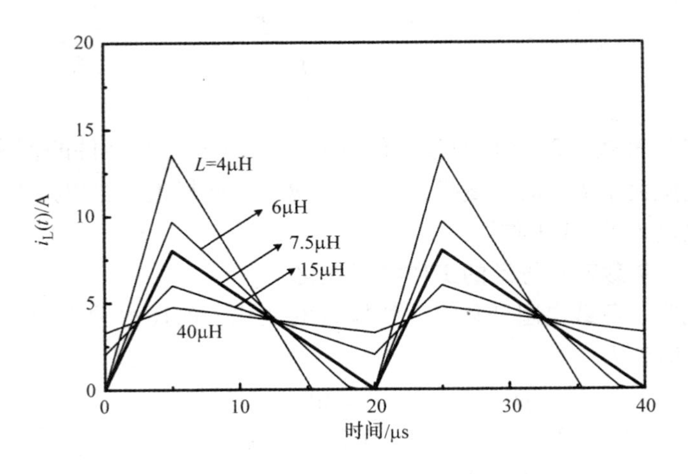

图 3.17　不同滤波电感的电感器电流波形

3.5.3 DCM的稳态工作

在DCM工作中，一个开关周期内存在三种拓扑模式，如图3.18所示。除了在CCM工作中发现的导通和关断子电路之外，还会出现一个新的分支电路，因为电感器电流在关断时间段内变为0。第三个子电路在图3.18a中称为DCM子电路。

图3.18b描述了电感器电流和导通电压的典型DCM波形。图3.18b中使用的符号D_1定义为

$$D_1 \equiv \frac{\text{有电感器电流时的部分断开时间}}{\text{开关周期}}$$

当变换器等效为DCM子电路时，电感器电压和电流都变为零，如图3.18b所示：$i_L=0 \Rightarrow \Delta i_L=0 \Rightarrow v_L=L(\Delta i_L/\Delta t)=0$。通过将伏-秒平衡条件应用于电感器的计算，可以得到

$$(V_S-V_O)DT_s=V_OD_1T_s \tag{3.39}$$

化简为

$$\frac{V_O}{V_S}=\frac{D}{D+D_1} \tag{3.40}$$

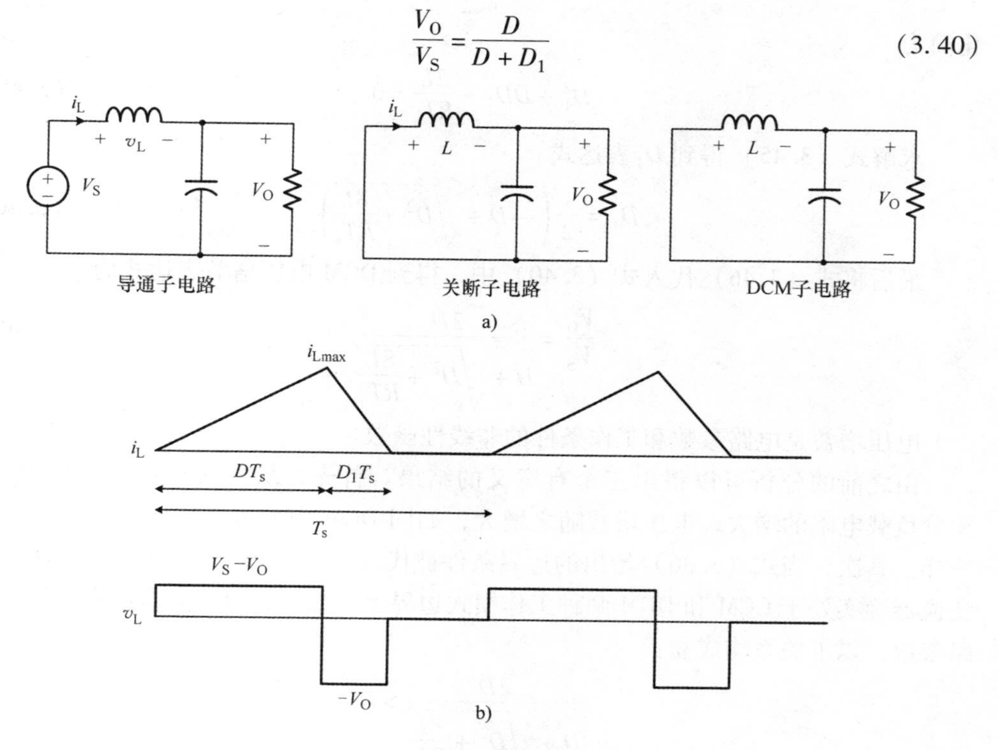

图3.18 Buck变换器的DCM工作

a）三个子电路 b）电感器电流i_L和电感器电压v_L

消去式（3.40）中的未知变量D_1，以得到完整的DCM电压增益公式。其余的

需要消去 D_1 的方程也可采用以下公式。电感器电流的平均值应与负载电流相同，因为电容平衡条件下的平均电容器电流为零。从电感器电流波形图的几何形状来看，平均电感器电流可由下式给出：

$$I_{\mathrm{L}}=\frac{\frac{1}{2}i_{\mathrm{Lmax}}(D+D_1)T_{\mathrm{s}}}{T_{\mathrm{s}}} \tag{3.41}$$

式中

$$I_{\mathrm{L}}=I_{\mathrm{O}}=\frac{V_{\mathrm{O}}}{R} \tag{3.42}$$

$$i_{\mathrm{Lmax}}=\frac{V_{\mathrm{O}}}{L}D_1T_{\mathrm{s}} \tag{3.43}$$

式（3.41）可变形为

$$\frac{V_{\mathrm{O}}}{R}=\frac{1}{2}\times\underbrace{\frac{V_{\mathrm{O}}}{L}D_1T_{\mathrm{s}}}_{i_{\mathrm{Lmax}}}(D+D_1) \tag{3.44}$$

化简为

$$D_1^2+DD_1-\frac{2L}{RT_{\mathrm{s}}}=0 \tag{3.45}$$

求解式（3.45）得到 D_1 表达式

$$D_1=\frac{1}{2}\left(-D+\sqrt{D^2+\frac{8L}{RT_{\mathrm{s}}}}\right) \tag{3.46}$$

最后将式（3.46）代入式（3.40）中，得到 DCM 电压增益表达式为

$$\frac{V_{\mathrm{O}}}{V_{\mathrm{S}}}=\frac{2D}{D+\sqrt{D^2+\frac{8L}{RT_{\mathrm{s}}}}} \tag{3.47}$$

电压增益是电路参数和工作条件的非线性函数。

由之前的分析可以得出三个有意义的结果。首先，从式（3.47）可以看出，随着负载电阻的增大，电压增益随之增大，如同 DCM 中的电感器电流的变化规律一样。其次，当式（3.36）给出的边界条件被代入式（3.46）时，$D_1=1-D$ 表示变换器确实处于 CCM 和 DCM 两种工作模式边界上。最后，对于大多数变换器的电路参数，以下关系均成立：

$$\frac{2D}{D+\sqrt{D^2+\frac{8L}{RT_{\mathrm{s}}}}}>D \tag{3.48}$$

表示在占空比相同时，DCM 工作下的电压增益大于 CCM 工作下对应的值。

[例 3.8]　DCM 下的稳态分析

本实例阐明了 DCM 下 Buck 变换器的电路波形。前面实例中使用的 Buck 变换

器的负载电阻降低为 $R=12\Omega$，其他参数保持原值：$V_S=16\ V$，$L=40\mu H$，$C=470\mu F$，$T_s=20\mu s$，$D=0.25$。因为 $R=12\Omega>R_{crit}=5.33\Omega$，所以变换器工作在DCM区域。变换器稳态响应的理论预测见表3.2。通过图3.19中的仿真波形可验证理论预测的准确性。

表3.2 DCM下的稳态分析

电路变量	表达式
D_1	$\frac{1}{2}\left(-D+\sqrt{D^2+\frac{8L}{RT_s}}\right)=\frac{1}{2}\left(-0.25+\sqrt{0.25^2+\frac{8\times40\times10^{-6}}{12\times20\times10^{-6}}}\right)=0.47$
V_O	$\frac{2D}{D+\sqrt{D^2+\frac{8L}{RT_s}}}V_S=\frac{2\times0.25}{0.25+\sqrt{0.25^2+\frac{8\times40\times10^{-6}}{12\times20\times10^{-6}}}}\times16V=5.59V$
i_{Lmax}	$\frac{V_O}{L}D_1T_s=\frac{5.59}{40\times10^{-6}}\times0.47\times20\times10^{-6}A=1.31A$

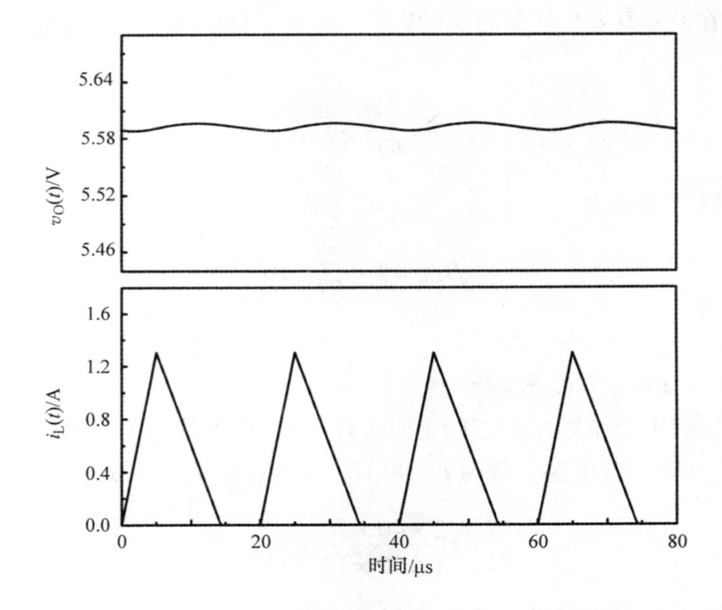

图3.19 DCM下Buck变换器的输出电压 v_O 和电感器电流 i_L

当DC－DC变换器占空比变化时，其工作模式也会发生变化。进入DCM工作的条件为

$$\frac{V_O}{R}<\frac{1}{2}\times\frac{V_O}{L}(1-D)T_s \tag{3.49}$$

重新变换式（3.49）得到

$$D < \left(1 - \frac{2L}{RT_s}\right) \tag{3.50}$$

将式（3.50）右半边式子定义为

$$1 - \frac{2L}{RT_s} = D_{crit} \tag{3.51}$$

可以得出结论：当 $0 < D < D_{crit}$ 时，变换器工作在 DCM 下；当 $D_{crit} < D < 1$ 时，变换器工作在 CCM 下。图 3.20 描述了 Buck 变换器的电压增益变化。增益曲线遵循式（3.47）给出的 DCM 增益公式，直到占空比增加到 D_{crit}，此后遵循 CCM 的电压增益公式 $V_O/V_S = D$。

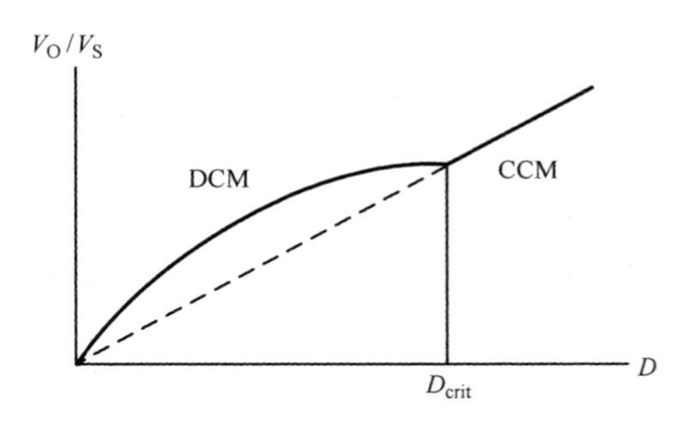

图 3.20　Buck 变换器的电压增益相对占空比的函数曲线

值得注意的是，当以下条件满足时，变换器在 $0 < D < 1$ 时保持 CCM 工作状态：

$$\frac{2L}{RT_s} > 1 \tag{3.52}$$

式（3.51）可变为

$$D_{crit} = 1 - \frac{2L}{RT_s} < 0 \tag{3.53}$$

这忽略了 $D_{crit} > 0$ 时的情况。

［例 3.9］　**Buck 变换器实例**

本实例显示了变换器在 $0 < D < 1$ 时工作在 CCM 下的情况。对于前面示例中使用的 Buck 变换器，其电路参数为 $L = 40\mu H$，$R = 1\Omega$，$T_s = 20\mu s$，它遵循

$$\frac{2L}{RT_s} = \frac{2 \times 40 \times 10^{-6}}{1 \times 20 \times 10^{-6}} = 4 > 1$$

表明变换器在 $0 < D < 1$ 时始终处于 CCM。

如本节所示，工作在 DCM 下会使得 Buck 变换器的工作原理和稳态特性发生显著变化。此外，该操作还改变了变换器的动态特性。虽然关于 DCM 动态变化的详细分析将在第 9 章中介绍，但应该提醒的是，DC－DC 变换器经常处于 CCM/DCM 边界条件，因此应综合考虑两种工作模式来设计。

3.6 Buck变换器的闭环控制

在实际应用中，DC－DC变换器由非理想电压源供电，而不是恒定的直流电源。此外，变换器的负载一般为电子器件，而不是纯电阻。因此，DC－DC变换器应很好地满足输入电压和负载电流的变化需求。

如第1章所述，DC－DC变换器旨在产生一个稳定的电压源。因此，无论输入电压或负载电流发生任何变化，变换器应将其输出电压维持在所需的电平值，能够进行输出电压调节或简单的直流调节。术语直流调节即在稳态下将变换器的输出电压调整为固定的直流值。

要实现直流调节，必须在变换器的输出电压和占空比之间建立一个功能性接口。更具体来说，DC－DC变换器应采用闭环反馈控制，在输入电压和负载电流变化时自动调节有源开关的占空比。本节介绍闭环控制Buck变换器的直流调节方法。

闭合反馈环路并不是一件容易实现的事情，需要动态变换系统的建模、分析和控制设计的相关知识。然而，本节仅涉及DC－DC变换器的直流调节问题，其动态建模、分析和控制设计将在后续章节中介绍。

3.6.1 闭环反馈控制器

图3.21为基于闭环反馈控制器的Buck变换器简化电路。反馈控制器由两个功能块组成：脉宽调制（PWM）模块和电压反馈电路。PWM模块利用电压反馈电路的输出来控制有源开关的占空比，如图3.21中的控制电压 v_{con} 和反馈控制器产生

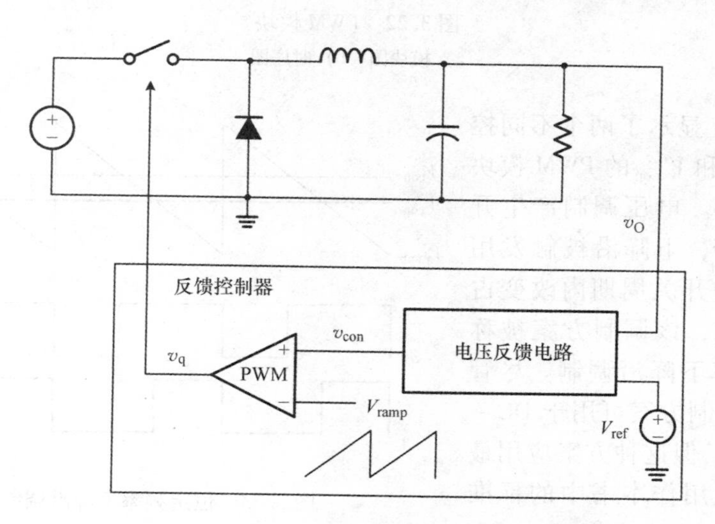

图3.21 闭环反馈控制的Buck变换器

的斜坡信号 V_{ramp}。PWM 模块的输出为 v_q，如图 3.21 所示。

电压反馈电路使用输出电压 v_O 和图 3.21 中的参考电压 V_{ref} 产生控制电压 v_{con}。稳态下，电压反馈电路和 PWM 模块强行使变换器的输出跟踪参考电压，从而实现直流调节。

脉宽调制

PWM 模块的输出为开关驱动信号 v_q，其脉宽被调制用于产生有源开关的期望占空比。如图 3.22a 所示，PWM 模块根据控制电压 v_{con} 和斜坡信号 V_{ramp} 产生开关驱动信号 v_q。

图 3.22b 显示了 PWM 波形的时序图，假定控制电压始终保持恒定，即 $v_{con}=V_{con}$。首先周期性的斜坡信号 V_{ramp} 由反馈控制器内部产生。斜坡信号的周期实际上是变换器的开关周期。开关驱动信号在斜坡信号开始上升时打开，并在斜坡信号与控制电压产生交点时复位。通过重复该过程，PWM 模块产生了一个周期性开关驱动信号，其脉宽与控制电压 V_{con} 的大小成正比例关系。

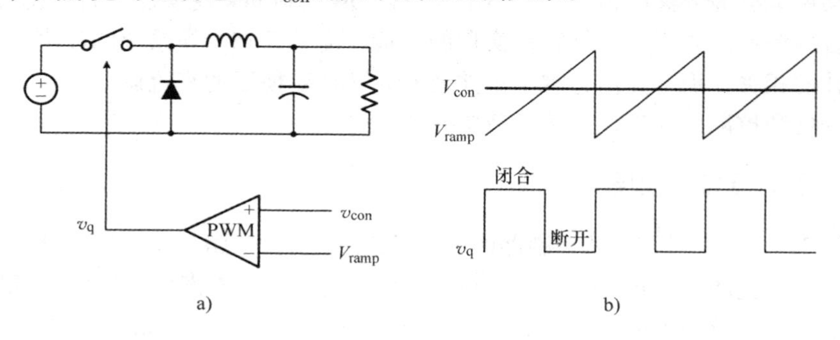

图 3.22 PWM 模块

a）模块图 b）时序图

图 3.23 显示了两个不同控制电压 V_{con} 和 V'_{con} 的 PWM 模块的输出波形。电压调制产生开关驱动信号，下降沿被触发用于在固定的开关周期内改变占空比。因此，该调制方案被称为恒定频率下降沿调制。尽管也有其他调制方案可用于 DC-DC 变换器，但这种方案应用最广，因此被用作本书中的标准 PWM 方案。

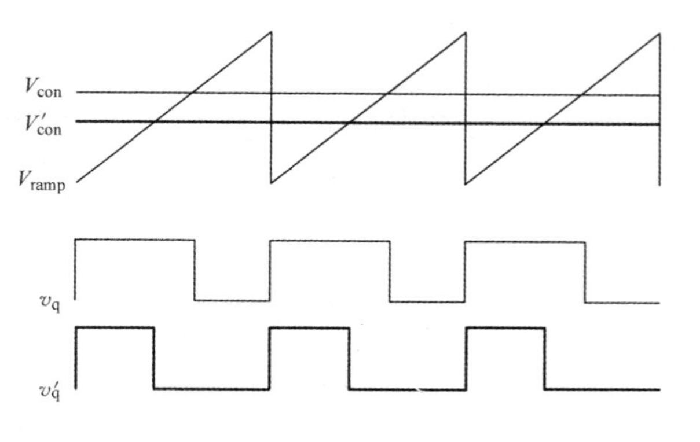

图 3.23 恒定频率下降沿调制

电压反馈电路

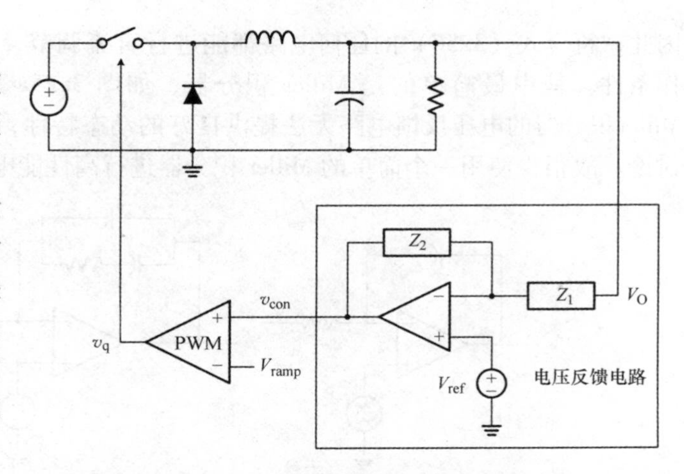

图 3.24　电压反馈电路和闭环控制

图 3.24 显示了闭环控制 Buck 变换器的简化框图。输出电压 V_O 被馈送到电压反馈电路，电压反馈电路由运算放大器、参考电压 V_{ref} 和两个阻抗模块 $Z_1(s)$ 和 $Z_2(s)$ 组成。电压反馈电路的输出为控制电压 v_{con}，同时作为 PWM 模块的输入信号。

电压反馈电路根据负反馈原理工作。当输出电压 V_O 大于额定值时，运算放大器的输出电压 v_{con}，相较于之前的值更低。随着 v_{con} 降低，PWM 模块产生开关驱动信号 v_q，从而使得占空比减小。减小的占空比又将使得输出电压降低到标准值。

可以运用运算放大器反相端的节点电压方程来解释直流调节的机理。根据运算放大器两端之间的虚短特性，节点方程为

$$\frac{V_O - V_{ref}}{Z_1(s)} = \frac{V_{ref} - v_{con}}{Z_2(s)} \tag{3.54}$$

式（3.54）可变形为

$$\frac{Z_2(s)}{Z_1(s)}(V_O - V_{ref}) = V_{ref} - v_{con} \tag{3.55}$$

直流调节的特性可从式（3.55）推导出：

1）对于能够正常工作的变换器，反馈电路的输出电压，应为运算放大器的输出电压上限和下限之间的某个值。

2）由于式（3.55）右边的变量 V_{ref} 和 v_{con} 的大小是有限的，等式左边的 $|Z_2|/|Z_1|(V_o - V_{ref})$ 也应是有限的，否则式（3.55）不成立。

3）当所有的时分变量均为 0 且电路仅产生直流响应时，电路处于一种均衡的稳态。因此，直流阻抗 $Z(j0)$ 是决定电压反馈电路稳态的关键因素。

4）若阻抗比 $|Z_2(j0)|/|Z_1(j0)|$ 为无穷大，为了确保上述等式成立，变量 $(V_{ref} - V_O)$ 应为 0：

$$\frac{|Z_2(j0)|}{|Z_1(j0)|}(V_O - V_{ref}) = \infty \cdot 0 \Rightarrow \text{一个有限常量}$$

即稳态下的 $V_O = V_{ref}$，从而实现直流调节。

总之，满足上述条件的电压反馈电路应使得输出电压在稳态下跟踪参考电压。

$$\frac{|Z_2(j0)|}{|Z_1(j0)|} = \infty \tag{3.56}$$

因此，符合式（3.56）的任何电路都能进行直流调节，且符合电压反馈电路的工作条件。其中最简单的是 Miller 积分器，如图 3.25a 所示。然而，采用最原始Miller积分器的电压反馈电路无法提供良好的动态特性，其具体原因将在第 8 章中讨论。故很少使用一个简单的 Miller 积分器进行高性能电路设计。

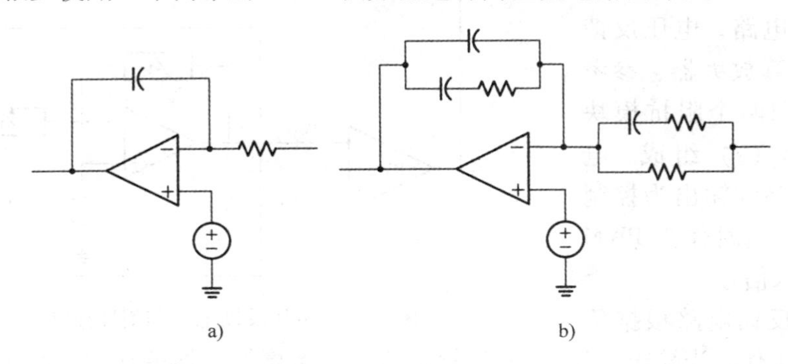

图 3.25 电压反馈电路

a）Miller 积分器 b）三极点两零点电路

如第 8 章中所述，图 3.25b 所示的三极点两零点电路最适合作为 Buck 变换器的反馈电路。三极点两零点电路的命名来源于电路的传递函数，其具有很好的动态性能以及严格的直流调节特性。很容易使得三极点两零点电路满足式（3.56）的要求。这是因为电压反馈电路的设计需要综合考虑动态建模和频域分析的相关知识，这个问题将在第 8 章中单独讨论。

3.6.2 闭环控制 Buck 变换器的响应

本节介绍了闭环控制 Buck 变换器的时域响应，基于 PSpice®仿真器得到。图 3.26 给出了闭环控制 Buck 变换器的电路原理图。其电路参数与之前实例中使用的 Buck 变换器相同，在工作过程中应使得输入电压 V_S和负载电阻 R 改变，以获得瞬态响应。

变换器的输出电压经过调节后变为 $V_O = V_{ref} = 4V$，开关频率 $f_s = 1/(20 \times 10^{-6})Hz = 50kHz$，斜坡信号从 0 变为 3.8V。采用三极点两零点电路作为电压反馈电路，同时基于闭环性能对电压反馈电路的参数进行优化，如第 8 章所述。

阶跃响应

Buck 变换器的输入电压需经历一系列阶跃变化，而负载电阻固定为 $R = 1\Omega$。如图 3.27 所示，输入电压在变换器工作期间发生变化，即 $V_S = 16V \Rightarrow 8V \Rightarrow 16V$。首先分析 $V_S = 16V$ 时变换器的稳态波形。将输出电压调节为 4V 时纹波分量较小。电感器电流 i_L为三角波形。电感器电流的平均值等于负载电流，即

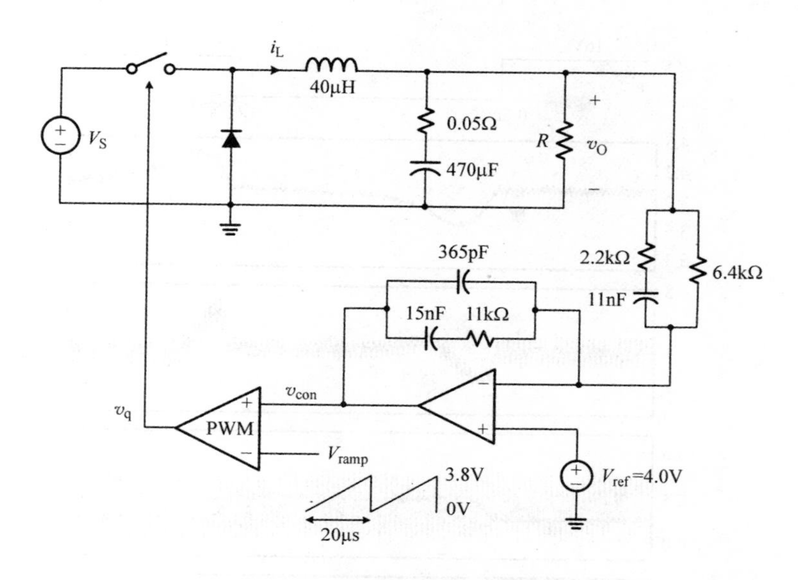

图 3.26 闭环控制 Buck 变换器

$$I_L = \frac{V_O}{R} = \frac{4}{1}A = 4A$$

电感器电流的纹波分量为

$$\Delta i_L = \frac{V_S - V_O}{L} DT_s = \frac{16-4}{40 \times 10^{-6}} \times \frac{4}{16} \times 20 \times 10^{-6} A = 1.5A$$

图 3.27 中的第三个曲线图同时给出控制电压 v_{con} 和斜坡信号 V_{ramp}，最底部的图给出开关驱动信号 v_q。可以根据图 3.28 所示的 PWM 波形来估算控制电压的平均值。从 PWM 波形可以看出

$$T_s : DT_s = V_m : V_{con} \tag{3.57}$$

式中，V_m 为斜坡信号的幅值；V_{con} 为稳态控制电压。式（3.57）简化为 $V_{con} = DV_m$。在给定的运行条件下，控制电压的初始值为

$$V_{con} = DV_m = \frac{V_O}{V_S} V_m = \frac{4}{16} \times 3.8V = 0.95V$$

控制电压包含估算的直流值的纹波分量。开关驱动信号 v_q 表示有源开关的占空比。斜坡信号、控制电压和开关驱动信号共同阐明了 PWM 控制的原理。

在 $t = 0.6$ms 时输入电压从 16V 降为 8V，变换器输出波形发生了变化。首先，输出电压在恢复额定值 $V_O = 4V$ 之前会产生转换过冲。当 V_S 突然减小时，反馈控制器需要一定的响应时间。在反馈控制器建立新的稳态之前，输入电压的变化会影响输出电压。当输入电压降低时，从输入源传输到输出电容器的能量也减少，从而令输出电容器中产生能量短缺。这种能量短缺会使得电容器电压下降，导致输出电压过渡下冲。随着时间的推移，反馈控制器会建立一个新的稳态，输出电压重新恢

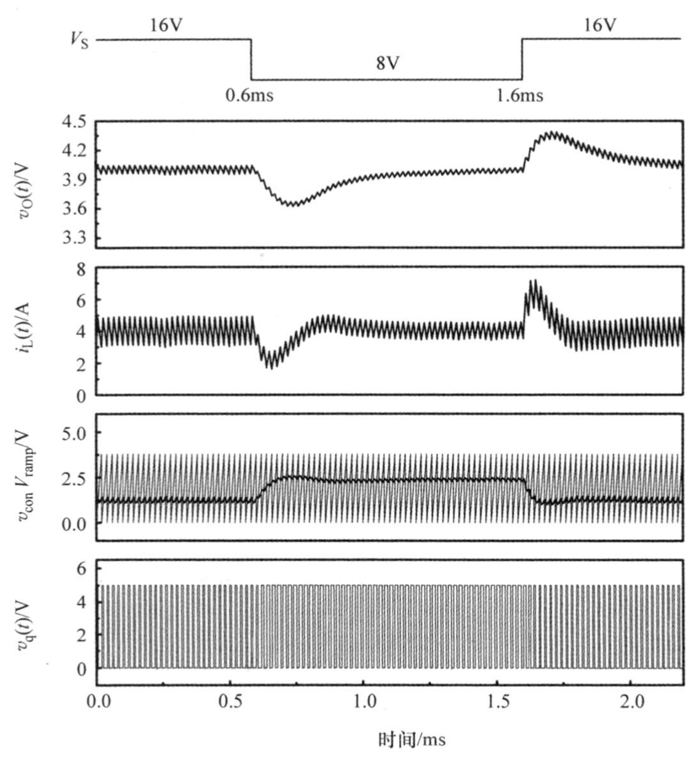

图 3.27　Buck 变换器的阶跃响应：输出电压 v_O、电感器电流 i_L、控制电压 v_{con}、斜坡信号 V_{ramp}和开关驱动信号 v_q

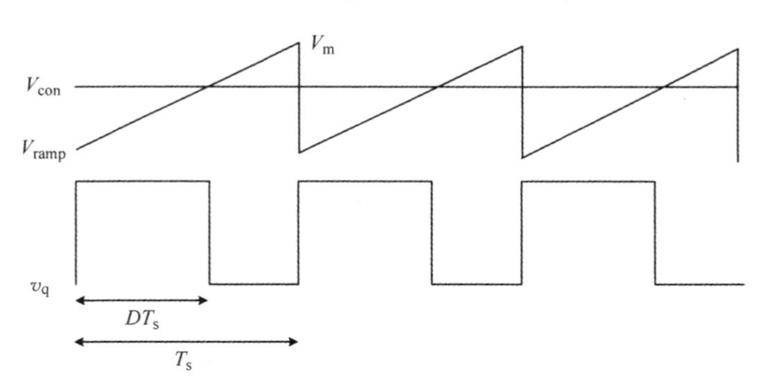

图 3.28　PWM 模块波形

复为标准值。电感器电流的变化可以采用同样方法解释。

输入电压降低为 $V_S=8V$，电感器电流的纹波分量减小为

$$\Delta i_L=\frac{V_S-V_O}{L}DT_s=\frac{8-4}{40\times10^{-6}}\times\frac{4}{8}\times20\times10^{-6}A=1A$$

控制电压逐渐增大以产生较大的占空比，需要用降低的输入电压来调节输出电压。控制电压的值重新确定为

$$V_{con}=\frac{V_O}{V_S}V_m=\frac{4}{8}\times3.8V=1.9V$$

开关驱动信号的占空比同样依据 PWM 原理逐渐增大。

由于输入电压的逐步增加，变换器的瞬态特性与降压情况相反。输入电压的瞬时增大导致输出电压和电感器电流产生过冲，直到反馈控制器达到新的稳态平衡状态。随着控制信号逐渐减小，占空比降低为 $D=4/16=0.25$，输出电压恢复到标准值。

Buck 变换器体现出高稳定性和便于控制的瞬态特性。事实上，反馈电路参数应优化至产生最佳的瞬态特性。有关反馈电路参数的详细讨论将在第 8 章中给出。

阶跃负载响应

现在，变换器的负载电阻产生阶跃变化，$R=1\Omega\Rightarrow2\Omega\Rightarrow1\Omega$，而输入电压 V_S 固定为 16V。阶跃变化模式和仿真波形如图 3.29 所示。在 $t=0.6$ms 时，发生 R 从 1Ω 到 2Ω 的负载阶跃变化，由电容器传输到负载电阻的能量突然变小，进而导致输出电容器的能量过剩。因此，电容器电压会瞬间超过标准值，从而产生输出电压过冲。电感器电流清楚地显示出负载电流的减小。在 $R=2\Omega$ 时，电感器电流的波形表示变换器仍然保持 CCM。变换器处于 CCM 和 DCM 之间的边界时，负载电阻的大小由下式给出：

$$R_{crit}=\frac{2L}{(1-D)T_s}=\frac{2\times40\times10^{-6}}{(1-0.25)\times20\times10^{-6}}\Omega=5.33\Omega$$

图 3.29 还显示了控制电压和开关驱动信号的瞬态变化波形。经过短暂的过渡期后，控制电压和开关驱动信号恢复到原来的波形，只要变换器工作在 CCM，同时不断调节输出电压，占空比则不随负载电阻变化而变化。

R 从 2Ω 到 1Ω 的负载阶跃变化产生的瞬态响应可以采用与先前分析相反的方法。此时，由于能量的缺失，输出电压产生过渡下冲。

工作模式变化响应

在这种情况下，负载电阻暂时增大到 $R=8\Omega$，远高于临界值 $R_{crit}=5.3\Omega$，而输入电压在 $V_S=16$V 时保持恒定。变换器会跨越 CCM/DCM 边界，从而发生工作模式的转换。变换器的瞬态响应仿真如图 3.30 所示。

在 $t=0.6$ms 时，发生 R 从 1Ω 到 8Ω 的负载阶跃变化，输出电压产生过冲。与此同时变换器在几个开关周期内进入 DCM，如电感器电流波形所示。输出电压随后逐渐降至目标值 $V_O=4$V，这是因为无论工作模式如何变化，反馈控制器均能保证实现直流调节。需要注意的是，与之前的负载响应情况不同，变换器始终在 CCM 下工作，并且控制电压在稳态下保持相同的值，当变换器进入 DCM 时，控制电压和占空比的值都降低。这是因为 DCM 操作中的增益公式与 CCM 操作中不同。因此，变换器必须达到与 DCM 操作相适应的占空比。实际上，对于相同的占空比，DCM 增益大于 CCM 增益。因此，当变换器进入 DCM 时，应减小占空比以产生相

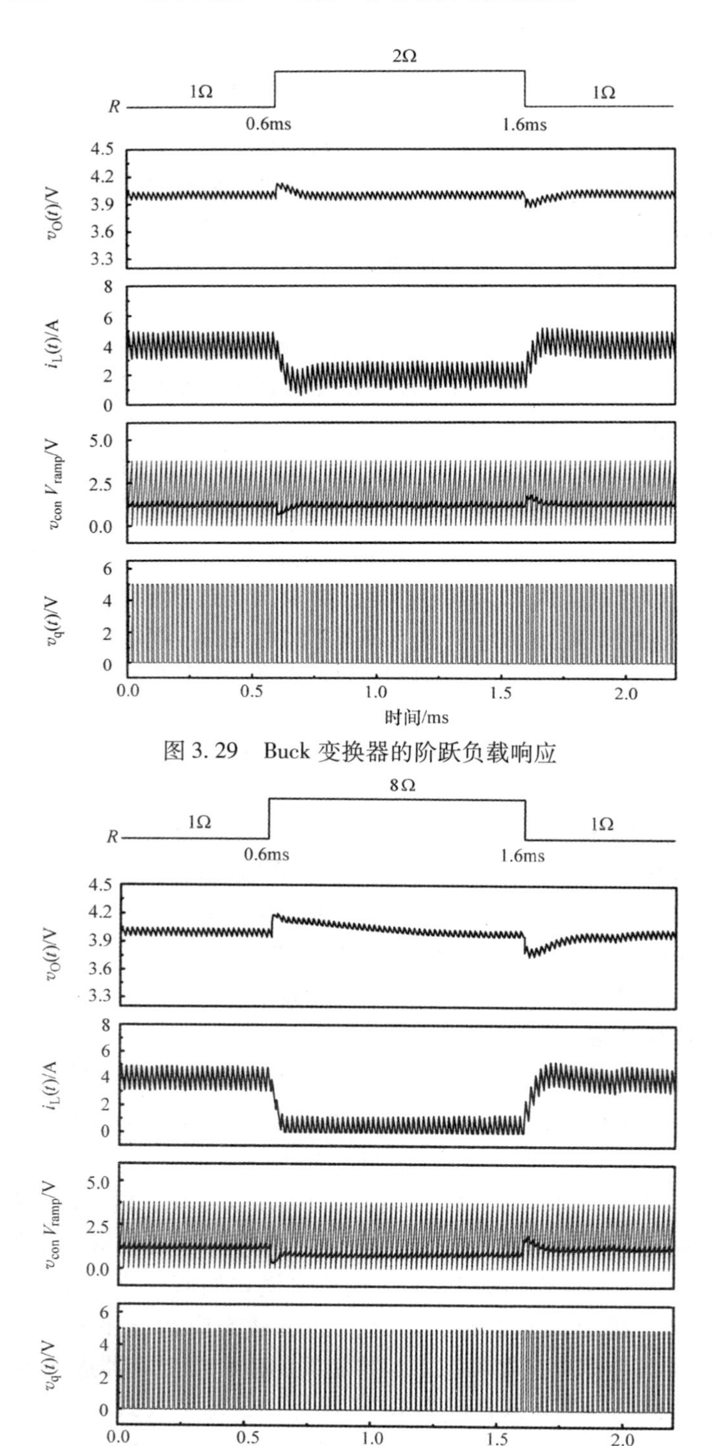

图 3.29　Buck 变换器的阶跃负载响应

图 3.30　Buck 变换器的工作模式变化响应

同的输出电压，如图3.30所示。在 $t=1.6\text{ms}$ 时，负载电阻从 8Ω 减小到 1Ω，变换器在短暂的过渡期后重新返回 CCM 工作。

3.7 小结

通过将直流输入改变为矩形波形并将所得到的矩形波形滤波为直流输出，可实现降压 DC－DC 功率变换。Buck 变换器是可以执行降压 DC－DC 功率变换的最简单的电路。

Buck 变换器采用有源－无源开关对和 LC 低通滤波器。Buck 变换器的输出包含纹波分量。然而，纹波分量幅值很小，从而输出可以被视为纯直流电压，由输入电压和有源开关占空比的乘积给出，这种假设称为小纹波近似法。小纹波近似法对于稳态分析非常有用。

分段线性分析法适用于描述 Buck 变换器在启动时间和稳态下的电路特性。在分段线性分析中，变换器分为导通和关断两个子电路。通过单独研究每个子电路，并综合考虑两个子电路的作用来研究变换器的操作。分段线性分析法与小纹波近似法一起使用时，能够准确预测变换器的稳态波形。读者将在下一章中进一步了解该分析法在处理各种 DC－DC 变换器电路上的实用性。

DC－DC 变换器的性能受到电路元器件非理想特性的影响。特别地，输出电容器的等效串联电阻（ESR）决定了输出纹波的幅值。此外，第6章将会详细介绍输出电容器的 ESR 对变换器的动态特性有很大影响。

大多数 DC－DC 变换器采用单向开关，其仅能在一个方向传送电流。因此，无论工作条件如何变化，开关电流都不能改变其方向。当工作跨越某些边界条件时，电流方向上的约束迫使 DC－DC 变换器进入新的工作模式，称为 DCM。在 DCM 工作中，在一段时间间隔内电感器电流保持为零。变换器的操作在 DCM 与 CCM 下有所区别，但电感器电流始终存在。这种差异导致变换器的稳态特性和瞬态响应发生显著变化。

DC－DC 变换器应在任何工作条件保持固定的输出电压。为此，采用反馈控制来自适应调整占空比，使得变换器在输入电压、负载电流或工作模式发生变化时均能产生期望的输出电压值。反馈控制器由 PWM 模块和电压反馈电路组成。PWM 模块根据电压反馈电路提供的控制电压产生 PWM 开关驱动信号。为了将输出电压调节到固定值，电压反馈电路应满足式（3.56），即 $|Z_2(\mathrm{j}0)|/|Z_1(\mathrm{j}0)|=\infty$，采用如图3.25b所示的三极点两零点电路。

已经证明 PSpice®仿真在变换器操作可视化和理论预测的验证方面非常有用。3.6.2节中的仿真对闭环控制 PWM DC－DC 变换器的稳态和瞬态响应的分析是非常有价值的。

参考文献

1. R. W. Erickson and D. Maksimović, *Fundamentals of Power Electronics*, Kluwer Academic Publishers, 2001.

2. L. Dixon, "Spice Simulation of Switching Power Supply Performance," Unitrode Power Supply Design Seminar Manual: SEM-800, pp.1-1–1-14, 1991.

3. D. W. Hart, *Power Electronics*, McGraw-Hill, New York, NY, 2011.

习　题

3.1* 下面列出了一些能够应用于 DC－DC 功率变换电路的有用的电路定理或分析技术。对于每一项给出简要描述、数学表达或说明性示例。

i）伏－秒平衡条件；

ii）安－秒平衡条件；

iii）小纹波近似法；

iv）分段线性分析法；

v）磁通平衡条件；

vi）电荷平衡条件。

3.2** 二次滤波器级被添加到传统的 Buck 变换器中，产生一个带有两级输出滤波器的 Buck 变换器。所得到的 Buck 变换器如图 P3.2 所示。电路分析表明，当满足 $L_1 >> L_2$ 和 $C_1 >> C_2$ 时，两级滤波器的传递函数可以近似为

$$\frac{v_o(s)}{v_x(s)} \approx \frac{1}{\left(1+\frac{s}{Q_1\omega_{o1}}+\frac{s^2}{\omega_{o1}^2}\right)\left(1+\frac{s}{Q_2\omega_{o2}}+\frac{s^2}{\omega_{o2}^2}\right)}$$

$$Q_1 = R\sqrt{\frac{C_1}{L_1}} \qquad \omega_{o1} = \frac{1}{\sqrt{L_1 C_1}}$$

$$Q_2 = R\sqrt{\frac{C_2}{L_2}} \qquad \omega_{o2} = \frac{1}{\sqrt{L_2 C_2}}$$

a）进行频域分析以预测采用两级输出滤波器时的输出电压纹波。仅考虑输出电压的一次谐波分量。

b）现在假设两级滤波器被移除，$L_2 = C_2 = 0$。在这种情况下，找到 L_1 和 C_1 对应的值使得变换器产生与 a）相同的输出电压纹波。假设此时 $Q_1 = R\sqrt{C_1/L_1} = 1$。

c）根据 a）和 b）的结果，说明使用两级输出滤波器相较于单级滤波器的优点。

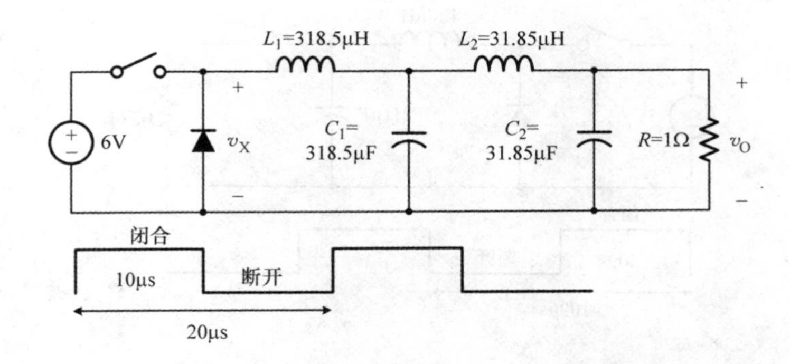

图 P3.2

3.3* 图 P3.3 所示为 Buck 变换器的通用结构。多种类型的低通滤波器电路均可放入 Box 内部以获得所需的降压 DC－DC 功率变换。典型的例子如图 P3.3b 所示。对于每个低通滤波器电路，均采用频域分析法估算输出电压纹波的幅值。仅考虑输出电压的一次谐波分量。

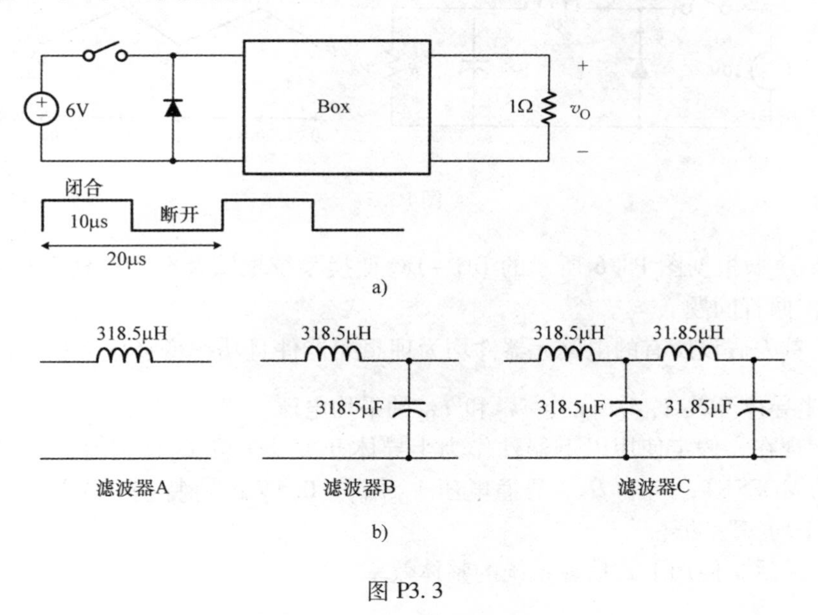

图 P3.3

3.4* Buck 变换器框图及其开关驱动信号如图 P3.4 所示。

a）按例 3.1 中所示的频域分析法预测输出电压纹波的幅值。

b）使用式（3.27）来估计输出电压纹波的大小。将结果与 a）进行比较。

3.5 根据如图 P3.5 所示的 Buck 变换器框图及其电感器电流波形：

a）估算输出电压 V_O。

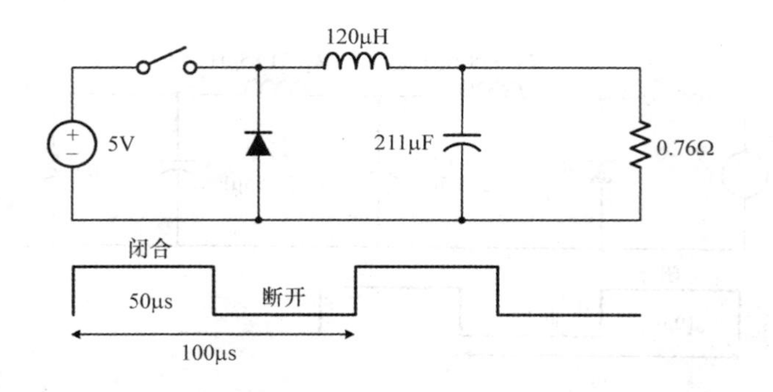

图 P3.4

b）绘制电感器电压 v_L 和二极管电流 i_D 在两个工作周期内的稳态波形，并在图形上标出最大值和最小值。

c）估算电感 L 和负载电阻 R 的大小。

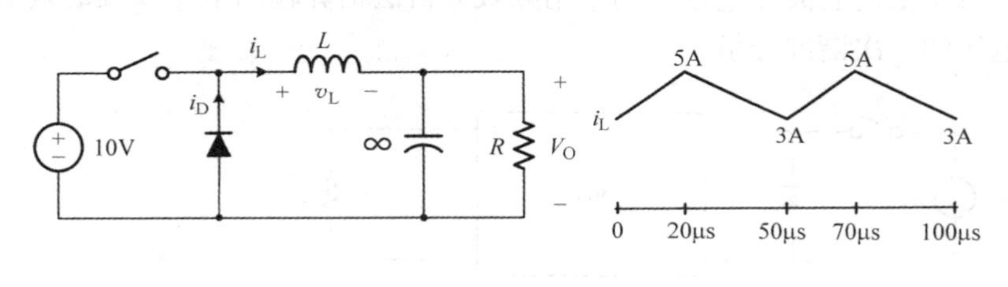

图 P3.5

3.6** 根据图 P3.6 所示的 DC－DC 变换系统框图及开关驱动信号 Q_1 和 Q_2 的波形，回答问题。

a）首先假设所有的电路元器件均为理想元器件且功率变换中无损失。估算流经每个半导体开关 $\bar{i}_{Q1}$、$\bar{i}_{D1}$、$\bar{i}_{Q2}$ 和 $\bar{i}_{D2}$ 的平均电流。

b）现在，假定使用以下器件作为半导体开关：Q_1 和 Q_2，沟道电阻 $R_{DS(on)}=0.5\Omega$ 的 MOSFET；D_1 和 D_2，导通电压 $V_{DS(on)}=0.5V$ 的肖特基二极管，计算每个开关的平均实际功耗。

c）最后，使用下式估算系统的整体效率：

$$\eta \approx \frac{P_{out}}{P_{out}+P_{loss}}$$

式中，P_{out} 是输出电阻的功耗；P_{loss} 是功耗损失的总和，即 b）中各个开关的实际功耗。

3.7 根据图 P3.7 所示的两个 Buck 变换器，回答问题。

a）对于图 a 所示变换器，根据设计规格 $\Delta i_L/I_L=0.2$ 和 $\Delta v_O/V_O=0.02$ 确定 L

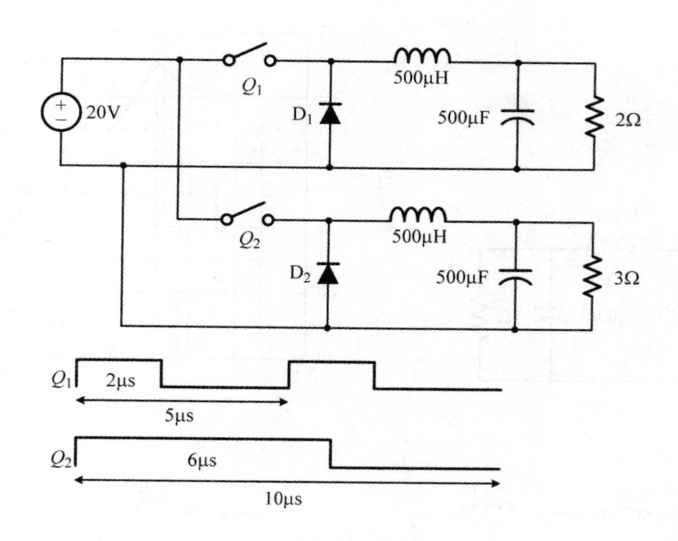

图 P3.6

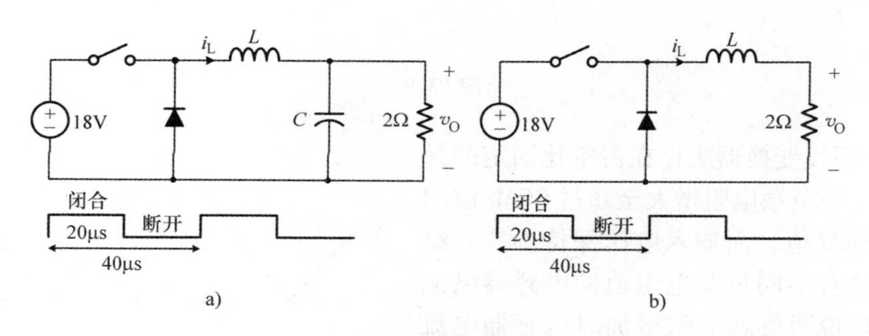

图 P3.7

和 C 的值。

b）对于图 b 所示变换器，根据设计规格 $\Delta v_O / V_O = 0.02$ 确定 L 的值。

3.8** 图 P3.8a 所示为一个 Buck 变换器及其输出滤波器传输函数的伯德图，$|F_f| = |v_o| / |v_x|$。

a）对于 $D = 0.5$ 工作于 30kHz 的 Buck 变换器，估算输出电压纹波的幅值。使用伯德图中给出的信息。

b）现在假设 Buck 变换器被改为图 P3.8b 所示的两个电路。对于这两个变换器电路，重复 a）过程。

3.9** 图 P3.9 给出了在 CCM 和 DCM 边界工作的 Buck 变换器的电感器电流。

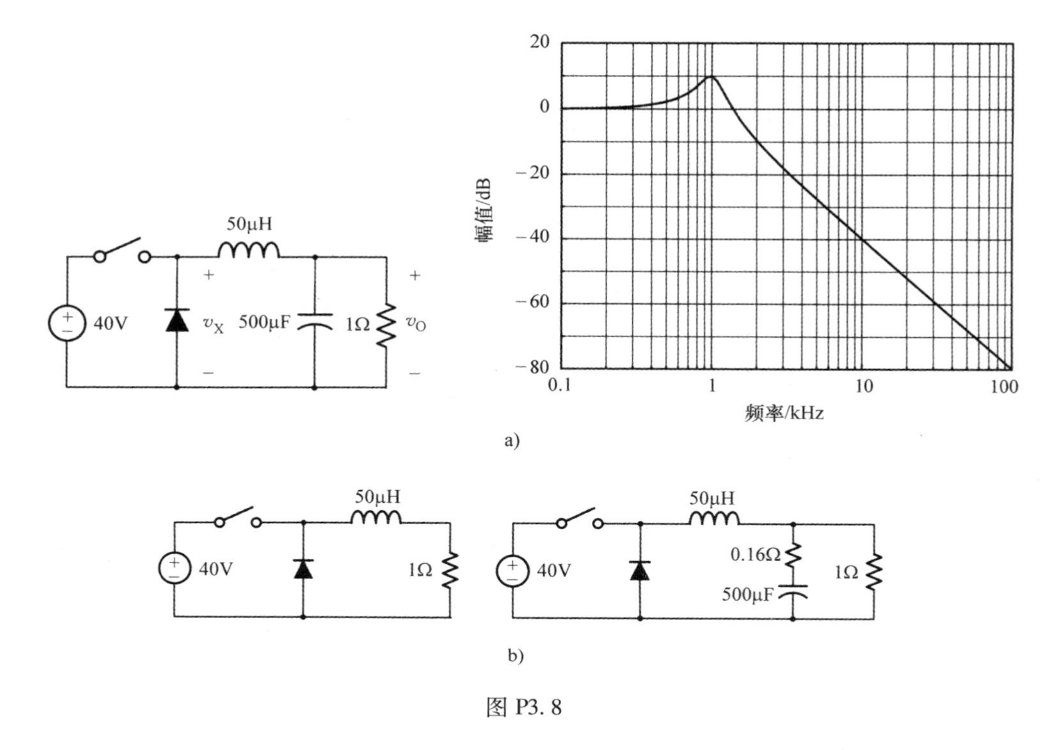

图 P3.8

a）假设变换器工作在占空比固定的开环状态。令负载电阻增大至超过 CCM/DCM 边界的临界值，而输入电压保持不变。绘制一组具有不同负载电阻值的电感器电流曲线，以说明负载电阻增加时电感器电流的变化模式。

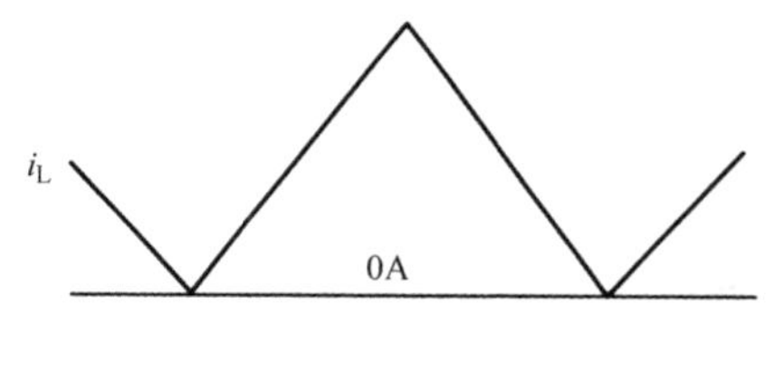

图 P3.9

b）变换器改用闭环控制来实现输出电压调节，并且重新工作于 CCM/DCM 边界条件下。假设负载电阻增加超过临界值，而输入电压保持不变，同样绘制一组曲线以显示电感器电流的变化过程。

c）再次假设变换器采用闭环控制并工作于边界条件下。在此种条件下，令输入电压增加超过 CCM/DCM 边界的临界值，而负载电阻保持不变。绘制一组具有不同输入电压值的电感器电流，以说明输入电压增加时电感器电流的变化模式。

3.10* 参考图 P3.10 所示的三个 Buck 变换器，并回答问题。三个变换器使用同一公共开关信号。

a）对每个变换器电路，分别进行频域分析以预测输出电压纹波的幅值。

b）进行时域分析以估算每个变换器的输出电压纹波的幅值。

3.11 参考图 P3.11 中的 Buck 变换器，回答以下问题。

a）确定电感 L 的值，使变换器在 $D=0.6$ 时工作于 CCM/DCM 边界条件下。

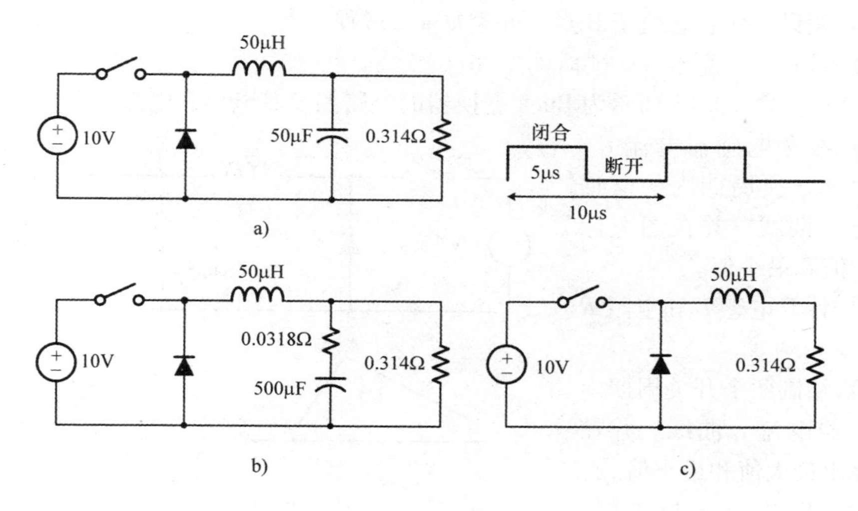

图 P3. 10

b）找到最小电感值 L，确保变换器在 $0<D<1$ 内均工作于 CCM 下。

c）现在假设 $L=60\mu H$，并绘制在 $0<D<1$ 时直流电压增益曲线 V_O/V_S 与 D 的大体形状。

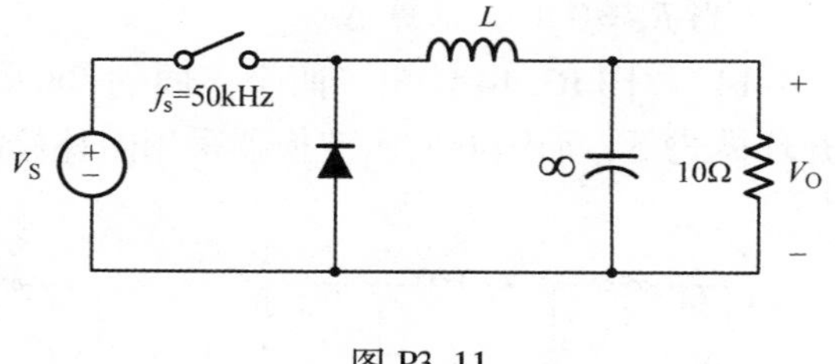

图 P3. 11

3. 12　图 P3. 12 给出了 Buck 变换器的一系列电压转换曲线，为占空比 D 和无量纲参数 $\tau=2L/(RT_s)$ 的函数。其中 $T_s=20\mu s$。

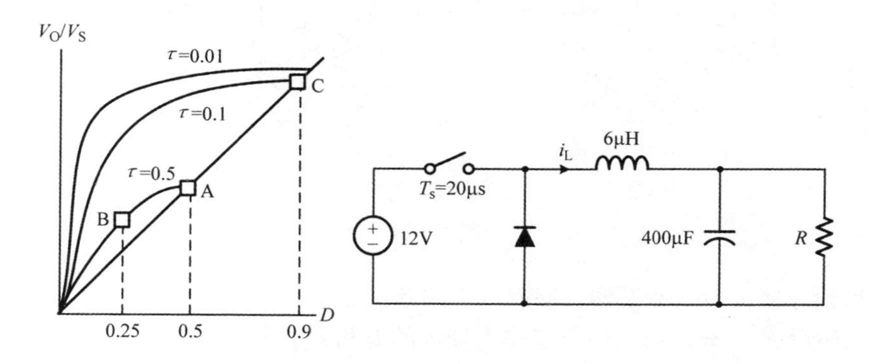

图 P3. 12

a）当变换器的工作状态位于 A 点时，绘制 i_L 的稳态波形。在图上标出波形的最大值、最小值和平均值。

b）假设工作状态位于 B 点，并重复 a）过程。

c）对 C 点，重复 a）过程。

3.13* 图 P3.13 所示为 Buck 变换器的电路图及其电感器电流波形。

a）参考电感器电流 i_L，绘制两个开关周期内的电感器电压 v_L 曲线。并在图上标出最大值和最小值。

b）计算电感 L 和电阻 R 的值。

c）绘制两个开关周期内的电容器电流 i_C 曲线。并在图上标出最大值和最小值。

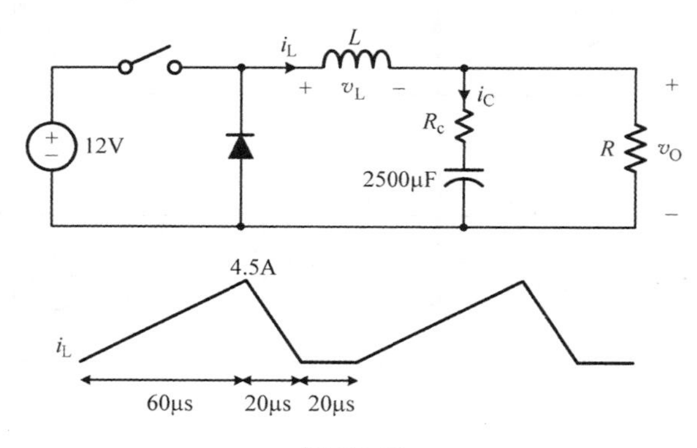

图 P3.13

d）当 R_c = 0.12Ω 时，估算输出电压纹波 Δv_O。假设 C = 2500μF。

e）当 R_c = 0 时，估算 Δv_O。

3.14* 图 P3.14 给出了两个不同的 Buck 变换器电路。图 a 所示变换器工作在开环模式下，而图 b 所示变换器采用闭环控制。

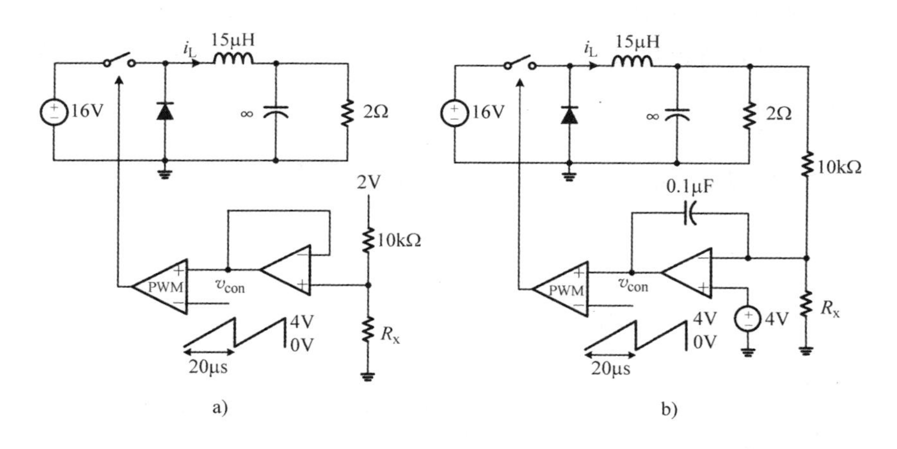

图 P3.14

a）对于图 a 所示变换器，回答以下问题：

i）假设 $R_x = \infty$，绘制两个工作周期内的 i_L 和 v_{con} 的稳态波形。

ii）现在假定 R_x = 10kΩ，并重复 i）。

b）对于图 b 所示变换器，重复 a）过程。

3.15* 根据图 P3.15 所示的闭环控制 Buck 变换器，并回答问题。假设对于问题 a）和 b），均有 $R_1 = \infty$。

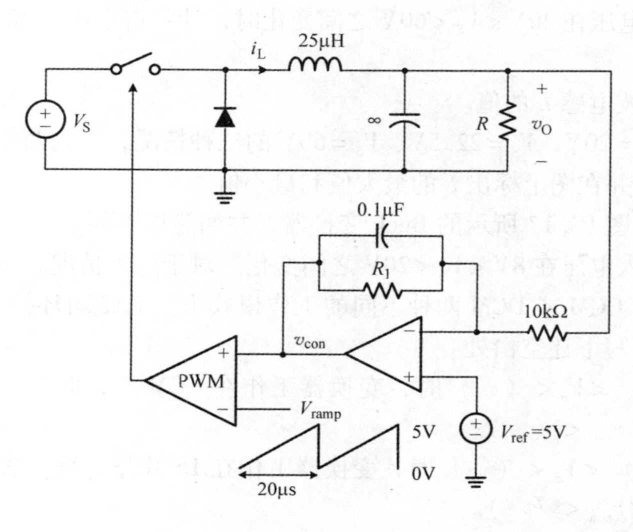

图 P3.15

a）当 $V_S = 20V$，$R = 1\Omega$ 和 $R_1 = \infty$，绘制两个开关周期内的电感器电流 i_L和控制电压 v_{con}的稳态波形。并在图上标出最大值和最小值。

b）当变换器的工作条件变为 $15\ V < V_S < 25\ V$ 和 $0.5\Omega < R < 2\Omega$，且 $R_1 = \infty$ 时，计算正常工作状态下控制电压 v_{con}的范围：（　）$< v_{con} <$（　）。

现在假设问题 c）和 d）中 $R_1 = 10k\Omega$。

c）对于 $R_1 = 10k\Omega$，解释变换器无法实现直流调节的原因。

d）当 $V_S = 20V$、$R = 1\Omega$ 且 $R_1 = 10k\Omega$ 时，计算输出电压 v_O和控制电压 v_{con}的稳态值。

3.16　图 P3.16 给出了一个闭环控制 Buck 变换器的电路图及其电压增益曲线。回答下列问题。

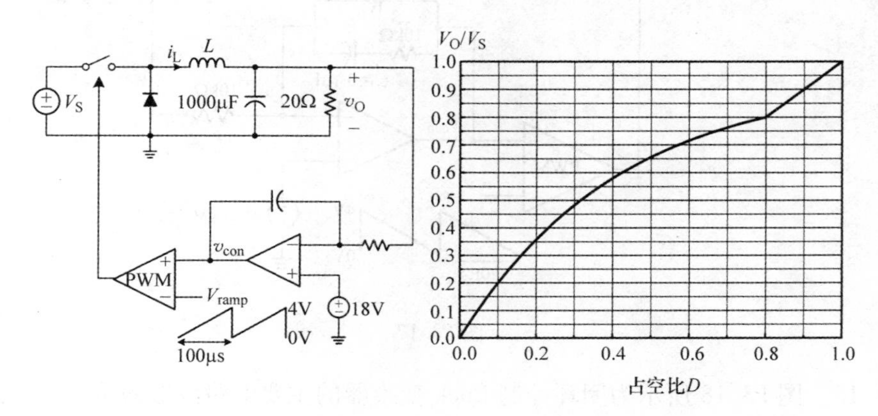

图 P3.16

a）当输入电压在 $20V < V_S < 60V$ 之间变化时，计算占空比 D 和控制电压 v_{con} 的范围。

b）计算滤波电感 L 的值。

c）对于 $V_S = 20V$、$V_S = 22.5V$、$V_S = 60V$ 的三种情况，绘制两个开关周期内的电感器电流 i_L。并在图上标出 i_L 的最大值和最小值。

3.17　参考图 P3.17 所示的 Buck 变换器，并回答以下问题。

a）假设输入电压在 $8V < V_S < 20V$ 之间变化。对于这种情况，变换器由于输入电压的不同处于 CCM 或 DCM 两种不同的工作模式下。总结闭环控制 Buck 变换器的工作原理，填写下述空白处。

i）当（　）$< V_S <$（　）时，变换器工作在 CCM 下，此时控制电压的变化范围为（　）$< v_{con} <$（　）。

ii）当（　）$< V_S <$（　）时，变换器工作在 DCM 下，此时控制电压的变化范围为（　）$< v_{con} <$（　）。

b）现在假设 $V_S = 10V$ 并回答问题。

i）找出输出电压 v_O 和控制电压 v_{con} 的稳态值。

ii）假定电容器 C_1 意外开路。是否能预计到 v_O 或 v_{con} 的稳态波形会产生什么变化？如果不能预计任何变化，请说明原因。如果能预测到 v_O 或 v_{con} 的变化，请在新的稳态下计算相应波形的平均值。

iii）假设补偿电容器 C_1 意外短路并重复 ii）。

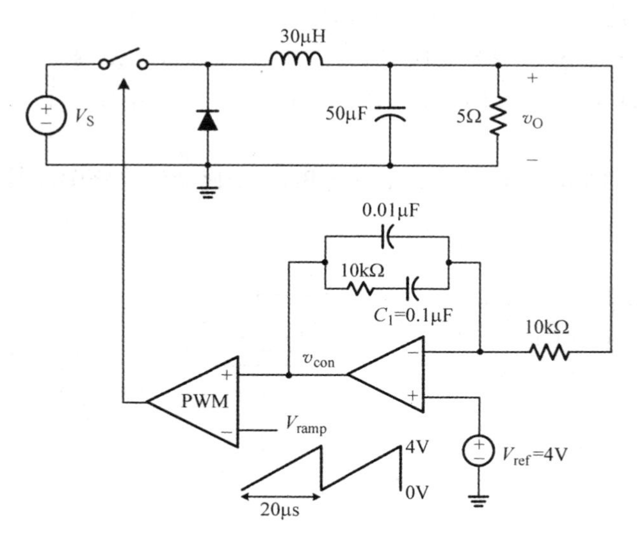

图 P3.17

3.18　图 P3.18 所示为闭环控制 Buck 变换器的主要电路波形的瞬态响应曲线。图 a 为输入电压（$V_{S1} \Rightarrow V_{S2} \Rightarrow V_{S1}$，且 $V_{S1} > V_{S2}$）产生阶跃变化，得到的电感器电流

i_L和控制电压v_{con}的瞬态响应曲线。图 b 为负载电阻（$R_1=R_2\Rightarrow R_1$，且$R_1<R_2$）的阶跃变化引起的瞬态响应曲线。

根据表 P3.18 总结：1）观察相应波形中电感器电流i_L和控制电压v_{con}的变化；2）对相应电路行为的原因/起因进行简要说明。根据变换器的给定信息和工作原理，填写表 P3.18 中的空白。

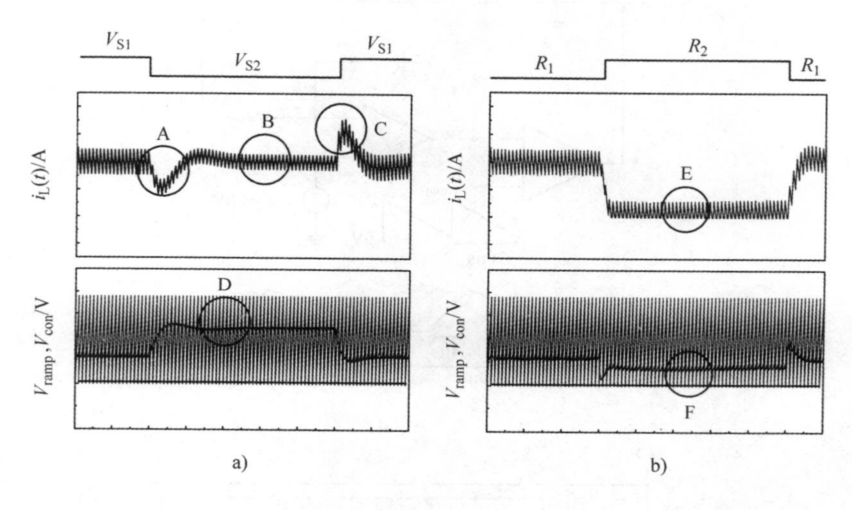

图 P3.18

表 P3.18

周期	观测到的行为	行为原因/起因
A	i_L 的欠充	（　　　　　　）
B	i_L 的纹波下降	（　　　　　　）
C	i_L 的过冲	（　　　　　　）
D	v_{con}的增加	（　　　　　　）
E	i_L 的非连续性	$R>R_{crit}$时 DCM 工作
F	v_{con}的降低	（　　　　　　）

3.19[*]　图 P3.19 给出了一个闭环控制 Buck 变换器及其电感器电流波形。

a）参考图 P3.19a 中的电路图和电感器电流i_L曲线给出的信息，计算电感L、控制电压v_{con}、输入电压V_S和输出电压纹波Δv_O的值。

b）图 P3.19b 所示为$R=10\Omega$时变换器的电感器电流曲线。假设负载电阻增加到$R=40\Omega$，其他电路参数与 a）中相同。在此情况下，绘制电感器电流i_L的曲线。使用图 P3.19b 作为参考，给出新的电感器电流波形的重建过程。

c）令$R=90\Omega$，重复 b）过程。

d）现在假设输入电压增加到$V_S=16V$，而负载电阻保持$R=10\Omega$不变。在此种情况下，使用图 P3. 19b 作为参考，绘制电感器电流 i_L的曲线。

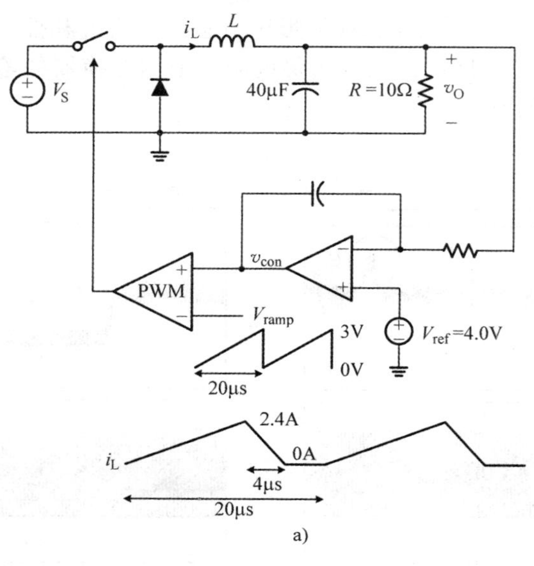

a)

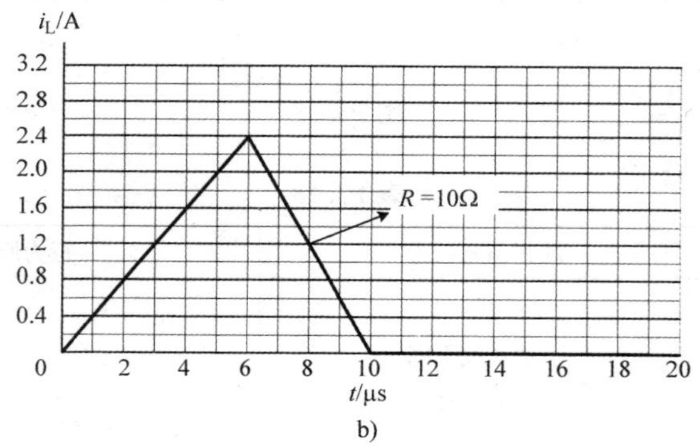

b)

图 P3. 19

第4章 DC－DC功率变换器电路

许多DC－DC变换器目前正在各种电子设备和系统中使用。这些变换器在其拓扑结构和工作上看起来都是非常不同，DC－DC变换器的多样性看起来非常惊人，甚至是神秘的。尽管在拓扑结构中存在多样性和不同之处，但大多数DC－DC变换器都是从三个基本变换器（Buck变换器、Boost变换器和Buck/Boost变换器）演变而来。此外，在这三个基本变换器中，Buck变换器是其他两个变换器的先行者——具体来说，Boost变换器至少在其功能性抽象上都来自于Buck变换器，并且Buck/Boost变换器是通过Buck变换器和Boost变换器组合而成的。在前一章中研究了Buck变换器。

本章介绍了一类重要的DC－DC变换器，其中包括Boost变换器、Buck/Boost变换器和其他从三个基本变换器变换而来的变换器。对于每个变换器，首先通过展现变换器电路如何从其各自的前级变换器演变而来，以说明电路拓扑的来源。然后研究了变换器的工作细节，并提出了连续导通模式（CCM）和不连续导通模式（DCM）工作的稳态波形。因为3.6.1节所述的反馈控制器通常适用于所有的PWM DC－DC变换器，所以本章仅涉及功率级运行。

对DC－DC变换器进行分类的方法有很多种，每种变换器都有不同的分类标准。一种方法是将PWM DC－DC变换器分为非隔离变换器和隔离变换器。在非隔离变换器中，变换器的输入端口与变换器的输出端口共享地端。Buck变换器是非隔离变换器的一个实例。另一方面，在隔离变换器中，变换器的输入和输出端口是电隔离的。变压器通常用于提供电隔离。本章介绍了非隔离和隔离DC－DC变换器。

4.1 Boost变换器

Boost变换器是升压DC－DC功率变换电路，总是产生比输入电压更高的输出电压。在本节中，首先分析了Boost变换器的拓扑结构。然后使用第3章中建立的分析技术来研究CCM和DCM下的稳态工作。

4.1.1 Boost变换器的演变

Boost变换器可以视为Buck变换器的一个变形，专门配置为提供比输入电压更高的输出电压。图4.1说明了通过电路操作步骤将Buck变换器转变为Boost变换器的过程。Buck变换器如图4.1a所示，其中a表示有源开关连接的节点，而p是存在无源开关的节点。通过用单刀双掷（SPDT）开关代替有源－无源开关对，将图4.1a变换为图4.1b。DT_s期间SPDT开关连接到a，$(1-D)T_s$期间连接到p。如图4.1b所示，电路分为源部分、中间部分和负载部分。中间部分包括SPDT开关和电感器。假定中间部分左侧的电压为v_1，右侧的电压为v_2，将伏－秒平衡条件施加到电感器：

$$(v_1 - v_2)DT_s = v_2(1-D)T_s \tag{4.1}$$

导致

$$v_2 = v_1 D \tag{4.2}$$

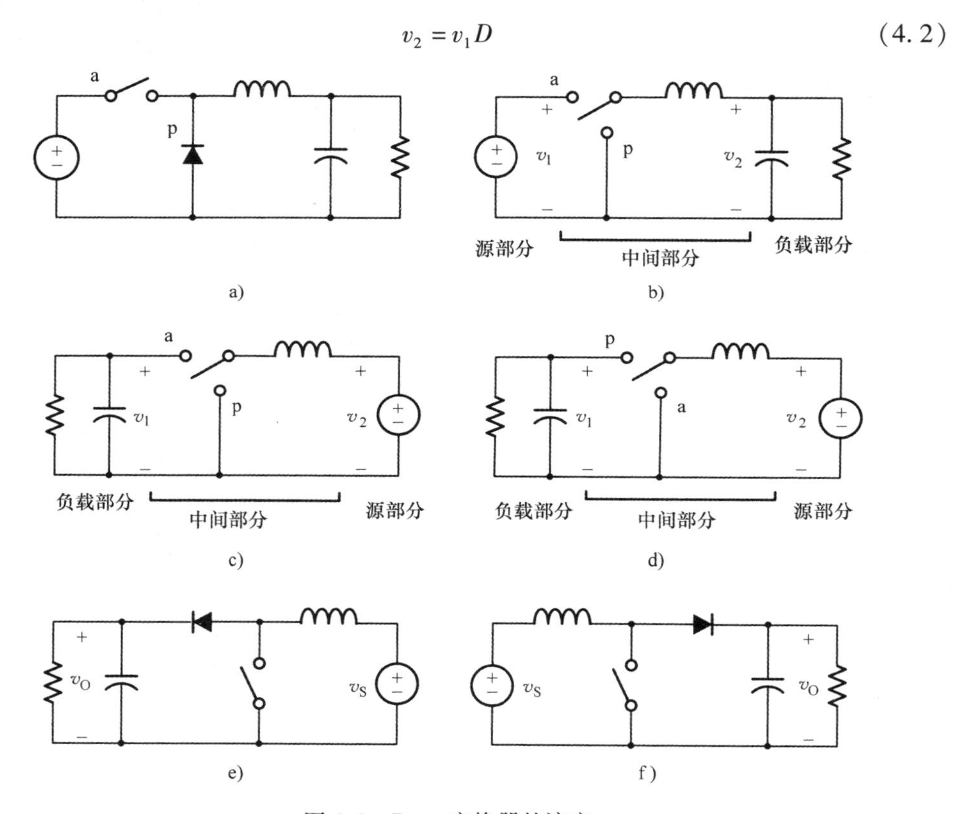

图4.1 Boost变换器的演变

a）Buck变换器 b）替代表示 c）源部分和负载部分的交换 d）无源开关和有源开关的交换 e）SPDT开关的实现 f）Boost变换器

作为电路工作的第一步，可以将源部分和负载部分的位置进行交换，同时保持中间部分不变，如图4.1c所示。通过这种改变，v_2可以看作是与源部分相关的输入电压，而v_1成为负载部分的输出电压。现在，在继续电路操作之前，需要牢记以下两个情况：

1）无论源和负载部分之间的位置如何变化，从电感器的伏－秒平衡条件得出的关系式（4.2）在图4.1c中也是有效的。

2）式（4.2）中的参数 D 表示SPDT开关连接到 v_1 的正侧的开关周期的部分。

作为电路工作的第二步，为了允许能量从源端到负载端流动，有源和无源开关的位置互换，得到如图4.1d所示的电路。这里，位于 v_1 的正侧的SPDT开关周期为（$1-D$）而不是 D。因此，式（4.2）中的参数 D 应该被替换为（$1-D$），从而得到一个新的关系

$$v_2 = v_1(1-D) \tag{4.3}$$

然后将图4.1d转换为图4.1e，其中SPDT开关由有源-无源开关对表示，v_1 被重命名为输出电压 v_O，v_2 被重命名为输入电压 v_S。最后，图4.1e被重新排列成如图4.1f所示的标准形式。这种新的变换器电路称为Boost变换器，因为其电压增益 $v_O/v_S = 1/(1-D)$ 对于所有 $0<D<1$ 始终大于1，从而将输入电压提高到更高的值。

如上所述，Boost变换器可以看作Buck变换器的变形，其通过互换源和负载连接并以允许从源端到负载端的能量流动的方式重新设置开关来产生。在此变换过程中，Boost变换器的升压特性自然就出现了。

4.1.2 CCM的稳态分析

现在使用第3章中建立的分析技术对CCM工作中Boost变换器进行稳态分析。

CCM的稳态工作

图4.2所示为Boost变换器、导通和关断子电路以及CCM工作中的主要电路波形。图4.2采用了第3章中使用的标准技术，如小纹波近似、磁通平衡条件和电荷平衡条件。图4.2还显示输出电压总是大于输入电压，即 $V_O > V_S$。伏-秒平衡条件应用于电感器，则

$$V_S D T_s = (V_O - V_S)(1-D)T_s \tag{4.4}$$

得到电压增益表达式

$$\frac{V_O}{V_S} = \frac{1}{1-D} \tag{4.5}$$

式（4.5）表示当占空比在 $0<D<1$ 之间变化时，电压增益从单位1增加到无穷大。

在导通期间，电感器电流以斜率 V_S/L 上升。同时，在关闭期间，电感器电流以斜率 $(V_S - V_O)/L$ 下降。因此电感器电流的变化量确定为

$$\Delta i_L = \frac{V_S}{L} D T_s = \frac{V_O - V_S}{L}(1-D)T_s \tag{4.6}$$

如图4.2c所示，电感器电流在导通时流过有源开关，并在关断时自由流过二极管。因此，开关电流的平均值 I_Q、二极管电流的平均值 I_D 和电感器电流的平均值 I_L 之间存在以下关系：

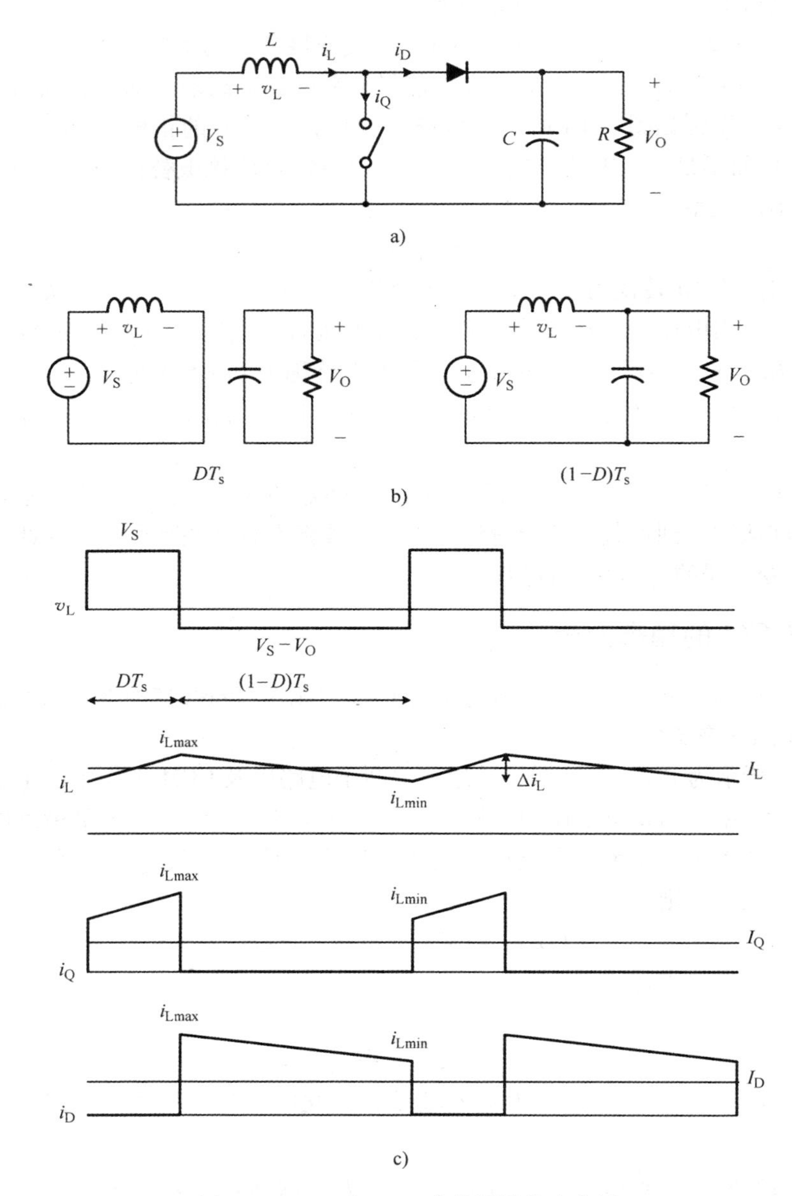

图 4.2　CCM 中 Boost 变换器的稳态分析

a）Boost 变换器　b）导通和关断子电路　c）主要波形

$$I_Q = DI_L \tag{4.7}$$

$$I_D = (1-D)I_L \tag{4.8}$$

在 Boost 变换器中，二极管连接到负载，而电感器位于源端。对于这种情况，如下所述确定电感器电流的平均值。由于电荷平衡条件，电容器电流的平均值为零。因此，二极管电流的平均值要等于负载电流，这是由输出电压与负载电阻的比值给出：

$$I_D = I_O = \frac{V_O}{R} \tag{4.9}$$

使用式（4.8）和式（4.9），电感器电流的平均值为

$$I_L = \frac{1}{1-D} I_D = \frac{1}{1-D}\frac{V_O}{R} \tag{4.10}$$

电感器电流的最大值与最小值表达式为

$$i_{Lmax} = I_L + \frac{1}{2}\Delta i_L \tag{4.11}$$

和

$$i_{Lmin} = I_L - \frac{1}{2}\Delta i_L \tag{4.12}$$

式中，I_L由式（4.10）决定，Δi_L由式（4.6）决定。

［例4.1］ Boost变换器的稳态工作

本实例给出了Boost变换器的稳态分析和电路波形。Boost变换器的工作条件和电路参数为$V_S = 12V$，$L = 160\mu H$，$C = 400\mu F$，$T_s = 20\mu s$，$D = 0.4$。其主要电压和电流波形的稳态值如表4.1所示。模拟稳态电路波形如图4.3所示。

表4.1 Boost变换器的稳态分析

电路变量	表达式
V_O	$\frac{1}{1-D}V_S = \frac{1}{1-0.4} \times 12V = 20V$
v_{Lmax}	$V_S = 12V$
v_{Lmin}	$V_S - V_O = 12V - 20V = -8V$
I_L	$\frac{1}{1-D}\frac{V_O}{R} = \frac{1}{1-0.4} \times \frac{20}{5}A = 6.67A$
Δi_L	$\frac{V_S}{L}DT_s = \frac{12}{160 \times 10^{-6}} \times 0.4 \times 20 \times 10^{-6}A = 0.6A$
i_{Lmax}	$I_L + \frac{1}{2}\Delta i_L = 6.67A + \frac{0.6}{2}A = 6.97A$
i_{Lmin}	$I_L - \frac{1}{2}\Delta i_L = 6.67A - \frac{0.6}{2}A = 6.37A$

估算输出电压纹波

输出电压纹波的大小由图4.4所示的波形进行评估。二极管电流i_D分为电容器电流i_C和负载电流I_O。如3.4.3节所述，负载电流I_O承载i_D的直流分量，而电容器电流i_C吸收i_D的交流分量：$I_O = I_D$和$i_C = i_D - I_D$。这种情况如图4.4b所示。

电容器电压的峰-峰值Δv_{ac}或输出电压纹波的幅值Δv_O可以通过在i_C保持为负的时间段内对i_C进行积分，并将结果除以电容：

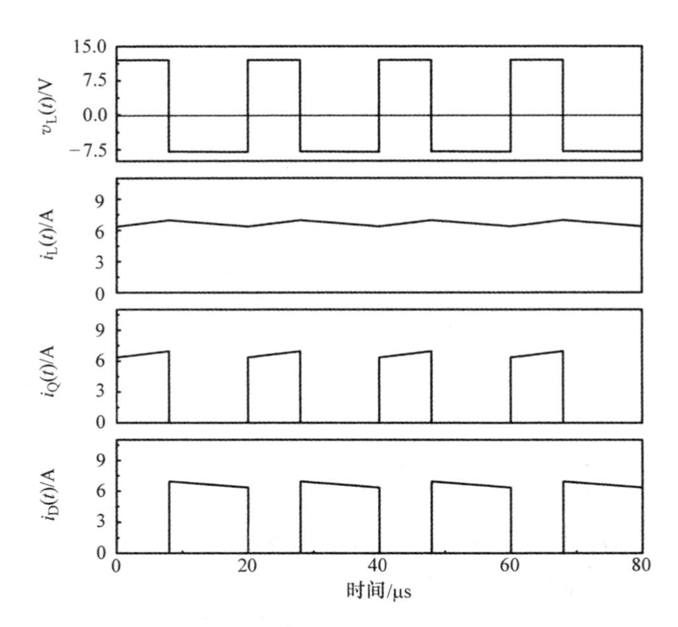

图 4.3　Boost 变换器的电路波形

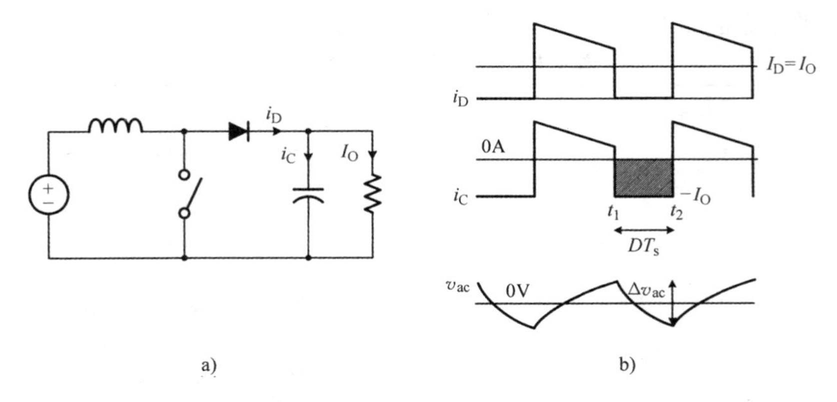

图 4.4　估算输出纹波

a）电路图　b）电路波形和输出纹波

$$\Delta v_{ac} = \Delta v_O = \frac{1}{C}\int_{t_1}^{t_2} i_C(\tau)\,d\tau \tag{4.13}$$

式（4.13）的运算等效于计算图 4.4b 中高亮显示的矩形的面积，并将面积除以电容。注意到 $|t_2 - t_1| = DT_s$，输出纹波的幅值由下式给出：

$$\Delta v_O = \frac{1}{C} I_O DT_s = \frac{1}{C}\frac{V_O}{R} DT_s \tag{4.14}$$

应注意，式（4.14）仅在 Boost 变换器工作在 CCM 下且输出电容器不包含等效串联电阻（ESR）时有效。当电容器中存在 R_c（ESR）时，对于工作在 CCM 或

DCM 下的 Boost 变换器，输出纹波为

$$\Delta v_O \approx \Delta i_D R_c = i_{Dmax} R_c = i_{Lmax} R_c \tag{4.15}$$

式（4.15）中的 $\Delta v_O \approx i_{Lmax} R_c$ 给出的 Boost 变换器的输出纹波明显大于式（3.31）中 $\Delta v_O \approx \Delta i_L R_c$ 给出的 Buck 变换器的输出纹波。

4.1.3　DCM 的稳态分析

当满足条件 $I_L = \Delta i_L/2$ 时，Boost 变换器在 CCM 和 DCM 之间的边界处工作。基于式（4.10）和式（4.6），CCM/DCM 边界条件用电路参数和工作条件表示为

$$\frac{1}{1-D}\frac{V_O}{R} = \frac{1}{2}\frac{V_S}{L} D T_s \tag{4.16}$$

可用式（4.16）求出负载电阻的临界值

$$R_{crit} = \frac{2L}{D(1-D)^2 T_s} \tag{4.17}$$

该值决定了变换器的工作模式。当负载电阻大于 R_{crit} 时，变换器进入 DCM 工作。否则，变换器将保持 CCM 工作。

DCM 下 Boost 变换器的主要电路波形如图 4.5 所示。将伏－秒平衡条件应用于电感器得到

$$V_S D T_s = (V_O - V_S) D_1 T_s \tag{4.18}$$

这意味着

$$\frac{V_O}{V_S} = \frac{D + D_1}{D_1} \tag{4.19}$$

应从式（4.19）消去未知变量 D_1，以产生完整的电压增益表达式。

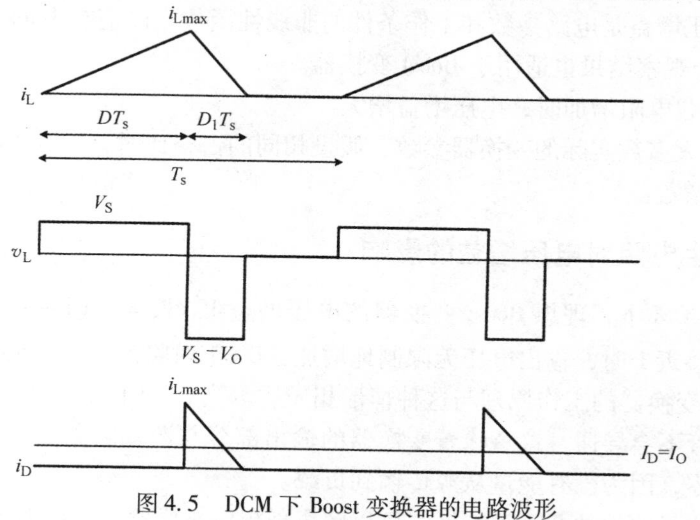

图 4.5　DCM 下 Boost 变换器的电路波形

对于 Boost 变换器，二极管电流的平均值应与负载电流相同 $I_D = I_O$，因为二极

管连接到变换器的输出。根据二极管电流 i_D的波形，列出以式：

$$\frac{\frac{1}{2}i_{Lmax}D_1T_s}{T_s}=I_O \tag{4.20}$$

合并后，有

$$i_{Lmax}=\frac{V_S}{L}DT_s \tag{4.21}$$

和

$$I_O=\frac{V_O}{R} \tag{4.22}$$

式（4.20）可重写为

$$\frac{1}{2}\frac{V_S}{L}DT_sD_1=\frac{V_O}{R} \tag{4.23}$$

D_1的表达式

$$D_1=\frac{V_O}{V_S}\frac{2L}{RDT_s} \tag{4.24}$$

现在，将式（4.19）和式（4.24）组合在一起，得到 V_O/V_S的二次方程

$$\left(\frac{V_O}{V_S}\right)^2-\left(\frac{V_O}{V_S}\right)-\frac{D^2RT_s}{2L}=0 \tag{4.25}$$

式（4.25）的解成为 Boost 变换器的 DCM 增益

$$\frac{V_O}{V_S}=\frac{1}{2}\left(1+\sqrt{1+\frac{2D^2RT_s}{L}}\right) \tag{4.26}$$

DCM 电压增益是电路参数和工作条件的非线性函数。以前在 Buck 变换器示例中发现的两个观察结果也适用于 Boost 变换器。

1）当负载电阻增加时，电压增益增大。

2）对于大多数实际的变换器参数，假设相同的占空比时，DCM 电压增益大于 CCM 对应的增益。

4.1.4 寄生电阻对电压增益的影响

工作于 CCM 下，理想 Boost 变换器的电压增益 $V_O/V_S=1/(1-D)$，可以预期当占空比 D 接近 1 时，输出电压无限制地增加，$D=1$ 时将产生无限大的输出电压。然而，Boost 变换器的工作原理与这种情形相矛盾。当 $D=1$ 时，有源开关始终保持闭合，二极管不会导通。这意味着变换器的输出部分与源端隔离。对于这种情况，输出电压为零，因为没有能量从源传输到负载。

结合电路元器件的非理想特性，可以解决理想电压增益与变换器工作原理之间的冲突。图 4.6 所示为 Boost 变换器及其导通和关断子电路，其中绕组 R_l包含在实

际电感器中，而其他电路元器件仍然是理想的。现在推导出存在 R_l 的变换器的电压增益表达式来研究非理想Boost变换器的行为。

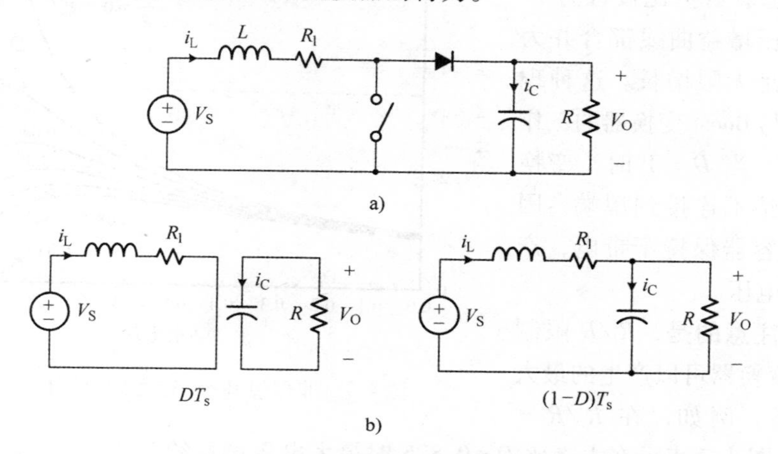

图4.6 具有电感器绕组的升压变换器

a）电路图 b）导通和关断子电路

电感器的伏－秒平衡条件表示为

$$(V_S - \bar{i}_L(t)R_l)DT_s = -(V_S - \bar{i}_L(t)R_l - V_O)(1-D)T_s \tag{4.27}$$

式中，$\bar{i}_L$ 表示电感器电流的平均值：$\bar{i}_L = I_L$。就伏－秒平衡条件而论，平均电感器电流 $\bar{i}_L$ 与初始电感器电流 i_L 具有相同的效果。式（4.27）被简化为

$$V_S = I_L R_l + (1-D)V_O \tag{4.28}$$

另一方面，输出电容器的安－秒平衡条件写为

$$\frac{V_O}{R}DT_s = \left(\bar{i}_L(t) - \frac{V_O}{R}\right)(1-D)T_s \tag{4.29}$$

化简为

$$\frac{V_O}{R} = (1-D)I_L \tag{4.30}$$

现在通过同时求解式（4.28）和式（4.30），以消除 I_L 来获得电压增益的期望表达式。所得到的电压增益被设置为理想Boost变换器的电压增益和考虑到绕组 R_l 的影响的校正因子的乘积，即

$$\frac{V_O}{V_S} = \frac{1}{1-D}\left(\frac{1}{1+\frac{1}{(1-D)^2}\frac{R_l}{R}}\right) \tag{4.31}$$

校正因子的关键参数是绕组电阻与负载电阻的比值 R_l/R。图4.7所示为使用式（4.31）与 R_l/R 不同的值计算的电压增益曲线。电压增益曲线显示与理想情况的实质偏差。当 R_l/R 增加时，偏差增强，当占空比较大时，实际电压增益和理想

电压增益之间呈现宽的间隙。特别地，随着占空比接近为 1，所有的电压增益曲线都合并为零，而不是无限增长。这种现象实际上与 Boost 变换器的工作情况一致。当 $D=1$ 时，变换器的输出绝不连接到源端，因此输出电容器保持不带电，产生零输出电压。

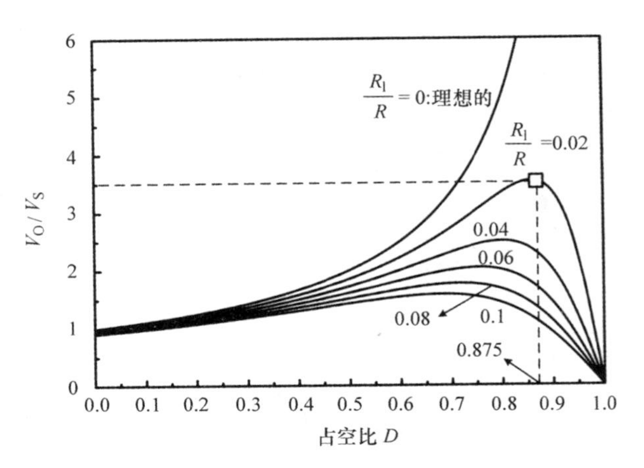

图 4.7 非理想 Boost 变换器的电压增益

值得注意的是，R_l/R 限制了 Boost 变换器可以产生的最大电压增益。例如，在 $R_l/R=0.02$ 时，图 4.7 表示在占空比 $D=0.875$ 时最大电压增益约为 3.5。如果需要大于 3.5 的电压增益，则应减小 R_l/R 到小于 0.02。

［例 4.2］ 具有电感器绕组电阻的输出电压

本实例证实了前面的增益分析的结果。例 4.1 中的 Boost 变换器的参数如下：$V_S=12V$，$L=160\mu H$，$C=400\mu F$，$R=5\Omega$。现在，电感器中包含一个 0.1Ω 的绕组电阻，使得 $R_l/R=0.1/5=0.02$。在这种情况下，对 4 种不同占空比进行仿真：$D=0.875$、0.900、0.925 和 0.950。Boost 变换器的输出电压波形如图 4.8 所示。如图 4.7 所示，输出电压在 $D=0.875$ 时达到峰值，然后随着占空比的增加而减小。表 4.2 给出了根据式（4.31）而得到的输出电压的理论预测值。

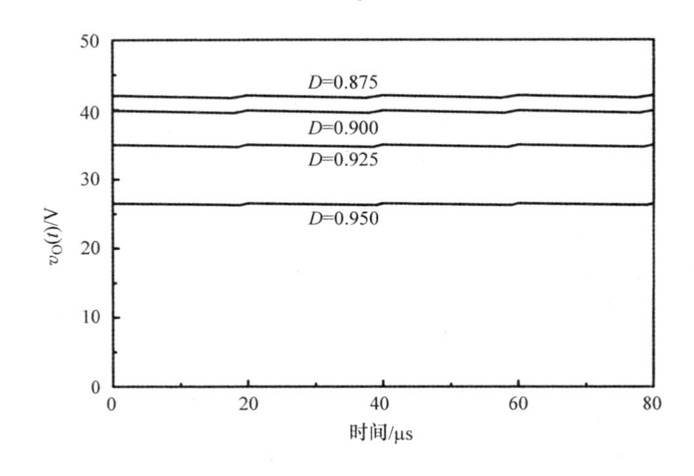

图 4.8 $R_l/R=0.02$ 时 Boost 变换器的输出电压波形

表 4.2　输出电压分析

占空比	输出电压
$D=0.875$	$V_O=\frac{1}{1-D}\left(\frac{1}{1+\frac{1}{(1-D)^2}\frac{R_l}{R}}\right)V_S=\frac{1}{1-0.875}\left(\frac{1}{1+\frac{1}{(1-0.875)^2}\frac{0.1}{5}}\right)12V=42V$
$D=0.900$	40V
$D=0.925$	35V
$D=0.950$	27V

4.2　Buck/Boost 变换器

Buck/Boost 变换器是一个 DC - DC 功率变换电路，可以升高或降低输入电压。在这个意义上，Buck/Boost 变换器也称为升/降压变换器。本节讨论 Buck/Boost 变换器的电路拓扑结构和稳态工作。

4.2.1　Buck/Boost 变换器的演变

首先级联 Buck 变换器和 Boost 变换器，然后简化级联电路来得到 Buck/Boost 变换器。图 4.9a 所示为 Boost 变换器级联 Buck 变换器。用 SPDT 开关代替有源 - 无源开关对，将图 4.9a 改为图 4.9b。现假设两个 SPDT 开关是同步的，因此两个 SPDT 开关在 DT_s 的情况下都保持在位置 a，在 $(1-D)T_s$ 的情况下都保持在位置 p。

应该注意的是，即使去除了其输出滤波电容器，图 4.9b 中的前级 Buck 变换器也将起作用。当 Buck 变换器连接到具有自带输出电容器的 Boost 变换器时，用于提高独立的 Buck 变换器滤波性能的输出滤波电容变得冗余。

一旦去除 Buck 变换器的输出电容器，Buck 变换器的电感器和 Boost 变换器的电感器就可以合并在一起，最终电路如图 4.9c 所示。在图 4.9c 中，电感器的左侧标记“•”来显示电感器电压的极性。该电路被称为非反相 Buck/Boost 变换器。

将伏 - 秒平衡条件应用于图 4.9c 得到

$$V_S DT_s = V_O(1-D)T_s \tag{4.32}$$

将式（4.32）简化可以得到 Buck/Boost 变换器的电压增益为

$$\frac{V_O}{V_S}=D\frac{1}{1-D} \tag{4.33}$$

式中，第一项 D 源于 Buck 变换器的前一级；第二项 $1/(1-D)$ 源于 Boost 变换器的后一级。

非反相 Buck/Boost 变换器的导通和关断子电路如图 4.9d 所示。保持电路性能不变，图 4.9d 中的子电路重新绘制到图 4.9e 中。现根据图 4.9e 中的两个子电路综合得到一个新电路。所得到的电路在图 4.9f 中显示为两个不同的形式：一个是 SPDT 开关；另一个是有源 - 无源开关对。很容易看出在 SPDT 开关的两种不同情况下，新电路可演化为图 4.9e 中的两个子电路。

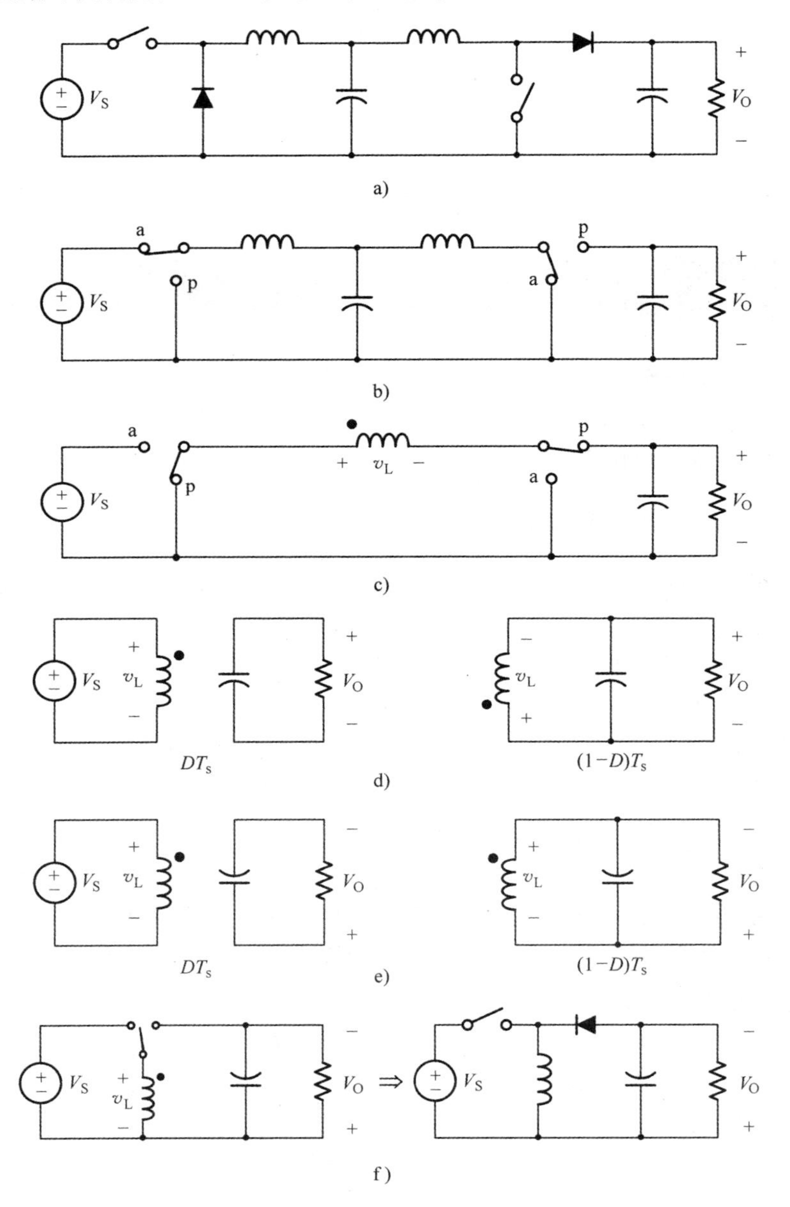

图 4.9　Buck/Boost 变换器的演变

a）Buck 变换器和 Boost 变换器的级联连接　b）使用两个同步 SPDT 开关的等效替代　c）非反相 Buck/Boost 变换器　d）非反相 Buck/Boost 变换器的子电路　e）子电路的修改　f）Buck/Boost

图 4.9f 所示的变换器电路被称为 Buck/Boost 变换器，因为该变换器是由 Buck 变换器和 Boost 变换器的结合演变得到的。Buck/Boost 变换器的输出电压的极性与输入电压的极性相反。同时，在图 4.9c 的变换器电路中，输出电压具有与输入电压相同的极性，因此变换器被称为非反相 Buck/Boost 变换器。

4.2.2 CCM 的稳态分析

对 Buck/Boost 变换器的稳态分析采用与 Buck 变换器和 Boost 变换器相同的方式进行。

CCM 的稳态运行

Buck/Boost 变换器、导通和关断子电路以及主要的电路波形如图 4.10 所示。变换器的稳态运行用图 4.10c 中的电路波形进行了说明。伏 - 秒平衡条件应用于电感器有

$$V_S D T_s = V_O (1 - D) T_s \tag{4.34}$$

得到 Buck/Boost 变换器的电压增益为

$$\frac{V_O}{V_S} = \frac{D}{1 - D} \tag{4.35}$$

增益公式预测当占空比在 $0 < D < 1$ 之间时，输出电压从零变化到无穷大。然而，与 Boost 变换器一样，当考虑非理想电路元器件时，电压增益会偏离理想值。电压增益被修改为

$$\frac{V_O}{V_S} = \frac{D}{1 - D}\left(\frac{1}{1 + \frac{1}{(1 - D)^2}\frac{R_l}{R}}\right) \tag{4.36}$$

在电感器绕组电阻 R_L 存在的情况下。式（4.36）的结构与式（4.31）中给出的实际 Boost 变换器的电压增益相同。因此，实际 Buck/Boost 变换器的功能将类似于 4.1.4 节中讨论的实际 Buck/Boost 变换器。

电感器电流的偏移为

$$\Delta i_L = \frac{V_S}{L} D T_s = \frac{V_O}{L}(1 - D) T_s \tag{4.37}$$

开关电流和二极管电流的平均值确定为

$$I_Q = D I_L$$

$$I_D = (1 - D) I_L \tag{4.38}$$

与 Boost 变换器相同，负载电流由二极管电流提供。因此，二极管平均电流成为负载电流：$I_D = I_O = V_O/R$。所以，电感器电流的平均值为

$$I_L = \frac{1}{1 - D} I_D = \frac{1}{1 - D}\frac{V_O}{R} \tag{4.39}$$

电感器电流的最大值为

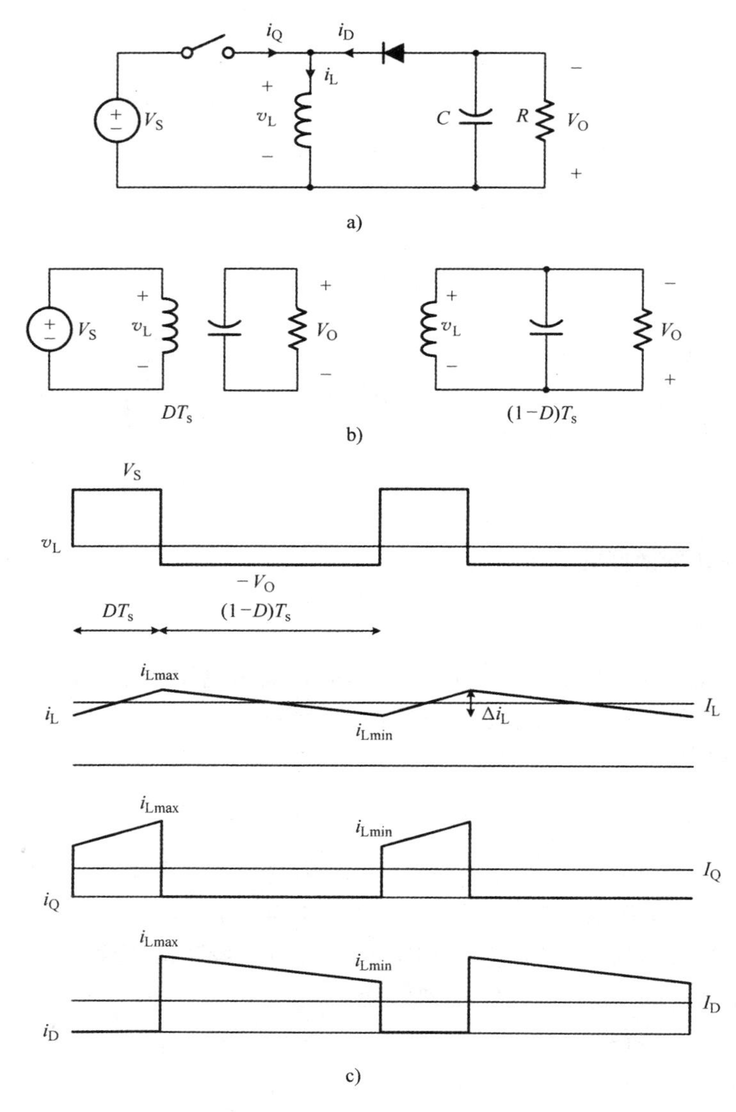

图 4.10 Buck/Boost 变换器的 CCM 稳态分析

a）Buck/Boost 变换器 b）导通与关断子电路 c）主要电路波形

$$i_{Lmax} = I_L + \frac{1}{2}\Delta i_L \tag{4.40}$$

最小值为

$$i_{Lmin} = I_L - \frac{1}{2}\Delta i_L \tag{4.41}$$

输出纹波的估算

图 4.11 所示为用于预测输出纹波幅值的电路图和波形。这些波形与图 4.4 所

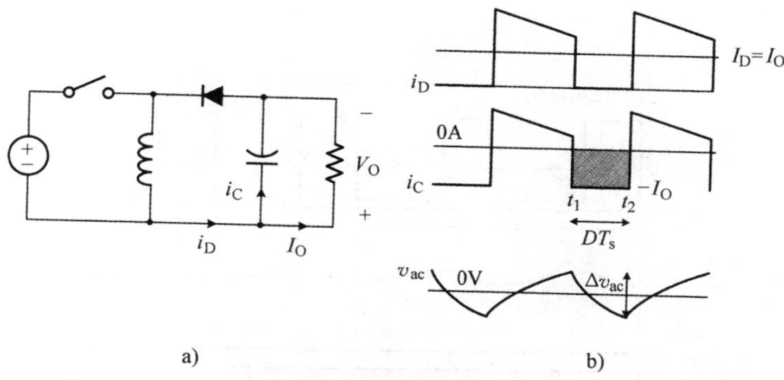

图4.11　输出纹波估计

a）电路图　b）电流波形和输出纹波

示的Buck变换器的波形相同。这是因为Buck/Boost变换器的输出级保持了Boost变换器的电路特性。因此，Buck/Boost变换器的输出纹波与Boost变换器的情况相同：

$$\Delta v_{ac}=\Delta v_O=\frac{1}{C}\frac{V_O}{R}DT_s \tag{4.42}$$

当变换器在CCM下工作且输出电容器中不存在ESR时，式（4.42）才成立。当考虑输出电容器的ESR时，对于在CCM或DCM下工作的变换器，输出纹波近似为

$$\Delta v_O\approx\Delta i_DR_c=i_{Dmax}R_c=i_{Lmax}R_c \tag{4.43}$$

［例4.3］　**Buck/Boost变换器的稳态运行**

本实例显示了Buck/Boost变换器的电路波形。Buck/Boost变换器的电路参数为$V_S=12V$，$L=160\mu H$，$C=400\mu F$，$R=5\Omega$，$T_s=20\mu s$，$D=0.4$。表4.3总结了主要电路变量的稳态值。重要电路变量的仿真波形如图4.12所示。

表4.3　Buck/Boost变换器的稳态分析

电路变量	表达式
V_O	$\frac{D}{1-D}V_S=\frac{0.4}{1-0.4}\times12V=8V$
v_{Lmax}	$V_S=12V$
v_{Lmin}	$-V_O=-8V$
I_L	$\frac{1}{1-D}\frac{V_O}{R}=\frac{1}{1-0.4}\times\frac{8}{5}A=2.67A$
Δi_L	$\frac{V_S}{L}DT_s=\frac{12}{160\times10^{-6}}\times0.4\times20\times10^{-6}A=0.6A$
i_{Lmax}	$I_L+\frac{\Delta i_L}{2}=2.67A+\frac{0.6}{2}A=2.97A$
i_{Lmin}	$I_L-\frac{\Delta i_L}{2}=2.67A-\frac{0.6}{2}A=2.37A$

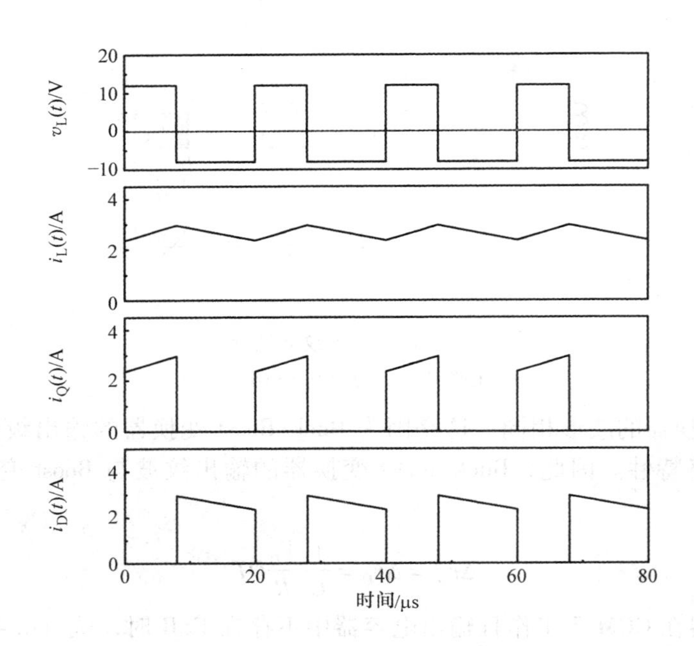

图 4.12 Buck/Boost 变换器的电路波形

4.2.3 DCM 的稳态分析

对于 Buck/Boost 变换器，$I_L = \Delta i_L/2$ 时，使用式（4.39）和式（4.37）得到 CCM/DCM 边界条件为

$$\frac{1}{1-D}\frac{V_O}{R}=\frac{1}{2}\frac{V_S}{L}DT_s \tag{4.44}$$

根据式（4.44）和式（4.35），负载电阻的临界值可由下式给出：

$$R_{crit} = \frac{2L}{(1-D)^2 T_s} \tag{4.45}$$

变换器进入 DCM 工作，此时负载电阻大于 R_{crit}。

Buck/Boost 变换器的主要 DCM 波形如图 4.13 所示。将伏 - 秒平衡条件应用于电感器的计算：

$$V_S D T_s = V_O D_1 T_s \tag{4.46}$$

化简为

$$\frac{V_O}{V_S}=\frac{D}{D_1} \tag{4.47}$$

令二极管平均电流 I_D 与负载电流相等，就可以得出结论

$$\frac{1}{2}\frac{V_S}{L}DT_sD_1=\frac{V_O}{R} \tag{4.48}$$

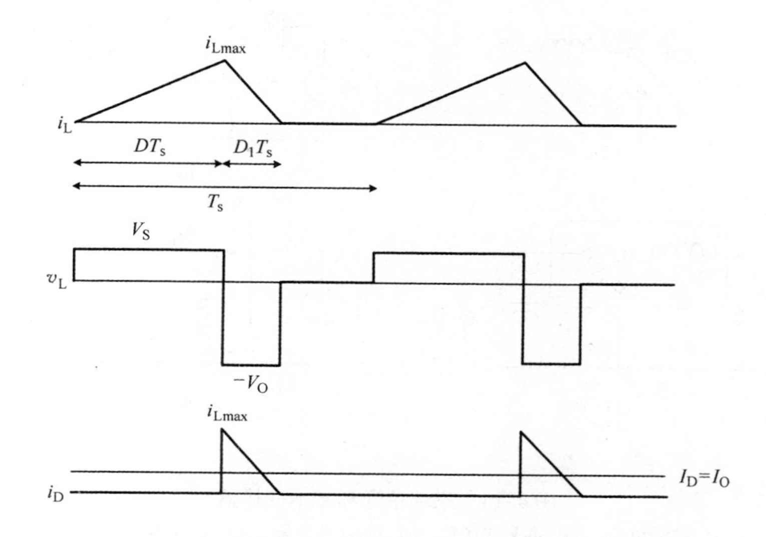

图 4.13　在 DCM 下工作的 Buck/Boost 变换器的电路波形

式中，D_1为

$$D_1=\frac{V_O}{V_S}\frac{2L}{RDT_s} \tag{4.49}$$

最后，通过结合式（4.47）和式（4.49），DCM 电压增益为

$$\frac{V_O}{V_S}=D\sqrt{\frac{RT_s}{2L}} \tag{4.50}$$

与 Buck 和 Boost 变换器一样，电压增益与负载电阻也成正比。此外，若占空比相同，DCM 电压增益通常大于 CCM 电压增益。

4.3　三种基本变换器的结构及电压增益

下面研究三种基本的 DC - DC 变换器拓扑结构：Buck 变换器、Boost 变换器和 Buck/Boost 变换器。现在从更通用的角度对这三种变换器的结构和电压增益进行了描述。

三种基本变换器的结构

三种基本变换器包含一个通用电路块，由 SPDT 开关和电感器构成。该通用电路块如图 4.14a 所示。该电路块被称为三端单元。节点 a 为有源开关端口，p 为无源开关端口。节点 c 为连接滤波电感器的公共端口。滤波电感器的另一端表示为端口 i。

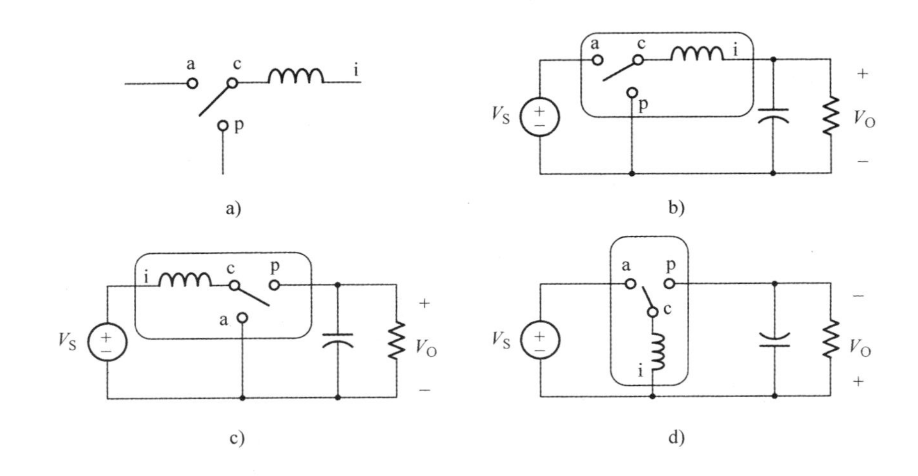

图 4. 14　三端单元和基本变换器

a） 三端单元　b） Buck 变换器　c） Boost 变换器　d） Buck/Boost 变换器

对于三种基本变换器，三端单元以三种不同的方式放置于电源和负载之间。如图 4. 14 所示，电感器端 i 为 Buck 变换器的输出端，电感器端 i 与 Boost 变换器的输入端相连。在 Buck/Boost 变换器中，电感器端与地相连。

尽管结构不同，三种变换器有一个共同点，即每个电路可以用作 DC - DC 功率变换器。在每种变换器中，当公共端与源端相连时，能量从源端传输至电感器。另一方面，当公共端被连接到无源端时，能量从电感器释放至负载。因此，SPDT 开关的开关动作负责从源极到负载的能量传递。传递能量的大小由有源开关的占空比决定。电感器作为中间储能元件。

总而言之，在三种基本变换器中，三端单元作为源端和负载的接口，同时使用电感器作为储存器来进行它们之间的能量传递。实际上，使用图 4. 14a 所示的三端单元可以进行 DC - DC 功率变换，Buck 变换器、Boost 变换器和 Buck/Boost 变换器是三种可实现该功能的拓扑结构。

三种基本变换器的电压增益

三种基本的 DC - DC 变换器产生不同的输入 - 输出电压增益。图 4. 15 所示为三种变换器的电压增益特性。对于每种变换器，均使用 D_{crit} 作为边界条件显示 CCM 和 DCM 下工作的电压增益。当占空比小于 D_{crit} 时，变换器工作在 DCM；当占空比大于 D_{crit} 时，工作在 CCM。表 4. 4 总结了三种变换器的 DCM 电压增益和 D_{crit}。

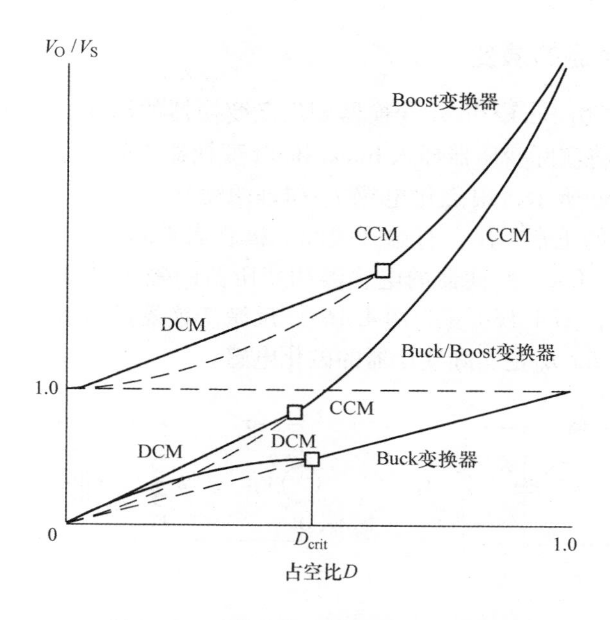

图4.15 三种基本变换器的电压增益曲线

表4.4 三种基本变换器的DCM电压增益和D_{crit}

	DCM电压增益	D_{crit}
Buck 变换器	$\dfrac{2D}{D+\sqrt{D^2+\dfrac{8L}{RT_s}}}$	$\dfrac{1}{2}(1-D_{crit})=\dfrac{L}{RT_s}$
Boost 变换器	$\dfrac{1}{2}\left(1+\sqrt{1+\dfrac{2D^2RT_s}{L}}\right)$	$\dfrac{1}{2}D_{crit}(1-D_{crit})^2=\dfrac{L}{RT_s}$
Buck/Boost 变换器	$D\sqrt{\dfrac{RT_s}{2L}}$	$\dfrac{1}{2}(1-D_{crit})^2=\dfrac{L}{RT_s}$

4.4 反激变换器：变压器隔离Buck/Boost变换器

基于许多DC-DC变换器的实际应用，出于安全性考虑，法律明文规定输入和输出端口使用电气隔离。实现这种输入-输出隔离的一种简单方法是在DC-DC变换器的中间部分插入一个隔离变压器。实际上，在三种基本的DC-DC变换器中加入一个变压器可以增加大量的隔离变换器结构。反激变换器是一个典型的例子。

反激变换器是由增加隔离变压器的Buck/Boost变换器演变而来，同时简化了电路。反激变换器具有非常简单的结构和最少的元器件数量，能够实现所需的输入-输出隔离。因此，反激变换器作为有效节约成本的DC-DC变换电路，被广泛用于消费电子产品中。本节介绍反激变换器的拓扑原理和稳态操作。

4.4.1 反激变换器的演变

图 4.16 显示了由 Buck/Boost 变换器到反激变换器的演变。Buck/Boost 变换器如图 4.16a 所示。将实际变压器插入 Buck/Boost 变换器中间，得到了图 4.16b 所示的电路。如图 4.16c 所示，用磁化电感 L_m 和理想变压器组合替代实际变压器后，为了不影响变换器的正常工作，有源开关和二极管需重新设置，如图 4.16d 所示。现在通过合并 Buck/Boost 变换器的电感器和变压器的磁化电感，并将理想变压器二次电路垂直镜像，图 4.16d 变为图 4.16e。反激变换器的最终形式如图 4.16f 所示，其中复合电感 $L \parallel L_m$ 是实际变压器的磁化电感。

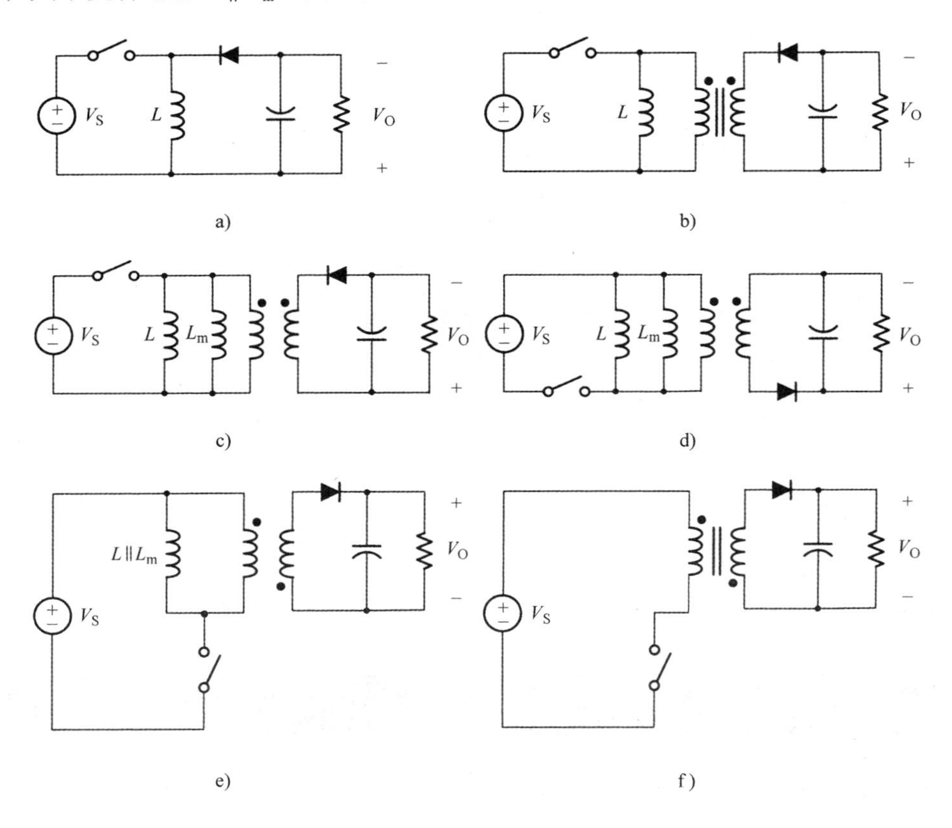

图 4.16 反激变换器的演变

a）Buck/Boost 变换器 b）隔离变压器的插入 c）电路模型 d）等效电路模型 e）修正电路模型 f）反激变换器

反激变换器利用隔离变压器的磁化电感作为功能电感。因此，隔离变压器应以某种方式实现磁化电感的可控。实现这一目标的一个简单方法是在变压器的磁路中产生间隙。一般是在磁心之间引入空气间隔，这一方法能够有效地确定隔离变压器的磁化电感。

4.4.2 CCM的稳态分析

在功能上，反激变换器是采用变压器隔离的Buck/Boost变换器。因此，反激变换器的工作过程与Buck/Boost变换器类似。图4.17说明了CCM下反激变换器的工作原理，其中假设变压器匝数比为1∶n。该变压器由磁化电感和理想变压器并联构成。

在有源开关闭合时的导通时间内，输出电压和二次变压器两端的电压之和V_O+nV_S使得二极管反向偏置。因此，DT_s的导通子电路如图4.17b所示。

导通DT_s内变换器的工作过程如下所述。图4.17中的磁化电感的电压v_m为输入电压V_S。通过磁化电感的电流i_m以斜率V_S/L_m增加。磁化电流i_m流过开关，$i_m=i_Q$，而理想变压器的一次和二次电流均为零，从而满足理想变压器的电流方程。在此期间，能量从电源传递到变压器的励磁电感中。当磁化电流i_m线性增加时，存储在变压器中的能量也增加。当i_m达到最大值时，存储在变压器中的能量达到其峰值。

当有源开关断开时，磁化电流i_m流向变压器的一次绕组，这又反过来在二次绕组将正电流注入二极管。如图4.17b所示，二极管导通，电路会在$(1-D)T_s$时间内处于关断子电路状态。在此期间，磁化电流i_m进入一次绕组的未连接端，而二极管电流i_D从二次绕组的未连接端流出。根据绕组匝数比为1∶n的理想变压器电流方程，该周期内的二极管电流为$i_D=i_m/n$。

在电路关断期间，输出电压V_O通过绕组匝数比为1∶n的变压器实现反向，并将负电压施加到磁化电感L_m上。因此，磁化电流i_m以斜率$(-V_O/n)/L_m$下降。随着i_m线性减小，导通时间内变压器积累的能量被传送到负载电阻器和输出电容器。图4.17c所示为基于上述操作原理构建的反激变换器的电路波形。

将伏-秒平衡条件应用于磁化电感L_m得到

$$V_SDT_s=\frac{V_O}{n}(1-D)T_s \tag{4.51}$$

这使得反激变换器的电压增益变为

$$\frac{V_O}{V_S}=\frac{D}{1-D}n \tag{4.52}$$

该电压增益由Buck/Boost变换器的电压增益与变压器的匝数比相乘得到。

磁化电流的偏移由下式给出：

$$\Delta i_m=\frac{V_S}{L_m}DT_s=\frac{V_O/n}{L_m}(1-D)T_s \tag{4.53}$$

磁化电流的平均值如下式所示。由于二极管与负载电阻相连，二极管电流的平均值等于负载电流。

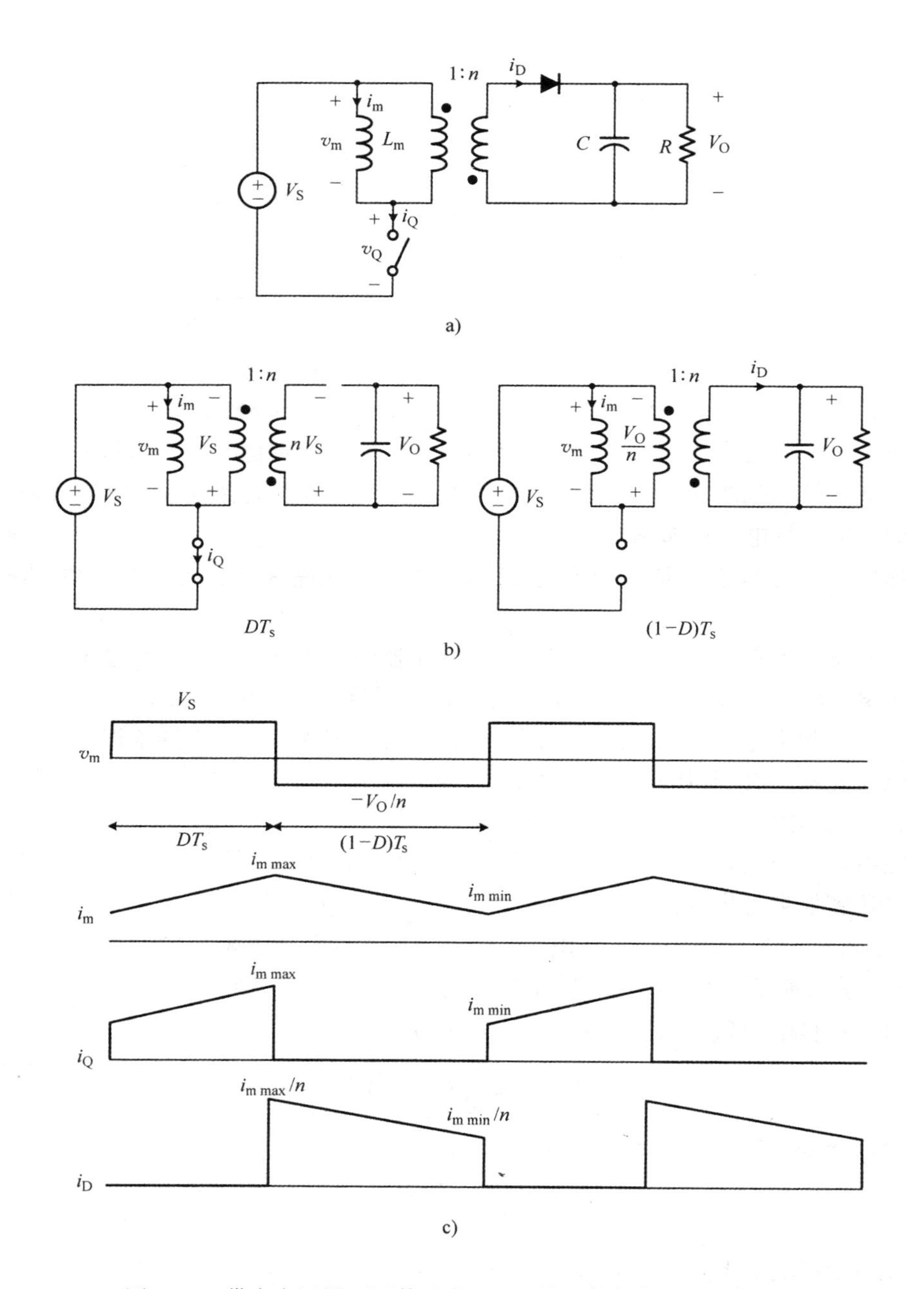

图 4.17　带有变压器（匝数比为 1∶n）的反激变换器的稳态分析
a）反激变换器　b）导通和关断子电路　c）主要电路波形

$$I_D = \frac{V_O}{R} \tag{4.54}$$

二极管平均电流 I_D与平均磁化电流 I_M的相关性由下式给出：

$$I_{\mathrm{D}}=(1-D)I_{\mathrm{M}}\frac{1}{n} \tag{4.55}$$

由式（4.54）和式（4.55），可以得到平均磁化电流

$$I_{\mathrm{M}}=\frac{1}{1-D}nI_{\mathrm{D}}=\frac{1}{1-D}n\frac{V_{\mathrm{O}}}{R} \tag{4.56}$$

平均磁化电流的最大值为

$$i_{\mathrm{m\,max}}=I_{\mathrm{M}}+\frac{1}{2}\Delta i_{\mathrm{m}} \tag{4.57}$$

最小值为

$$i_{\mathrm{m\,min}}=I_{\mathrm{M}}-\frac{1}{2}\Delta i_{\mathrm{m}} \tag{4.58}$$

有源开关上的电压，即图 4.17a 中的 v_{Q}，在导通时间内为零。在电路关断期间，v_{Q}由输入电压与反向输出电压之和给出：

$$v_{\mathrm{Q}}=V_{\mathrm{S}}+\frac{V_{\mathrm{O}}}{n} \tag{4.59}$$

[例 4.4]　反激变换器的稳态工作

本实例显示了反激变换器的稳态分析结果和电路波形。反激变换器的工作条件和功率级参数为 $V_{\mathrm{S}}=24\mathrm{V}$，$L_{\mathrm{m}}=160\mu\mathrm{H}$，$n=0.5$，$C=400\mu\mathrm{F}$，$R=2.5\Omega$，$T_{\mathrm{s}}=20\mu\mathrm{s}$，$D=0.4$。表 4.5 总结了稳态分析的结果。电路仿真波形如图 4.18 所示。

表 4.5　反激变换器的稳态分析

电路变量	表达式
V_{O}	$\frac{D}{1-D}nV_{\mathrm{S}}=\frac{0.4}{1-0.4}\times0.5\times24\mathrm{V}=8\mathrm{V}$
$v_{\mathrm{m\,max}}$	$V_{\mathrm{S}}=24\mathrm{V}$
$v_{\mathrm{m\,min}}$	$-\frac{V_{\mathrm{O}}}{n}=-\frac{8}{0.5}\mathrm{V}=-16\mathrm{V}$
I_{M}	$\frac{1}{1-D}n\frac{V_{\mathrm{O}}}{R}=\frac{1}{1-0.4}\times0.5\times\frac{8}{2.5}\mathrm{A}=2.67\mathrm{A}$
Δi_{m}	$\frac{V_{\mathrm{S}}}{L_{\mathrm{m}}}DT_{\mathrm{s}}=\frac{24}{160\times10^{-6}}\times0.4\times20\times10^{-6}\mathrm{A}=1.2\mathrm{A}$
$i_{\mathrm{m\,max}}$	$I_{\mathrm{M}}+\frac{1}{2}\Delta i_{\mathrm{m}}=2.67\mathrm{A}+\frac{1.2}{2}\mathrm{A}=3.27\mathrm{A}$
$i_{\mathrm{m\,min}}$	$I_{\mathrm{M}}-\frac{1}{2}\Delta i_{\mathrm{m}}=2.67\mathrm{A}-\frac{1.2}{2}\mathrm{A}=2.07\mathrm{A}$
$i_{\mathrm{Q\,max}}$	$i_{\mathrm{m\,max}}=3.27\mathrm{A}$
$i_{\mathrm{D\,max}}$	$\frac{i_{\mathrm{m\,max}}}{n}=\frac{3.27}{0.5}\mathrm{A}=6.54\mathrm{A}$
$v_{\mathrm{Q\,max}}$	$V_{\mathrm{S}}+\frac{V_{\mathrm{O}}}{n}=24\mathrm{V}+\frac{8}{0.5}\mathrm{V}=40\mathrm{V}$

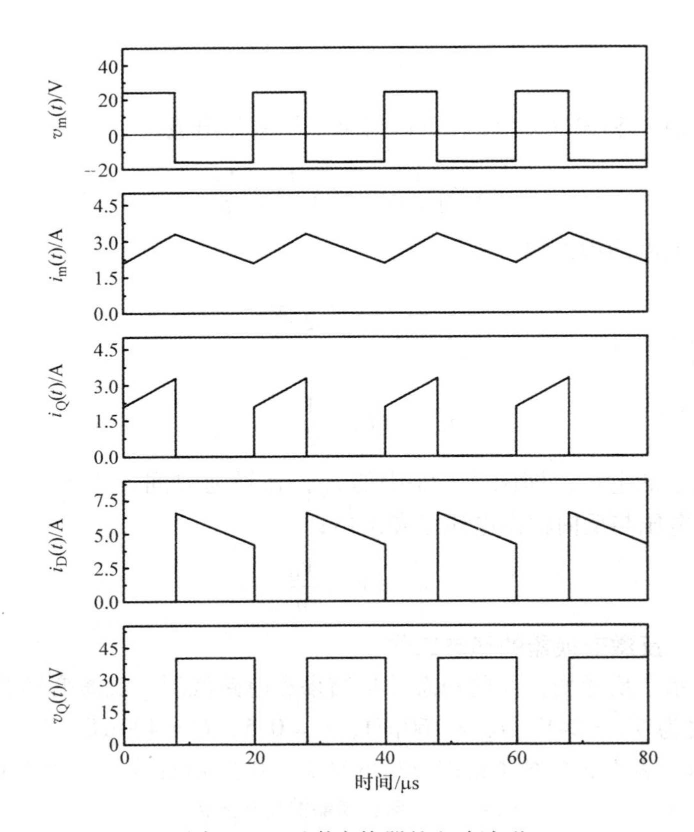

图 4.18　反激变换器的电路波形

4.4.3　DCM 的稳态分析

对于反激变换器，基于式（4.56）和式（4.53），CCM/DCM 边界条件 $I_M = \Delta i_m/2$ 表示为

$$\frac{1}{1-D}n\frac{V_O}{R}=\frac{1}{2}\frac{V_S}{L_m}DT_s \tag{4.60}$$

将式（4.52）代入式（4.60）中得到临界负载电阻值为

$$R_{crit}=2n^2\frac{L_m}{(1-D)^2T_s} \tag{4.61}$$

如果负载电阻值大于 R_{crit}，变换器将开始在 DCM 下工作。

图 4.19 所示为 DCM 下反激变换器的主要波形。当 i_m变为零时，变压器二次绕组处的二极管截止。在这种情况下，i_m保持为零，则 v_m也变为零。因此，有源开关两端的电压等于输入电压，即 $v_Q = V_S$。

将伏 - 秒平衡条件应用于磁化电感得到

$$V_SDT_s=\frac{V_O}{n}D_1T_s \tag{4.62}$$

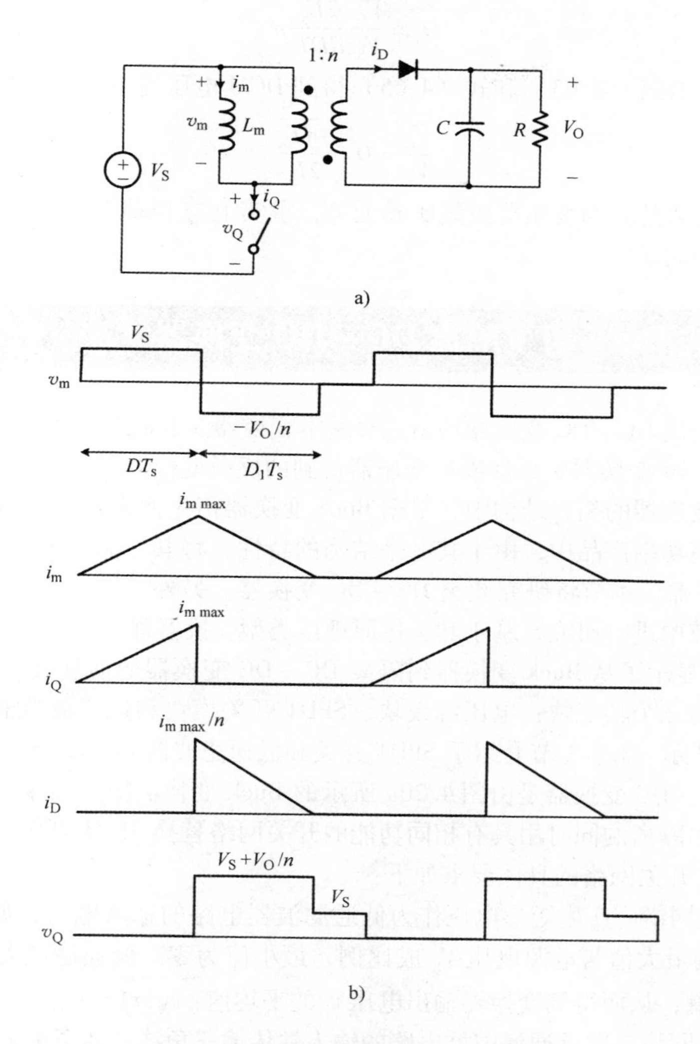

图 4.19　DCM 下反激变换器的稳态分析
a）电路图　b）主要波形

进一步得到

$$\frac{V_O}{V_S}=\frac{D}{D_1}n \tag{4.63}$$

通过使二极管电流的平均值与负载电流相等，得到

$$\frac{\frac{1}{2}(i_{m\max})\frac{1}{n}D_1T_s}{T_s}=\frac{\frac{1}{2}\left(\frac{V_S}{L_m}DT_s\right)\frac{1}{n}D_1T_s}{T_s}=\frac{V_O}{R} \tag{4.64}$$

可得到 D_1 的表达式

$$D_1=\frac{V_O}{V_S}\frac{2L_m}{RDT_s}n \tag{4.65}$$

最后，结合式（4.63）和式（4.65）得到 DCM 电压增益为

$$\frac{V_O}{V_S}=D\sqrt{\frac{RT_s}{2L_m}} \tag{4.66}$$

电压增益表达式与变压器匝数比 n 无关，事实上与 Buck/Boost 变换器 DCM 工作时的增益相同。

4.5 桥式 Buck 衍生隔离 DC－DC 变换器

大多数隔离 DC－DC 变换器均由三种基本变换器演变而来。我们已经研究了通过在 Buck/Boost 变换器中添加隔离变压器得到的反激变换器。

在隔离变换器的拓扑结构中，根据 Buck 变换器衍生而来的 DC－DC 变换器广泛应用于中高功率产品中，由于其电路结构的特性，将其称为桥式 Buck 衍生隔离 DC－DC 变换器，本节将研究此类 DC－DC 变换器。另外一类 Buck 衍生隔离变换器将在下一节中进行研究，基于其工作原理该类型变换器称为正向变换器。

图 4.20 显示了从 Buck 变换器到隔离 DC－DC 变换器的演变过程，其中 Buck 变换器被分为三个功能块：电压源模块、SPDT 开关模块和低通滤波器模块，电路如图 4.20a 所示。3.2.1 节介绍了 SPDT 开关和低通滤波器的功能。

隔离 DC－DC 变换器是由图 4.20a 所示的 Buck 变换器衍生而来，主要是在实现输入－输出隔离的同时用具有相同功能的开关网络替换 SPDT 开关。该概念如图 4.20b 所示。开关网络的具体要求如下：

1）开关网络应产生矩形电压作为低通滤波器电路的输入电压，如图 4.20b 中 v_N 所示。v_N 的最大值与电源电压 V_S 成比例，最小值为零。低通滤波器电路使 v_N 波形曲线变平滑，从而得到变换器输出电压 v_N 的平均值：$\bar{v}_N(t)=V_O$。

2）开关网络应向低通滤波器电路的输入端传输三角波，如图 4.20b 中 i_N 所示。特别地，当 i_N 为零时，开关网络应为 i_N 提供续流路径。i_N 的平均值是变换器的输出电流：$\bar{i}_N(t)=I_O$。

3）开关网络应实现输入－输出隔离。大多数开关网络采用变压器进行输入－输出隔离。

本节首先介绍了开关网络的电路结构。然后回顾了在交换机网络中起隔离作用的多绕组变压器电路模型。最后给出了三个重要的 Buck 隔离变换器即全桥变换器、半桥变换器和推挽变换器的工作过程。尽管由于开关网络的不同，三个变换器的命名有所区别，但是这三个 Buck 衍生变换器在功能上与 Buck 变换器相同。

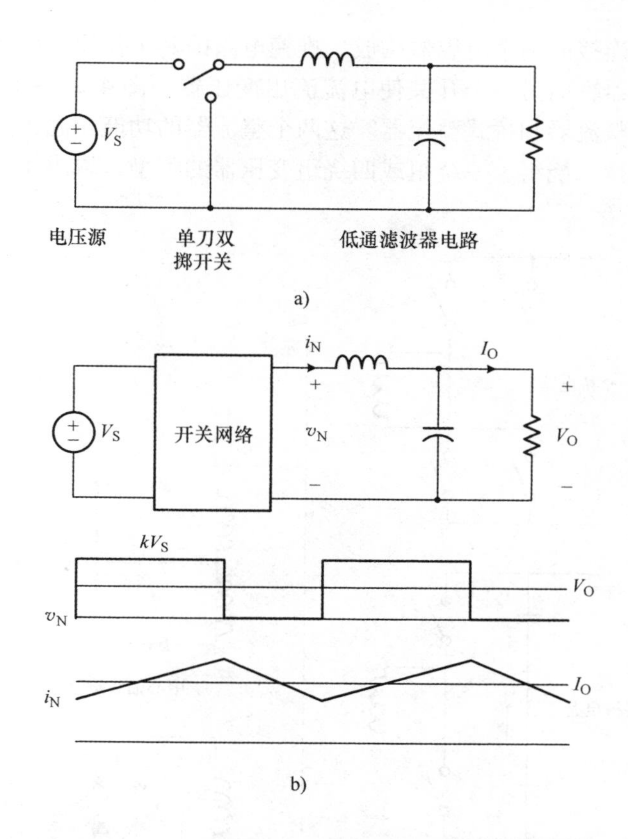

图4.20 由Buck变换器衍生出来的隔离DC－DC变换器

a）Buck变换器 b）Buck衍生隔离DC－DC变换器和开关网络波形

4.5.1 开关网络及多绕组变压器

本节介绍开关网络的电路结构。因为大多数开关网络都包含一个多绕组变压器，所以本节还讨论了多绕组变压器的电路模型。

开关网络结构

开关网络的一般结构如图4.21所示。采用隔离边界将开关网络分为两个电路。位于隔离边界左侧的电路为主电路，而在另一侧的电路为整流电路。

有许多电路结构可以用作开关网络的主电路或整流电路。如果为主电路和整流电路选择了一个特定的电路结构，将会产生特定的开关网络。该概念如图4.21所示，其中三个主电路和两个整流电路置于隔离边界上。这些电路中的任意一对，一个为主电路，另一个为整流电路，构成变压器隔离Buck衍生DC－DC变换器的开关网络。

主电路包括全桥电路、半桥电路和推挽电路。全桥电路包含由串联连接的两个有源开关构成的一对纵向支路。在半桥电路中，只有一条有源开关支路存在，而另一条支路由串联连接的两个电容器构成。推挽电路因其工作原理而命名：一个开关将电流注入变压器，而另一个开关使电流流出变压器。图 4. 21 中的两个整流电路被称为中心抽头整流器和桥式整流器。这两个整流器的功能相同，因此可以互换使用。开关网络选择二绕组、三绕组或四绕组变压器的类型，取决于主电路和整流电路的拓扑结构。

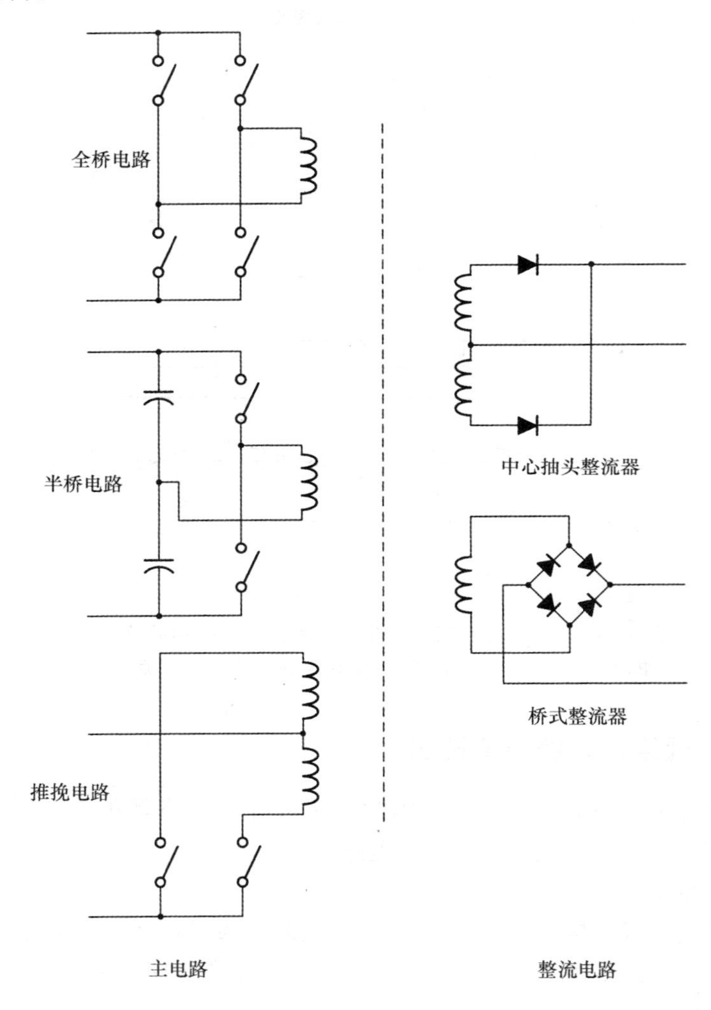

图 4. 21　开关网络的结构

多绕组变压器的电路模型

开关网络通常包含一个多绕组变压器。因此，在研究变压器隔离 DC－DC 变换器的工作方式之前，有必要回顾一下变压器的电路模型。图 4. 22a 所示为两绕组变压器及其电路模型。该电路模型中包含磁化电感和理想变压器。有关变压器型号的详细信息，请参见 2. 2. 3 节。根据变压器电路模型，可以得到

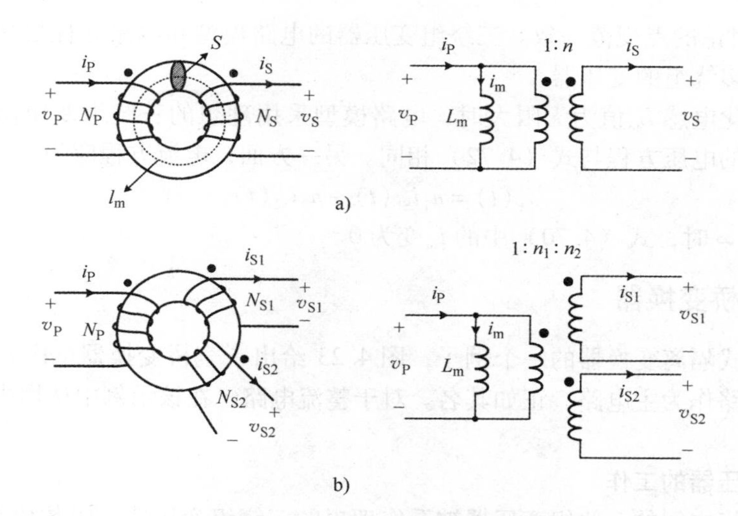

图4.22 实际变压器和电路模型

a）两绕组变压器 b）三绕组变压器

$$v_P(t):v_S(t)=1:n \tag{4.67}$$

$$i_P(t)=i_m(t)+ni_S(t) \tag{4.68}$$

式中

$$n=\frac{N_S}{N_P} \tag{4.69}$$

式中，N_P是一次绕组的匝数；N_S是二次绕组的匝数。磁化电流 i_m由下式给出：

$$i_m(t)=\frac{1}{L_m}\int v_P(t)\mathrm{d}t \tag{4.70}$$

根据如图4.22a所示的变压器参数，磁化电感 L_m为

$$L_m=\mu_r\mu_o\frac{S}{l_m}N_P^2 \tag{4.71}$$

图4.22b所示为三绕组变压器及其电路模型。该电路模型由磁化电感和理想的三绕组变压器构成。虽然三绕组变压器模型可以被认为是双绕组变压器的扩展，但是也可以基于三绕组变压器内的电磁现象来推导出该模型。对于三绕组变压器，对式（4.67）和式（4.68）进行变形得到

$$v_P(t):v_{S1}(t):v_{S2}(t)=1:n_1:n_2 \tag{4.72}$$

$$i_P(t)=i_m(t)+n_1i_{S1}(t)+n_2i_{S2}(t) \tag{4.73}$$

式中

$$n_1=\frac{N_{S1}}{N_P}\text{和 } n_2=\frac{N_{S2}}{N_P} \tag{4.74}$$

式中，N_P、N_{S1}和 N_{S2}是每个变压器绕组的相应匝数。磁化电流 i_m和磁化电感 L_m的表达式与前面的双绕组变压器相同。绕组电压/电流的极性/方向与楞次定律以及

2.2.3 节中讨论的点规范一致。三绕组变压器的电路模型和电路方程很容易扩展到四绕组或更多绕组的变压器。

假定磁化电感 L_m 值为无限大时，电路模型采用理想的三绕组变压器。理想三绕组变压器的电压方程与式（4.72）相同。另一方面，电流方程应为

$$i_P(t)=n_1 i_{S1}(t)+n_2 i_{S2}(t) \tag{4.75}$$

当 $L_m=\infty$ 时，式（4.70）中的 i_m 变为0。

4.5.2 全桥变换器

作为桥式隔离变换器的一个例子，图 4.23 给出了全桥变换器框图及其主要波形。全桥电路作为主电路，正如其名。对于整流电路，在该示例中选用中心抽头整流器。

理想变压器的工作

开关网络中间的三绕组变压器被看作理想的三绕组变压器，匝数比为 $N_P:N_{S1}:N_{S2}=1:n:n$。该假设简化了对变换器工作过程的描述。稍后将讨论实际变压器非理想特性的影响。基于图 4.23 所示的电压/电流波形的极性/方向，对于匝数比为 $1:n:n$的变压器，其公式为

$$v_P(t):v_{S1}(t):-v_{S2}(t)=1:n:n \tag{4.76}$$

$$i_P(t)=n(i_{D1}(t)-i_{D2}(t)) \tag{4.77}$$

主电路中的 4 个有源开关 $Q_1\sim Q_4$被分为两个开关对 $\{Q_1\ Q_2\}$ 和 $\{Q_3\ Q_4\}$。如图 4.23b 中的开关驱动信号所示，每个开关对中的两个单独开关被同步驱动，而两个开关对交替使用。开关对 $\{Q_1\ Q_2\}$ 或 $\{Q_3 Q_4\}$ 闭合的时间被称为接通时间段，而开关对打开的时间被称为关闭时间段。

在接通时间段内，变压器的一次绕组与电压源相连，另外两个绕组根据理想三绕组变压器的电路方程得到其端电压。在关闭时间段内，一次绕组与源端隔离，从而使三个变压器绕组的端电压均为零。

整流电路进行全波整流，从而为低通滤波电路提供所需的开关网络电压 v_N。v_N在导通期间对应的值由输入电压和变压器匝数比的乘积得到。v_N信号的宽度由开关驱动信号中有源开关的有效占空比 D 决定。因此，变换器的输出电压由下式给出：

$$V_O=\bar{v}_N(t)=nDV_S \tag{4.78}$$

在导通时间内，开关网络的输出电流 i_N随着斜率$(nV_S-V_O)/L$ 线性增加。当 $\{Q_1\ Q_2\}$ 闭合时，一次电流 i_P流入一次绕组的标记端，二次电流 i_N循环流过顶部二极管 D_1，而底部二极管 D_2由于$2nV_S$的电压产生反向偏置。相反，当 $\{Q_3 Q_4\}$ 闭合时，i_P反向，i_N通过 D_2循环，D_1反向偏置。在波形图上对相应操作时间内导通的特定二极管进行标记。

在 4 个开关均断开且一次电流 i_P为零的关断期间，滤波电感器电流 i_N使 D_1和

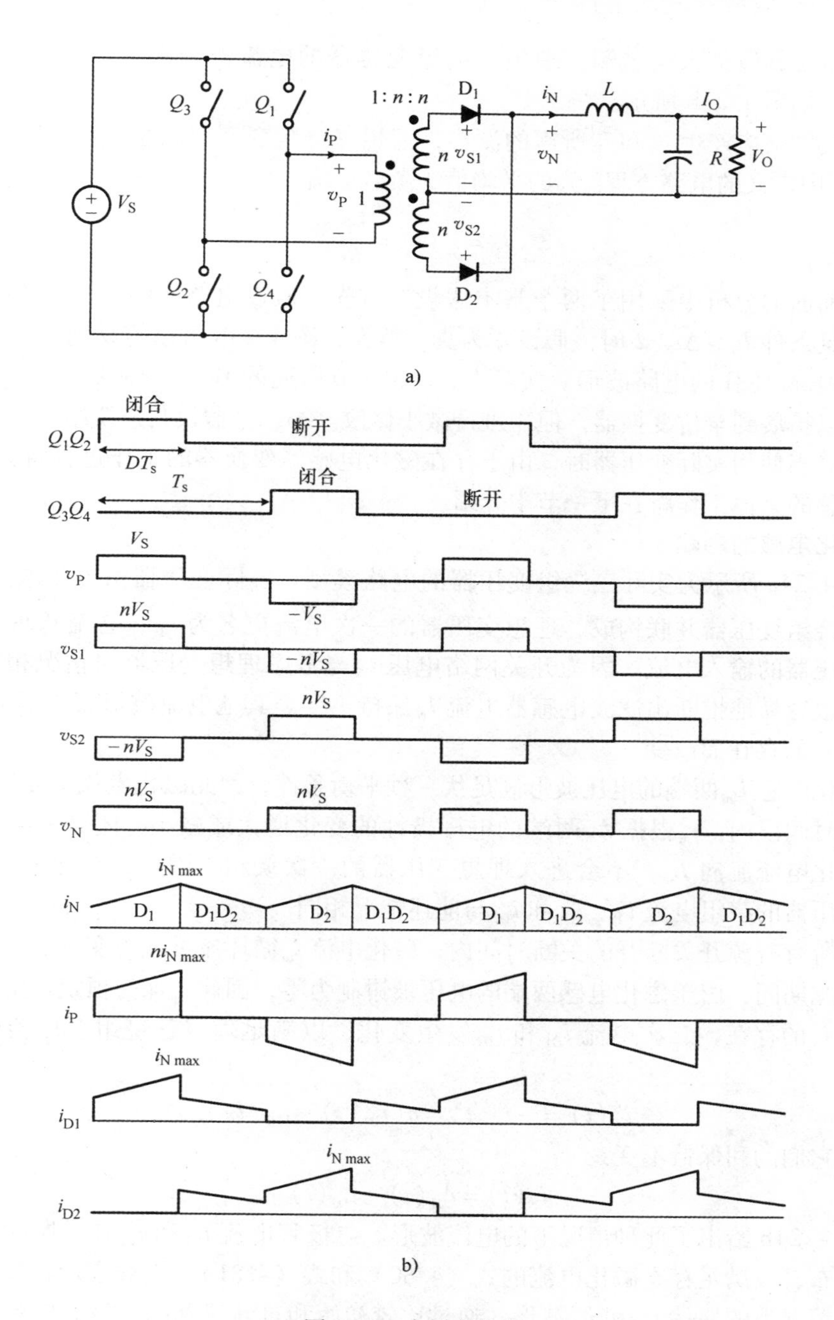

图4.23　全桥变换器

a）电路图　b）主要电路波形

D_2同时导通以创建续流路径。变压器绕组电压在此时间段内变为零。因此，i_N以斜率$-V_O/L$下降。衰减的续流电流i_N被等分为i_{D1}和i_{D2}。因此当i_P保持为零时，i_{D1}从同名端流出，i_{D2}流入同名端，理想三绕组变压器的电流方程由式（4.77）给出。电流波形如图 4.23b 所示。

开关网络应产生 v_N和 i_N所需的波形，理想三绕组变压器满足式（4.72）和式（4.75）中定义的电路方程。i_N的平均值为负载电流

$$I_O = \bar{i}_N(t) = \frac{V_O}{R} \tag{4.79}$$

在前面的分析中采用了两个基本假设。首先，假设电路始终工作于 CCM 下，只有满足条件 $I_O > \Delta i_N/2$ 时该假设才为真。然而，图 4.23b 可以容易地被修改以产生用于 DCM 工作的电路波形。实际上，3.5.3 节所述的 Buck 变换器的 DCM 工作过程可以扩展到全桥变换器，但需进行微小修改。第二个假设是三绕组变压器的理想特性。当使用实际变压器时，由于存在磁化电感，变换器的工作过程将会改变。磁化电感的具体工作将在下一节中介绍。

磁化电感的影响

图 4.24a 所示为实际三绕组变压器的电路模型。实际变压器由磁化电感 L_m和理想三绕组变压器并联构成。理想变压器的一次电流更名为 i'_P。电流 i'_P现在表示实际变压器的输入电流。因为开关网络电压 v_N与考虑理想变压器时情况相同，所以可以很容易地推断出滤波电感器电流 I_N保持不变。其他电流波形将由于 L_m的磁化电流 i_m的存在而改变。

磁化电感 L_m两端的电压波形满足伏 - 秒平衡条件，因此磁化电流 i_m是对称的。在导通时间段内，i_m根据 L_m两端的电压极性的变化增大或减小。闭合一次绕组开关，磁化电流流向 L_m，不会进入理想变压器的一次绕组。因此，在导通时间内，理想变压器的绕组电流 i'_P、i_{D1}和 i_{D2}与前述情况相同。

在所有有源开关断开的关断时间内，磁化电流 i_m循环流过理想变压器的一次绕组。在此期间，由于磁化电感两端的电压被钳制为零，因此 i_m保持恒定。由于一次绕组中 i_m的存在，二次电流 i_{D1}和 i_{D2}发生变化，以满足理想三绕组变压器的电流方程：

$$i'_P(t) = -i_m(t) = n(i_{D1}(t) - i_{D2}(t)) \tag{4.80}$$

同时使它们的和保持不变：

$$i_N(t) = i_{D1}(t) + i_{D2}(t) \tag{4.81}$$

图 4.24b 给出了此种情况下的电流波形。二极管电流 i_{D1}和 i_{D2}在关断时间内不均匀分布，以满足存在磁化电流的式（4.80）和式（4.81）。虚线表示在没有磁化电流的情况下的原始 i_{D1}和 i_{D2}波形。通过比较初始和重新得到的二极管电流波形可以很容易地看出磁化电流的影响。导通时间内，i'_P的电流波形应为 $i'_P = ni_{D1}$或 $i'_P = ni_{D2}$，关断时间内 $i'_P = -i_m$。因此在导通时间内 $i_P = i'_P + i_m$，且在关断时间内得到 $i_P = 0$。

当磁化电感 L_m接近无穷大时，i_m减小为零，电流波形变回理想变压器时的情

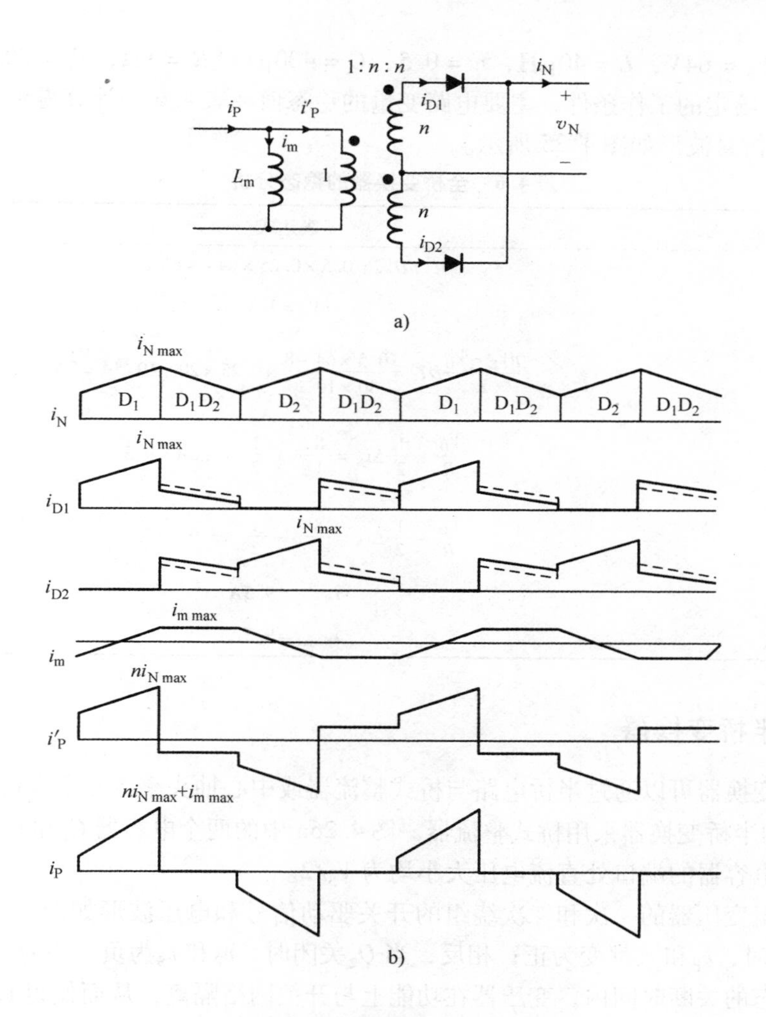

图 4.24　实际变压器构成的开关网络

a）实际三绕组变压器　b）主要波形

况。对于大多数变压器而言，磁化电感值在实际限制范围内最大化，以提高变压器的效率和性能。当磁化电感足够大时，磁化电流可忽略不计。因此，通常的做法是假设用于桥式隔离 DC - DC 变换器的变压器为理想变压器。

不考虑磁化电感的另一个理由是开关网络的输入电压自动满足其伏 - 秒平衡条件。如果不是这种情况，磁化电感 L_m（尽管足够大）可能会最终达到饱和，导致变换器产生致命故障。而桥式隔离变换器不会发生变压器饱和的情况。理想变压器的假设也将用于之后关于桥式隔离变换器的讨论。

[例 4.5]　全桥变换器的稳态工作

本实例给出了全桥变换器的稳态分析和电路波形。全桥变换器的工作条件和电

路参数为 $V_S=64V$，$L=40\mu H$，$n=0.5$，$C=400\mu F$，$R=1\Omega$，$T_s=20\mu s$，$D=0.25$。对于给定的工作条件，主要电路变量的稳态值在表 4.6 中计算得到，而相应的 PSpice®仿真波形如图 4.25 所示。

表 4.6 全桥变换器的稳态分析

电路变量	表达式
V_O	$nDV_S=0.5\times0.25\times64V=8V$
$v_{N\max}$	$nV_S=32V$
Δi_N	$\frac{nV_S-V_O}{L}DT_s=\frac{0.5\times64-8}{40\times10^{-6}}\times0.25\times20\times10^{-6}A=3A$
$i_{N\max}$	$\frac{V_O}{R}+\frac{1}{2}\Delta i_N=\frac{8}{1}A+\frac{1}{2}\times3.0A=9.5A$
$i_{N\min}$	$\frac{V_O}{R}-\frac{1}{2}\Delta i_N=\frac{8}{1}A-\frac{1}{2}\times3.0A=6.5A$
$i_{D1\max}$	$i_{N\max}=9.5A$
$i_{D2\max}$	$i_{N\max}=9.5A$

4.5.3 半桥变换器

半桥变换器可以通过半桥电路与桥式整流器或中心抽头整流器组合得到。在图 4.26a 中的半桥变换器采用桥式整流器。图 4.26a 中的两个电容器 C_1 和 C_2 用作分压器，每个电容器的端口处直流电压大小均为 $V_S/2$。

双绕组变压器的一次和二次绕组的开关驱动信号和电压波形如图 4.26b 所示。当 Q_1 打开时，v_P 和 v_S 都变为正；相反，当 Q_2 关闭时，v_P 和 v_S 为负。在 Q_1 和 Q_2 都处于打开状态的关断时间内，变压器在功能上与开关网络隔离，从而使得 $v_P=v_S=0$，$i_P=i_S=0$。

如图 4.26b 所示，桥式整流器电路产生在 $nV_S/2$ 和 0 之间交替变化的 v_N。则变换器的输出电压变为

$$V_O=\bar{v}_N(t)=\frac{nDV_S}{2} \tag{4.82}$$

v_N 的形状与全桥变换器情况相同，但二极管的换向有所不同。当 Q_1 关闭时，i_N 流经 D_1 和 D_2；相反，当 Q_2 闭合时，D_3 和 D_4 导通。在变压器与电路的其他部分功能分离的关断时间内，i_N 同时打开并流经 4 个二极管。显然，变换器可以使用中心抽头整流器代替桥式整流器。当使用中心抽头整流器时，电流波形与图 4.23 相同。

4.5.4 推挽变换器

桥式变换器的另一个变形是图 4.27 所示的推挽变换器。该变换器由两个有源

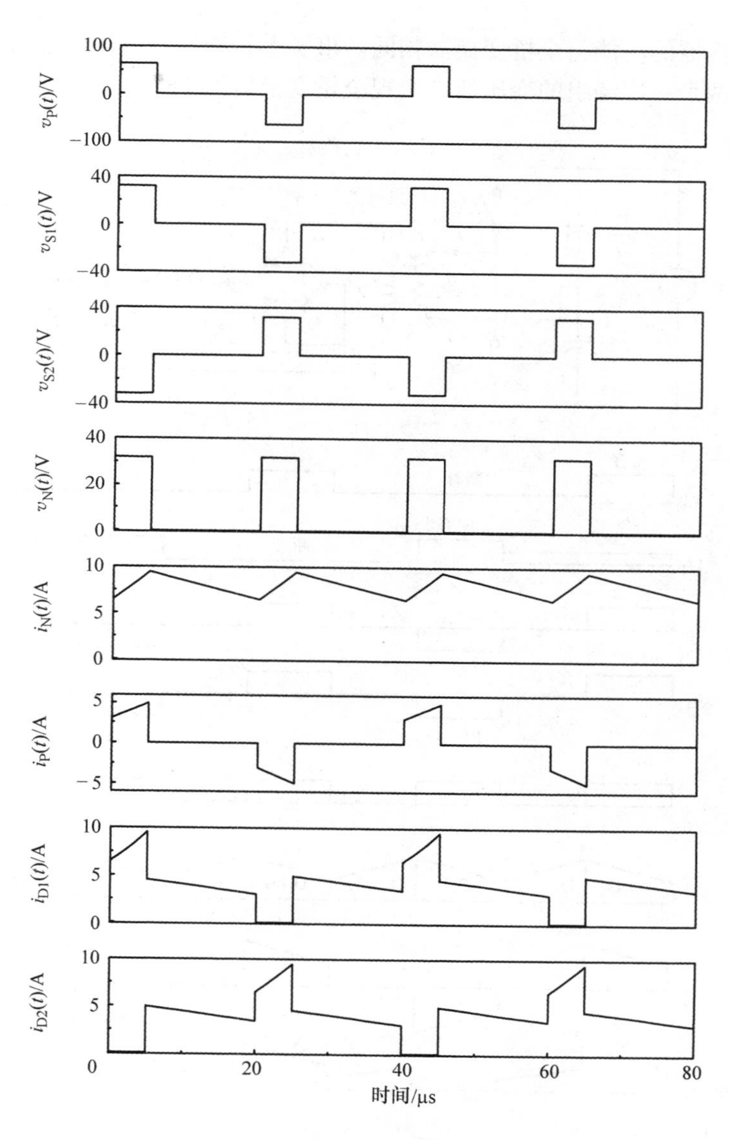

图 4.25　全桥变换器的电路波形

开关和一个四绕组变压器构成。在图 4.27 中使用中心抽头整流器时，若四绕组变压器改为三绕组变压器，桥式整流器可以作为备选方案。

当开关 Q_1 闭合时，v_{P1} 和 v_{S1} 变为正，而 v_{P2} 和 v_{S2} 为负；相反，当 Q_2 打开时，v_{P2} 和 v_{S2} 变为正，而另外两个绕组产生负电压。4 个绕组的端电压波形如图 4.27 所示。整流电路进行全波整流，从而产生所需的 v_N 波形。与四绕组变压器相关的电流波形也如图 4.27 所示。可以确认图 4.27 中的电压和电流波形均满足四绕组变压器的电路方程。

推挽变换器的功能与全桥变换器相同。事实上，推挽变换器使用两个有源开关和一个带有两个一次绕组的变压器来实现全桥变换器的工作。

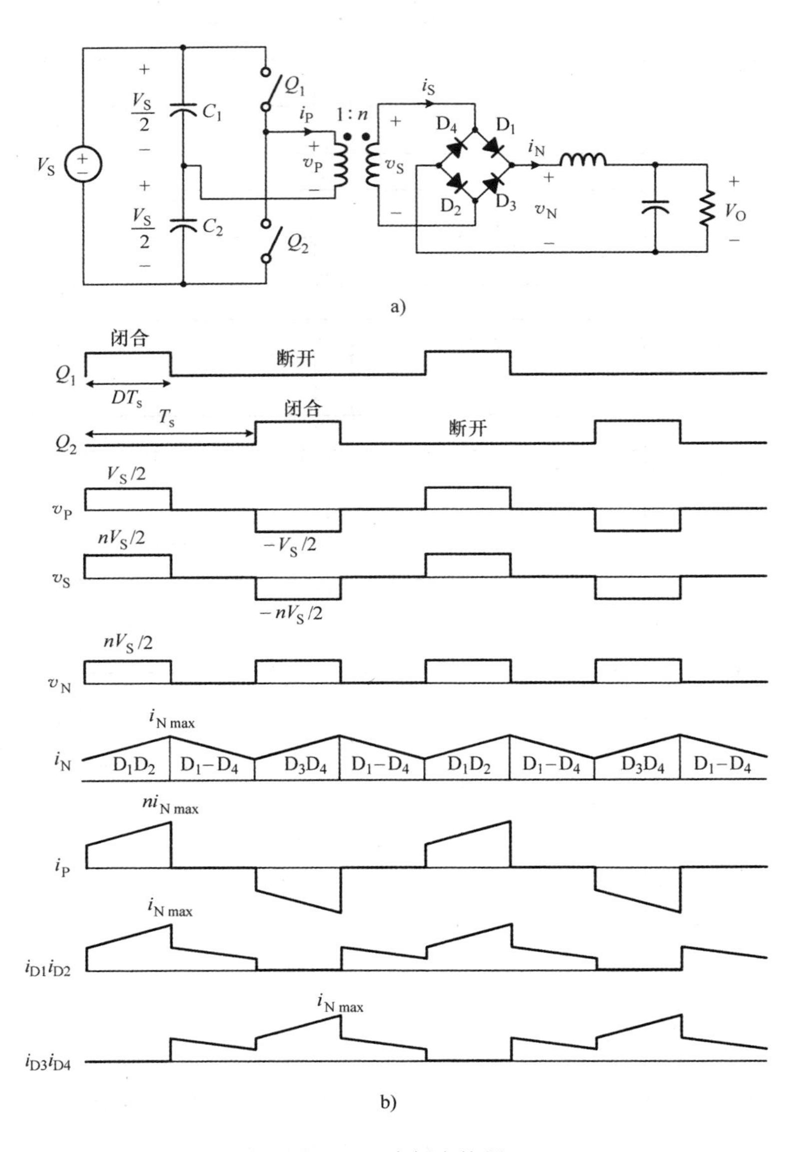

图 4.26 半桥变换器

a）电路框图 b）主要电路波形

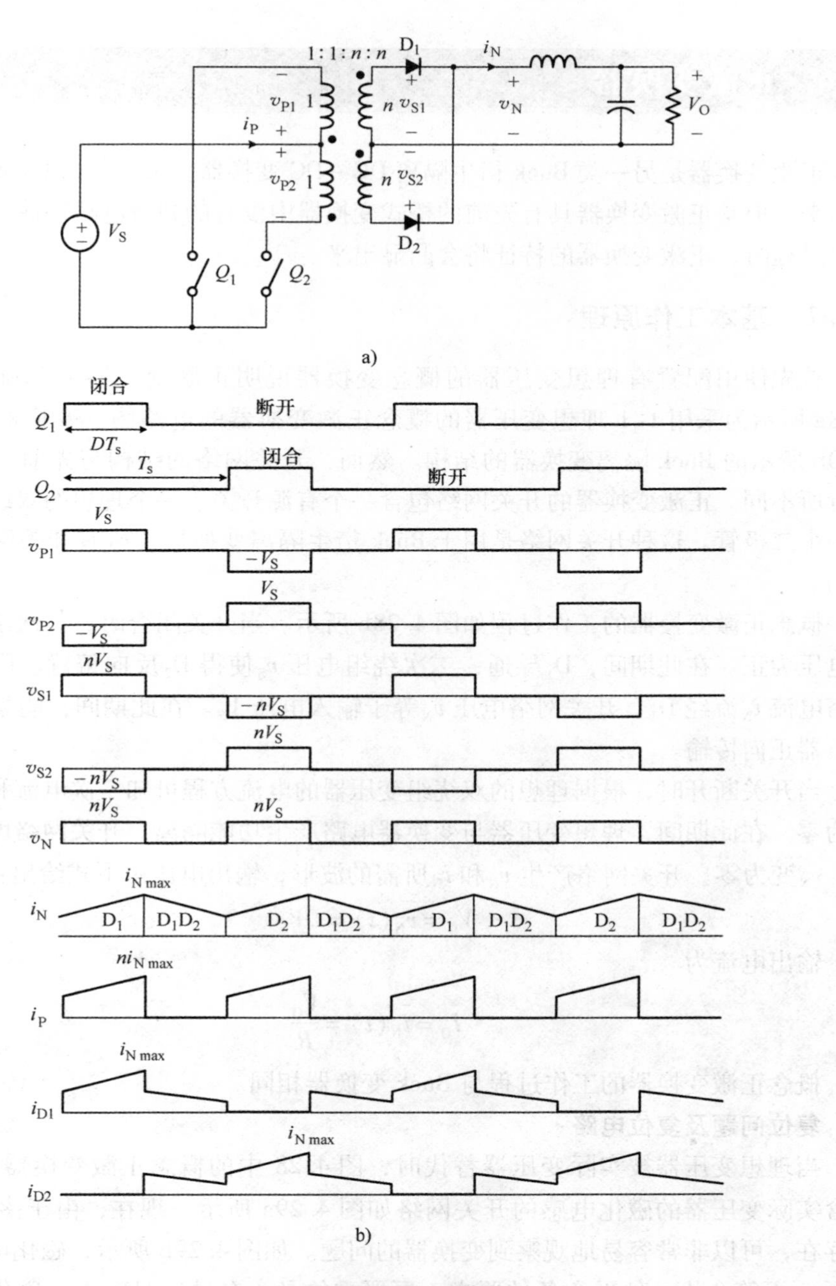

图4.27 推挽变换器

a）电路框图 b）主要电路波形

4.6 正激变换器

正激变换器是另一类 Buck 衍生隔离 DC－DC 变换器。虽然其由 Buck 变换器衍生而来，但是正激变换器具有先前的桥式变换器中没有的独特电路特性。在研究其工作过程时，正激变换器的特征将会凸显出来。

4.6.1 基本工作原理

首先使用配置有理想变压器的概念变换器说明正激变换器的基础功能。图 4.28a 所示为采用 1∶1 理想变压器的概念正激变换器的电路图。变换器还具有图 4.20b 所示的 Buck 隔离变换器的结构。然而，开关网络的结构与先前的桥式变换器有所不同。正激变换器的开关网络包含一个有源开关、一个理想的双绕组变压器和两个二极管。这种开关网络是用于 Buck 衍生隔离变换器的所有开关网络中最简单的。

概念正激变换器的工作过程如图 4.28b 所示。当开关闭合时，二次绕组的同名端电压为正。在此期间，D_1导通，二次绕组电压 v_S使得 D_2反向偏置。因此，开关网络电流 i_N流经 D_1，开关网络电压 v_N等于输入电压 V_S。在此期间，能量通过理想变压器正向传输。

当开关断开时，根据理想的双绕组变压器的电流方程可知一次电流和二次电流均为零。在此期间，理想变压器与变换器电路产生功能隔离。开关网络电流 i_N流经 D_2，v_N变为零。开关网络产生 v_N和 i_N所需的波形，输出电压由下式给出：

$$V_O = \bar{v}_N(t) = DV_S \tag{4.83}$$

输出电流为

$$I_O = \bar{i}_N(t) = \frac{V_O}{R} \tag{4.84}$$

概念正激变换器的工作过程与 Buck 变换器相同。

复位问题及复位电路

当理想变压器被实际变压器替代时，图 4.28 中的概念正激变换器立即失效。包含实际变压器的磁化电感的开关网络如图 4.29a 所示。现在，由于磁化电感 L_m 的存在，可以非常容易地观察到变换器的问题。如图 4.29b 所示，磁化电感两端的电压 v_m不符合伏－秒平衡条件要求。更严重的是，在导通时间内，磁化电流依据等式 $i_m(t) = (V_S/L_m)t$ 增大，在有源开关打开时立即离开其原路径。i_m保持连续性的唯一方法是使其流向理想变压器一次绕组的反向端。在此种情况下，则二次电流必须流入二次绕组的正向端。然而，此种电流流向是无法实现的，这是因为二极管不能使电流从阴极流向阳极。

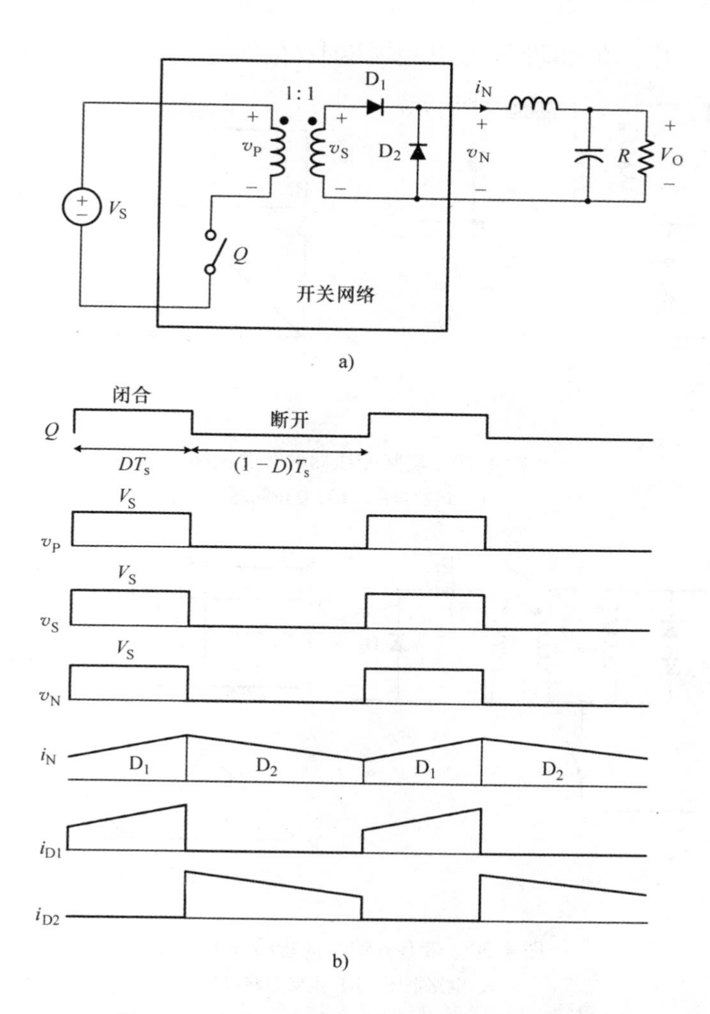

图4.28 带有理想变压器的概念正激变换器
a）电路框图 b）主要电路波形

正如第2章所强调的那样，i_m的突然中断造成了大的电压尖峰，这将损坏半导体开关和其他电路元器件。与L_m的伏－秒平衡条件或i_m的连续性相关联的问题统称为复位问题，即将线圈心内的磁通量恢复其原始状态的问题。

可以借助各种辅助电路解决上述复位问题。应用于实际正激变换器以解决复位问题的辅助电路称为复位电路。

使用齐纳二极管复位的开关网络

通常采用齐纳二极管来满足L_m的伏－秒平衡条件，同时为i_m提供续流路径。图4.30所示为齐纳二极管复位电路，它在变压器的一次绕组上使用了一对齐纳二极管和常规二极管。在接通时间段内，常规二极管反向偏置，齐纳二极管复位电路不会干扰电路工作。在此期间，磁化电流以 V_S/L_m 的斜率大小线性增加。

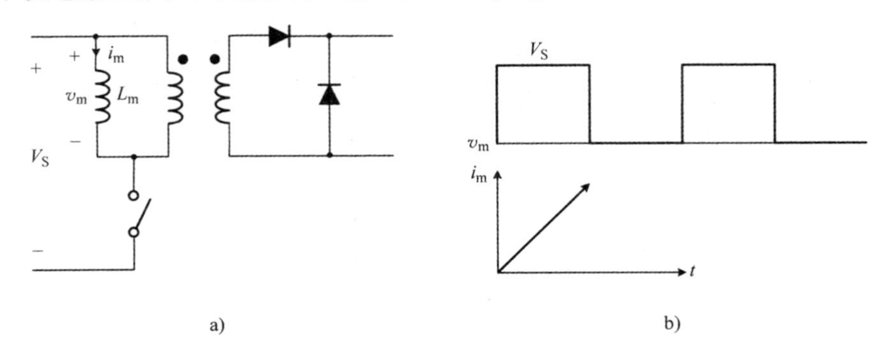

图 4.29　实际变压器的开关网络

a）电路框图　b）复位问题

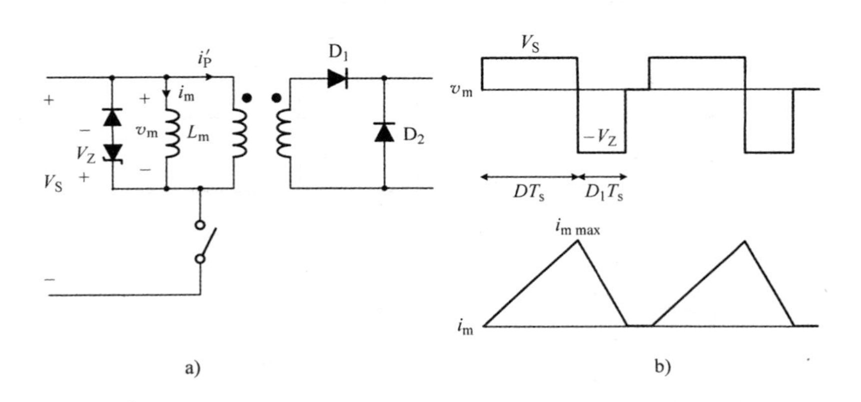

图 4.30　带有齐纳二极管的开关网络

a）电路框图　b）主要电路波形

在关断时间内，磁化电流 i_m 激活齐纳二极管，并流过由磁化电感、齐纳二极管和常规二极管形成的环路循环。在此期间，理想变压器的一次和二次电流都为零：$i'_P = i_{D1} = 0$。齐纳二极管的击穿电压 V_Z 以负极性施加于 L_m，因此 i_m 以 $-V_Z/L_m$ 的斜率大小线性减小。当 i_m 减少到零时，常规二极管关闭，在下一个关断阶段开始前始终保持关闭状态。v_m 和 i_m 的波形如图 4.30b 所示。由 L_m 的伏－秒平衡条件可以得到

$$V_S DT_s = V_Z D_1 T_s \tag{4.85}$$

式中，$D_1 T_S$ 是关断时间内磁化电流的函数。磁化电流 i_m 在导通时间结束时达到其峰值，并在关断时间内恢复为零，从而将磁通重置为初始状态。

齐纳二极管复位电路结构和操作简单，但其工作时产生了功率损耗。在导通时间内传输到 L_m 的能量在关断时间内于齐纳二极管处消耗。因此，齐纳二极管复位

电路很少用于着眼于工作效率的实际应用中。

许多可替代的复位电路可用于正激变换器。其中一些复位电路实现有损复位，而其他复位电路则无损耗地运行。所有这些复位电路不会改变正激变换器的基本操作，只能在关断时间内工作，以满足 L_m 的伏 - 秒平衡条件，同时保持 i_m 的连续性。换句话说，正激变换器遵循图 4.28 所示的概念变换器的简单操作，同时利用合适的复位电路避免复位问题。

带第三绕组复位的开关网络

同样可以采用额外的绕组来复位变压器。该复位方案如图 4.31 所示。复位过程由原始变压器同一磁心上的第三绕组完成。图 4.31a 所示为采用第三绕组复位的开关网络，还展示了三绕组变压器的结构。为了简化讨论，假设三绕组变压器的匝数比为 N_P: N_S: N_T = 1∶1∶1。图 4.31b 所示为开关网络的主要电路波形。参考图 4.31，开关网络的运行周期分为三个阶段。

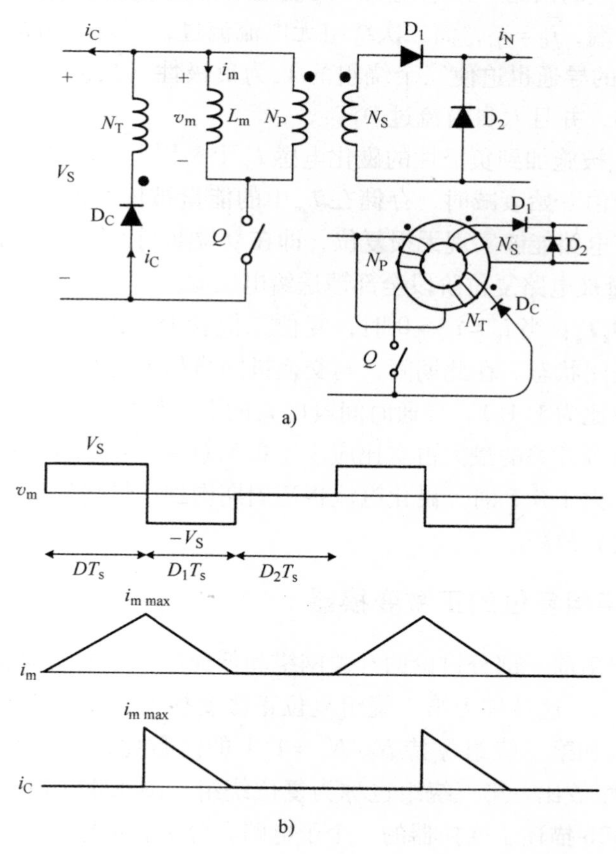

图 4.31　第三绕组复位的开关网络

a）电路框图　b）主要电路波形

导通周期 DT_s：该时期对应有源开关 Q 闭合的间隔时间。变压器的三个绕组的输入电压为正极性（反向端为正电压）。因此，二极管 D_1 正向偏置，而其他两个二极管反向偏置。尤其是，三绕组处的二极管（复位二极管 D_C）被 $2V_S$ 反向偏置——$2V_S$ 输入电压 V_S 加上三绕组上的电压，变压器匝数比为 1∶1∶1 时三绕组电压大小为 V_S。开关网络的输出电流 i_N 从 D_1 流出，而相同大小的电流流入一次绕组的反向端。磁化电流 i_m 以斜率 V_S/L_m 线性增加。磁化电流和一次绕组电流之和通过 Q_1。磁化电感中的能量逐渐增加，并在此阶段结束时达到峰值。

复位周期 D_1T_s：当有源开关打开时，电路复位开始，磁化电流 i_m 减小为零时结束。有源开关打开会触发复位二极管 D_C，通过第三绕组来传导和传输 i_C。第三绕组电流 i_C 流入连接开关网络左侧的电压源 V_S。这使得磁化电流 i_m 能够连续流动，同时满足匝数比为 1∶1∶1 的理想变压器电流方程。磁化电流 i_m 流过由磁化电感和变压器一次绕组形成的回路。该电流从一次绕组的反向端流出。由于相同的电流流入第三绕组的反向端，$i_C = i_m$，而二次绕组无电流流过，所以 i_m 可能连续流动，如图 4.31b 所示。D_C 的导通也迫使三个绕组的 V_S 为负极性（反向端为负电压）。因此，D_1 是反向偏置的，并且 i_N 自由流过 D_2。

输入电压 V_S 被施加到负极性的磁化电感 L_m 上，因此，i_m 以 $-V_S/L_m$ 的斜率线性减小。当 i_m 由峰值开始衰减时，存储在 L_m 中的能量被传回位于开关网络左侧的电压源。因此，该电路能够实现无损复位，即在复位期间，导通时间内输送到磁化电感 L_m 的所有能量被电路复位阶段全部馈送给电压源。

休眠周期 D_2T_s：当 $i_C = i_m = 0$ 时，复位二极管 D_C 关闭，在下一个复位周期到来前始终保持关闭状态。在此期间，与交换机网络相关的所有电流和电压均为零。

变压器匝数比为 1∶1∶1，导通时间段内 i_m 的上升斜率与复位期间的衰减斜率相同。这意味着有源开关的最大占空比应小于 0.5（$0 < D < 0.5$），从而使变换器正常工作。当占空比大于 0.5 时，磁化电流将逐周期增加，最终使得磁化电感饱和，进而产生致命的电路故障。

4.6.2 第三绕组复位的正激变换器

正激变换器由前一部分讨论的开关网络和低通滤波器电路构成。所得到的变换器如图 4.32 所示，这被称为第三绕组复位正激变换器。在图 4.32a 的第三绕组复位电路中，一次和第三绕组保持 $N_P : N_T = 1:1$ 的匝数比，而一次和二次绕组保持 $N_P : N_S = 1:n$ 的匝数比。第三绕组也称为复位绕组。图 4.32a 还给出了典型的磁化电流 i_m。图 4.32b 描述了变换器的三个子电路，分别表示导通、复位和休眠周期变换器电路。这三个子电路的主要电路波形的表达式如表 4.7 所示。

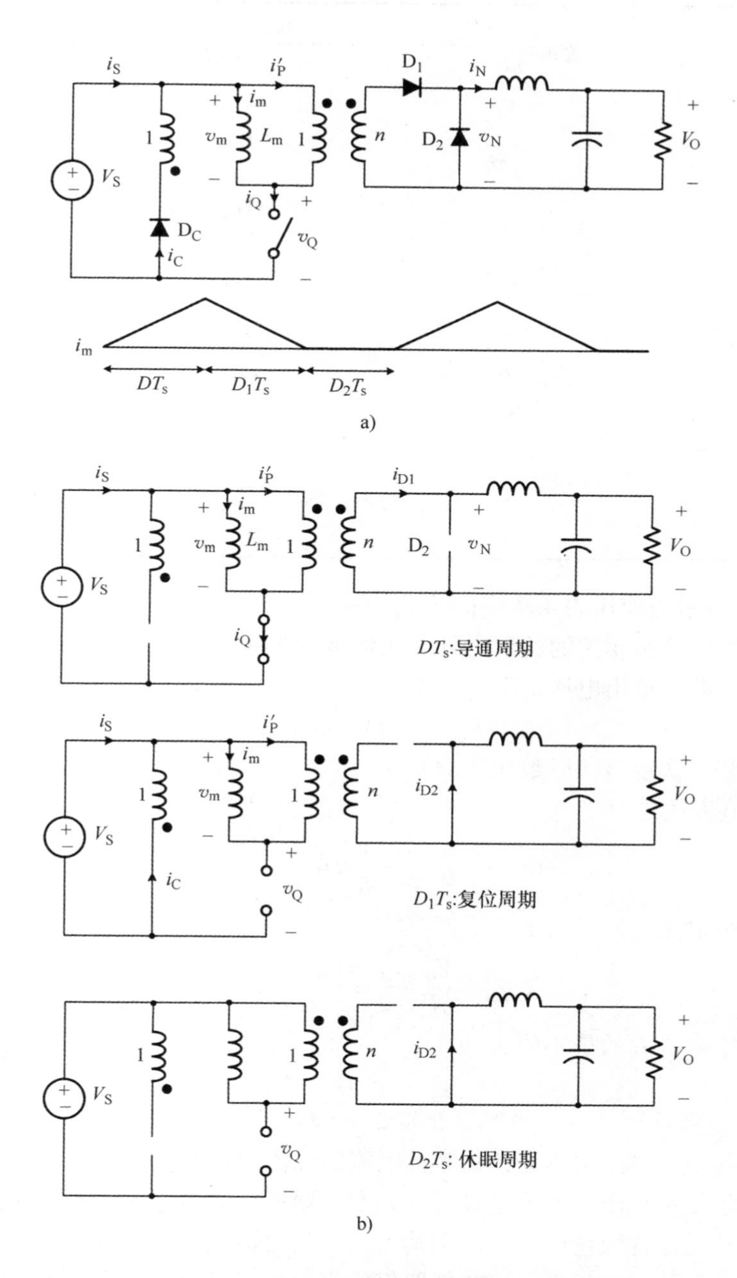

图4.32 第三绕组复位的正激变换器

a）电路框图和磁化电流 b）三个子电路

表 4.7 第三绕组复位的正激变换器电路的变量表达式

	导通周期	复位周期	休眠周期
v_N	nV_S	0	0
v_m	V_S	$-V_S$	0
i_m	$\frac{V_S}{L_m}t$	$-\frac{V_S}{L_m}t$	0
i_C	0	$-\frac{V_S}{L_m}t$	0
i_N	$\frac{nV_S-V_O}{L}t$	$-\frac{V_O}{L}t$	$-\frac{V_O}{L}t$
i_{D1}	i_N	0	0
i_{D2}	0	i_N	i_N
i'_P	ni_N	$-i_m$	0
i_Q	$i_m+i'_P$	0	0
i_S	i_Q	$-i_C$	0
v_Q	0	$2V_S$	V_S

图 4.33 所示为使用表 4.7 中的等式构成的电路波形。这些波形表明，除了与磁化电感和复位绕组相关的波形之外，正激变换器的工作与图 4.28 中的概念变换器相同。变换器的输出电压由下式给出：

$$V_O=\bar{v}_N(t)=nDV_S \tag{4.86}$$

式中，一次和二次绕组的匝数比为 1∶n。

i_m的峰值表达式为

$$i_{m\,max}=\frac{V_S}{L_m}DT_s \tag{4.87}$$

开关网络电流 i_N的最大值为

$$i_{N\,max}=\frac{V_O}{R}+\frac{1}{2}\frac{nV_S-V_O}{L}DT_s \tag{4.88}$$

开关网络电流 i_N的最小值为

$$i_{N\,min}=\frac{V_O}{R}-\frac{1}{2}\frac{nV_S-V_O}{L}DT_s \tag{4.89}$$

根据这些值，可以很容易评估其他电流的峰值和谷值。

第三绕组复位正激变换器是最流行的变换器拓扑结构之一。该变换器的优点包括无损复位和元器件数量最少。由于其无损复位的特点，与其他有损复位正激变换器相比，变换器的效率很高。该变换器仅使用一个有源开关即可处理与半桥变换器相当的功率级应用。

具有无损复位的正激变换器有许多其他形式。一种具有无损复位功能的正激变换器拓扑较为流行，其主要采用两个有源开关和一个双绕组变压器，称为双开关正

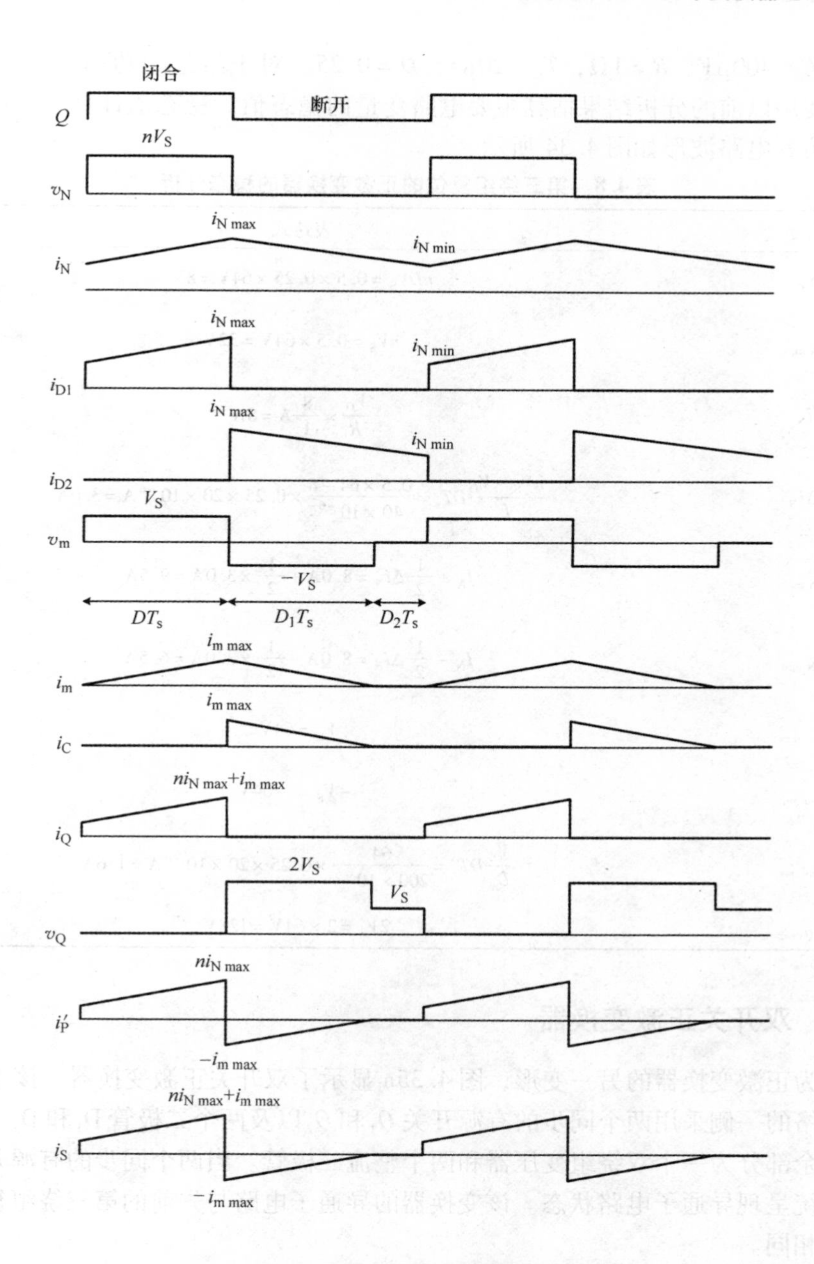

图 4.33 第三绕组复位的正激变换器的波形

激变换器。该变换器的工作过程将在下一节中进行描述。

[例 4.6] 正激变换器的稳态工作

本实例阐明了第三绕组复位正激变换器的稳态分析和主要电路波形。正激变换器的工作条件和电路参数为 $V_S=64\text{V}$，$L_m=200\mu\text{H}$，$N_P:N_S:N_T=1:0.5:1$，$L=$

$40\mu H$，$C=400\mu F$，$R=1\Omega$，$T_s=20\mu s$，$D=0.25$。对于给定的功率级参数和工作条件，使用以前的分析结果估算主要电路变量的稳态值。稳态值计算结果如表 4.8 所示，仿真电路波形如图 4.34 所示。

表 4.8 第三绕组复位的正激变换器的稳态分析

电路变量	表达式
V_O	$nDV_S=0.5\times0.25\times64V=8V$
$v_{N\,max}$	$nV_S=0.5\times64V=32V$
I_N	$\frac{V_O}{R}=\frac{8}{1}A=8A$
Δi_N	$\frac{nV_S-V_O}{L}DT_s=\frac{0.5\times64-8}{40\times10^{-6}}\times0.25\times20\times10^{-6}A=3.0A$
$i_{N\,max}$	$I_N+\frac{1}{2}\Delta i_N=8.0A+\frac{1}{2}\times3.0A=9.5A$
$i_{N\,min}$	$I_N-\frac{1}{2}\Delta i_N=8.0A-\frac{1}{2}\times3.0A=6.5A$
$v_{m\,max}$	$V_S=64V$
$v_{m\,min}$	$-V_S=-64V$
$i_{m\,max}$	$\frac{V_S}{L_m}DT_s=\frac{64}{200\times10^{-6}}\times0.25\times20\times10^{-6}A=1.6A$
$v_{Q\,max}$	$2V_S=2\times64V=128V$

4.6.3 双开关正激变换器

作为正激变换器的另一变形，图 4.35a 显示了双开关正激变换器。该变换器在开关网络的一侧采用两个同步的有源开关 Q_1 和 Q_2 以及两个二极管 D_1 和 D_2。开关网络的其余部分为一个双绕组变压器和两个整流二极管。当两个同步的有源开关导通时，系统呈现导通子电路状态。该变换器的导通子电路与先前的第三绕组复位正激变换器相同。

当两个同步开关关闭时，磁化电流 i_m 使电路单侧的两个二极管 D_1 和 D_2 导通，并通过 L_m、D_1、D_2 以及电压源 V_S 形成的回路。当 D_1 和 D_2 导通时，输入电压 V_S 以负极性施加到磁化电感 L_m 上。因此，磁化电流以斜率 $-V_S/L_m$ 下降。该阶段被称为复位周期，D_1 和 D_2 被称为复位二极管。在复位周期，存储在磁化电感中的能量被电压源 V_S 恢复，从而实现无损复位。

当 $i_m=i_D=0$ 时，复位二极管关闭，并且开始进入休眠周期。图 4.35b 显示了

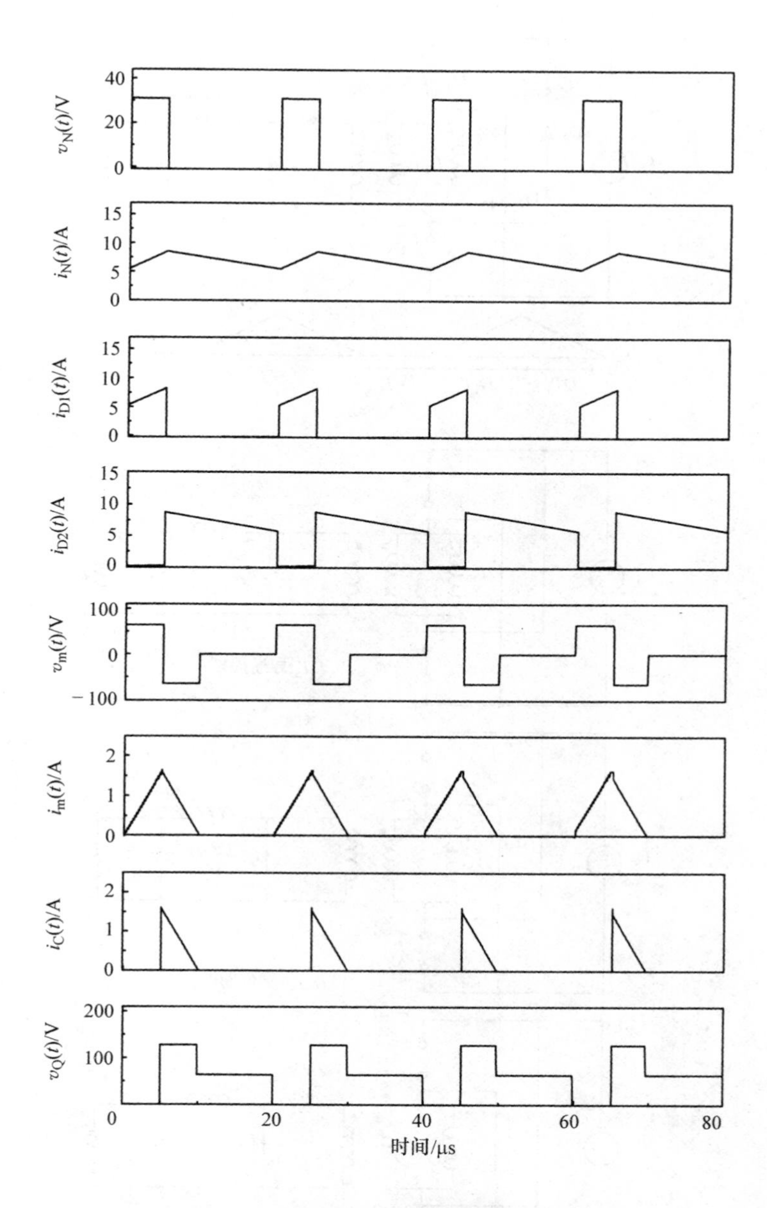

图4.34　第三绕组复位正激变换器的电路波形

三个子电路，每个子电路在变换器相应工作阶段内有效。图4.36显示了使用图4.35b中的子电路构造的变换器的电路波形。电路波形的形状和峰值几乎与第三绕组复位正激变换器相同。唯一的区别为复位和休眠周期开关电压 v_Q 的峰值大小，仅为第三绕组复位正激变换器的一半。

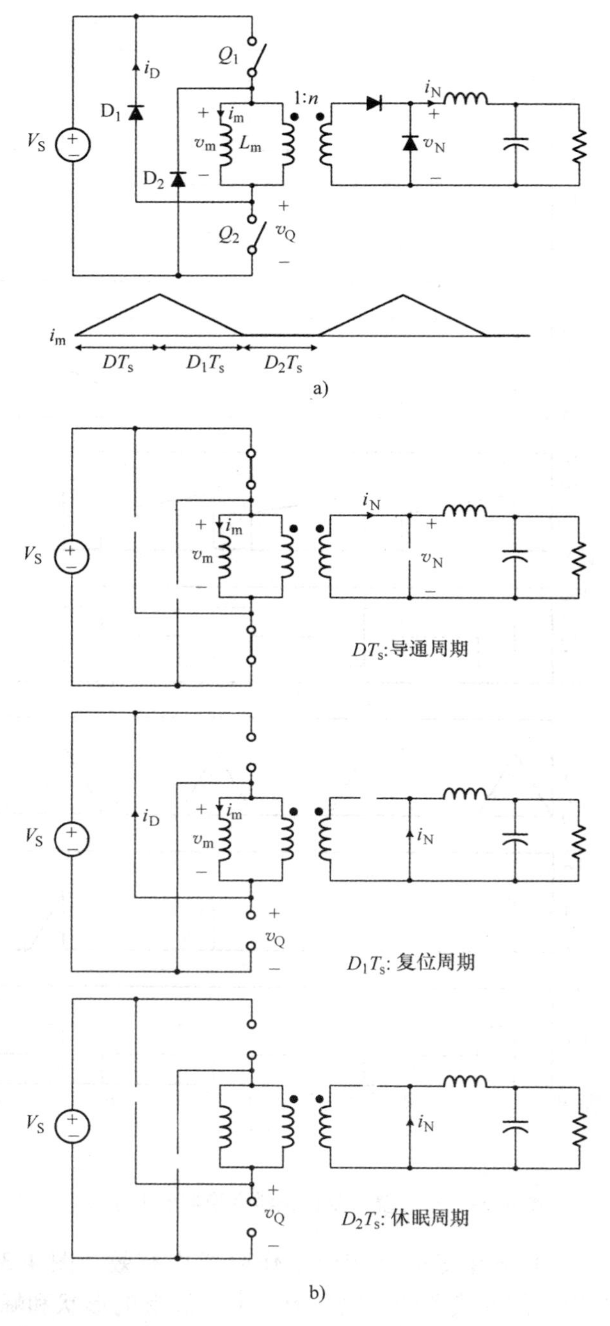

图 4.35 双开关正激变换器

a）电路框图 b）三个子电路

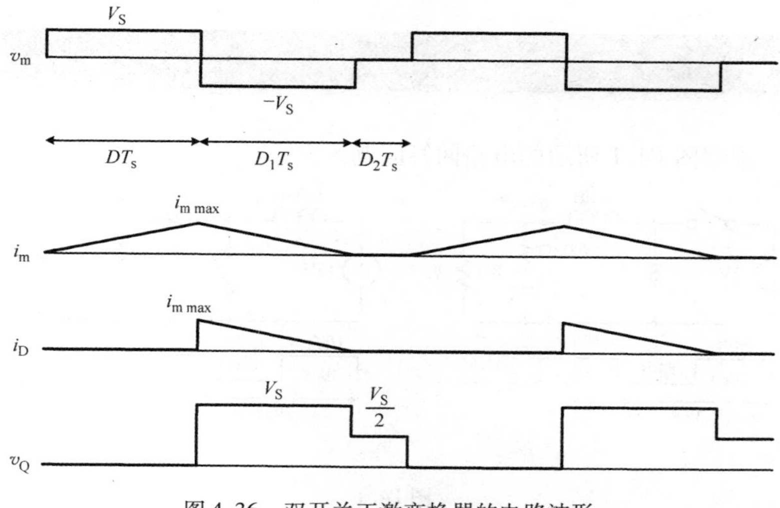

图4.36　双开关正激变换器的电路波形

4.7　小结

本章研究了一系列重要的DC－DC变换器，重点介绍了其拓扑结构起源、工作原理和电路波形。也讨论了Buck变换器到另外两个基本变换器的演变。Boost变换器被视为逆Buck变换器，而Buck/Boost变换器来自Buck变换器和Boost变换器的级联。这些新引入的基本变换器的工作过程均使用第3章中的电路分析技术来进行研究。

向三个基本变换器增加变压器产生了一些新的隔离DC－DC变换器。其中最简单的是反激变换器，其工作原理与Buck/Boost变换器类似，同时能够实现输入－输出隔离。通过用开关网络代替单刀双掷（SPDT）开关，将Buck变换器衍生为一些隔离DC－DC变换器。根据开关网络的结构，将这些变换器分为全桥、半桥和推挽变换器。这些桥式Buck衍生变换器的工作与Buck变换器相同。作为Buck衍生隔离变换器的第二个例子，我们研究了正激变换器，它采用各种辅助电路来复位开关网络中的变压器；详细研究了两种使用最广泛的正激变换器，即第三绕组复位正激变换器和双开关正激变换器。

参考文献

1. R. W. Erickson and D. Maksimovic, *Fundamentals of Power Electronics,* Kluwer Academic Publishers, 2001.

2. R. Severns and G. Bloom, *Modern Dc-to-Dc Switchmode Power Converter Circuits,* Van Nostrand Reinhold, 1985.

3. M. K. Kazimierczuk, *Pulse-width Modulated DC-DC Power Converters,* John Wiley & Sons, Hoboken, NJ, 2008.

习　题

4.1* 根据图 P4.1 所示的电路回答问题。

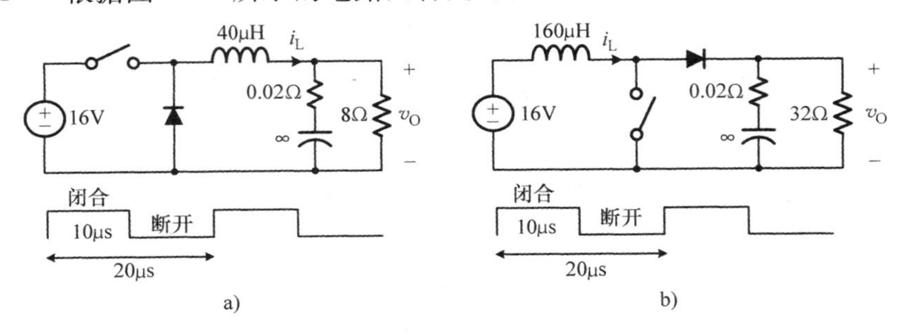

图 P4.1

a）对于图 a 的电路，绘制两个开关周期的电感器电流 i_L 和输出电压纹波 $\tilde{v}_O = v_O - V_O$ 的稳态波形。标出波形中的最大值和最小值。

b）对于图 b 的电路，重复 a）过程。

4.2** 在图 P4.2 所示的两个电路中，Q_1 和 Q_2 是理想的双向开关，其在正向和反向均能传输电流。图 P4.2 所示的开关驱动信号通常应用于图 a 和图 b 的电路中。

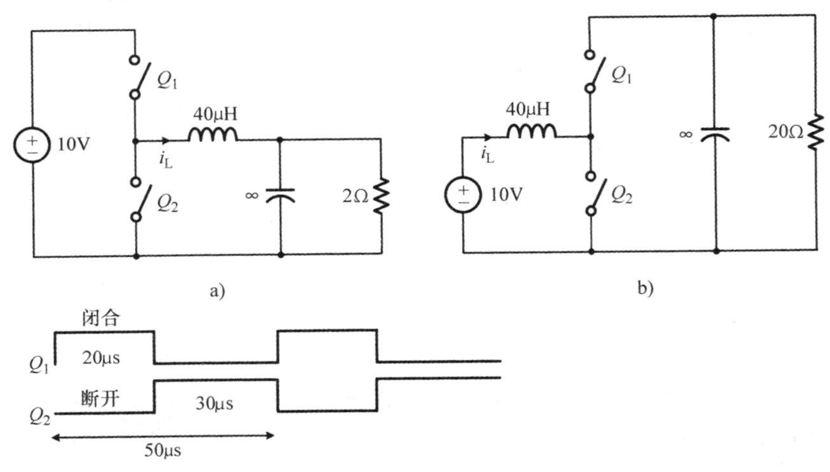

图 P4.2

a）对于图 a 的电路，绘制两个工作周期内 i_L 的图形。标出波形中的最大值和最小值。

b）对于图 b 的电路，重复 a）过程。

4.3 图P4.3显示了Boost变换器及其开关驱动信号。

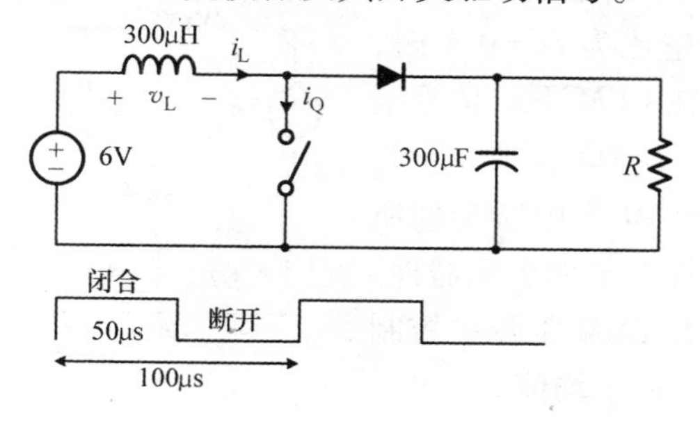

图P4.3

a）当$R=3\Omega$时，绘制i_L和v_L的稳态波形。标出每个波形的最大值、最小值和平均值。

b）现在假设负载电阻意外断开，即$R=\infty$。

i）绘制i_Q波形，标出其最大值。

ii）解释输出电压变化。输出电容器和变换器电路会发生什么？

4.4* 根据图P4.4所示的两个变换器回答问题。

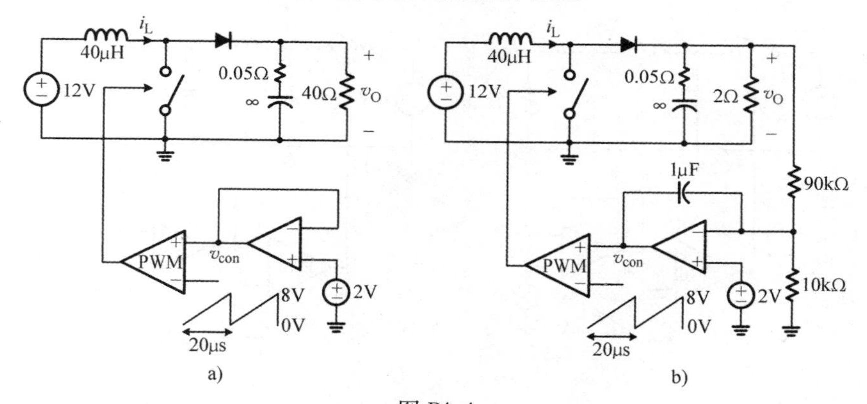

图P4.4

a）对于图a的变换器，回答以下问题：

i）工作模式CCM或DCM　　ii）平均电感器电流I_L

iii）电感器电流纹波Δi_L　　iv）输出电压纹波Δv_O

v）平均控制电压$\bar{v}_{con}$

b）对于图b的变换器，重复a）过程。

4.5** 开关器件在正常工作期间能够承受的最大电压称为电压应力。类似地，开关器件能承载的最大电流称为电流应力。参考图P4.5所示的Boost变换器，回答问题。

a）当$D=0.6$时，计算MOSFET和二极管的电压应力和电流应力。

b）当$D=0.9$时，重复a）过程。

4.6* 考虑图 P4.6 所示的 DC－DC 功率变换系统。在占空比为 $D=0.4$ 时，所有的变换器均工作在 CCM 下。估算电感器电流的平均值$\bar{i}_{L1}$、$\bar{i}_{L2}$和$\bar{i}_{L3}$。

4.7** 假设在图 P4.7 中所示的所有变换器电路的元器件都是理想元器件。计算每个变换器电路在 CCM 工作中控制电压 v_{con}和输出电压 V_O的平均值。

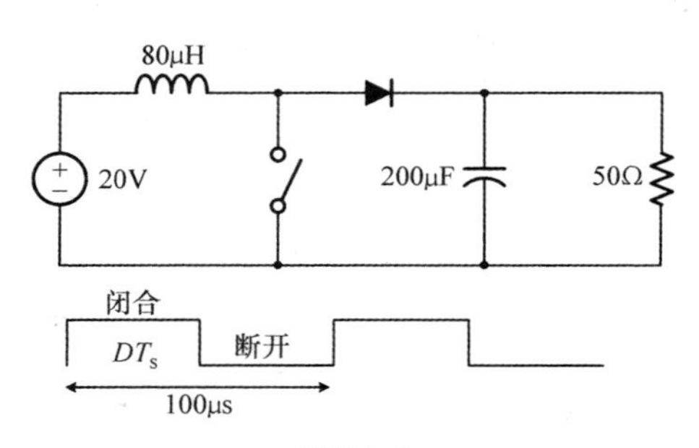

图 P4.5

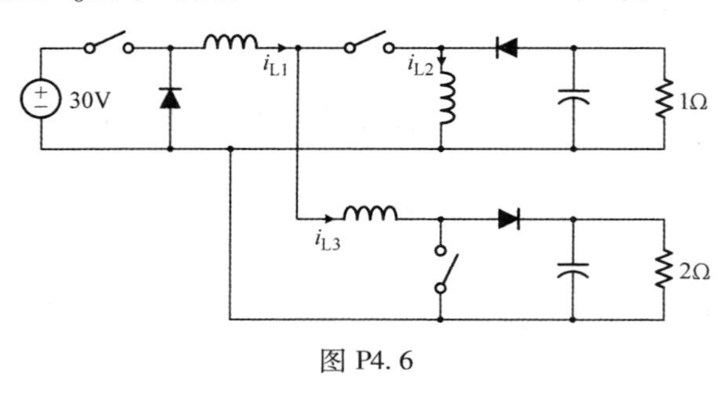

图 P4.6

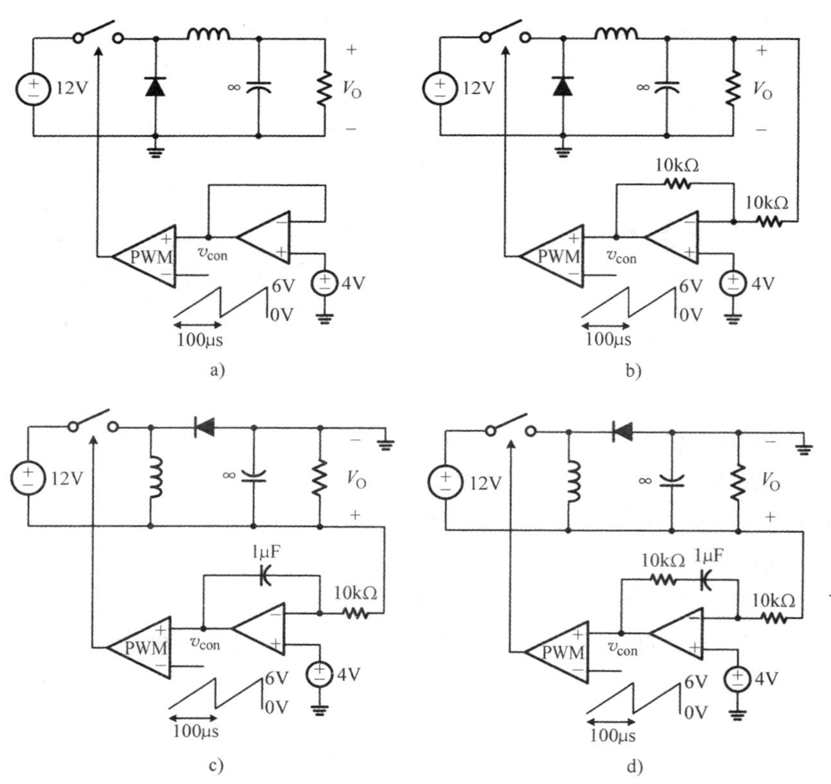

图 P4.7

4.8 图 P4.8 显示了一个闭环控制 Boost 变换器。回答下列问题。

a）当 $R=2\Omega$ 时，绘制 v_{con}、i_L、i_D 和 $\bar{v}_O=v_O-V_O$ 的稳态波形。

b）推导出 $R=16\Omega$ 是变换器处于 CCM/DCM 边界的临界电阻值。

c）现在假设 R 大于 R_{crit}，绘制一组 R 不断增加时对应的 i_L 波形，以显示在 DCM 工作下电感器电流的变化。

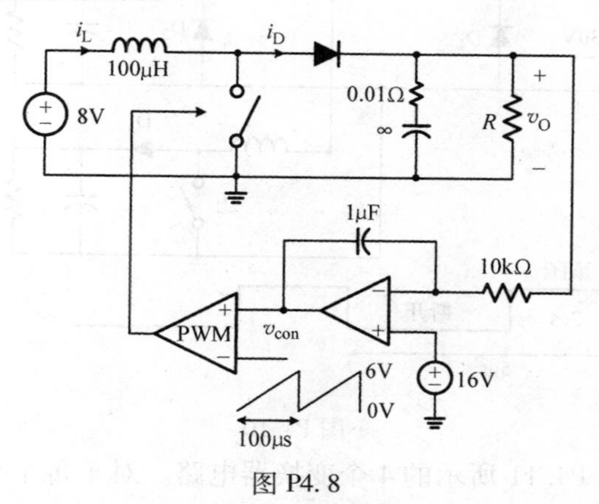

图 P4.8

4.9* 考虑图 P4.9 所示的 4 个变换器电路。对于每个变换器电路，计算在 CCM 工作中产生输出电压 $V_O=20V$ 所需的参考电压 V_{ref}。

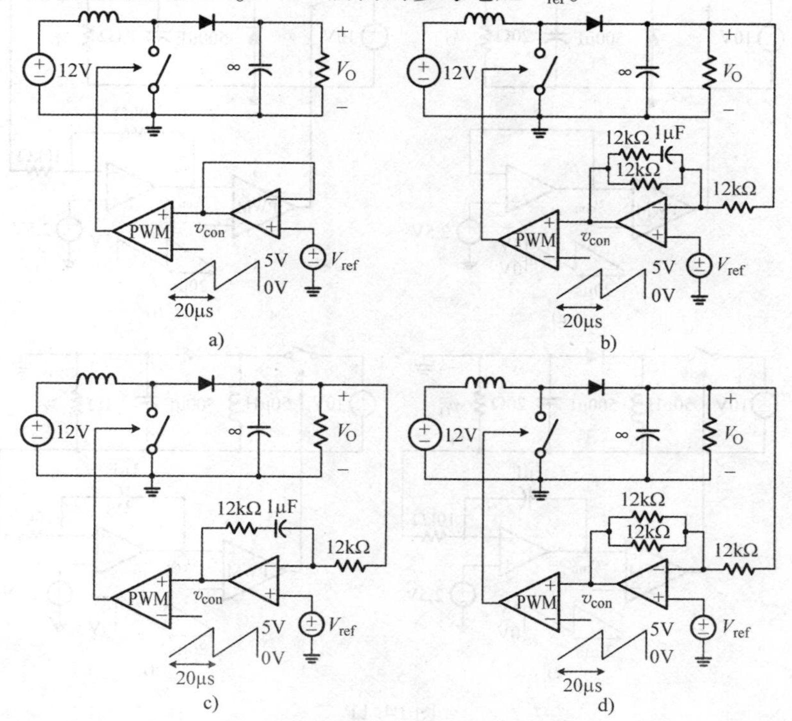

图 P4.9

4.10* 在图 P4.10 所示的 DC - DC 变换系统中，假设所有的有源开关都是由同一个开关驱动信号驱动的。此外，假设三个变换器都工作在 CCM 下。估算流过每个半导体开关的平均电流$\bar{i}_{Q1}$、$\bar{i}_{D1}$、$\bar{i}_{Q2}$、$\bar{i}_{D}$、$\bar{i}_{Q3}$和$\bar{i}_{D3}$。

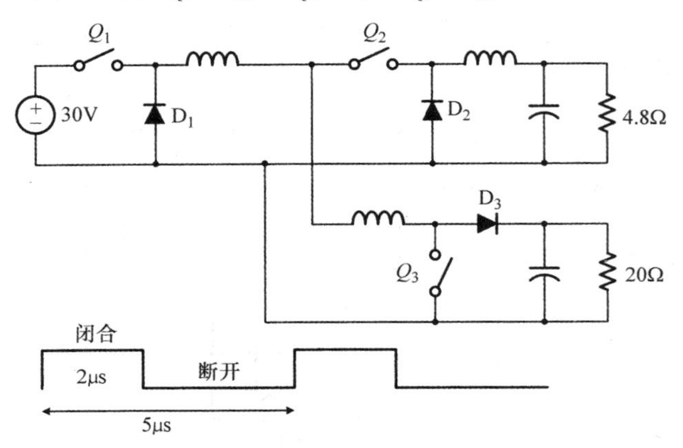

图 P4.10

4.11* 考虑图 P4.11 所示的 4 个变换器电路。对于每个变换器电路，计算控制电压的平均值$\bar{v}_{con}$和输出电压的平均值$\bar{v}_{O}$。

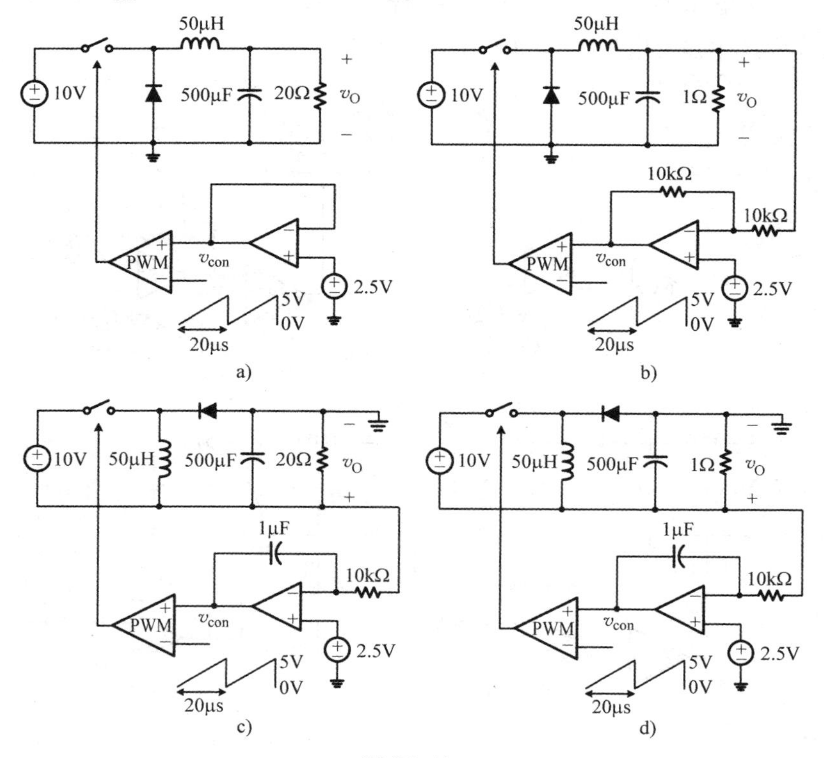

图 P4.11

4.12** 　图 P4.12 显示了三个变换器电路。假设三个变换器的开关驱动信号相同。

a）估算三个二极管电流的平均值$\bar{i}_{D1}$、$\bar{i}_{D2}$和$\bar{i}_{D3}$。

b）估算三个开关电流的平均值$\bar{i}_{Q1}$、$\bar{i}_{Q2}$和$\bar{i}_{Q3}$。

c）估算三个开关的电压最大值 v_{Q1max}、v_{Q2max}和 v_{Q3max}。

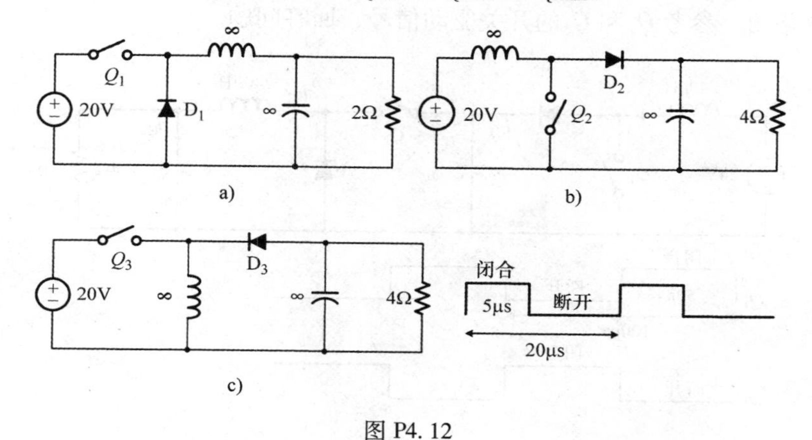

图 P4.12

4.13　参考图 P4.13a 所示的变换器电路，回答以下问题。

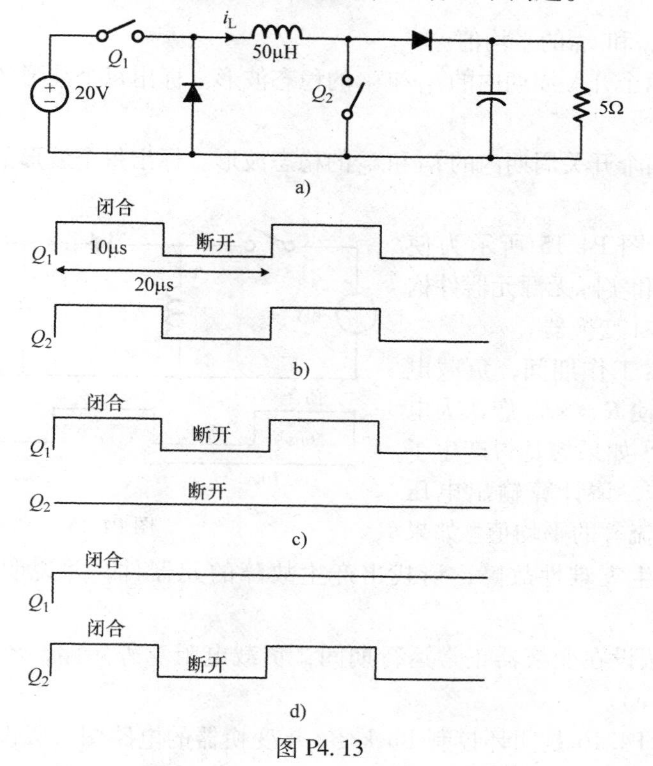

图 P4.13

a）对于图 P4.13b 中的开关驱动信号，绘制两个开关周期的 i_L 的稳态波形。标出波形中的最大值和最小值。

b）对于图 P4.13c 中的开关驱动信号，重复 a）过程。

c）对于图 P4.13d 中的开关驱动信号，重复 a）过程。

4.14** 图 P4.14 所示为通过级联 Boost 变换器和 Buck 变换器构建的复合变换器的电路图。参考 Q_1 和 Q_2 的开关驱动信号，回答问题。

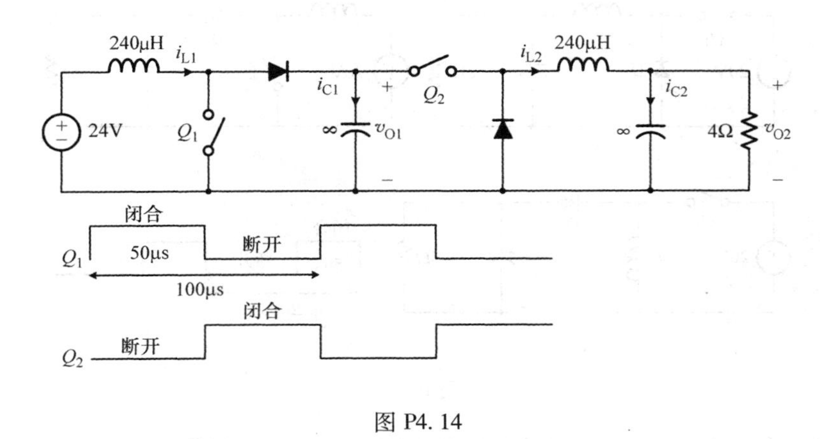

图 P4.14

a）计算 v_{O1} 和 v_{O2} 的平均值。

b）绘制两个开关周期内的 i_{L1} 和 i_{L2} 的稳态波形。标出每个波形的最大值、最小值和平均值。

c）绘制两个开关周期内的 i_{C1} 和 i_{C2} 的稳态波形。标出每个波形的最大值、最小值和平均值。

4.15** 图 P4.15 所示为使用非理想开关和实际无源元器件构建的 Buck/Boost 变换器。

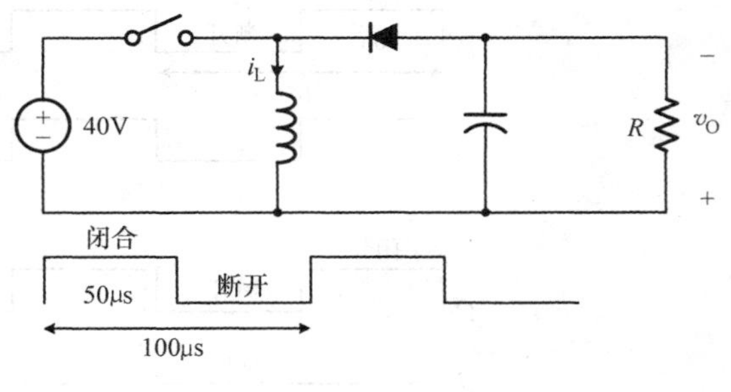

图 P4.15

a）在正常工作期间，负载电阻意外开路，使 $R=\infty$。您认为电路会发生什么？如果您觉得产生了新的稳态操作，请计算输出电压 v_O 和电器感电流 i_L 的平均值。如果您觉得电路发生灾难性故障，请找出产生故障的元器件，并说明元器件故障的原因。

b）现在假设在变换器正常运行期间，负载电阻意外短路，$R=0$。在此假设下，重复问题 a）。

4.16 图 P4.16 是闭环控制 Buck/Boost 变换器的电路图。假设负载电阻 R 在

$6\Omega < R < 24\Omega$ 之间变化，求得以下变换器的工作条件和电路变量的范围：

$(\quad) < D < (\quad)$　　　$(\quad) < \bar{v}_{con} < (\quad)$

$(\quad) < i_{Lmax} < (\quad)$　　　$(\quad) < \Delta v_{esr} < (\quad)$

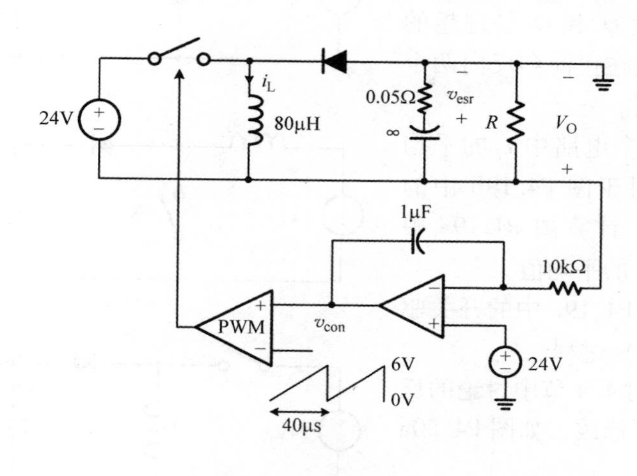

图 P4. 16

4. 17* 　图 P4. 17 描述了一个复合变换器电路及其开关驱动信号。

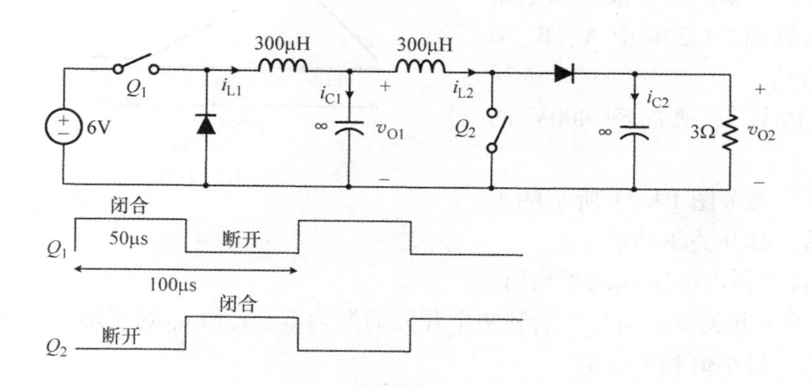

图 P4. 17

a）计算 v_{O1} 和 v_{O2} 的平均值

b）绘制两个工作周期内的 i_{L1} 和 i_{L2} 的稳态波形。标出每个波形的最大值和最小值。

c）绘制两个工作周期内的 i_{C1} 和 i_{C2} 的稳态波形。标出每个波形的最大值和最小值。

4. 18** 　图 P4. 18 中的三个变换器产生与底部相同的电感器电流波形。对于每个变换器，估算输出电压 V_O、负载电阻 R 和电感 L。

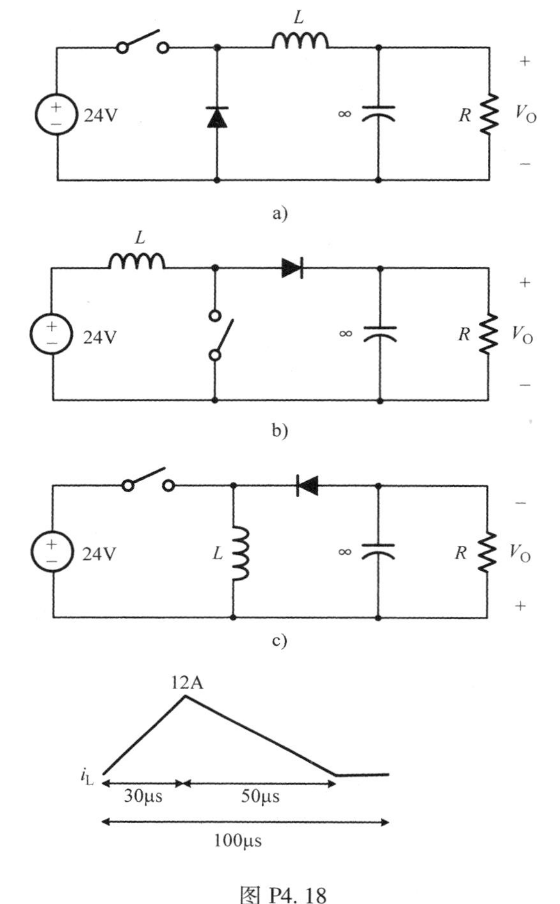

图 P4.18

4.19* 对于图 P4.19a 所示的三个电路，假设 Q_1 和 Q_2 是理想的双向开关，其能在正向和反向两个方向上传输电流。

a）假设三个电路中 v_2 的平均值均为 14V。对于图 P4.19b 中的开关驱动信号，计算图 P4.19a 中三个电路中的 v_1 的平均值。

b）对于图 P4.19c 中的开关驱动信号，重复 a）过程。

4.20** 对 4.4 节中讨论的反激变换器进行了修改，如图 P4.20a 所示。

a）图 P4.20b 为电路图中标示的开关驱动信号和其他主要电路波形。参考开关驱动信号波形和电路参数，估算图 P4.20b 中 A、B、C 和 D 的数值。

b）估算 v_C 增加到 400V 的时间。

4.21 参考图 P4.21 所示的半桥变换器及其开关驱动信号。

a）计算输出电压 v_O 的平均值。

b）参考开关驱动信号，绘制两个开关周期内 i_L、i_S 和 i_{D3} 的波形。标出波形中的最大值、最小值和平均值。

4.22* 使用磁通平衡条件和电荷平衡条件推导出含有电感器线圈电阻 R_l 的 Buck/Boost 变换器的电压增益表达式

$$\frac{V_O}{V_S}=\frac{D}{1-D}\left(\frac{1}{1+\frac{1}{(1-D)^2}\frac{R_l}{R}}\right)$$

该式在式（4.36）中给出。

4.23 参考图 P4.23 所示的电路回答问题。

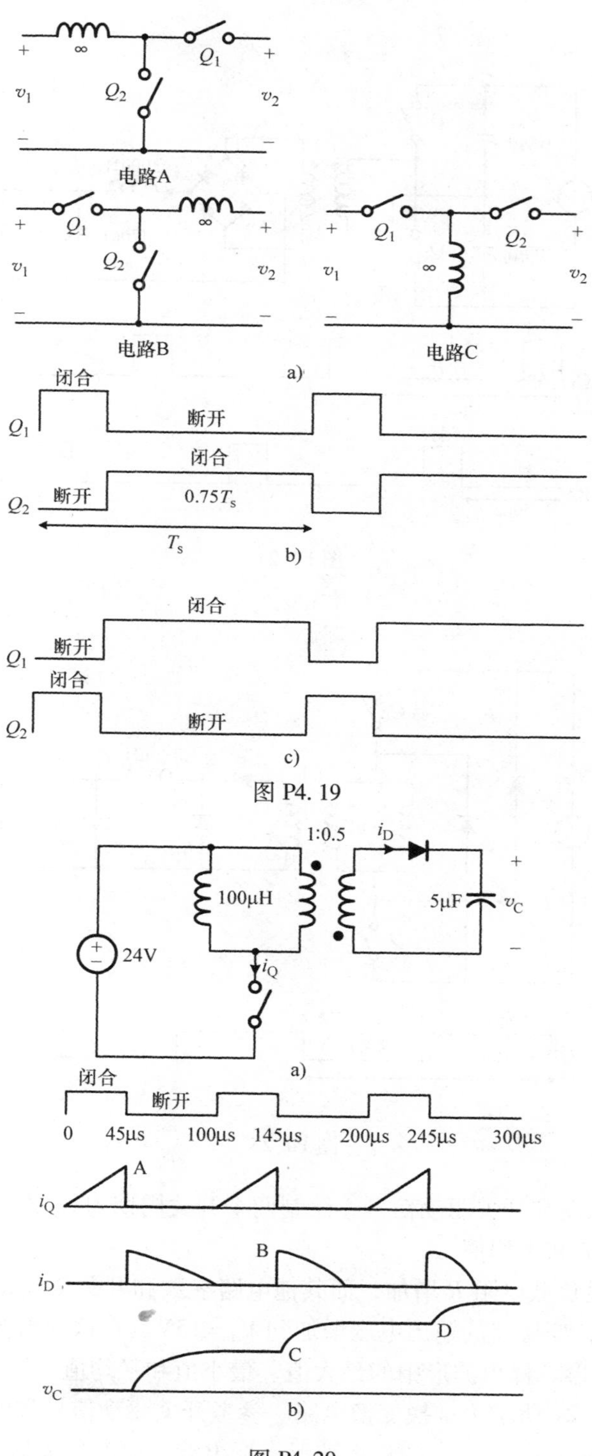

+
∞
Q_1
+
v_1
Q_2
v_2
−
−
电路A
+
Q_1
∞
+
v_1
Q_2
v_2
−
−
电路B
+
Q_1
Q_2
+
v_1
∞
v_2
−
−
电路C
a)
闭合
Q_1
断开
闭合
Q_2
断开
$0.75T_s$
T_s
b)
闭合
Q_1
断开
闭合
Q_2
断开
c)

图 P4.19

1:0.5
i_D
+
100μH
5μF
v_C
−
24V
i_Q
a)
闭合
断开
0
45μs
100μs
145μs
200μs
245μs
300μs
A
i_Q
B
i_D
D
C
v_C
b)

图 P4.20

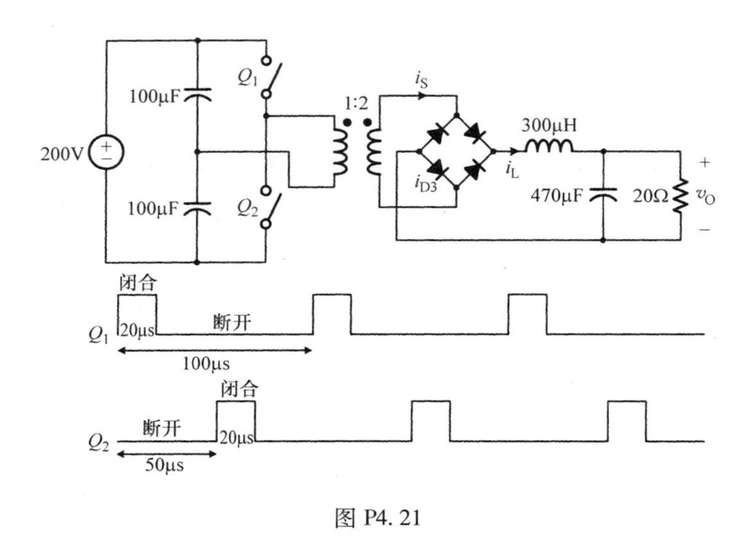

图 P4. 21

图 P4. 23

a）参考电路图和开关驱动信号，绘制两个开关周期内 i_{D2} 的波形。标出波形中的最大值、最小值和平均值。

b）现在假设负载电阻 R 增加，而其他电路参数和开关驱动信号保持不变。根据新的负载条件，变换器的输出电压增加到 $V_O=15V$。在这种情况下，绘制两个开关周期内 i_{D2} 的波形。标出波形中的最大值、最小值和平均值。

4.24　图 P4.24 所示为推挽变换电路。参考开关驱动信号和电路元器件值，绘制两个开关周期内 v_N、i_N 和 i_{D1} 的稳态波形。标出波形中的最大值和最小值。

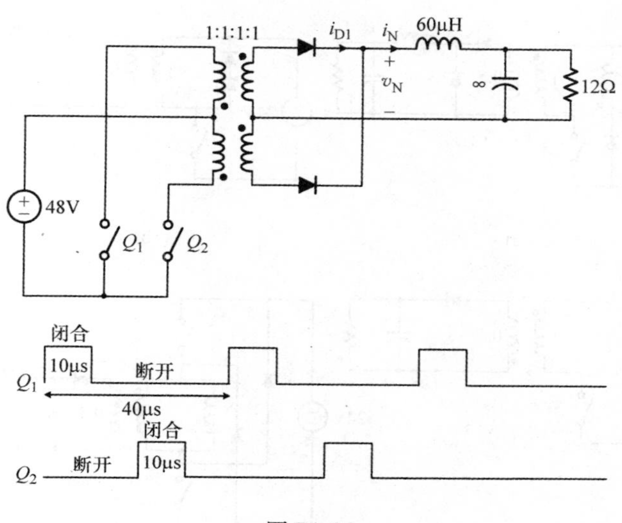

图 P4.24

4.25**　图 P4.25 所示的正激变换器是使用非理想变压器构建的。三绕组变压器的匝数为 $N_P = N_S = N_T = 48$。变换器建立了稳态运行，其占空比 $D = 0.4$。现在假设在稳态运行期间变换器发生以下故障：

i）D_c的开路故障　ii）D_2的开路故障　iii）C 的开路故障　iv）占空比降低为 $D = 0.15$　v）占空比增加为 $D = 0.65$

对于上面列出的每个故障/变化，您认为变换器会发生什么？如果您认为电路发生灾难性故障，请找出发生故障的元器件，并说明元器件故障的原因。如果您认为会建立新的稳态操作，请描述电路操作的主要变化。

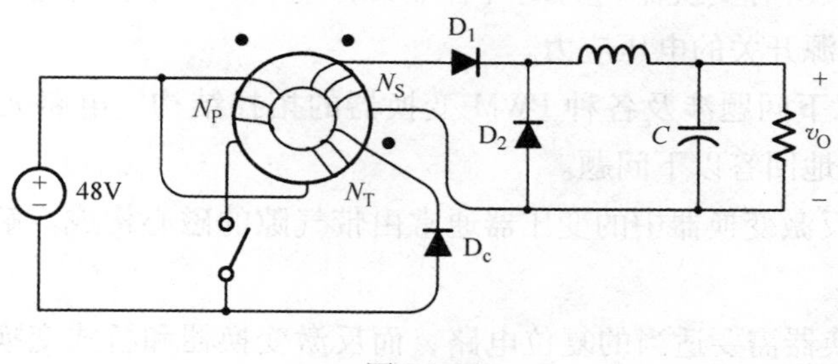

图 P4.25

4.26**　在图 P4.26 所示的 4 个隔离 DC－DC 变换器中，假设变压器具有限定的磁化电感。

a）回答以下问题。

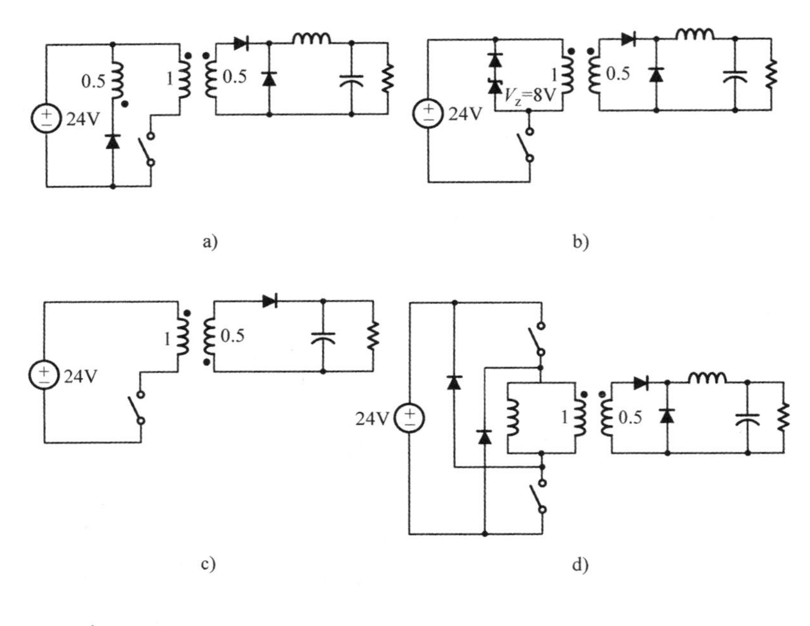

图 P4. 26

i）哪个变换器会产生最差的电源转换效率？

ii）哪个变换器功率处理能力最大？

iii）哪个变换器制造成本将最小化？

b）对于每个 DC - DC 变换器，找到保证变换器正常工作的占空比的范围。以（　）< D <（　）的形式给出您的答案。

c）现在假设所有变换器均为闭环控制以产生 2. 4V 的输出电压。估算每个电路中所使用的有源开关的电压应力。

4. 27** 以下问题涉及各种 PWM 变换器的拓扑结构、电路元器件和工作原理。简短而精确地回答以下问题。

a）应用于反激变换器中的变压器通常由带气隙的磁心构成。解释这种做法的必要性。

b）正激变换器需要适当的复位电路，而反激变换器和桥式变换器不需要任何复位电路。请说明原因。

c）图 P4. 27 显示了 5 种不同的变换器的拓扑结构。计算每个变换器电路中使用的有源开关的输出电压和电压应力的最大值。

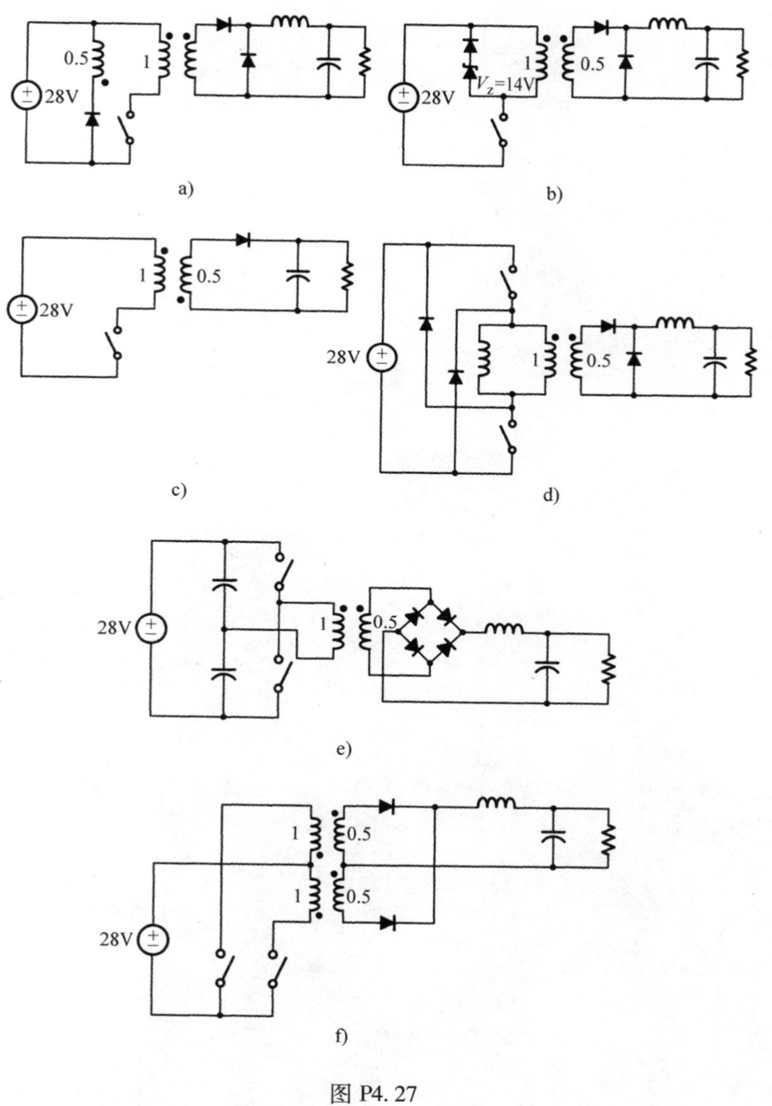
0.5
1
28V
a)
1
0.5
V_Z=14V
28V
b)
1
0.5
28V
c)
28V
1
0.5
d)
28V
1
0.5
e)
1
0.5
1
0.5
28V
f)

图 P4.27

第二部分　PWM DC－DC 变换器的建模、动态特性与设计

第5章 PWM DC - DC 变换器建模

本书的第一部分介绍了 PWM DC - DC 变换器的功率级架构和稳态运行。这种静态分析构成了 DC - DC 功率变换技术的一个重要部分。如第 1 章所述，动态分析是研究 DC - DC 功率变换的另一个关键领域。在动态分析中，DC - DC 变换器被视为闭环控制的动态系统，并且使用适当的模型研究其特性。作为动态分析的先决条件，本章介绍了 PWM DC - DC 变换器的建模。

DC - DC 变换器是一种时变系统，其功率级的拓扑结构随时间不断变化。根据半导体开关的状态，DC - DC 变换器在运行期间呈现出不同的功率级架构。此外，DC - DC 变换器采用脉宽调制（PWM）技术来产生专用的开关驱动信号。PWM 技术是众所周知的非线性技术，其中输入和输出变量呈非线性关系。功率级结构的时变性和 PWM 技术的非线性将 DC - DC 变换器分类为非线性时变系统。

已知非线性时变系统的动态分析是困难的。常规电路分析技术主要用于线性时不变系统，因此不能直接适用于 PWM DC - DC 变换器。虽然某些分析方法可用于非线性系统，但是当用于 PWM DC - DC 变换器时，分析变得非常复杂。因此，初始形式的变换器动态分析是一项非常具有挑战性的任务。本章的目的是要建立一项分析技术，以期能够克服由于 PWM DC - DC 变换器的时变和非线性所带来的障碍。

一般来说，建模是指以所需形式描述给定系统的动态特性的过程。所需的形式由建模的对象确定。例如，为了开发复杂系统的简化模型，系统行为由简单方程式表示，它只捕捉主要的系统动态特性，而忽略不重要的细节。这里的 DC - DC 变换器建模的目的是建立一种利用线性时不变系统的语言和形式来描述非线性时变 DC - DC变换器动态特性的系统方法。如果实现这一目标，我们可以以与我们分析线性时不变系统完全相同的方式来分析 DC - DC 变换器的动态特性。

5.1 PWM 变换器建模概述

本章介绍了一系列建模技术，最终为 PWM DC - DC 变换器提供了一个小信号模型。小信号模型是线性时不变电路模型，可以直接应用于所有标准电路的分析技术。图 5.1 所示为闭环控制 PWM 变换器的一般结构。关于变换器结构的讨论见

3.6.1 节。

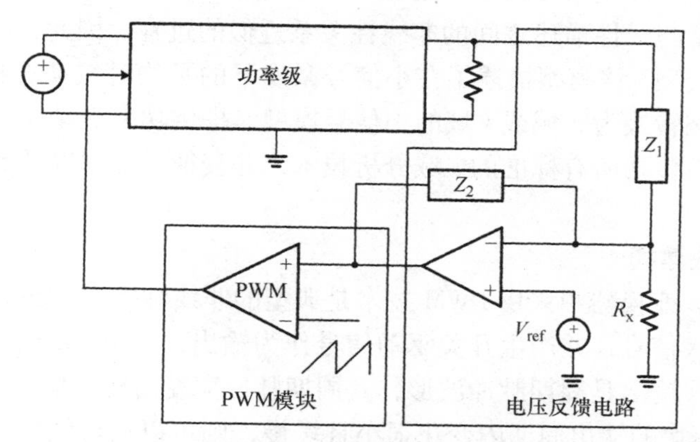

图 5.1 闭环控制 PWM 变换器

为了便于建模，将变换器分为三个功能块：功率级、PWM 模块和电压反馈电路。首先，使用各种建模技术将每个功能块转换成相应的小信号模型。三个功能块的小信号模型后来合并以产生用于闭环控制 PWM 变换器的完整的小信号模型。

功率级建模

图 5.2 说明了功率级建模的过程。平均技术首先应用于时变功率级动态特性。该方法提供了消除时间方差的平均模型。然而，在平均过程中，电路变量之间的某些非线性关系出现在平均模型中。因此，平均模型是时不变非线性模型。平均模型描述了平均时域功率级动态特性。

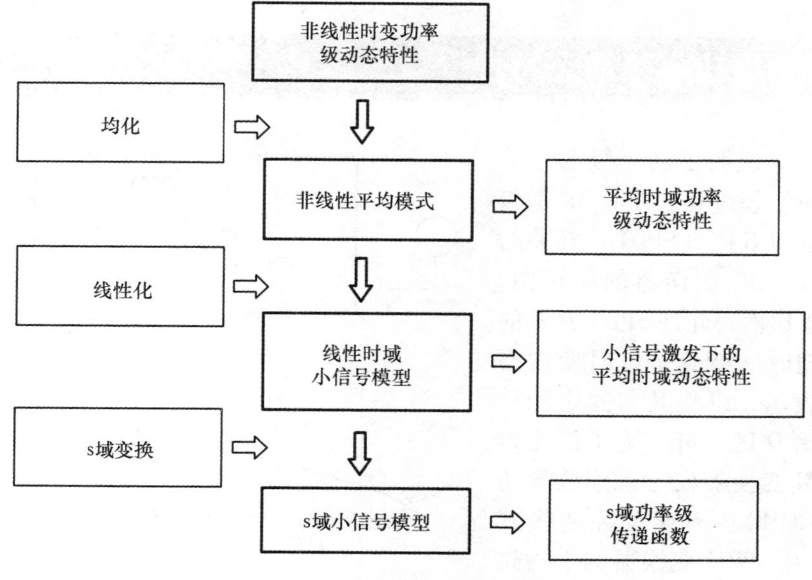

图 5.2 功率级建模步骤

其次，调用线性化来处理平均过程中产生的非线性关系。线性化是在小信号假设下将电路变量与线性描述之间的非线性关系近似的过程。因此，线性化产生线性时不变小信号模型。该模型描述了在小信号激发下的平均时域动态特性。最后，时域小信号模型被转换为频域或 s 域的小信号模型，提供功率级动态的传递函数。所得到的传递函数包括所有标准的 s 域分析技术，并表征了功率级的频域小信号动态特性。

PWM 模块建模

在 DC－DC 变换器中采用 PWM 技术是典型的非线性操作。PWM 模块从电压反馈电路接收输入信号，并产生开关驱动信号作为输出。当 PWM 模块的输入是连续的模拟信号时，输出是周期脉冲波形，其周期脉冲宽度由输入信号调制。假设输入信号在 PWM 模块的输出周期内变化很小且缓慢，则可以通过线性表达式近似该高度非线性的功能。因为大多数 DC－DC 变换器满足这一假定，所以在 PWM 模块的输入和输出信号之间存在简单的线性关系。该线性关系是 PWM 模块的小信号增益，称为 PWM 增益或调制器增益。有关调制器增益的详细信息，请参见 5.5 节。

电压反馈电路和 PWM 变换器的小信号模型

电压反馈电路是一种线性时不变电路，可以使用标准电路分析技术轻松转换为小信号模型。电压反馈电路的小信号模型将在 5.6.1 节中进行说明。

现在可以通过合并功率级、PWM 模块和电压反馈电路的小信号模型来构建 DC－DC 变换器的完整小信号模型。所得到的小信号模型使得我们能够使用传统的 s 域分析技术来开展非线性时变 DC－DC 变换器的动态分析。

5.2 平均功率级动态特性

图 5.3 说明了功率级动态特性的平均处理过程。图 5.3a 是包含一个单刀双掷（SPDT）开关的 PWM DC－DC 变换器的原理图。为了动态建模，允许 SPDT 开关的占空比随时间变化。该时变占空比由 d 表示，以将其与固定的稳态占空比 D 区分开。为了简化讨论，PWM 变换器仅考虑连续导通模式（CCM）。不连续导通模式（DCM）中 PWM 变换器的平均过程将在第 9 章中进行单独讨论。

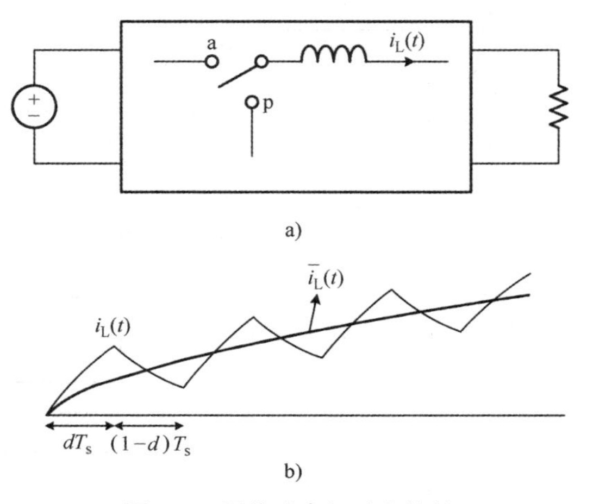

图 5.3　平均功率级动态特性

a）PWM DC－DC 变换器框图　b）平均的概念

参照图 5.3，平均化的方法说

明如下。在 dT_s 期间，当SPDT开关保持在位置a时，功率级电路导通；同样，在 $(1-d)T_s$ 期间，当SPDT开关保持在位置p时，功率级电路关断。图5.3b说明了功率级动态特性的时变和平均的概念。在导通时间段 dT_s，电感器电流 $i_L(t)$ 根据导通子电路的电路方程式确定；在关断时间段 $(1-d)T_s$，基于关断子电路的电路方程式可以推导出 $i_L(t)$。因此，电感器电流 $i_L(t)$ 在每个切换瞬间改变形式。

平均的方法是一种分析手段，即试图产生跟随电感器电流的时间平均轨迹的平滑波形，如图5.3b中的 $\bar{i}_L(t)$ 所示。换句话说，平均的方法提供产生跟踪原始波形的连续电路波形的电路方程或电路模型。

作为过去研究工作的结果，为PWM DC-DC变换器开发了两种有用的平均方法。第一种方法巧妙处理功率级的状态空间描述，使得控制的状态-空间描述预测功率级的时间平均动态特性。该方法称为状态空间平均。

第二种方法使用电路变量的时间平均行为来开发功率级的平均模型。平均功率级模型产生跟随原始波形的连续电路波形。该方法被称为电路平均，因为它直接对与功率级元器件相关的电路变量进行平均。

本节介绍了状态空间平均法和电路平均技术，重点介绍了其对PWM变换器建模的理论基础和应用情况。还讨论了每种方法的相对优点和两种方法之间的等效性。

5.2.1 状态空间平均

在状态空间平均法中，最初使用开关函数的概念来形成功率级的精确状态空间描述，该概念可以根据时间具有不同的值。所得到的状态空间描述称为开关状态空间模型。虽然开关状态空间模型精确地描述了功率级动态，但是由于存在开关功能，它是一个时变模型。然后，将开关状态空间模型适当地平均，以产生描述时间平均功率级动态特性的平均状态空间模型。

开关状态空间模型

作为推导开关状态空间模型的初始步骤，分别推导导通子电路和关断子电路的状态空间描述来描述功率级动态特性。在导通时间段内的功率级动态特性以状态方程的形式表示为

$$\frac{d\boldsymbol{x}(t)}{dt} = \boldsymbol{A}_{on}\boldsymbol{x}(t) + \boldsymbol{B}_{on}v_S(t)$$
$$v_O(t) = \boldsymbol{C}_{on}\boldsymbol{x}(t) \tag{5.1}$$

式中，$\boldsymbol{x}$ 是状态向量；v_S 是输入电压；v_O 是输出电压；$\{\boldsymbol{A}_{on}\ \boldsymbol{B}_{on}\ \boldsymbol{C}_{on}\}$ 是导通子电路的系数矩阵。类似地，关断时间段的状态方程

$$\frac{d\boldsymbol{x}(t)}{dt} = \boldsymbol{A}_{off}\boldsymbol{x}(t) + \boldsymbol{B}_{off}v_S(t)$$
$$v_O(t) = \boldsymbol{C}_{off}\boldsymbol{x}(t) \tag{5.2}$$

式中，$\{\boldsymbol{A}_{off}\quad \boldsymbol{B}_{off}\quad \boldsymbol{C}_{off}\}$ 是关断子电路的系数矩阵。

式（5.1）和式（5.2）所示的两个状态方程合并成一个单一状态方程

$$\frac{\mathrm{d}\boldsymbol{x}(t)}{\mathrm{d}t}=(q(t)\boldsymbol{A}_{\mathrm{on}}+(1-q(t))\boldsymbol{A}_{\mathrm{off}})\boldsymbol{x}(t)+(q(t)\boldsymbol{B}_{\mathrm{on}}+(1-q(t))\boldsymbol{B}_{\mathrm{off}})v_{\mathrm{S}}(t)$$

$$v_{\mathrm{O}}(t)=(q(t)\boldsymbol{C}_{\mathrm{on}}+(1-q(t))\boldsymbol{C}_{\mathrm{off}})\boldsymbol{x}(t) \tag{5.3}$$

使用开关函数 $q(t)$ 的符号，定义为

$$q(t)=\begin{cases}1 & \text{导通时间段 } dT_{\mathrm{s}}\\ 0 & \text{关断时间段}(1-d)T_{\mathrm{s}}\end{cases} \tag{5.4}$$

式（5.3）被称为开关状态空间模型，因为它包含开关函数 $q(t)$。

［例 5.1］ 理想 Buck 变换器的开关状态空间模型

本实例说明了用于 Buck 变换器的开关状态空间模型的形式。没有任何寄生电阻的理想 Buck 变换器的电路图及其导通和关断子电路如图 5.4 所示。当状态向量被定义为 $\boldsymbol{x}=[i_{\mathrm{L}}\quad v_{\mathrm{C}}]^{\mathrm{T}}$，导通和关断子电路的系数矩阵变为

$$\boldsymbol{A}_{\mathrm{on}}=\boldsymbol{A}_{\mathrm{off}}=\begin{bmatrix}0 & -\dfrac{1}{L}\\ \dfrac{1}{C} & -\dfrac{1}{CR}\end{bmatrix} \tag{5.5}$$

$$\boldsymbol{B}_{\mathrm{on}}=\begin{bmatrix}\dfrac{1}{L}\\ 0\end{bmatrix} \tag{5.6}$$

$$\boldsymbol{B}_{\mathrm{off}}=\begin{bmatrix}0\\ 0\end{bmatrix} \tag{5.7}$$

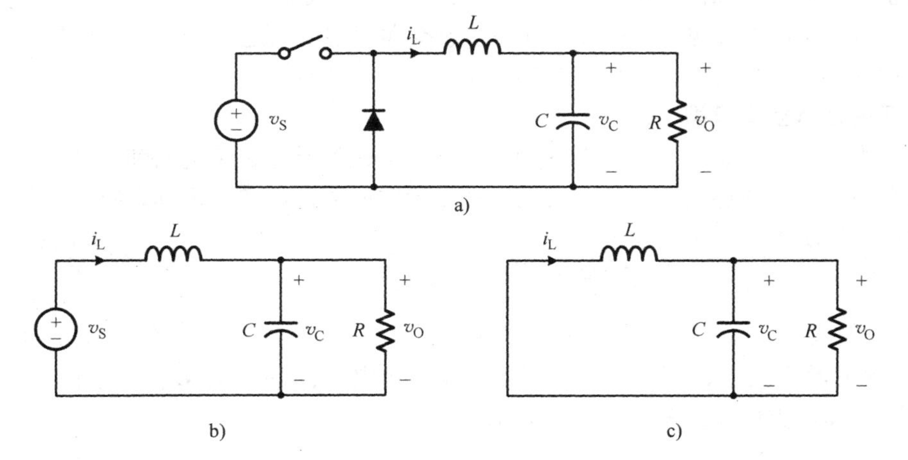

图 5.4 理想 Buck 变换器

a）电路图 b）导通子电路 c）关断子电路

$$\boldsymbol{C}_{\text{on}} = \boldsymbol{C}_{\text{off}} = [0 \quad 1] \tag{5.8}$$

读者可以通过建立 Buck 变换器的导通和关断子电路的状态方程来确定上述系数矩阵。

通过将适当的系数矩阵插入式（5.3）中获得开关状态空间模型

$$\frac{\mathrm{d}\boldsymbol{x}(t)}{\mathrm{d}t} = \left[q(t)\begin{bmatrix} 0 & -\dfrac{1}{L} \\ \dfrac{1}{C} & -\dfrac{1}{CR} \end{bmatrix} + (1 - q(t))\begin{bmatrix} 0 & -\dfrac{1}{L} \\ \dfrac{1}{C} & -\dfrac{1}{CR} \end{bmatrix} \right]\boldsymbol{x}(t) + \left[q(t)\begin{bmatrix} \dfrac{1}{L} \\ 0 \end{bmatrix} + (1 - q(t))\begin{bmatrix} 0 \\ 0 \end{bmatrix} \right] v_{\text{S}}(t) \tag{5.9}$$

$$v_{\text{O}}(t) = [q(t)[0 \quad 1] + (1 - q(t))[0 \quad 1]]\boldsymbol{x}(t) \tag{5.10}$$

［例 5.2］　三个基本变换器的系数矩阵

Boost 变换器和 Buck/Boost 变换器的系数矩阵可以很容易地从它们的电路图中得出。对于理想的 Boost 和 Buck/Boost 变换器，变换器电路转换为导通和关断子电路。然后写出每个子电路的状态方程。根据两个子电路的状态方程，提取系数矩阵。三个基本 DC－DC 变换器的系数矩阵如表 5.1 所示。系数矩阵可用于构建相应变换器的开关状态空间模型。

表 5.1　三个基本变换器的系数矩阵

	导通子电路	关断子电路
Buck 变换器	$\boldsymbol{A}_{\text{on}} = \begin{bmatrix} 0 & -\frac{1}{L} \\ \frac{1}{C} & -\frac{1}{CR} \end{bmatrix}$ $\boldsymbol{B}_{\text{on}} = \begin{bmatrix} \frac{1}{L} & 0 \end{bmatrix}^{\text{T}}$ $\boldsymbol{C}_{\text{on}} = [0 \quad 1]$	$\boldsymbol{A}_{\text{off}} = \begin{bmatrix} 0 & -\frac{1}{L} \\ \frac{1}{C} & -\frac{1}{CR} \end{bmatrix}$ $\boldsymbol{B}_{\text{off}} = [0 \quad 0]^{\text{T}}$ $\boldsymbol{C}_{\text{off}} = [0 \quad 1]$
Boost 变换器	$\boldsymbol{A}_{\text{on}} = \begin{bmatrix} 0 & 0 \\ 0 & -\frac{1}{CR} \end{bmatrix}$ $\boldsymbol{B}_{\text{on}} = \begin{bmatrix} \frac{1}{L} & 0 \end{bmatrix}^{\text{T}}$ $\boldsymbol{C}_{\text{on}} = [0 \quad 1]$	$\boldsymbol{A}_{\text{off}} = \begin{bmatrix} 0 & -\frac{1}{L} \\ \frac{1}{C} & -\frac{1}{CR} \end{bmatrix}$ $\boldsymbol{B}_{\text{off}} = \begin{bmatrix} \frac{1}{L} & 0 \end{bmatrix}^{\text{T}}$ $\boldsymbol{C}_{\text{off}} = [0 \quad 1]$
Buck/Boost 变换器	$\boldsymbol{A}_{\text{on}} = \begin{bmatrix} 0 & 0 \\ 0 & -\frac{1}{CR} \end{bmatrix}$ $\boldsymbol{B}_{\text{on}} = \begin{bmatrix} \frac{1}{L} & 0 \end{bmatrix}^{\text{T}}$ $\boldsymbol{C}_{\text{on}} = [0 \quad 1]$	$\boldsymbol{A}_{\text{off}} = \begin{bmatrix} 0 & -\frac{1}{L} \\ \frac{1}{C} & -\frac{1}{CR} \end{bmatrix}$ $\boldsymbol{B}_{\text{off}} = [0 \quad 0]^{\text{T}}$ $\boldsymbol{C}_{\text{off}} = [0 \quad 1]$

连续占空比和平均状态空间模型

本节讨论了开关状态空间模型的平均过程。作为获得开关状态空间模型的平均形式的第一步，对开关函数 $q(t)$ 进行平均化操作：

$$d(t) = \frac{1}{T_s}\int_{t-T_s}^{t} q(\tau)\,\mathrm{d}\tau \tag{5.11}$$

式中，T_s 是开关周期。式（5.11）中定义的 $d(t)$ 为 $q(t)$ 的平均表达式，在平均周期 T_s 中平滑变化。在这个意义上，$d(t)$ 被解释为 $q(t)$ 的移动平均或局部平均值。$d(t)$ 也称为连续占空比。连续占空比 $d(t)$ 的含义总结如下：

1）$d(t)_{t=kT_s}=d(kT_s)\equiv d_k$ 是第 k 个开关周期中的实际占空比。

2）如果 $q(t)$ 是导通时间固定的周期函数，那么 $d_k=d(t)=D$，其中 D 是稳态占空比。

3）如果 $q(t)$ 是导通时间不固定的非周期函数，则实际占空比与连续占空比不同：$d_k\neq d(t)$。然而，如果导通时间周期中的周期变化足够小，则可以通过连续占空比近似实际占空比：$d_k\approx d(t)$。

图 5.5 所示为开关函数 $q(t)$、周期－周期占空比 d_k 和连续占空比 $d(t)$ 之间的关系。连续占空比 $d(t)$ 被认为是不连续的周期－周期占空比 d_k 的连续时间近似。当 d_k 中的周期－周期变化足够小时，由于该近似导致的误差变得可忽略。

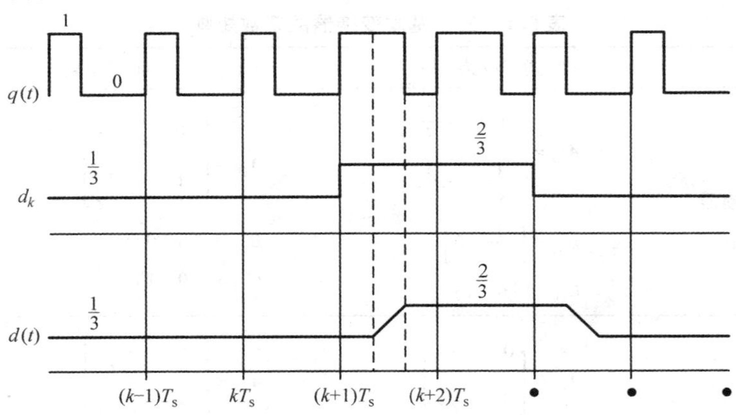

图 5.5　开关函数 $q(t)$、周期－周期占空比 d_k 和连续占空比 $d(t)$ 之间的关系

第二步，对式（5.3）的开关状态空间模型进行平均化处理：

$$\frac{\mathrm{d}\bar{\boldsymbol{x}}(t)}{\mathrm{d}t}=\overline{(q(t)\boldsymbol{A}_{\mathrm{on}}+(1-q(t))\boldsymbol{A}_{\mathrm{off}})\boldsymbol{x}(t)}+\overline{(q(t)\boldsymbol{B}_{\mathrm{on}}+(1-q(t))\boldsymbol{B}_{\mathrm{off}})v_{\mathrm{S}}(t)}$$
$$\bar{v}_{\mathrm{O}}(t)=\overline{(q(t)\boldsymbol{C}_{\mathrm{on}}+(1-q(t))\boldsymbol{C}_{\mathrm{off}})\boldsymbol{x}(t)} \tag{5.12}$$

式中，上标（－）表示在开关周期 T_s 中相应项目的移动平均值。例如，$x(t)$ 的上标表示

$$\bar{\boldsymbol{x}}(t) = \frac{1}{T_s}\int_{t-T_s}^{t} \boldsymbol{x}(\tau)\mathrm{d}\tau \tag{5.13}$$

基于以下事实和假设：

- 平均值是线性运算。
- 式（5.12）中的系数矩阵是常数矩阵。
- 如果状态变量和输入变量与其局部平均值没有很大的偏差，则变为 $\overline{q(t)x(t)} \approx \bar{q}(t)\bar{x}(t)$ 和 $\overline{q(t)v_S(t)} \approx \bar{q}(t)\bar{v}_S(t)$。

式（5.12）近似为

$$\begin{aligned}\frac{\mathrm{d}\bar{\boldsymbol{x}}(t)}{\mathrm{d}t} &= (\bar{q}(t)\boldsymbol{A}_{on} + (1-\bar{q}(t))\boldsymbol{A}_{off})\bar{\boldsymbol{x}}(t) + \\ &\quad (\bar{q}(t)\boldsymbol{B}_{on} + (1-\bar{q}(t))\boldsymbol{B}_{off})\bar{v}_S(t) \\ \bar{v}_O(t) &= (\bar{q}(t)\boldsymbol{C}_{on} + (1-\bar{q}(t))\boldsymbol{C}_{off})\bar{\boldsymbol{x}}(t)\end{aligned} \tag{5.14}$$

最后，式（5.14）重写为

$$\begin{aligned}\frac{\mathrm{d}\bar{\boldsymbol{x}}(t)}{\mathrm{d}t} &= (d(t)\boldsymbol{A}_{on} + (1-d(t))\boldsymbol{A}_{off})\bar{\boldsymbol{x}}(t) + \\ &\quad (d(t)\boldsymbol{B}_{on} + (1-d(t))\boldsymbol{B}_{off})\bar{v}_S(t) \\ \bar{v}_O(t) &= (d(t)\boldsymbol{C}_{on} + (1-d(t))\boldsymbol{C}_{off})\bar{\boldsymbol{x}}(t)\end{aligned} \tag{5.15}$$

$\bar{q}(t)$对应于式（5.11）中定义的连续占空比 $d(t)$。式（5.15）称为平均状态 – 空间模型。平均状态 – 空间模型将连续占空比 $d(t)$作为输入变量，并描述了时间平均功率级动态特性，即平均状态空间模型是切换状态空间模型的连续时间近似。

连续占空比 $d(t)$用作将开关状态空间模型转换为平均状态空间模型的指导型变量。事实上，平均状态空间模型是通过简单地用连续占空比 $d(t)$代替开关函数 $q(t)$，并用其局部平均值代替电路变量而获得的。应该强调的是，因为时间相关变量 $d(t)$是与系数矩阵相乘的，所以平均状态空间模型是非线性模型。平均状态空间模型也称为平均状态方程。

平均状态方程已广泛用于 PWM DC – DC 变换器以及其他开关变换器的分析。稳态平衡是通过求解与所有的状态和输入变量在恒定条件下的平均状态方程实现的：$\mathrm{d}\boldsymbol{x}(t)/\mathrm{d}t = 0$，$v_S(t) = V_S$，$d(t) = D$。

更重要的是，平均状态方程已经被用来模拟变换器的波形，而且仅关注变换器的时间平均动态特性。对平均状态方程的时域仿真提供了与周期 – 周期仿真相同的信息，但仿真时间大大减少。

最重要的是，平均状态方程式是 DC – DC 变换器小信号模型的基础。通过对给定工作点的平均状态方程进行线性化，建立了 DC – DC 变换器的线性时不变小信号模型。

状态空间平均的一个缺点是需要建立和控制整个功率级的状态方程，当功率级包含大量的无功分量时，非常耗时而且繁琐。另一个潜在的缺点是该方法仅以状态方程的形式产生最终结果，因此不能用标准电路仿真软件直接编程。

[例 5.3] 理想 Buck 变换器的平均状态空间模型

理想 Buck 变换器的平均状态空间模型可以通过将例 5.1 给出的开关状态空间模型中简单地用 $d(t)$ 代替 $q(t)$ 并用其平均值代替电路变量获得：

$$\frac{d\bar{\boldsymbol{x}}(t)}{dt}=\left[d(t)\begin{bmatrix}0 & -\frac{1}{L}\\ \frac{1}{C} & -\frac{1}{CR}\end{bmatrix}+(1-d(t))\begin{bmatrix}0 & -\frac{1}{L}\\ \frac{1}{C} & -\frac{1}{CR}\end{bmatrix}\right]\bar{\boldsymbol{x}}(t)+\left[d(t)\begin{bmatrix}\frac{1}{L}\\ 0\end{bmatrix}+(1-d(t))\begin{bmatrix}0\\ 0\end{bmatrix}\right]\bar{v}_S(t) \tag{5.16}$$

$$\bar{v}_O(t)=[d(t)[0\quad 1]+(1-d(t))[0\quad 1]]\bar{\boldsymbol{x}}(t) \tag{5.17}$$

式中，$\bar{\boldsymbol{x}}=[\bar{i}_L\quad \bar{v}_C]^T$。式（5.16）和式（5.17）可被简化为

$$\begin{bmatrix}\frac{d\bar{i}_L(t)}{dt}\\ \frac{d\bar{v}_C(t)}{dt}\end{bmatrix}=\begin{bmatrix}0 & -\frac{1}{L}\\ \frac{1}{C} & -\frac{1}{CR}\end{bmatrix}\begin{bmatrix}\bar{i}_L(t)\\ \bar{v}_C(t)\end{bmatrix}+\begin{bmatrix}\frac{d(t)}{L}\\ 0\end{bmatrix}\bar{v}_S(t) \tag{5.18}$$

$$\bar{v}_O(t)=\bar{v}_C(t) \tag{5.19}$$

5.2.2 电路平均

电路平均法涉及与功率级元器件相关的电路变量。通过说明建模过程的步骤可以很好地描述电路平均技术。

1）建立一个方程，描述与功率级中各个元器件相关的电路变量的时间行为。该方程被称为平均电路方程。

2）合成满足上一步中平均电路方程的电路模型。该模型称为特定电路元器件的平均模型。

3）将所得到的平均模型放入功率级代替原始电路元器件。

4）对功率级中的所有元器件重复上述过程。当所有电路元器件被其平均模型代替时，所得到的电路结构变为整个功率级的平均电路模型。平均功率级模型产生跟随原始波形的移动平均值的电路波形。

在电路平均中，并不总是需要对每一个电路元器件分别应用平均处理。事实上，几个电路元器件可以组合在一起并被视为一个复合电路元器件。这一做法将在下一节中进行探讨。

PWM 开关

原则上，功率级的所有电路元器件都应该用其平均模型代替，以产生整个功率

级的平均模型。然而，包括电压源、电感器和电容器在内的线性电路元器件在平均过程中保持不变。换句话说，当构建功率级的平均模型时，线性电路元器件可以以其原始形式出现在初始位置。因此，需要平均处理的电路器件只有有源和无源开关。

图 5.6 所示为三个基本 PWM 变换器的电路图，其中有源－无源开关是经过平均处理的电路器件。有源－无源开关对作为单刀双掷（SPDT）开关，根据 PWM 原理周期性地改变状态。该有源－无源开关对称为 PWM 开关，以突出其作为在 PWM 原理下工作的三端开关器件的功能。

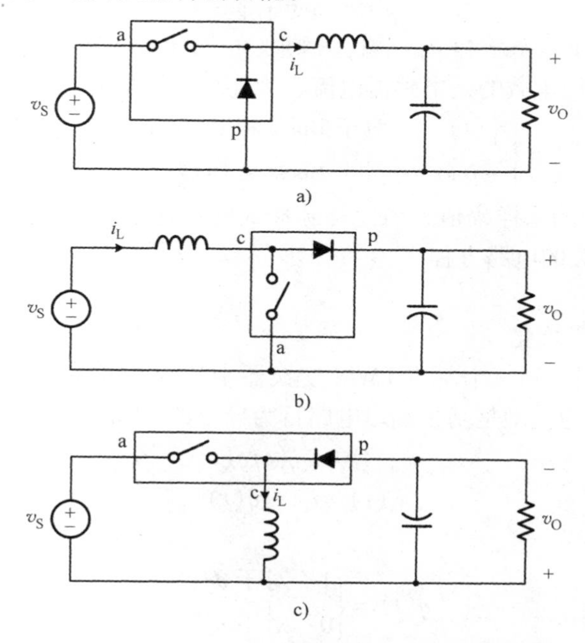

图 5.6　三个基本变换器的电路图

a）Buck 变换器　b）Boost 变换器　c）Buck/Boost 变换器

PWM 开关的端口电路变量的功能描述、电路符号和极性/方向如图 5.7 所示。节点 a 表示有源开关的有源端口，p 表示无源端口，c 表示公共端口。电路符号也表示公共端连接到 dT_s 的有源端 a 和连接到 $d'T_s=(1-d)T_s$ 的无源端 p。

无论嵌入 PWM 开关的变换器拓扑结构如何，PWM 开关都具有其端口波形的特征。首先，参照图 5.6，在有源和无源端口施加直流电压。对于三个基本的 DC－DC 变换器，a 端和 p 端之间的电压是

$$v_{ap}(t)=\begin{cases} v_S & \text{对于 Buck 变换器} \\ -v_O & \text{对于 Buck 变换器} \\ v_S+v_O & \text{对于 Buck/Boost 变换器} \end{cases} \tag{5.20}$$

可以认为是小纹波近似下的直流电压。c 端和 p 端之间的电压 v_{cp} 是对 v_{ap} 的采样复

制；在 dT_s 期间等于 v_{ap}，并在 $d'T_s$ 期间变为零。

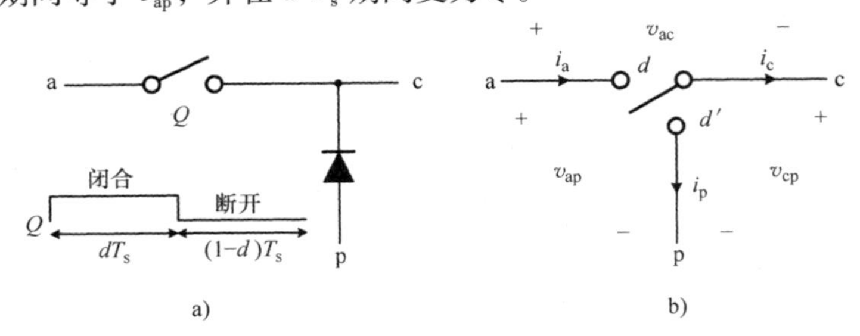

图 5.7　PWM 开关

a）在 PWM 原理下工作的有源－无源开关对　b）PWM 开关的电路符号

第二步，公共端承载的是电感器电流，为连续的三角波形：

$$i_c(t)=\begin{cases} i_L(t) & \text{对于 Buck 和 Buck/Boost 变换器} \\ -i_L(t) & \text{对于 Boost 变换器} \end{cases} \tag{5.21}$$

有源端电流 i_a 是 i_c 的采样幅值，因此是脉冲式的不连续波形。这些情况将在以后用于建立 PWM 开关的电路方程。

PWM 开关的平均化

PWM 开关是嵌入到三个基本 PWM 变换器中的三端开关器件，可以视为单独的电路器件，其平均模型是基于端口电路行为导出的。PWM 开关的电路方程式为

$$\begin{aligned} v_{cp}(t) &= v_{ap}(t)q(t) \\ i_a(t) &= i_c(t)q(t) \end{aligned} \tag{5.22}$$

使用开关函数 $q(t)$ 为

$$q(t)=\begin{cases} 1 & \text{对于 } dT_s \\ 0 & \text{对于 } d'T_s \end{cases} \tag{5.23}$$

式（5.22）表示连续电路变量 v_{ap} 和 i_c 分别乘以开关函数 $q(t)$，产生不连续电路变量 v_{cp} 和 i_a。式（5.22）实际上是使用开关函数 $q(t)$ 导出的 PWM 开关的电路变量的简易表达式。

以式（5.22）的局部平均为依据，可得

$$\begin{aligned} \bar{v}_{cp}(t) &= \overline{v_{ap}(t)q(t)} \\ \bar{i}_a(t) &= \overline{i_c(t)q(t)} \end{aligned} \tag{5.24}$$

假设电路变量不显著偏离其局部平均值。式（5.24）近似为

$$\begin{aligned} \bar{v}_{cp}(t) &\approx \bar{v}_{ap}(t)\bar{q}(t) \\ \bar{i}_a(t) &\approx \bar{i}_c(t)\bar{q}(t) \end{aligned} \tag{5.25}$$

由于开关函数 $q(t)$ 的局部平均值实际上是式（5.11）中定义的连续占空比 $d(t)$，式（5.25）被重写为

$$\bar{v}_{cp}(t)=d(t)\bar{v}_{ap}(t)$$

$$\bar{i}_a(t) = d(t)\bar{i}_c(t) \tag{5.26}$$

产生平均电路变量的期望表达式。

式（5.26）给出的PWM开关的平均方程描述了平均电路变量$\bar{v}_{cp}$、$\bar{v}_{ap}$、$\bar{i}_a$和$\bar{i}_c$之间的关系。其他电路变量的平均关系可以基于基尔霍夫电压和电流定律推导：

$$\bar{v}_{ac}(t) = \bar{v}_{ap}(t) - \bar{v}_{cp}(t)$$
$$\bar{i}_p(t) = \bar{i}_a(t) - \bar{i}_c(t) \tag{5.27}$$

PWM开关是无损开关器件，因此它在平均电路变量方面符合功率平衡条件：

$$\bar{v}_{ap}(t)\bar{i}_a(t) = \bar{v}_{cp}(t)\bar{i}_c(t) \tag{5.28}$$

式（5.26）中PWM开关的平均方程与匝数比为$d(t)$的理想双绕组变压器的电路方程相同。因此，理想的双绕组变压器可以用作PWM开关的平均模型。图5.8所示为使用理想变压器的PWM开关及其平均模型。图5.8b中的理想变压器具有以下特性：第一，匝数比是与时间相关的变量$d(t)$而不是常数。第二，一次和二次绕组在无源端口处连接在一起。因此，PWM开关的平均模型是具有双绕组理想变压器结构的时变三端器件。

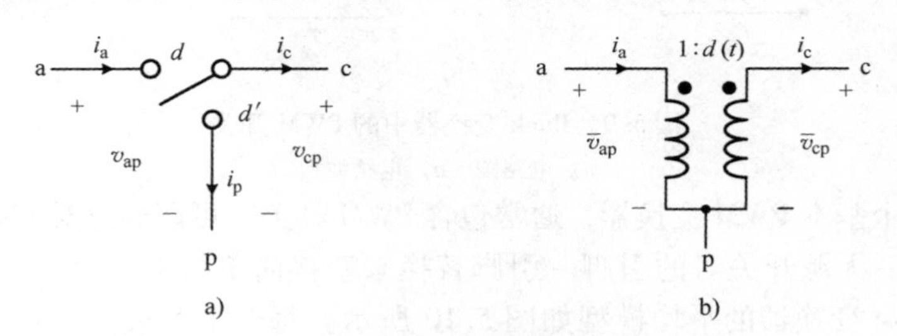

图5.8　PWM开关及其平均模型

a）PWM开关　b）平均模型

[例5.4]　Buck变换器中PWM开关的平均方程

本实例解释了PWM开关的平均方程。图5.9所示为嵌入Buck变换器的PWM开关的电路波形。依据电路波形，v_{ap}和i_c的平均值为

$$\bar{v}_{ap}(t) = V_S$$
$$\bar{i}_c(t) = I_L \tag{5.29}$$

另一方面，使用连续占空比的定义，v_{cp}和i_a的平均值表示为

$$\bar{v}_{cp}(t) = d(t)V_S$$
$$\bar{i}_a(t) = d(t)I_L \tag{5.30}$$

从式（5.30）可以看出

$$\bar{v}_{cp}(t) = d(t)\bar{v}_{ap}(t)$$
$$\bar{i}_a(t) = d(t)\bar{i}_c(t) \tag{5.31}$$

这是式（5.26）中给出的PWM开关的平均方程。

三个基本PWM变换器的平均模型

PWM开关的平均模型是将PWM开关视为独立器件而得出的。因此，平均模

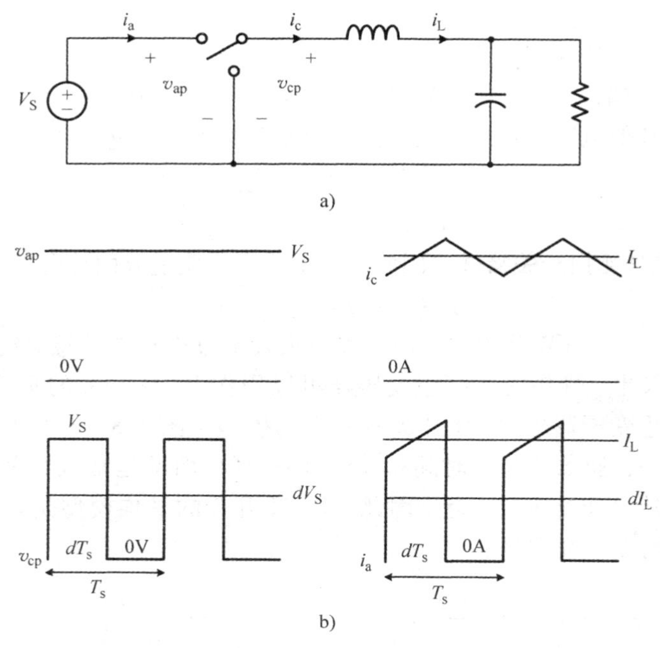

图 5.9 Buck 变换器中的 PWM 开关

a）电路图 b）电路波形

型应用于三个基本 PWM 变换器，通常包含 PWM 开关。可以通过对 PWM 开关平均模型中有源－无源开关对的引脚－引脚替换来获得简单的平均模型。Buck、Boost 和 Buck/Boost 变换器的平均模型如图 5.10 所示。每个平均模型描述了相应 PWM 变换器的时间平均电路特性。

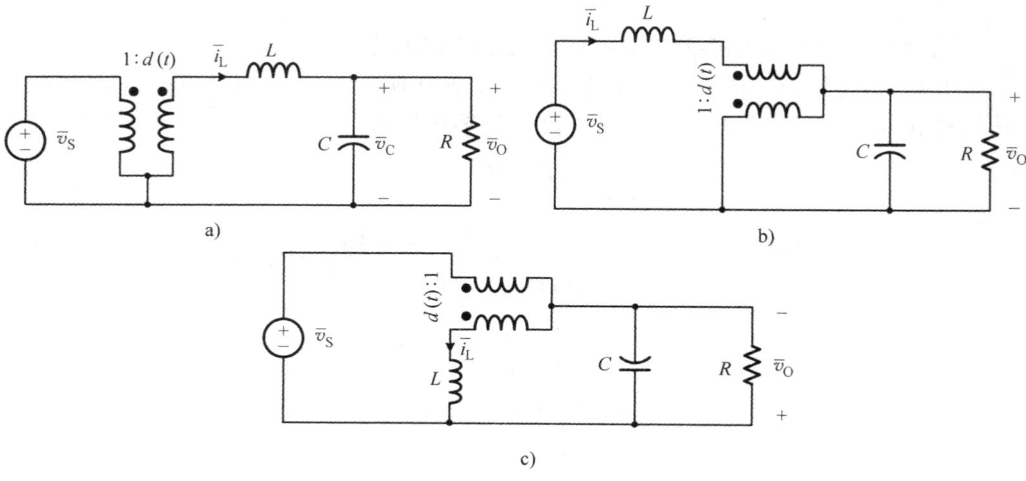

图 5.10 三个基本变换器的平均模型

a）Buck 变换器 b）Boost 变换器 c）Buck/Boost 变换器

［例5.5］ 开关模型和平均模型的响应

本实例说明了DC－DC变换器平均模型的含义。图5.11比较了开关模型和Buck变换器的平均模型的响应。图5.11a是使用开关模型的仿真结果。对于该仿真，适当调制开关驱动信号以产生其周期－周期占空比以正弦方式变化的开关函数$q(t)$。利用该开关功能，电感器电流$i_L(t)$表示低频正弦振荡以及高频开关纹波。

平均模型的仿真如图5.11b所示。对于这种情况，通过平均运算，首先将开关函数$q(t)$转换为连续占空比$d(t)$：

$$d(t) = \frac{1}{T_s}\int_{t-T_s}^{t} q(\tau)\,\mathrm{d}\tau \tag{5.32}$$

将图5.11b所示的连续占空比$d(t)$用作理想变压器的时变匝数比。平均模型产生跟随开关模型的实际电感器电流$i_L(t)$的移动平均值。

$$\bar{i}_L(t) = \frac{1}{T_s}\int_{t-T_s}^{t} i_L(\tau)\,\mathrm{d}\tau \tag{5.33}$$

如前面例子所示，平均模型产生跟随DC－DC变换器的实际响应的移动平均值的连续电路波形。因此，平均模型通常用于仿真变换期间的时间平均电路波形。

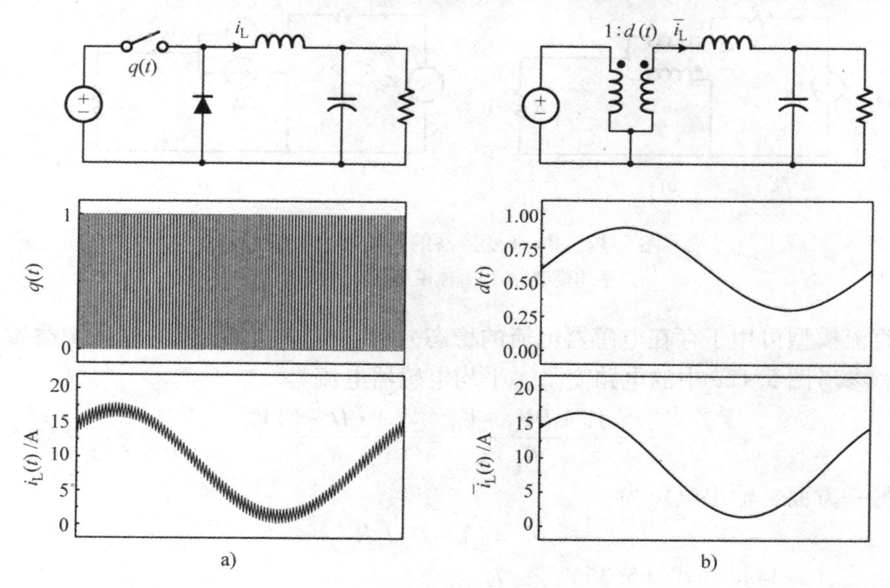

图5.11 Buck变换器的响应

a）开关模型响应 b）平均模型响应

平均模型也用于研究稳态电路工作。在稳态平衡中，所有电路变量都表示直流量，连续占空比成为稳态占空比D。此外，电感器视为短路，而电容器看作开路。在这些条件下，图5.10a中的Buck变换器的平均模型为$V_O = DV_S$，即变换器的直流电压增益等于D。在下面的示例中进一步说明了用于稳态分析的平均模型的用法。

［例 5.6］ 非理想 Boost 变换器的电压增益

Boost 变换器的平均模型如图 5.12a 所示。在平均模型中，电阻 R_1表示电感器的等效串联电阻（ESR）。电感器的 ESR 不影响平均过程，这在后面将会讨论。因此，ESR 被放置在平均模型中的初始位置。将平均模型转换为直流模型，如图 5.12b 所示，通过短路电感器、开路电容器，并以稳态占空比 D 代替连续占空比 $d(t)$。通过用一对电压源和电流源代替理想变压器进一步将图 5.12b 修改为图 5.12c。

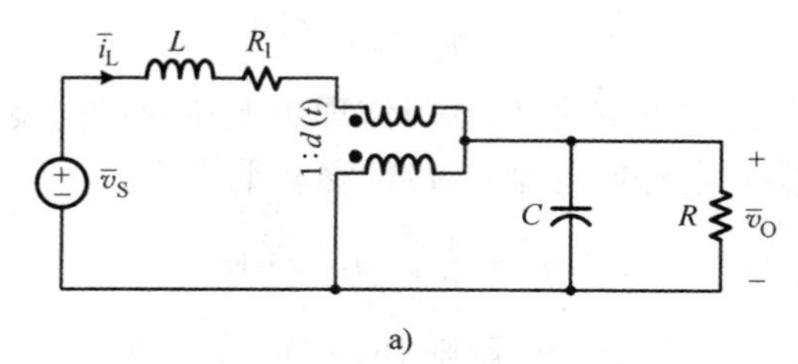

a)

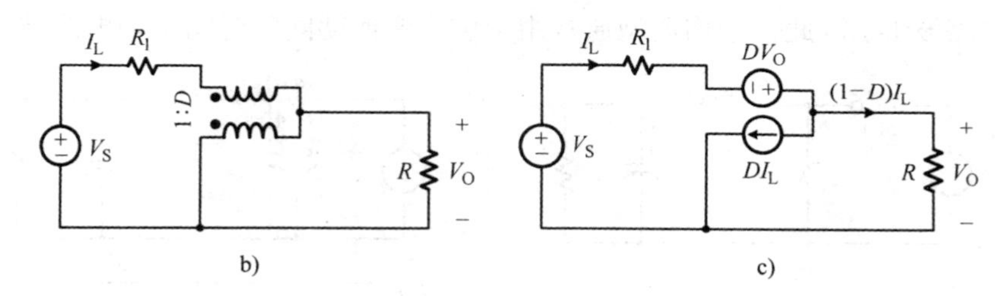

b) c)

图 5.12 Boost 变换器的平均和直流模型
a）平均模型 b）直流模型 c）改进模型

直流模型可用于存在电感器电流的稳态分析。例如，变换器的电压增益做如下评估。参考图 5.12c 中的电路变量，平均电感器电流为

$$I_L = \frac{V_S + DV_O - V_O}{R_1} = \frac{V_S + (D-1)V_O}{R_1} \tag{5.34}$$

另一方面，输出电压为

$$V_O = (1-D)I_L R \tag{5.35}$$

由式（5.34）和式（5.35），变为

$$V_O = (1-D)\left(\frac{V_S + (D-1)V_O}{R_1}\right)R \tag{5.36}$$

可以重新改写为

$$\frac{V_O}{V_S} = \frac{1}{1-D}\frac{1}{1+\frac{1}{(1-D)^2}\frac{R_1}{R}} \tag{5.37}$$

为电压增益表达式。式（5.37）与 4.1.4 节使用磁通和电荷平衡条件中得到的增

益公式相同。

5.2.3　电路平均技术的一般化

在上一节中，电路平均技术适用于三个基本 PWM 变换器的平均模型。相对简单的建模过程适用于工作在 CCM 下的 Buck、Boost 和 Buck/Boost 变换器。这些建模过程可以扩展到以下一般情况：

- 无功电路元器件包括寄生电阻的情况。
- DC - DC 变换器工作在 DCM 的情况。
- 采用其他隔离 PWM 变换器的情况。

将建模技术扩展到一般情况需要冗长的讨论，因此，该方面的讨论将推迟到后面的章节中进行。本节简要介绍了即将出现的模型推广的一些结果，以便于使用本章提出的基本平均模型。

寄生阻抗的影响

模型一般化中的一个实际问题是寄生电路元器件对平均模型的影响。如前所述，线性电路元器件在平均处理中保持不变。因此，无功元器件的寄生电阻可以包括在平均模型中。例 5.6 中，将电感器的 ESR 添加到 Boost 变换器的平均模型中，并且使用得到的模型来求得变换器的电压增益。

不同于电感器的 ESR，可以添加到平均模型而不影响其他电路元器件的平均模型，电容器的 ESR 会改变 PWM 开关的电路波形。因此，即使可以在其原始位置添加 ESR 本身，也需要在存在电容器的 ESR 的情况下修改 PWM 开关的平均模型。电容器的 ESR 的影响将在第 9 章中讨论，但现在强调的是，这种修改的结果在大多数情况下是可以忽略的。相应地，可以广泛地认为，无功元器件的 ESR 不会对平均模型造成任何实际的改变。因此，所有的寄生电阻都可以包含在原始位置的平均模型中，而不会引起任何显著的误差。图 5.13 所示为 Buck 变换器及其平均模型，其中包括电感器和电容器的 ESR。

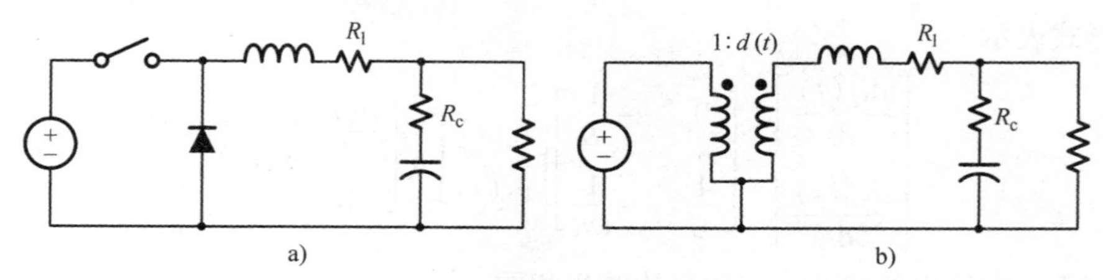

图 5.13　带寄生电阻的 Buck 变换器
a）Buck 变换器　b）平均模型

DCM 下的平均模型

在本章中，假设 DC - DC 变换器工作在 CCM，其平均模型基于 CCM 波形得出。因为 DC - DC 变换器不处于 CCM 工作模式，而是进入 DCM 工作模式，所以

PWM 开关的电路波形发生改变，其平均模型应重新设计。在 DCM 下工作的 PWM 变换器的平均模型与 CCM 情况类似。在 DCM 下工作的变换器建模将在第 9 章以及 PWM 变换器建模的其他主题中进一步讨论。

隔离 PWM 变换器的平均模型

除了三个基本变换器，第 4 章介绍了几个隔离 PWM DC－DC 变换器。为非隔离基本变换器建立的平均模型需要扩展到隔离 DC－DC 变换器。

如第 4 章所讨论的，每个隔离变换器都有一个预运行的非隔离变换器；例如，隔离全桥变换器从非隔离 Buck 变换器演变而来。可以修改非隔离变换器的平均模型，以产生附属隔离变换器的平均模型。Buck 变换器的平均模型可以轻易地改变为全桥变换器的平均模型。类似地，可以修改 Buck/Boost 变换器的平均模型，以产生反激变换器的平均模型。第 9 章将介绍隔离 PWM DC－DC 变换器平均模型。

5.2.4 电路平均和状态空间平均

电路平均相比状态空间平均具有几个优点。首先，电路平均在功率级电路上直接执行平均化操作。因此，该技术不需要对状态方程进行处理，这是状态空间平均的情况，从而大大减少了计算负担。其次，电路平均提供的结构中的平均模型非常类似于初始功率级电路图，而状态空间平均不是这样的情况。因此，所得到的平均模型可以很轻易地用标准电路仿真软件编程。

尽管建模方法存在差异，电路平均在功能上与状态空间平均相同。这两种技术之间的等效性可以简单确认如下。

图 5.10a 所示的 Buck 变换器的平均模型产生电路方程

$$\begin{aligned} L\frac{\mathrm{d}\bar{i}_{\mathrm{L}}(t)}{\mathrm{d}t} &= d(t)\bar{v}_{\mathrm{S}}(t) - \bar{v}_{\mathrm{C}}(t) \\ C\frac{\mathrm{d}\bar{v}_{\mathrm{C}}(t)}{\mathrm{d}t} &= \bar{i}_{\mathrm{L}}(t) - \frac{\bar{v}_{\mathrm{C}}(t)}{R} \end{aligned} \tag{5.38}$$

矩阵形式表示

$$\begin{bmatrix} \dfrac{\mathrm{d}\bar{i}_{\mathrm{L}}(t)}{\mathrm{d}t} \\ \dfrac{\mathrm{d}\bar{v}_{\mathrm{C}}(t)}{\mathrm{d}t} \end{bmatrix} = \begin{bmatrix} 0 & -\dfrac{1}{L} \\ \dfrac{1}{C} & -\dfrac{1}{CR} \end{bmatrix} \begin{bmatrix} \bar{i}_{\mathrm{L}}(t) \\ \bar{v}_{\mathrm{C}}(t) \end{bmatrix} + \begin{bmatrix} \dfrac{d(t)}{L} \\ 0 \end{bmatrix} \bar{v}_{\mathrm{S}}(t) \tag{5.39}$$

这与例 5.3 中给出的状态－空间平均结果相同。

从状态空间平均或电路平均导出的平均模型可以通过线性化处理转换为小信号模型。然而，在本书中，从电路平均得出的平均模型仅仅为了线性化而考虑，主要是由于线性化处理后的简单性。使用状态平均技术的平均模型的推导和所得到的平均模型的线性化见参考文献［2］。

5.3 线性化平均功率级动态特性

虽然平均化消除了功率级动态特性的时间差异，但是它给功率级的平均模型带来了一定的非线性。本节采用线性化处理来消除在平均处理中引入的非线性。线性化平均模型构成功率级的小信号模型。

5.3.1 非线性函数和小信号模型的线性化

线性化是在某些假设下将非线性函数逼近线性函数的过程。可以将非线性函数展开为泰勒级数，并且仅保留该级数的常数和一阶项，产生围绕展开点的非线性方程的线性近似。更具体地说，当 $x = X + \hat{x}$ 且 $\hat{x} = |x - X| \ll 1$ 时，在静态点附近 $(X, f(X))$，非线性函数 $y = f(x)$ 可以近似为

$$y = f(X + \hat{x}) \approx f(X) + \left.\frac{\mathrm{d}f}{\mathrm{d}x}\right|_{x=X} \hat{x} \tag{5.40}$$

变量 $\hat{x}$ 表示固定值 X 周围的小变化。在本书中，$\hat{x}$表示正弦变化

$$\hat{x}(t) = x_s \sin\omega_s t \tag{5.41}$$

因此，$\hat{x}$ 称为正弦分量或交流分量，而 X 称为直流分量。图 5.14 所示为线性化过程。可以设想式（5.40）描述的线性化等效于用 $x = X$ 处的切线线段代替非线性曲线。换句话说，非线性关系使用静态点处的切线进行局部线性化。假设 $\hat{x} = |x - X| \ll 1$ 是必要的，以确保切线段的长度如此短，使得非线性曲线和线段之间的偏差可忽略不计。

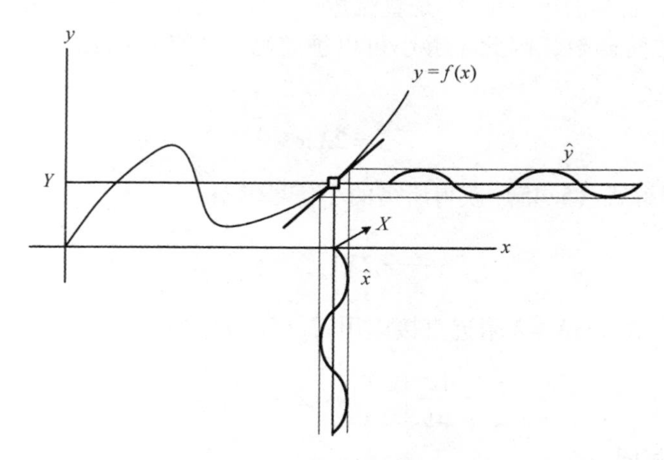

图 5.14 非线性函数的线性化

输入变量由直流和交流分量组成，即 $x = X + \hat{x}$；输出变量 y 也可以分解为直流

分量 Y 和交流分量 $\hat{y}$，即 $y=Y+\hat{y}$。由式（5.40），y 的直流分量由 $Y=f(X)$ 给出，然后交流分量变为

$$\hat{y}=\left.\frac{\mathrm{d}f}{\mathrm{d}x}\right|_{x=X}\hat{x} \tag{5.42}$$

非线性方程的小信号增益或小信号模型被定义为交流变量的比值

$$\frac{\hat{y}}{\hat{x}}=\left.\frac{\mathrm{d}f}{\mathrm{d}x}\right|_{x=X} \tag{5.43}$$

小信号增益将给定直流工作点附近的输入和输出变量的交流分量相关联。条件 $\hat{x}=|x-X|\ll 1$ 被称为小信号假设，因为它表示输入变量的交流分量显著小于直流分量。在这种情况下，$\hat{x}(t)=x_s\sin\omega t$ 被称为小信号，而 X 被称为大信号。小信号假设是确保小信号模型精确性的必要条件。

寻找小信号模型的过程称为非线性处理的小信号建模。如图 5.14 所示，小信号建模可以被认为是在给定静态点处求解非线性函数的斜率或导数的过程。

小信号建模也可以以替代方式执行。对于简单的代数非线性方程，可以发现小信号模型：

1）用由直流和交流分量组成的变量来求解非线性方程；

2）仅等效于所得表达式的输入和输出变量的交流分量。

作为一个简单的例子，当 $x=X=2$ 时，非线性方程 $y=x^2$ 的小信号增益如下。通过使用由直流和交流分量组成的输入和输出变量来求解方程，就可以得出

$$Y+\hat{y}=(X+\hat{x})^2=X^2+2X\hat{x}+\hat{x}^2 \tag{5.44}$$

式（5.44）右侧的第一项 X^2 是直流量，因此与小信号建模无关；第三项 $\hat{x}^2$ 是小交流变量的二阶函数，因此足够小可以被忽略。由此可得给定方程的小信号关系为

$$\hat{y}=2X\hat{x} \tag{5.45}$$

在 $X=2$ 时解式（5.45）获得所需的小信号增益

$$\frac{\hat{y}}{\hat{x}}=2X|_{X=2}=4 \tag{5.46}$$

另一方面，在 $x=X=2$ 附近直接应用式（5.43）到 $y=x^2$ 获得小信号增益

$$\frac{\hat{y}}{\hat{x}}=\left.\frac{\mathrm{d}x^2}{\mathrm{d}x}\right|_{x=X=2}=2x|_{x=X=2}=4 \tag{5.47}$$

与式（5.46）相同。

5.3.2 PWM 开关的小信号模型——PWM 开关模型

线性化可以应用于从状态空间平均获得的功率级的平均状态方程或从电路平均

得到的 PWM 开关的平均模型。因为后者对于线性化更为方便，所以现在将小信号建模用于 PWM 开关的平均模型，如图 5.15a 所示。下面重复给出 PWM 开关的平均模型的电路方程

$$\begin{aligned}\bar{v}_{cp}(t) &= d(t)\bar{v}_{ap}(t)\\ \bar{i}_{a}(t) &= d(t)\bar{i}_{c}(t)\end{aligned} \tag{5.48}$$

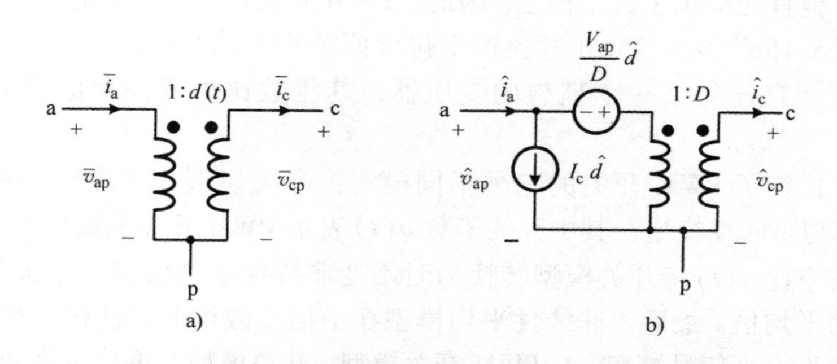

图 5.15 PWM 开关的动态模型

a）PWM 开关的平均模型 b）PWM 开关的小信号模型

尽管在以下的推导中符号上标将被省略，但所有电路变量都代表平均变量。

使用前面讨论的替代线性化处理，式（5.48）的小信号建模如下。线性化处理采用式（5.48）得到

$$\begin{aligned}\underbrace{V_{cp}}_{\text{直流}} + \underbrace{\hat{v}_{cp}(t)}_{\text{交流}} &= (D+\hat{d}(t))(V_{ap}+\hat{v}_{ap}(t))\\ &= \underbrace{DV_{ap}}_{\text{直流}} + \underbrace{\hat{d}(t)V_{ap} + D\hat{v}_{ap}(t)}_{\text{交流}} + \underbrace{\hat{d}(t)\hat{v}_{ap}(t)}_{\text{二次}}\end{aligned} \tag{5.49}$$

$$\begin{aligned}\underbrace{I_{a}}_{\text{直流}} + \underbrace{\hat{i}_{a}(t)}_{\text{交流}} &= (D+\hat{d}(t))(I_{c}+\hat{i}_{c}(t))\\ &= \underbrace{DI_{c}}_{\text{直流}} + \underbrace{\hat{d}(t)I_{c} + D\hat{i}_{c}(t)}_{\text{交流}} + \underbrace{\hat{d}(t)\hat{i}_{c}(t)}_{\text{二次}}\end{aligned} \tag{5.50}$$

式中，大写变量是直流分量；加上标^变量是交流分量。例如，D 是稳态占空比，而 $\hat{d}(t)$ 是连续占空比 $d(t)$ 的小信号交流分量。关于 $d(t)$ 和其他交流变量的交流分量的讨论在下一节中给出。

使式（5.49）和式（5.50）中的交流分量相等，得到式（5.48）的小信号表示

$$\begin{aligned}\hat{v}_{cp}(t) &= V_{ap}\hat{d}(t) + D\hat{v}_{ap}(t)\\ \hat{i}_{a}(t) &= I_{c}\hat{d}(t) + D\hat{i}_{c}(t)\end{aligned} \tag{5.51}$$

式（5.51）构成 PWM 开关的小信号模型或小信号表示。在式（5.51）中，左

侧的电路变量表示为其他变量的直流和交流分量的线性组合。特别地，V_{ap}、D 和 I_c 是相应的电路变量的直流值。因此，式（5.51）的小信号表示取决于 PWM 开关的直流工作点，与任何非线性系统的小信号模型一样。

式（5.51）所示的小信号函数可以转换为等效电路模型。电路图如图 5.15b 所示。该模型满足式（5.51）的电路方程。该模型被 Vatché Vorpérion 博士称为 PWM 开关模型，他首先提出了这个模型。因此，PWM 开关模型是指 PWM 开关的小信号模型。如图 5.15b 所示，PWM 开关模型包含两个相关信号源，均由小信号连续占空比 $\hat{d}$ 控制。它还包括一个理想的变压器，其匝数比由变换器的稳态占空比 D 给出。

表 5.2 比较了 PWM 开关的三种不同模型：开关模型、平均模型和小信号模型。开关模型是时变模型，其中开关函数 $q(t)$ 表示 PWM 开关的时间相关性。通过采用连续占空比 $d(t)$ 将开关模型转换为时不变非线性平均模型，定义为开关函数 $q(t)$ 的移动平均值。最后，非线性平均模型在小信号假设下线性化，获得 PWM 开关的线性时不变小信号模型——PWM 开关模型。开关模型、平均模型和 PWM 开关模型的电路方程也如表 5.2 所示。

表 5.2 PWM 开关模型

开关模型	平均模型	小信号模型
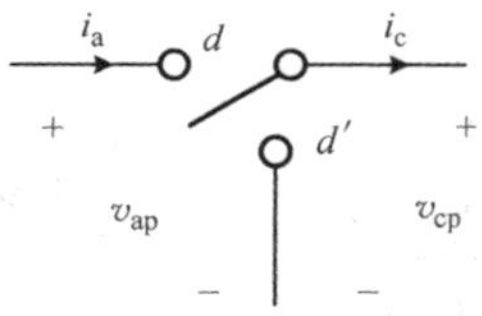 i_a, d, i_c, d', v_{ap}, v_{cp}	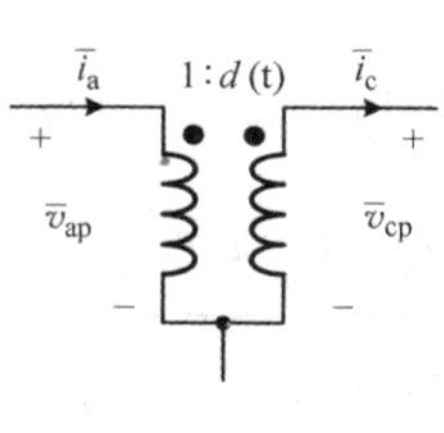 $\bar{i}_a$, $1:d(t)$, $\bar{i}_c$, $\bar{v}_{ap}$, $\bar{v}_{cp}$	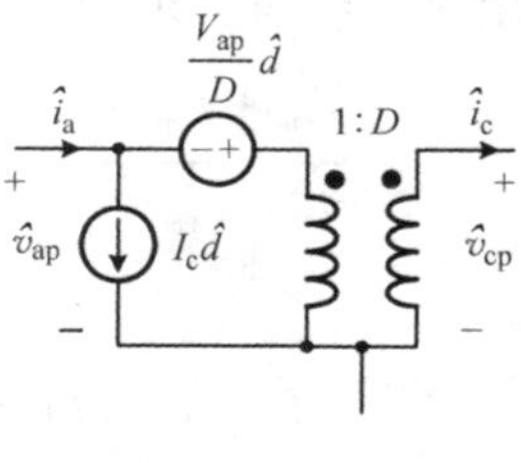 $\frac{V_{ap}}{D}\hat{d}$, $\hat{i}_a$, $1:D$, $\hat{i}_c$, $\hat{v}_{ap}$, $I_c\hat{d}$, $\hat{v}_{cp}$
$v_{cp}(t)=q(t)v_{ap}(t)$ $i_a(t)=q(t)i_c(t)$ $q(t)=\begin{cases}1 & dT_s\\ 0 & (1-d)T_s\end{cases}$	$\bar{v}_{cp}(t)=d(t)\bar{v}_{ap}(t)$ $\bar{i}_a(t)=d(t)\bar{i}_c(t)$ $d(t)=\frac{1}{T_S}\int_{t-T_S}^{t}q(\tau)\mathrm{d}\tau$	$\hat{v}_{cp}(t)=V_{ap}\hat{d}(t)+D\hat{v}_{ap}(t)$ $\hat{i}_a(t)=I_c\hat{d}(t)+D\hat{i}_c(t)$

5.3.3 变换器功率级的小信号模型

与平均处理情况相同，线性电路分量对于线性化处理是不变的，并且可以在其初始位置用于从平均模型构建小信号模型的原始形式。因此，通过简单地用其小信号模型替换 PWM 开关并将适当的小信号源作为输入变量引入到模型中，从功率级的各个平均模型获得用于变换器功率级的小信号模型。

Buck 变换器的小信号模型如图 5.16a 所示。在这个模型中，$\hat{v}_s(t)$ 是小信号输入电压，$\hat{d}(t)$ 是小信号连续占空比，$\hat{i}_o(t)$ 是表示小信号电流源它代表由直流输出电流求导而得的正弦电流。小信号模型显示 Buck 变换器的 $V_{ap}=V_S$ 和 $I_c=I_L$。

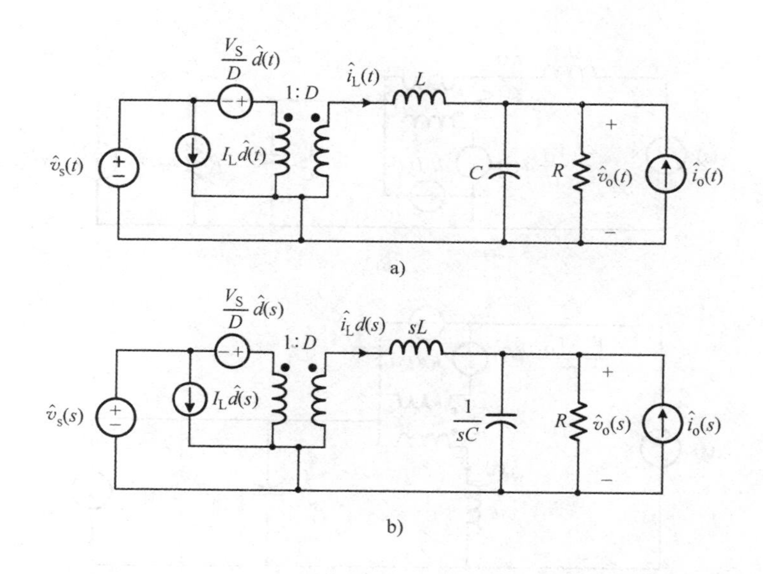

图 5.16　Buck 变换器的小信号模型

a）时域小信号模型　b）s 域小信号模型

图 5.16a 中的小信号功率级模型是时域模型，其中所有激励源和电路变量都被定义为时间相关量。该时域小信号模型在存在小信号时域激励的情况下表现出功率级的瞬态响应。当转换成频域或 s 域的模型时，小信号模型变得更加有用。时域小信号模型现在通过对电路变量和电路元器件使用 s 域表达式，转化为 s 域小信号模型，如图 5.16b 所示。

图 5.17 显示了三个基本变换器的 s 域小信号模型。该模型是按照上述步骤从平均模型构建的。Boost 变换器的小信号模型包含 $V_{ap}=-V_O$ 和 $I_c=-I_L$，从而改变 PWM 开关模型中相关电压/电流源的极性/方向。由 Buck/Boost 变换器模型得到了 $V_{ap}=V_S+V_O$ 和 $I_c=I_L$。s 域小信号模型是可以直接应用所有经典电路分析技术的线性时不变模型。在第 6 章中，将使用这些模型来研究三个基本 DC－DC 变换器的功率级动态特性。

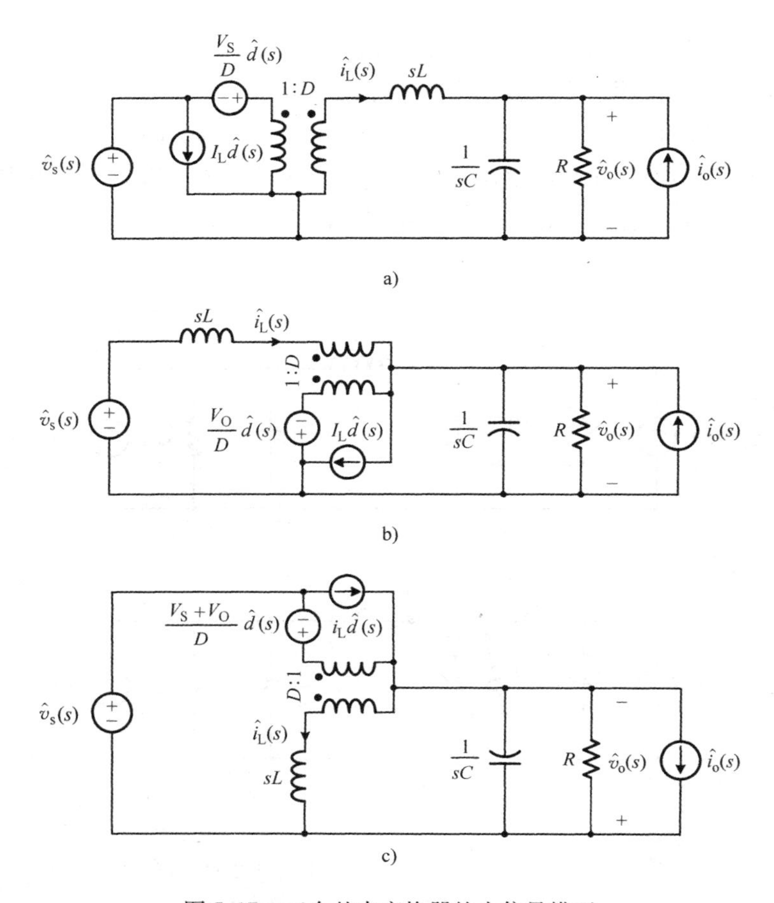

图 5.17　三个基本变换器的小信号模型

a） Buck 变换器　b） Boost 变换器　c） Buck/Boost 变换器

5.4　变换器功率级的频率响应

s 域小信号模型可用于研究 PWM 变换器的频率响应。虽然线性时不变系统的频率响应是众所周知的，但是 PWM 变换器的频率响应可能需要对其起源进行解释。

频率响应的概念是从正弦响应演化而来的。因此，本节首先讨论正弦响应，并介绍变换器功率级的频率响应。

5.4.1　功率级的正弦响应

首先建立线性时不变系统的正弦响应。当线性时不变系统的输入为正弦时，系统的输出是具有与输入正弦曲线相同频率的正弦曲线。然而，输出正弦曲线的幅值和相位通常会改变。幅值和相位的变化被称为线性时不变系统的正弦响应。正弦响应的概念现在扩展到 PWM DC－DC 变换器。

首先，假设开关驱动信号 $q(t)$ 是具有固定占空比的周期性信号，因此具有恒定的连续占空比 $d(t)=D$。然而，假设变换器的输入电压在直流分量 V_S 之上也包含交流分量 $\hat{v}_s$：

$$v_S(t)=V_S+\hat{v}_s(t) \tag{5.52}$$

进一步假定交流分量为频率 ω_s 处的正弦波

$$\hat{v}_s(t)=v_s\sin\omega_s t \tag{5.53}$$

当 $v_s \ll V_S$ 时，输出电压 v_O 将在直流值附近呈现正弦偏移，且有开关纹波。如图 5.18 所示，其中开关驱动信号 $q(t)$ 是周期性的，而输入电压 $v_S(t)$ 包含正弦分量。当忽略开关纹波时，输出电压表示为直流和交流分量的组合：

$$v_O(t)=V_O+\hat{v}_o(t) \tag{5.54}$$

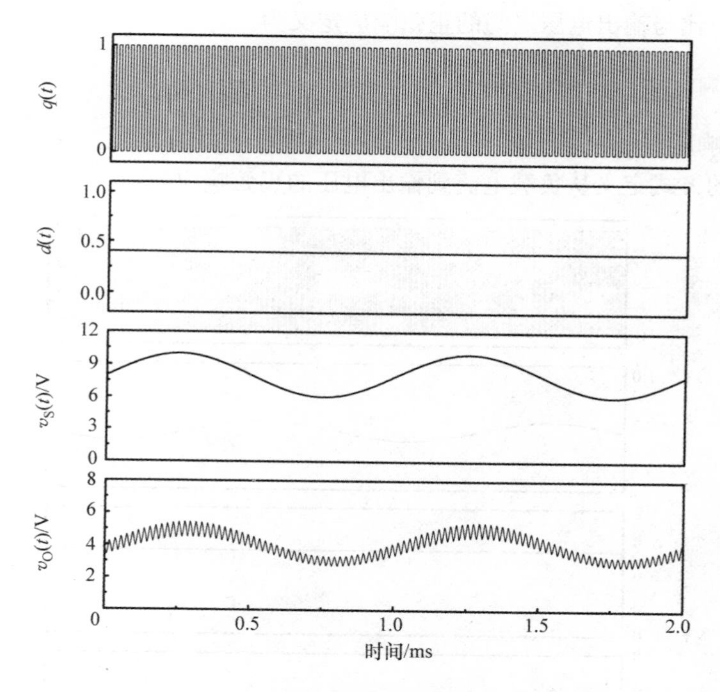

图 5.18　输入电压正弦变化引起的输出电压响应

交流分量将是频率 ω_s 的正弦波

$$\hat{v}_o(\mathrm{t})=v_o\sin(\omega_s t+\theta_s) \tag{5.55}$$

从式（5.53）和式（5.55），ω_s 处的输入到输出正弦响应定义为

- 幅频响应 $\omega_s = \dfrac{|\hat{v}_o(t)|}{|\hat{v}_s(t)|} = \dfrac{v_o}{v_s}$
- 相频响应 $\omega_s = \angle\hat{v}_o(t) - \angle\hat{v}_s(t) = \theta_s$ (5.56)

正弦响应的另一个例子如图 5.19 所示。对于这种情况，输入电压固定为 $v_S = V_S$，但开关驱动信号周期 - 周期调制，如图 5.19 中的开关函数 $q(t)$ 所示。开关驱动信号中的调制是正弦调制，连续占空比 $d(t)$ 表示为

$$d(t) = D + \hat{d}(t) \tag{5.57}$$

式中

$$\hat{d}(t) = d\sin\omega_d t \tag{5.58}$$

当忽略开关纹波时，输出电压也可以由直流和交流分量之和表示：

$$v_o(t) = V_O + \hat{v}_o(t) \tag{5.59}$$

式中

$$\hat{v}_o(t) = v_o\sin(\omega_d t + \theta_d) \tag{5.60}$$

连续占空比与输出电压之间的正弦响应定义为

- 幅频响应 $\omega_d = \dfrac{|\hat{v}_o(t)|}{|\hat{d}(t)|} = \dfrac{v_o}{d}$
- 相频响应 $\omega_d = \angle\hat{v}_o(t) - \angle\hat{d}(t) = \theta_d$ (5.61)

以相同的方式定义从负载电流到输出电压的正弦响应。

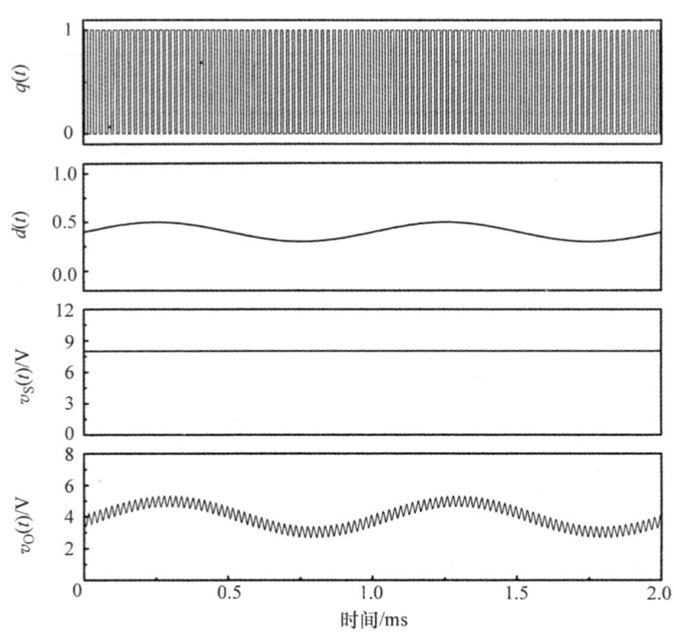

图 5.19 连续占空比正弦变化引起的输出电压响应

5.4.2 功率级的频率响应和 s 域小信号模型

功率级的正弦响应现在扩展到频率响应。当基于频率连续求解正弦响应时，获得两条连续曲线，称为增益响应曲线和相位响应曲线。增益和相位响应曲线统称为频率响应曲线。频率响应曲线通常以伯德图形式显示。有关伯德图表示的详细信息，请参见第6章。

s 域小信号模型的最大意义是产生功率级传递函数，可以很容易地将其转换为频率响应曲线。传递函数可以使用常规电路分析技术从 s 域小信号模型中推导出来。然后将所得到的传递函数转换为伯德图，描绘功率级的频率响应。

频率响应包含了功率级动态特性的整个信息，如线性时不变系统的情况。频率响应揭示了功率级的静态和动态特性，是反馈控制器设计的基础。第6章将介绍DC－DC变换器频率响应曲线和频率响应分析。

［例5.7］ **Buck 变换器的功率级传递函数**

本实例说明了变换器功率级的 s 域小信号模型的用法。图5.20所示为理想 Buck 变换器的 s 域小信号模型。考虑到小信号输出电压作为输出变量，三个功率级传递函数定义如下：

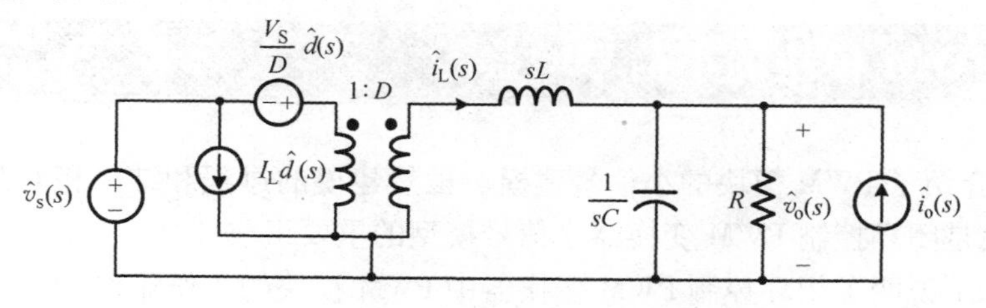

图5.20 Buck 变换器的 s 域小信号模型

- $G_{vs}(s) \equiv \frac{\hat{v}_o(s)}{\hat{v}_s(s)}$：输入－输出传递函数
- $G_{vd}(s) \equiv \frac{\hat{v}_o(s)}{\hat{d}(s)}$：占空比－输出传递函数
- $Z_p(s) \equiv \frac{\hat{v}_o(s)}{\hat{i}_o(s)}$：负载电流－输出传递函数

这些传递函数的表达式可以很容易地从图5.20中的 s 域小信号模型确定。例如，通过用条件 $\hat{v}_s(s)=\hat{i}_s(s)=0$ 来计算 $\hat{v}_o(s)/\hat{d}(s)$ 而求得占空比－输出传递函数 $G_{vd}(s)$ 为

$$G_{vd}(s) = \frac{\hat{v}_o(s)}{\hat{d}(s)} = \frac{V_S}{D}D\frac{\frac{1}{sC}\parallel R}{sL+\frac{1}{sC}\parallel R} = \frac{V_S}{1+\frac{s}{Q\omega_o}+\frac{s^2}{\omega_o^2}} \tag{5.62}$$

式中

$$Q = R\sqrt{\frac{C}{L}} \tag{5.63}$$

$$\omega_o = \frac{1}{\sqrt{LC}} \tag{5.64}$$

输入 - 输出传递函数为

$$G_{vs}(s) = \frac{\hat{v}_o(s)}{\hat{v}_s(s)} = D\frac{\frac{1}{sC} \parallel R}{sL + \frac{1}{sC} \parallel R} = \frac{D}{1 + \frac{s}{Q\omega_o} + \frac{s^2}{\omega_o^2}} \tag{5.65}$$

负载电流 - 输出传递函数变为

$$Z_p(s) = \frac{\hat{v}_o(s)}{\hat{i}_o(s)} = sL \parallel \frac{1}{sC} \parallel R = \frac{sL}{1 + \frac{s}{Q\omega_o} + \frac{s^2}{\omega_o^2}} \tag{5.66}$$

传递函数可以转换为伯德图，以显示功率级的频率响应特性，这将在下一章讨论。

5.5 PWM 模块的小信号增益

本节介绍了 PWM 模块的小信号建模。虽然建模的过程和结果相对简单，但是 PWM 模块是闭环控制 PWM 变换器小信号模型的重要组成部分。

图 5.21 说明了闭环控制 PWM 变换器中 PWM 模块的工作流程。PWM 模块将控制信号 v_{con} 与斜坡信号 V_{ramp} 进行比较，以产生 PWM 开关驱动信号。PWM 输出由开关函数 $q(t)$ 表示，PWM 输出的周期 - 周期占空比为 d_{k-1}、d_k、d_{k+1} 和 d_{k+2}。从图 5.21 中用粗线突出显示的 PWM 波形，可以看出如下关系：

$$d_k T_s : T_s = v_{con}(t^*) : V_m \tag{5.67}$$

式中，d_k 是第 k 个开关周期的占空比；V_m 是斜坡信号的高度；t^* 是斜坡信号 V_{ramp} 与控制电压 v_{con} 相交的时刻。

由式（5.67）有 $d_k = v_{con}(t^*)/V_m$，随后近似

$$d_k = \frac{v_{con}(t)}{V_m} \tag{5.68}$$

假设 v_{con} 在第 k 个开关周期内变化不大。如果进一步限制 v_{con} 在几个开关周期内缓慢变化，导通周期的周期 - 周期变化很小，因此 d_k 可以由连续占空比 $d(t)$ 近似：$d_k \approx d(t)$。用 $d(t)$ 代替 d_k，取局部 v_{con} 平均值，式（5.68）变为

$$d(t) = \frac{\bar{v}_{con}(t)}{V_m} \tag{5.69}$$

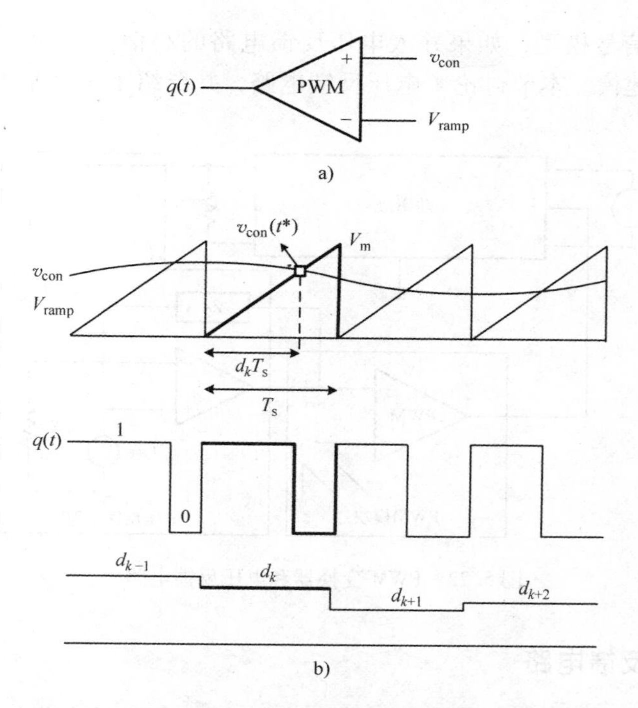

图 5.21　PWM 模块及其主要波形
a）PWM 模块　b）PWM 波形

因此，PWM 模块可以用平均函数描述。

将式（5.69）进行线性化处理有

$$D+\hat{d}(t)=\frac{1}{V_{\text{m}}}(V_{\text{con}}+\hat{v}_{\text{con}}(t)) \tag{5.70}$$

现在给出 PWM 过程的小信号方程

$$\hat{d}(t)=\frac{1}{V_{\text{m}}}\hat{v}_{\text{con}}(t) \tag{5.71}$$

推导出 PWM 模块的 s 域小信号增益

$$\frac{\hat{d}(s)}{\hat{v}_{\text{con}}(s)}\equiv F_{\text{m}}=\frac{1}{V_{\text{m}}} \tag{5.72}$$

PWM 模块的恒定小信号增益称为 PWM 增益或调制器增益 F_{m}。PWM 增益由斜坡高度的倒数给出：$F_{\text{m}}=1/V_{\text{m}}$。只有当控制电压 v_{con} 在一个开关周期内不会变化很大且仅在几个开关周期内缓慢变化的基本假设条件成立，才能得出该简单的结果。

5.6　PWM DC－DC 变换器的小信号模型

图 5.22 所示为闭环控制 PWM 变换器的框图。由于已经开发了用于功率级和

PWM 模块的小信号模型，如果并入电压反馈电路的小信号特性，则将完成整个 PWM 变换器的建模。本节讨论了电压反馈电路，并介绍了三个基本 PWM 变换器的小信号模型。

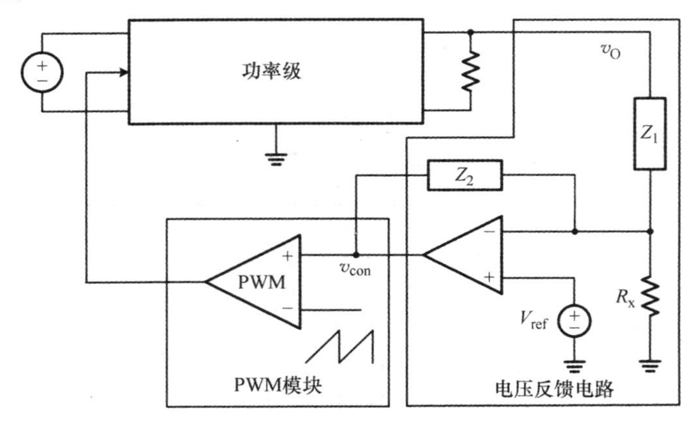

图 5.22　PWM 变换器和电压反馈电路

5.6.1　电压反馈电路

电压反馈电路的一般结构如图 5.22 所示。虽然电压反馈电路与 3.6.1 节相同，但有额外的电阻 R_x。当 R_x 不存在时，输出电压与参考电压相等，即 $V_O = V_{ref}$，如 3.6.1 节所述。电阻 R_x 提供了用固定参考电压 V_{ref} 控制输出电压的方法。本节首先讨论输出电压控制，并随后给出电压反馈电路的小信号传递函数。

输出电压控制

参考图 5.22，误差放大器的反相端的节点方程由下式给出：

$$\frac{v_O - V_{ref}}{Z_1(s)} - \frac{V_{ref}}{R_x} = \frac{V_{ref} - v_{con}}{Z_2(s)} \tag{5.73}$$

重新写为

$$V_{ref} - v_{con} = \frac{Z_2(s)}{Z_1(s)}\left(v_O - V_{ref}\left(1 + \frac{Z_1(s)}{R_x}\right)\right) \tag{5.74}$$

输出电压控制由式（5.74）右侧的表达式进行说明。如果阻抗比 $|Z_2(j0)/Z_1(j0)|$ 是无穷大的，那么 $V_O - V_{ref}(1 + |Z_1(j0)|/R_x)$ 应该收敛到零，以使其乘积有限。3.6.1 节给出了这一论点的理由。当选择 $Z_1(s)$ 和 $Z_2(s)$ 使得 $|Z_2(j0)|$ 无限、$|Z_1(j0)|$ 有限时，可以确定稳态输出电压

$$V_O - V_{ref}\left(1 + \frac{Z_1(j0)}{R_x}\right) = 0 \Rightarrow V_O = V_{ref}\left(1 + \frac{|Z_1(j0)|}{R_x}\right) \tag{5.75}$$

图 5.23 所示为电压反馈电路的例子，其中 $|Z_2(j0)|$ 无限、$|Z_1(j0)|$ 有限。实际上，该电路在 3.6.1 节作为 Buck 变换器的电压反馈电路进行讨论。

式（5.75）表示通过改变 R_x 来控制输出电压。虽然也可以采用其他方案，但是图5.22中的反馈电路结构具有优于其他方案的优点。在下一节中分析其小信号传递函数时，该优点将更加突显。

电压反馈补偿

注意到图5.22中的运算放大器的反相端是交流地，容易推导出电压反馈电路的传递函数。对于小信号交流分析，V_{ref} 短路，反相端因此成为交流信号的虚拟地。观察可得运算放大器反相端的节点方程

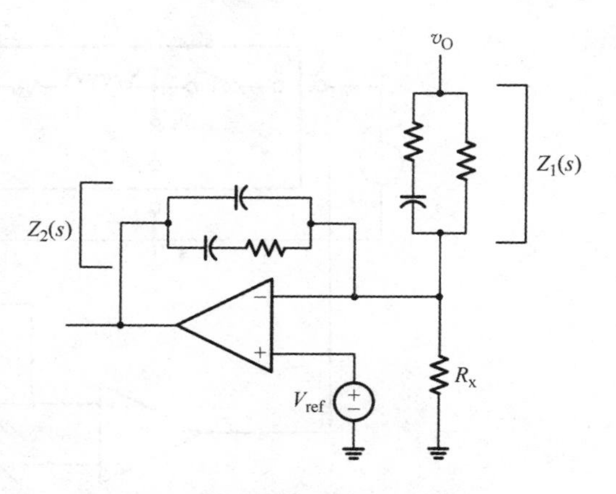

图5.23 电压反馈电路，其中 $|Z_1(j0)|$ 有限，$|Z_2(j0)|$ 无限

$$\frac{v_o(s)-0}{Z_1(s)}=\frac{0-v_{con}(s)}{Z_2(s)} \tag{5.76}$$

电压反馈电路的传递函数

$$\frac{v_{con}(s)}{v_o(s)}=-\frac{Z_2(s)}{Z_1(s)}\equiv -F_v(s) \tag{5.77}$$

式中

$$F_v(s)=\frac{Z_2(s)}{Z_1(s)} \tag{5.78}$$

传递函数 $F_v(s)$ 称为电压反馈补偿。隐含地假设 $|Z_1(j0)|$ 是有限的，直流调节的条件现在变为

$$|Z_2(j0)|=\infty \tag{5.79}$$

式（5.78）表示电压反馈补偿不受输出电压控制电阻 R_x 的影响。因此，电压反馈电路可以控制输出电压而不改变其传递函数。如果为电压反馈电路选择其他结构，则此特征可能不存在。

5.6.2 PWM 变换器的小信号模型

闭环控制 PWM 变换器的一般功能框图如图5.24所示。PWM 开关与电感器组合，所得到的电路是单个电路单元。电感器侧输出端标为 i。图5.24可以表示通过使用不同功率级连接三个基本 PWM 变换器中的任何一个。使用连接 {a-X p-Y i-Z}，图5.24表示 Buck 变换器。类似地，连接 {i-X a-Y p-Z} 表示 Boost 变换器，而连接 {a-X i-Y p-Z} 表示 Buck/Boost 变换地器。

如图5.24所示，通过用各自的小信号模型代替 PWM 开关、PWM 模块和电压反馈电路，并引入适当的小信号激励，可以获得 PWM 变换器的小信号模型。得到

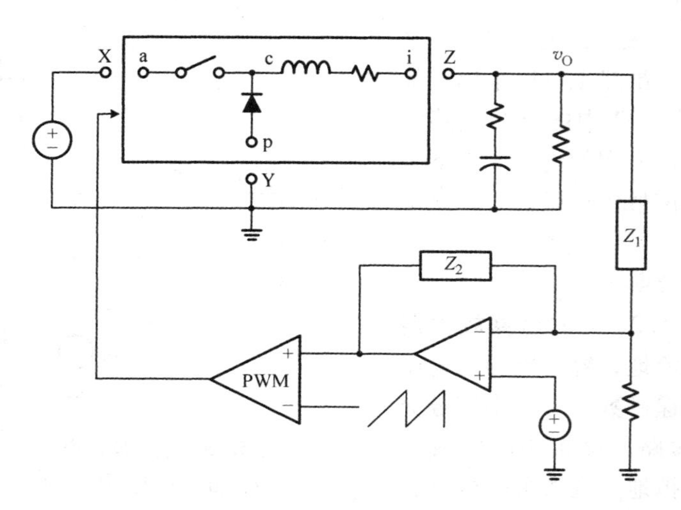

图 5.24　三个基本 PWM 变换器的一般功能框图

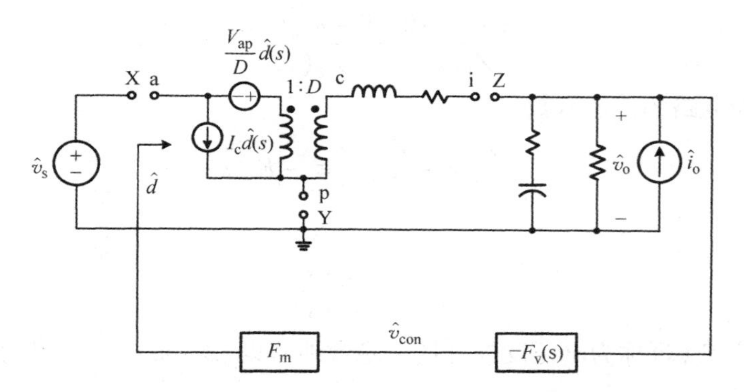

图 5.25　三个基本 PWM 变换器的小信号模型

的小信号模型如图 5.25 所示。图 5.25 可以用于表示 Buck、Boost 或 Buck/Boost 变换器的小信号模型。例如，当假设连接 {a－X p－Y i－Z} 时，图 5.25 为 Buck 变换器的小信号模型。

图 5.25 中的小信号模型转换为图 5.26 所示的框图形式。在框图中，小信号源 $\hat{v}_s(s)$和 $\hat{i}_o(s)$是输入变量，$\hat{v}_o(s)$是输出变量，$\hat{d}(s)$是控制变量。对于增益块，F_m 是 PWM 增益，$F_v(s)$是电压反馈补偿，其他增益块表示功率级传递函数：$G_{vs}(s)=\hat{v}_o(s)/\hat{v}_s(s)$，$G_{vd}(s)=\hat{v}_o(s)/\hat{d}(s)$，$Z_p(s)=\hat{v}_o(s)/\hat{i}_o(s)$。电压反馈补偿 $F_v(s)$前面的符号“－”表示控制方案中嵌入的负反馈控制。

闭环控制变换器的小信号模型或其框图表示是可以直接应用所有常规 s 域分析技术的线性时不变模型。小信号模型的实用性和多功能性将在后面的章节中进行论述，涉及闭环控制 PWM DC－DC 变换器的小信号分析和控制设计。

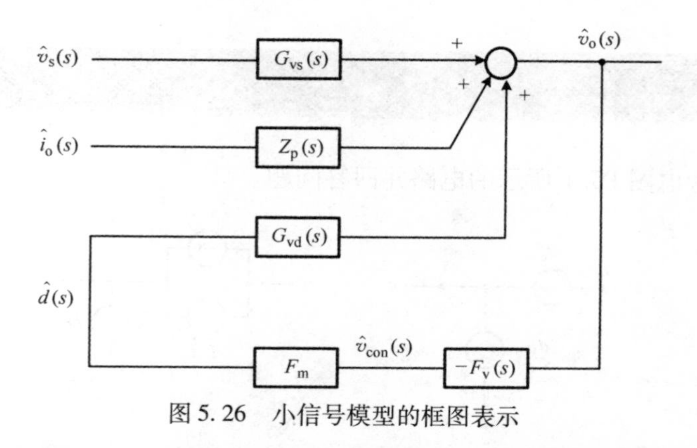

图 5.26　小信号模型的框图表示

5.7　小结

本章介绍了三个基本 PWM DC－DC 变换器的 s 域小信号模型。作为线性时不变模型，小信号模型允许我们使用标准 s 域分析技术来研究 PWM 变换器的动态特性。小信号模型以通用和统一的方式得出，使得单个模型可以表示所有三个基本 PWM 变换器。

本章采用几种建模技术来推导出 PWM 变换器的小信号模型。平均方法用于消除功率级结构的时变，采用线性化处理去除功率级动态特性和 PWM 过程中的非线性。

对功率级建模研究了两种非常重要的平均方法，即状态空间平均和电路平均。然后采用线性化处理。电路平均应用到 PWM 开关和随后的线性化得到了 PWM 开关模型，该模型用作三个基本 PWM 变换器获得通用小信号模型的工具。

假设控制信号在变换器的开关周期内变化很小且缓慢，PWM 模块的小信号模型是一个恒定的 PWM 增益。PWM 开关模型和 PWM 增益与电压反馈补偿相结合，得出闭环控制 PWM DC－DC 变换器的完整小信号模型。利用这种小信号模型，可以以传统线性时不变系统的方式对非线性时变变换器进行动态分析。小信号模型的价值将在后面的章节中讨论，涉及 PWM DC－DC 变换器的动态分析和控制设计。

参考文献

1. J. G. Kassakian, M. F. Schlecht, and G. C. Verghese, *Principles of Power Electronics,* Addison-Wesley Publishing Co, 1991.

2. R. D. Middlebrook and S. Ćuk, *Advances in Switch-Mode Power Conversion,* TESLAco, Pasadena, CA, 1983.

3. V. Vorpérian, *Fast Analytical Techniques for Electrical and Electronic Circuits,* Cambridge University Press, 2002.

习　　题

5.1* 考虑图 P5.1 所示的电路并回答问题。

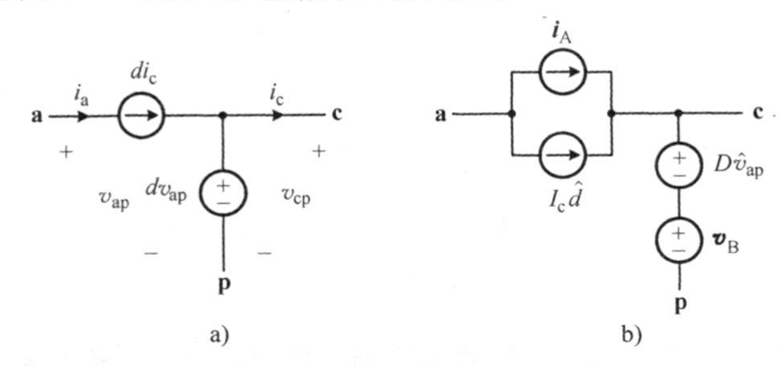

图 P5.1

a）图 P5.1a 所示是非线性开关器件的平均模型。变量 d 表示有源开关的连续占空比。使用半导体开关构建非线性开关器件。

b）证明非线性开关器件的小信号方程可以由图 5.1b 中的电路模型表示。建立相关电流源 i_A 和电压源 v_B 的表达式。

c）使用图 P5.1b 构建 Buck 变换器的小信号模型。根据 Buck 变换器的工作条件和电路变量来表示独立源。

d）使用图 P5.1a 构建 Boost 变换器的平均模型。给出所有模型参数。

e）使用图 P5.1b 构建 Boost 变换器的小信号模型。给出所有模型参数。

5.2* 图 P5.2 所示为具有寄生电阻的三个基本 PWM 变换器的电路图。

a）画出三个基本变换器的开关状态空间模型。

b）将你在 a）中导出的开关状态空间模型转换为三个基本变换器的平均状态空间模型。

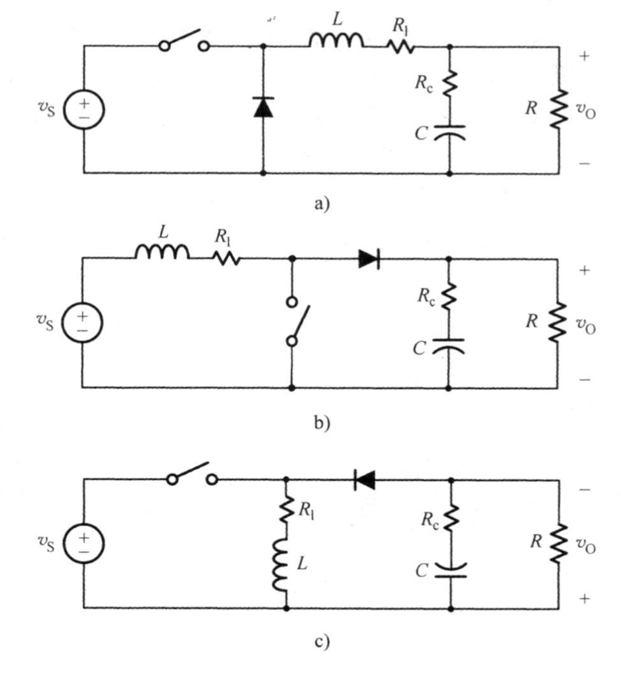

图 P5.2

5.3** 通过连接 Boost 变换器和 Buck 变换器来组成图 P5.3 所示的级联变换器。回答以下问题。

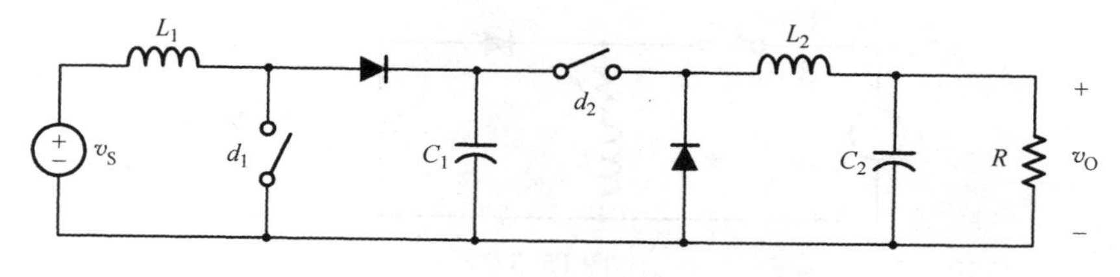

图 P5.3

a）构建一个非线性电路模型，预测变换器在变换期和稳态期的时间平均功率级动态特性。

b）绘制在小信号假设下能预测变换器小信号动态特性的线性电路模型。将所有电路元器件作为电路变量和变换器的工作条件的函数。

5.4* 参考图 P5.4a 所示的电路，回答以下问题。

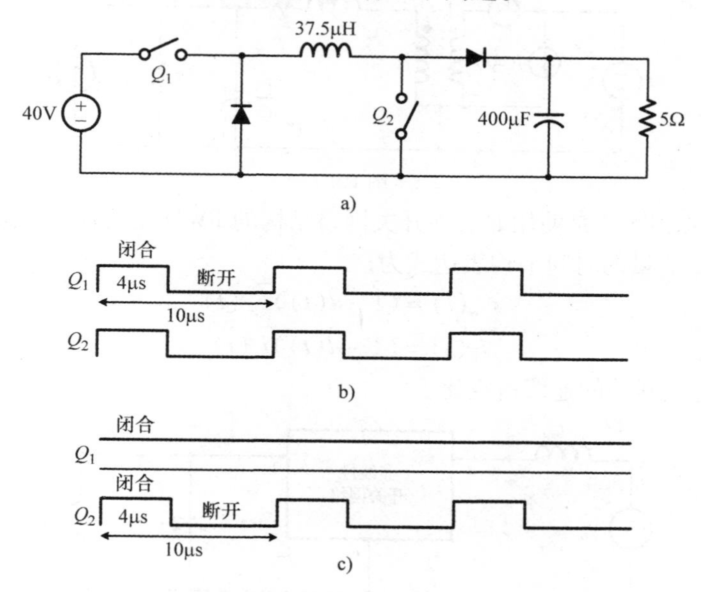

图 P5.4

a）将图 P5.4b 所示的开关驱动信号应用于电路。绘制一个预测变换器时间平均行为的平均电路模型。给出所有模型参数。

b）对于图 P5.4c 中的开关驱动信号，重复 a）。

5.5 带电感器寄生电阻的 Buck/Boost 变换器的电路图如图 P5.5 所示。

a）使用磁通平衡和电荷平衡条件建立变换器的电压增益 V_O/V_S 的表达式。

b）使用功率级的平均模型推导出变换器的电压增益表达式。

5.6* 假设某个 PWM 变换器的占空比 d 与控制电压 v_{con} 之间的函数关系为

$$d(t) = 1 - \frac{0.2}{v_{\text{con}}(t)}$$

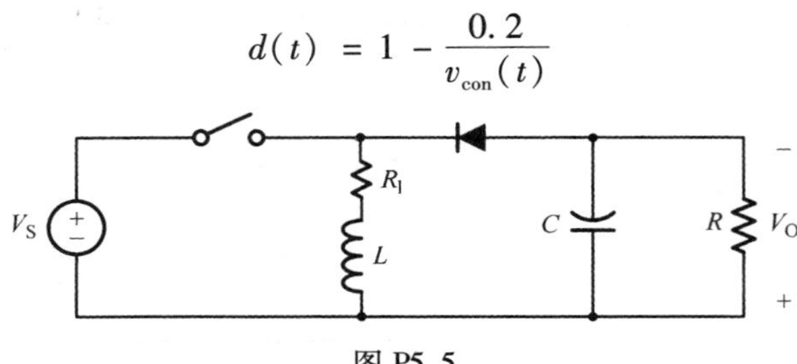

图 P5.5

a）求出小信号调制器增益的表达式，$F_m = \hat{d}/\hat{v}_{\text{con}}$。

b）当 $V_{\text{con}} = 2\text{V}$ 时，求出 $F_m = \hat{d}/\hat{v}_{\text{con}}$ 的值。

5.7　图 P5.7 所示为带无功元器件寄生电阻的 Buck 变换器的小信号模型。求出三个功率级传递函数 $G_{vs}(s)$、$G_{vd}(s)$ 和 $Z_p(s)$ 的准确表达式。

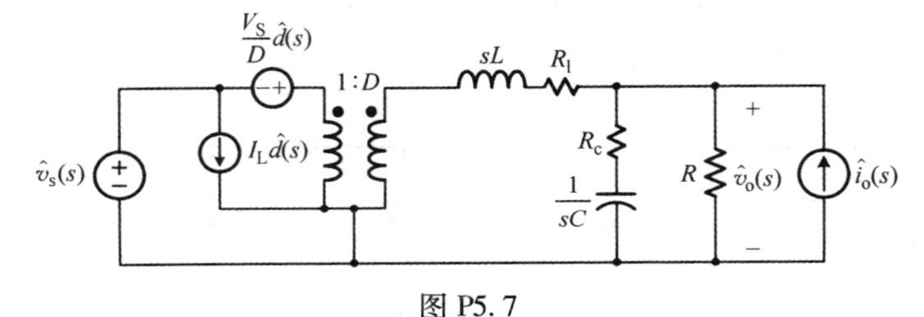

图 P5.7

5.8＊＊　图 P5.8 是使用非线性开关网络结构的 PWM 变换器。与非线性开关网络相关的电路变量的时间平均表达式为

$$\bar{v}_{ac}(t) = (1 - d(t))\bar{v}_{bc}(t)$$

$$\bar{i}_b(t) = (1 - d(t))\bar{i}_a(t)$$

式中，d 为有源开关的连续占空比。

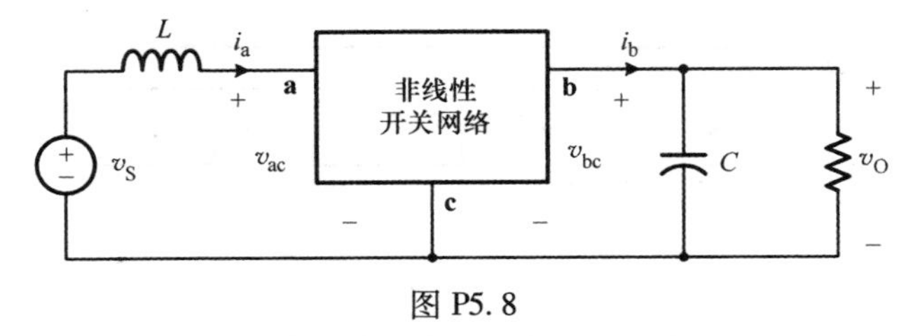

图 P5.8

a）推导出一组描述非线性开关网络的小信号动态特性的方程式。

b）绘制非线性开关网络的小信号电路模型。给出所有模型参数。

c）绘制整个电源变换器的小信号电路模型。给出所有模型参数。

d）根据小信号模型的电路参数导出输入－输出传递函数 $G_{vs}(s) = \hat{v}_o(s)/\hat{v}_s(s)$。

5.9＊　将控制信号 v_{con} 与载波信号进行比较来实现 PWM。可以使用不同的载波信号来实现各种 PWM 方案。PWM 方案的三个例子如图 P5.9 所示。对于每个 PWM 方案，求出调制器增益 F_m 的表达式。

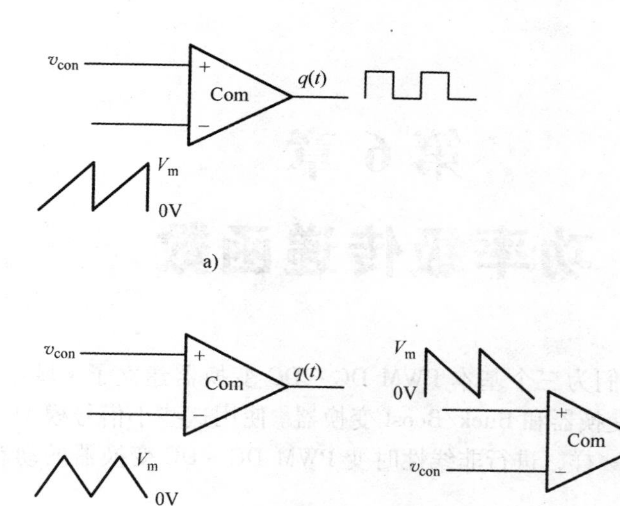

图 P5.9

5.10** 图 P5.10 所示为非线性器件的 $v-i$ 特性。回答以下问题。

a）在 $v=4\text{V}$ 和 $i=2\text{mA}$ 的工作点求出小信号增益 $\hat{i}/\hat{v}$。

b）估计 $\hat{v}(t)$ 的最大幅值，验证 a）中发现的小信号增益的精度。

c）假设 $v(t)=4+0.1\sin 20t$，求出 $i(t)$ 的表达式。

d）现在假设 $v(t)=4+0.5\sin 20t$，并求解 $|i(t)|$ 的范围：(　　) < $|i(t)|$ < (　　)

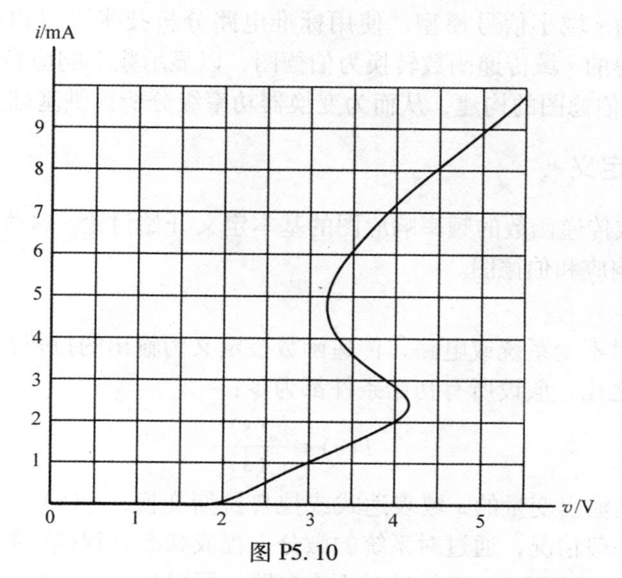

图 P5.10

第 6 章
功率级传递函数

在前一章中，我们为三个基本 PWM DC - DC 变换器建立了 s 域小信号模型：Buck 变换器、Boost 变换器和 Buck/Boost 变换器。使用这些小信号模型，可以像传统的线性时不变系统一样，进行非线性时变 PWM DC - DC 变换器的动态分析和控制设计。

为了准备对 PWM DC - DC 变换器的分析和设计，本章分析了功率级传递函数，重点介绍其频率响应特性。首先介绍了 s 域传递函数的伯德图。然后介绍三种基本 PWM DC - DC 变换器的功率级传递函数的解析表达式、伯德图表示及其特征。本章还讨论了功率级动态分析的经验方法。

6.1 传递函数的伯德图

s 域小信号模型最有用的结果是传递函数，让我们能够研究变换器功率级的频率响应特性。由 s 域小信号模型，使用标准电路分析技术可以得出功率级传递函数。然后将所得的 s 域传递函数转换为伯德图，以显示频率响应特性。本节介绍了 s 域传递函数的伯德图的构建，从而为变换器功率级分析提供基础。

6.1.1 基本定义

由构成 s 域传递函数的频率响应图的基本定义开始讨论。这些基本定义包括传递函数、频率响应和伯德图。

传递函数

对于线性时不变系统或电路，传递函数被定义为输出的拉普拉斯变换与输入的拉普拉斯变换之比，假设所有初始条件都为零：

$$T(s) \equiv \frac{v_o(s)}{v_s(s)} \tag{6.1}$$

式中，$v_o(s)$ 是输出变量的 s 域表达式或拉普拉斯变换；$v_s(s)$ 是输入变量的 s 域表达式。对于一般情况，通过对系统的微分方程或状态方程执行拉普拉斯变换操作来获得传递函数。然而，对于线性时不变电路，可以通过对电路元器件和变量采用 s 域表示，并应用基本电路定理，从电路图直接导出传递函数。

虽然传递函数最初是为线性时不变系统而定义，但是现在可以扩展到非线性时变 PWM 变换器来描述功率级电路变量的频率响应。对于这种情况，传递函数从 s 域小信号功率级模型中导出，如例 5.7 所示。读者可参考 5.4 节了解 PWM DC – DC 变换器的频率响应和传递函数的概念。

频率响应

在假设系统为正弦输入的情况下，频率响应表示线性或线性化系统的输入 – 输出关系。因此，通过用 jω 代替 s 域传递函数复频率 s 来计算频率响应

$$T(\mathrm{j}\omega) \equiv \frac{v_o(\mathrm{j}\omega)}{v_s(\mathrm{j}\omega)} \tag{6.2}$$

式中，ω 是正弦激励的频率。式（6.2）的幅值关系为幅值响应

$$|T(\mathrm{j}\omega)| \equiv \frac{|v_o(\mathrm{j}\omega)|}{|v_s(\mathrm{j}\omega)|} \tag{6.3}$$

式（6.2）的相位关系是系统的相位响应

$$\angle T(\mathrm{j}\omega) \equiv \angle v_o(\mathrm{j}\omega) - \angle v_s(\mathrm{j}\omega) \tag{6.4}$$

幅值和相位响应统称为频率响应。式（6.3）和式（6.4）表示通过用 $s = \mathrm{j}\omega$ 求解传递函数的幅值和相位，同时通过扫描感兴趣的频率范围 ω 来找到频率响应。

伯德图表示

频率响应可以以极坐标或伯德图形式显示。在 s 域分析中，这些图形表示都有自己的优势。图 6.1a 为频率响应的极坐标图，其中频率响应被转换为极坐标形式，描绘为单纯的曲线。极坐标图中的每个点表示极坐标中的频率响应，如图 6.1a 所示，定义了特定频率 ω_s 时的幅值和相位响应。

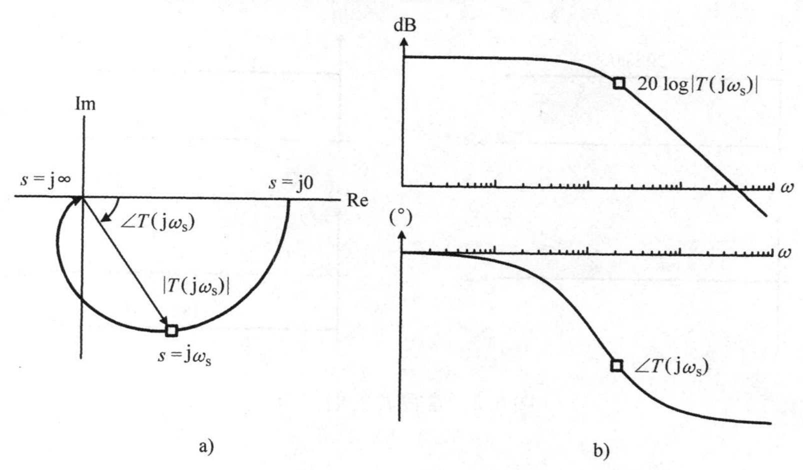

图 6.1　频率响应图形表示
a）极坐标图　b）伯德图

图 6.1b 所示为频率响应的伯德图。幅值响应首先以 dB 单位计算，即 20log

$|T(j\omega)|$，而相位以度数表示。然后将幅值和相位响应独立显示在两个单独的图上。在幅值图中，y 轴表示 dB 刻度，而频率 ω 以 x 轴的对数刻度显示。在相位图中，为线性刻度显示。幅值或相位图中的每个点表示在特定频率 ω_s 处对应的幅值或相位响应，如图 6.1b 所示。

6.1.2 乘数因子的伯德图

假设伯德图结构的传递函数 $T(s)$ 已被分解成以下形式：

$$T(s)=K\frac{1}{s^{\pm j}}\frac{1}{1+\frac{s}{\omega_p}}\cdots\left(1+\frac{s}{\omega_z}\right)\cdots\frac{1}{1+\frac{s}{Q_p\omega_o}+\frac{s^2}{\omega_o^2}}\cdots\left(1+\frac{s}{Q_z\omega_o}+\frac{s^2}{\omega_o^2}\right)\cdots \tag{6.5}$$

这被称为时间常数形式。式（6.5）中的每个项称为乘数因子。传递函数 $T_s(s)$ 的伯德图可由以下方法构建：

1）绘制每个单个乘数因子的伯德图；

2）组合得到的单个伯德图。

本节讨论乘数因子的伯德图。传递函数的复合伯德图的构建将在下一节中介绍。

常数

图 6.2 所示为常数 K 的伯德图。无论 K 为正还是为负，幅值图都是 20log K 的水平线。然而，$K>0$ 的相位为 0°，$K<0$ 的相位为 -180°。

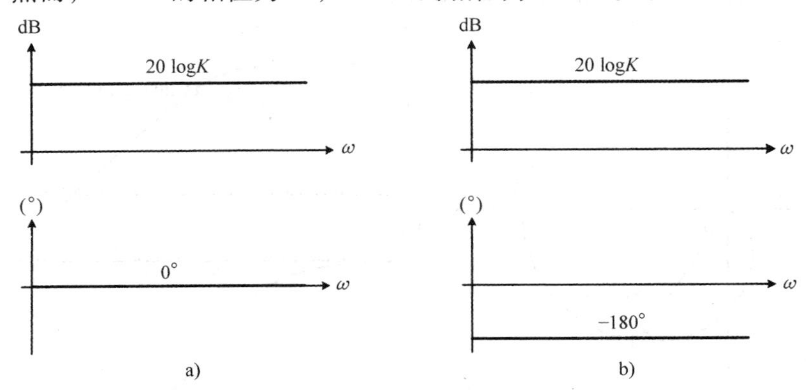

图 6.2 常数 K 的伯德图

a) $K>0$ b) $K<0$

单积分和双积分函数

单积分函数为

$$F(s)=\frac{K_i}{s} \tag{6.6}$$

用 $s=\mathrm{j}\omega$ 运算，得

$$F(\mathrm{j}\omega)=\frac{K_{\mathrm{i}}}{\mathrm{j}\omega} \tag{6.7}$$

为伯德图结构。式（6.7）被分解为幅值响应为

$$20\log|F(\mathrm{j}\omega)|=20\log\left(\frac{K_{\mathrm{i}}}{\omega}\right) \tag{6.8}$$

相位响应为

$$\angle F(\mathrm{j}\omega)=-90° \tag{6.9}$$

图6.3a所示为基于式（6.8）和式（6.9）的伯德图。当相位保持在 $-90°$ 时，幅值线性衰减的斜率为 $-20\mathrm{dB/dec}$。幅值图在 $\omega=K_{\mathrm{i}}$ 处穿过0dB线。$20\log K_{\mathrm{i}}/K_{\mathrm{i}}=0\mathrm{dB}$。

为了简单起见，将使用以下数字符号来表示幅值曲线的斜率：

- −2斜率：−40dB/dec斜率
- −1斜率：−20dB/dec斜率
- +1斜率：+20dB/dec斜率
- +2斜率：+40dB/dec斜率

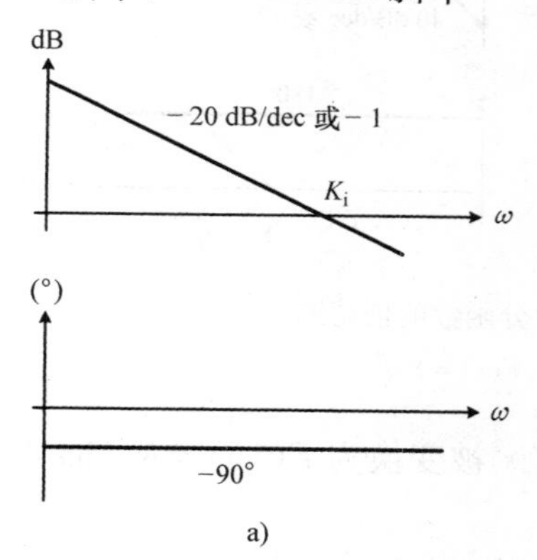

a)

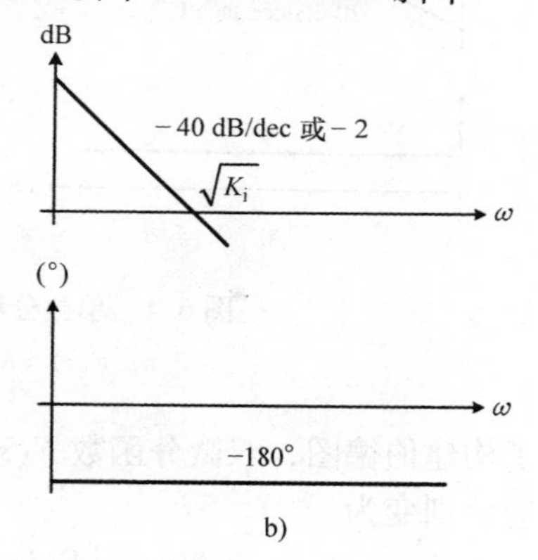

b)

图6.3 单积分和双积分函数的伯德图

a) $F(s)=K_{\mathrm{i}}/s$ b) $F(s)=K_{\mathrm{i}}/s^2$

双积分函数为

$$F(s)=\frac{K_{\mathrm{i}}}{s^2} \tag{6.10}$$

可变换为

$$F(\mathrm{j}\omega)=-\frac{K_{\mathrm{i}}}{\omega^2} \tag{6.11}$$

推出

$$20\log|F(\mathrm{j}\omega)|=20\log\left(\frac{K_{\mathrm{i}}}{\omega^2}\right) \tag{6.12}$$

和

$$\angle F(j\omega) = -180° \tag{6.13}$$

伯德图如图 6.3b 所示。幅值下降斜率为 -40dB/dec 或 -2，相位保持在 -180°。0dB 交叉点出现在 $\omega = \sqrt{K_i}$：$20\log K_i / \sqrt{K_i}^{\,2} = 0\text{dB}$ 处。

单微分和双微分函数

单微分函数 $F(s) = K_d s$ 变换为 $F(j\omega) = K_d j\omega$，得到幅值响应为

$$20\log|F(j\omega)| = 20\log(K_d\omega) \tag{6.14}$$

相位响应为

$$\angle F(j\omega) = 90° \tag{6.15}$$

单微分的伯德图如图 6.4a 所示。幅值图以 20dB/dec 斜率或 +1 斜率线性增加，并且在 $\omega = 1/K_d$ 处穿过 0dB 线，而相位保持在 90°。

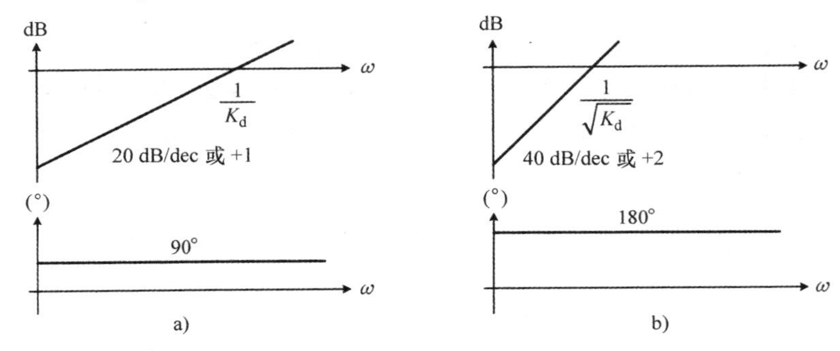

图 6.4 单微分和双微分函数的伯德图

a）$F(s) = K_d s$ b）$F(s) = K_d s^2$

为了构建伯德图，双微分函数 $F(s) = K_d s^2$ 被变换为 $F(j\omega) = K_d(j\omega)^2$。幅值和相位响应分别变为

$$20\log|F(j\omega)| = 20\log(K_d\omega^2) \tag{6.16}$$

$$\angle F(j\omega) = 180° \tag{6.17}$$

得到图 6.4b 所示的伯德图。幅值图以 40dB/dec 斜率或 +2 斜率增加，0dB 交叉发生在 $\omega = 1/\sqrt{K_d}$。在这种情况下，相位保持在 180°。

单极点和单零点函数

单极点函数为

$$F(s) = \frac{1}{1 + \frac{s}{\omega_p}} \tag{6.18}$$

带入 $s = j\omega$ 得到

$$F(j\omega) = \frac{1}{1 + \frac{j\omega}{\omega_p}} \tag{6.19}$$

得到幅值响应

$$20\log\left|F(j\omega)\right| = 20\log\frac{1}{\sqrt{1+\left(\dfrac{\omega}{\omega_p}\right)^2}} \tag{6.20}$$

和相位响应

$$\angle F(j\omega) = -\tan^{-1}\left(\frac{\omega}{\omega_p}\right) \tag{6.21}$$

虽然伯德图可以由式（6.20）和式（6.21）精确地绘出，但通常不需要找到准确的伯德图。相反，描述伯德图的渐近行为的渐近图在大多数情况下都是足够的。渐近图可以从传递函数中快速绘制，并提供有关频率响应的所有重要信息。此外，渐近图可以很容易地被改进，使得绘制的图与实际的频率响应非常相似。

对于渐近的伯德图结构，式（6.19）分裂为三个表达式

$$F(j\omega) = \frac{1}{1+\dfrac{j\omega}{\omega_p}} \approx \begin{cases} 1 & 当频率 \quad \omega < \omega_p \\ \dfrac{1}{1+j} & 当频率 \quad \omega = \omega_p \\ \dfrac{\omega_p}{j\omega} & 当频率 \quad \omega > \omega_p \end{cases} \tag{6.22}$$

使用极点频率 ω_p 作为近似值的边界。

式（6.22）右侧的顶部表达式描述了频率低于 ω_p 的 $F(j\omega)$ 的渐近行为，而底部表达式描述了频率高于 ω_p 近似 $F(j\omega)$。换句话说，顶部表达式为幅值和相位图提供了低频渐近线：$|F|=0\text{dB}$，$\angle F=0°$。类似地，底部表达式产生高频渐近线：$20\log|F(j\omega)| = 20\log(\omega_p/\omega)$ 和 $\angle F(j\omega) = -90°$。高频渐近线与在 ω_p 处通过 0dB 线的单积分函数的相同。中间表达式是在 ω_p 处求解的精确频率响应

$$20\log\left|F(j\omega_p)\right| = 20\log\left|\frac{1}{1+j}\right| = 20\log\left(\frac{1}{\sqrt{2}}\right) \approx -3\text{dB} \tag{6.23}$$

$$\angle F(j\omega_p) = \angle\frac{1}{1+j} = -45° \tag{6.24}$$

图 6.5a 所示为与精确图相比较的单极点函数的渐近图。粗线表示渐近图，而细线表示精确图。渐近幅值图是通过在 ω_p 处合并低频和高频渐近图形成的。通过将低频和高频渐近线以 $-45°/\text{dec}$ 的斜率从 $0.1\omega_p$ 线性递减到 $10\omega_p$ 的线段来构建渐近相位图。渐近幅值图显示了频率范围为 $0.5\omega_p < \omega < 2\omega_p$ 的精确图的小偏差，ω_p 的最大误差为 3dB，因此极点频率 ω_p 称为 3dB 频率。渐近相位图也为精确图提供了很好的近似。特别地，渐近图在 ω_p 处显示精确的 $-45°$ 相位。

如图 6.5a 所示，通过平滑连接低频和高频渐近线，可以构造出具有可忽略和可预测误差的精确伯德图，使得组合曲线通过一个精确值 ω_p：$|F(j\omega_p)| = -3\text{dB}$，$\angle F(j\omega_p) = -45°$。

单零点函数为

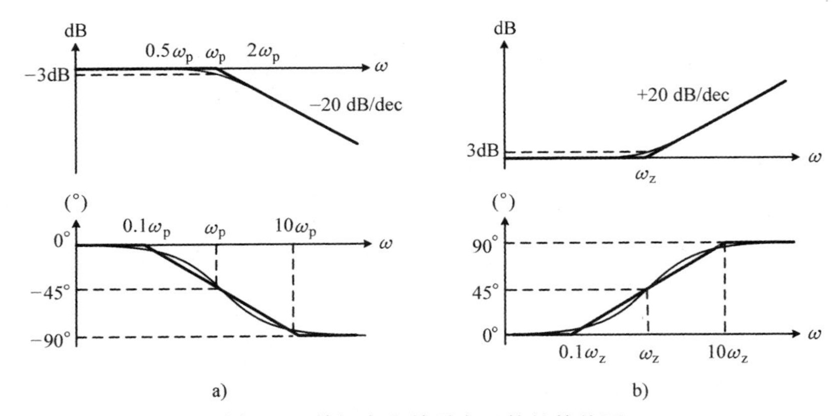

图 6.5 单极点和单零点函数的伯德图

a）单极点函数 b）单零点函数

$$F(s)=1+\frac{s}{\omega_z} \tag{6.25}$$

近似成

$$F(\mathrm{j}\omega)=1+\frac{\mathrm{j}\omega}{\omega_z}\approx\begin{cases}1 & \text{当频率 } \omega<\omega_z\\ 1+\mathrm{j} & \text{当频率 } \omega=\omega_z\\ \mathrm{j}\dfrac{\omega}{\omega_z} & \text{当频率 } \omega>\omega_z\end{cases} \tag{6.26}$$

为渐近的伯德图。式（6.26）中的底部项构成高频渐近线，它是在 ω_z处与 0dB 线交叉的单微分函数。中间项是 ω_z处的精确频率响应

$$20\log|F(\mathrm{j}\omega_z)|=20\log|1+\mathrm{j}|\approx 3\mathrm{dB} \tag{6.27}$$

和

$$\angle F(\mathrm{j}\omega_z)=\angle(1+\mathrm{j})=45° \tag{6.28}$$

图 6.5b 所示为单零点函数的渐近和精确伯德图。

双极点和双零点函数

在即将到来的功率级传递函数小信号分析中经常出现双极点和双零点函数。双极点函数由下式给出：

$$F(s)=\frac{1}{1+\dfrac{s}{Q_p\omega_o}+\dfrac{s^2}{\omega_o^2}} \tag{6.29}$$

式中，ω_o是双极点频率；Q_p是阻尼比。$Q_p>0.5$ 的双极点函数近似于

$$F(\mathrm{j}\omega)=\frac{1}{1+\dfrac{\mathrm{j}\omega}{Q_p\omega_o}-\dfrac{\omega^2}{\omega_o^2}}\approx\begin{cases}1 & \text{当频率 } \omega<\omega_o\\ \dfrac{Q_p}{\mathrm{j}} & \text{当频率 } \omega=\omega_o\\ -\dfrac{\omega_o^2}{\omega^2} & \text{当频率 } \omega>\omega_o\end{cases} \tag{6.30}$$

与单极点函数一样，低频渐近线是0dB线。另一方面，高频渐近线是在ω_o处通过0dB线的双重积分函数。ω_o的精确响应是

$$20\log\ |F(j\omega_o)| = 20\log\left|\frac{Q_p}{j}\right| = 20\log\ Q_p \tag{6.31}$$

和

$$\angle F(j\omega_o) = \angle\frac{Q_p}{j} = -90^\circ \tag{6.32}$$

图6.6a所示为双极点函数的渐近曲线，该曲线与精确曲线平行。渐近幅值图是通过在ω_o下合并低频和高频渐近线形成的。通过将低频和高频渐近线与在ω_o周围的频率线性衰减的线段连接来创建相位图。

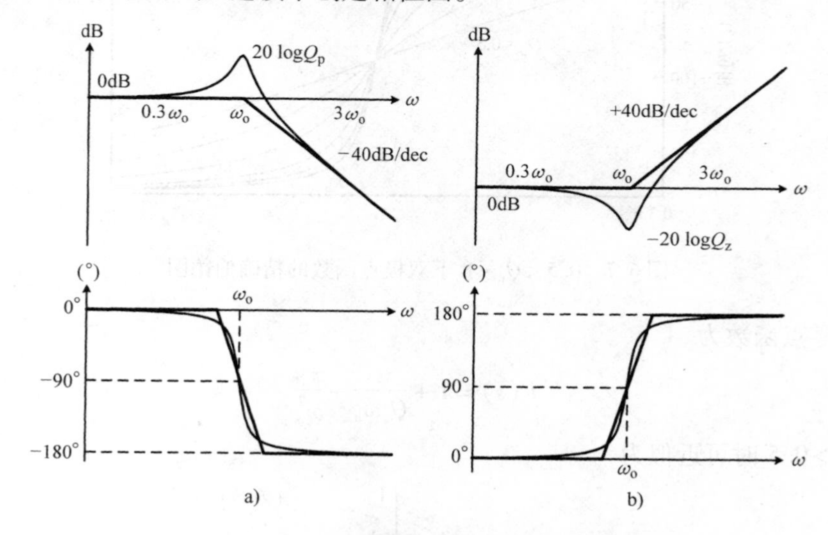

图6.6　双极点和双零点函数的伯德图

a）双极点函数　b）双零点函数

渐近幅值图显示了在$0.3\omega_o < \omega < 3\omega_o$的频率范围内的精确曲线的明显差异。特别地，精确的幅值图显示了在ω_o处的$20\log\ Q_p$的峰值，这在渐近曲线中没有考虑。另一方面，渐近相位曲线在ω_o处通过精确的-90°的点，同时在相邻频率处产生一些误差。

可以通过在ω_o周围的频率下求解式（6.29）来确定双极点函数的精确幅值和相位特性。这种分析表明，幅值和相位曲线的变换模式受阻尼比Q_p值的强烈影响。图6.7所示为具有不同Q_p值（$0.5 < Q_p < 8$）的频率范围为$0.3\omega_o < \omega < 3\omega_o$的双极点函数的精确伯德图。在幅值响应中，较大的$Q_p$在$\omega_o$处产生较高的峰值，导致渐近线和精确曲线之间的差距拉大。关于相位响应，较大的Q_p加速了ω_o周边的相位图的衰减速率，从而在较窄的频率范围内表现出更陡峭的相位变化。当从渐近图预测实际频率响应时，需要考虑这些特性。

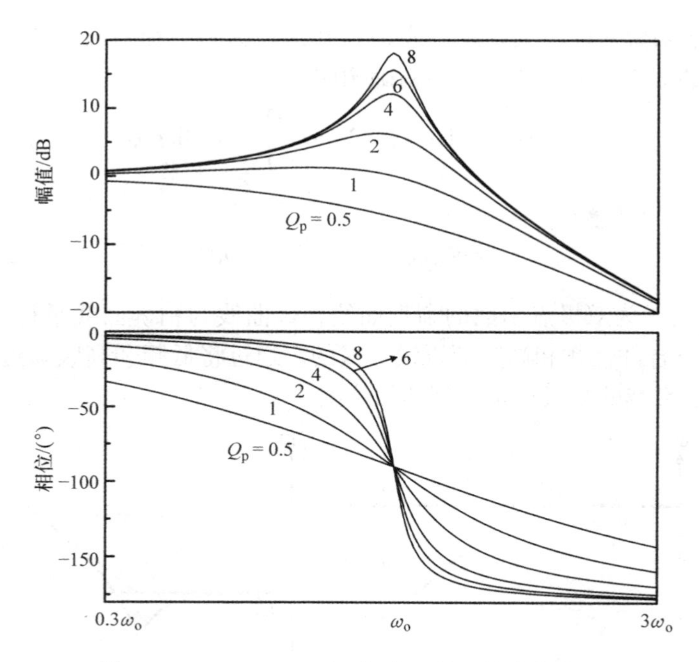

图 6.7 $0.5<Q_p<8$ 下双极点函数的精确伯德图

双零点函数为

$$F(s)=1+\frac{s}{Q_z\omega_o}+\frac{s^2}{\omega_o^2} \tag{6.33}$$

$Q_z>0.5$ 时可近似为

$$F(j\omega)=1+\frac{j\omega}{Q_z\omega_o}-\frac{\omega^2}{\omega_o^2}\approx\begin{cases}1 & \text{当频率 } \omega<\omega_o\\ \dfrac{j}{Q_z} & \text{当频率 } \omega=\omega_o\\ -\dfrac{\omega^2}{\omega_o^2} & \text{当频率 } \omega>\omega_o\end{cases} \tag{6.34}$$

式（6.34）中的底部项表明，高频渐近线是在 ω_o处与 0dB 线交叉的双重微分函数。图 6.6b 所示为双零点函数的渐近和精确曲线。渐近图的结构和准确性与双极点的情况非常相似。显示在 ω_o处发生 $20\log Q_z$的倾斜，如幅值图所示，这在渐近图中没有考虑。

RHP 极点和 RHP 零点函数

单极点函数由下式给出：

$$F(s)=\frac{1}{1-\dfrac{s}{\omega_p}}=\frac{1}{1+\dfrac{s}{-\omega_p}} \tag{6.35}$$

因为 $s=\omega_p$ 极点位于 s 平面的右半边，所以 $F(s)$ 称为右半平面（RHP）极点函数。

RHP 极点具有独特的特性，值得特别注意。对于频率响应分析，传递函数用 $s = \mathrm{j}\omega$ 进行求解：

$$F(s) = \frac{1}{1 + \dfrac{\mathrm{j}\omega}{-\omega_{\mathrm{p}}}} \tag{6.36}$$

其幅值响应

$$20\log |F(\mathrm{j}\omega)| = 20\log \frac{1}{\sqrt{1 + \left(\dfrac{\omega}{-\omega_{\mathrm{p}}}\right)^2}} = 20\log \frac{1}{\sqrt{1 + \left(\dfrac{\omega}{\omega_{\mathrm{p}}}\right)^2}} \tag{6.37}$$

相频响应

$$\angle F(\mathrm{j}\omega) = -\tan^{-1}\left(\frac{\omega}{-\omega_{\mathrm{p}}}\right) = \tan^{-1}\left(\frac{\omega}{\omega_{\mathrm{p}}}\right) \tag{6.38}$$

上述等式表明幅值响应与标准极点函数的方程相同。然而，相位响应是零点函数，而不是极点函数。图 6.8a 所示为 RHP 极点函数的渐近和精确曲线。幅值渐近线在 ω_{p} 处转折，然后以 $-20\mathrm{dB/dec}$ 或 -1 斜率下降，而相位在 $0.1\omega_{\mathrm{p}} < \omega < 10\omega_{\mathrm{p}}$ 的频率范围内从 0°增加到 90°。

RHP 零点函数的频率响应

$$F(s) = 1 - \frac{s}{\omega_{\mathrm{z}}} = 1 + \frac{s}{-\omega_{\mathrm{z}}} \tag{6.39}$$

幅频响应

$$|F(\mathrm{j}\omega)| = 20\log \sqrt{1 + \left(\frac{\omega}{-\omega_{\mathrm{z}}}\right)^2} = 20\log \sqrt{1 + \left(\frac{\omega}{\omega_{\mathrm{z}}}\right)^2} \tag{6.40}$$

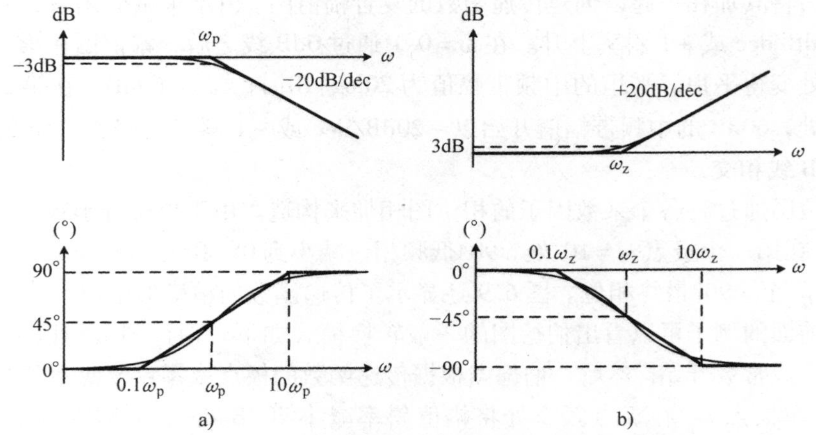

图 6.8　RHP 极点和 RHP 零点函数的伯德图

a）RHP 极点函数　b）RHP 零点函数

相频响应

$$\angle F(\mathrm{j}\omega) = \tan^{-1}\left(\frac{\omega}{-\omega_z}\right) = -\tan^{-1}\left(\frac{\omega}{\omega_z}\right) \tag{6.41}$$

关于相位特性，RHP 零点与单极点函数而不是零点函数的情况相似。图 6.8b 所示为 RHP 零点函数的渐近和精确曲线。在 RHP 零点 ω_z 附近，0dB 幅值开始以 20dB/dec 或 +1 斜率上升，而相位从 0°线性下降到 -90°。RHP 零点经常出现在 PWM DC - DC 变换器的功率级传递函数中，这将在本章后面讨论。

6.1.3 传递函数的伯德图构建

传递函数的伯德图通过组合各个乘数因子的伯德图来构建。下面用几个例子说明构建伯德图的几个技巧。

伯德图构建示例

第一个例子考虑了以下传递函数的伯德图：

$$T(s) = 10s\frac{1}{1+\frac{s}{10^2}}\frac{1}{1+\frac{s}{10^5}} \tag{6.42}$$

幅值和相位响应为

$$20\log|T(\mathrm{j}\omega)| = 20\log|10\mathrm{j}\omega| + 20\log\left|\frac{1}{1+\frac{\mathrm{j}\omega}{10^2}}\right| + 20\log\left|\frac{1}{1+\frac{\mathrm{j}\omega}{10^5}}\right| \tag{6.43}$$

$$\angle T(\mathrm{j}\omega) = \angle 10\mathrm{j}\omega + \angle\frac{1}{1+\frac{\mathrm{j}\omega}{10^2}} + \angle\frac{1}{1+\frac{\mathrm{j}\omega}{10^5}} \tag{6.44}$$

图 6.9 说明了为传递函数创建渐近图的过程。首先单独绘制乘数因子的幅值图，然后将其加在一起以创建传递函数的复合幅值图。由于单微分函数，幅值图最初以 20dB/dec 或 +1 斜率上升。在 $\omega = 0.1$ 通过 0dB 线之后，幅值图在第一个极点 $\omega = 10^2$ 处变得平坦。平坦的中频带幅值为 $20\log|10\mathrm{j}\omega|_{\omega=10^2} = 60\mathrm{dB}$。在第二个极点 $\omega = 10^5$ 处，60dB 的中频带幅值开始以 -20dB/dec 或 -1 斜率下降，从而在 $\omega = 10^8$ 处与 0dB 线相交。

相位图通过将各个乘数因子的相位图相加来构造。由于单微分函数，初始相位为 90°。在第一个极点 $\omega = 10^2$ 处，90°低频相位减小到 0°。0°相位在第二个极点 $\omega = 10^5$ 之后降至 -90°最终相位。图 6.9 还显示了传递函数的精确伯德图。

从前面的例子可以看出伯德图的一般转换模式如下。伯德图最初以微分函数、积分函数或常数开始。然后，伯德图根据传递函数的极点或零点改变而改变。

1） 单极点 ω_p 在极点频率处将幅值斜率减小 20dB/dec，同时在 $0.1\omega_p < \omega < 10\omega_p$ 的频率范围内产生 90°相位滞后。

2） 双极点 ω_o 将幅值斜率减小 40dB/dec，同时在 ω_o 周围的频率上产生 180°相位滞后。

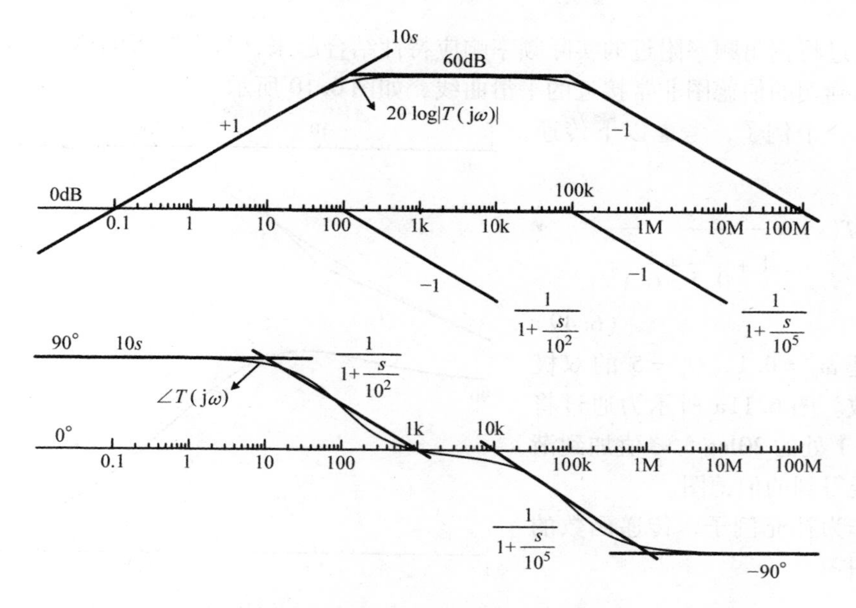

图 6.9 伯德图构建示例：$\dfrac{10s}{(1+s/10^2)(1+s/10^5)}$

3）单个零点 ω_z 将幅值斜率提升 20dB/dec，同时在 $0.1\omega_z<\omega<10\omega_z$ 的频率范围内引起 90°相位超前。

4）双零点 ω_o 将幅值斜率增加 40dB/dec，同时在 ω_o 周围的频率上产生 180°相位超前。

极点或零点频率称为拐角频率，幅值渐近线会以极点和零点频率处上升和下降斜率形成一个角。上述为构建给定传递函数的伯德图的一般规则。

第二个例子下的传递函数

$$T(s)=\frac{s(s+10)}{(s+25)(s+100)} \tag{6.45}$$

传递函数首先变形为时间常数形式

$$T(s)=\frac{s}{250}\frac{1+\dfrac{s}{10}}{\left(1+\dfrac{s}{25}\right)\left(1+\dfrac{s}{100}\right)} \tag{6.46}$$

通过应用伯德图构建规则，创建如图 6.10 所示的渐近曲线。由式（6.45）可得高频幅值

$$\lim_{\omega\to\infty}|T(j\omega)|\left|\frac{j\omega(j\omega+10)}{(j\omega+25)(j\omega+100)}\right|_{\omega=\infty}=1\Rightarrow 0\text{dB} \tag{6.47}$$

高频相位为

$$\begin{aligned}\lim_{\omega\to\infty}\angle T(j\omega)&=\lim_{\omega\to\infty}\angle\frac{j\omega(j\omega+10)}{(j\omega+25)(j\omega+100)}\\&=(90°+90°)-(90°+90°)=0°\end{aligned} \tag{6.48}$$

通过将拐角频率附近的实际频率响应特性结合起来，每个渐近的伯德图可以修改为与确切的伯德图非常接近的平滑曲线，如图 6. 10 所示。

另一个例子，考虑以下传递函数：

$$T(s)=\frac{s}{1+\frac{s}{0.5}+\frac{s^2}{0.1^2}} \tag{6.49}$$

分母是 $\omega_o=0.1$、$Q_p=5$ 的双极点函数。图 6. 11a 所示为通过将 $\omega_o=0.1$ 处的 20log 5 峰值加到渐近曲线得到的伯德图。

作为补充例子，传递函数的伯德图

$$T(s)=\frac{50}{s}\frac{1+\frac{s}{800}+\frac{s^2}{200^2}}{1+\frac{s}{400}+\frac{s^2}{100^2}} \tag{6.50}$$

可以通过分母的 $Q_p=4$ 和 $\omega_o=100$ 以及分子的 $Q_z=4$ 和 $\omega_0=200$ 来构造，如图 6. 11b 所示。

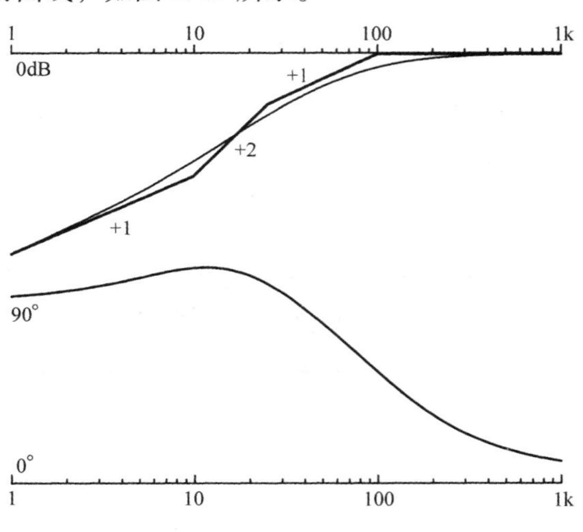

图 6. 10 伯德图构建示例：$\frac{s(s+10)}{(s+25)(s+100)}$

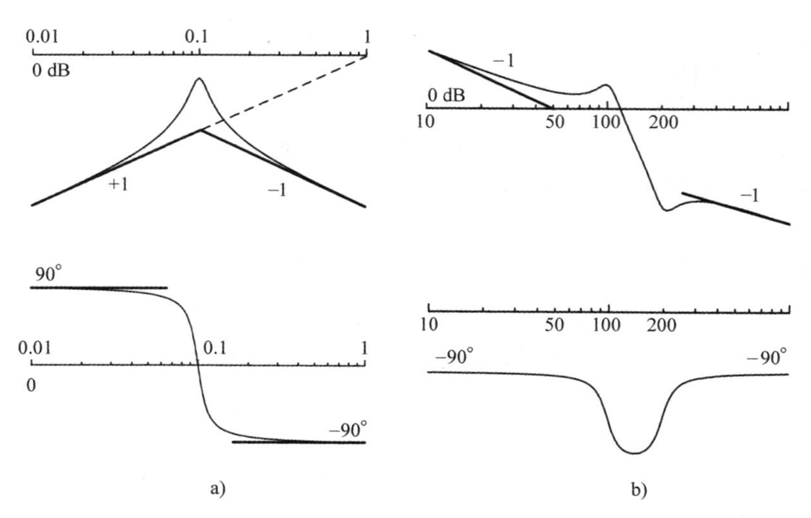

图 6. 11 伯德图构建示例

a) $\frac{s}{1+s/0.5+s^2/0.1^2}$ b) $\frac{50}{s}\frac{1+s/800+s^2/200^2}{1+s/400+s^2/100^2}$

非最小相位系统

在其传递函数中包含右半平面（RHP）零点或 RHP 极点的动态系统称为非最小相位系统。具体来说，以下传递函数

$$T(s)=\frac{1+\dfrac{s}{\omega_z}}{1+\dfrac{s}{Q_p\omega_o}+\dfrac{s^2}{\omega_o^2}} \tag{6.51}$$

是一个常规的二阶系统。比较而言，传递函数为

$$T(s)=\frac{1-\dfrac{s}{\omega_z}}{1+\dfrac{s}{Q_p\omega_o}+\dfrac{s^2}{\omega_o^2}} \tag{6.52}$$

因为在分子中存在 RHP 零点函数，所以式（6.52）是一个非最小相位二阶系统。

图 6.12 比较了常规二阶系统和非最小相位二阶系统的伯德图，假设为 $\omega_o<\omega_z$。两个系统的幅值响应是相同的，但相位响应不同。由于在 ω_z 处存在 RHP 零点，导致 90°相位延迟，非最小相位系统的相位在 ω_z 处从 −180°降低到 −270°，导致总体相位在 0° ~ −270°之间变化。另一方面，常规系统的相位仅在 0° ~ −180°之间变化。之所以命名为非最小相位系统，是因为其相位变化比常规系统更宽。

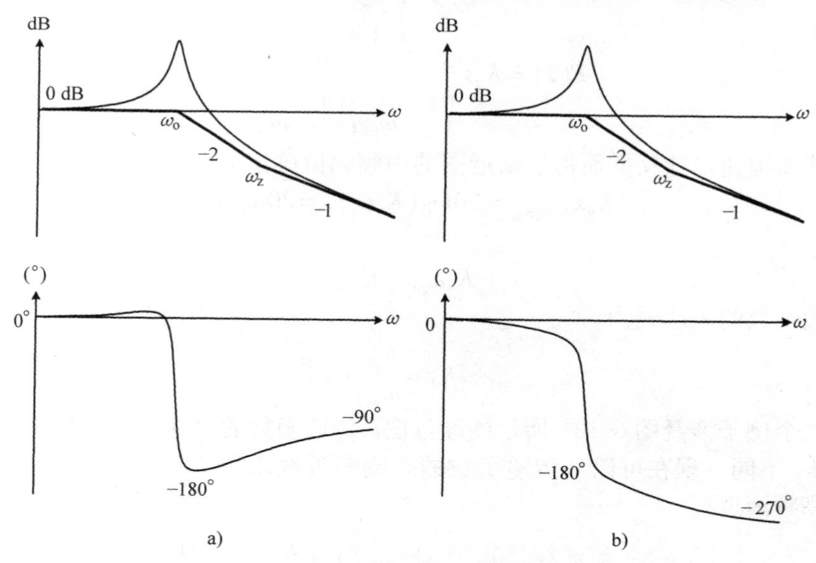

图 6.12　常规和非最小相位二阶系统的伯德图

a）常规二阶系统　b）非最小相位二阶系统

6.1.4　从伯德图推导传递函数

在许多动态系统分析中，某些传递函数的伯德图提前确定，因此有必要从已知

的伯德图中提取传递函数的解析表达式。通过构造伯德图的逆向步骤来实现这个任务。根据给定的伯德图，首先确定传递函数的结构。传递函数以时间常数形式写出，其中包括前面的首项系数。式（6.5）给出了时间常数形式的一般结构。然后根据低频渐近线、高频渐近线、0dB 频率或拐角频率之一的值计算出首项系数。该技术经常用于进行 DC - DC 变换器的动态分析和控制设计。

[例 6.1] 传递函数的推导

本实例说明了从渐近图中推导传递函数的过程。考虑图 6.13a 所示的渐近图，其中中频渐近线由 $20\log K_m$ 给出。渐近图转换为分析方程

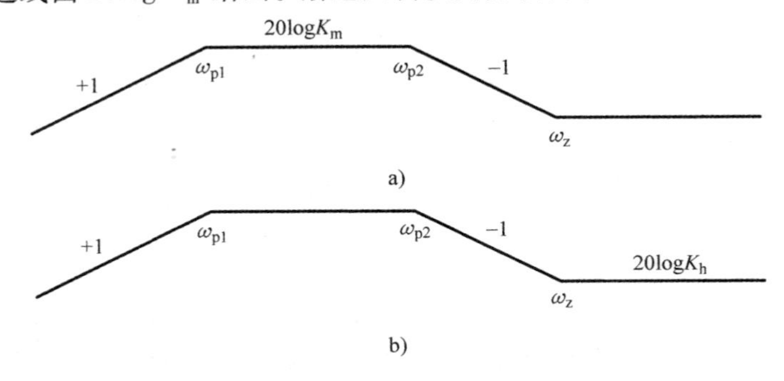

图 6.13 渐近图示例

a）给定中频带增益的情况 b）已知高频渐近线的情况

$$T(s)=K_d s\frac{1+\dfrac{s}{\omega_z}}{\left(1+\dfrac{s}{\omega_{p1}}\right)\left(1+\dfrac{s}{\omega_{p2}}\right)} \tag{6.53}$$

通过伯德图构建步骤反推而得。渐近图的中频幅值确定为

$$|K_d s|_{s=j\omega_{p1}}=20\log(K_d\omega_{p1})=20\log K_m \tag{6.54}$$

有

$$K_d\omega_{p1}=K_m \tag{6.55}$$

首项系数的表达式为

$$K_d=\frac{K_m}{\omega_{p1}} \tag{6.56}$$

第二个例子涉及图 6.13b 所示的渐近图。传递函数的表达式是相同的，但是首项系数 K_d 不同。现在可以从传递函数的高频渐近线求出 K_j 的值。从 T（s）表达式得到高频渐近线

$$\begin{aligned}\lim_{\omega\to\infty}|T(j\omega)|&=\left|K_d j\omega\frac{1+\dfrac{j\omega}{\omega_z}}{\left(1+\dfrac{j\omega}{\omega_{p1}}\right)\left(1+\dfrac{j\omega}{\omega_{p2}}\right)}\right|_{\omega=\infty}\\&=20\log\left(K_d\frac{\omega_{p1}\omega_{p2}}{\omega_z}\right)\end{aligned} \tag{6.57}$$

另一方面，渐近图表明

$$|T(\mathrm{j}\infty)| = 20\log K_{\mathrm{h}} \tag{6.58}$$

通过式（6.57）和式（6.58），可得首项系数

$$K_{\mathrm{d}} = K_{\mathrm{h}}\frac{\omega_{\mathrm{z}}}{\omega_{\mathrm{p1}}\omega_{\mathrm{p2}}} \tag{6.59}$$

前述示例中说明的技术将在本书后面的部分采用。有关此方法的更多细节将在第8章中讨论。

6.2 Buck 变换器的功率级传递函数

PWM DC－DC 变换器的功率级传递函数可以从功率级的 s 域小信号模型推导出来。然后将伯德图构建技术应用于功率级传递函数，获得频率响应特性。本节介绍 Buck 变换器的功率级传递函数，而后续部分则涵盖 Boost 和 Buck/Boost 变换器。

图6.14a 显示了 Buck 变换器的电路图，其中包括电感器和电容器的寄生电阻。图6.14b 是图6.14a 的小信号模型，通过用小信号模型替换 PWM 开关并引入适当的小信号源获得。有关小信号模型的细节，读者可参考5.3.3节。

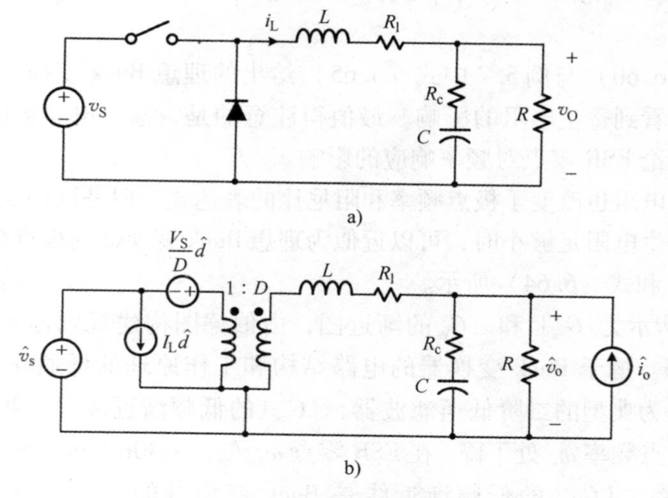

图6.14 Buck 变换器的小信号模型

a）电路图 b）小信号模型

6.2.1 输入－输出传递函数

在条件 $\hat{d}(s) = \hat{i}_{\mathrm{o}}(s) = 0$ 下，由图6.14b 的标准电路分析得到输入－输出传递函数

$$G_{vs}(s) = \frac{\hat{v}_o(s)}{\hat{v}_s(s)} = K_{vs}\frac{1+\frac{s}{\omega_{esr}}}{1+\frac{s}{Q\omega_o}+\frac{s^2}{\omega_o^2}} \tag{6.60}$$

式中

$$K_{vs} = \frac{D}{1+\frac{R_1}{R}} \approx D \tag{6.61}$$

$$\omega_{esr} = \frac{1}{CR_c} \tag{6.62}$$

由于输出电容器的等效串联电阻（ESR）引起的 ω_{esr} 被命名为 ESR 零点。功率级双极点 ω_o 和阻尼比 Q 由下式给出：

$$\omega_o = \sqrt{\frac{1}{LC}\frac{R+R_1}{R+R_c}} \approx \frac{1}{\sqrt{LC}} \tag{6.63}$$

$$Q = \frac{1}{\omega_o}\frac{R+R_1}{L+C(R_1R_c+R_1R+R_cR)} \approx R\sqrt{\frac{C}{L}} \tag{6.64}$$

在条件 $R \gg R_1$ 和 $R \gg R_c$ 下，式（6.61）、式（6.63）和式（6.64）的近似变得准确。

当将式（6.60）与例 5.7 中式（5.65）给出的理想 Buck 变换器的 $G_{vs}(s)$ 进行比较时，可以看到寄生电阻的影响。最值得注意的是，输出电容器引入了 ESR 零点。后面将讨论 ESR 零点对频率响应的影响。

虽然寄生电阻也改变了极点频率和阻尼比的表达式，但是这些变化通常是微不足道的。当寄生电阻足够小时，可以近似为理想 Buck 变换器的极点频率和阻尼比，如式（6.63）和式（6.64）所示。

图 6.15 所示为 $|G_{vs}|$ 和 $\angle G_{vs}$ 的渐近图，由伯德图构建规则创建，假设 $\omega_o \ll \omega_{esr}$ 和 $Q > 0.5$。源于 Buck 变换器的电路结构和工作原理的低通滤波器特性如图 6.15 所示。作为典型的二阶低通滤波器，$|G_{vs}|$ 的低频渐近线以 -40dB/dec 或 -2 的斜率在双极点频率 ω_o 处下降。在 ESR 零点 ω_{esr} 处，-40dB/dec 斜率变为 -20dB/dec 或 -1 斜率。$|G_{vs}|$ 的低频渐近线是 Buck 变换器的电压增益：$|G_{vs}(j0)| = 20\log K_{vs} \approx 20\log D$。

$\angle G_{vs}$ 在低频下从 0°开始，在中频下降到 -180°，最后在高频下收敛到 -90°。ESR 零点效应为 $\angle G_{vs}$ 提供了 90°的相位提升。

输入 - 输出传递函数的频率响应应根据 5.4 节中讨论的定义进行解释。频率响应仅描述电路变量的交流分量，因此应分别考虑直流分量和开关纹波分量。

[例 6.2]　输入 - 输出传递函数

本实例显示了 Buck 变换器的输入 - 输出传递函数，并说明了与时域电路变量

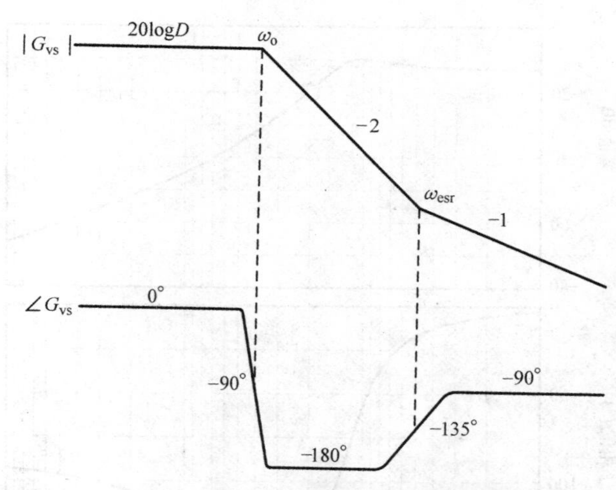

图6.15 输入-输出传递函数的渐近线

的关系。Buck 变换器的工作条件为 $V_S=16V$、$L=40\mu F$、$R_l=0.1\Omega$、$C=470\mu F$、$R_c=0.05\Omega$、$R=1\Omega$、$f_s=20kHz$ 和 $D=0.25$。变换器的输入-输出传递函数为

$$G_{vs}(s)\approx K_{vs}\frac{1+\dfrac{s}{\omega_{esr}}}{1+\dfrac{s}{Q\omega_o}+\dfrac{s^2}{\omega_o^2}} \tag{6.65}$$

式中

$$K_{vs}=D=0.25\Rightarrow -12dB$$

和

$$Q=R\sqrt{\frac{C}{L}}=1\sqrt{\frac{470\times10^{-6}}{40\times10^{-6}}}=3.43$$

$$\omega_o=\frac{1}{\sqrt{LC}}=\frac{1}{\sqrt{40\times10^{-6}\times470\times10^{-6}}}rad/s=2\pi\times1.16\times10^3rad/s$$

$$\omega_{esr}=\frac{1}{CR_c}=\frac{1}{470\times10^{-6}\times0.05}rad/s=2\pi\times6.77\times10^3rad/s$$

图6.16显示了使用 s 域小信号模型从 PSpice®仿真获得的输入-输出传递函数。图6.16中用矩形高亮显示的在 $f=2kHz$ 或 $\omega=2\pi\times2\times10^3$ rad/s 处的幅值和相位响应用于说明频率响应的含义。当向直流输入电压叠加2kHz正弦波时，幅值以大约20dB衰减速度和130°相位延迟传播到输出。输出电压由直流值、开关纹波和源自输入正弦曲线的正弦分量之和给出。为了验证这一预测，使用时域仿真

$$v_S(t)=16+0.5\sin2\pi\times2\times10^3t$$

基于变换器的工作原理和对 G_{vs}（$j2\pi\times2\times10^3$）的预测，输出电压为

$$v_O(t)=0.25\times16+0.1\times0.5\sin(2\pi\times2\times10^3t-130°)+\text{开关纹波}$$
$$=4+0.05\sin(2\pi\times2\times10^3t-130°)+\text{开关纹波}$$

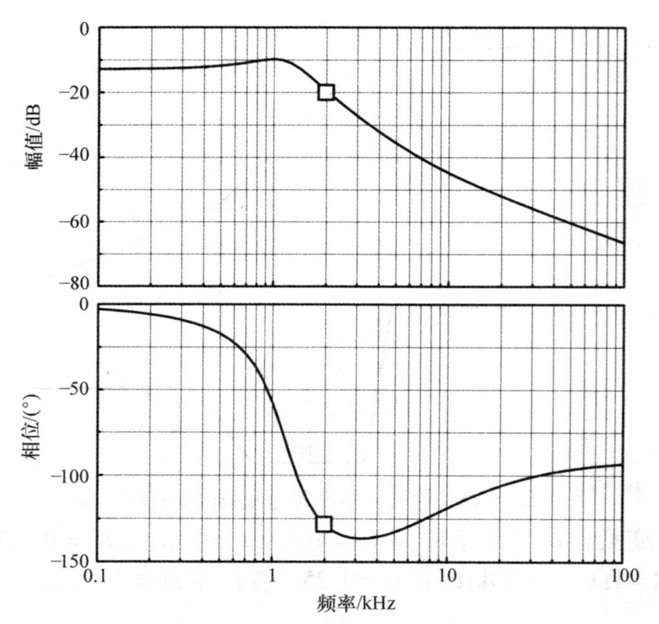

图 6.16 Buck 变换器的输入-输出传递函数

仿真结果如图 6.17 所示。当忽略开关纹波时，输出电压呈现根据输入-输出传递函数预测的 0.1V 正弦摆幅。

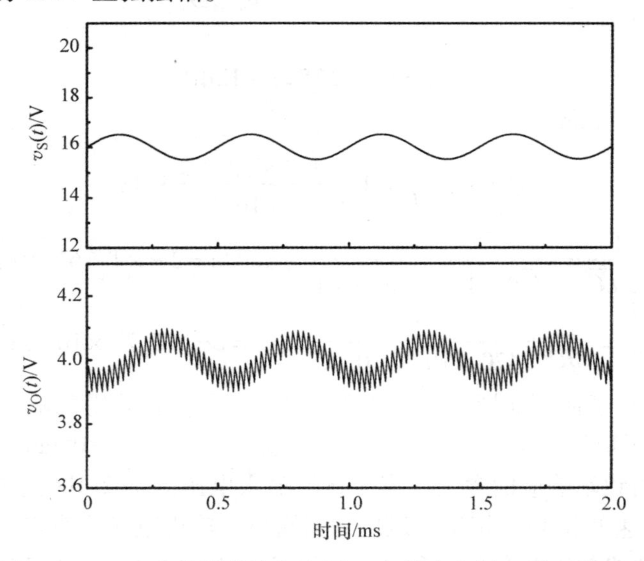

图 6.17 Buck 变换器的输入电压 v_S 和输出电压 v_O 的时域响应

6.2.2 占空比-输出传递函数

根据条件 $\hat{v}_s(s)=\hat{i}_o(s)=0$，从图 6.14b 计算占空比-输出传递函数

$$G_{vd}(s)=\frac{\hat{v}_o(s)}{\hat{d}(s)}=K_{vd}\frac{1+\frac{s}{\omega_{esr}}}{1+\frac{s}{Q\omega_o}+\frac{s^2}{\omega_o^2}} \tag{6.66}$$

式中

$$K_{vd}=\frac{V_S}{1+\frac{R_1}{R}}\approx V_S \tag{6.67}$$

图 6.18 为典型的 $|G_{vd}|$ 与 $|G_{vs}|$ 的比较图。虽然结构与 $|G_{vs}|$ 相同，但是传递函数的低频渐近线 $|G_{vd}(j0)|\approx 20\log V_S$ 远大于 $|G_{vs}(j0)|\approx 20\log D$。

因为 $G_{vd}(s)$ 是占空比－输出电压传递函数，所以传递函数位于电压反馈路径的中间。因此，$G_{vd}(s)$ 直接影响闭环控制变换器的稳定性和性能。如第 8 章所示，$G_{vd}(s)$ 在确定电压反馈电路的结构和元器件方面至关重要。

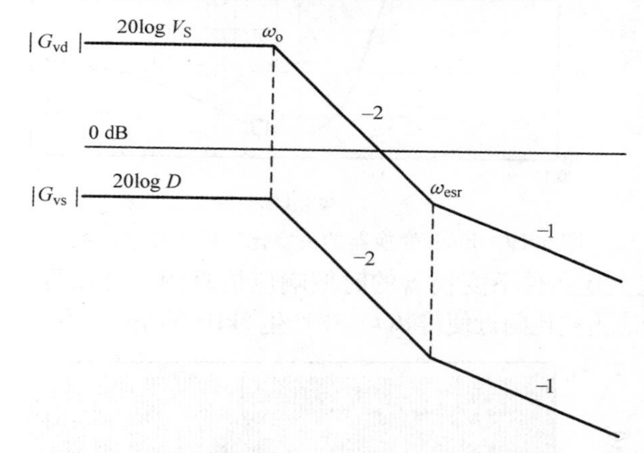

图 6.18　输入－输出传递函数和占空比－输出传递函数的渐近图

[例 6.3]　占空比－输出传递函数

本实例显示了例 6.2 中引入的 Buck 变换器的占空比－输出传递函数；还说明了 $G_{vd}(s)$ 对时域电路波形的影响。占空比－输出传递函数由下式给出：

$$G_{vd}(s)\approx K_{vd}\frac{1+\frac{s}{\omega_{esr}}}{1+\frac{s}{Q\omega_o}+\frac{s^2}{\omega_o^2}} \tag{6.68}$$

式中，$K_{vd}=V_S=16\Rightarrow 24\text{dB}$。其他参数与例 6.2 相同。图 6.19 为 $G_{vd}(s)$ 的仿真曲线。与例 6.2 类似，可以从图 6.19 预测占空比－输出电压之间的时域关系。如图 6.19 中的矩形所示，占空比以 5kHz 正弦变化将相同的幅度传播到输出电压，但相位延迟约为 135°。当调制开关驱动信号以产生下面的连续占空比时

$$d(t)=0.25+0.05\sin 2\pi\times 5\times 10^3 t$$

输出电压

$$v_O(t) = 0.25 \times 16 + 1 \times 0.05\sin(2\pi \times 5 \times 10^3 t - 135°) + \text{开关纹波}$$
$$= 4 + 0.05\sin(2\pi \times 5 \times 10^3 t - 135°) + \text{开关纹波}$$

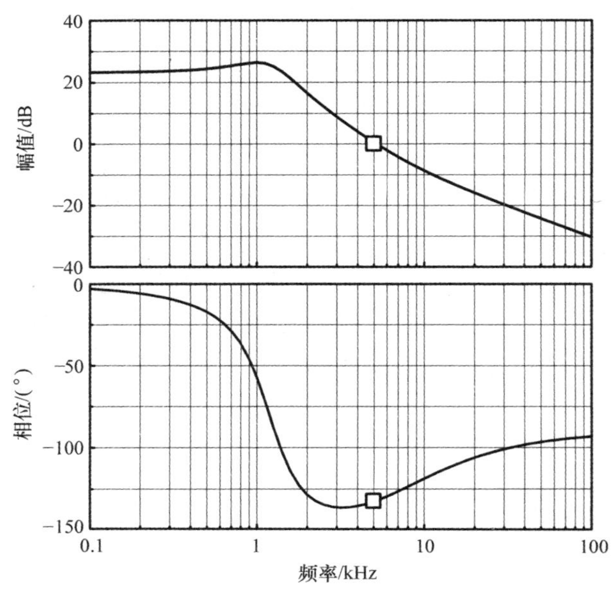

图 6.19　Buck 变换器的占空比－输出传递函数

图 6.20 为在上述条件下变换器的时域响应仿真图。可以看出，调制开关驱动信号 $q(t)$ 以在稳态占空比附近使得 $d(t)$ 中产生 5kHz 的正弦变化。当开关纹波被忽略

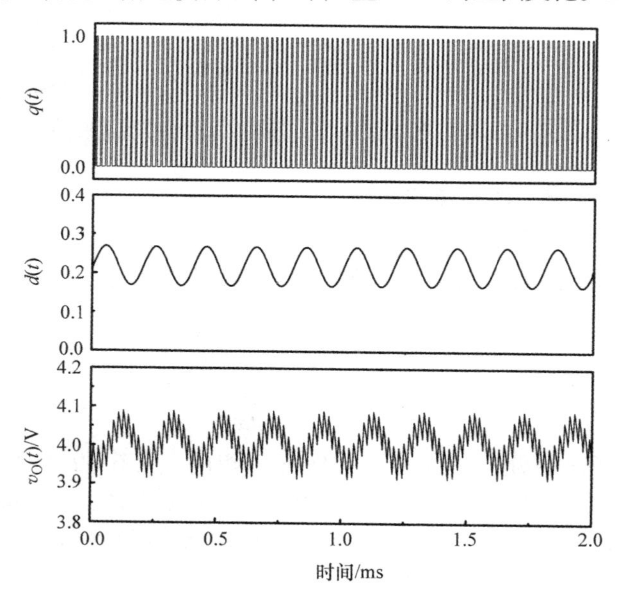

图 6.20　开关驱动信号 q（t）、连续占空比 d（t）和输出电压 v_O 的时域响应

时，输出电压的正弦变化幅度与占空比的大小大致相同，如占空比 - 输出传递函数所预测的那样。

6.2.3　负载电流 - 输出传递函数

在 $\hat{v}_v(s)=\hat{d}(s)=0$ 条件下，从图 6.14b 可得负载电流 - 输出电压传递函数

$$Z_p(s)=\frac{\hat{v}_o(s)}{\hat{i}_o(s)}=R\parallel R_l\frac{\left(1+\frac{s}{\omega_z}\right)\left(1+\frac{s}{\omega_{esr}}\right)}{1+\frac{s}{Q\omega_o}+\frac{s^2}{\omega_o^2}}\approx R_l\frac{\left(1+\frac{s}{\omega_z}\right)\left(1+\frac{s}{\omega_{esr}}\right)}{1+\frac{s}{Q\omega_o}+\frac{s^2}{\omega_o^2}} \tag{6.69}$$

式中

$$\omega_z=\frac{R_l}{L} \tag{6.70}$$

除了 ω_{esr} 之外，传递函数具有另一个零点 ω_z，由电感器的 ESR 产生。当 ω_{esr} 出现在高频时，ω_z 通常位于较低的频率。因此，传递函数的低频特性主要受电感器的 ESR 影响。

图 6.21 所示为 $|Z_p|$ 和 $\angle Z_p$ 的渐近图。$|Z_p|$ 的低频渐近线是负载电阻和电感器的 ESR 的并联连接所致，实际上可以近似为 $|Z_p(j0)|=20\log R\parallel R_l\approx20\log R_l$。高频渐近线可以从图 6.14b 的小信号电路模型中得到。在高频时，电感表现为开路，电容呈现非常低的阻抗。因此，高频渐进线是输出电容器的负载电阻和 ESR 的并联，大多数情况下，可以近似为 $|Z_p(j\infty)|=20\log R\parallel R_c\approx20\log R_c$。

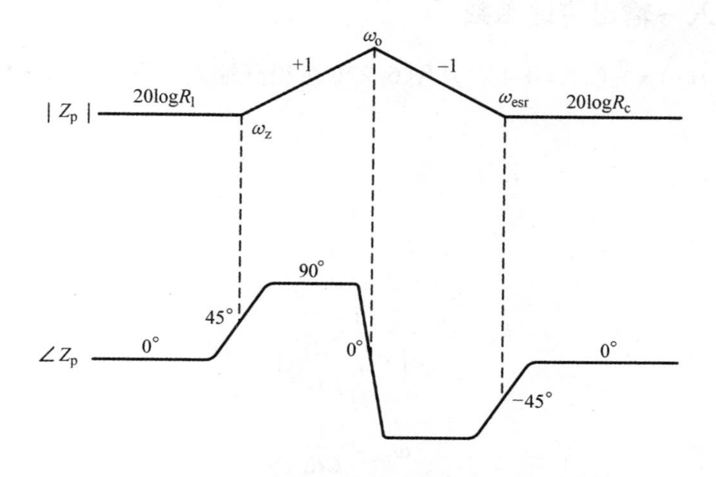

图 6.21　负载电流 - 输出传递函数的渐近图

6.3 Boost 变换器的功率级传递函数

图 6.22a 显示了 Boost 变换器的功率级，图 6.22b 描绘了其小信号模型。关于小信号模型的细节见 5.3.3 节。

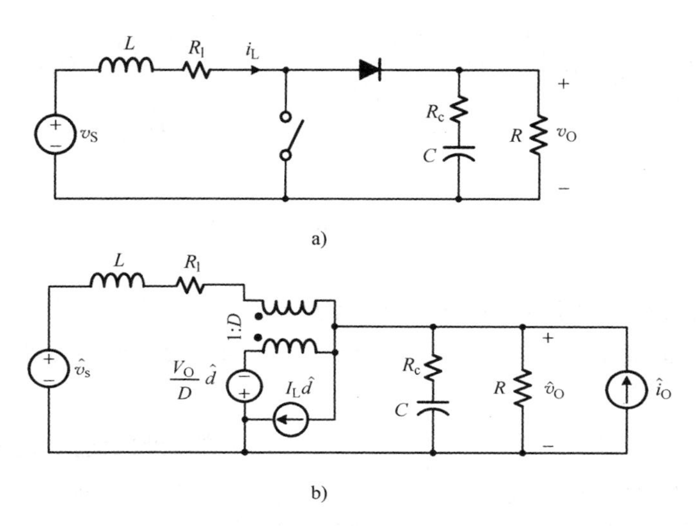

图 6.22 Boost 变换器的小信号模型
a）电路图 b）小信号模型

6.3.1 输入－输出传递函数

在条件 $\hat{d}(s)=\hat{i}_o(s)=0$ 下，从图 6.22b 可得到输入－输出传递函数

$$G_{vs}(s)=K_{vs}\frac{1+\dfrac{s}{\omega_{esr}}}{1+\dfrac{s}{Q\omega_o}+\dfrac{s^2}{\omega_o^2}} \tag{6.71}$$

式中

$$K_{vs}=\frac{1}{D'\left(1+\dfrac{R_l}{RD'^2}\right)}\approx\frac{1}{D'} \tag{6.72}$$

$$\omega_{esr}=\frac{1}{CR_c} \tag{6.73}$$

$$\omega_o=\sqrt{\frac{1}{LC}\frac{RD'^2+R_l}{R+R_c}}\approx\frac{D'}{\sqrt{LC}}=\frac{1}{\sqrt{L_eC}} \tag{6.74}$$

$$Q=\frac{1}{\omega_o}\frac{RD'^2+R_1}{L+C(R_1R_c+R_1R+R_cRD'^2)}\approx R\sqrt{\frac{C}{L_e}} \tag{6.75}$$

$$L_e=\frac{L}{D'^2} \tag{6.76}$$

$$D'=1-D \tag{6.77}$$

从输入－输出传递函数可以得到Boost变换器的一个有趣特性。低通滤波器特性如传递函数所示，正如Buck变换器。然而，在双极点频率 ω_o 和阻尼比 Q 中的电感 $L_e=L/D'^2$，而不是初始电感 L。这归因于电感器不是直接连接到输出电容器，而是由PWM开关分开。当从一侧计算滤波器传递函数时，应该改变位于PWM开关另一侧的电感。传递函数表达式还表明极点频率和阻尼比取决于变换器的占空比。因此，当变换器的占空比变化时，功率级动态特性也将改变。

传递函数的低频值近似为 $|G_{vs}(j0)|=20\log K_{vs}\approx 20\log(1/D')$，对应于理想Boost变换器的电压增益。$|G_{vs}|$ 和 $\angle G_{vs}$ 的渐近图基本上与Buck变换器的情况相同。

6.3.2 占空比－输出传递函数和右半平面零点

在 $\hat{v}_s(s)=\hat{i}_o(s)=0$ 的条件下，占空比－输出传递函数为

$$G_{vd}(s)=K_{vd}\frac{\left(1-\frac{s}{\omega_{rhp}}\right)\left(1+\frac{s}{\omega_{esr}}\right)}{1+\frac{s}{Q\omega_o}+\frac{s^2}{\omega_o^2}} \tag{6.78}$$

式中

$$K_{vd}=\frac{V_S}{D'^2}\frac{1-\frac{R_1}{RD'^2}}{1+\frac{R_1}{RD'^2}}\approx\frac{V_S}{D'^2} \tag{6.79}$$

$$\omega_{rhp}=\frac{D'^2R}{L}\left(1-\frac{R_1}{RD'^2}\right)\approx\frac{D'^2R}{L}=\frac{R}{L_e} \tag{6.80}$$

式中，$L_e=L/D'^2$。

传递函数最显著的特征是在式（6.78）的分子中存在右半平面（RHP）零点 ω_{rhp}。零点 $s=\omega_{rhp}$ 位于 s 平面的右侧，下标rhp用于表示这一事实。RHP零点的表达式 $\omega_{rhp}=(1-D)^2R/L$ 表示零点频率受占空比的影响。故而，当占空比变化时，零点频率将移动；故而，ω_{rhp} 被称为移动RHP零点。

移动RHP零点 ω_{rhp} 对传递函数的影响如图6.23所示。就传递函数的幅值而言，ω_{rhp} 与常规零点相同。然而，与常规零点提升90°相位相比，ω_{rhp} 导致 $\angle G_{vd}$ 相位延迟90°。因此，ω_{rhp} 将 $|G_{vd}|$ 的斜率增加20dB/dec，同时将 $\angle G_{vd}$ 降低90°。

假设 $\omega_o\ll\omega_{rhp}\ll\omega_{esr}$，$|G_{vd}|$ 和 $\angle G_{vd}$ 的典型渐近图如图6.23a所示。在超过 ω_o

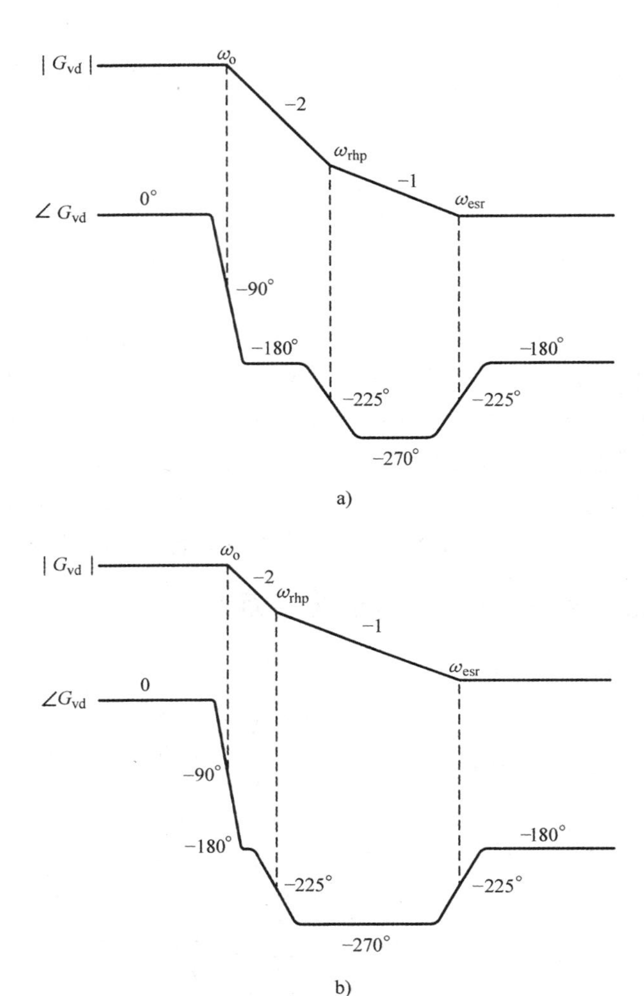

图 6.23 ω_{rhp}对占空比 - 输出传递函数的影响

a）额定占空比的情况 b）占空比增加的情况

的频率下，$\angle G_{vd}$保持在 - 180°以下，在 $\omega_{rhp} < \omega < \omega_{esr}$ 的频率范围内约为 - 270°。当占空比比前一个值增加时，ω_{rhp}向低频移动，形成图 6.23b 所示的渐近图。对于这种情况，$\angle G_{vd}$将保持在 - 270°附近更宽的频率范围内。如 8.4.7 节所述，这些相位特性给电压反馈电路的设计带来了相当大的困难。因此，Boost 变换器的控制设计比 Buck 变换器更具挑战性。ω_{rhp}对控制设计变换器性能的影响将在后面的章节中讨论。

[例 6.4] 占空比 - 输出传递函数

为了确认 RHP 零点的存在，推导出了 Boost 变换器的占空比 - 输出传递函数。图 6.24a 显示了理想 Boost 变换器的小信号模型。该模型来自图 6.22b，用于计算

在 $\hat{v}_s(s)=\hat{i}_o(s)=0$ 和 $R_l=R_c=0$ 条件下的 $G_{vd}(s)$。用一对电压源 v_T 和电流源 i_T 代替理想的变压器，将图6.24a修改为图6.24b。

$$v_T=-\left(\hat{v}_o+\frac{V_O}{D}\hat{d}\right)D=-(D\hat{v}_o+V_O\hat{d}) \tag{6.81}$$

$$i_T=D\hat{i}_L \tag{6.82}$$

电感器电流 $\hat{i}_L$ 为

$$\hat{i}_L=-\left(\frac{\hat{v}_o+v_T}{sL}\right)=\frac{-(1-D)\hat{v}_o+V_O\hat{d}}{sL} \tag{6.83}$$

由于 $I_L=V_O/((1-D)R)$，图6.24b中的由PWM开关的无源端引出的电流 $\hat{i}_p$ 为

$$\hat{i}_p=\hat{i}_L-i_T-I_L\hat{d}=\hat{i}_L-D\hat{i}_L-I_L\hat{d}=(1-D)\hat{i}_L-I_L\hat{d} \tag{6.84}$$

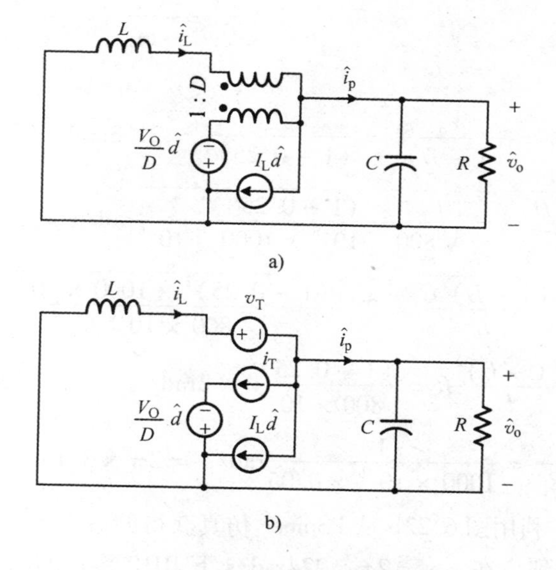

图6.24 理想Boost变换器的小信号模型

a）原始模型 b）修正模型

输出电压 $\hat{v}_o$ 确定为

$$\hat{v}_o=\hat{i}_p\left(\frac{1}{sC}\parallel R\right) \tag{6.85}$$

通过将式（6.84）和式（6.83）代入式（6.85），则有

$$\hat{v}_o=\left((1-D)\frac{-(1-D)\hat{v}_o+V_O\hat{d}}{sL}-I_L\hat{d}\right)\frac{R}{1+sCR} \tag{6.86}$$

写成传递函数形式

$$G_{vd}(s)=\frac{\hat{v}_o(s)}{\hat{d}(s)}=\frac{V_0}{1-D}\frac{1-\dfrac{sL}{(1-D)^2R}}{1+\dfrac{sL}{(1-D)^2R}+\dfrac{s^2LC}{(1-D)^2}} \tag{6.87}$$

从式（6.87）中可以看出 RHP 零点 $\omega_{rhp}=(1-D)^2R/L=R/L_e$ 的存在。虽然当考虑寄生电阻时，推导过程变得复杂，但是最终结果都是式（6.78）的形式。

[例 6.5]　**占空比－输出传递函数**

本实例说明了 Boost 变换器的占空比－输出传递函数，Boost 变换器的工作条件为 $V_S=12\text{V}$、$L=800\mu\text{H}$、$R_l=0.01\Omega$、$C=1000\mu\text{F}$、$R_c=0.05\Omega$、$R=2\Omega$、$f_s=10\text{kHz}$、$D=0.25$。占空比－输出传递函数由下式给出：

$$G_{vd}(s)\approx K_{vd}\frac{\left(1-\dfrac{s}{\omega_{rhp}}\right)\left(1+\dfrac{s}{\omega_{esr}}\right)}{1+\dfrac{s}{Q\omega_o}+\dfrac{s^2}{\omega_o^2}} \tag{6.88}$$

式中

$$K_{vd}=\frac{V_S}{(1-D)^2}=\frac{12}{(1-0.25)^2}=21.3\Rightarrow 26.6\text{dB}$$

$$\omega_o=\sqrt{\frac{(1-D)^2}{LC}}=\sqrt{\frac{(1-0.25)^2}{800\times10^{-6}\times1000\times10^{-6}}}\text{rad/s}=2\pi\times133\text{rad/s}$$

$$Q=R\sqrt{\frac{(1-D)^2C}{L}}=2\sqrt{\frac{(1-0.25)^2\times1000\times10^{-6}}{800\times10^{-6}}}=1.68$$

$$\omega_{rhp}=\frac{(1-D)^2}{L}R=\frac{(1-0.25)^2}{800\times10^{-6}}\times2\text{rad/s}=2\pi\times224\text{rad/s}$$

$$\omega_{esr}=\frac{1}{CR_c}=\frac{1}{1000\times10^{-6}\times0.05}\text{rad/s}=2\pi\times3.18\times10^3\text{rad/s}$$

图 6.25 展示了利用图 6.22b 从 PSpice®仿真获得的占空比－输出传递函数。在伯德图中清楚地看到，在 $\omega_{rhp}=2\pi\times224\text{rad/s}$ 下 RHP 零点的影响。特别地，相位在中频之后低于 $-200°$。如 8.4.7 节所述，这些相位特性使控制设计复杂化，并影响 Boost 变换器的闭环性能。

6.3.3 负载电流－输出传递函数

负载电流－输出传递函数为

$$Z_p(s)=K_p\frac{\left(1+\dfrac{s}{\omega_z}\right)\left(1+\dfrac{s}{\omega_{esr}}\right)}{1+\dfrac{s}{Q\omega_o}+\dfrac{s^2}{\omega_o^2}} \tag{6.89}$$

式中

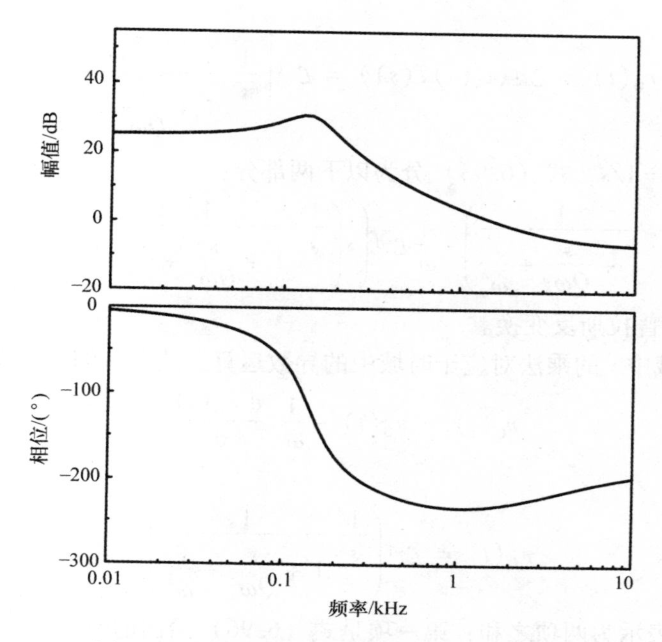

图 6.25　Boost 变换器的占空比 - 输出传递函数

$$K_p = R \parallel \frac{R_1}{(1-D)^2} \approx \frac{R_1}{(1-D)^2} \tag{6.90}$$

$$\omega_z = \frac{R_1}{L} \tag{6.91}$$

除了 Z_p 的低频幅值 $|Z_p(0)| = 20\log(R_1/(1-D)^2)$，$|Z_P|$和 $\angle Z_p$ 的渐近图与 Buck 变换器的渐近图相同。

6.3.4　右半平面零点的物理起源

作为最突出的特征，Boost 变换器的占空比 - 输出传递函数具有 RHP 零点。虽然传递函数能直接推导 RHP 零点的表达式，但也可以从 Boost 变换器的工作原理确定 RHP 零点的存在。为此，有必要在其传递函数中研究具有 RHP 零点的这种系统的时域响应——这种类型的系统前面称为非最小相位系统。具体地，假定以下二阶方程作为非最小相位系统的传递函数：

$$\frac{v_o(s)}{v_s(s)} = T(s) = \frac{1 - \dfrac{s}{\omega_z}}{1 + \dfrac{s}{Q\omega_o} + \dfrac{s^2}{\omega_o^2}} \tag{6.92}$$

系统的单位阶跃输入响应由下式给出：

$$v_O(t) = \mathcal{L}^{-1}(v_s(s)T(s)) = \mathcal{L}^{-1}\left(\frac{1}{s}\frac{1-\frac{s}{\omega_z}}{1+\frac{s}{Q\omega_o}+\frac{s^2}{\omega_o^2}}\right) \tag{6.93}$$

由于 $v_s(s)=1/s$，式（6.93）分为以下两部分：

$$v_O(t) = \mathcal{L}^{-1}\left(\frac{1}{s}\frac{1}{1+\frac{s}{Q\omega_o}+\frac{s^2}{\omega_o^2}}\right)-\frac{1}{\omega_z}\mathcal{L}^{-1}\left(s\left(\frac{1}{s}\frac{1}{1+\frac{s}{Q\omega_o}+\frac{s^2}{\omega_o^2}}\right)\right) \tag{6.94}$$

式中，$\mathcal{L}^{-1}$为拉普拉斯反变换。

注意到 s 域中 s 的乘法对应于时域中的导数运算，式（6.94）写为

$$v_O(t) = \tilde{v}_O(t)-\frac{1}{\omega_z}\frac{\mathrm{d}\,\tilde{v}_O(t)}{\mathrm{d}t} \tag{6.95}$$

式中

$$\tilde{v}_O(t) = \mathcal{L}^{-1}\left(\frac{1}{s}\frac{1}{1+\frac{s}{Q\omega_o}+\frac{s^2}{\omega_o^2}}\right) \tag{6.96}$$

瞬态响应表示为两项之和：第一项是式（6.96）给出的瞬态波形；第二项是通过取第一项的导数并将其乘以 RHP 零点频率的负倒数产生的。图 6.26 说明了基于式（6.95）的 v_O 的结构。如图所示，在向正方向前进之前，v_O 先向负方向倾斜。由于 RHP 零点频率 ω_z 更靠近原点移动，倾角更陡峭。这种初始下降的情况是非最小相位系统的独特变换行为，因此可以用作判断 RHP 零点存在的标准。

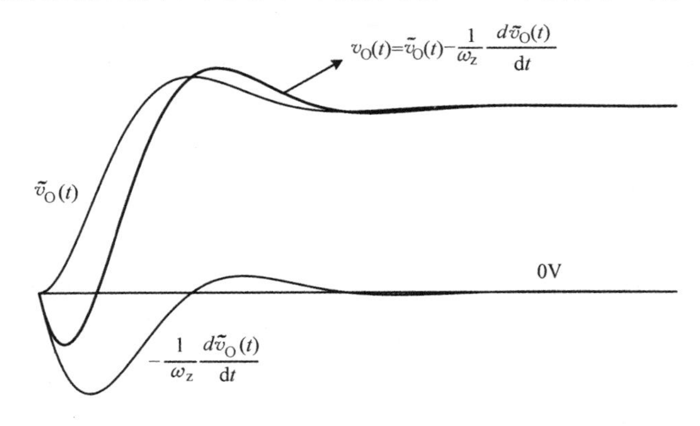

图 6.26　非最小相系统的单位阶跃响应

可以从 Boost 变换器的瞬态波形推导出占空比－输出传递函数中 RHP 零点的存在。图 6.27 说明了 Boost 变换器的电路波形，其占空比阶跃增加。尽管占空比瞬间增加，但是由于功率级动态特性，电感器电流是缓慢上升到最终值。对应于关断时间电感器电流的二极管电流 i_D 逐渐增加，峰值却突然下降。因此，如图 6.27 所示，

二极管电流 $\bar{i}_D$ 的移动平均值最初在电感器电流变得足够大之前下降。

因为输出电压与二极管电流的移动平均值 $\bar{i}_D$ 成正比，所以 i_D 的依次下降导致变换期开始时输出电压出现负脉冲情况。这可以验证在占空比 - 输出传递函数中是否存在 RHP 零点。这种现象通常发生在负载电流由二极管电流支持的 PWM 变换器中，例如 Boost 变换器、Buck/Boost 变换器以及从这两个变换器衍生的所有隔离变换器。

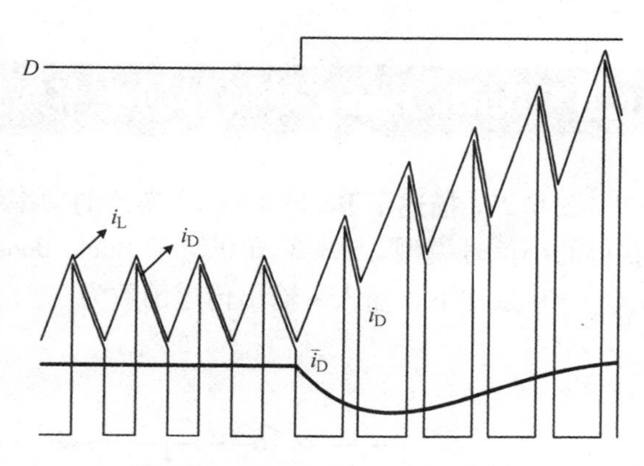

图 6.27 占空比阶跃增加的 Boost 变换器瞬态响应

[例 6.6] Boost 变换器的瞬态响应

图 6.27 所示的 Boost 变换器的变换行为可以通过时域仿真验证。图 6.28 显示了例 6.5 中介绍的 Boost 变换器的瞬态响应。Boost 变换器在 $\omega_{rhp}=2\pi\times224\text{rad/s}$ 处有 RHP 零点。在 $t=5\text{ms}$ 时，Boost 变换器的占空比从 $D=0.25$ 阶跃增加到 $D=0.5$。如图 6.28 所示，输出电压 v_O 在进入新的稳态值之前是下降的，从而验证 RHP 零点的存在。图 6.28 还显示了瞬态期间的二极管电流 i_D。二极管电流范围的急剧下降是输出电压初始下降的原因。

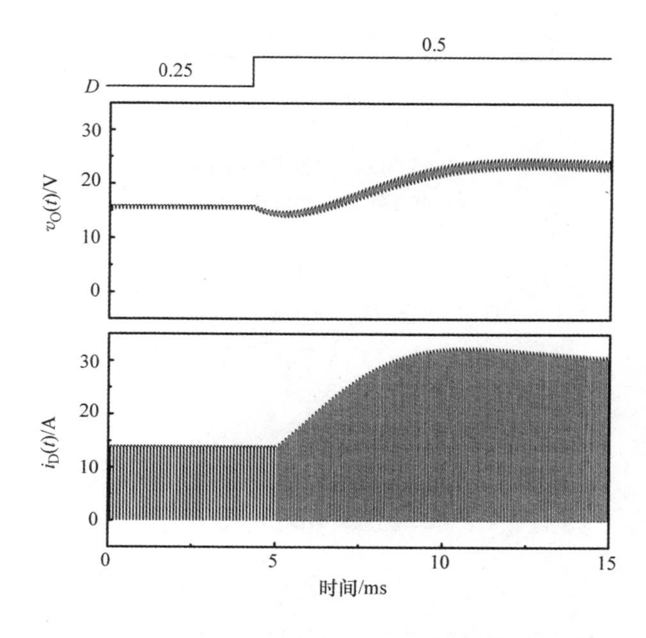

图 6.28 Boost 变换器的输出电压 v_O 和二极管电流 i_D 的瞬态波形

6.4 Buck/Boost 变换器的功率级传递函数

图 6.29a 描述了 Buck/Boost 变换器的功率级，图 6.29b 是采用 PWM 开关模型获得的小信号模型。5.3.3 节介绍了 Buck/Boost 变换器的小信号模型。在 $\hat{d}(s)=\hat{i}_o(s)=0$ 条件下，输入 - 输出传递函数为

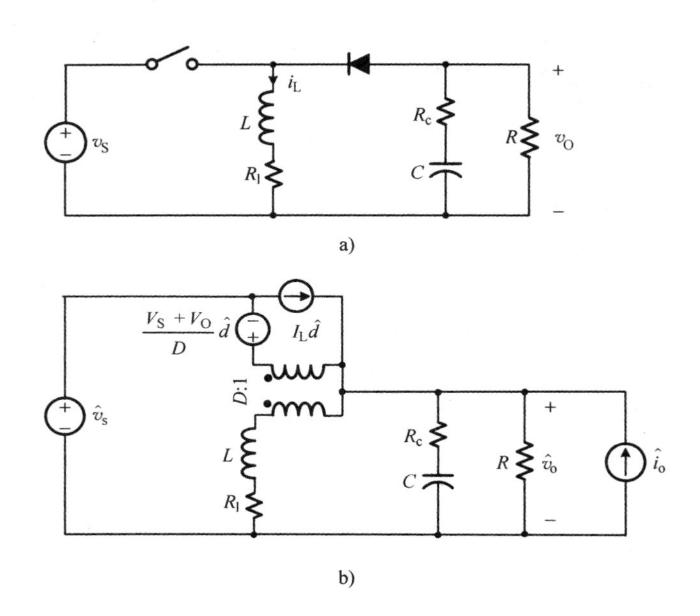

图 6.29 Buck/Boost 变换器的小信号模型
a）电路图 b）小信号模型

$$G_{vs}(s)=K_{vs}\frac{1+\dfrac{s}{\omega_{esr}}}{1+\dfrac{s}{Q\omega_o}+\dfrac{s^2}{\omega_o^2}} \tag{6.97}$$

式中

$$K_{vs}=\frac{D}{D'\left(1+\dfrac{R_l}{RD'^2}\right)}\approx\frac{D}{D'} \tag{6.98}$$

$$\omega_{esr}=\frac{1}{CR_c} \tag{6.99}$$

$$\omega_o = \sqrt{\frac{1}{LC}\frac{RD'^2 + R_l}{R + R_c}} \approx \frac{D'}{\sqrt{LC}} = \frac{1}{\sqrt{L_e C}} \tag{6.100}$$

$$Q = \frac{1}{\omega_o}\frac{RD'^2 + R_l}{L + C(R_l R_c + R_l R + R_c RD'^2)} \approx R\sqrt{\frac{C}{L_e}} \tag{6.101}$$

式中

$$L_e = \frac{L}{D'^2} \tag{6.102}$$

传递函数的低频值是理想 Buck/Boost 变换器的电压增益：$|G_{vs}(j0)| = 20\log K_{vs} \approx 20\log(D/D')$。

占空比 - 输出传递函数由下式给出：

$$G_{vd}(s) = K_{vd}\frac{\left(1 - \frac{s}{\omega_{rhp}}\right)\left(1 + \frac{s}{\omega_{esr}}\right)}{1 + \frac{s}{Q\omega_o} + \frac{s^2}{\omega_o^2}} \tag{6.103}$$

式中

$$K_{vd} = \frac{V_S}{D'^2}\frac{1 - \frac{R_l D}{RD'^2}}{1 + \frac{R_l}{RD'^2}} \approx \frac{V_S}{D'^2} \tag{6.104}$$

$$\omega_{rhp} = \frac{D'^2 R}{DL}\left(1 - \frac{R_l D}{RD'^2}\right) \approx \frac{D'^2 R}{DL} = \frac{R}{DL_e} \tag{6.105}$$

式中，$L_e = L/D'^2$。如从变换器的电路结构和工作原理所预期的那样，传递函数具有移动的 RHP 零点 ω_{rhp}，和 Boost 变换器的情况一样。

最后，负载电流 - 输出传递函数为

$$Z_p(s) = K_p\frac{\left(1 + \frac{s}{\omega_z}\right)\left(1 + \frac{s}{\omega_{esr}}\right)}{1 + \frac{s}{Q\omega_o} + \frac{s^2}{\omega_o^2}} \tag{6.106}$$

式中

$$K_p = R \parallel \frac{R_l}{D'^2} \approx \frac{R_l}{D'^2} \tag{6.107}$$

$$\omega_z = \frac{R_l}{L} \tag{6.108}$$

Buck/Boost 变换器的功率级传递函数的渐近图如图 6.30 所示。

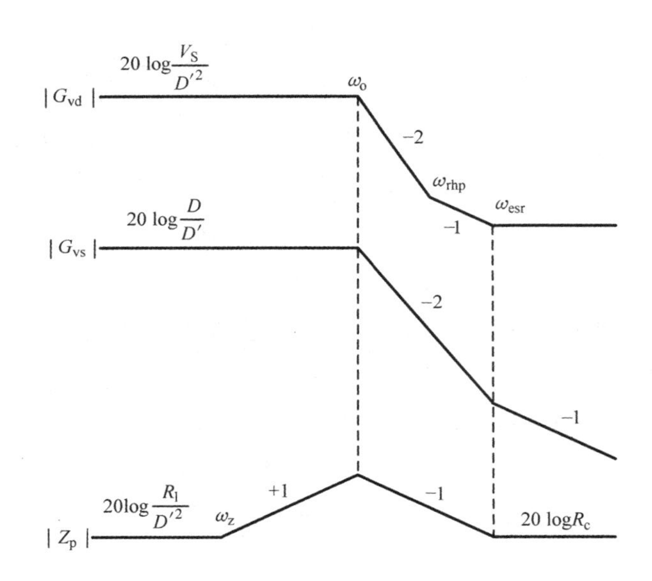

图 6.30 Buck/Boost 变换器的功率级传递函数的渐近图

6.5 小信号分析的经验方法

除了前面讨论的分析方法之外，还有一些经验方法可以研究变换器的频率响应。这些经验方法可以用作验证理论预测的手段或用于替代分析。

占空比 - 输出传递函数分析用的实验结构如图 6.31 所示。当小信号源 $\hat{v}_p$ 为零时，将固定的直流电压 V_{dc}作为控制电压 v_{con}施加到 PWM 模块。这种情况下，开关驱动信号是周期性的，变换器利用恒定的占空比 D 建立了稳态平衡。

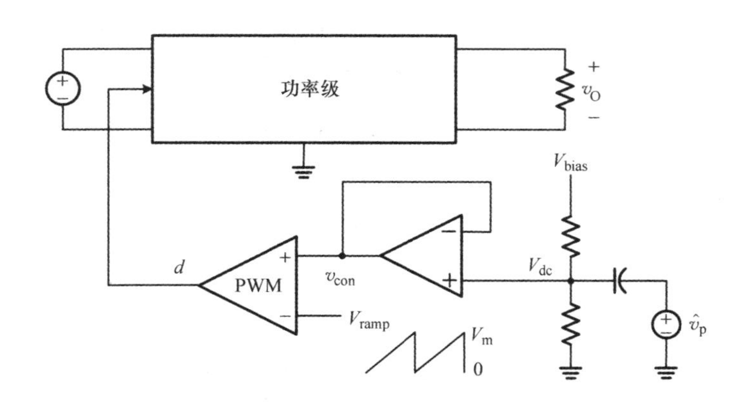

图 6.31 占空比 - 输出传递函数分析用的实验结构

当施加小信号激励 $\hat{v}_p$ 时，控制信号受到扰动：

$$v_{con}(t) = V_{dc} + \hat{v}_p(t) \tag{6.109}$$

所以在占空比中引入了正弦交流信号

$$d(t) = D + \hat{d}(t) \tag{6.110}$$

扰动的占空比又产生由直流和小信号分量组成的扰动输出电压

$$v_O(t) = V_O + \hat{v}_o(t) \tag{6.111}$$

通过求解 $\hat{v}_o(s)$ 与 $\hat{v}_p(s)$ 之比

$$\frac{\hat{v}_o(s)}{\hat{v}_p(s)} = \frac{\hat{d}(s)}{\hat{v}_p(s)} \frac{\hat{v}_o(s)}{\hat{d}(s)} \tag{6.112}$$

并结合 PWM 模块的小信号增益

$$\frac{\hat{d}(s)}{\hat{v}_p(s)} = F_m \tag{6.113}$$

获得期望的占空比输出传递函数

$$\frac{\hat{v}_o(s)}{\hat{d}(s)} = \frac{1}{F_m} \frac{\hat{v}_o(s)}{\hat{v}_p(s)}$$

式中，$F_m = 1/V_m$，其中 V_m 是斜坡信号的幅值。

$\hat{v}_o(s)/\hat{v}_p(s)$ 的求解可以通过两种不同的经验方法进行：一种是实验方法；另一种是计算方法。第一种实验方法是使用阻抗分析仪测量运算变换器的 $\hat{v}_o(s)/\hat{v}_p(s)$ 值。阻抗分析仪在扫描扰动频率时注入正弦波，提取输出正弦波，以便与输入正弦波进行比较，最后生成 $\hat{v}_o(s)/\hat{v}_p(s)$ 的幅值和相位图。

第二种计算方法是使用电路仿真软件，基于时域仿真计算 $\hat{v}_o(s)/\hat{v}_p(s)$ 。在这种方法中，电路仿真软件与阻抗分析仪担当相同的角色。仿真软件执行一系列时域仿真，同时扫描感兴趣范围的扰动频率。仿真软件处理仿真结果，以产生 $\hat{v}_o(s)/\hat{v}_p(s)$ 的幅值和相位图。一些商业电路仿真软件提供了这种计算方法的自动化程序。在本书中，计算方法将用来验证小信号分析的结果。只要适当和详实，小信号分析的理论结果将与计算方法的经验结果进行比较和分析。有关计算方法的更多细节将在第 8 章中给出。

[例 6.7]　占空比 - 输出传递函数的比较

本实例将 s 域小信号模型的预测结果与用两种经验方法获得的结果进行比较。图 6.32 显示了在 $V_S = 15\text{V}$、$L = 68\mu\text{H}$、$R_l = 0.16\Omega$、$C = 430\mu\text{F}$、$R_c = 0.05\Omega$、$R = 1\Omega$、$f_s = 50\text{kHz}$、$D = 0.33$ 工作条件下 Buck 变换器的占空比 - 输出传递函数。将小信号模型的分析预测与使用阻抗分析仪的实验测量和使用电路仿真软件的计算结果进行比较。传递函数之间的匹配度证实了本节讨论的分析和经验方法的有效性和准确性。第 8 章的例 8.5 进一步讨论了计算方法的结果。

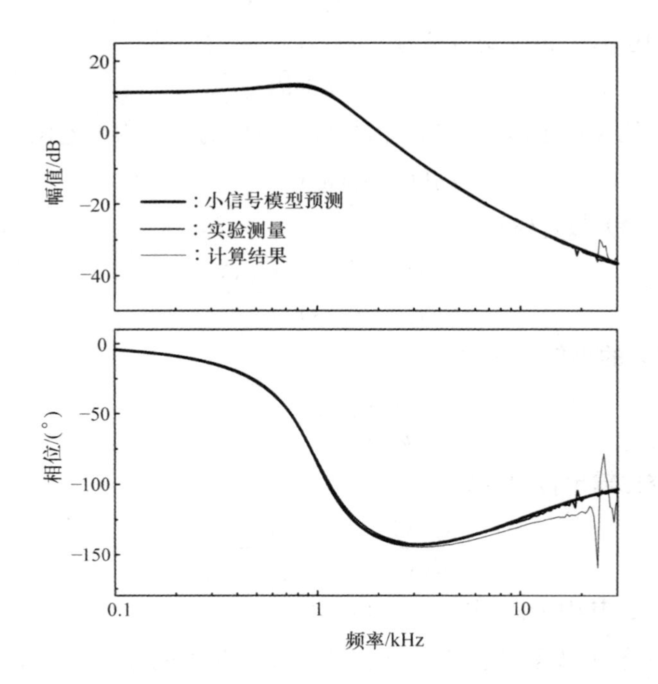

图 6.32 Buck 变换器的占空比-输出传递函数

6.6 小结

本章研究了三种基本 PWM 变换器的功率级传递函数；分析了输入-输出传递函数、占空比-输出传递函数和负载电流-输出传递函数，重点介绍了其频率响应特性。

三种基本 PWM 变换器通常具有低通滤波器特性。对于 Buck 变换器，功率级电感器 L 直接与输出电容器组合形成低通滤波器。对于 Boost 和 Buck/Boost 变换器，有效电感 $L_e = L/(1-D)^2$ 出现在功率级传递函数中作为电感参数。

Boost 和 Buck/Boost 变换器在其占空比-输出传递函数中包含一个右半平面（RHP）零点。除了直接求解传递函数外，还给出了功能性说明，以支持 RHP 零点的存在。RHP 零点的影响主要集中在占空比-输出传递函数的相位特性上。如 8.4.7 节所示，RHP 零点对反馈补偿设计造成相当大的困难，并影响变换器的稳定与性能。

本章给出了 Buck、Boost 和 Buck/Boost 变换器的功率级传递函数的分析表达式和渐近图。这些结果将在后面的章节中用于反馈补偿设计和闭环分析。表 6.1 总结了三种基本 PWM 变换器的功率级传递函数的表达式。

表 6.1 三种基本变换器的传递函数

Buck 变换器		
$G_{vs}=D\dfrac{1+\dfrac{s}{\omega_{esr}}}{1+\dfrac{s}{Q\omega_o}+\dfrac{s^2}{\omega_o^2}}$	$G_{vd}=V_S\dfrac{1+\dfrac{s}{\omega_{esr}}}{1+\dfrac{s}{Q\omega_o}+\dfrac{s^2}{\omega_o^2}}$	$Z_p=R_l\dfrac{\left(1+\dfrac{s}{\omega_z}\right)\left(1+\dfrac{s}{\omega_{esr}}\right)}{1+\dfrac{s}{Q\omega_o}+\dfrac{s^2}{\omega_o^2}}$
$Q=R\sqrt{\dfrac{C}{L}}$	$\omega_o=\dfrac{1}{\sqrt{LC}}$	
$\omega_{esr}=\dfrac{1}{CR_c}$	$\omega_z=\dfrac{R_l}{L}$	
Boost 变换器		
$G_{vs}=\dfrac{1}{D'}\dfrac{1+\dfrac{s}{\omega_{esr}}}{1+\dfrac{s}{Q\omega_o}+\dfrac{s^2}{\omega_o^2}}$	$G_{vd}=\dfrac{V_S}{D'^2}\dfrac{\left(1-\dfrac{s}{\omega_{rhp}}\right)\left(1+\dfrac{s}{\omega_{esr}}\right)}{1+\dfrac{s}{Q\omega_o}+\dfrac{s^2}{\omega_o^2}}$	$Z_p=\dfrac{R_l}{D'^2}\dfrac{\left(1+\dfrac{s}{\omega_z}\right)\left(1+\dfrac{s}{\omega_{esr}}\right)}{1+\dfrac{s}{Q\omega_o}+\dfrac{s^2}{\omega_o^2}}$
$D'=1-D$	$Q=D'R\sqrt{\dfrac{C}{L}}$	$\omega_o=D'\dfrac{1}{\sqrt{LC}}$
$\omega_{esr}=\dfrac{1}{CR_c}$	$\omega_z=\dfrac{R_l}{L}$	$\omega_{rhp}=D'^2\dfrac{R}{L}$
Buck/Boost 变换器		
$G_{vs}=\dfrac{D}{D'}\dfrac{1+\dfrac{s}{\omega_{esr}}}{1+\dfrac{s}{Q\omega_o}+\dfrac{s^2}{\omega_o^2}}$	$G_{vd}=\dfrac{V_S}{D'^2}\dfrac{\left(1-\dfrac{s}{\omega_{rhp}}\right)\left(1+\dfrac{s}{\omega_{esr}}\right)}{1+\dfrac{s}{Q\omega_o}+\dfrac{s^2}{\omega_o^2}}$	$Z_p=\dfrac{R_l}{D'^2}\dfrac{\left(1+\dfrac{s}{\omega_z}\right)\left(1+\dfrac{s}{\omega_{esr}}\right)}{1+\dfrac{s}{Q\omega_o}+\dfrac{s^2}{\omega_o^2}}$
$D'=1-D$	$Q=D'R\sqrt{\dfrac{C}{L}}$	$\omega_o=D'\dfrac{1}{\sqrt{LC}}$
$\omega_{esr}=\dfrac{1}{CR_c}$	$\omega_z=\dfrac{R_l}{L}$	$\omega_{rhp}=\dfrac{D'^2}{D}\dfrac{R}{L}$

注：传递函数是在 $R>>R_c$ 和 $R>>R_l$ 条件下的近似值。

本章还介绍了传递函数的伯德图构建，用于说明变换器的频率响应特性。本章也介绍了功率级动态分析的经验和计算方法。计算方法将在后续章节中用于验证小信号分析和控制设计预测。

参考文献

1. R. W. Erickson and D. Maksimović, *Fundamentals of Power Electronics*, Kluwer Academic Publishers, 2001.
2. V. Vorpérian, *Fast Analytical Techniques for Electrical and Electronic Circuits*, Cambridge University Press, 2002.
3. K. Ogata, *Modern Control Engineering*, Prentice Hall, 4th ed., 2002.

习 题

6.1 对于图 P6.1 所示的每个渐近幅值图，以时间常数形式写出相应的传递函数的表达式。

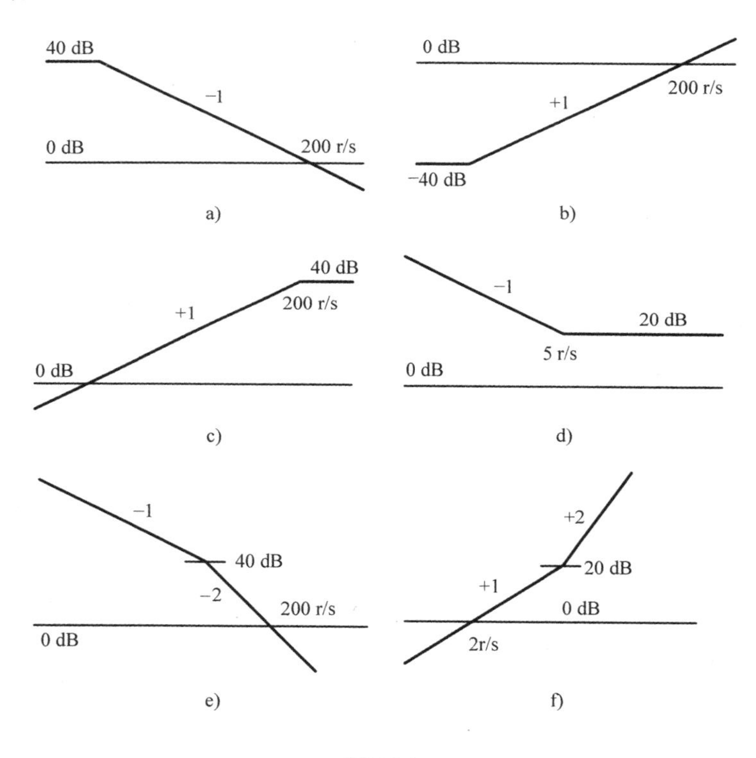

图 P6.1

6.2* 双端口网络的输入 - 输出传递函数由下式给出：

$$\frac{v_o(s)}{v_i(s)} = \frac{\left(1+\frac{s}{\omega_z}\right)\left(1+\frac{s^2}{\omega_{o1}^2}\right)}{\left(1+\frac{s}{\omega_p}\right)\left(1+\frac{s^2}{\omega_{o2}^2}\right)}$$

对于以下每个不同的输入信号，求出 $v_o(t)$ 幅值的表达式：

i) $v_I(t) = V_m \sin\omega_z t$　　ii) $v_I(t) = V_m \sin\omega_{o1} t$

iii) $v_I(t) = V_m \sin\omega_p t$　　iv) $v_I(t) = V_m \sin\omega_{o2} t$

6.3* 对于图 P6.3 中的每个渐近幅值曲线，以时间常数形式写出相应的传递函数的表达式。

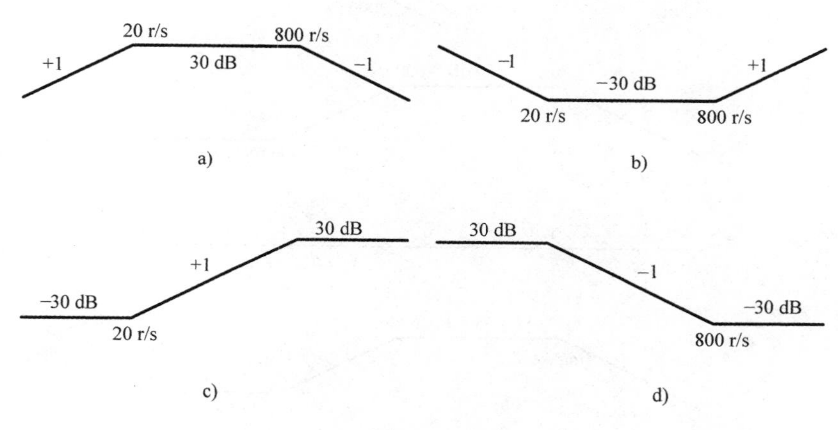

图 P6.3

6.4* 考虑以下传递函数：

$$T(s) = K_t \frac{(s+\omega_{z1})(s+\omega_{z2})}{(s+\omega_{p1})(s+\omega_{p2})}$$

a）假设 $K_t > 1$，$\omega_{p1} < \omega_{z1} < \omega_{z2} < \omega_{p2}$，$|\omega_{z1} - \omega_{p1}| < |\omega_{p2} - \omega_{z2}|$。绘制 $|T|$ 的渐近图。求出 $|T|$ 的最大值和最小值的表达式。

b）假设 $K_t < 1$，$\omega_{z1} < \omega_{p1} < \omega_{z2} < \omega_{p2}$，$|\omega_{p1} - \omega_{z1}| > |\omega_{p2} - \omega_{z2}|$，重复 a)。

6.5 绘制以下传递函数的 $|T|$ 的渐近图。求出 $|T|$ 的最大值表达式。写出 $|T|$ 的拐角频率。

a) $T(s) = K_t s \dfrac{1}{1+\dfrac{s}{\omega_p}}$

b) $T(s) = K_t s \dfrac{1}{\left(1+\dfrac{s}{\omega_{p1}}\right)\left(1+\dfrac{s}{\omega_{p2}}\right)}$（其中 $\omega_{p1} \ll \omega_{p2}$）

c) $T(s) = K_t s \dfrac{1+\dfrac{s}{\omega_z}}{\left(1+\dfrac{s}{\omega_{p1}}\right)\left(1+\dfrac{s}{\omega_{p2}}\right)}$(其中 $\omega_{p1} \ll \omega_z \ll \omega_{p2}$)

d) $T(s) = K_t s \dfrac{1+\dfrac{s}{\omega_z}}{\left(1+\dfrac{s}{\omega_{p1}}\right)\left(1+\dfrac{s}{\omega_{p2}}\right)}$(其中 $\omega_{p1} \ll \omega_{p2} \ll \omega_z$)

6.6** 对于图 P6.6 所示的渐近图，写出括号中指定的 X 和 Y 的数值。

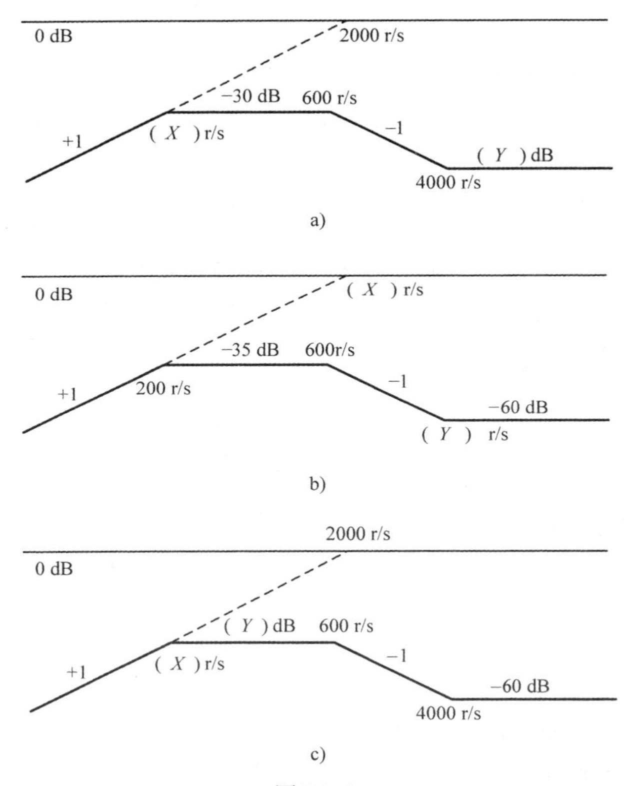

图 P6.6

6.7 请绘制下面三种情况传递函数 $|T|$ 的渐近幅值图。

$$T(s) = \frac{K_t}{s}\frac{\left(1+\dfrac{s}{\omega_{z1}}\right)\left(1+\dfrac{s}{\omega_{z2}}\right)}{\left(1+\dfrac{s}{Q\omega_o}+\dfrac{s^2}{\omega_o^2}\right)\left(1+\dfrac{s}{\omega_p}\right)}$$

i) $\omega_{z1} < \omega_o < \omega_{z2} < \omega_p$　　ii) $\omega_{z1} < \omega_{z2} < \omega_o < \omega_p$

iii) $\omega_o < \omega_{z1} < \omega_{z2} < \omega_p$

6.8 参考图 P6.8 所示的渐近幅值图，写出括号中指定的 X 和 Y 的数值。

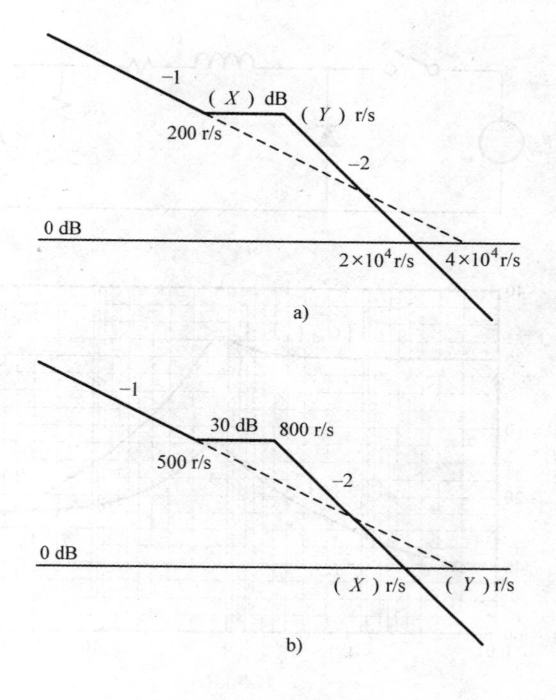

图 P6.8

6.9 绘制以下传递函数的渐近幅值图。给出拐角频率、0dB 交越频率和渐近斜率。

i) $T_1(s) = \dfrac{\omega_o^2}{s^2}$　　ii) $T_2(s) = \dfrac{s^2}{\omega_o^2}$

iii) $T_3(s) = 1 + \dfrac{\omega_o}{s}$　　iv) $T_4(s) = \dfrac{1}{1 + \dfrac{\omega_o}{s}}$

6.10 构建以下传递函数的渐近幅值和相位图。写出拐角频率、0dB 交越频率和幅值渐近斜率。

i) $T_1(s) = \dfrac{1 - s}{1 + s}$　　ii) $T_2(s) = \dfrac{1 - \dfrac{s}{2}}{1 + s}$

iii) $T_3(s) = \dfrac{1 - s + s^2}{1 + s + s^2}$　　iv) $T_4(s) = \dfrac{1 - \dfrac{s}{2} + \dfrac{s^2}{4}}{1 + s + s^2}$

6.11** 图 P6.11 所示为 Buck 变换器及其占空比 - 输出传递函数 $G_{vd}(s)$ 和负载电流 - 输出传递函数 $Z_p(s)$ 的电路图。根据伯德图中给出的信息，估计电路元件 $\{L\ R_l\ C\ R_c\ R\}$ 的值和 Buck 变换器的输入电压 V_S。假设 $R >> R_l$ 和 $R >> R_c$。

6.12* 按照例 6.4 所示的步骤，推导 Boost 变换器和 Buck/Boost 变换器的占

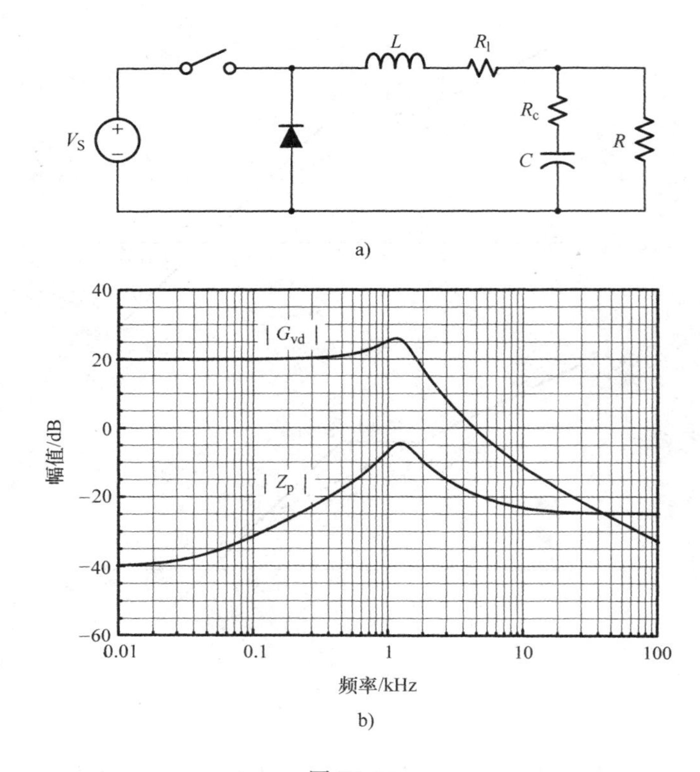

图 P6.11

空比－输出传递函数 $G_{vd}(s)$，其中无功分量的寄生电阻为 $R_l \neq 0$ 和 $R_c \neq 0$。

6.13　图 P6.13 所示为三个基本 DC－DC 变换器的电路图。绘制 $G_{vs}(s)$、$G_{vd}(s)$ 和 $Z_p(s)$ 的三个传递函数的幅值和相位响应的渐近图。注意，$R_l = 0$，但 $R_c \neq 0$。根据电路参数和工作条件，给出幅值图的拐角频率和渐近值。假设 Buck 变换器的 $Q > 0.5$ 和 $\omega_o \ll \omega_{esr}$，对于 Boost 和 Buck/Boost 变换器，$\omega_o \ll \omega_{rhp} \ll \omega_{esr}$。

6.14**　构建实验电路以提取 Buck 变换器功率级的频率响应。使用图 P6.14a 中的实验装置，测量 $\hat{v}_o(s)/\hat{v}_p(s)$ 的频率响应，如图 P6.14b 所示。

a）求出 Buck 变换器功率级的占空比－输出传递函数 $G_{vd}(s) = \hat{v}_o(s)/\hat{d}(s)$ 的解析表达式。

b）求出在实验条件下工作的变换器输入－输出传递函数 $G_{vs}(s) = \hat{v}_o(s)/\hat{v}_s(s)$ 的解析表达式。

6.15*　根据给定的伯德图写出传递函数等问题。

a）假设图 P6.15a 中的伯德图由以下传递函数产生：

$$T(s) = \frac{K_t}{s} \frac{1 + \frac{s}{\omega_z}}{1 + \frac{s}{Q\omega_o} + \frac{s^2}{\omega_o^2}}$$

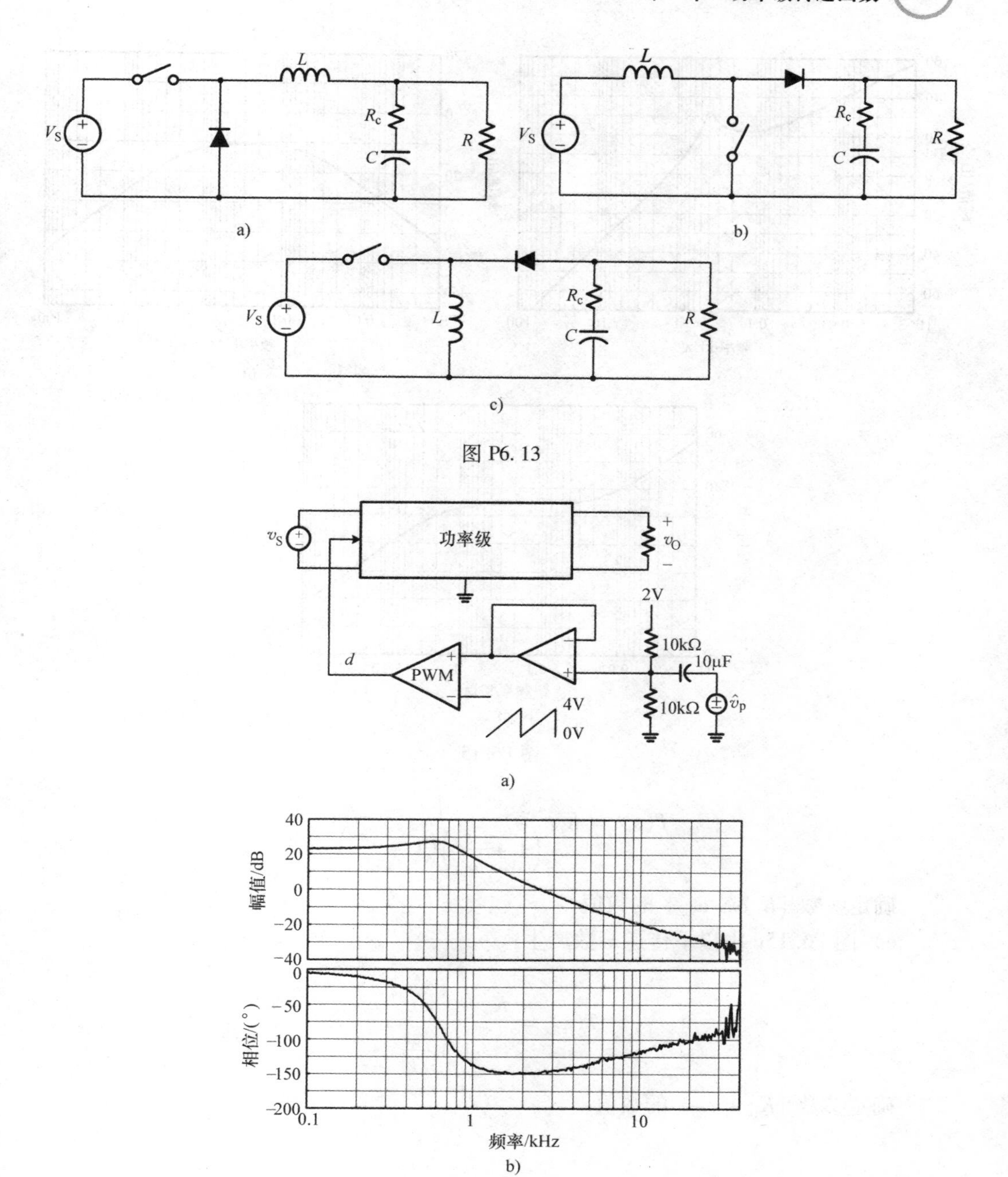

图 P6. 14

确定参数 $\{K_t\ \omega_z\ Q\ \omega_o\}$ 的数值。

b）图 P6. 15b 是以下传递函数的伯德图：

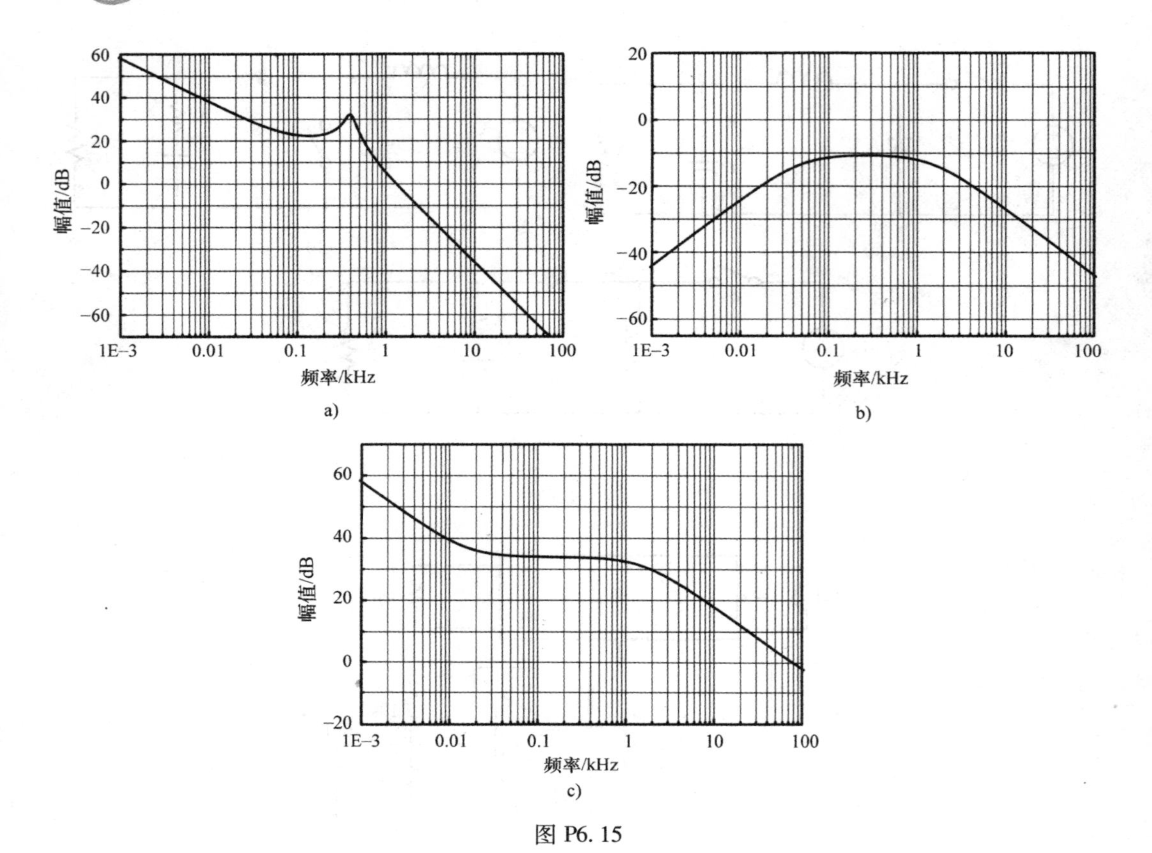

图 P6.15

$$T(s) = K_t s \frac{1}{\left(1+\frac{s}{\omega_{p1}}\right)\left(1+\frac{s}{\omega_{p2}}\right)}$$

确定参数 $\{K_t\ \omega_{p1}\ \omega_{p2}\}$ 的数值。

c）图 P6.15c 由以下传递函数产生：

$$T(s) = \frac{K_t}{s}\frac{1+\frac{s}{\omega_z}}{1+\frac{s}{\omega_p}}$$

确定参数 $\{K_t\ \omega_z\ \omega_p\}$ 的数值。

第 7 章

PWM DC - DC 变换器的动态性能

功能上 DC - DC 变换器是一个有效可靠的电压源。DC - DC 变换器作为电压源的性能指标常分为两类。第一类是静态或直流性能指标，描述变换器的稳态性能。静态性能指标包括功率容量、开关电流、电压以及输出电压纹波。由功率级参数决定上述指标，与反馈控制器无关。

第二类是动态或交流性能指标，表示变换器承受内外干扰的能力，或者在工作条件发生变化时，变换器的瞬态特性。动态性能指标包括稳定性、频域传递函数和时域瞬态响应。与静态性能不同的是，动态性能仅由反馈控制器决定。因此，具有相同功率级参数的两个 DC - DC 变换器可以显示出完全不同的动态性能，这取决于其反馈控制器的特性。

工程师为了使 DC - DC 变换器满足其动态性能。第一个要求就是对功率级小信号动态特性的理解，第 5 章和第 6 章论述了小信号建模，并分析了变换器的功率级。第二个要求是了解闭环控制 DC - DC 变换器动态性能的本质和意义。最后要求能设计出具有良好动态性能的反馈控制器。本章的目的是讨论第二个要求，即研究 DC - DC 变换器的动态性能。第 8 章将会探讨反馈控制器的设计与实现。

7.1 稳定性

前几章中的 DC - DC 变换器总在稳态下周期性工作。然而，本章只考虑 DC - DC 变换器以固定占空比的开环方式工作情况。当利用闭环反馈控制来调节输出电压时，只要合理设计反馈控制器使其满足稳定性准则，DC - DC 变换器可以周期性地稳态工作。

图 7.1a 是闭环控制 Buck 变换器的电路图。第 7 章将以闭环控制 Buck 变换器为例来说明闭环控制 DC - DC 变换器的稳定性和其他动态性能。图 7.1b 显示了 Buck 变换器从稳定转换到不稳定的过程中，其输出电压 v_O与电感器电流 i_L的变化。合理地设计反馈控制器，以确保变换器稳定工作。在稳定工作的过程中，将反馈补偿电路参数改为不稳定的值。因为补偿参数是不稳定的，所以电路波形开始表现出不稳定的振荡增长。

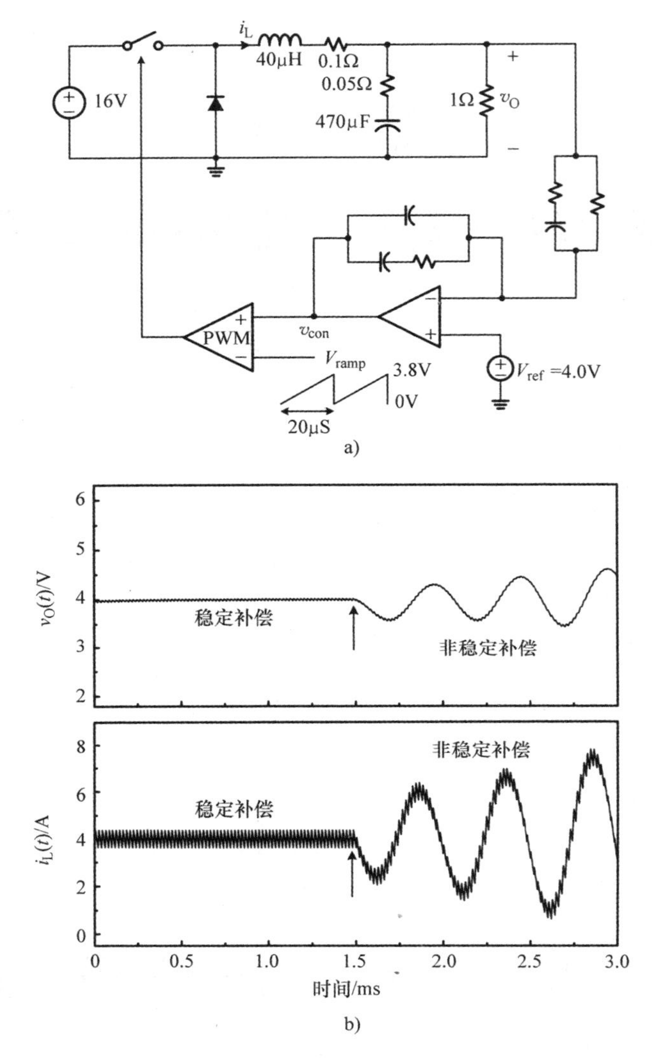

图 7.1　闭环控制 Buck 变换器

a）电路图　b）从稳定工作到不稳定工作的电路波形

因为已经存在 DC－DC 变换器的 s 域小信号模型，所以可以利用熟悉的经典控制理论进行稳定性分析。如 7.5 节所述，通过变换器的环路增益特性来判断稳定性。首先，从变换器的小信号模型中计算出环路增益。然后，用伯德图表示环路增益以估算其稳定裕度，或用极坐标图表示环路增益以应用奈奎斯特稳定性准则。本章后面将详细介绍利用 s 域小信号模型进行稳定性分析，分析结果见下面的实例，重点强调 s 域小信号模型的实用性。

[例 7.1]　Buck 变换器的稳定性分析

本实例概述了经典控制理论的稳定性分析。利用图 7.1 中的 Buck 变换器论证了稳定性分析的简单性和准确性。由 s 域小信号模型得到变换器的环路增益，作为稳定性分析的基础。图 7.2a 是 Buck 变换器环路增益的伯德图，图 7.2b 用极坐标图表示了相同的环路增益。用两种不同的反馈补偿方法对环路增益进行评估：原稳定补偿和修改后的不稳定补偿。原补偿的伯德图表明该变换器是稳定的，具有足够的相位裕度，极坐标图满足奈奎斯特稳定性准则。相反，补偿被修改后，相位裕度消失和极坐标围绕（－1，0）点，表明变换器失去稳定性。图 7.2 的预测与图 7.1 中的电路波形无疑是一致的。

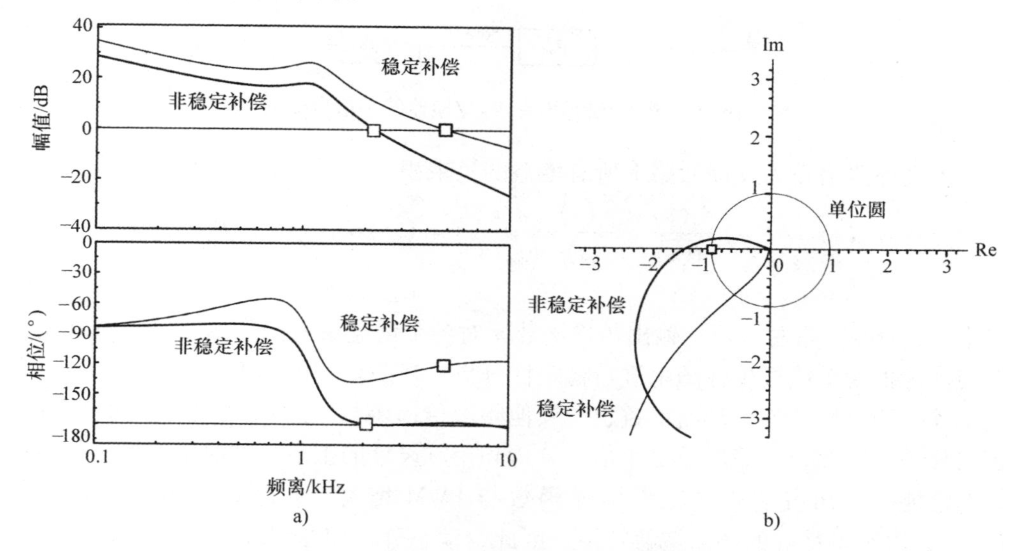

图 7.2 Buck 变换器的稳定性分析

a）环路增益的伯德图 b）环路增益的极坐标图

虽然稳定性分析直接且规范，读者也应当切记这种简单的分析也是由于 s 域小信号模型的存在。如果小信号模型不可用，稳定性分析将会是一项艰巨的任务。

7.2 频域性能准则

对于闭环控制变换器动态性能而言，有三种有意义且有用的频域传递函数，分别是环路增益、音频敏感度和输出阻抗。本节将介绍上述性能指标的定义与意义。

7.2.1 环路增益

如例 7.1 所示，环路增益包含了变换器稳定性的全部信息。图 7.3 是闭环控制 DC－DC 变换器的小信号框图。增益 F_m 是 PWM 模块的小信号增益，$F_v(s)$ 是电压反馈补偿，其他增益级是功率级的小信号传递函数。第 6 章研究了三种基本的 PWM 变换器的功率级传递函数。

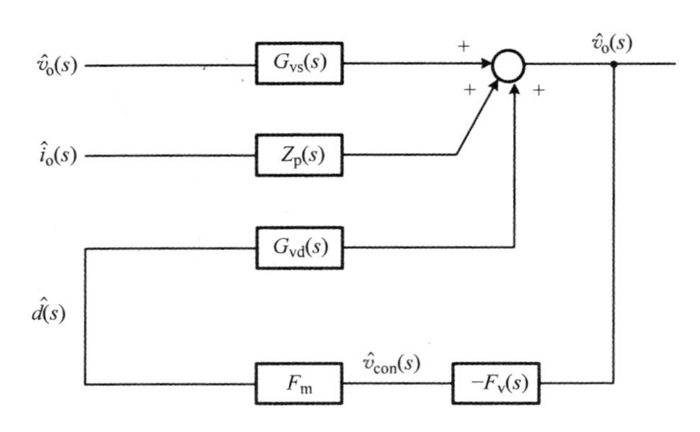

图 7.3 闭环控制 DC - DC 变换器的小信号框图

定义环路增益为反馈回路上所有增益的负乘积。由图 7.3 可知环路增益为

$$T_m(s) \equiv (-)\frac{\hat{v}_o(s)}{\hat{d}(s)}\frac{\hat{v}_{con}(s)}{\hat{v}_o(s)}\frac{\hat{d}(s)}{\hat{v}_{con}(s)} = (-)G_{vd}(s)(-)F_v(s)F_m = G_{vd}(s)F_v(s)F_m \tag{7.1}$$

式中，G_{vd}（s）是占空比 - 输出传递函数。对各个增益级进行估算，可以将环路增益转换为伯德图或极坐标图来进行稳定性分析。环路增益图如例 7.1 所示。

除了稳定性之外，环路增益也与其他频域传递函数（音频敏感度和输出阻抗）密切相关。因此，环路增益是小信号分析和控制设计的重点，并决定变换器的所有动态性能。已知占空比 - 输出传递函数与 PWM 增益，合理设计电压反馈补偿 $F_v(s)$，以获得良好的环路增益特性。因此，动态分析和控制设计最终由 $F_v(s)$ 决定，详情请参考第 8 章。

7.2.2 音频敏感度

DC - DC 变换器的输入端通常接的是非理想电压源，而不是纯直流电源。例如，离线式 DC - DC 变换器的输入端接的是经整流的电源线，其通常包含频率纹波分量。此外，在运用了多个 DC - DC 变换器的分布式电力系统中，一个 DC - DC 变换器的输入可能会耦合系统中其他变换器产生的各种噪声。

无论输入电压中的纹波或者噪声分量如何，其输出都需要一个 DC - DC 变换器来产生恒定的直流电压。因此，将输入 - 输出噪声抑制能力定义为一个性能指标。音频敏感度指输入 - 输出电压传递函数，实际上则代表了 DC - DC 变换器的输入 - 输出噪声抑制能力。

过去，DC - DC 变换器的开关频率处于可听频率范围内，例如 f_s = 10kHz。当 10kHz 的开关频率被激发时，磁性元件产生可听噪声，传播到变换器的输出端。虽然现代 DC - DC 变换器的开关频率远远超出了可听频率范围，但是仍用音频敏感度来描述 DC - DC 变换器的噪声传递特性。

图 7.3 应用梅森增益定律，将音频敏感度表示为

$$A_u(s) \equiv \left.\frac{\hat{v}_o(s)}{\hat{v}_s(s)}\right|_{closed} = \frac{G_{vs}(s)}{1+T_m(s)} \tag{7.2}$$

式中，$G_{vs}(s)$ 是输入 - 输出传递函数；$T_m(s)$ 是式（7.1）定义的环路增益。当输入 - 输出传递函数被给定时，可以通过改变环路增益来改变音频敏感度。设计环路增益的其中一个目的就是使所有频率的音频敏感度最小化，从而提供具有最小噪声污染的恒定输出电压。

[例 7.2]　Buck 变换器的音频敏感度

图 7.4 显示了例 7.1 中 Buck 变换器的音频敏感度。与 6.5 节讨论的由计算方法得到的经验结果相比较，显示了小信号模型的预测结果。例 8.5 将详细介绍 DC - DC变换器动态分析的计算方法的应用和精度。音频敏感度曲线表明，变换器在低频和高频下有足够的噪声抑制，抑制了约 33dB 的中频噪声分量。

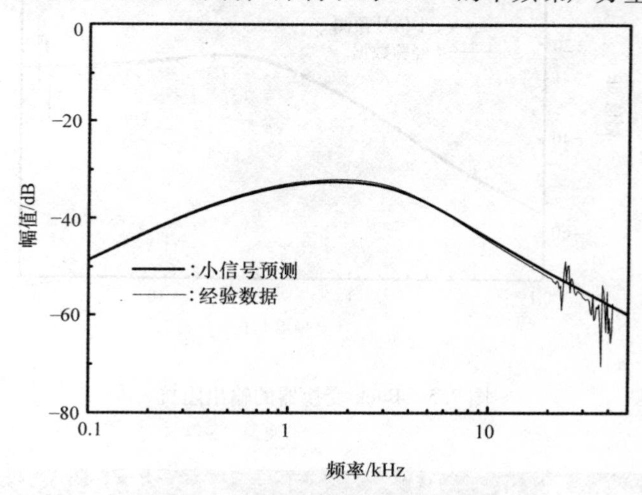

图 7.4　Buck 变换器的音频敏感度

7.2.3　输出阻抗

在负载电流发生变化或波动的情况下，DC - DC 变换器也要保持恒定的输出电压。研究负载电流到输出电压的闭环传递函数是表示该特性的一种方法。该传递函数称为输出阻抗。

与音频敏感度的情况相同，所有频率的输出阻抗应最小。输出阻抗越小，DC - DC变换器越接近理想的电压源，输出阻抗为零。因此，控制器设计的另一个重要目标是使输出阻抗最小化。

由图 7.3 的小信号框图得到输出阻抗

$$Z_o(s) \equiv \left.\frac{\hat{v}_o(s)}{\hat{i}_o(s)}\right|_{closed} = \frac{Z_p(s)}{1+T_m(s)} \tag{7.3}$$

式中，$Z_p(s)$ 是开环负载电流 - 输出传递函数。环路增益以音频敏感度的方式来影响输出阻抗。

［例 7.3］ Buck 变换器的输出阻抗

例 7.1 中 Buck 变换器的理论输出阻抗与实际输出阻抗如图 7.5 所示。在低频段，输出阻抗的幅值非常小，输出阻抗随着频率的增加而逐渐增大，直至高频时接近恒定值。如 8.2.2 节所示，高频渐近线由输出电容器的等效串联电阻（ESR）决定：$|Z_o(j\infty)| = 20\log R_c$。功率级参数如图 7.1a 所示，高频渐近线由 $20\log 0.05 = -26\text{dB}$ 给出。

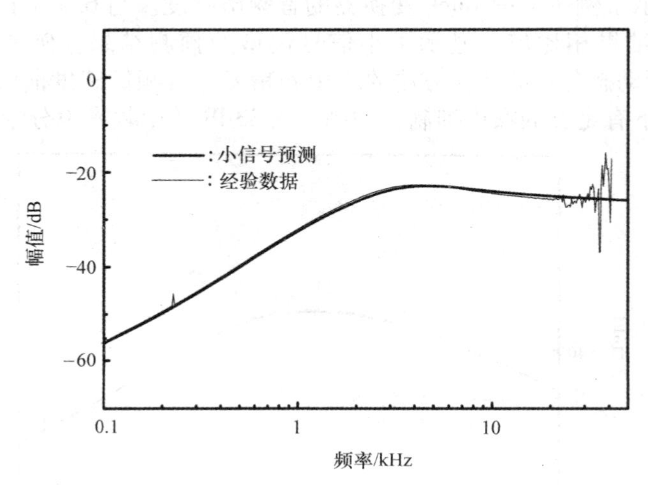

图 7.5 Buck 变换器的输出阻抗

7.3 时域性能准则

除了频域性能外，DC－DC 变换器作为电压源时，时域性能也很重要。时域性能包括负载电流或输入电压突然变化引起输出电压的瞬态响应。

3.6.2 节已经给出了 Buck 变换器的瞬态响应，利用 PWM 方案来说明闭环控制的原理。本节研究 DC－DC 变换器的动态性能——瞬态响应。

7.3.1 阶跃负载响应

阶跃负载响应指负载电流的阶跃变化引起输出电压的瞬态响应。阶跃负载响应因为以下两个因素而受到广泛关注。第一，在许多应用中，DC－DC 变换器的负载电流经常发生阶跃变化。例如，为数字设备下游供电的 DC－DC 变换器的负载电流经常发生突变。第二，阶跃负载响应通常是评估瞬态特性的一种方法。具有良好阶跃负载响应的变换器，在其他工作条件发生变化时也应具有良好的瞬态响应。

利用频域传递函数分析时域瞬态响应。利用输出阻抗，即闭环负载电流输出传递函数来研究阶跃负载响应。通过将输出阻抗乘以负载电流中阶跃变化的 s 域表达

式来求得输出电压的 s 域表达式

$$v_o(s) = \frac{I_{step}}{s} Z_o(s) \tag{7.4}$$

式中，I_{step}是负载电流的变化幅值。现将式（7.4）进行拉普拉斯反变换，以求出输出电压的时域表达式

$$v_O(t) = \mathcal{L}^{-1}\left(\frac{I_{step}}{s} Z_o(s)\right) \tag{7.5}$$

式中，$\mathcal{L}^{-1}$表示拉普拉斯反变换。式（7.5）用于后面的章节中以研究输出电压的瞬态特性。

［例 7.4］ Buck 变换器的阶跃负载响应

本实例介绍了 Buck 变换器的阶跃负载响应。图 7.6 显示的是变换器负载电流的阶跃变化引起输出电压的变化：$I_O = 4A \Rightarrow 8A \Rightarrow 4A$。通过改变电阻负载来改变电流负载。3.6.2 节定性介绍了输出电压响应。

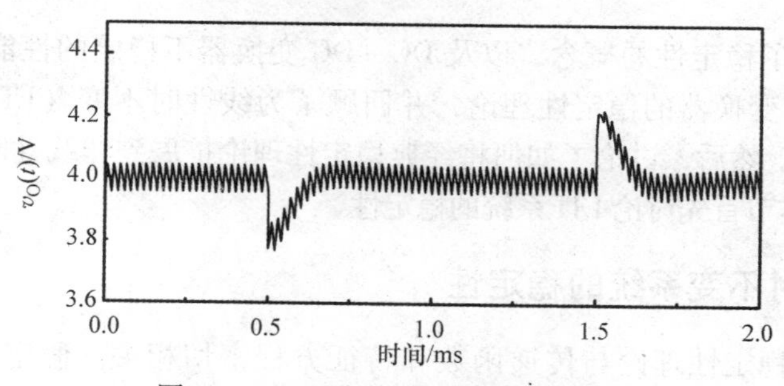

图 7.6 Buck 变换器的阶跃负载响应

阶跃负载响应主要有两个参数：峰值过冲/下冲和建立时间。峰值过冲/下冲是输出电压与稳态值的最大转换偏差。建立时间是输出电压稳定在最终值 ±5% 以内的时间间隔。图 7.6 表示 ±0.2V 以内的峰值过冲/下冲，建立时间小于 0.2ms。

7.3.2 阶跃输入响应

阶跃输入响应是由于输入电压的阶跃变化引起输出电压的瞬态特性。3.6.2 节介绍了阶跃输入响应的示例。与阶跃负载响应情况相似，阶跃输入响应也利用音频敏感度来分析：

$$v_o(t) = \pounds^{-1}\left(\frac{V_{step}}{s} A_u(s)\right) \tag{7.6}$$

式中，V_{step}是输入电压阶跃变化的幅值。

［例 7.5］ Buck 变换器的阶跃输入响应

本实例展示了前面 Buck 变换器的阶跃输入响应。图 7.7 是 Buck 变换器随着输入电压 $V_S = 16V \Rightarrow 8V \Rightarrow 16V$ 阶跃变化的输出电压。与阶跃负载响应一样，阶跃输入响应的两个重要参数是峰值过冲/下冲和建立时间。如图 7.7 所示，±0.4V 的峰值

过冲/下冲在 0.7ms 建立时间内恢复到稳态值。

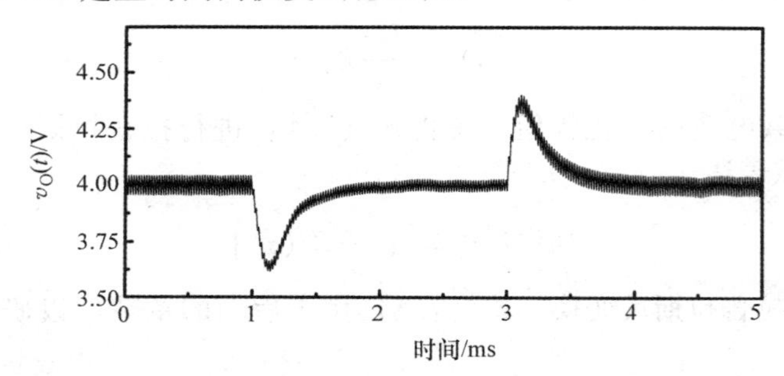

图 7.7　Buck 变换器的阶跃输入响应

7.4　DC - DC 变换器的稳定性

7.1 节介绍了稳定性的概念，以及 DC - DC 变换器不稳定的性能。本节研究了适用于 DC - DC 变换器的稳定性理论，并回顾了为线性时不变（LTI）系统建立的经典稳定性理论。然后，讨论了如何将经典稳定性理论扩展到非线性时变 PWM DC - DC 变换器中。本节首先讨论 LTI 系统的稳定性。

7.4.1　线性时不变系统的稳定性

LTI 系统的稳定性理论与传递函数和特征方程密切相关。假定初始条件为零，将输出与输入的拉普拉斯变换之比定义为 LTI 系统的传递函数。传递函数由 s 域多项式之比给出：

$$F(s) = \frac{b_0 + b_1 s + b_2 s^2 + \cdots + b_{m-1} s^{m-1} + b_m s^m}{a_0 + a_1 s + a_2 s^2 + \cdots + a_{n-1} s^{n-1} + a_n s^n} \tag{7.7}$$

将传递函数的分母定义为特征方程：

$$a_0 + a_1 s + a_2 s^2 + \cdots + a_{n-1} s^{n-1} + a_n s^n = 0 \tag{7.8}$$

特征方程包含了系统动态特性的重要信息。特征方程的解称为系统的极点或固有模式。极点在 s 平面中的位置决定了系统的稳定性。

如果极点位于 s 面右半平面（RHP）或虚轴上，则定义 LTI 系统是不稳定的。如果极点位于 s 面 RHP 上，LTI 系统的输出呈指数或正弦增长；如果极点位于虚轴上，LTI 系统的输出将一直振荡。

相反，如果所有的极点位于 s 域左半平面（LHP）上，则定义 LTI 系统是稳定的。稳定的 LTI 系统没有任何的增长或者振荡，所有的瞬态响应最终都稳定在终值。因此，稳定的 LTI 系统在稳定状态下建立稳定的工作点。如果系统受到内外部的干扰，稳定的系统总是返回到初始工作点。

7.4.2　DC - DC 变换器的小信号稳定性

如下所述，将经典稳定性理论扩展到非线性时变 PWM DC - DC 变换器中。如果变换器在稳态下产生周期性电路波形，DC - DC 变换器就是稳定的。稳定电感器电流固定在周期性三角波中，稳定的输出电压在预期直流分量上周期波动。如果在稳定的周期波形中进行 5.2 节讨论的平均运算，则所得波形不会表现出 LTI 系统不稳定的电路特性。换言之，稳定的 DC - DC 变换器的平均电路波形与不稳定的 LTI 系统产生的电路波形不一样。相反，不稳定的 DC - DC 变换器的平均电路波形将表现出不稳定的 LTI 系统的电路特性。

5.2 节详细阐述了 DC - DC 变换器的平均模型，准确预测了变换器的电路波形。因此，DC - DC 变换器的平均模型利用了稳定性理论，以测试变换器是否能周期地稳态工作，或者确定变换器的稳定性。然而，经典稳定性理论不能直接应用于变换器的平均模型，因为平均模型的时间虽然不变，但是仍然是非线性的。作为替代方案，通过线性化平均模型获得的 s 域小信号模型能用于稳定性分析。

小信号模型是非线性平均模型的线性近似。该近似只在变换器的初始工作点邻域。因此，小信号模型的有效性受限于给定工作点的邻域，即小信号模型的稳定性分析结果只能用于局部稳定性。换言之，稳定性理论只提供变换器在给定工作点领域的信息，并不适用于判断变换器的大信号稳定性。定义小信号模型上的稳定性为小信号稳定性。尽管小信号模型存在上述限制，但它仍是分析非线性时变 DC - DC 变换器稳定性非常有用的方法。

基于上述讨论，现将经典稳定性理论应用于变换器的小信号模型。如果小信号模型是稳定的，变换器将会周期地稳定工作。此外，如果干扰幅度不大，变换器会承受外部和内部的干扰，并返回到初始状态。

7.5　奈奎斯特准则

奈奎斯特准则在经典稳定性理论中起着核心作用。奈奎斯特准则提供了一个图形化方法，用于确定下列特征方程中的 RHP 根：

$$1 + T(s) = 0 \tag{7.9}$$

式中，$T(s)$是 s 域有理函数。奈奎斯特准则基于众所周知的关系

$$Z = N + P \tag{7.10}$$

式中，Z 是 $1 + T(s) = 0$ 时的 RHP 根数；N 是 $T(s)$极坐标图中包围（-1，0）点的个数；P 是 $T(s)$的 RHP 极点数。

如图 7.8 所示，从 $s = j0^+ \sim j\infty$ 的频率范围内，$T(s)$单调减小。用细线描绘的极坐标图不包含（-1，0）点，因此 $N = 0$。另一方面，用粗线描绘的极坐标图包含（-1，0）点。需要注意的是，图 7.8 中极坐标图仅用于正频率，曲线的补充

部分为负频率，是实轴上原始图的对称镜像。当考虑正、负频率时，极坐标图两次包含（－1，0）点，故 $N=2$。如果已知极坐标图中 $T(s)$ 的 RHP 极点数 P，则由式（7.10）中的 $1+T(s)=0$ 求 Z 域 RHP 极点数。

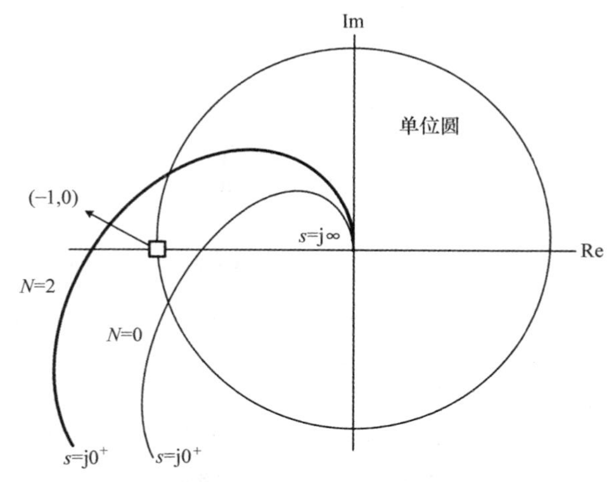

图 7.8 $T(s)$ 的极坐标图

奈奎斯特准则适用于 DC－DC 变换器的稳定性分析。将梅森增益法则应用于图 7.3 中变换器的小信号模型，闭环控制变换器的音频敏感度为

$$A_u(s) = \left.\frac{\hat{v}_o(s)}{\hat{v}_s(s)}\right|_{closed} = \frac{G_{vs}(s)}{1+G_{vd}(s)F_v(s)F_m} \tag{7.11}$$

输入－输出传递函数 $G_{vs}(s)$ 为

$$G_{vs}(s) = \frac{N(s)}{D(s)} \tag{7.12}$$

音频敏感度

$$A_u(s) = \frac{N(s)}{D(s)(1+G_{vd}(s)F_v(s)F_m)} \tag{7.13}$$

特征方程

$$D(s)(1+G_{vd}(s)F_v(s)F_m) = 0 \tag{7.14}$$

如果方程 $D(s)=0$ 不包含任何 RHP 根，则通过方程 $1+G_{vd}(s)F_v(s)F_m=0$ 是否存在 RHP 根来确定其稳定性，即方程 $1+T_m(s)=0$ 利用奈奎斯特准则判断其稳定性，其中环路增益已定义为 $T_m(s)=G_{vd}(s)F_v(s)F_m$。

上述讨论中有几点需要注意：首先，前面的分析利用了音频敏感度，因为所有的传递函数都具有相同的分母，任何闭环传递函数都可以用于稳定性分析；其次，三种基本变换器的功率级传递函数实际上没有 RHP 极点，如前面的假设一样，方程$D(s)=0$没有 RHP 根；最后，三种基本变换器的环路增益为 $T_m(s)=G_{vd}(s)F_v(s)F_m$，不包含 RHP 极点：$P=0$。因此，奈奎斯特准则可简化如下：特征方程中 RHP 根的数量与环路增益极坐标图（－1，0）点包围数相同：$Z=N$。在该情况下，可利用极坐标图的正频率部分简单地测试系统的稳定性，稳定系统的极坐标图不包含（－1，0）点。

前面讨论的奈奎斯特准则，为变换器环路增益的稳定性分析提供了图解方法。图7.9显示了变换器环路增益 $T_{m}(s)=G_{vd}(s)F_{v}(s)F_{m}$ 极坐标图的四种不同的情况。

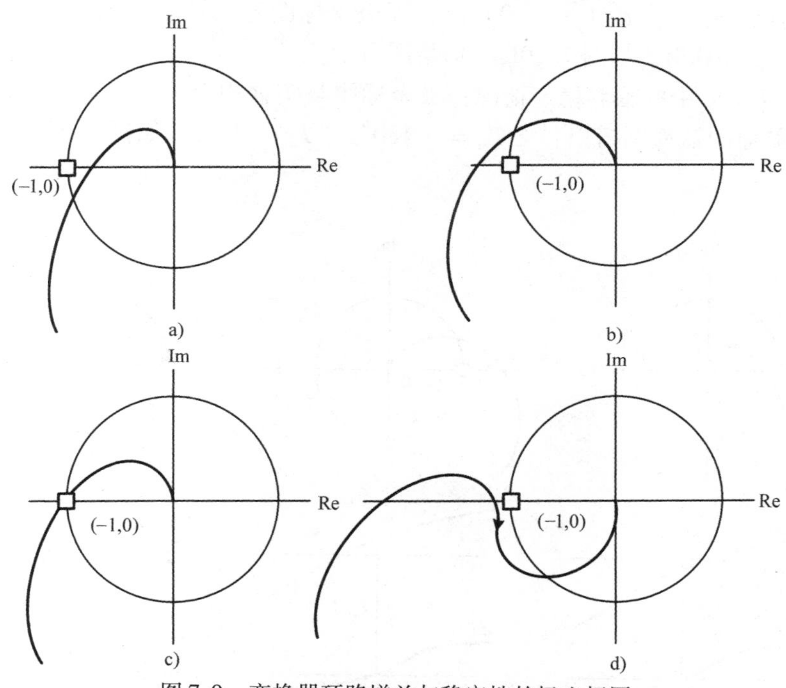

图7.9　变换器环路增益与稳定性的极坐标图

a）稳定系统　b）不稳定系统　c）临界稳定系统　d）条件稳定系统

图7.9a显示稳定情况下，变换器环路增益的极坐标图未包围（－1，0）点。图7.9b是不稳定的极坐标图，包围（－1，0）点。图7.9c是临界稳定情况，极坐标图恰好通过（－1，0）点。临界稳定介于稳定与不稳定之间。该情况下，系统在虚轴上有一对极点，并在时域响应中一直振荡。例7.6将分析DC－DC变换器临界稳定的情况。

最后，图7.9d是一个特殊情况，其中变换器环路增益的极坐标图未包围（－1，0)点。极坐标图与单位圆外的实轴相交，极坐标图在与单位圆相交之前再次通过实轴，最后接近原点但不包围（－1，0）点。具有这些环路增益特性的系统称为条件稳定系统。由于极性判别模式，条件稳定系统虽然稳定，但是在实际应用中可能会出现问题。例7.7将分析条件稳定系统的特性及其在实际应用中可能存在的稳定性问题。

图7.10分别以伯德图和极坐标图表示图7.9中的前三种情况，以说明奈奎斯特准则也可应用于以伯德图表示的环路增益。

1）图7.10a中的稳定情况：极坐标图与实轴相交于（－1，0）点与原点之间

的点，即极坐标图与实轴的截距小于 1：$\angle T_m = -180°$，$|T_m| < 0dB$，如图 7.10a 的伯德图所示。

2）图 7.10b 中的不稳定情况：极坐标图与实轴相交于（－1，0）与（－∞，0）之间的点，包围临界（－1，0）点，即极坐标图与实轴的截距大于 1：$\angle T_m = -180°$，$|T_m| > 0dB$，如图 7.10b 的伯德图所示。

3）图 7.10c 中的临界稳定情况：极坐标图与实轴相交于（－1，0）点，即极坐标图与实轴的截距等于 1：$\angle T_m = -180°$，$|T_m| = 0dB$，如图 7.10c 的伯德图所示。

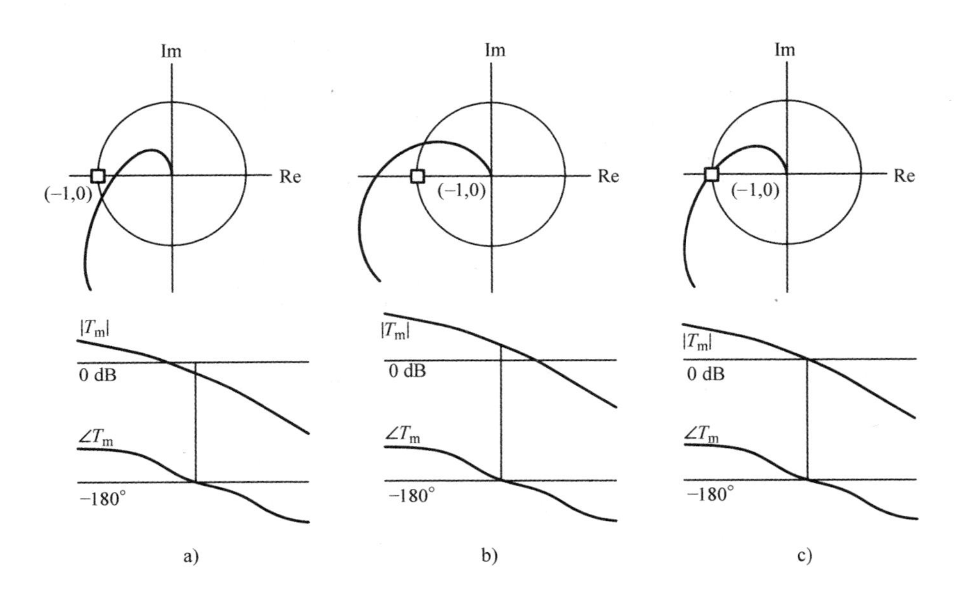

图 7.10 利用环路增益的极坐标图和伯德图进行稳定性分析
a）稳定情况 b）不稳定情况 c）临界稳定情况

如图 7.10 所示，可以直接由环路增益的伯德图判断稳定性。当 $\angle T_m = -180°$、$|T_m| < 0dB$，或 $|T_m| = 0dB$、$\angle T_m > -180°$ 时，系统稳定。这种情况等效于极坐标图不包围（－1，0）点。例 7.1 介绍了稳定性理论在实际 DC－DC 变换器中的应用。

[例 7.6] Buck 变换器的临界稳定性

本实例介绍了 Buck 变换器临界稳定的环路增益特性和时域响应。修改了以前 Buck 变换器的反馈补偿参数，以产生临界稳定情况。Buck 变换器的环路增益曲线如图 7.11 所示。图 7.11a 中的伯德图表明，在频率 $f_c = 2kHz$ 时，$|T_m| = 0dB$，$\angle T_m = -180°$。图 7.11b 表示极坐标图通过临界点（－1，0）。由稳定性的定义可知，Buck 变换器处于临界稳定状态。环路增益为

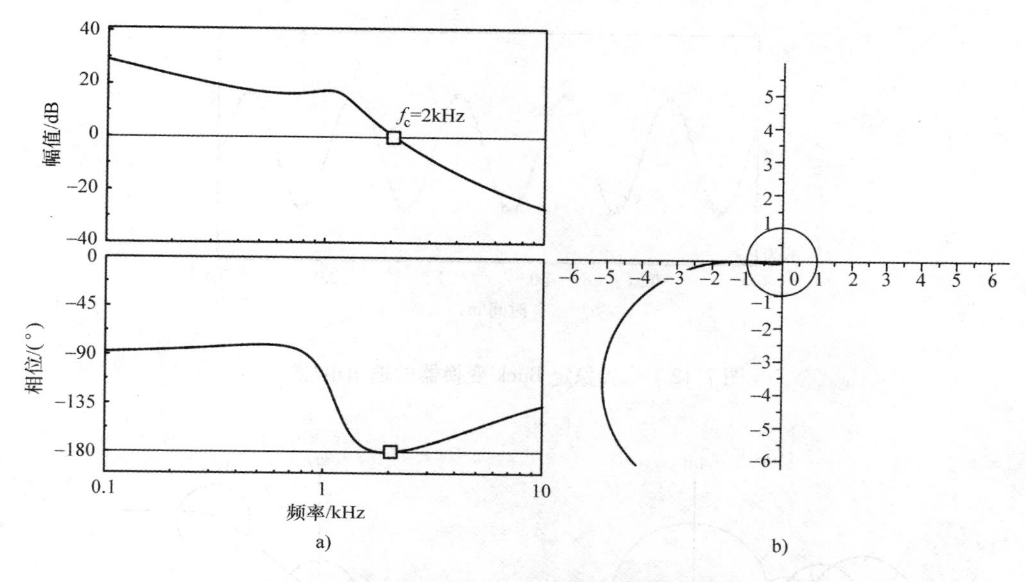

图 7.11　临界稳定 Buck 变换器的环路增益

a）环路增益的伯德图　b）环路增益的极坐标图

$$T_m(j\omega_c)=T_m(j2\pi f_c)=T_m(j2\pi\times2\times10^3)=1\angle-180°=-1 \tag{7.15}$$

化简得

$$1+T_m(j2\pi\times2\times10^3)=0 \tag{7.16}$$

由式（7.16）可知 $s=j2\pi\times2\times10^3$ 是特征方程的一个根，$s=-j2\pi\times2\times10^3$ 是特征方程的另一个根。在 $s=\pm j2\pi\times2\times10^3$ 这对极点处，Buck 变换器以频率 $\omega_c=2\pi\times2\times10^3$rad/s 持续振荡。

图 7.12 是变换器的输出电压，振荡频率为 $\omega_c=2\pi\times2\times10^3$rad/s，周期为$t_{os}=2\pi/\omega_c=0.5$ms。该例再次证实了应用于 s 域小信号模型的经典稳定性理论，能准确预测非线性时变 DC - DC 变换器的动态特性。

［例 7.7］　条件稳定系统

本实例介绍了条件稳定系统的潜在问题。条件稳定系统在已知工作点上表现出稳定性。一旦改变工作点，条件稳定系统可能变得不稳定。实际应用中也可能会失去稳定，并影响到系统运行。

假设连续降低环路增益的幅值，而相位保持不变，图 7.13a 是一组条件稳定系统的环路增益曲线族。如图所示，减小环路增益的幅值会导致极坐标图收缩，进而包围（-1，0）点。因此，当环路增益的幅值过度减小时，条件稳定系统将失去稳定性。

大多数闭环控制系统采用反馈放大器。对这种情况，当工作点偏离初始位置时，环路增益幅值可能减小。图 7.13b 显示了当工作点远离初始位置时，放大器在

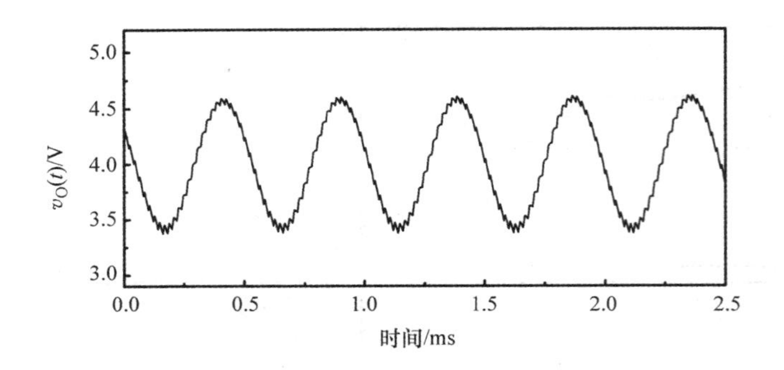

图 7.12 临界稳定 Buck 变换器的输出电压

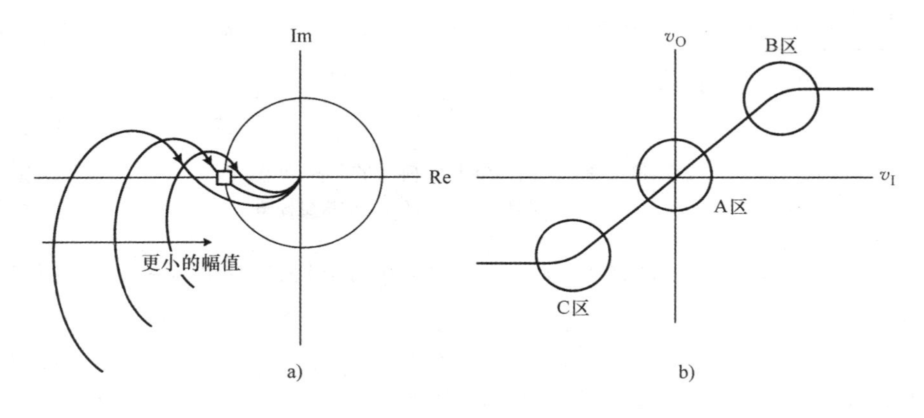

图 7.13 条件稳定系统的问题

a）条件稳定系统的环路增益 b）真实放大器的输入－输出传输特性

饱和区的输入－输出传输特性。输入－输出传输曲线的斜率是放大器的增益。当初始工作点在 A 区时，放大器的增益很大。当工作点移向 B 区或 C 区时，放大器开始变得饱和，输入－输出曲线的斜率将会减小，导致环路增益幅值迅速下降。如前所述，增益的减少可能会破坏系统的稳定性。当系统刚启动、进入保护模式或负载/输入有较大的波动时，工作点容易发生不稳定的移动。

当大幅增加环路增益的幅值时，大多数稳定系统会失去稳定性，使极坐标图包围（－1，0）点。当放大器增益过大时，会发生这种情况。但因为放大器的最大增益主要受放大器设计的限制，实际不会有如此大的增益。因此，与条件稳定系统的情况不同，稳定系统中通过增加增益引起的不稳定效应不是真正的问题。

7.6 相对稳定性：增益裕度和相位裕度

稳定性是任何闭环控制动态系统最重要的问题。因此，我们关心的是绝对的稳定性——我们首先就想知道系统当前是否稳定。除了绝对的稳定性外，还要了解稳固性。我们可能还想知道：1）稳定系统如何变得不稳定；2）该系统是否比其他系统更加稳定。

通过将奈奎斯特准则应用于环路增益来确定绝对稳定性。稳定环路增益的极坐标图未包围（－1，0）点。但增加环路增益或相位延迟都会导致极坐标图不满足奈奎斯特稳定性准则。图 7.14 显示了增加环路增益或相位延迟对极坐标图的影响。

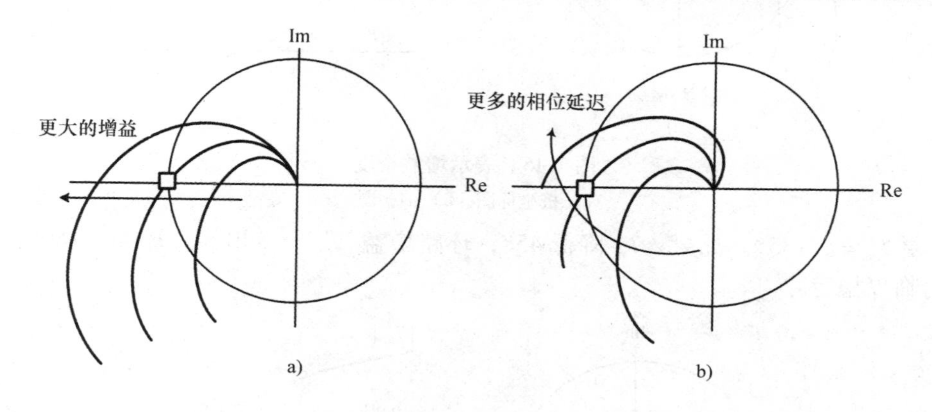

图 7.14　增益增加和相位延迟的不稳定效应

a）增加增益　b）增加相位延迟

1）带固定相位延迟的增益增加导致极坐标图的比例扩展。如图 7.14a 所示，连续增加增益最终会导致极坐标图包围（－1，0）点，使系统不稳定。

2）带固定增益的相位延迟增加会导致极坐标图的顺时针旋转。如图 7.14b 所示，过大的相位延迟也会包围（－1，0）点。

因为增加环路增益幅值或相位延迟均会使系统不稳定，所以需要由增益裕度和相位裕度来保证相对稳定性。

增益裕度：增益裕度定义为闭环系统趋于不稳定前，到 $|T_m|$ 增益的增加值，其中频率响应的相位不变。增益裕度如图 7.15 所示。图 7.15a 表示极坐标图越过（－0.5，0）点。如图中粗线所示，当环路增益加倍时，极坐标图将通过（－1，0）点，增益裕度由 $20\log 2 \approx 6\text{dB}$ 给出。图 7.15b 是相同环路增益的伯德图，在频率 $\angle T_m$ 降至 $-180°$ 时，$|T_m| = -6\text{dB}$，伯德图预测了增益裕度是 6dB。如图中粗线所示，当 $|T_m|$ 提高 6dB 时，$|T_m| = 0\text{dB}$，$\angle T_m = -180°$，表示极坐标图通过（－1，0）点。

相位裕度：相位裕度表示系统保持稳定的情况下，保持 $|T_m|$ 不变，$\angle T_m$ 增加的相位延迟量。图 7.16 显示了具有 45°相位裕度的环路增益曲线。图 7.16a 表示极坐标图与 －135°相位角的单位圆相交。当极坐标图沿顺时针方向旋转 45°时，极坐标图通过（－1，0）点，系统不稳定。如图 7.16b 所示，当 $|T_m|$ 曲线穿过 0dB 线

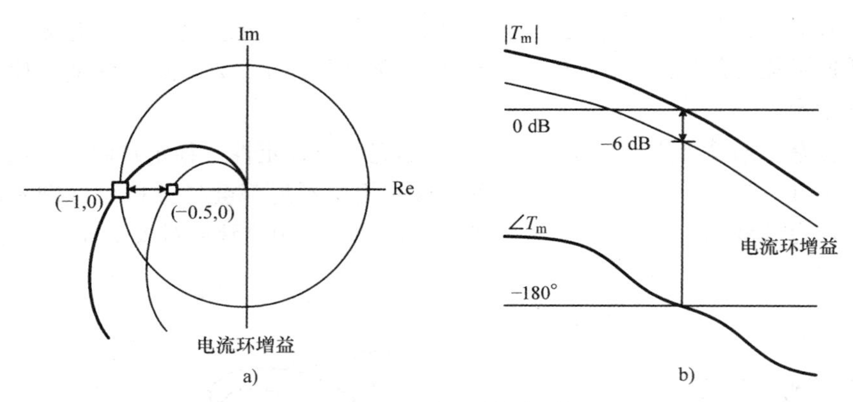

图7.15　表示增益裕度

a）极坐标图　b）伯德图

时，$\angle T_m=-135°$。如果$\angle T_m$降低45°，环路增益$|T_m|=0$dB，$\angle T_m=-180°$，系统为临界稳定。

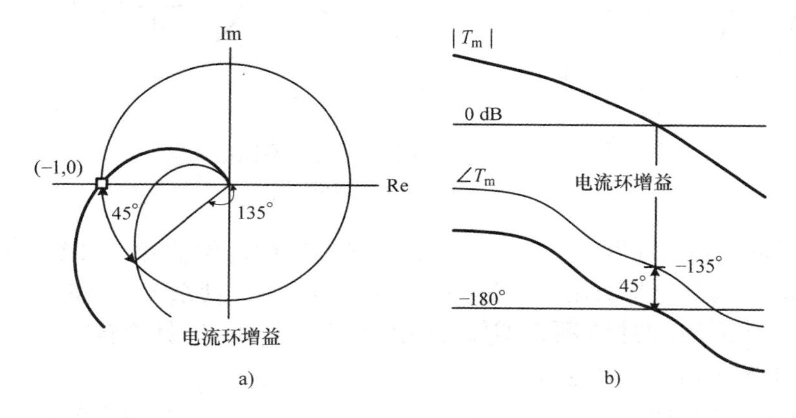

图7.16　相位裕度表示

a）极坐标图　b）伯德图

增益裕度和相位裕度分别如图7.15和图7.16所示，同时环路增益如图7.17所示。图7.17a为极坐标图上的增益裕度和相位裕度。

1）增益裕度 GM = 20log（$1/k$）：增益裕度指极坐标图通过实轴的点与（−1，0）点之间的距离。当极坐标图通过（$-k$，0）点时，增益裕度是20log（$1/k$）。

2）相位裕度PM：相位裕度是极坐标图与单位圆相交的点到原点的连线与实轴的夹角。

图7.17b是增益裕度与相位裕度的伯德图。

1）增益裕度GM：增益裕度指在$\angle T_m$降至−180°时，0dB和$|T_m|$之间的差值。

2）相位裕度PM：相位裕度指在$|T_m|$降至0dB时，$\angle T_m$和−180°的差值。

由图7.17可知，临界稳定系统的增益裕度和相位裕度都降为零，而不稳定系统的增益裕度和相位裕度是负值。

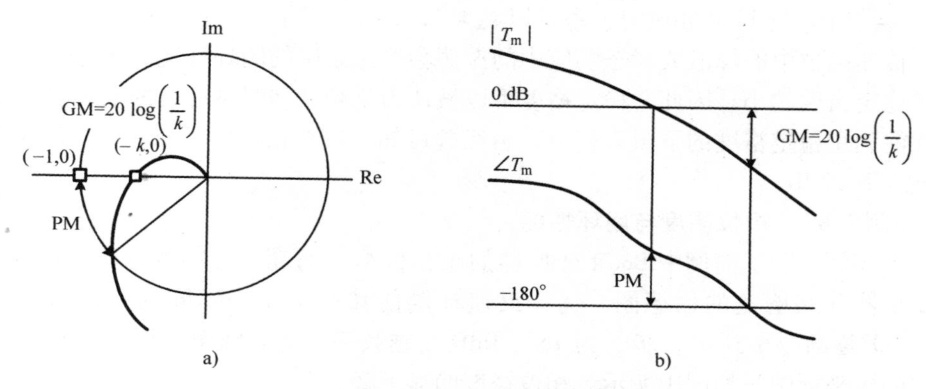

图7.17　增益裕度与相位裕度表示

a）极坐标图　b）伯德图

尽管稳定裕度最初是用于对稳定性的量化，但也可作为闭环控制系统的频域与时域的性能指标。稳定裕度与动态性能之间的关系是基于以下参数的：从相对稳定性的定义可知，稳定裕度表示极坐标图与实轴的交点到（－1，0）点的距离。当极坐标图通过（－1，0）点时，系统处于临界稳定，稳定裕度减小到零。如例7.6所示，系统在虚轴上具有一对极点。当极坐标图绕过（－1，0）点，靠近但不包围（－1，0）点时，系统的稳定裕度很小，几乎不稳定。如图7.18所示，尽管系统极点在s平面的LHP中，但它靠近虚轴。

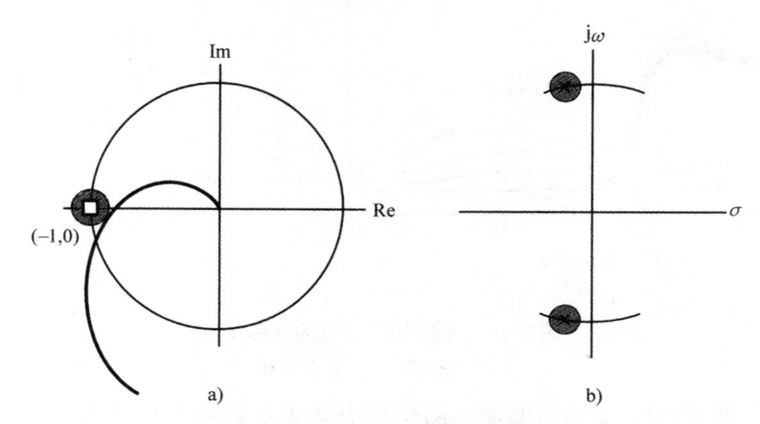

图7.18　具有较小的稳定裕度的系统

a）极坐标图　b）极点位置

系统极点的位置影响频域与时域性能。首先，位于$s=\pm j\omega_c$附近的极点在s域传递函数的频率ω_c处有峰值。极点越接近$s=\pm j\omega_c$，传递函数中的峰值越高。当系统的极点在$s=\pm j\omega_c$时，峰值变得无限大。在大多数控制理论或电路分析的教材中可以找到这些证明。其次，极点的位置影响时域响应的瞬态特性。如例 7.6 所示，位于 $s=\pm j\omega_c$ 的极点导致系统持续振荡。振荡时间由 $t_{os}=2\pi/\omega_c$ 给出。当极点在 $s=\pm j\omega_c$ 的 LHP 邻域时，系统以 $t_{os}=2\pi/\omega_c$ 的周期正弦振荡衰减。

传递函数中的峰值或瞬态响应中的振荡会恶化系统的闭环性能。极点越靠近虚轴，稳定裕度越小。因此，稳定裕度可以被认为是频域和时域性能的晴雨表。故闭环性能利用稳定裕度的下限来衡量。由经验可知，相位裕度不低于 45°，而增益裕度至少要 12dB。

[例 7.8]　相位裕度与闭环性能

本实例说明了前例中 Boost 变换器的小相位裕度对动态性能的影响。图 7.19a 是变换器环路增益的伯德图。选择反馈补偿使其产生 5 个不同的相位裕度，从 PM = 60°逐渐减小到 0°，步长为 15°，0dB 交越频率是 $f_c=6\text{kHz}$。图 7.19b 是环路增益的极坐标图，如图中所示，相位裕度明显下降。

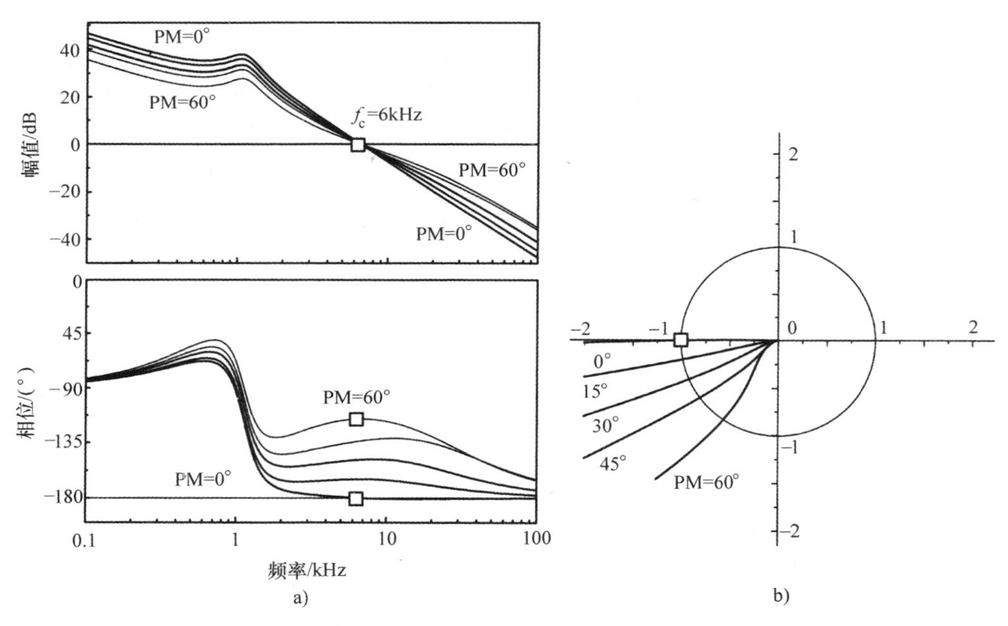

图 7.19　不同相位裕度的环路增益

a）伯德图　b）极坐标图

如图 7.20 所示，变换器的输出阻抗具有 5 个不同的相位裕度。当相位裕度低于 60°时，系统极点与虚轴接近，在环路增益的交越频率处 $f_c=6\text{kHz}$，输出阻抗是峰值。峰值的幅值与相位裕度成反比，相位裕度越小，系统极点越接近虚轴，峰值越大。实际上，峰值的幅值 |peaking| 与相位裕度 PM 有着密切的关系：

$$|\text{peaking}|=20\log\left(\frac{1}{\sqrt{2-2\cos\text{PM}}}\right) \tag{7.17}$$

8.4.4 节将详细讨论式(7.17)。

最后，图 7.21 表示由负载电流 $I_O=4A \Rightarrow 2A$ 的阶跃变化引起输出电压 v_O 的瞬态响应。当相位裕度减小时，瞬态响应会越发振荡，直到 PM = 0°，完全振荡。

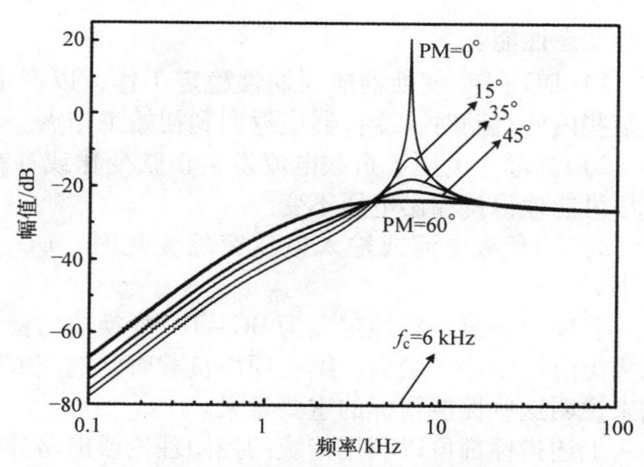

图 7.20 具有不同相位裕度的输出阻抗

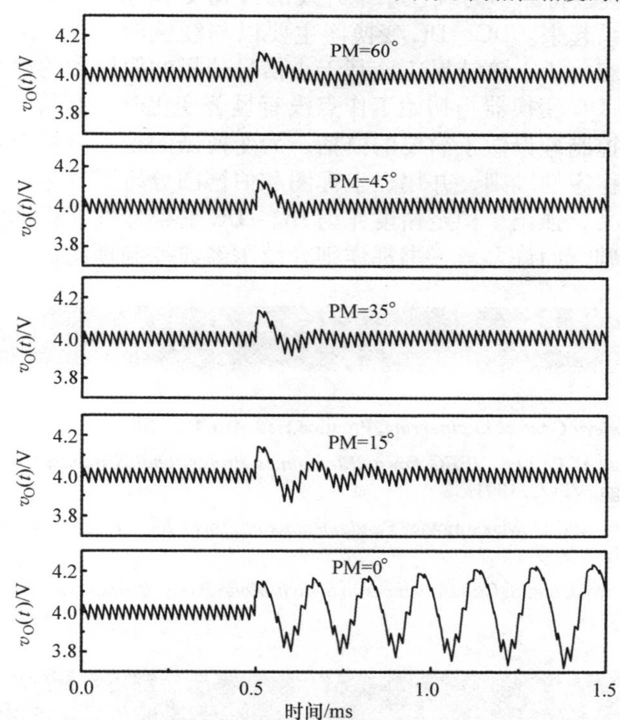

图 7.21 具有不同相位裕度的输出电压 v_O 的阶跃负载响应

变换振荡的频率或持续振荡的频率都与环路增益的交越频率一致：$\omega_{os}=2\pi\times6\times10^3\text{rad/s}\Rightarrow t_{os}=1/(6\times10^3)\text{s}=0.17\text{ms}$。

7.7 小结

DC－DC 变换器是一个接近理想的电压源。因此，要求 DC－DC 变换器具有一定的动态性能。

1）DC－DC 变换器应周期性稳定工作，以产生预定的输出电压。此外，当受到某些内外扰动时，变换器应返回到初始工作点。

2）当输入电压、负载电流发生正弦变化或存在高频噪声时，DC－DC 变换器应尽可能地保持输出电压不变。

3）当负载电流或输入电压突然变化时，DC－DC 变换器的输出电压波动应最小。

三项中将第一特性定义为 DC－DC 变换器的稳定性；第二项要求对音频敏感度或输出阻抗量化；最后，第三项由负载阶跃响应或输入阶跃响应决定。本章通过示例来说明这些性能指标的重要意义。

上述指标都可以利用传统的控制理论或电路分析技术进行分析。DC－DC 变换器的 s 域小信号模型将原本为线性系统开发的常规技术与非线性时变 DC－DC 变换器的动态分析联系起来。DC－DC 变换器主要以与线性时不变（LTI）系统完全相同的方式进行动态分析，该结果应该基于小信号分析的假设和约束进行解释，即分析结果仅在 DC－DC 变换器与初始工作点没有显著变化时才有效。

本章对经典控制理论做了简要的概括，为变换器的动态分析奠定了基础。本章回顾了奈奎斯特稳定性准则，并用极坐标图和伯德图分析了环路增益；讨论了稳定裕度的含义和意义，强调了稳定裕度作为 DC－DC 变换器性能指标的作用。本章重点介绍了理论基础，而许多教科书都详细介绍了经典控制理论。

参考文献

1. K. Ogata, *Modern Control Engineering*, Prentice Hall, 4th Ed., 2002.
2. B. H. Cho and F. C. Lee, *VPEC Power Electronics Professional Seminar*, Course I–Control Design, VPEC, 1991.
3. R. W. Erickson and D. Maksimovic, *Fundamentals of Power Electronics*, Kluwer Academic Publishers, 2001.
4. R. D. Middlebrook and S. Cuk, *Advances in Switch-Mode Power Conversion*, TESLAco, Pasadena, CA, 1983.

习　题

7.1　图 P7.1 是一个闭环控制 Buck 变换器的电路图。

a）假设 $R_1=10\text{k}\Omega$、$R_2=100\text{k}\Omega$ 和 $C_2=0$，并回答下述问题。

i）求出环路增益 $T_m(s)$ 的表达式。

ii）画出 $|T_m|$ 和 $\angle T_m$ 的渐近图。

iii）求 v_O 和 v_{con} 的平均值。

b）$R_1=10\text{k}\Omega$、$R_2=\infty$ 和 $C_2=32\text{nF}$，重复 a）。

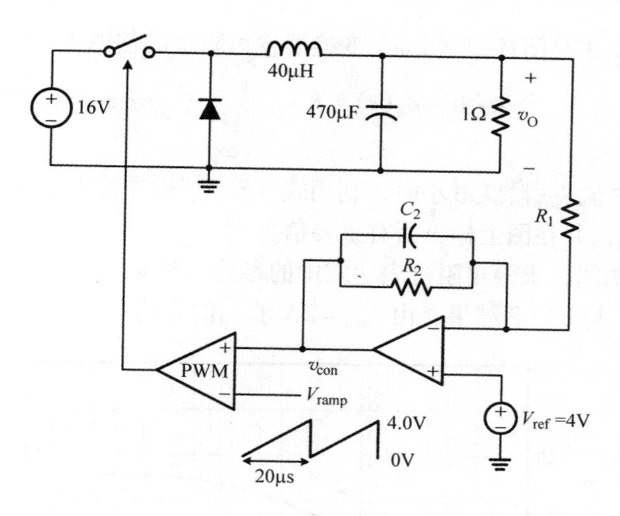

图 P7.1

c）$R_1=10\text{k}\Omega$、$R_2=100\text{k}\Omega$ 和 $C_2=32\text{nF}$，重复 a）。

7.2** 图 P7.2 是闭环控制 Buck 变换器音频敏感度的伯德图。Buck 变换器的工作频率是 $f_s=50\text{kHz}$，占空比 $D=0.25$。音频敏感度表示为

$$A_u(s)=K_a s\frac{1}{\left(1+\dfrac{s}{\omega_{p1}}\right)\left(1+\dfrac{s}{\omega_{p2}}\right)}\qquad \omega_{p1}\ll\omega_{p2}$$

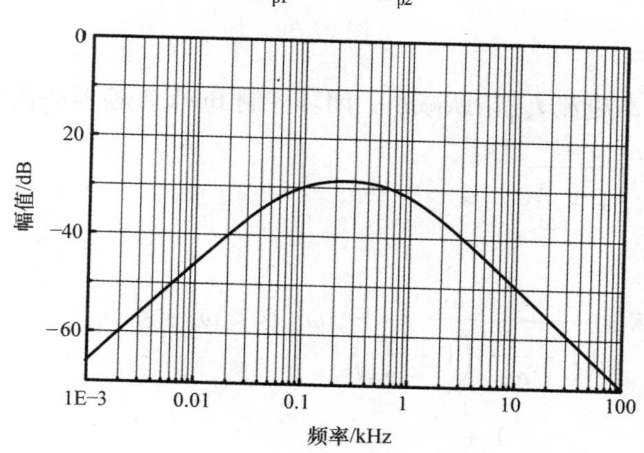

图 P7.2

a）逐步增大输入电压 V_{step}，利用式（7.6）推导输出电压 v_O 的解析表达式。画出 v_O 的特性曲线，并在图上标出所有重要信息。

b）根据图 P7.2 中的信息，估算音频敏感度表达式中的参数 $\{K_a\ \omega_{p1}\ \omega_{p2}\}$

c）使用 a）与 b）的结果求 v_O 的表达式，其中 $V_{step}=2\text{V}$。

d）假设变换器的输入电压为 $v_S(t)=12+\sin 2\pi\times 20t$，求输出电压的表达式，忽略开关纹波分量。

7.3* 图 P7.3 是闭环控制 Buck 变换器输出阻抗的伯德图。输出阻抗表示为

$$Z_o(s) = K_z s \frac{1}{1+\frac{s}{\omega_p}}$$

a）当负载电流 I_{step} 阶跃减小时，利用式（7.5）推导输出电压 v_O 的表达式。画出 v_O 的特性曲线，并在图上标出所有重要信息。

b）参考伯德图，求输出阻抗表达式中的参数 $\{K_z\ \omega_p\}$。

c）利用 a）与 b）的结果，由 $I_{step}=2A$ 求 v_O 的表达式。

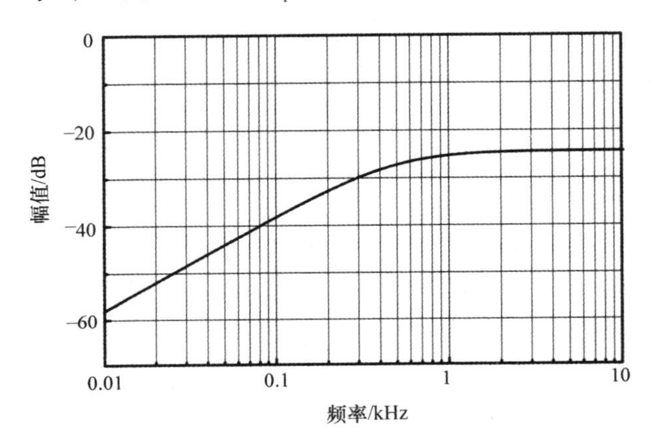

图 P7.3

7.4 假设负载电流 I_{step} 阶跃减小，闭环控制 Buck 变换器的输出阻抗分别为

i) $Z_o(s) = K_z s \frac{1}{1+\frac{s}{\omega_p}}$

ii) $Z_o(s) = K_z s \frac{1+\frac{s}{\omega_z}}{\left(1+\frac{s}{\omega_{p1}}\right)\left(1+\frac{s}{\omega_{p2}}\right)}$, $\omega_{p1} << \omega_z << \omega_{p2}$

iii) $Z_o(s) = K_z s \frac{1+\frac{s}{\omega_z}}{\left(1+\frac{s}{\omega_{p1}}\right)\left(1+\frac{s}{\omega_{p2}}\right)}$, $\omega_{p1} << \omega_{p2} << \omega_z$

对上述每个表达式，由式（7.5）求出输出电压 v_O 瞬态响应的表达式，并画出输出电压的特性曲线。

7.5 图 P7.5 是闭环控制 Buck 变换器的闭环增益 $|T_m|$ 和负载电流－输出传递函数 $|Z_p|$ 的幅值图。如 7.2.3 节所述，输出阻抗由下式给出：

$$Z_o(s) = \frac{Z_p(s)}{1 + T_m(s)}$$

$Z_o(s)$ 近似为

$$Z_o(s) = \frac{Z_p(s)}{1 + T_m(s)} \approx \begin{cases} \dfrac{Z_p(s)}{T_m(s)} & |T_m| > 1 \\ Z_p(s) & |T_m| < 1 \end{cases}$$

以构建 $|Z_o|$ 的渐近图。

a）画出输出阻抗 $|Z_o|$ 的渐近图，并在图中标注 $|Z_o|$ 的角频率、斜率与峰值。

b）利用 a）的结果求 $Z_o(s)$ 的表达式。

c）当负载电流降低 5A 时，求出输出电压 v_0 的表达式。画出 v_0 图形，并在图中标出 v_0 的时间常数与峰值下冲。

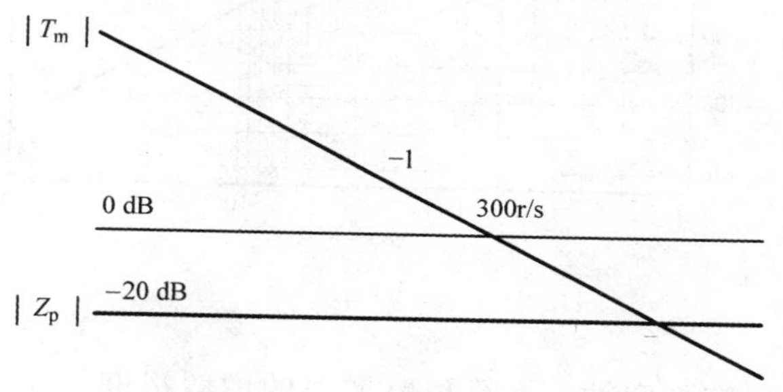

图 P7. 5

7. 6** 　图 P7. 6 所示的复合系统由电压源和两个双端口系统组成。

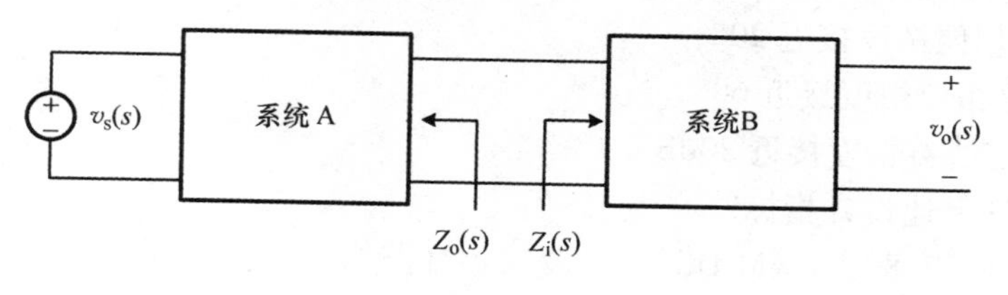

图 P7. 6

a）由系统 A 和系统 B 定义的传递函数，推导复合系统输入 - 输出传递函数的表达式 $v_o(s)/v_s(s)$：

$F_A(s)$：系统 A 的输入 - 输出传递函数；

$F_B(s)$：系统 B 的输入 - 输出传递函数；

$Z_o(s)$：系统 A 的输出阻抗；

$Z_i(s)$：系统 B 的输入阻抗。

b）设系统 A 和系统 B 分别稳定，通过将奈奎斯特准则应用在阻抗比 $Z_o(s)/Z_i(s)$ 中，来判断复合系统的稳定性。

c）推导出复合系统稳定性的充分不必要条件。

7.7* 图 P7.7 是闭环控制 DC－DC 变换器环路增益的伯德图。

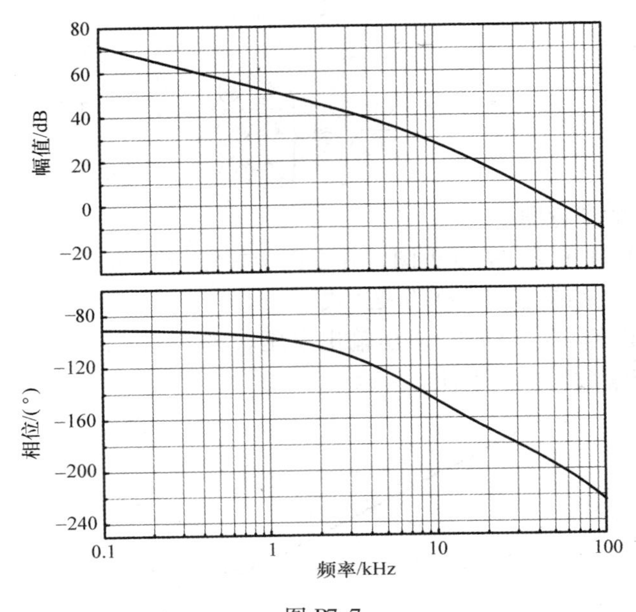

图 P7.7

a）确定变换器的稳定性。计算环路增益的增益裕度（正或负）、相位裕度（正或负）和 0dB 交越频率的。

b）为了满足以下设计指标，可以修改电压反馈补偿的幅值：

i）稳定相位裕度接近 20°；

ii）稳定相位裕度接近 60°；

iii）稳定增益裕度接近 20dB。

如何实现上述设计指标？

7.8* 图 P7.8 是 PWM DC－DC 变换器环路增益的极坐标图。

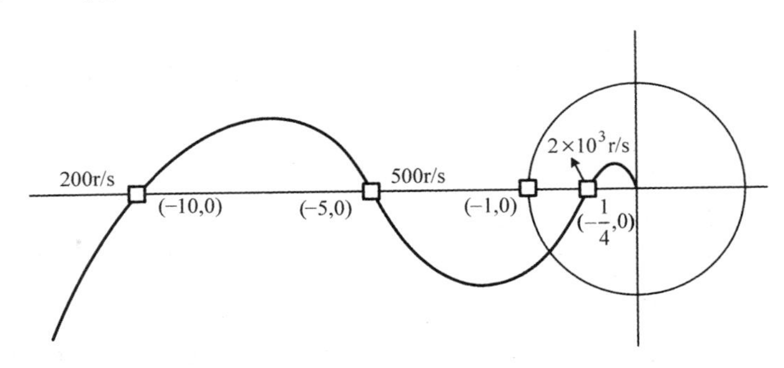

图 P7.8

a）确定变换器的稳定性。

b）电压反馈补偿的增益 $K_v=100$。如果增益在 $1<K_v<500$ 之间变化，而其他补偿参数保持不变，求 K_v 的范围使变换器在此情况下保持稳定。

c）当电流反馈增益从 $K_v=100$ 分别变为 $K_v=10$、$K_v=20$、$K_v=400$ 时，变换器输出有什么变化？

7.9[**]　图 P7.9 是闭环控制 DC－DC 变换器环路增益的极坐标图。

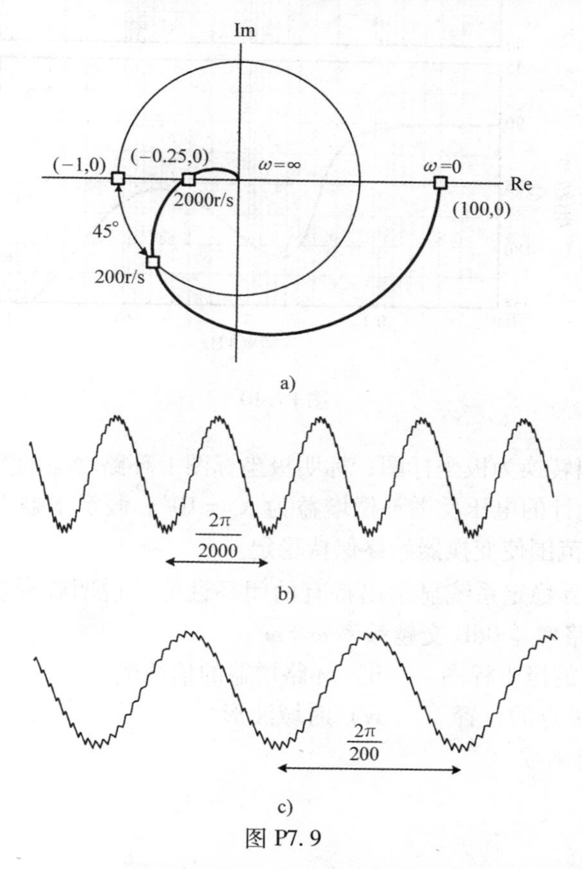

图 P7.9

a）确定变换器的稳定性。计算环路增益的增益裕度、相位裕度和 0dB 交越频率。

b）将极坐标图转换为 $|T_m|$ 和 $\angle T_m$ 的伯德图。在伯德图上标出主要特征。

c）假设变换器的输出电压波形如图 P7.9b 所示，如何看待变换器的电压反馈补偿？

d）假设变换器的输出电压波形如图 P7.9c 所示，如何看待变换器的电压反馈补偿？

7.10[**]　图 P7.10 是闭环控制 Buck 变换器环路增益的伯德图。

a）确定变换器的稳定性。

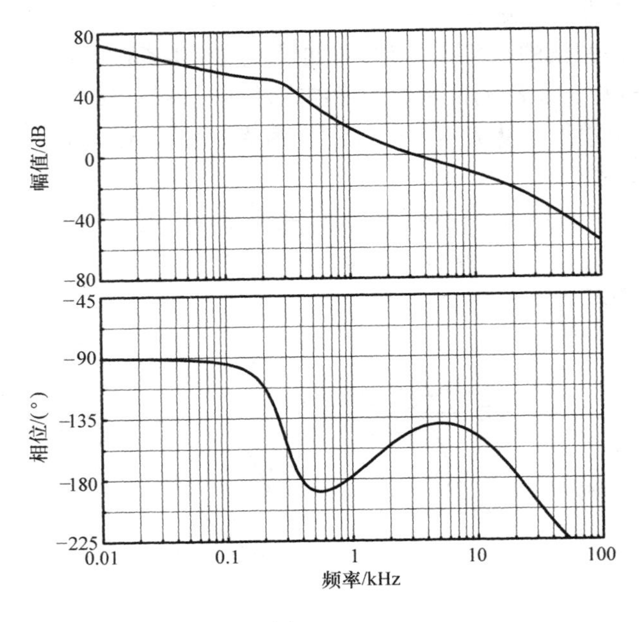

图 P7.10

b）将伯德图转换为极坐标图，标明极坐标图上环路增益的突出特征。

c）假设现设计的电压反馈补偿增益为 $K_v = 10^3$。假定增益在 $1 < K_v < 10^5$ 之间变化，确定 K_v 的范围使变换器始终保持稳定。

7.11** 临界稳定系统显示出特有的闭环性能。说明临界稳定系统闭环性能的特点。假定环路增益 0dB 交越频率 $\omega = \omega_c$。

i）环路增益的极坐标图　　ii）环路增益的伯德图

iii）频域中极点的位置　　iv）时域波形

v）闭环传递函数

第 8 章

闭环性能和反馈补偿

闭环控制的 DC – DC 变换器的动态性能完全由反馈控制器决定。小信号建模和动态分析的最终目的是开发系统流程，设计出动态性能最佳的反馈控制器。本章包括动态分析和控制设计，提出了分步设计指南，以实现 PWM DC – DC 变换器的最佳闭环性能。

动态性能包括环路增益、频域传递函数与时域瞬态响应。这些性能指标是密切相关的，因此必须在设计电压反馈补偿时进行综合考虑。因此，设计控制器的第一步是了解各种性能指标之间的关系，分析电压反馈补偿对这些性能指标的影响，一旦这些问题得到解决，就有可能得到电压反馈补偿的设计原理。

本章包括闭环控制 PWM DC – DC 变换器的动态分析和反馈设计。前两节重点分析了环路增益和频域性能指标的动态性能。本章的中间部分论述了电压反馈补偿的设计；确定了电压反馈电路所需的结构，并给出了补偿参数的分步设计准则。后面的部分阐述了电压反馈补偿对频率和时域性能的影响。

图形渐近分析法是闭环分析与反馈补偿设计的主要方法。本章第一节介绍了渐近分析的概念和示例。在接下来的章节中，利用渐近分析法来说明闭环分析结果、电压反馈补偿设计以及反馈补偿对变换器的性能影响。

8.1 渐近分析法

本节介绍了渐近分析法的基础。首先给出了渐近分析的诱因和概念。随后介绍了该方法的具体用法。

8.1.1 渐近分析法的概念

正如第 7 章所讨论的，频域性能包括环路增益、音频敏感度与输出阻抗。本节提出了分析这些性能指标的系统方法。因为是将传递函数的渐近表达式作为分析基础，所以称为渐近分析法。

图 8.1 所示的是闭环控制 DC – DC 变换器的小信号框图。增益 F_m 是 PWM 增益，$F_v(s)$ 是电压反馈补偿，其他小信号增益表示功率级传递函数。由图 8.1 可得

环路增益的表达式

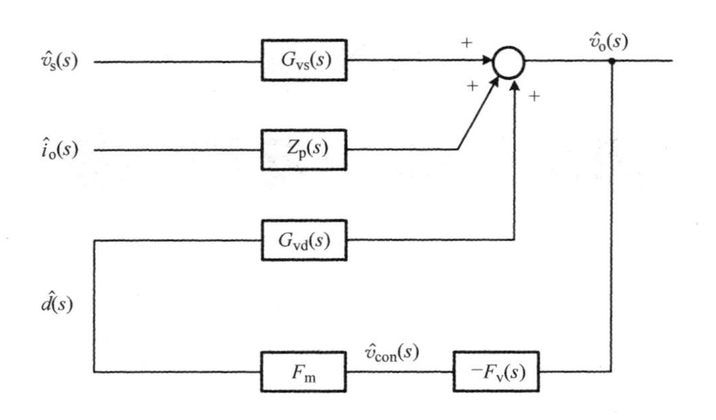

图 8.1 PWM 变换器的小信号框图

$$T_m(s) = -\frac{\hat{v}_o(s)}{\hat{d}(s)}\frac{\hat{v}_{con}(s)}{\hat{v}_o(s)}\frac{\hat{d}(s)}{\hat{v}_{con}(s)} = (-)G_{vd}(s)(-)F_v(s)F_m = G_{vd}(s)F_v(s)F_m \tag{8.1}$$

图 8.1 应用梅森增益定律推导出频域性能指标的表达式。音频敏感度由此确定为

$$A_u(s) = \left.\frac{\hat{v}_o(s)}{\hat{v}_s(s)}\right|_{closed} = \frac{G_{vs}(s)}{1+T_m(s)} \tag{8.2}$$

如果已知小信号增益，则用式（8.2）可推导出音频敏感度的方程式。这种直接方法适用于反馈补偿设计，却难以产生有用的效果。

代替直接方法，用渐近分析法更容易简化分析，获得设计信息。将式（8.2）分解成两个渐近近似值：

$$A_u(s) = \frac{G_{vs}(s)}{1+T_m(s)} \approx \begin{cases} \dfrac{G_{vs}(s)}{T_m(s)} & |T_m| >> 1 \\ G_{vs}(s) & |T_m| << 1 \end{cases} \tag{8.3}$$

对于大多数实际的变换器，$|T_m|$在低频是非常大的，在中频跨越 0dB 线，并且在高频下持续下降。因此，环路增益的 0dB 交越频率作为渐近近似的边界：频率 $A_u(s) \approx G_{vs}(s)/T_m(s)$ 位于 0dB 交越频率之前和频率 $A_u(s) \approx G_{vs}(s)$ 之后。

式（8.3）的渐近近似与伯德图相结合的分析方法称为渐近分析法。渐近分析法明确说明了电压反馈补偿对音频灵敏度 $A_u(s)$ 的影响，从而展示出简单明了的设计信息。这种方法不需要复杂的分析处理，并且很快以一个因式分解的形式推导出 $A_u(s)$ 的表达式。多数情况下，$A_u(s)$ 的分解表达式有利于通过观察而立即写出。

图 8.1 中可以得到输出阻抗的表达式，为了进行渐进分析将其代入到渐近近似值中。因为式（8.3）和式（8.4）具有同样的结构，所以渐近分析法可以同时应

用于音频敏感度和输出阻抗。

$$Z_{\mathrm{o}}(s) = \left.\frac{\hat{v}_{\mathrm{o}}(s)}{\hat{i}_{\mathrm{o}}(s)}\right|_{\mathrm{closed}} = \frac{Z_{\mathrm{p}}(s)}{1+T_{\mathrm{m}}(s)} \approx \begin{cases} \dfrac{Z_{\mathrm{p}}(s)}{T_{\mathrm{m}}(s)} & |T_{\mathrm{m}}| >> 1 \\ Z_{\mathrm{p}}(s) & |T_{\mathrm{m}}| << 1 \end{cases} \tag{8.4}$$

8.1.2 渐近分析法的示例

用下面的方程来详细说明渐近分析，$G(s)$和 $T(s)$的简单表达式。考虑三种不同的情况来为渐近分析法提供实用性视角。

$$F(s) = \frac{G(s)}{1+T(s)} \approx \begin{cases} \dfrac{G(s)}{T(s)} & |T| >> 1 \\ G(s) & |T| << 1 \end{cases} \tag{8.5}$$

情况 A：$G(s) = K_{\mathrm{g}} < 1$ 和 $T(s) = \omega_{\mathrm{c}}/s$

举一个简单的例子，$G(s)$是常数，假定 $T(s)$是一个单积分函数：$G(s) = K_{\mathrm{g}} < 1$ 和 $T(s) = \omega_{\mathrm{c}}/s$。图 8.2 说明了由具体给定的 $G(s)$和 $T(s)$构造 $|F|$ 的渐近曲线。如前所述，$|T|$ 的 0dB 交越频率，在图 8.2 中将其表示为 ω_{c}，成为近似边界。频率高于 ω_{c}，$|F|$ 跟随 $|G|$；频率低于 ω_{c}，线性除法对应对数减法，从 $|G|$ 中减去 $|T|$ 得到 $|F|$。如图 8.2 所示，由图形分析很容易确定上升斜率和 $|F|$ 的角频率。

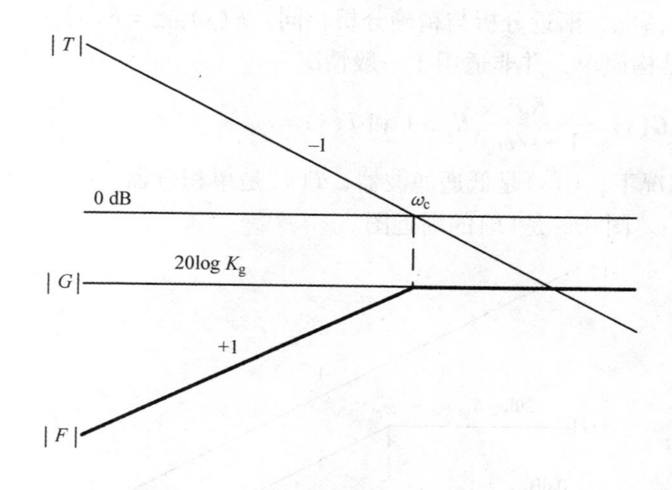

图 8.2 情况 A 的渐近分析

如 6.1.4 节所述，通过伯德图构造的逆过程，将 $|F|$ 的渐近线转化为 $F(s)$解析方程

$$F(s)_{\text{asym}} = K_f s \frac{1}{1+\dfrac{s}{\omega_c}} \tag{8.6}$$

在频率 ω_c 处，将 $|F_{\text{asym}}| = |G|$ 推导首项系数 K_f 的值

$$|F(s)_{\text{asym}}|_{s=j\omega_c} = |K_f s|_{s=j\omega_c} = |K_f\omega_c| = |G| \Rightarrow 20\log(K_f\omega_c) = 20\log K_g \tag{8.7}$$

得到关系式

$$K_f\omega_c = K_g \tag{8.8}$$

由式（8.8）得到 K_f 的表达式

$$K_f = \frac{K_g}{\omega_c} \tag{8.9}$$

将式（8.9）代入得

$$F(s)_{\text{asym}} = \frac{K_g}{\omega_c} s \frac{1}{1+\dfrac{s}{\omega_c}} \tag{8.10}$$

另一方面，将 $G(s)=K_g$ 和 $T(s)=\omega_c/s$ 代入式（8.5）中，直接推导 $F(s)$ 的精确方程式

$$F(s)_{\text{exec}} = \frac{K_g}{1+\dfrac{\omega_c}{s}} = \frac{K_g}{\omega_c} s \frac{1}{1+\dfrac{s}{\omega_c}} \tag{8.11}$$

对于这种特殊情况，渐近分析与精确分析相同：$F(s)_{\text{asym}} = F(s)_{\text{exec}}$。但是，其一致性源于 $T(s)$ 结构简单，并非适用于一般情况。

情况 B：$G(s) = \dfrac{K_g}{1+s/\omega_p}$，$K_g > 1$ 和 $T(s) = \omega_c/s$

在这种情况下，$G(s)$ 是低通滤波器，$T(s)$ 是单积分器：$G(s) = K_g/(1+s/\omega_p)$ 和 $T(s)=\omega_c/s$。图 8.3 是 $|F|$ 的渐近图。

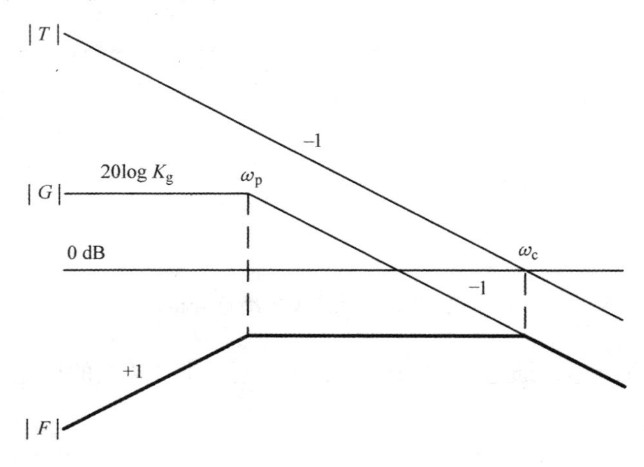

图 8.3　情况 B 的渐近分析

图 8.3 中 $|F|$ 的渐近曲线被转换为 $F(s)$ 的因式分解方程

$$F(s)_{\text{asym}} = K_f s \frac{1}{\left(1+\dfrac{s}{\omega_p}\right)\left(1+\dfrac{s}{\omega_c}\right)} \tag{8.12}$$

通过计算 $F(s)_{\text{asym}}$ 在 ω_p 处的大小，得到 K_f 值：

$$|F(s)_{\text{asym}}|_{x=j\omega_p} = |K_f s|_{s=j\omega_p} = |G(s)|_{s=j\omega_p} - |T(s)|_{s=j\omega_p} \tag{8.13}$$

化简得

$$K_f \omega_p = \frac{K_g}{\dfrac{\omega_c}{\omega_p}} \tag{8.14}$$

得到 K_f 表达式

$$K_f = \frac{K_g}{\omega_c} \tag{8.15}$$

另一方面，将已知的传递函数代入式（8.5）中得到 $F(s)$ 传递函数的精确表达式

$$F(s)_{\text{exec}} = \frac{\dfrac{K_g}{1+\dfrac{s}{\omega_p}}}{1+\dfrac{\omega_c}{s}} = \frac{K_g}{\omega_c} s \frac{1}{\left(1+\dfrac{s}{\omega_p}\right)+\left(1+\dfrac{s}{\omega_c}\right)} \tag{8.16}$$

这与前面渐近分析的结果相同。

由图 8.2 和图 8.3 所示流程可获得对渐近分析的理解，进而得到这种图解法的一般分析方法。后面几节将会讨论渐近分析的步骤和规则，在本节末进行总结如表 8.1 和表 8.2 所示。

情况 C： $G(s) = K_g < 1$ 和 $T(s) = \dfrac{\omega_c}{s}\dfrac{1+s/\omega_z}{1+s/\omega_p}$，$\omega_p < \omega_z$

作为最后一个例子，假设 $G(s) = K_g < 1$ 和 $T(s) = (\omega_c/s)(1+s/\omega_z)/(1+\omega_p)$，$\omega_p < \omega_z$。图 8.4 阐述了 $|F|$ 渐近图。根据表 8.2 中的步骤将渐近曲线转换为 $F(s)$ 的因式分解方程

$$F(s)_{\text{asym}} = \frac{K_g}{\omega_c} s \frac{1+\dfrac{s}{\omega_p}}{\left(1+\dfrac{s}{\omega_z}\right)\left(1+\dfrac{s}{\omega_c'}\right)} \tag{8.17}$$

采用与情况 B 相同的步骤推导式（8.17）中的首项系数。将已知的 $G(s)$ 和 $T(s)$ 表达式直接代入到式（8.5）中，得到

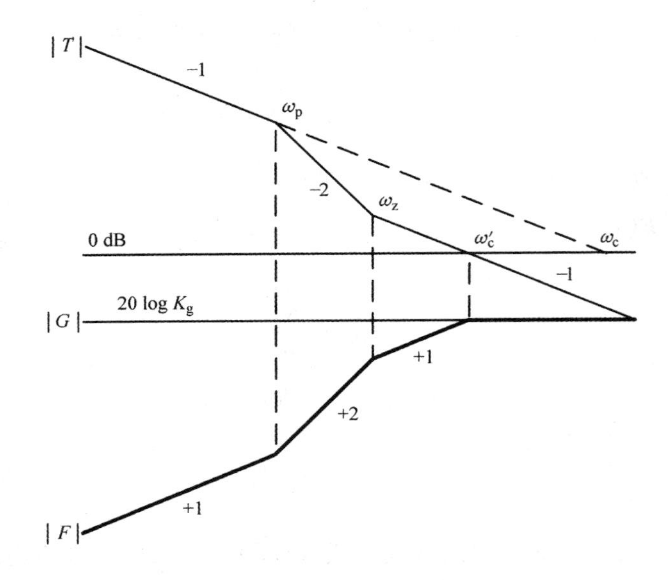

图 8.4　情况 C 的渐近分析

$$F(s)_{\text{exec}} = \frac{K_g}{1+\dfrac{\omega_c}{s}\dfrac{1+\dfrac{s}{\omega_z}}{1+\dfrac{s}{\omega_p}}} = \frac{K_g}{\omega_c}s\frac{1+\dfrac{s}{\omega_p}}{1+\dfrac{s}{\omega_z}+\dfrac{s}{\omega_c}+\dfrac{s^2}{\omega_p\omega_c}} \tag{8.18}$$

通过比较式（8.17）和式（8.18）可知，渐近分析只是对精确评估的近似。即使如此，这种近似实际上是准确的，原因如下：首先，两个方程具有相同的首项系数和分子。这些系数决定了低频特性，故两个传递函数表现出相同的低频特性。其次，近似方程 $F(s)_{\text{asym}}$ 的高频渐近线由下式给出：

$$|F(\mathrm{j}\infty)_{\text{asym}}| = 20\log\left(\frac{K_g\omega_z}{\omega_c}\frac{\omega'_c}{\omega_p}\right) \tag{8.19}$$

而精确方程式由下式给出：

$$|F(\mathrm{j}\infty)_{\text{exec}}| = 20\log\left(\frac{K_g}{\omega_c\omega_p}\omega_p\omega_c\right) = 20\log K_g \tag{8.20}$$

由图 8.4 中渐近线的几何结构可知

$$\frac{\omega_z}{\omega_p} = \frac{\omega_c}{\omega'_c} \tag{8.21}$$

得到关系式

$$|F(\mathrm{j}\infty)_{\text{asym}}| = |F(\mathrm{j}\infty)_{\text{exec}}| = 20\log K_g \tag{8.22}$$

这表明两个方程的高频渐近线也是相同的。由前面的分析得出结论，在低频和高频区域渐近近似与精确方程式重复，但在中频有一些偏差。在大多数情况下，该中频误差小到可以忽略不计。

［例 8.1］　渐近近似的精度

本实例证明了渐近近似的精度。举例来说，前三个示例中的情况 C 选择 $G(s)=0.01$，以及

$$T(s) = \frac{4\times10^4}{s}\frac{1+\dfrac{s}{400}}{1+\dfrac{s}{40}}$$

与式（8.18）的精确方程相比，式（8.17）的渐近近似的伯德图如图 8.5 所示。其中 $K_g=0.01$，$\omega_c=4\times10^4\text{rad/s}$，$\omega_c'=4\times10^3\text{rad/s}$，$\omega_z=400\text{rad/s}$，$\omega_p=40\text{rad/s}$。正如预测的一样，渐近近似理想地与低、高频的精确方程相匹配。在中频有很小的误差，但可忽略不计。这证明了渐近分析具有很高的准确性，通常可用于分析 DC－DC 变换器的闭环动态特性。

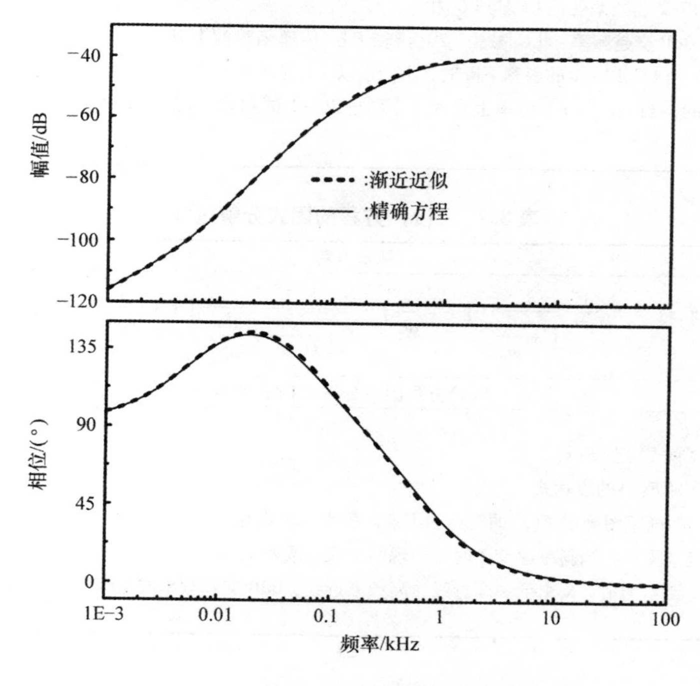

图 8.5　渐近近似精度

渐近分析步骤

$F(s)=G(s)/(1+T(s))$的图形渐近分析包括下面两个步骤：

1）第一步是已知 $G(s)$ 和 $T(s)$ 表达式，画出 $|F(j\omega)|=|G(j\omega)|/|(1+T(j\omega))|$的渐近图。

2）第二步是从第一步获得的 $|F(j\omega)|$ 渐近图，推导 $F(s)$ 的表达式。

表 8.1 和表 8.2 给出了渐近分析的一般规则。表 8.1 给出了 $|F(j\omega)|$ 渐近图的步骤，而表 8.2 总结了从 $|F(j\omega)|$ 渐近图中推导 $F(s)$ 表达式的规则。请读者阅读表 8.1 和表 8.2，为渐近分析的动态分析和控制设计做准备。

表 8.1　$|F(j\omega)|$ 渐近图的步骤

基本方程
$F(s)=\dfrac{G(s)}{1+T(s)}\approx\begin{cases}\dfrac{G(s)}{T(s)} & \lvert T\rvert>1\\ G(s) & \lvert T\rvert<1\end{cases}$
$\lvert F\rvert$ 渐近图的图形规则
1）已知方程式画出 $\lvert G\rvert$ 和 $\lvert T\rvert$ 的图形。 2）画出高频 $\lvert F\rvert$ 的图形。 3）在不同频率范围内，基于以下准则画出 $\lvert F\rvert$ 的图形： a）高于 $\lvert T\rvert$ 的 0dB 交越频率：$\lvert F\rvert$ 与 $\lvert G\rvert$ 重合。 b）在 $\lvert T\rvert$ 的 0dB 交越频率处：$\lvert F\rvert$ 与 $\lvert G\rvert$ 相交。 c）低于 $\lvert T\rvert$ 的 0dB 交越频率：$\lvert G\rvert$ 减去 $\lvert T\rvert$ 得到 $\lvert F\rvert$。传递函数的上升斜率和下降斜率之间存在一个简单的关系，例如，当 $\lvert G\rvert$ 以 -1 的斜率下降时，$\lvert T\rvert$ 也以 -1 的斜率下降，$\lvert F\rvert$ 保持在零斜率的平值：-1 - (-1) =0。同样的，当 $\lvert G\rvert$ 以 +1 斜率上升时，$\lvert T\rvert$ 也以 -1 的斜率下降，$\lvert F\rvert$ 以 +2 的斜率上升：+1 - (-1) =2。

表 8.2　$F(s)$ 方程的因式分解过程

基本方程
$F(s)=K_{\mathrm{f}}\dfrac{1}{s^{\pm j}}\dfrac{1}{1+\dfrac{s}{\omega_{\mathrm{p}}}}\cdots\left(1+\dfrac{s}{\omega_{\mathrm{z}}}\right)\cdots\dfrac{1}{1+\dfrac{s}{Q_{\mathrm{p}}\omega_{\mathrm{o}}}+\dfrac{s^2}{\omega_{\mathrm{o}}^2}}\cdots\left(1+\dfrac{s}{Q_{\mathrm{z}}\omega_{\mathrm{o}}}+\dfrac{s^2}{\omega_{\mathrm{o}}^2}\right)\cdots$
$F(s)$ 方程因式分解的构造规则
1）以时间常数形式构造 $F(s)$。 2）从低频开始写 $F(s)$ 的表达式。 3）从 $\lvert F(j\omega)\rvert$ 的渐近图确定 $F(s)$ 的极点和零点。极点和零点在 $\lvert F\rvert$ 斜率变化的频率点出现。当斜率改变 1 时，有单个极点或零点；当斜率改变 2 时，出现两个极点或两个零点。 4）确定首项系数 K_{f} 的值。K_{f} 由低频渐近线、高频渐近线、0dB 交越频率或角频率 $\lvert F\rvert$ 共同确定。

8.2　频域性能

本节使用渐近分析法研究频域性能。用图解说明环路增益和闭环传递函数的关系。以闭环控制降压变换器为例来说明 s 域传递函数表达式的因式分解，但结果适用于所有 PWM 变换器。

8.2.1 音频敏感度

图8.6是闭环控制Buck变换器的小信号模型。由图8.6可得输入输出传递函数

$$G_{vs}(s) = D\frac{1+\dfrac{s}{\omega_{esr}}}{1+\dfrac{s}{Q\omega_o}+\dfrac{s^2}{\omega_o^2}} \tag{8.23}$$

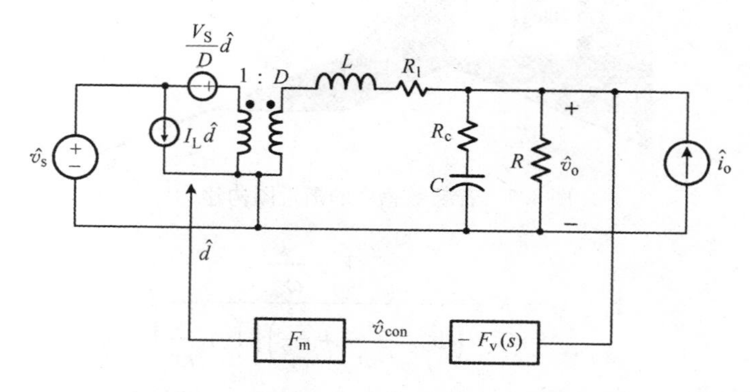

图8.6 Buck变换器的小信号模型

式中

$$\omega_{esr} = \frac{1}{CR_c} \tag{8.24}$$

$$\omega_o \approx \sqrt{\frac{1}{LC}} \tag{8.25}$$

$$Q \approx R\sqrt{\frac{C}{L}} \tag{8.26}$$

假定 $R >> R_l$ 和 $R >> R_c$。

图8.7是由表8.1中的规则画出的 $|A_u|$ 渐近图。由式(8.23)得到 $|G_{vs}|$，$|T_m|$ 设为单积分函数。由表8.1中给出的渐近线图形规则，可以确定 $|A_u|$ 的上升/下降斜率和角频率。

$$T_m(s) = \frac{\omega_c}{s} \tag{8.27}$$

图8.7是环路增益对音频敏感度的影响。环路增益衰减到0dB交越频率。图8.7中阴影区域表示的衰减量等于连接 $|T_m|$ 曲线和0dB线形成的三角形面积。将环路增益交越频率推向更高的频率点，或增加积分器增益 ω_c，均可加剧衰减的范围及程度。

根据表8.2中给出的规则，将 $|A_u|$ 的渐近图转换为 $A_u(s)$ 的分解表达式

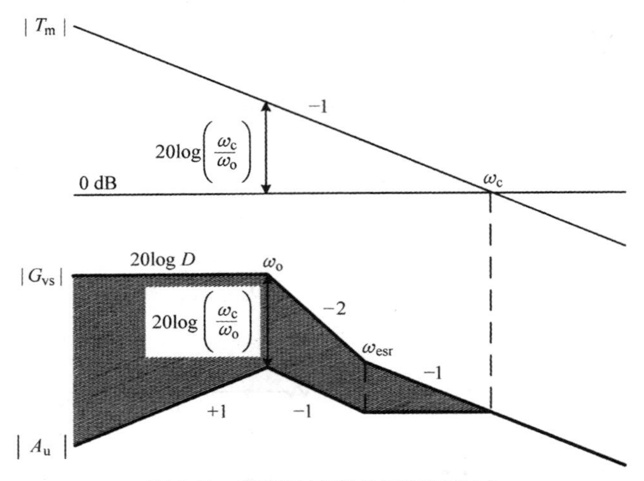

图 8.7　音频敏感度的渐近图构建

$$A_u(s) = K_a s \frac{1+\frac{s}{\omega_{esr}}}{\left(1+\frac{s}{Q\omega_o}+\frac{s^2}{\omega_o^2}\right)\left(1+\frac{s}{\omega_c}\right)} \tag{8.28}$$

通过估算功率级双极点 $s=j\omega_o$ 传递函数的幅值，可推导首项系数 K_a：

$$|A_u(j\omega_o)| = |K_a s|_{s=j\omega_o} = |G_{vs}(j\omega_o)| - |T_m(j\omega_o)| \tag{8.29}$$

化简为

$$20\log(K_a\omega_o) = 20\log D - 20\log\left(\frac{\omega_c}{\omega_o}\right) \tag{8.30}$$

如图 8.7 所示，式（8.30）被转化为线性关系

$$K_a\omega_o = \frac{D}{\frac{\omega_c}{\omega_o}} \tag{8.31}$$

得到 K_a的表达式

$$K_a = \frac{D}{\omega_c} \tag{8.32}$$

8.2.2　输出阻抗

由图 8.6 可知负载电流输出传递函数

$$Z_p(s) = R_1 \frac{\left(1+\frac{s}{\omega_z}\right)\left(1+\frac{s}{\omega_{esr}}\right)}{1+\frac{s}{Q\omega_o}+\frac{s^2}{\omega_o^2}} \tag{8.33}$$

式中

$$\omega_z = \frac{R_1}{L} \tag{8.34}$$

如图 8.8 所示，利用式（8.33）和 $T_m(s)=\omega_c/s$，可画出输出阻抗 $|Z_o|$ 的渐近线。渐近线被转化为因式分解方程

$$Z_o(s) = K_z s \frac{\left(1+\frac{s}{\omega_z}\right)\left(1+\frac{s}{\omega_{esr}}\right)}{\left(1+\frac{s}{Q\omega_o}+\frac{s^2}{\omega_o^2}\right)\left(1+\frac{s}{\omega_c}\right)} \tag{8.35}$$

利用输出阻抗 $|Z_o(j\infty)|$ 的高频渐近线推导 K_z 的表达式。如图 8.8 所示在高频下，$|T_m| \ll 1$，$|Z_o(j\infty)|$ 收敛于 $|Z_p|$ 的高频渐近线：$|Z_o(j\infty)| = |Z_p(j\infty)|$。电感 L 在高频段开路，电容 C 在高频段短路，由图 8.6 中的小信号模型可知输出阻抗 $|Z_o(j\infty)|$ 是负载电阻和输出电容 ESR 的并联阻抗。因此

$$|Z_o(j\infty)| = |Z_p(j\infty)| = 20\log(R \parallel R_c) \approx 20\log R_c \tag{8.36}$$

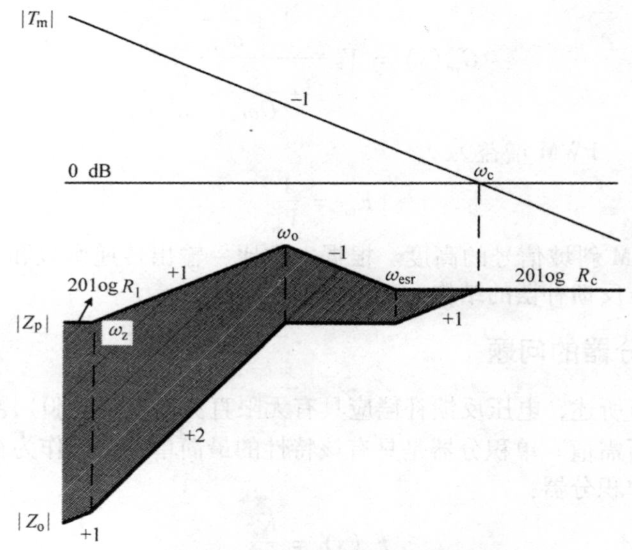

图 8.8　输出阻抗渐近图构建

另一方面，由式（8.35）可得 $|Z_o(j\infty)|$ 为

$$|Z_o(j\infty)| = 20\log\left(\frac{K_z\omega_o^2\omega_c}{\omega_z\omega_{esr}}\right) \tag{8.37}$$

联合式（8.36）和式（8.37），得到 K_z 为

$$K_z = R_c \frac{\omega_z\omega_{esr}}{\omega_o^2\omega_c} \tag{8.38}$$

以与音频敏感度相同的方式来理解环路增益对输出阻抗的影响。

8.3 电压反馈补偿和环路增益

在上一节中，我们研究了环路增益和闭环传递函数的关系。为了强调环路增益的影响，假定环路增益是单积分函数。然而，为了获得良好的闭环传递函数，必须正确设计环路增益。因此，首先需要研究环路增益本身。

环路增益由三部分的乘积构成：占空比－输出传递函数 $G_{vd}(s)$、PWM 增益 F_m 和电压反馈补偿 $F_v(s)$。在这三个因素中，只有电压反馈补偿是可以通过设计改变的部分。对于给定的 $G_{vd}(s)$ 和 F_m，通过设计电压反馈补偿 $F_v(s)$ 来获得良好的环路增益特性。

电压反馈补偿的目的是将环路增益设为期望的结构。当然，该环路增益主要是为了变换器的稳定性。此外，环路增益应提供良好的音频敏感度和输出阻抗特性。本节介绍了确定电压反馈补偿的结构和参数的详细步骤，以实现所需的环路增益特性。

由图 8.6 可以看出，Buck 变换器的占空比－输出传递函数为

$$G_{vd}(s) = V_s \frac{1+\dfrac{s}{\omega_{esr}}}{1+\dfrac{s}{Q\omega_o}+\dfrac{s^2}{\omega_o^2}} \tag{8.39}$$

在 5.5 节中，PWM 增益为

$$F_m = \frac{1}{V_m} \tag{8.40}$$

式中，V_m是 PWM 斜坡信号的高度。根据占空比－输出传递函数和 PWM 增益的知识，研究了电压反馈补偿的结构。

8.3.1 单积分器的问题

如 3.6.1 节所述，电压反馈补偿应具有无限直流增益$|F_v(j0)|=\infty$，以便将输出电压调节到所需值。单积分器是具有该特性的最简单电路。作为初始尝试，电压反馈补偿采用单积分器：

$$F_v(s) = \frac{K_v}{s} \tag{8.41}$$

环路增益的表达式为

$$\begin{aligned} T_m(s) &= G_{vd}(s)F_v(s)F_m = \underbrace{V_S \frac{1+\dfrac{s}{\omega_{esr}}}{1+\dfrac{s}{Q\omega_o}+\dfrac{s^2}{\omega_9^2}}}_{G_{rd}(s)} \underbrace{\frac{K_v}{s}}_{F_v(s)} \underbrace{\frac{1}{V_m}}_{F_m} \\ &= \frac{K_t}{s} \frac{1+\dfrac{s}{\omega_{esr}}}{1+\dfrac{s}{Q\omega_o}+\dfrac{s^2}{\omega_o^2}} \end{aligned} \tag{8.42}$$

式中

$$K_t = \frac{V_S K_v}{V_m} \tag{8.43}$$

相比于$|G_{vd}|$而言，$|T_m|$和$\angle T_m$的渐近图如图 8.9 所示。由于积分器的存在，$|T_m|$以斜率 -1 为起点。在双极点频率 ω_o处，斜率从 -1 变为 -3。在 ESR 零点ω_{esr}，-3 的中频斜率最终变为 -2 的高频斜率。假定图 8.9 中环路增益的交越频率ω_c在功率级双极点与 ESR 零点的频率之间：$\omega_o < \omega_c < \omega_{esr}$。

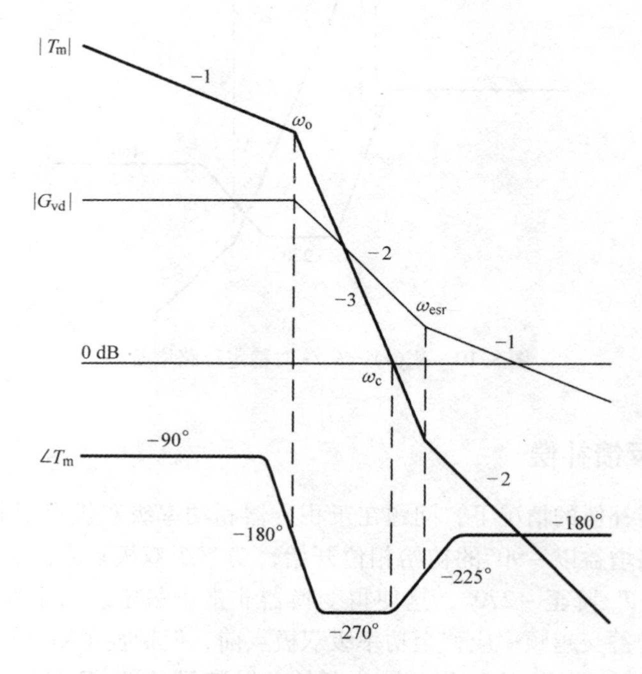

图 8.9 $F_v(s) = K_v/s$ 时不稳定环路增益

由于积分器的存在，环路增益的相位起点是 -90°。在频率 ω_o处，相位从 -90°下降到 -270°。在高频时，零点处有 90°的相位上升，$\angle T_m$最终是 -180°。

在图 8.9 中，电压反馈补偿存在的问题是显而易见的。因为在环路增益交越频率处，$\angle T_m$远低于 -180°，所以环路增益不满足奈奎斯特稳定性规则，变换器变得不稳定。确保变换器稳定的唯一方法是降低积分器增益 K_v，使$|T_m|$在功率级双极点前与 0dB 轴相交：$\omega_c < \omega_o$。图 8.10 是修改了的环路增益。即使变换器稳定，相位和增益裕度都非常小。此外，$|T_m|$随着小积分器增益而明显降低。如图 8.10 中的阴影三角形所示，减小的$|T_m|$只为闭环传递函数提供有限的衰减。对于这种情况，闭环传递函数的幅值很大。小的稳定裕度和大的闭环传递函数幅值使

得电压反馈补偿不能在实际中应用。

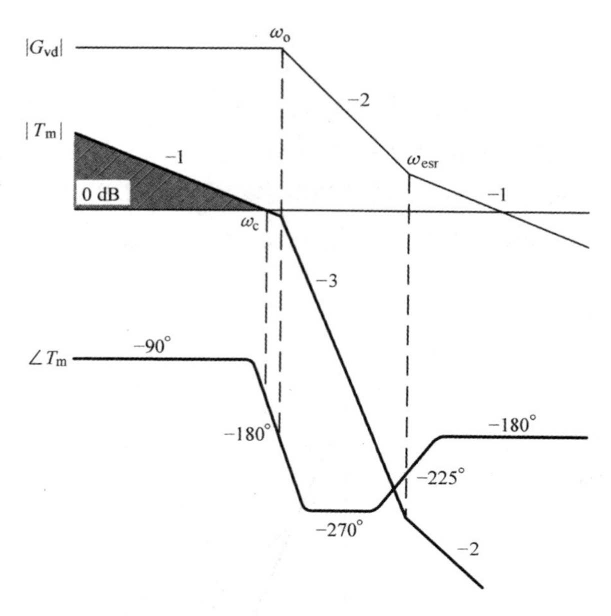

图 8.10　$F_v(s)=K_v/s$ 时稳定环路增益

8.3.2　电压反馈补偿

在单积分器补偿的情况下，问题在于积分器和功率级双极点引起的相位延迟。积分器强制环路增益以 -90°的初始相位开始，功率级双极点带来额外的 -180°相位延迟，导致$\angle T_m$降至 -270°，这使得变换器非常不稳定。为了在该情况下保证稳定性，环路增益交越频率应移至功率级双极点前，但牺牲了闭环性能。

电压反馈补偿应始终从积分器结构开始，以满足条件$|F_v(j0)|=\infty$的输出电压调节。在初始积分器之后，电压反馈补偿可以包含两个零点来提高环路增益的相位。在功率级双极点附近，两个零点对功率级两个极点引起的 180°相位延迟进行补偿，这使得 0dB 交越频率可以超过功率级双极点频率，同时保持良好的相位特性。

除了两个零点之外，还应在电压反馈补偿中增加两个极点，原因如下。电压反馈电路从变换器的输出端接收输入信号，会引入高频开关噪声。通过电压反馈补偿将高频噪声传输到 PWM 模块。为了防止 PWM 模块的高频噪声引发故障，电压反馈补偿必须在高频下有相当大的衰减。为了实现高频噪声衰减功能，电压反馈补偿的幅值应该有一个下降的高频渐近线。因为存在两个零点，所以两个极点在高频下应以 20dB/dec 下降。

根据上述讨论，将所需的电压反馈补偿结构确定为

$$F_v(s) = \frac{K_v}{s}\frac{\left(1+\frac{s}{\omega_{z1}}\right)\left(1+\frac{s}{\omega_{z2}}\right)}{\left(1+\frac{s}{\omega_{p1}}\right)\left(1+\frac{s}{\omega_{p2}}\right)} \tag{8.44}$$

图 8.11a 所示的是电压反馈补偿的渐近图。必须考虑零点和极点的具体位置对稳定裕度和闭环传递函数的影响。8.4 节会讨论该问题。

图 8.11a 中的电压反馈补偿电路由运算放大器和无源电路元器件组成。具体电路如图 8.11b 所示，其中阻抗比 $Z_2(s)/Z_1(s)$ 构成电压反馈补偿。图 8.11b 中的电阻 R_x 用来控制输出电压的大小：$V_O = V_{ref}(1+R_2/R_x)$。如 5.6.1 节所述，该电阻与电压反馈补偿无关。直接计算 $F_v(s) = Z_2(s)/Z_1(s)$，以电路元器件形式表示补偿参数。

$$F_v(s) = \frac{K_v}{s}\frac{\left(1+\frac{s}{\omega_{z1}}\right)\left(1+\frac{s}{\omega_{z2}}\right)}{\left(1+\frac{s}{\omega_{p1}}\right)\left(1+\frac{s}{\omega_{p2}}\right)}$$

式中

$$K_v = \frac{1}{R_2(C_2+C_3)}$$

$$\omega_{z1} = \frac{1}{R_3C_3} \qquad \omega_{z2} = \frac{1}{(R_1+R_2)C_1}$$

$$\omega_{p1} = \frac{1}{R_1C_1} \qquad \omega_{p2} = \frac{1}{R_3\left(\frac{C_2C_3}{C_2+C_3}\right)} \tag{8.45}$$

一旦选定积分器增益和角频率，则使用上述方程确定图 8.11b 中的电路元器件。可以任意选择 6 个电路元器件中的 1 个，并用式（8.45）中的方程求解其他元器件。3.6.1 节和 5.6.1 节中介绍了该补偿电路，该电路称为三极点二零点补偿电路。

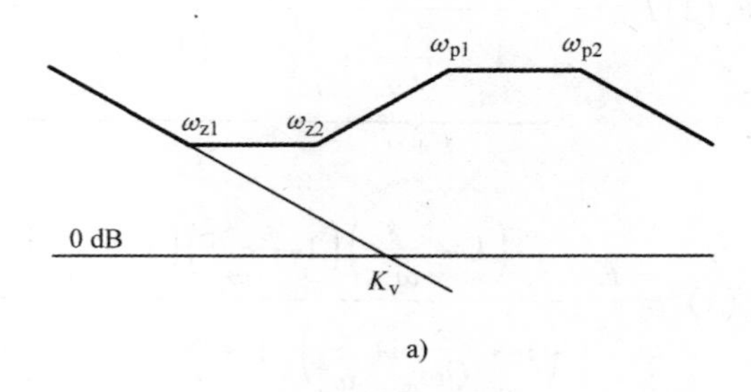

a)

图 8.11　三极点二零点反馈补偿

a）电压反馈补偿的结构

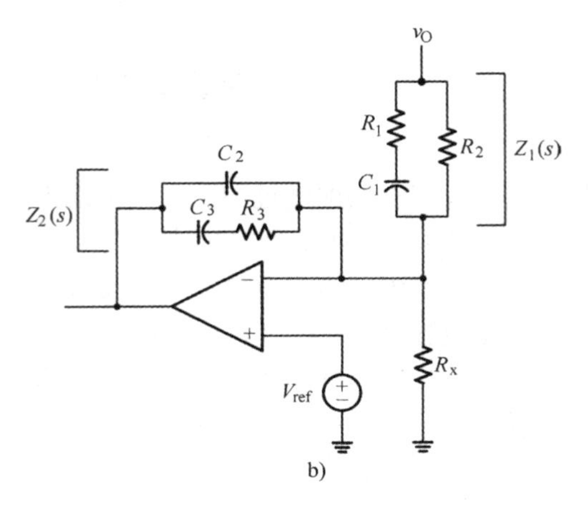

图 8.11 三极点二零点反馈补偿（续）
b）电路实现

8.4 补偿设计和闭环性能

电压反馈补偿的设计包括 5 个补偿参数的选择 $\{\omega_{z1}\ \omega_{z2}\ \omega_{p1}\ \omega_{p2}\ K_v\}$，同时满足以下设计指标：

- 保持稳定要具有足够的相位和增益裕度；
- 音频敏感度小；
- 输出阻抗小。

本节提供了正确选择 5 个补偿参数的设计原则。

8.4.1 电压反馈补偿和回路增益

本节主要研究如何选择环路增益特性的补偿参数。三极点二零点补偿后，环路增益表示为

$$T_m(s) = G_{vd}(s)F_v(s)F_m = \underbrace{V_S \frac{1+\frac{s}{\omega_{esr}}}{1+\frac{s}{Q\omega_o}+\frac{s^2}{\omega_o^2}}}_{G_{vd}(s)} \underbrace{\frac{K_v}{s}\frac{\left(1+\frac{s}{\omega_{z1}}\right)\left(1+\frac{s}{\omega_{z2}}\right)}{\left(1+\frac{s}{\omega_{p1}}\right)\left(1+\frac{s}{\omega_{p2}}\right)}}_{F_v(s)} \underbrace{\frac{1}{V_m}}_{F_m} \tag{8.46}$$

化简为

$$T_m(s) = \frac{K_t}{s}\frac{\left(1+\frac{s}{\omega_{esr}}\right)\left(1+\frac{s}{\omega_{z1}}\right)\left(1+\frac{s}{\omega_{z2}}\right)}{\left(1+\frac{s}{Q\omega_o}+\frac{s^2}{\omega_o^2}\right)\left(1+\frac{s}{\omega_{p1}}\right)\left(1+\frac{s}{\omega_{p2}}\right)} \tag{8.47}$$

式中

$$K_t = \frac{V_S K_v}{V_m} \tag{8.48}$$

对于给定的功率级参数和工作条件，应选择合适的电压反馈补偿零点和极点以满足预期的环路增益特性，从而提供良好的音频敏感度和输出阻抗特性。

图8.12所示的是$|T_m|$、$|G_{vd}|$和$\angle T_m$的渐近图。假定$\omega_{z1} < \omega_o < \omega_{z2} < \omega_c < \omega_{p1} = \omega_{esr} < \omega_{p2}$条件下，构建渐近图，其中$\omega_c$表示环路增益的0dB交越频率。选择补偿参数的理由如下。

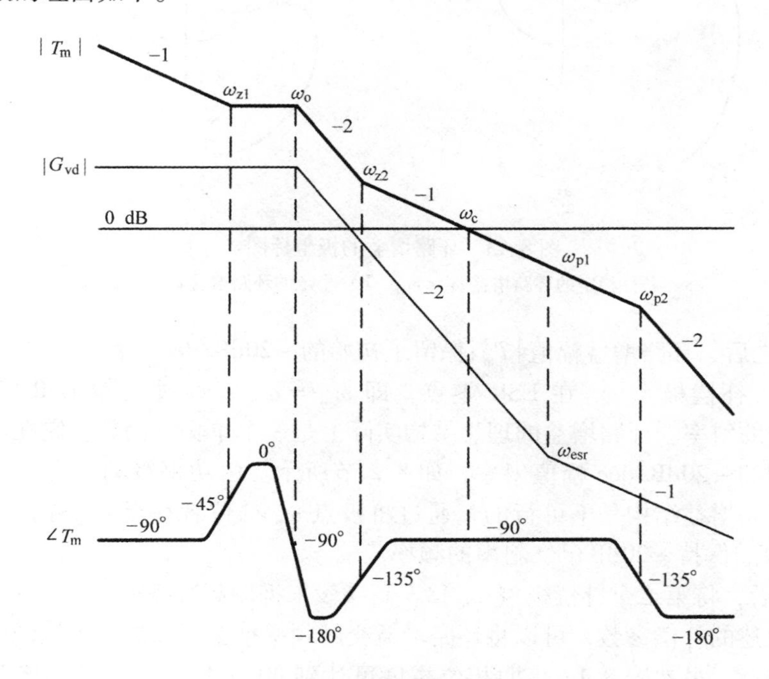

图8.12　环路增益渐近图

1）第一个补偿零点ω_{z1}的位置应在功率级双极点ω_o之前，即$\omega_{z1} < \omega_o$。该步是必要的，以防止变换器成为条件稳定系统。如果在功率级双极点前没有补偿零点，则在功率级双极点ω_o，环路增益的初始相位将从$-90°$下降至$-180°$。在这种情况下，为了提供正相位裕度所需的相位提升，两个补偿零点的位置应在ω_o和环路增益ω_c的0dB交越频率之间。

虽然变换器在这种情况下可以保持稳定，但是频率范围$\angle T_m < -180°$，$|T_m| > 1$。图8.13a是该情况下环路增益的极坐标图。如例7.7所示，极坐标图表明条件稳定的变换器在实际工作中会出现问题。

相反，如图8.13b所示的环路增益图，如果第一个补偿零点在功率级双极点之前，相位上升，$\angle T_m$保持在$-180°$以上，变换器是稳定，而不是条件稳定。

2）第二个补偿零点ω_{z2}应在功率级双极点和环路增益交越频率ω_c之间，即$\omega_o < \omega_{z2} < \omega_c$，以便在交越频率处提供足够的相位提升。如果零点$\omega_{z2}$在$\omega_c$之后，它对相位裕度产生的效果有限，并且也削减了它的相位补偿作用。如图8.12所示，

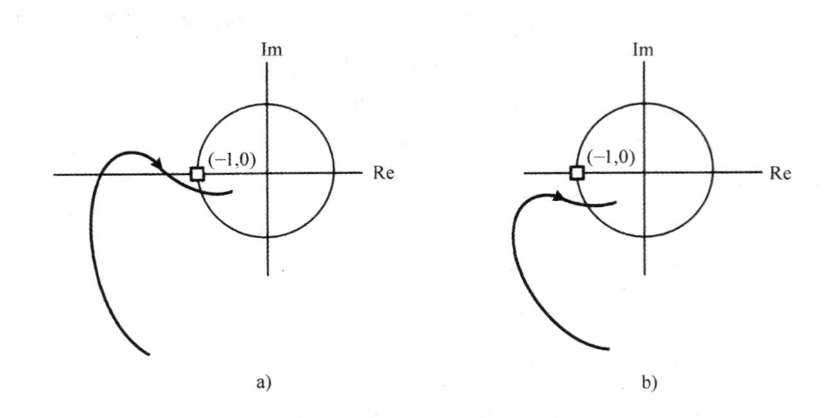

图 8.13 环路增益的极坐标图

a）条件稳定的环路增益 $\omega_o < \omega_{z1}$ b）稳定的环路增益 $\omega_{z1} < \omega_o$

在零点 ω_{z2}之后，环路增益幅值$|T_m|$保留了初始的 -20dB/dec 斜率。

3）第一补偿极点 ω_{p1} 在 ESR 零点，即 $\omega_{p1} = \omega_{esr}$，通过消除 ESR 零点保持 -20dB/dec的斜率。环路增益的理想结构实际上是一个单积分函数，它在所有频率段都是固定的 -20dB/dec 幅值斜率，如 8.2 节所示。由功率级动态性能可知，这种理想的环路增益结构是不可行的，通过将极点 ω_{p1} 的位置移至 ω_{esr} 处，它总是倾向于扩大$|T_m|$保持 -20dB/dec 斜率的频率范围。

4）最后，将第二个补偿极点 ω_{p2} 移至高频段来抑制高频噪声。

利用上述的补偿参数，可以将环路增益交越频率推至更高的频率，同时确保足够的相位裕度。虽然图 8.12 表明相位裕度可达到 90°，但是由于环路增益的角频率有限，无法得到该理论最大值。实际相位裕度由补偿参数的相对位置决定，通常在 45° ~70°的范围内。

8.4.2 反馈补偿设计指南

在前面讨论的基础上，分步补偿设计指南如下：

1）将第一个补偿极点 ω_{p1} 移至 ESR 零点，即 $\omega_{p1} = \omega_{esr}$，以抵消 ESR 零点效应。环路增益以 -20dB/dec 斜率下降至更宽的频率范围。

2）第一个补偿零点 ω_{z1} 的位置位于功率级双极点 ω_o之前，既增加了相位且又不会成为条件稳定系统。正如 8.4.5 节所示，此补偿零点的位置决定了阶跃输入响应速度。当零点位于较高频率时，响应变快。因此，ω_{z1} 应该被放在较高频率处，但仍不应超过功率级双极点。根据经验，建议 $\omega_{z1} = (0.6 \sim 0.8)\omega_o$。

3）将第二个补偿零点 ω_{z2} 移至功率级双极点之后和环路增益交越频率之前，在交越频率处得到足够的相位提升。如 8.4.6 节所述，该零点的位置决定了阶跃负载响应速度。零点应移至更高的频率，以得到更快的响应。然而，随着 ω_{z2} 被推向更高的频率，将减缓对交越频率处的相位提升。一般建议 $\omega_{z2}=(1.5\sim3.0)\omega_o$，折中考虑相位提升效应和阶跃负载响应速度。

4）第二个补偿极点 ω_{p2} 在高频处。总的来说，ω_{p2} 位置在开关频率 ω_s 的50% ~ 80% 处：$\omega_{p2}=(0.5\sim0.8)\omega_s$。

5）选择环路增益交越频率 ω_c。建议将交越频率设置为开关频率 ω_s 的 10% ~ 30%，即 $\omega_c=(0.1\sim0.3)\omega_s$。下一节将详细分析环路增益交越频率 ω_c。由图 8.12 中 $|T_m|$ 的渐近图和式（8.47）可以得出以下关系：

$$20\log\frac{V_S K_v}{V_m\omega_{z1}}-40\log\frac{\omega_{z2}}{\omega_o}-20\log\frac{\omega_c}{\omega_{z2}}=0\text{dB} \tag{8.49}$$

式中，ω_c 是交越频率的理想位置。将式（8.49）转换为设计方程式如下：

$$\frac{V_S K_v}{V_m\omega_{z1}}\left(\frac{\omega_o}{\omega_{z2}}\right)^2\left(\frac{\omega_{z2}}{\omega_c}\right)=1\Rightarrow K_v=\frac{V_m}{V_S}\frac{\omega_{z1}\omega_{z2}\omega_c}{\omega_o^2} \tag{8.50}$$

式（8.50）可用于为预选的 ω_c 求出 K_v。

6）检查相位裕度并调整积分器增益，必要时确保 45° ~70°的相位裕度。

以上设计步骤汇总于表 8.3 中，便于参考。这种设计方法的应用将在例 8.2 中加以说明。

表 8.3　补偿设计过程中环路增益的表达式

环路增益的表达式
$T_m(s)=G_{vd}(s)F_v(s)F_m=\underbrace{V_S\frac{1+\frac{s}{\omega_{esr}}}{1+\frac{s}{Q\omega_o}+\frac{s^2}{\omega_o^2}}}_{G_{vd}(s)}\underbrace{\frac{K_v}{s}\frac{\left(1+\frac{s}{\omega_{z1}}\right)\left(1+\frac{s}{\omega_{z2}}\right)}{\left(1+\frac{s}{\omega_{p1}}\right)\left(1+\frac{s}{\omega_{p2}}\right)}}_{F_v(s)}\underbrace{\frac{1}{V_m}}_{F_m}$ $=\frac{V_S K_v/V_m}{s}\frac{\left(1+\frac{s}{\omega_{esr}}\right)\left(1+\frac{s}{\omega_{z1}}\right)\left(1+\frac{s}{\omega_{z2}}\right)}{\left(1+\frac{s}{Q\omega_0}+\frac{s^2}{\omega_o^2}\right)\left(1+\frac{s}{\omega_{p1}}\right)\left(1+\frac{s}{\omega_{p2}}\right)}$
补偿设计指南
1）设置第一个补偿极点：$\omega_{p1}=\omega_{esr}$。   2）选择第一个补偿零点：$\omega_{z1}=(0.6\sim0.8)\omega_o$。   3）选择第二个补偿零点：$\omega_{z2}=(1.5\sim3.0)\omega_o$。   4）选择第二个补偿极点：$\omega_{p2}=(0.5\sim0.8)\omega_s$。   5）选择环路增益交越频率：$\omega_c=(0.1\sim0.3)\omega_s$。   6）计算积分器增益：$K_v=\frac{V_m}{V_S}\frac{\omega_{z1}\omega_{z2}\omega_c}{\omega_o^2}$。   7）检查相位裕度并调整 K_v 以确保相位裕度为 45° ~70°。   8）由式（8.45）计算电压反馈补偿电路元器件。

8.4.3 电压反馈补偿和闭环性能

图 8.14 说明了环路增益、开环传递函数和闭环传递函数之间的关系。利用表 8.1 中给出的规则构造渐近图。图 8.14 中显示了环路增益特性的影响，或等效电压反馈补偿的影响。开环传递函数衰减高达环路增益交越频率。因为环路增益具有相同的二阶特性，抵消了开环传递函数的二阶特性，所以在闭环传递函数中不出现功率级双极点：对于 $|T_m| \gg 1$ 的频率，$A_u(s) \approx G_{vs}(s)/T_m(s)$ 和 $Z_o(s) \approx Z_p(s)/T_m(s)$。

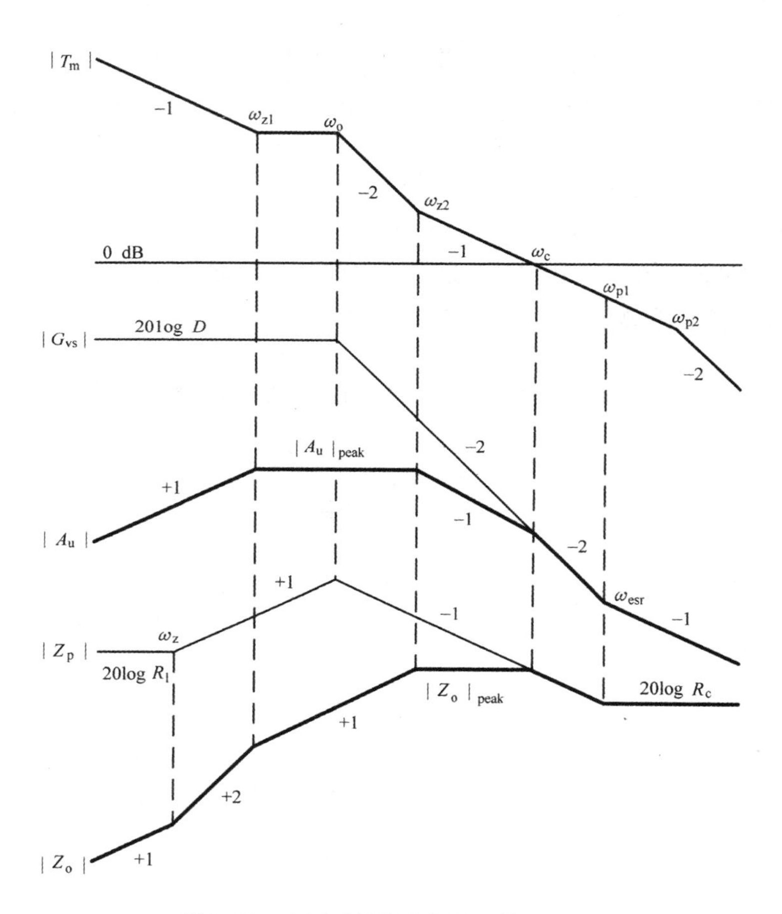

图 8.14 电压反馈补偿与闭环传递函数

渐近图揭示了闭环传递函数的结构，并提供了判断每个补偿参数对变换器性能影响的信息。例如，当积分器增益 K_v 在有限范围内增加，而其他参数保持不变时，可以推断出以下变化：

- 增加环路增益交越频率；
- 降低音频敏感度的峰值 $|A_u|_{peak}$；

- 降低输出阻抗的峰值$|Z_o|_{peak}$。

另一方面，K_v 的过度增加降低了相位裕度。当非常大的 K_v 将交越频率推到 ω_{p2}频率之外时，变换器可能变得不稳定。

由表 8.2 中的规则将$|A_u|$的渐近图转化为解析表达式

$$A_u(s) = K_a s \frac{1+\frac{s}{\omega_{esr}}}{\left(1+\frac{s}{\omega_{z1}}\right)\left(1+\frac{s}{\omega_{z2}}\right)\left(1+\frac{s}{\omega_c}\right)} \tag{8.51}$$

从频率为 ω_{z1}的传递函数间的大小关系推导出 K_a的表达式

$$|A_u(j\omega_{z1})| = |K_a s|_{s=j\omega_{z1}} = |G_{vs}(j\omega_z)| - |T_m(j\omega_{z1})| \tag{8.52}$$

参考式（8.23）、式（8.47）和式（8.51），式（8.52）被转换成

$$K_a\omega_{z1} = \frac{\frac{D}{K_t}}{\omega_{z1}} \tag{8.53}$$

得到 K_a的表达式为

$$K_a = \frac{D}{K_t} \tag{8.54}$$

式中，$K_t=(V_S K_v)/V_m$，$|A_u|$的峰值近似为

$$|A_u|_{peak} = |A_u|_{s=j\omega_{z1}} = |K_a s|_{s=j\omega_{z1}} = 20\log\left(\frac{D}{K_t}\omega_{z1}\right) \tag{8.55}$$

由图 8.14 可知，闭环输出阻抗的表达式为

$$Z_o(s) = K_z s \frac{\left(1+\frac{s}{\omega_z}\right)\left(1+\frac{s}{\omega_{esr}}\right)}{\left(1+\frac{s}{\omega_{z1}}\right)\left(1+\frac{s}{\omega_{z2}}\right)\left(1+\frac{s}{\omega_c}\right)} \tag{8.56}$$

由输出阻抗的高频渐近线求得 K_z 的值。$|Z_o|$ 的高频渐近线为

$$|Z_o(j\infty)| = 20\log\left(\frac{K_z\omega_{z1}\omega_{z2}\omega_c}{\omega_z\omega_{esr}}\right) \tag{8.57}$$

如 8.2.2 节所讨论的，$|Z_o|$的高频渐近线近似等于负载电阻和输出电容器 ESR 的并联阻抗，即

$$|Z_o(j\infty)| = 20\log(R \parallel R_c) \approx 20\log R_c \tag{8.58}$$

通过式（8.57）和式（8.58），K_z 由下式给出：

$$K_z = R_c \frac{\omega_z\omega_{esr}}{\omega_{z1}\omega_{z2}\omega_c} \tag{8.59}$$

通过计算 ω_c频率处的$|Z_o|$来计算输出阻抗的峰值

$$|Z_o|_{peak} = |Z_o(j\omega_c)| = 20\log R_c + 20\log\left(\frac{\omega_{esr}}{\omega_c}\right) = 20\log\left(R_c\frac{\omega_{esr}}{\omega_c}\right) \quad (8.60)$$

［例 8.2］ 补偿设计的示例

本实例说明了本节中补偿设计指南的应用。图 8.15 是闭环控制 Buck 变换器的电路。该变换器使用三极点二零点补偿调节输出电压为 4V。根据电路参数，功率级双极点和 ESR 零点被确定为

$$\omega_o \approx \frac{1}{\sqrt{LC}} = \frac{1}{\sqrt{40\times10^{-6}\times470\times10^{-6}}} = 2\pi\times1.16\times10^3\text{rad/s}$$

$$\omega_{esr} = \frac{1}{CR_c} = \frac{1}{470\times10^{-6}\times0.05} = 2\pi\times6.77\times10^3\text{rad/s}$$

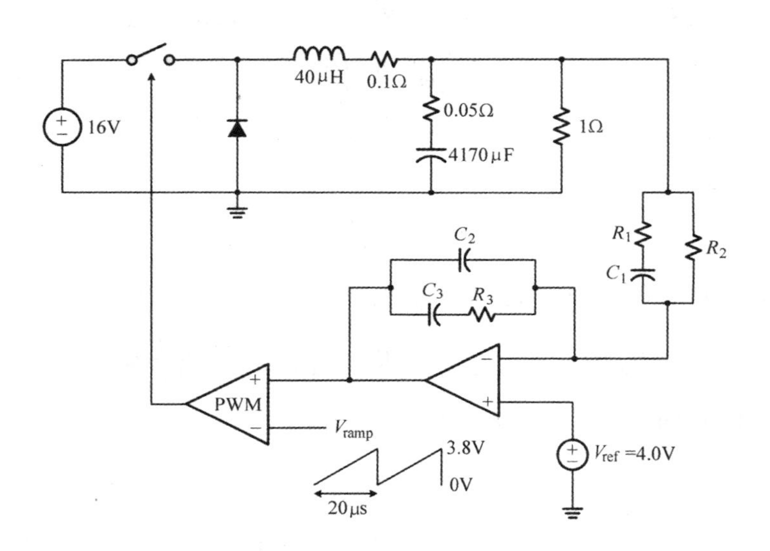

图 8.15 闭环控制 Buck 变换器（$R_1=2.2\text{k}\Omega$，$C_1=11\text{nF}$，$R_2=6.4\text{k}\Omega$，$C_2=365\text{pF}$，$R_3=11\text{k}\Omega$，$C_3=15\text{nF}$）

变换器的开关频率设置在 $\omega_s=2\pi\times50\times10^3$ rad/s，斜坡信号的高度为 $V_m=3.8\text{V}$。基于补偿设计原则，选择三极点二零点补偿的角频率：

- $\omega_{z1}=0.8\omega_o=2\pi\times928\text{rad/s}$；
- $\omega_{z2}=1.5\omega_o=2\pi\times1.74\times10^3\text{rad/s}$；
- $\omega_{p1}=\omega_{esr}=2\pi\times6.77\times10^3\text{rad/s}$；
- $\omega_{p2}=0.8\omega_s=2\pi\times4\times10^4\text{rad/s}$。

0dB 交越频率选定为 $\omega_c=0.116\omega_s=2\pi\times5.80\times10^3\text{rad/s}$。基于设计方程，确定积分器增益 K_v 为

$$K_v = \frac{V_m}{V_S}\frac{\omega_{z1}\omega_{z2}\omega_c}{\omega_o^2} = \frac{3.8}{16}\frac{(2\pi\times928)(2\pi\times1.74\times10^3)(2\pi\times5.80\times10^3)}{(2\pi\times1.16\times10^3)^2} = 1.04\times10^4$$

图8.16显示了所选参数的环路增益特性。环路增益的交越频率是5.8kHz，相位裕度是65°。利用变换器的小信号模型从PSpice®模拟中得到环路增益和其他闭环传递函数。

由图8.16中的环路增益可以看出，进一步提高积分器增益，使交越频率约为9kHz时，有最大的相位裕度。但与$K_v=1.04\times10^4$的设计相比，这种极端设计在实际应用中是不可取的，最终可能会导致较差的性能。例8.4中将给出不超过当前K_v值的理由，包括小信号模型的保真度和局限性有关的问题。

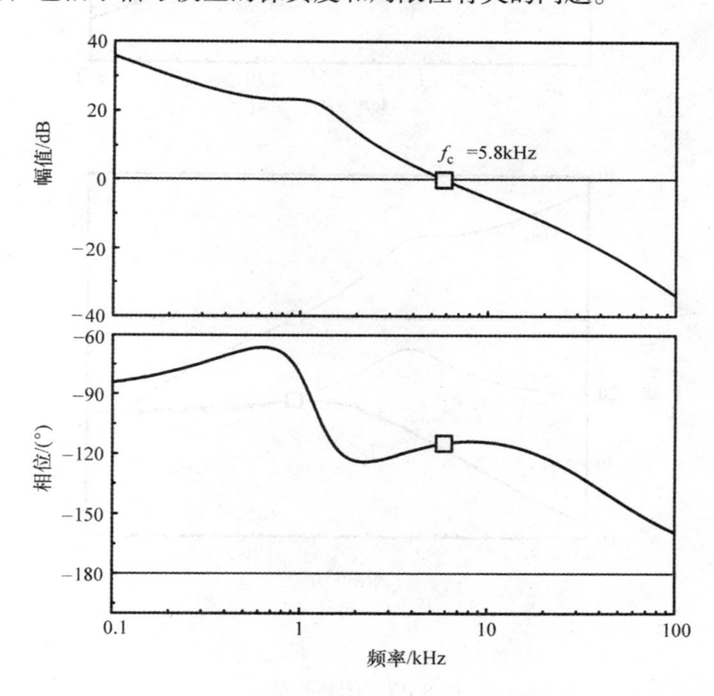

图8.16 环路增益特性（$K_v=1.04\times10^4$）

设计最终选择积分器增益$K_v=1.04\times10^4$，而其他补偿参数早已被选定。由已选的补偿参数确定电压反馈电路的元器件。任意选择一个电路元器件为R_1 = 2.2kΩ。由式（8.45）确定其余的电路元器件为C_1 = 11nF，R_2 = 6.4kΩ，C_2 = 365pF，R_3 = 11kΩ和C_3 = 15nF。

图8.17说明了变换器的闭环性能。音频敏感度$|A_u|$以及输入－输出传递函数$|G_{vs}|$和环路增益$|T_m|$如图8.17a所示。图8.17b显示了输出阻抗$|Z_o|$、负载电流－输出传递函数$|Z_p|$和环路增益$|T_m|$。当图8.17中的伯德图与图8.14中的渐近图进行比较时，确认渐近分析的有效性和有用性。

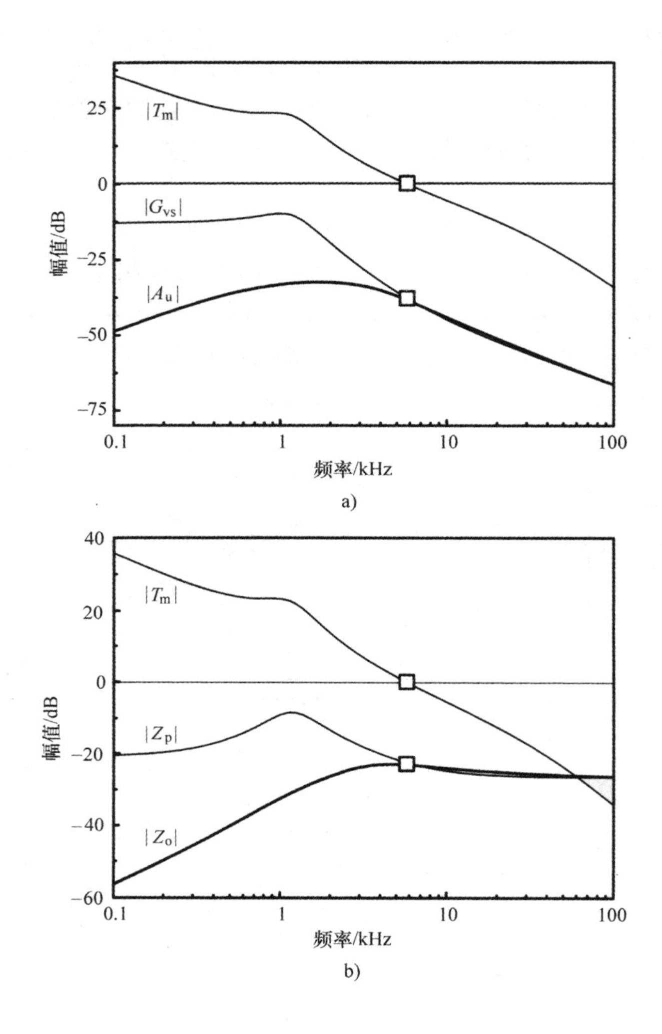

图 8.17 闭环性能

a）音频敏感度 b）输出阻抗

通过时域仿真对补偿设计进行了评估。图 8.18 所示的是由负载电流阶跃变化引起的电感电流和输出电压的瞬态响应：$I_O = 4\text{A} \Rightarrow 8\text{A} \Rightarrow 4\text{A}$。瞬态波形具有良好的稳定和调节特性。8.4.6 节将详细分析阶跃负载响应。3.6.2 节用本例提出的补偿设计说明闭环控制 Buck 变换器的直流调节和瞬态特性。

［例 8.3］ 渐近近似的准确性

基于渐近分析，闭环传递函数以因式分解的形式表示。在本例中，利用前例中 Buck 变换器来评估渐近近似的准确性。音频敏感度为

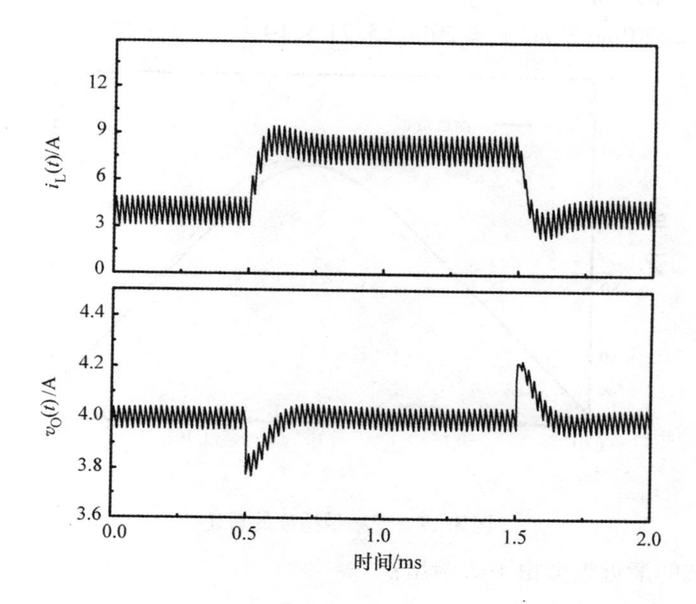

图 8.18　电感器电流 i_L和输出电压 v_O的阶跃负载瞬态响应

$$A_u(s) = K_a s \frac{1+\frac{s}{\omega_{esr}}}{\left(1+\frac{s}{\omega_{z1}}\right)\left(1+\frac{s}{\omega_{z2}}\right)\left(1+\frac{s}{\omega_c}\right)} \tag{8.61}$$

首项系数 K_a被确定为

$$K_a = \frac{V_m}{V_S}\frac{D}{K_v} \tag{8.62}$$

由图 8.15 所示的信息与例 8.2 中的积分器增益计算 K_a为

$$K_a = \frac{V_m}{V_S}\frac{D}{K_v} = \frac{3.8}{16}\frac{0.25}{1.04\times10^4} = 5.71\times10^{-6}$$

例 8.2 给出了式（8.61）的角频率：$\omega_{z1}=2\pi\times928\text{rad/s}$，$\omega_{z2}=2\pi\times1.74\times10^3\text{rad/s}$，$\omega_{esr}=2\pi\times6.77\times10^3\text{rad/s}$，$\omega_c=2\pi\times5.8\times10^3\text{rad/s}$。

对照实际音频敏感度式（8.61）的伯德图如图 8.19 所示。实际的音频敏感度指直接从变换器的小信号模型获得的 PSpice®仿真结果。渐近传递函数与实际传递函数有很好的相关性，但在 1 ~20kHz 之间的频率范围有一些偏差。渐近分析假设在低于环路增益交越频率的频率范围内，$|T_m| \gg 1$。然而，在以环路增益交越频率为中心的频率范围内，$|T_m|\approx1$，所以该假设并不十分理想。对于给定的变换器，在 1 ~20kHz 的频率区域，渐近近似在该区域产生 3 ~4dB 的最大误差。渐近

分析估算了$|A_u|$的峰值

$$|A_u|_{pcak} = 20\log(K_a\omega_{z1}) = 20\log(5.71\times10^{-6}\times2\pi\times928) = -29.6\text{dB}$$

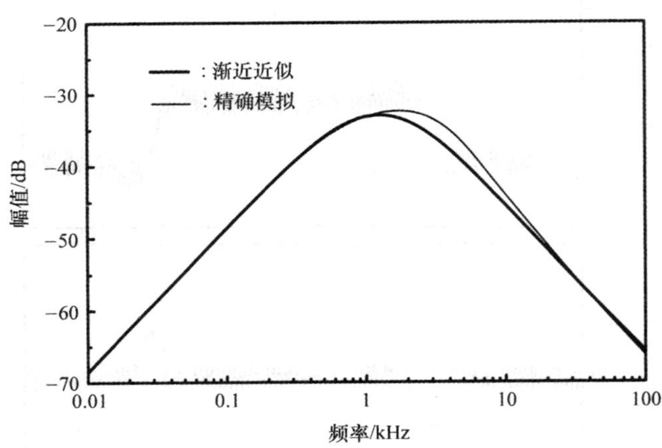

图 8.19　音频敏感度的对比

输出阻抗的渐近近似由下式给出：

$$Z_o(s) = K_z s\frac{\left(1+\dfrac{s}{\omega_z}\right)\left(1+\dfrac{s}{\omega_{esr}}\right)}{\left(1+\dfrac{s}{\omega_{z1}}\right)\left(1+\dfrac{s}{\omega_{z2}}\right)\left(1+\dfrac{s}{\omega_c}\right)} \tag{8.63}$$

式中

$$\omega_z = \frac{R_1}{L} = \frac{0.1}{40\times10^{-6}}\text{rad/s} = 2\pi\times398\text{rad/s}$$

$$K_z = R_c\frac{\omega_z\omega_{esr}}{\omega_{z1}\omega_{z2}\omega_c} = 0.05\frac{(2\pi\times398)(2\pi\times6.77\times10^3)}{(2\pi\times928)(2\pi\times1.74\times10^3)(2\pi\times5.8\times10^3)} = 2.29\times10^{-6}$$

预估输出阻抗的峰值为

$$|Z_a|_{peak} = 20\log\left(R_c\frac{\omega_{esr}}{\omega_c}\right) = 20\log\left(0.05\times\frac{2\pi\times6.77\times10^3}{2\pi\times5.8\times10^3}\right)\text{dB} = -24.7\text{dB}$$

图 8.20 与式(8.63)中实际输出阻抗的伯德图相比较。与音频敏感度的情况相同，渐近近似都表现出良好的精度，但是在 1 ~ 20kHz 的频率范围内，$|T_m| \gg 1$ 或 $|T_m| \ll 1$ 的情况下，渐近近似不太理想。

[例 8.4]　小信号模型的精度

前面的例子已经验证了渐近分析的正确性，并对小信号假设下的小信号模型的精度进行了研究。例 8.2 使用了 Buck 变换器，并利用阻抗分析仪测量其环路增益。然后将测量的环路增益特性与小信号模型的预测结果在图 8.21 中进行了比较。虽然受到一些测量噪声的影响，但是实验数据清楚地显示出该变换器的环路增益特性。

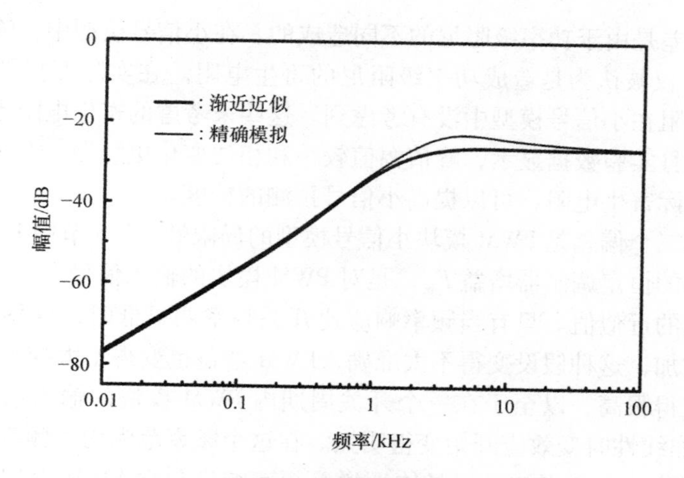

图 8.20　输出阻抗的对比

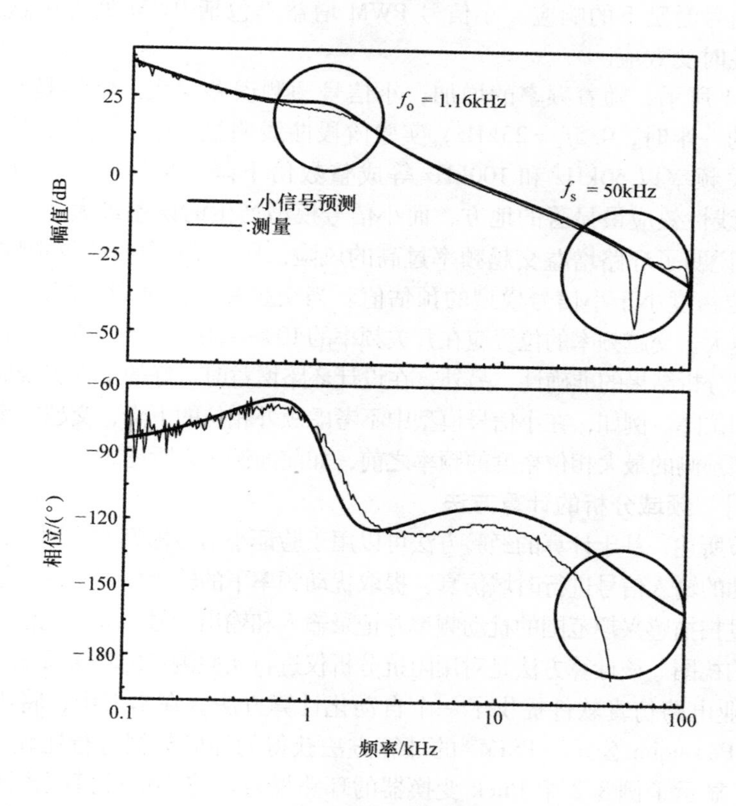

图 8.21　环路增益的对比

小信号预测与实验数据基本一致。然而，理论预测在两个不同的频率范围内与测量有偏差。第一个偏差在功率级双极点 $f_o = \omega_o/2\pi \approx 1.16\text{kHz}$ 处，第二个偏差在高频处。

第一个偏差是由于功率级阻尼的不同造成的。在小信号模型中，输出电容器和电感器的 ESR 仅被认为是造成功率级阻尼的寄生电阻。在实际变换器中，还有许多其他寄生电阻在小信号模型中没有考虑到。这些未考虑的寄生电阻也有助于产生额外阻尼，并且实验数据显示，峰值幅值较小和相位变化更缓慢。在小信号模型中适当地引入实际寄生电阻，可以提高小信号预测的精度。

高频的第二个偏差是 PWM 模块小信号模型的局限性。5.5 节中 PWM 处理的小信号模型定义的恒定调制器增益 F_m，是对 PWM 模块的输入信号在一个开关周期内没有明显变化的近似值。只有当频率响应比开关频率明显低时，这种假设才成立。随着频率的增加，这种假设变得不太准确，PWM 增益也变得不太准确。

当频率变得很高，以至于在一个开关周期内 PWM 模块的输入信号变化很大，PWM 处理的非线性时变效应开始变得明显。在这个频率范围内，频率响应受 PWM 处理的边频部分的强烈影响；更具体地说，频率响应包含 PWM 处理的边频分量，以及原来小信号激励下的响应。小信号 PWM 增益不包括 PWM 处理中这种与频率有关的非线性时变效应。

如图 8.21 所示，随着频率的增加，小信号预测误差增大。特别是，当频率接近开关频率的一半时，$0.5f_s=25\text{kHz}$，实验阶段曲线明显下降。此外，实验幅值曲线显示了开关频率以 50kHz 和 100kHz 等成整数倍下降。事实上，奇异点出现在 PWM 处理非线性效应最显著的地方，而小信号模型产生的误差最大。

图 8.21 说明了环路增益交越频率过高的风险。图 8.21 中的相位特性表明实际变换器的相位裕度小于小信号模型的预估值。当交越频率被推向更高的频率时，误差变得越来越大。交越频率的位置应在开关频率的10% ~30%处，以避免高估相位裕度的风险，确保分析结果的准确性。另外，在设计环路增益时，好的工程实践应考虑高频处的额外的相位降。例如，在小信号模型中不考虑额外相位的下降，交越频率可以放置在小信号模型预测的最大相位裕度的频率之前，如前面例 8.2 所述。

[例 8.5]　频域分析的计算方法

如6.5 节所述，基于计算的经验方法可以用于验证小信号模型的预测。在计算方法中，利用扰动的输入信号进行时域仿真，提取扰动频率下的输出信号，并与输入信号进行比较。通过扫描感兴趣范围的扰动频率并记录输入和输出信号之间的比值，得到相应频率响应的伯德图。该计算方法是对用阻抗分析仪进行实验测量的算法重复。

一些商业电路仿真软件提供了一个自动化计算方法。在本书中，将小信号模型预测与利用 Powersim 公司[3] PSIM®的计算方法获得的经验数据进行比较。

图 8.22 显示了例 8.2 中 Buck 变换器的环路增益。将小信号模型预测与计算方法的经验数据进行比较。在低频段，分析和实证结果之间的差异实际上是不可检测的；在高频段的偏差却是显而易见的。经验数据表明，由于数值算法的灵敏度，幅值与相位都有不规则的尖峰。即使如此，计算数据仍显示出可辨别模式。幅度包络遵循小信号模型的预测。有趣的是，高频相位包络偏离了小信号模型的预测，但跟

踪了图 8.21 所示的测量相位响应。这表明计算方法适当地捕获了 PWM 处理的频率相关非线性时变效应，并提供了变换器的精确高频动态性能。

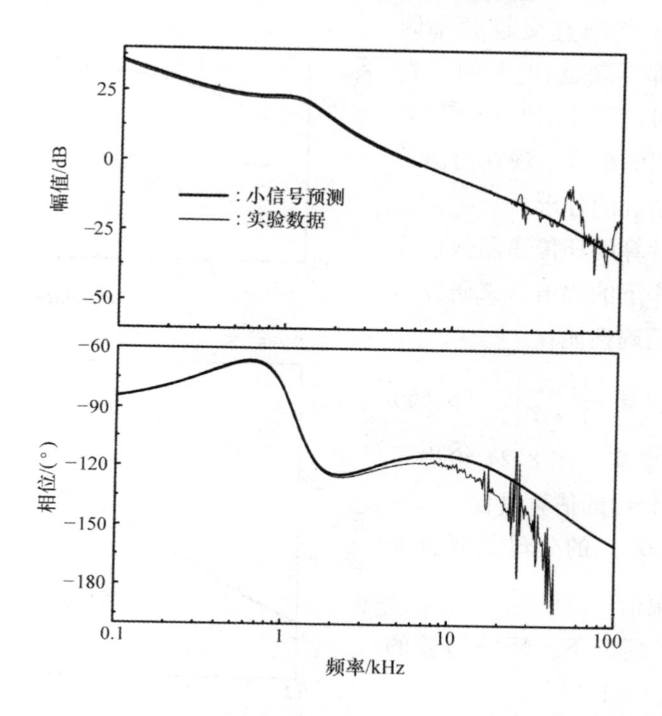

图 8.22　环路增益评估的计算方法

图 8.23 显示了变换器的音频敏感度和输出阻抗特性。这个数字证实了小信号模型预测的准确性和经验方法在频域分析中的应用。与环路增益分析不同，小信号模型预测与所有频率的计算数据紧密匹配，这是因为闭环传递函数遵循高频开环传递函数，环路增益的幅值非常小。

8.4.4　相位裕度和闭环性能

在音频敏感度和输出阻抗分析中，下式将闭环传递函数 $G(s)_{\text{closed}}$ 与开环传递函数 $G(s)_{\text{open}}$ 联系起来：

$$G(s)_{\text{closed}} = \frac{G(s)_{\text{open}}}{1 + T_{\text{m}}(s)} \tag{8.64}$$

式中，$T_{\text{m}}(s)$ 是环路增益。将式（8.64）分解为渐近分析的两个近似值

$$G(s)_{\text{closed}} = \frac{G(s)_{\text{open}}}{1 + T_{\text{m}}(s)} \approx \begin{cases} \dfrac{G(s)_{\text{open}}}{T_{\text{m}}(s)} & |T_{\text{m}}| \gg 1 \\ G(s)_{\text{open}} & |T_{\text{m}}| \ll 1 \end{cases} \tag{8.65}$$

这种渐近分析在符合 $|T_m| >> 1$ 或 $|T_m| << 1$ 的频率范围内是有效准确的。然而，在环路增益交越频率附近，这些假设都不满足 $|T_m| \approx 1$。在例 8.3 中广泛讨论了环路增益交越频率附近渐近近似的精度。现在给出关于交越频率更精确的分析。

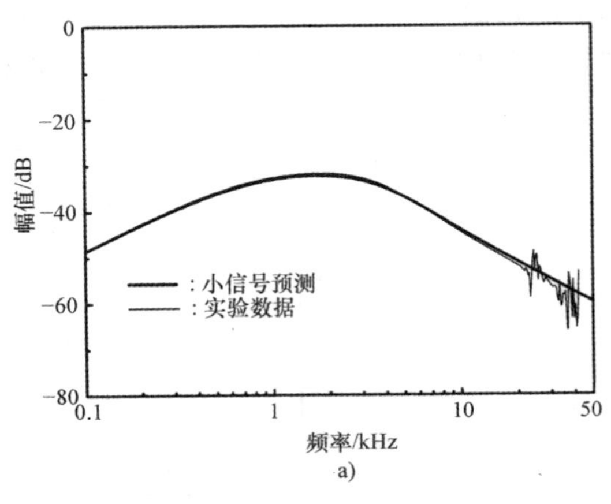

a)

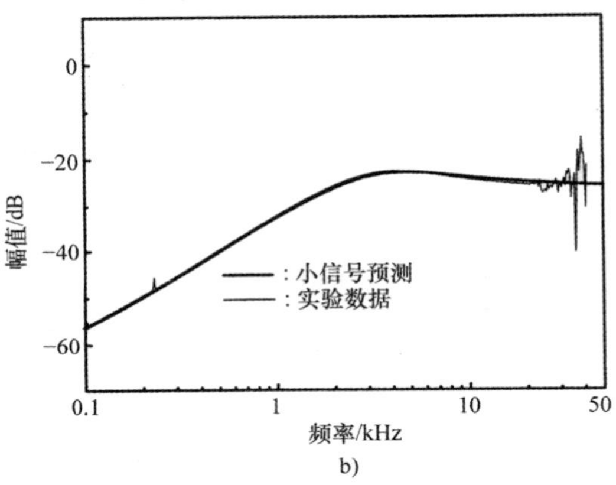

b)

图 8.23　闭环性能评估的计算方法

a）音频敏感度　b）输出阻抗

可以通过计算闭环传递函数在环路增益交越频率下的幅值，来研究闭环传递函数的精确性能：

$$|G_{\text{closed}}| = \frac{|G_{\text{open}}|}{|1 + T_m|} \tag{8.66}$$

基于以下事实，图 8.24 给出了对式（8.66）分母的估算过程。

- 式（8.66）的分母是复合矢量 $|\vec{1} + \vec{T}_m|$ 的幅值。
- 在交越频率下，环路增益的幅值为 1，$|T_m| = 1$。
- 在图 8.24 中，角度 ϕ_m 对应于交越频率 $\angle T_m$ 与 $-180°$ 之间的差值，是环路增益的相位裕度。

根据矢量加法规则和三角关系，式（8.66）的分母为

$$|\vec{1} + \vec{T}_m| = \sqrt{\sin^2\phi_m + (1 - \cos\phi_m)^2} = \sqrt{2 - 2\cos\phi_m} \tag{8.67}$$

图 8.24　估算环路增益交越频率下的 $|\vec{1} + \vec{T}_m|$

因此，式（8.66）为

$$|G_{closed}| = \frac{|G_{open}|}{\sqrt{2-2\cos\phi_m}} \tag{8.68}$$

如果相位裕度 ϕ_m 小于 60°，则式（8.68）的分母小于 1，$|G_{closed}|$将从$|G_{open}|$增加到

$$|G|_{peaking} = 20\log\left(\frac{1}{\sqrt{2-2\cos\phi_m}}\right) \tag{8.69}$$

峰值与相位裕度成反比，相位裕度越小，峰值越大。如果相位裕度减小到零，则峰值变为无穷大。

当相位裕度 ϕ_m 略小于 60°时，在交越频率$|T_m|$处，平滑连接$|G_{open}|/|T_m|$和$|G_{open}|$的渐近线得到$|G_{closed}|$曲线，如表 8.1 所示的渐近分析原则。如果 ϕ_m 明显小于 60°，则在预测$|G_{closed}|$曲线时，应考虑在$|T_m|$交越频率处的峰值。

［例 8.6］ 小相位裕度的影响

本实例说明了小相位裕度的不利影响，表明小相位裕度会引起传递函数的峰值。还有一种观点认为，峰值又会引起瞬态响应中的振荡。

在前面的示例中，用于 Buck 变换器的电压反馈补偿现被改为

$$F_v(s) = \frac{1.04\times10^4}{s}\frac{\left(1+\frac{s}{2\pi\times928}\right)\left(1+\frac{s}{2\pi\times9.9\times10^3}\right)}{\left(1+\frac{s}{2\pi\times6.77\times10^3}\right)\left(1+\frac{s}{2\pi\times4\times10^4}\right)}$$

用以产生具有小相位裕度的环路增益。与原设计相比，只有第二个补偿零点是从 $\omega_{z2}=2\pi\times1.74\times10^3$rad/s 增加到 $\omega'_{z2}=2\pi\times9.90\times10^3$rad/s。图 8.25 是修改了的环路增益特性。0dB 交越频率f'_c = 3.3kHz，相位裕度减小到 ϕ'_m。计算峰值的大小

$$|G|_{peaking} = 20\log\left(\frac{1}{\sqrt{2-2\cos\phi'_m}}\right) = 20\log\left(\frac{1}{\sqrt{2-2\cos16°}}\right) \approx 11\text{dB}$$

峰值出现在环路增益的交越频率f'_c=3.3kHz 处。补偿设计被修改后的输出阻抗$|Z_o|$、负载电流输出传递函数$|Z_p|$和环路增益$|T_m|$如图 8.26 所示。在低频下，输出阻抗$|Z_o|$跟随$|Z_p|-|T_m|$形成的曲线，并在高频处收敛于$|Z_p|$。然而，在环路增益交越频率附近，输出阻抗偏离各自的近似值，显示了$|Z_p|$在交越频率f'_c = 3.3kHz 处有 11dB 的涨幅。图 8.27 清楚地显示了小相位裕度的影响，并对改进设计后的输出阻抗与原设计的输出阻抗进行比较。原设计的相位裕度为ϕ_m=65°，而改进设计后的相位裕度为 ϕ'_m=16°。

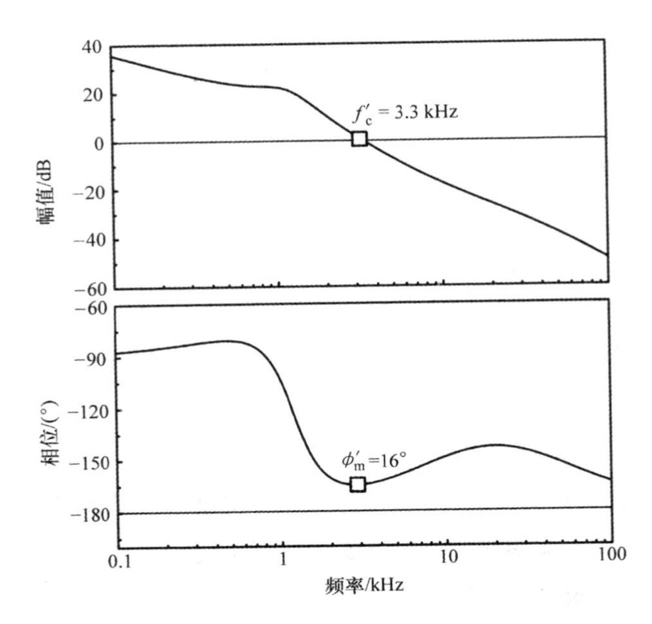

图 8.25 修改补偿设计后的环路增益特性

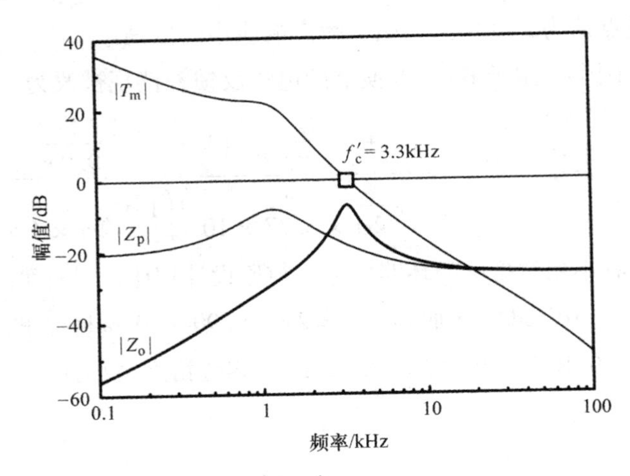

图 8.26 补偿设计改进后的输出阻抗特性

如7.3.1节讨论，由负载电流I_{step}的阶跃变化引起输出电压的瞬态响应如下[⊖]：

$$v_O(t) = \pounds^{-1}\left(\frac{I_{step}}{s}Z_o(s)\right) \tag{8.70}$$

⊖ 严格而言，因为输出阻抗是在小信号假设条件下推导出来的，仅仅当I_{step}足够小时，式（8.70）才有效。即使如此，输出阻抗的预测明显显示相对大的变化下瞬态响应的良好的关系：比如，负载电流高达50%的变化。

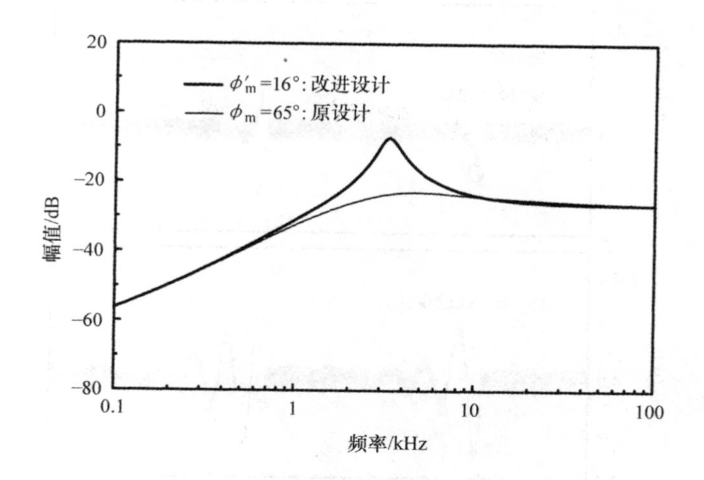

图 8.27 相位裕度和输出阻抗

式中，$\mathcal{L}^{-1}$是拉普拉斯反变换算子。式（8.70）表明了输出阻抗峰值的影响。$|Z_o|$的峰值表明输出阻抗中存在欠阻尼二阶项，当采用拉普拉斯反变换时，欠阻尼二阶项在时域方程中产生衰减正弦分量，因此，$|Z_o|$中的峰值引起输出电压振荡，振荡频率与输出阻抗峰值的频率一致，即环路增益交越频率。图 8.28 显示了与原设计相比，改进设计后的阶跃负载响应。如图 8.28 所示，负载电流的一系列阶跃变化，$I_O=4\text{A}\Rightarrow 8\text{A}\Rightarrow 4\text{A}$，改进设计后的输出电压出现了衰减振荡，而原设计没有表现出任何振荡特性，预计振荡周期为

$$t_{os}=\frac{1}{f_c'}=\frac{1}{3.3\times 10^3}\text{s}=0.3\text{ms}$$

式中，$f_c'=3.3\text{kHz}$是改进设计后的环路增益交越频率。

如前面的例子所示，相位裕度、输出阻抗峰值和输出电压振荡之间存在着密切的关系。小的相位裕度导致输出阻抗中的峰值，又引起输出电压中的振荡。相位裕度的下降加剧了峰值的波动，增加峰值使振荡持续的时间越来越长。当相位裕度减小到零时，输出阻抗达到无穷大，输出电压持续振荡，表现出不稳定性。

7.6 节中讨论了小相位裕度的影响。但本节与 7.6 节的观点不同。7.6 节结合系统极点的位置定性讨论了该问题，而本节提供了一个具体的方程式（8.69）。将本节的分析结果与 7.6 节的定性讨论进行比较是有益的。请读者回顾例 7.8，其证实了例 8.6 的结果。

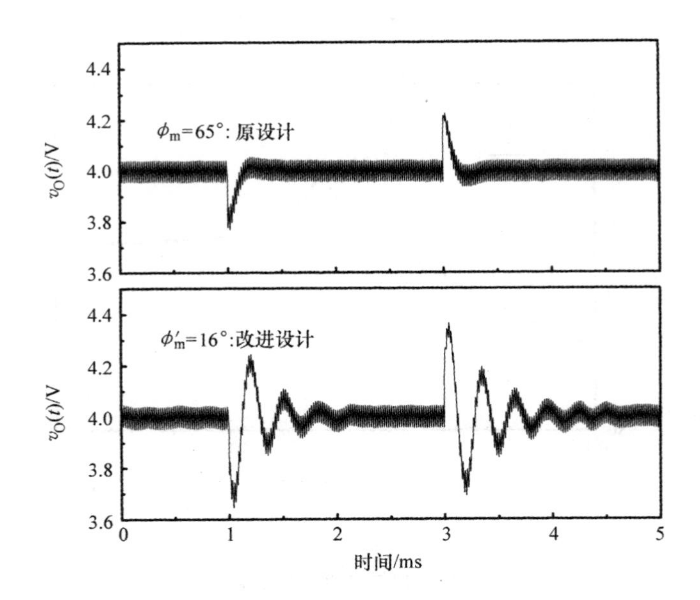

图 8.28　输出电压的相位裕度和阶跃负载响应

8.4.5　补偿零点和瞬态响应速度

三极点两零点电路被定义为电压反馈补偿的最佳结构。

$$F_v(s)=\frac{K_v}{s}\frac{\left(1+\frac{s}{\omega_{z1}}\right)\left(1+\frac{s}{\omega_{z2}}\right)}{\left(1+\frac{s}{\omega_{p1}}\right)\left(1+\frac{s}{\omega_{p2}}\right)} \tag{8.71}$$

针对频域性能指标讨论了补偿参数的选择。但如本节所示，补偿参数也影响时域性能。尤其是补偿零点，ω_{z1} 和 ω_{z2} 决定了瞬态响应的速度。第一个补偿零点 ω_{z1} 决定阶跃输入响应的速度，第二个补偿零点 ω_{z2} 决定阶跃负载响应的速度。因此，应基于上述因素选择补偿零点的位置。本节介绍了如何选择第一个补偿零点 ω_{z1}，下一节将介绍第二个补偿零点 ω_{z2}。

利用音频敏感度与阶跃输入响应的关系来解释第一个补偿零点的影响。图 8.29 是 $|A_u|$、$|T_m|$ 与 $|G_{vs}|$ 的渐近图。音频敏感度为

$$A_u(s)=K_a s\frac{1+\frac{s}{\omega_{esr}}}{\left(1+\frac{s}{\omega_{z1}}\right)\left(1+\frac{s}{\omega_{z2}}\right)\left(1+\frac{s}{\omega_c}\right)} \tag{8.72}$$

式中，$\omega_{z1}\ll\omega_{z2}\ll\omega_c\ll\omega_{esr}$。

第一个补偿零点 ω_{z1} 是式（8.72）中 $A_u(s)$ 表达式的极点。输出电压的阶跃输入响应由下式给出：

$$v_O(t) = \pounds^{-1}\left(\frac{V_{step}}{s}A_u(s)\right) \tag{8.73}$$

式中，V_{step} 为阶跃输入变化的幅值。由式（8.72）和式（8.73）可知

$$v_O(t) = \pounds^{-1}\left(V_{step}\frac{K_a\left(1+\dfrac{s}{\omega_{esr}}\right)}{\left(1+\dfrac{s}{\omega_{z1}}\right)\left(1+\dfrac{s}{\omega_{z2}}\right)\left(1+\dfrac{s}{\omega_c}\right)}\right) \tag{8.74}$$

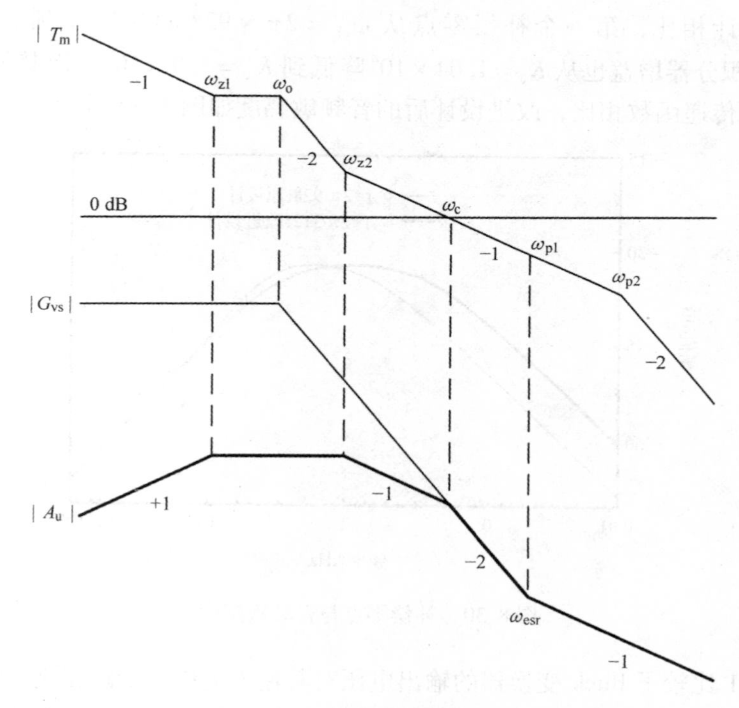

图 8.29　音频敏感度的渐近图

当进行拉普拉斯反变换时，输出电压表达式将包含以下三个不同的指数项：

$$v_O(t) = 与\ e^{-\omega_{z1}t}\ 相关项 + 与\ e^{-\omega_{z2}t}\ 相关项 + 与\ e^{-\omega_c t}\ 相关项 \tag{8.75}$$

由于 $\omega_{z1} \ll \omega_{z2} \ll \omega_c$，式（8.75）中的第一项是最慢模式，即第一个补偿零点 ω_{z1} 成为主极点。因此，瞬态响应的时间常数为 $\tau = 1/\omega_{z1}$。瞬态响应的建立时间确定为

$$t_s = 3\tau = 3\frac{1}{\omega_{z1}} \tag{8.76}$$

为了更快的响应，ω_{z1} 应选择在更高频率的位置。但若补偿零点 ω_{z1} 的位置在功率级双极点 ω_o 之后，$\angle T_m$ 可能会暂时降低到 −180°以下，以使变换器条件稳定，

如 8.4.1 节所述。因此，补偿零点 ω_{z1} 应设置于较高频率处，但仍在功率级双极点前。在上一节中，建议 $\omega_{z1}=(0.6\sim0.8)\omega_o$。

[例 8.7]　补偿零点与阶跃输入响应

本实例证实了前面关于第一个补偿零点影响的理论讨论。Buck 变换器的电压反馈补偿现被修改为

$$F_v(s)=\frac{3.9\times10^3}{s}\frac{\left(1+\frac{s}{2\pi\times312}\right)\left(1+\frac{s}{2\pi\times1.74\times10^3}\right)}{\left(1+\frac{s}{2\pi\times6.77\times10^3}\right)\left(1+\frac{s}{2\pi\times4.0\times10^4}\right)}$$

与原设计相比，第一个补偿零点从 $\omega_{z1}=2\pi\times928\text{rad/s}$ 减少到 $\omega'_{z1}=2\pi\times312\text{rad/s}$，积分器增益也从 $K_v=1.04\times10^4$ 降低到 $K'_v=3.9\times10^3$，而其他补偿参数不变。与原传递函数相比，改进设计后的音频敏感度如图 8.30 所示。

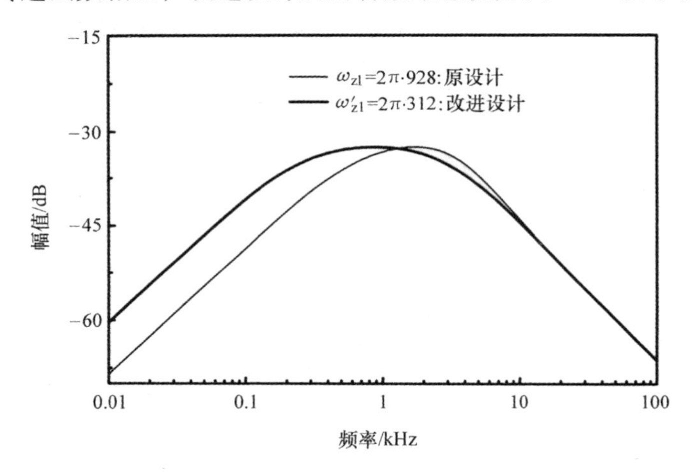

图 8.30　补偿零点与音频敏感度

图 8.31 比较了 Buck 变换器的输出电压对其输入电压的阶跃变化的响应：$V_S=16\text{V}\Rightarrow8\text{V}\Rightarrow16\text{V}$。如预期一样，改进后的设计产生较慢的响应。改进设计后的建立时间为

$$t'_s=3\tau'=3\frac{1}{\omega'_{z1}}=3\times\frac{1}{2\pi\times312}\text{s}=1.53\text{ms}$$

而原设计的建立时间为

$$t_s=3\tau=3\frac{1}{\omega_{z1}}=3\times\frac{1}{2\pi\times928}\text{s}=0.51\text{ms}$$

8.4.6　阶跃负载响应

阶跃负载响应是许多 DC - DC 变换器的重要性能指标。如 7.3.1 节所述，可以利用输出阻抗来分析输出电压的瞬态响应。本节通过对输出阻抗特性的一些简化假

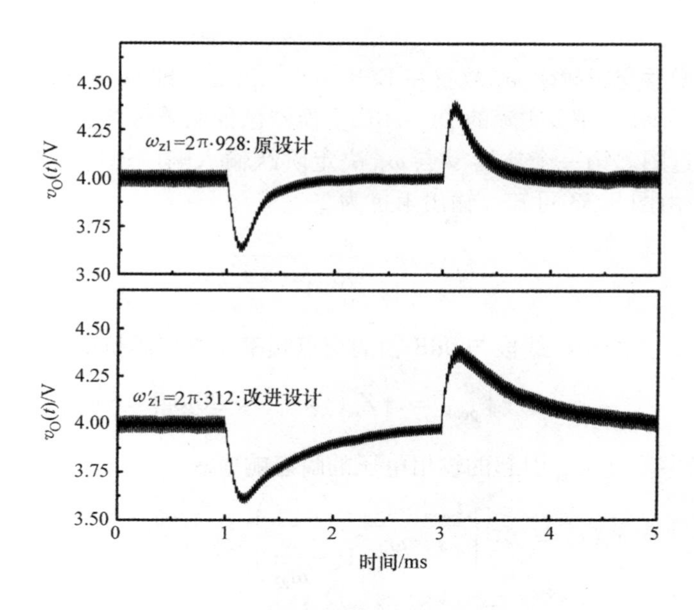

图 8.31 补偿零点与阶跃输入响应

设来说明这种分析。由式（8.71）中第二个补偿零点 ω_{z2} 的位置决定阶跃负载响应的速度。

图 8.32 中对图 8.14 中输出阻抗渐近图进行了修改，其假设如下：

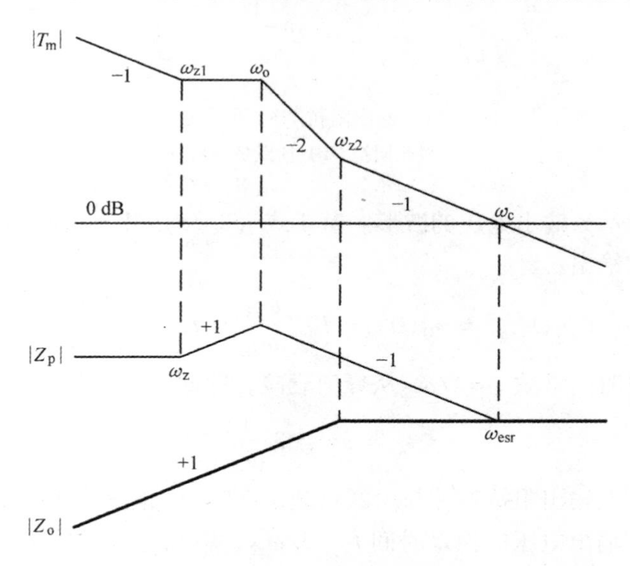

图 8.32 输出阻抗的渐近图

1）第一个补偿零点 ω_{z1} 的位置在负载电流输出传递函数的低频零点 ω_z 处，即

$\omega_{z1}=\omega_z$。

2）环路增益交越频率 ω_c 放置在 ESR 零点 ω_{esr}处，即 $\omega_c=\omega_{esr}$。

如例 8.8 所示，许多实际的 DC－DC 变换器已证明了这些假设。图 8.33a 重画了 $|Z_o|$ 的渐近图。第一个补偿零点 ω_{z1} 决定阶跃输入响应速度，并且不会出现在输出阻抗中。由图 8.33 可知，输出阻抗为

$$Z_o(s)=\frac{s}{\omega_m}\frac{1}{1+\frac{s}{\omega_{z2}}} \tag{8.77}$$

式中，ω_m为 $|Z_o|$ 的初始线段与 0dB 轴的交点频率。输出阻抗的峰值由下式给出：

$$|Z_o(j\omega)|_{peak}=|Z_o(j\infty)|=20\log\left(\frac{\omega_{z2}}{\omega_m}\right) \tag{8.78}$$

由阶跃负载变化 I_{step}引起的输出电压的瞬态响应表示为

$$v_O(t)=\pounds^{-1}\left(\frac{t_{step}}{s}\frac{s}{\omega_m}\frac{1}{1+\frac{s}{\omega_{z2}}}\right)=I_{step}\frac{\omega_{z2}}{\omega_m}e^{-\omega_{z2}t} \tag{8.79}$$

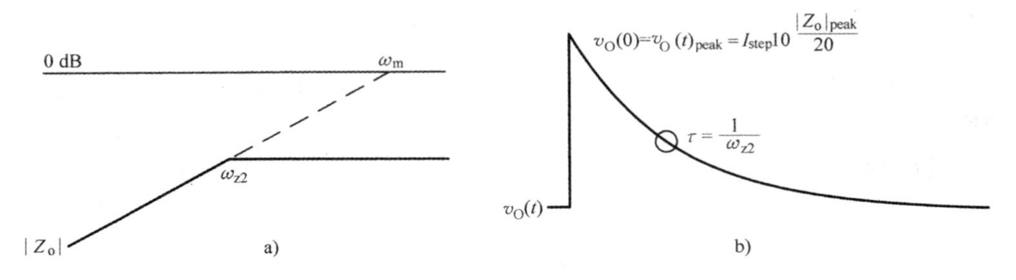

图 8.33 输出阻抗与阶跃负载响应

a）输出阻抗 b）阶跃负载响应

图 8.33b 所示为输出电压的波形。基于式（8.78）和式（8.79），输出电压的峰值过冲由下式给出：

$$v_O(t)_{peak}=v_O(0)=I_{step}\frac{\omega_{z2}}{\omega_m}=I_{step}10^{\frac{|Z_o|_{peak}}{20}} \tag{8.80}$$

输出电压以时间常数 $\tau=1/\omega_{z2}$从峰值衰减，因此，建立时间为

$$t_s=3\tau=3\frac{1}{\omega_{z2}} \tag{8.81}$$

如前分析，在输出阻抗特性与阶跃负载瞬态响应之间有简单实用的关系。第二个补偿零点决定输出电压的稳定时间 $t_s=3/\omega_{z2}$，输出电压的峰值是由阶跃负载变化的大小与输出阻抗峰值的乘积共同决定的：$v_O(t)_{peak}=I_{step}10^{|Z_o|_{peak}/20}$。

[例 8.8] 输出阻抗与阶跃负载响应

本实例证实了前述阶跃负载响应分析的准确性。对于例 8.2 中的 Buck 变换器，

角频率为 $\omega_{z1} = 2\pi \times 928\text{rad/s}$，$\omega_z = 2\pi \times 398\text{rad/s}$，$\omega_c = 2\pi \times 5.80 \times 10^3\text{rad/s}$，$\omega_{esr} = 2\pi \times 6.67 \times 10^3\text{rad/s}$，从而满足条件 $\omega_{z1} \approx \omega_z$ 和 $\omega_c \approx \omega_{esr}$。

图 8.34 所示的是变换器的输出阻抗 $|Z_o|$、负载电流的输出传递函数 $|Z_p|$ 和环路增益 $|T_m|$。模拟输出阻抗与图 8.32 的理论预测基本一致。

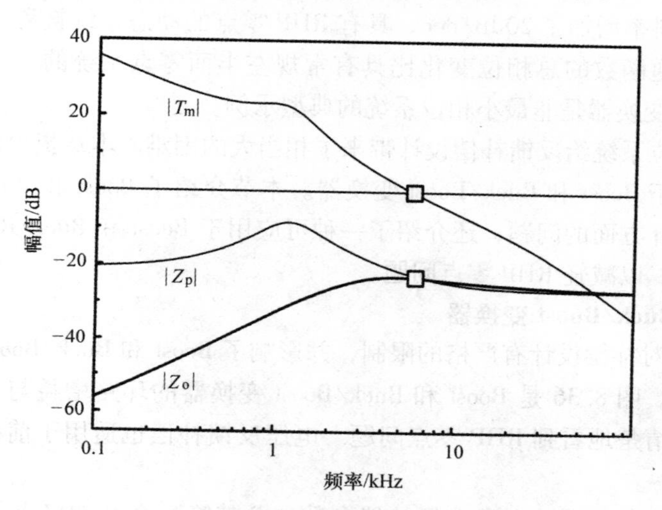

图 8.34　Buck 变换器的输出阻抗

当 $I_{step} = 4\text{A}$ 时，输出电压的瞬态响应如图 8.35 所示。输出电压的峰值为

$$v_O(t)_{peak} = 4.0 + I_{step} 10^{\frac{|Z_o|_{peak}}{20}} = (4.0 + 4 \times 10^{-26/20})\text{V} = 4.2\text{V}$$

建立时间为

$$t_s = 3\tau = 3 \times \frac{1}{\omega_{z2}} = 3 \times \frac{1}{2\pi \times 1.74 \times 10^3}\text{s} = 0.27\text{ms}$$

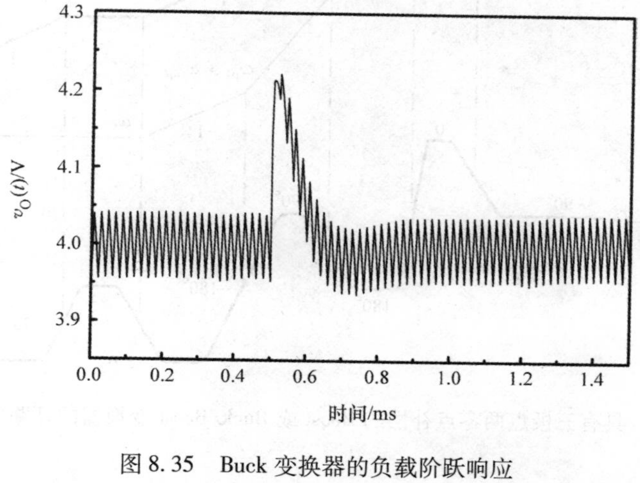

图 8.35　Buck 变换器的负载阶跃响应

8.4.7 非最小相位系统案例：Boost 和 Buck/Boost 变换器

如 6.3 节和 6.4 节所述，Boost 和 Buck/Boost 变换器在占空比-输出传递函数 $G_{vd}(s)$ 中包含一个右半平面（RHP）零点。RHP 零点引起 $\angle G_{vd}$ 有 90°的相位延迟，同时 $|G_{vd}|$ 的斜率增加了 20dB/dec，具有 RHP 零点的动态系统被称为非最小相位系统，表明传递函数的总相位变化比具有常规左半面零点系统的大，因此，Boost 和 Buck/Boost 变换器是非最小相位系统的典型示例。

非最小相位系统给反馈补偿设计带来了相当大的困难。本章提出的反馈控制方案的确不适用于 Boost 和 Buck/Boost 变换器。本节介绍了 Boost 和 Buck/Boost 变换器在其控制设计方面的问题；还介绍了一种可应用于 Boost 和 Buck/Boost 变换器的新的控制方案，以减轻 RHP 零点问题。

Boost 和 Buck/Boost 变换器

RHP 零点对补偿设计有严格的限制，并影响了 Boost 和 Buck/Boost 变换器的可接受闭环性能。图 8.36 是 Boost 和 Buck/Boost 变换器的环路增益与 $|G_{vd}|$ 的渐近图，从中可以清楚地看到 RHP 零点问题。电压反馈补偿也适用于前面的三极点两零点电路。

根据 8.4.2 节的设计方案选择补偿参数。尤其第一个补偿极点的位置在 RHP 零点 $\omega_{p1}=\omega_{rhp}$，试图扩大 $|T_m|$ 保持在 -20dB/dec斜率的频率范围。

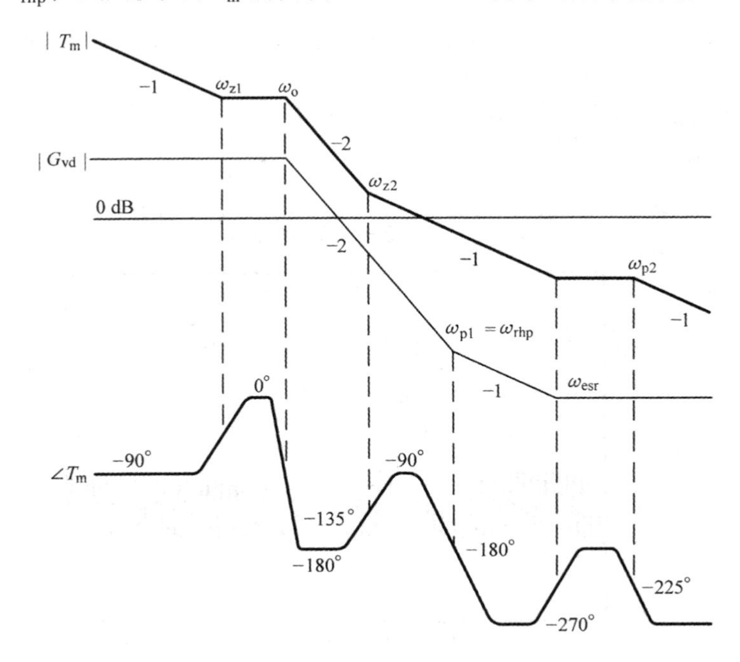

图 8.36 具有三极点两零点补偿的 Boost 或 Buck/Boost 变换器的环路增益特性

环路增益的相位特性揭示了 RHP 零点问题。如图 8.36 中的$\angle T_m$所示，环路增益相位比 RHP 零点下降了 180°，从而使高频相位特性恶化。ω_{rhp}引起相位降低了 90°，ω_{p1}又引起了相位额外延迟了 90°，使得相位衰减了 180°，而$|T_m|$保持在 -20dB/dec斜率。在这种情况下，$\angle T_m$从中频到高频保持接近或低于 -180°。由于这些不利的相位特性，在保证可靠相位裕度的情况下，很难获得满意的闭环性能。

[例 8.9]　Boost 变换器实例

本实例阐述了实际 Boost 变换器的反馈补偿设计的难点。图 8.37 是一个闭环控制 Boost 变换器的电路。该变换器使用三极点两零点结构的电压反馈电路，输入电压源为 12V，输出电压为 20V。

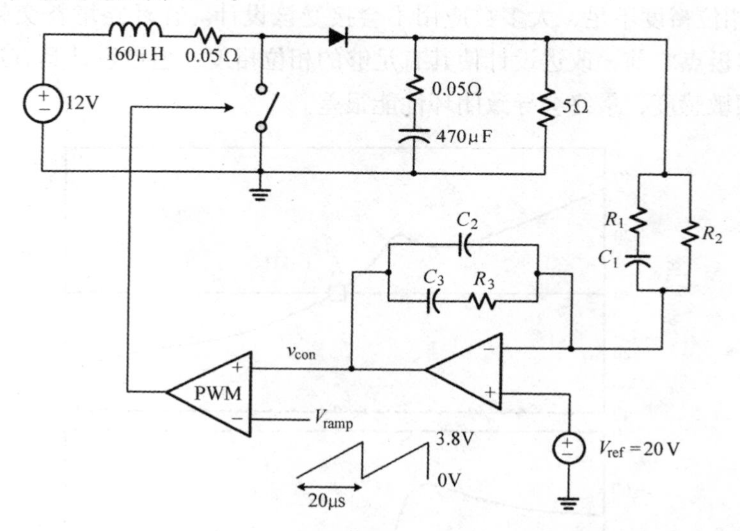

图 8.37　闭环控制 Boost 变换器：$R_1=2.2\text{k}\Omega$，$C_1=40.4\text{nF}$，$R_2=7.2\text{k}\Omega$，$C_2=1.7\text{nF}$，$R_3=2.4\text{k}\Omega$，$C_3=0.28\mu\text{F}$

该变换器的稳态占空比为

$$\frac{V_O}{V_S}=\frac{1}{1-D}\Rightarrow\frac{20}{12}=\frac{1}{1-D}\Rightarrow D=0.4$$

由占空比和功率级电路参数确定输出传递函数占空比的角频率为

$$\omega_o\approx\frac{1-D}{\sqrt{LC}}=\frac{1-0.4}{\sqrt{160\times10^{-6}\times470\times10^{-6}}}\text{rad/s}=2\pi\times348\text{rad/s}$$

$$\omega_{rhp}=\frac{(1-D)^2R}{L}=\frac{(1-0.4)^2\times5}{160\times10^{-6}}\text{rad/s}=2\pi\times1.79\times10^3\text{rad/s}$$

$$\omega_{esr}=\frac{1}{CR_c}=\frac{1}{470\times10^{-6}\times0.05}\text{rad/s}=2\pi\times6.77\times10^3\text{rad/s}$$

根据三极点两零点补偿的设计指南，选择补偿参数：

- $\omega_{z1} = 0.7\omega_o = 2\pi \times 2.44\text{rad/s}$；
- $\omega_{z2} = 1.2\omega_o = 2\pi \times 418\text{rad/s}$；
- $\omega_{p1} = \omega_{rhp} = 2\pi \times 1.79 \times 10^3\text{rad/s}$；
- $\omega_{p2} = 0.8\omega_s = 2\pi \times 4.0 \times 10^4\text{rad/s}$；
- $K_r = 500$。

环路增益特性如图 8.38 所示。与图 8.36 中的渐近曲线相比，$\angle T_m$曲线在功率级双极点以外的频率下逐渐衰减。这是因为电压反馈补偿的角频率与渐近分析中假设的没有很大的偏离。环路增益交越频率在 $\omega_c = 2\pi \times 1.1 \times 10^3\text{rad/s}$ 的相位裕度是 13°。由于相位裕度不足，大多数应用不会接受该设计。在环路增益交越频率附近或功率级双极点之前，改进设计使其有足够的相位裕度。但该设计具有过大的输出阻抗和音频敏感度，最终会导致闭环性能很差。

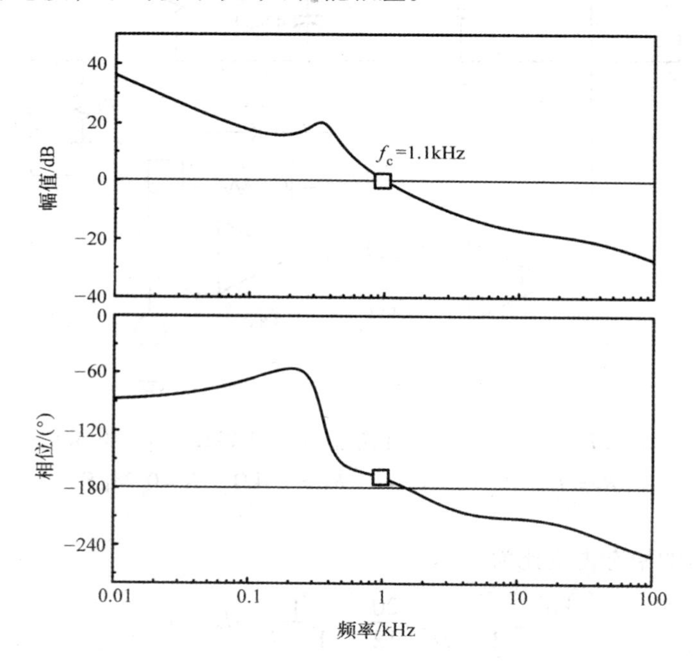

图 8.38　Boost 变换器的环路增益特性

替代控制方案：电流模控制

例 8.9 中补偿设计的难点不在于反馈电路的结构，而是占空比 - 输出传递函数存在 RHP 零点。虽然前面的示例已经强调了三极点两零点补偿电路中的问题，但是也容易推断其他补偿结构也会使其恶化。

本章讨论的反馈控制方案利用输出电压作为唯一的反馈信号。在该意义而言，该控制方案就称为电压模控制。例 8.9 证明，电压模控制不适用于具有 RHP 零点的变换器，例如 Boost 与 Buck/Boost 变换器以及从这两个变换器得到的所有其他隔离 PWM 变换器。

对于具有 RHP 零点的 DC－DC 变换器，采用一种替代控制方法来解决上述问题。替代控制方案不仅采用输出电压的反馈信号，而且采用电感器电流的反馈信号。因为采用了额外的电感器电流反馈，所以该控制方案称为电流模控制。电流模控制可以在 RHP 零点存在的情况下为 Boost 与 Buck/Boost 变换器提供良好的闭环性能。本书最后两章的内容主要是分析电流模控制。

8.5 小结

本章介绍了闭环控制 PWM DC－DC 变换器的动态分析和反馈设计。利用图形渐近分析法说明了闭环分析的结果、反馈补偿设计的原理以及补偿参数的影响。渐近分析法已成为一种系统可行的工具，用于动态分析和控制设计。该方法提供了补偿设计与闭环分析的图形化处理，还推导了传递函数的因式分解方程。

三极点两零点电路被确定为 Buck 变换器电压反馈补偿的最佳结构。利用渐近分析法研究补偿参数与性能指标之间的关系。建立了简单直观的电压反馈补偿设计流程。

基于小信号模型的频域分析是近似的，且其结果应当谨慎解析。特别地，小信号模型不考虑由 PWM 调制器的非线性时变动态特性引起的高频相位延迟。因此，小信号模型低估了相位延迟，实际相位特性可能比小信号模型的预测更差。随着预估频率向开关频率的增加，误差逐渐增大。变换器环路增益的设计和分析应考虑这一事实，以免误解环路增益的相位特性。尤其是为了获得变换器稳定裕度的完整信息，环路增益交越频率应远低于开关频率（通常是开关频率的 10%～30%）。此外，在估算相位裕度时，应考虑小信号模型中未考虑的附加相位延迟。

渐近分析仅利用了幅值渐近线，忽略了相位特性。在大多数情况下，该方法是可以接受的，因为相位特性通常对渐近分析没有明显的影响。但一般情况也有特例，在环路增益交越频率附近 $|T_m| \approx 1$，不满足 $|T_m| \gg 1$ 或 $|T_m| \ll 1$ 的基本假设与闭环传递函数受相位裕度的强烈影响。特别地，渐近分析无法预测因为相位裕度不足而导致的传递函数峰值。为了避免过高的峰值，建议将 45°～70°的相位裕度作为一般指南。

已经证明，频域分析的结果可以用于预测和优化时域瞬态响应。本章介绍了这类分析的三个示例。

1）当相位裕度不足时，在环路增益交越频率处的传递函数峰值可以转换为瞬态响应中的阻尼振荡。振荡频率与峰值频率相同。

2）第一个补偿零点的位置决定了阶跃输入响应的速度。

3）最后，第二个补偿零点的位置决定了阶跃负载响应的速度，而输出阻抗的峰值决定阶跃负载响应中输出电压漂移的大小。

虽然这些时域分析利用了小信号条件下推出的小信号模型，但是分析结果表明当工作条件的变化较大时，产生的瞬态响应有良好的相关性：例如，负载电流或输入电压有高达50%的变化。

本章介绍的反馈控制方案不适用于 Boost 与 Buck/Boost 变换器，因其功率级传递函数有 RHP 零点。对于 Boost 与 Buck/Boost 变换器，需要采用先进的反馈控制技术，称为电流模控制。电流模控制利用电感电流的额外反馈以及输出电压反馈。电流模控制因其固有的优势，现已广泛应用于 PWM DC - DC 变换器。

与电流模控制相反，本章所涉及的控制方案称为电压模控制，因为它仅将输出电压用作单反馈信号。虽然目前电压模控制对 Buck 和降压衍生 PWM 变换器的应用有限，但是在 PWM 变换器建模和分析领域具有深远的意义。在电流模控制出现之前，电压模控制实际上是 PWM 变换器唯一可用的控制方案。由于长期普及，PWM DC - DC 变换器的建模和分析都以电压模控制为中心。作为数十年研究工作的成果，电压模控制已经建立了许多重要而有价值的成果。这些成果可以直接，或者稍加修改后，应用于电流模控制。本书最后两章将详细介绍电流模式控制。

参考文献

1. R. W. Erickson and D. Maksimović, *Fundamentals of Power Electronics*, Kluwer Academic Publishers, 2001.
2. R. D. Middlebrook and S. Ćuk, *Advances in Switch-Mode Power Conversion*, TESLAco, Pasadena, CA, 1983.
3. *PSIM User's Guide*, Powersim Inc., Version 7.0, Mar. 2006.
4. B. H. Cho and F. C. Lee, *VPEC Power Electronics Professional Seminar*, Course I–Control Design, VPEC, 1991.
5. M. K. Marian, *Pulse-width Modulated DC-DC Power Converters*, Wiley, 2008.
6. V. Vorpérian, *Fast Analytical Techniques for Electrical and Electronic Circuits*, Cambridge University Press, 2002.
7. K. Ogata, *Modern Control Engineering*, Prentice Hall, 4th ed., 2002.

习　题

8.1* 图 P8.1 是 $|T|$ 和 $|G|$ 的渐近图。

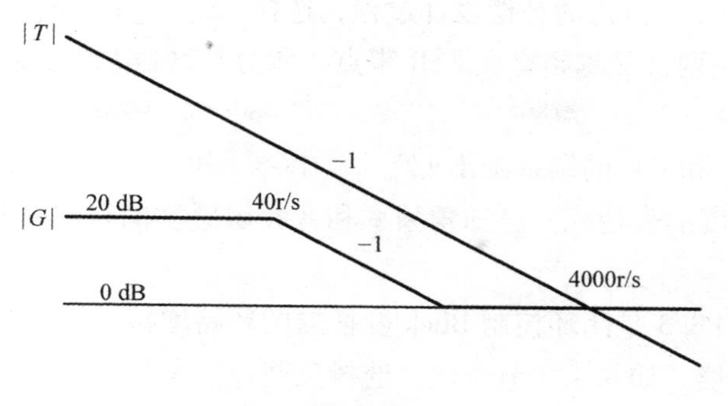

图 P8.1

a)利用渐近分析法,求 $F(s)=G(s)/(1+T(s))$ 的解析表达式。

b）利用 $F(s)=G(s)/(1+T(s))$，求 $F(s)$ 的解析表达式。

8.2** 图 P8.2 是闭环控制 Buck 变换器电路。

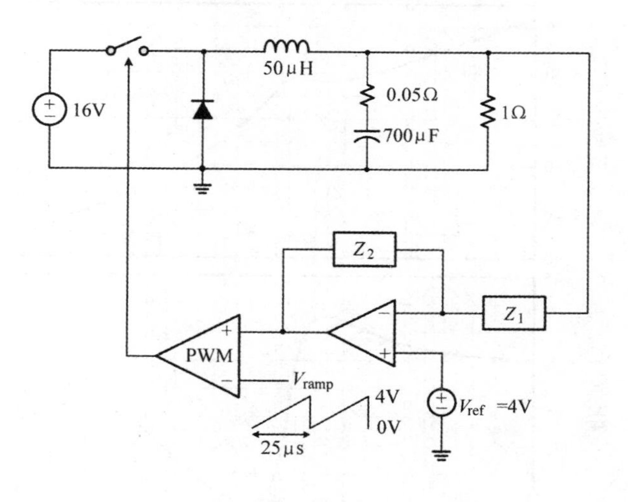

图 P8.2

a）画出 $|G_{vs}|$、$|G_{vd}|$ 和 $|Z_p|$ 的功率级传递函数的渐近图。在图中标出低频和高频渐近线及角频率。

b）假定将单个积分器 $F_v(s)=Z_2(s)/Z_1(s)=K_v/s$ 作为电压反馈补偿。环路增益的0dB 交越频率出现在功率级双极点处，变换器变得临界稳定。求使得变换器临界稳定的 K_v 值。

c）假设电压反馈补偿采用三极点两零点电路

$$F_v(s)=\frac{K_v}{s}\frac{\left(1+\dfrac{s}{\omega_{z1}}\right)\left(1+\dfrac{s}{\omega_{z2}}\right)}{\left(1+\dfrac{s}{\omega_{p1}}\right)\left(1+\dfrac{s}{\omega_{p2}}\right)}$$

i）根据 8.4.2 节讨论的补偿设计过程，选择$\{\omega_{z1}\ \omega_{z2}\ \omega_{p1}\ \omega_{p2}\}$的值。

ii）假定环路增益交越频率在 ESR 零点，积分器增益 K_v 是多少？使用i）中确定的反馈补偿参数。

iii）根据 i）和 ii）的结果画出$|T_m|$、$|G_{vs}|$和$|A_u|$的渐近图。在因式分解中求出音频敏感度的表达式。已知角频率和音频敏感度的首项系数，估算$|A_u|$的峰值。

8.3** 图 P8.3 是闭环控制 Buck 变换器的环路增益。假设电压反馈补偿采用三极点两零点补偿。如 8.4.2 节所述，选择反馈补偿参数。

$$F_v(s)=\frac{K_v}{s}\frac{\left(1+\frac{s}{\omega_{z1}}\right)\left(1+\frac{s}{\omega_{z2}}\right)}{\left(1+\frac{s}{\omega_{p1}}\right)\left(1+\frac{s}{\omega_{p2}}\right)},\ K_v=2500$$

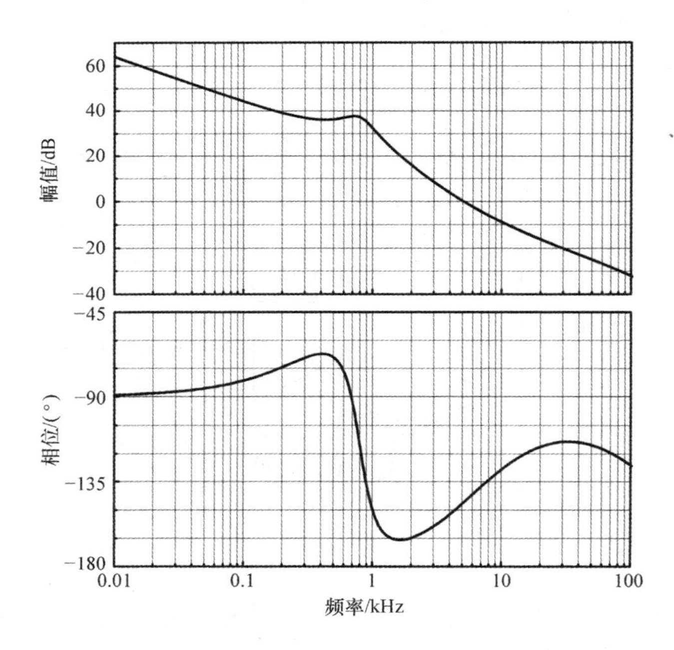

图 P8.3

a）估算功率级双极点的位置。

b）估算第一个补偿零点 ω_{z1} 的值。

c）求出环路增益 0dB 交越频率和相位裕度。

d）画出环路增益的极坐标图。在图中标出 0dB 交越频率和相位裕度。

e）假定变换器的输入电压 $V_S=12V$，求 PWM 调制器增益 F_m。积分器增益 $K_v=2500$。

f）证明只改变积分器增益可使变换器变得不稳定。

g）假定积分器增益在 $250 < K_v < 25000$ 之间变化，而其他补偿参数保持不变。积分器增益 $K_v = 2500$。积分器增益的变化会改变环路增益特性。求出 0dB 交越频率 f_c 的范围，以及环路增益的相位裕度 f_c 的范围。排列如下：(　　) $< f_c <$ (　　) 和 (　　) $< \phi_m <$ (　　)。

8.4* 　图 P8.4 是闭环控制 Buck 变换器的电路。

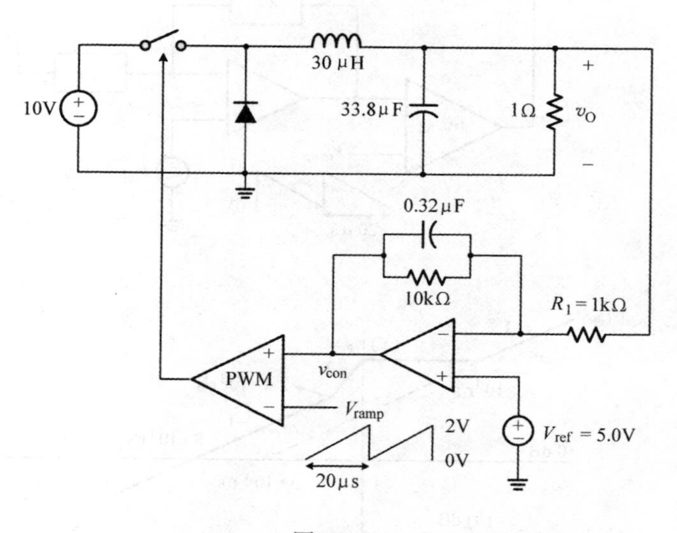

图 P8.4

a）画出环路增益幅度的渐近曲线。标出环路增益的低频渐近线、交越频率和角频率。

b）求 v_{con} 和 v_O 的平均值，精确到三位有效数字。

c）画出音频敏感度的渐近曲线。标出音频敏感度的低频渐近值、峰值和角频率。利用 a）和 b）的结果。

d）要使得变换器临界稳定，求 R_1 的值。

8.5 　图 P8.5 所示为闭环控制 Buck 变换器的电路及其环路增益、输入 - 输出传递函数和负载电流 - 输出传递函数的渐近曲线。

a）求频率 X 和 Y 的值。

b）求 A 和 B 的值。

c）求电压反馈补偿 $F_v(s) = Z_2(s)/Z_1(s)$ 的表达式。

d）画出 $|A_u| = |G_{vs}|/|1+T_m|$ 和 $|Z_o| = |Z_p|/|1+T_m|$ 的渐近图。标出传递函数的角频率和峰值。

8.6 　图 P8.6 是闭环控制 Buck 变换器的环路增益。

a）估算变换器的相位裕度和交越频率。

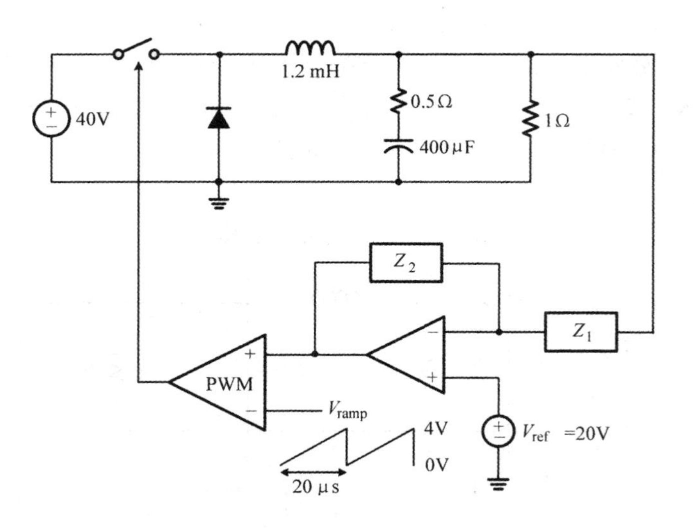

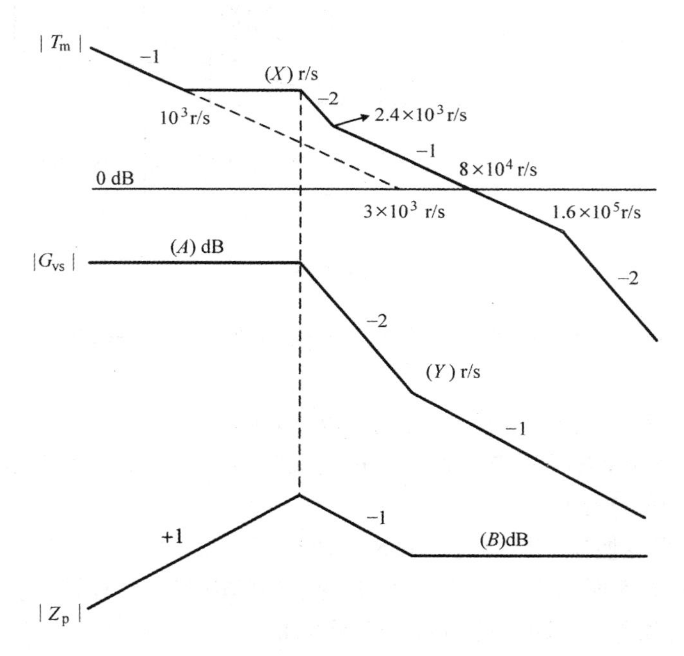

图 P8.5

b）假定电压反馈补偿采用三极点两零点电路

$$F_v(s) = \frac{K_v}{s}\frac{\left(1+\frac{s}{\omega_{z1}}\right)\left(1+\frac{s}{\omega_{z2}}\right)}{\left(1+\frac{s}{\omega_{p1}}\right)\left(1+\frac{s}{\omega_{p2}}\right)}$$

确定该补偿设计的问题，并提出改进设计的建议。

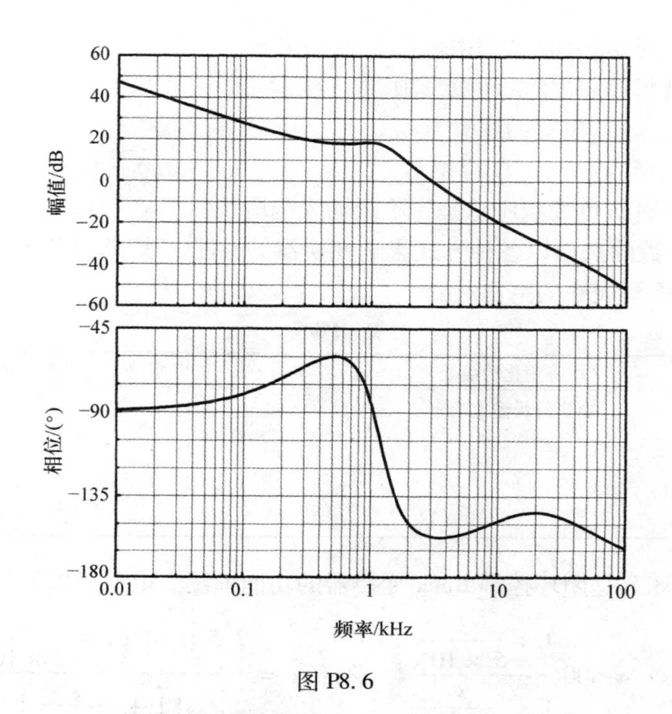

图 P8.6

8.7* 　图 P8.7 是 Buck 变换器环路增益的渐近图。Buck 变换器采用三极点两零点补偿，从而求出环路增益的表达式

$$T_{\mathrm{m}}(s)=\frac{K_{\mathrm{t}}}{s}\frac{\left(1+\dfrac{s}{\omega_{\mathrm{esr}}}\right)\left(1+\dfrac{s}{\omega_{\mathrm{z1}}}\right)\left(1+\dfrac{s}{\omega_{\mathrm{z2}}}\right)}{\left(1+\dfrac{s}{Q\omega_{\mathrm{o}}}+\dfrac{s^{2}}{\omega_{\mathrm{o}}^{2}}\right)\left(1+\dfrac{s}{\omega_{\mathrm{p1}}}\right)\left(1+\dfrac{s}{\omega_{\mathrm{p2}}}\right)}$$

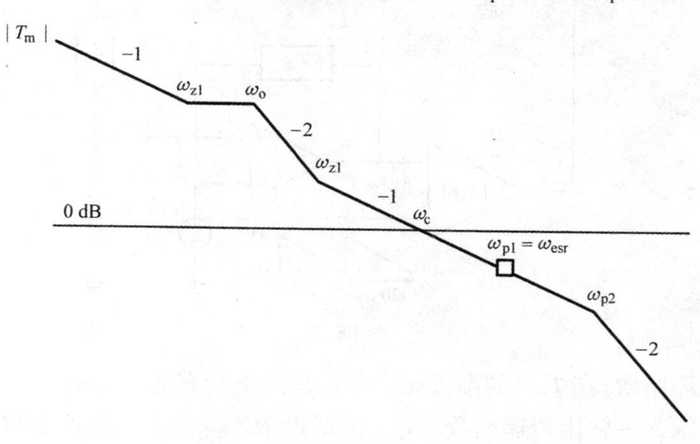

图 P8.7

a）说明选择 $\omega_{z1}<\omega_{o}$的理由。

b）说明选择 ω_{z1}位置的注意事项。

c）说明选择 ω_{z2}位置的注意事项。

d）说明选择 $\omega_{p1}=\omega_{esr}$的理由。

e）为什么阶跃负载响应总是比阶跃输入响应快?

f）补偿参数的选择以各种方式影响变换器的性能。表 P8.7 总结了补偿参数值变化的影响。填写表中的空白。

表　P8.7

	中等变化的益处	过度变化导致的边带效应
ω_{z1}增加	加快阶跃输入响应	(　　　　)
ω_{z2}增加	(　　　　)	(　　　　)
ω_{p2}降低	(　　　　)	(　　　　)
K_m增加	(　　　　)	(　　　　)

8.8　图 P8.8 是闭环控制 Buck 变换器的功能框图。电压反馈补偿由下式给出：

$$Z_1(s)=500\frac{1+\dfrac{s}{5\times10^4}}{1+\dfrac{s}{5\times10^3}}\qquad Z_2(s)=\frac{7.5\times10^6\left(1+\dfrac{s}{2\times10^4}\right)}{s\left(1+\dfrac{s}{2\times10^5}\right)}$$

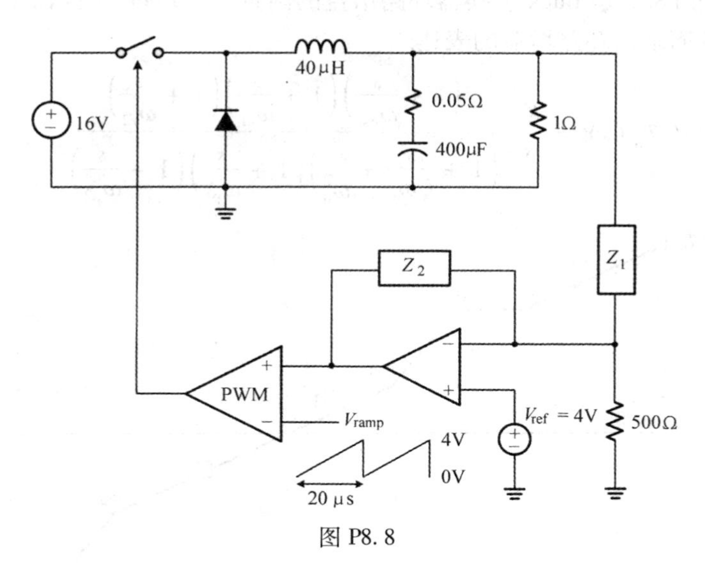

图 P8.8

a）画出环路增益 $|T_m|$ 的渐近图，并标出图上所有的角频率。

b）画出输入－输出传递函数 $|G_{vs}|$ 的渐近图。标出低频渐近值和角频率。

c）假定 $|T_m|$ 的 0dB 交越频率出现在 $\omega_c=5\times10^4$ rad/s 处，画出音频敏感度 $|A_u|$ 的渐近图。标出音频敏感度的峰值和角频率。

8.9* 图 P8.9 是闭环控制 Buck 变换器的环路增益。

a）确定变换器的稳定性。

b）画出环路增益的极坐标图。标出极坐标图上环路增益所有的重要特性。

c）假定电压反馈补偿的积分器增益 K_v 增加了 10 倍，其他补偿参数保持不变。变换器输出有什么变化？

d）假定积分器增益 K_v 减少了 10 倍，其他补偿参数保持不变。变换器输出有什么变化？

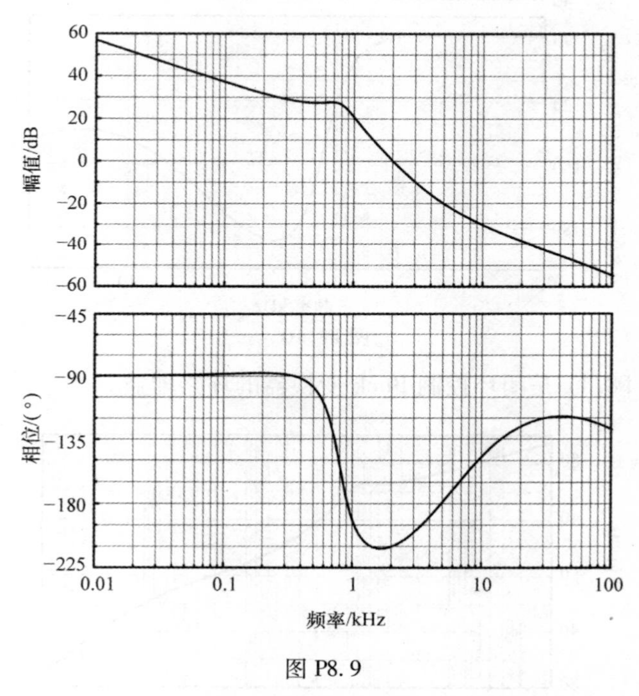

图 P8.9

8.10** 图 P8.10 所示的是闭环控制 Buck 变换器的环路增益。回答下列问题。

a）确定变换器的稳定性。

b）画出环路增益的极坐标图。标出极坐标图上所有的重要特性。

c）变换器的输入电压为 $V_S = 16V$，PWM 斜坡信号幅值 $V_m = 4V$。估算电压反馈补偿的积分器增益 K_v。

d）当积分器增益 K_v 增加了 $20\log 3.16 \approx 10dB$ 时，变换器输出有什么变化？假设其他补偿参数保持不变。

e）找到两个不同的 K_v 值，使变换器稳定，并有 20° 的相位裕度。在这两个值中，你最喜欢用哪个值作为设计选择呢？证明你的答案。假设其他补偿参数保持不变。

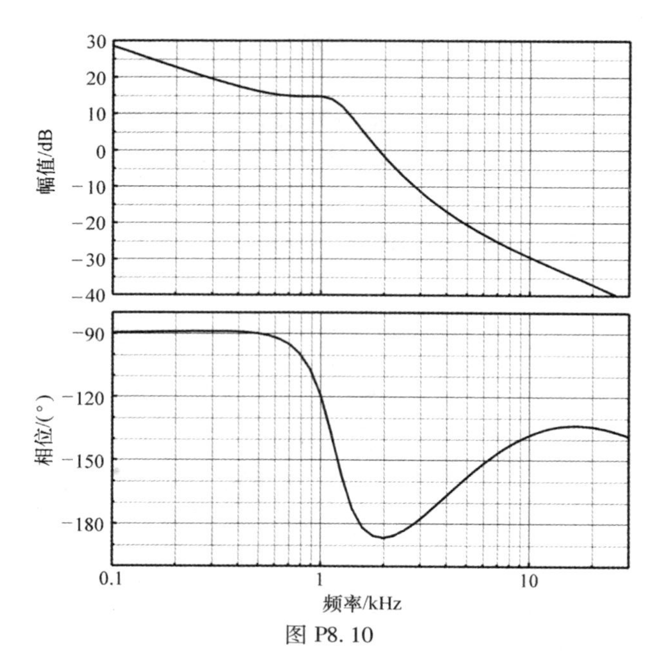

图 P8.10

8.11* 图 P8.11 是闭环控制 Buck 变换器的环路增益。

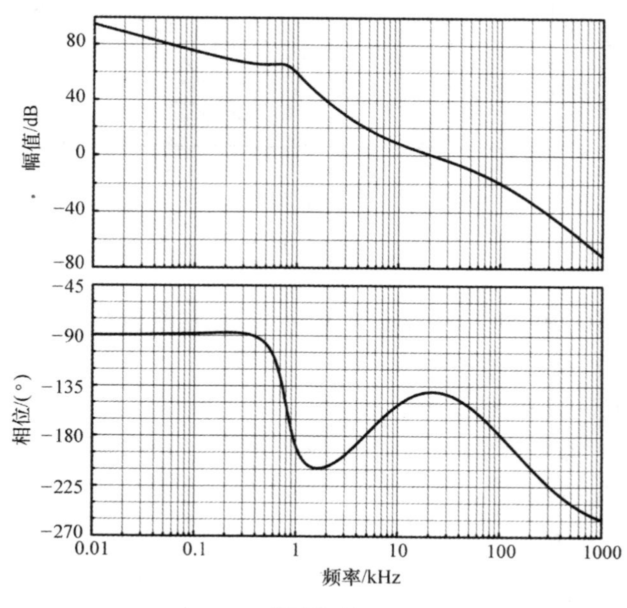

图 P8.11

a）确定变换器的稳定性。

b）画出环路增益的极坐标图。标出极坐标图上所有重要的特性。

假设利用三极点两零点电路作为电压反馈补偿

$$F_v(s)=\frac{K_v}{s}\frac{\left(1+\frac{s}{\omega_{z1}}\right)\left(1+\frac{s}{\omega_{z2}}\right)}{\left(1+\frac{s}{\omega_{p1}}\right)\left(1+\frac{s}{\omega_{p2}}\right)}$$

电流积分器增益 $K_v=2500$。该积分器增益 K_v 在以下问题上会有所不同。

c）求变换器不稳定时的 K_v 范围。

d）求在 $\omega=2\pi\times10^5\text{rad/s}$ 下持续振荡的 K_v 值。

8.12** 闭环控制变换器的音频敏感度 $A_u(s)$ 由 $A_u(s)=G_{vs}(s)/(1+T_m(s))$ 给出，其中 $G_{vs}(s)$ 是输入－输出传递函数，$T_m(s)$ 是环路增益。图 P8.12 是闭环控制变换器 $|G_{vs}|$ 和 $|T_m|$ 的渐近图。

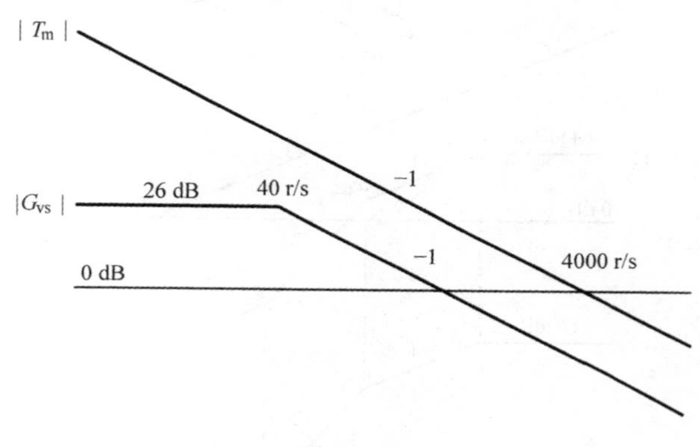

图 P8.12

a）利用渐近分析法求 $A_u(s)$ 的解析表达式。

b）直接估算 $A_u(s)=G_{vs}(s)/(1+T_m(s))$，求出 $A_u(s)$ 的解析表达式。

c）假设输入电压阶跃增加到 $V_{step}=10\text{V}$。求出输出电压瞬态波形的表达式 v_O，并画出 v_O 的图形，标出所有重要特性。

8.13　图 P8.13 是闭环控制 Buck 变换器的电路及其环路增益 $|T_m|$、占空比－输出传递函数 $|G_{vd}|$ 和输入－输出传递函数 $|G_{vs}|$ 的渐近图。回答下列问题。

a）占空比－输出传递函数 $|G_{vd}|$ 与 8.3 节讨论的传递函数有明显差异。你认为造成差异的原因是什么？

b）估算环路增益的相位裕度和增益裕度。

c）估算 A、B 和 C 的值。

d）根据图 P8.13 中给出的信息，求电压反馈补偿的表达式，$F_v(s)=Z_2/Z_1(s)$。$F_v(s)$ 用电路补偿参数表示。

e）画出音频敏感度的渐近图，$|A_u|=|G_{vs}|/|1+T_m|$。在图中标出渐近线的角频率和斜率。

8.14** 图 P8.14 是闭环控制变换器的负载电流－输出传递函数 $|Z_p|$ 和环

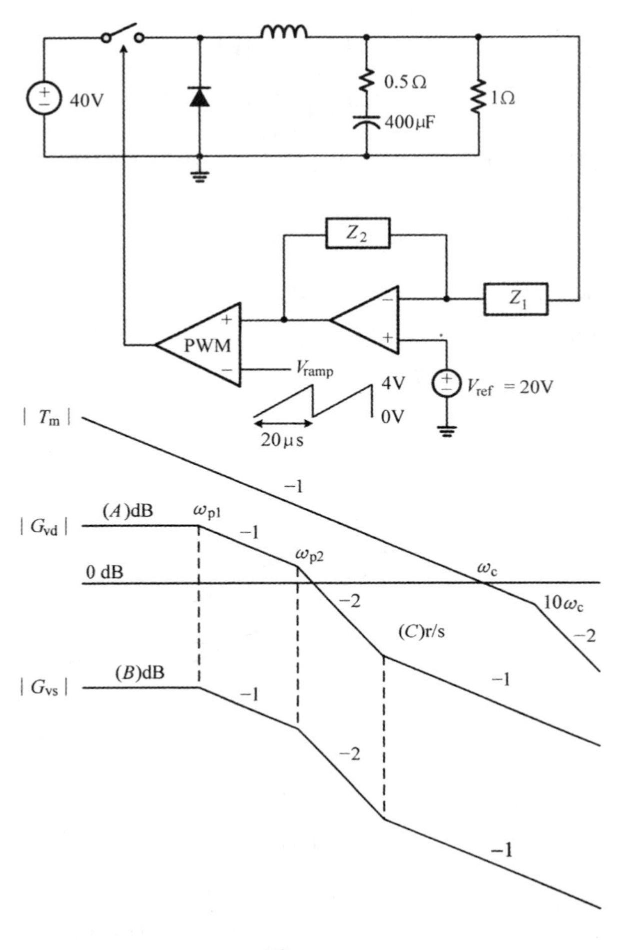

图 P8. 13

路增益 $|T_m|$ 的渐近图。

a）画出闭环输出阻抗 $|Z_o|$ 的渐近图。标出渐近线的峰值和角频率。

b）推导 $Z_o(s)$ 的解析表达式。

c）负载电流以 0. 1A 阶跃减小，求输出电压的解析表达式。

8. 15 ＊＊　假设某闭环控制变换器的环路增益 $T_m(s)$ 由下式给出：

$$T_m(s) = \frac{T_v(s)}{1 + T_i(s)}$$

式中，$T_v(s)$ 和 $T_i(s)$ 是两个不同的 s 域多项式。图 P8. 15 是 $|T_v|$ 和 $|T_i|$ 的渐近图。

a）利用图形渐近分析法求环路增益 $T_m(s)$ 的解析表达式。

b）估算 $T_m(s)$ 的交越频率、相位裕度和增益裕度。

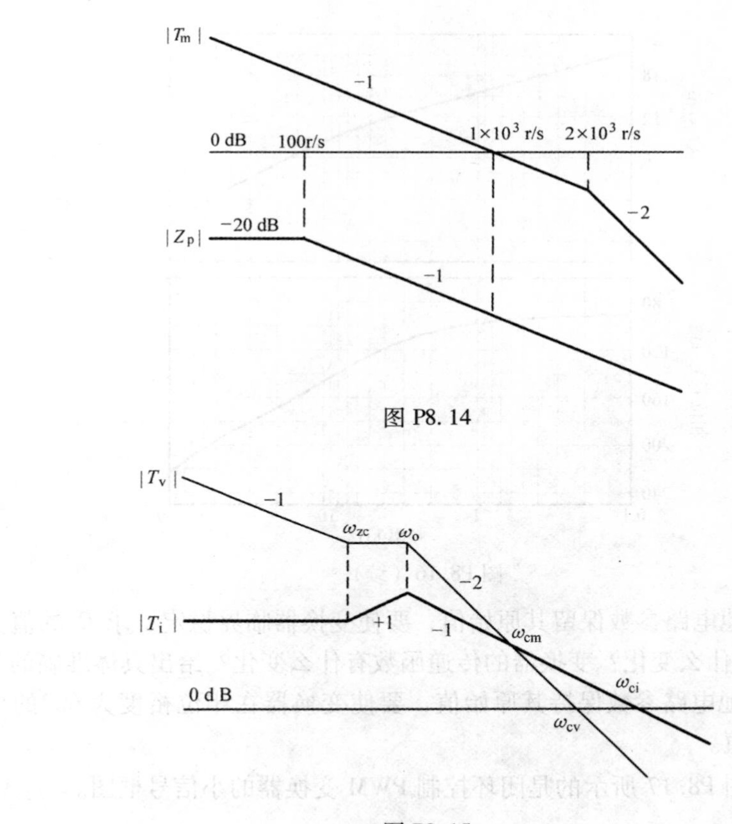

图 P8.14

图 P8.15

8.16* 　图 P8.16 是闭环控制 Buck 变换器的功能框图及环路增益的伯德图。假设用电路图中指定的参数对伯德图进行分析。变换器具有负的增益和相位裕度，所以不稳定。有两种不同的方式可以改变环路增益的幅度，同时保持其相位特性不变：一种方法是改变电阻 R_1；另一种方法是改变斜坡函数 V_m 的大小。$R_1 = 10\mathrm{k}\Omega$，$V_m = 1.6\mathrm{V}$。

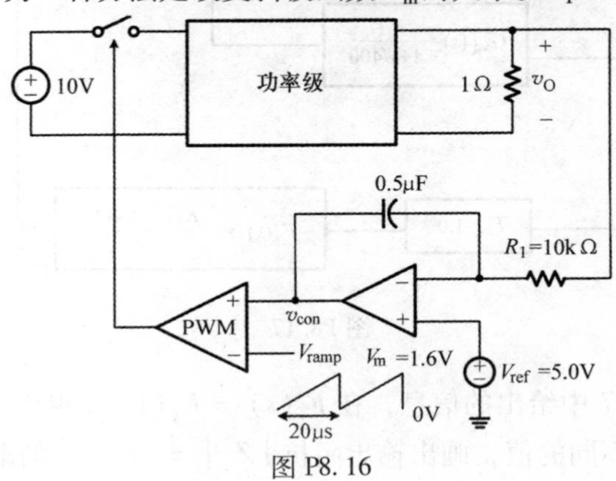

图 P8.16

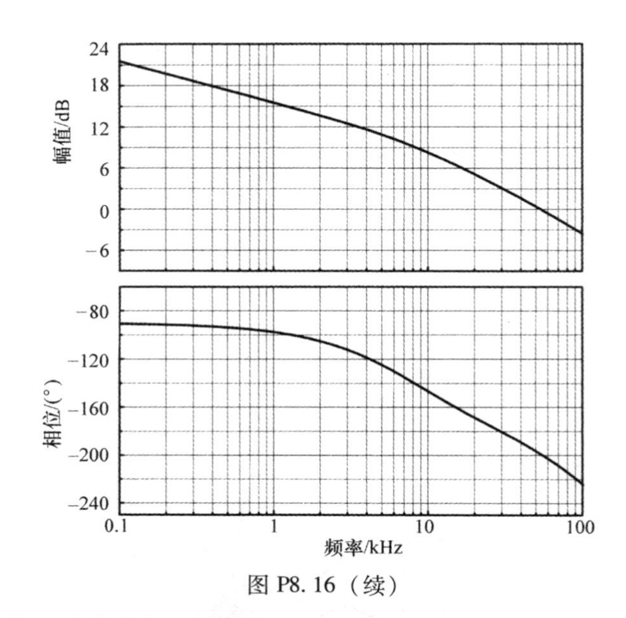

图 P8.16（续）

a）假设其他电路参数保留其原始值，要使变换器临界稳定，求 R_1 的值。变换器的电路波形有什么变化？变换器的传递函数有什么变化？给出具体准确的答案。

b）假定其他电路参数保持其原始值，要使变换器在相位裕度为60°的情况下稳定，求 V_m 的值。

8.17＊＊　图 P8.17 所示的是闭环控制 PWM 变换器的小信号框图。

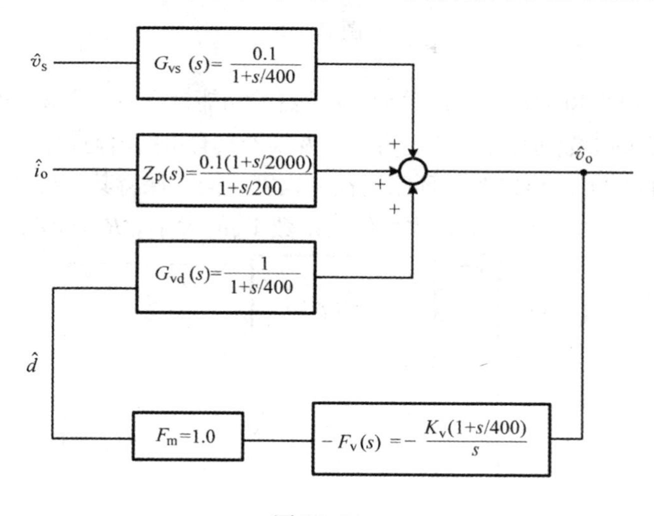

图 P8.17

a）根据图 P8.17 中给出的信息，在 $F_v(s) = K_v(1 + s/400)/s$ 中，积分器增益 K_v 分别取以下三种不同的值，画出输出阻抗 $|Z_o| = |\hat{v}_o/\hat{i}_o|$ 的渐近图：

i）$K_v=1000$ ii）$K_v=2000$ iii）$K_v=4000$

标出$|Z_o|$的角频率和峰值。

b）对于以下三种不同的K_v值，画出音频敏感度$|A_u|=|\hat{v}_o/\hat{v}_s|$的渐近图：

i）$K_v=1000$ ii）$K_v=2000$ iii）$K_v=4000$

标出$|A_u|$的角频率和峰值。

8.18** 图P8.18是闭环控制Buck变换器的负载电流－输出传递函数$|Z_p|$和输出阻抗$|Z_o|$的伯德图。

a）求出变换器的0dB交越频率ω_c和环路增益的相位裕度ϕ_m。

b）估算功率级电感器的电感和ESR值。

c）估算功率级电容器的电容和ESR值。

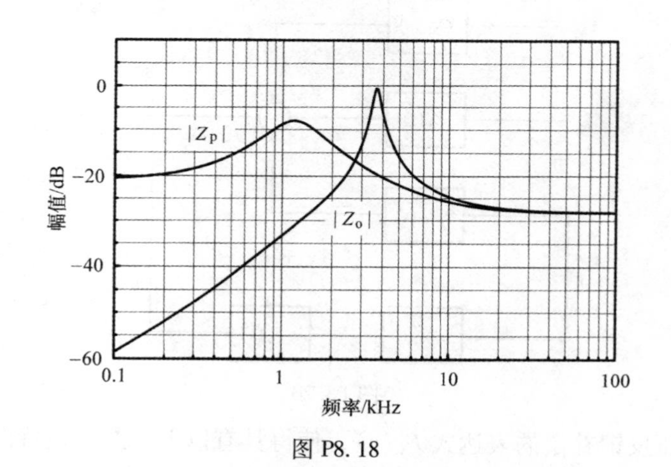

图P8.18

8.19* 图P8.19是闭环控制DC－DC变换器的环路增益T_m。

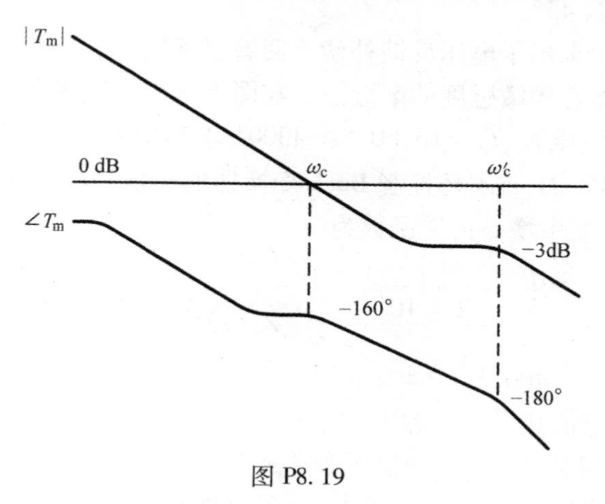

图P8.19

a）求变换器的增益裕度和相位裕度。

b）如 8.4.4 节所述，闭环传递函数在 $\omega=\omega_c$ 处有峰值，其中 $|T_m|$ 穿过 0dB 线。对于给定的系统，以 dB 为单位估算峰值大小。

c）闭环传递函数在 $\omega=\omega'_c$ 有一个峰值，其中 $\angle T_m=-180°$。推导一个方程式来描述闭环传递函数在 ω'_c 处的大小，并以 dB 为单位估算峰值的大小。

8.20** 图 P8.20 描述了闭环控制的 DC－DC 变换器的小信号框图。假设增益的传递函数如下：

$$G_{vd}(s)=\frac{20\left(1+\frac{s}{4\times10^3}\right)}{\left(1+\frac{s}{400}\right)\left(1+\frac{s}{4\times10^4}\right)}\quad G_{vs}(s)=\frac{0.5}{1+\frac{s}{400}}\quad F_m=0.25$$

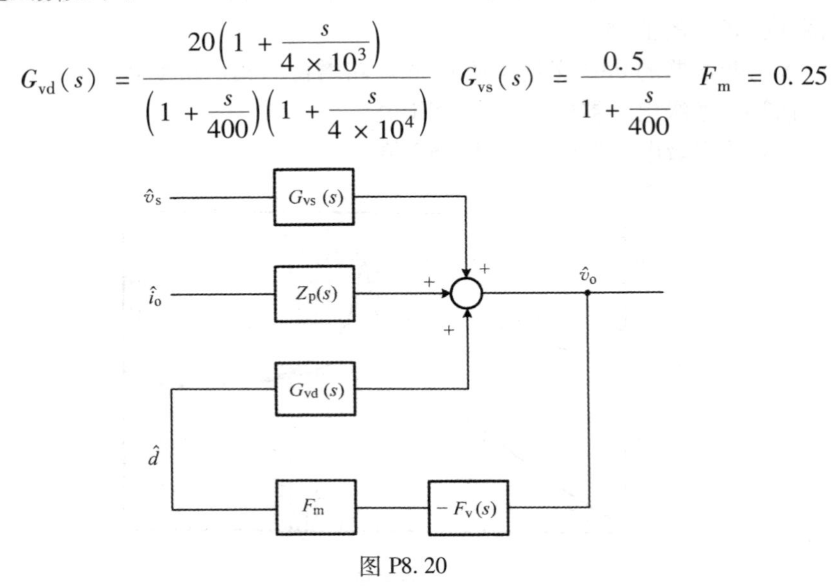

图 P8.20

a）求电压反馈补偿的表达式 $F_v(s)$，使得具有以下环路增益特性：

i）从零频率到 $\omega_c=4\times10^4$rad/s 的 0dB 交越频率以 －20dB/dec 斜率下降。

ii）相位裕度为 45°。

b）假设 a）中求出了电压反馈补偿，回答以下问题。

i）画出变换器音频敏感度的渐近图。在图上标出角频率和峰值。

ii）已知输入电压 $v_S(t)=16+0.5\sin4000t$，求输出电压 $v_O(t)$ 的表达式。

8.21** 图 P8.21 是闭环控制 Buck 变换器的小信号框图及其环路增益 $|T_m|$ 的渐近图。假定框图中增益传递函数为

$$G_{vd}(s)=\frac{50\left(1+\frac{s}{2\times10^4}\right)}{\left(1+\frac{s}{400}\right)\left(1+\frac{s}{4\times10^5}\right)}\quad Z_p(s)=\frac{10\left(1+\frac{s}{8\times10^4}\right)}{1+\frac{s}{400}}\quad F_m=0.2$$

a）估算变换器的相位裕度和增益裕度。

b）求电压反馈补偿 $F_v(s)$ 的解析表达式。

c）画出输出阻抗 $|Z_o|=|Z_p|/|1+T_m|$ 的渐近图，求 $Z_o(s)$ 方程。

8.22** 图 P8.22 是闭环控制 Buck 变换器的输入－输出传递函数 $|G_{vs}|$ 和音

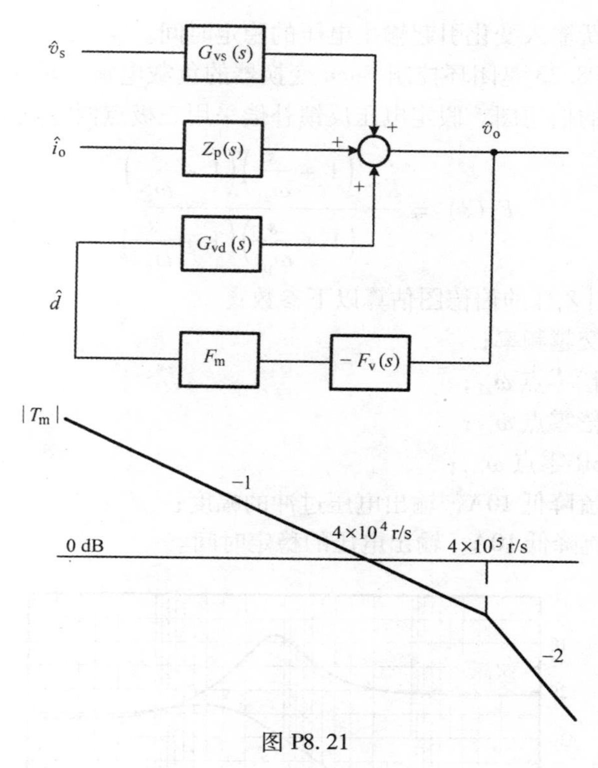

图 P8.21

频敏感度 $|A_u|$ 的伯德图。

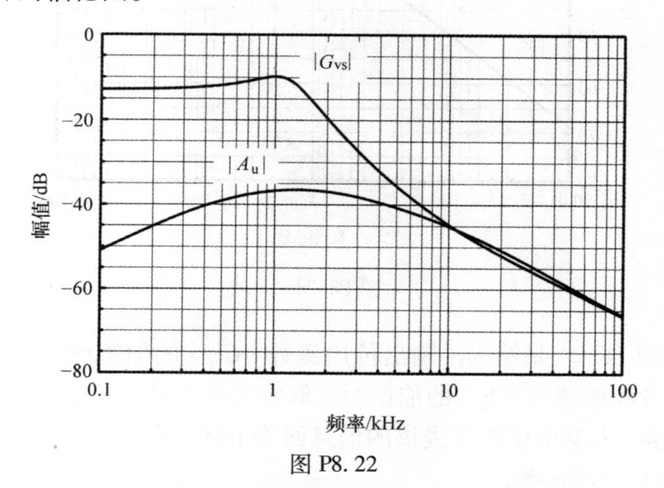

图 P8.22

a）估算变换器环路增益的交越频率。

b）估算变换器的占空比。

c）假定变换器的输入电压为 $v_S(t)=10+2\sin 2\pi\times 400t$，求输出电压的表达式。忽略开关纹波分量。

d）估算由阶跃输入变化引起输出电压的稳定时间。

8.23** 图 P8.23 是闭环控制 Buck 变换器的负载电流－输出传递函数 $|Z_p|$ 和输出阻抗 $|Z_o|$ 的伯德图。假定电压反馈补偿采用三极点两零点电路。

$$F_v(s) = \frac{K_v}{s}\frac{\left(1+\frac{s}{\omega_{z1}}\right)\left(1+\frac{s}{\omega_{z2}}\right)}{\left(1+\frac{s}{\omega_{p1}}\right)\left(1+\frac{s}{\omega_{p2}}\right)}$$

根据 $|Z_p|$ 和 $|Z_o|$ 的伯德图估算以下参数：

a）环路增益交越频率；

b）第一个补偿零点 ω_{z1}；

c）第二个补偿零点 ω_{z2}；

d）功率级 ESR 零点 ω_{esr}；

e）当负载电流降低 10A，输出电压过冲的幅度；

f）当负载电流降低 10A，输出电压的稳定时间。

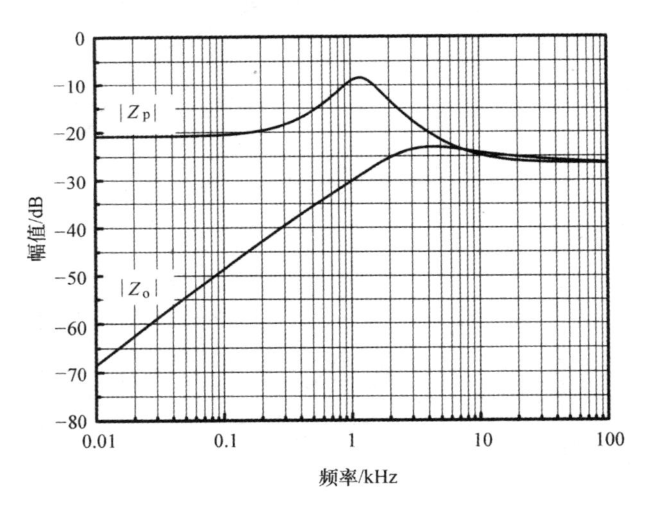

图 P8.23

8.24** 图 P8.24 是输入－输出传递函数 $|G_{vs}|$ 的伯德图和另一个闭环控制 Buck 变换器的音频敏感度 $|A_u|$ 的伯德图。假定变换器采用与前一个问题相同的三极点两零点电路。根据伯德图中提供的信息回答下述问题：

a）环路增益交越频率；

b）环路增益相位裕度；

c）第一个补偿零点 ω_{z1}；

d）变换器 D 的占空比；

e）输入电压以 10V 阶跃增加，输出电压的稳定时间；

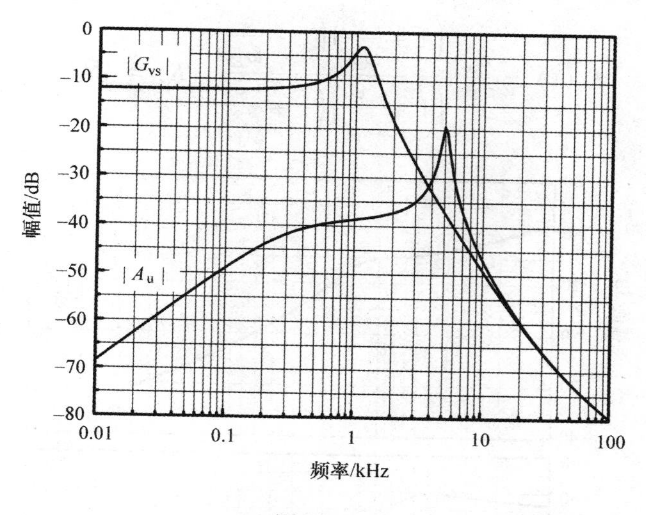

图 P8.24

f）输入电压以 10V 阶跃增加，画出输出电压的图形。

8.25* 闭环控制变换器的输出阻抗 $Z_o(s)$ 由 $Z_o(s) = Z_p(s)/(1+T_m(s))$ 给出，其中 $Z_p(s)$ 是负载电流 - 输出传递函数，$T_m(s)$ 是环路增益。图 P8.25 是闭环控制变换器 $|Z_p|$ 和 $|T_m|$ 的渐近图。

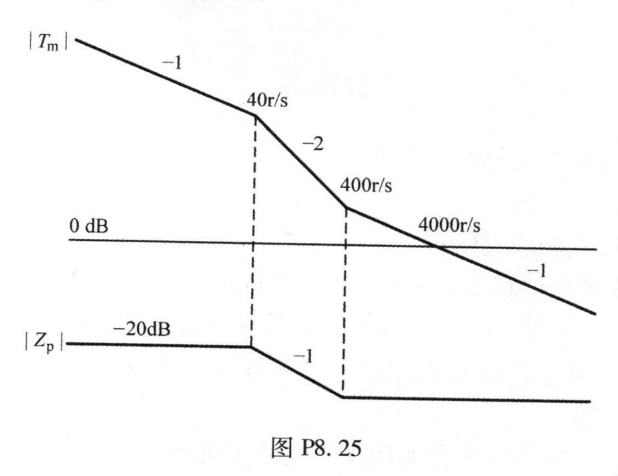

图 P8.25

a）求 $Z_p(s)$ 和 $T_m(s)$ 的表达式。

b）利用渐近分析方法求 $Z_o(s)$ 的表达式。

c）假定负载电流 $I_{step}=10A$ 阶跃减小。求输出电压 v_O 瞬态波形的表达式。在图上标出 v_O 波形的重要特性。忽略开关纹波分量。

8.26* 图 P8.26 是闭环控制 Buck 变换器的环路增益特性。假定电压反馈补偿采用三极点两零点电路。

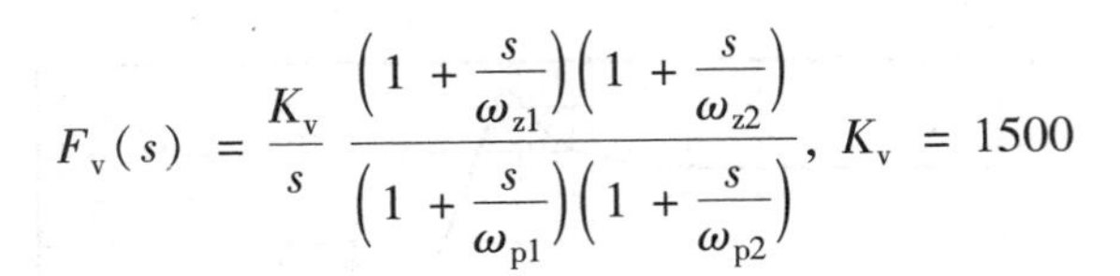

$$F_v(s) = \frac{K_v}{s}\frac{\left(1+\frac{s}{\omega_{z1}}\right)\left(1+\frac{s}{\omega_{z2}}\right)}{\left(1+\frac{s}{\omega_{p1}}\right)\left(1+\frac{s}{\omega_{p2}}\right)},\ K_v = 1500$$

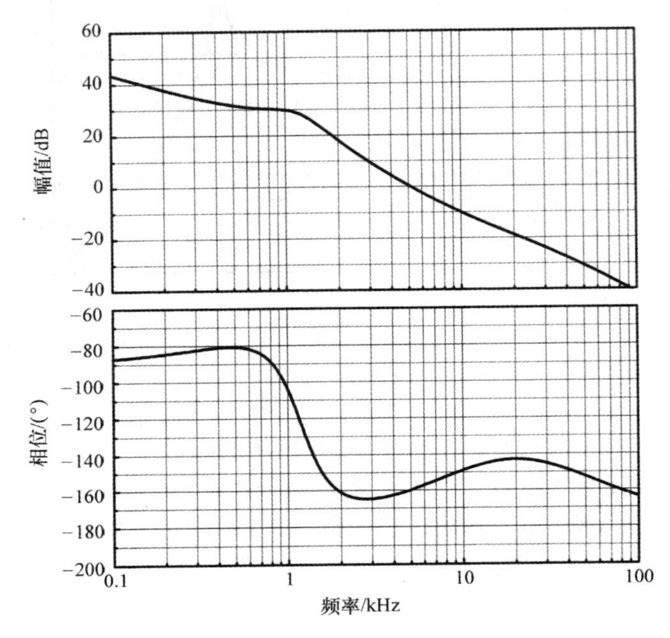

图 P8. 26

a）估算环路增益的交越频率和相位裕度。

b）描述输出阻抗的特征。

c）描述阶跃负载响应的特征。

d）求 K_v 值使得相位裕度为 60°。假设其他补偿参数保持不变，$K_v = 1500$。虽然新的积分增益提供了所需的相位裕度，但是其设计是不可行的，请说明原因。

e）将交越频率移至目前位置之后，求提供最大相位裕度的 K_v 新值。假设其他补偿参数保持不变。

f）实际获得 e）中估算的最大相位裕度是不可行的。说明原因和首选方案。

第 9 章

PWM 变换器的建模、分析与设计的实际考虑

到本章为止，针对理想电压源和纯电阻性负载的连续导通模式（CCM）中的三种基本非隔离变换器，讨论了直流变换器的建模与控制。然而，现实中的DC－DC 变换器可能遇到很多实际的工作条件。对于现实中的变换器的工作实际考虑如下：

1）虽然主要工作于 CCM，但是当负载电流减少时，DC－DC 变换器进入不连续导通模式（DCM）。因此，DC－DC 变换器同时工作在 CCM 和 DCM 下，并经常在两种模式下切换。在 DC－DC 变换器的分析和设计中应考虑 DCM 工作。

2）隔离 DC－DC 变换器广泛应用于实际应用中。建模和设计方法应当推广到隔离型 PWM DC－DC 变换器。

3）DC－DC 变换器通常由具有特定源阻抗的非理想电压源供电。电源阻抗可能会恶化变换器的动态性能，因此这种影响应该被纳入 DC－DC 变换器的分析和设计中。

4）DC－DC 变换器的负载不是一个纯粹的电阻器，而是一个具有一般阻抗特性的无源元件和有源元件的组合。在变换器性能分析中应考虑负载阻抗特性。

本章的目的是解决 DC－DC 变换器建模、分析和设计中的实际问题。本章说明了前几章成果一般化过程，并论证了理想工作条件的偏离对 DC－DC 变换器动态性能的影响。在前面章节提出的在理想条件下的三种基本变换器分析和设计方法，将被证明适用于大多数非理想条件下的实际情况。

9.1 PWM 变换器模型的一般化

在第 5 章和第 6 章中，基于在变换器操作的若干假设和限制下，讨论了小信号建模和动态分析。据推测，无功元器件的寄生电阻不干扰建模过程，可以自由地包含在小信号模型中。本节将说明，这不是一个确切的事实，但在大多数情况下都是可以被接受的假设。

前几章仅考虑 CCM 工作在 DC－DC 变换器的小信号建模和动态分析中的影响。当 DC－DC 变换器进入 DCM 工作时，小信号的动态特性将被改变。当前部分讨论了 DCM 操作的建模和动态分析。

前几章专门讨论非隔离变换器的建模和分析。本节将先前的结果扩展到隔离 PWM DC－DC 变换器，从而允许现有的技术能够始终如一地适应所有隔离/非隔离 PWM DC－DC 变换器。

9.1.1 带寄生电阻的变换器建模

无功元器件的寄生电阻影响 DC－DC 变换器建模过程。本节介绍了在寄生电阻存在时 PWM 变换器的建模。

带理想电压源的 Buck 变换器

由理想电压源供电的 Buck 变换器是寄生电阻不影响建模过程的一种特殊情况。图 9.1a 给出了 Buck 变换器的电路图，其中电感器和电容器都包含寄生电阻。图 9.1b 给出 PWM 开关的电路波形。由图 9.1b 很明显看出，一般电路变量的方程仍然与 5.2.2 节中方程相同：

$$\bar{i}_a(t) = d\,\bar{i}_c(t)$$

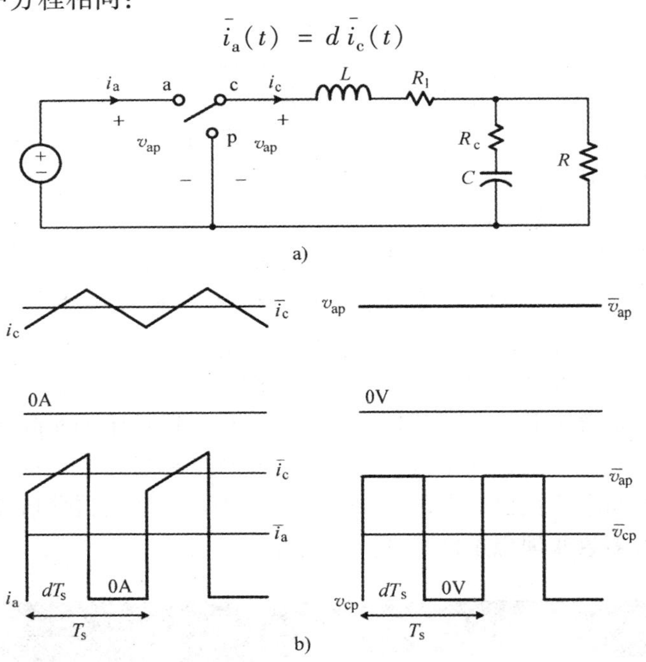

图 9.1 带理想电压源的 Buck 变换器

a）电路图 b）PWM 开关波形

$$\bar{v}_{cp}(t) = d\,\bar{v}_{ap}(t) \tag{9.1}$$

忽略寄生电阻的存在。因此，如前几章所述，寄生电阻可以作为小信号模型的附加元件包括在内。这种特殊情况只适用于连接到理想电压源的 Buck 变换器。

带输入滤波器的 Buck 变换器

如图 9.1b 所示，电源电流 $i_a(t)$ 是从电压源传递到 Buck 变换器的一种脉冲式非连续电流。由于实际需求包括调节要求，Buck 变换器通常在电压源和功率级之间采用滤波器级，使得电压源仅提供输入电流的平均或直流分量。

输入滤波器的工作情况如图 9.2 所示，其中假设反应滤波器分量 L_f 和 C_f 足够大。电压源支持输入电流的直流分量$\bar{i}_a(t)$，而输入滤波器的 $R_d - C_f$ 分支承载输入电流的交流分量$\tilde{i}_a(t) = i_a(t) - \bar{i}_a(t)$。电阻 R_d 为滤波器级提供了适当的阻尼。输入滤波器级的必要性和作用将在 9.2.2 节的例 9.8 中进一步讨论。

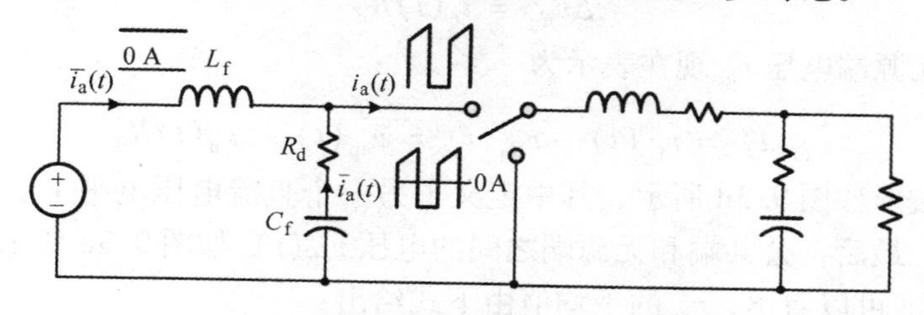

图 9.2　带输入滤波器的 Buck 变换器

具有输入滤波器级的 PWM 开关波形如图 9.3 所示。如图 9.3b 所示，输入滤波级不改变 PWM 开关的电流方程$\bar{i}_a(t) = d\,\bar{i}_c(t)$。然而，电压方程由输入滤波器级改变。有源 - 无源端的电压 v_{ap}分为两部分：滤波电容器两端的电压 v_{C_f}和阻尼电阻器两端的电压（与 v_{C_f}相反的极性）v_{R_d}。滤波电容器电压 v_{C_f}支持 v_{ap}的平均值或直流部分：

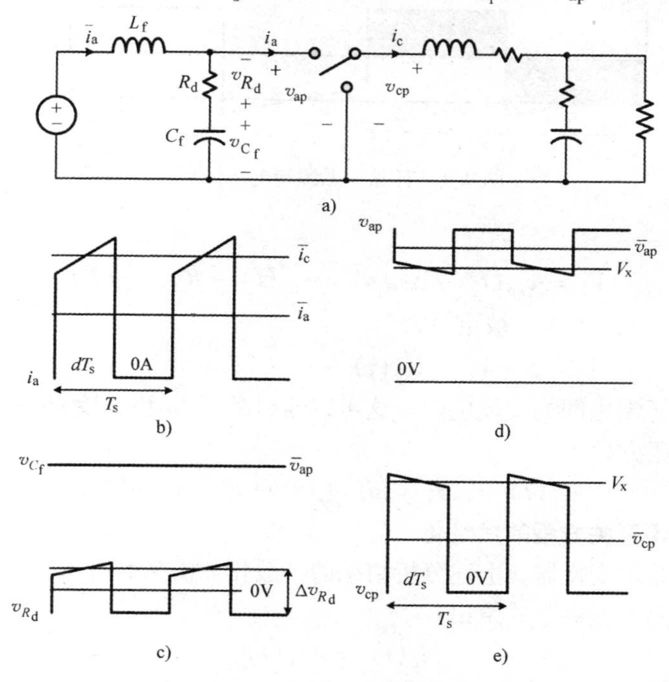

图 9.3　带输入滤波器级的 Buck 变换器

a）电路图　b）~ e）PWM 开关的电路波形

$$v_{C_f}(t)=\bar{v}_{ap}(t) \tag{9.2}$$

另一方面，阻尼电阻器电压 v_{R_d}是由 $i_a(t)$的交流部分产生的交流电压：

$$v_{R_d}(t)=(i_a(t)-\bar{i}_a(t))R_d=\tilde{i}_a(t)R_d \tag{9.3}$$

电压 v_{R_d}是具有零平均值的 $i_a(t)$的可比例缩放的复制。电压波形 v_{C_f}和 v_{R_d}如图 9.3c 所示，其中给出了电压摆幅 Δv_{R_d}为

$$\Delta v_{R_d}=\bar{i}_c(t)R_d \tag{9.4}$$

有源－无源端电压 v_{ap}现在表示为

$$v_{ap}(t)=v_{C_f}(t)-v_{R_d}(t)=\bar{v}_{ap}(t)-\tilde{i}_a(t)R_d \tag{9.5}$$

该电压波形如图 9.3d 所示，其中定义了另一个直流电压电平 V_x，以促进电压方程的推导。最后，公共端和无源端之间的电压 $v_{cp}(t)$ 如图 9.3e 所示。

从图 9.3e 可以看出，v_{cp}的平均值由下式给出：

$$\bar{v}_{cp}(t)=dV_x \tag{9.6}$$

式（9.6）与$\bar{v}_{cp}=d\,\bar{v}_{ap}$的先前电压方程式不同，是因为 $V_x\neq\bar{v}_{ap}$。现在剩下的任务是找到 V_x 的表达式，可以使用图 9.4 中详细的 v_{ap}波形来求得。从图形构建可以看出，图 9.4 中两个阴影矩形的区域应该是相同的：

$$(\bar{v}_{ap}(t)-V_x)dT_s=(V_x+\Delta v_{R_d}-\bar{v}_{ap}(t))d'T_s \tag{9.7}$$

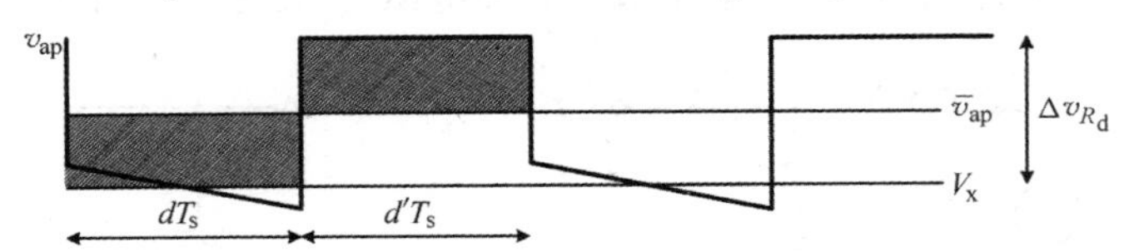

图 9.4　有源－无源端电压波形

简化为

$$V_x=\bar{v}_{ap}(t)-\Delta v_{R_d}d'=\bar{v}_{ap}(t)-R_d\,\bar{i}_c(t)d' \tag{9.8}$$

$R_d=r_{ap}$时，式（9.8）被重写为

$$V_x=\bar{v}_{ap}(t)-r_{ap}\,\bar{i}_c(t)d' \tag{9.9}$$

r_{ap}为有源和无源端之间的交流电阻，这可以通过断开 L_f 和短接 C_f 来获得。然后给出最终平均电压方程

$$\bar{v}_{cp}(t)=dV_x=d(\bar{v}_{ap}(t)-r_{ap}\,\bar{i}_c(t)d') \tag{9.10}$$

平均 PWM 开关方程的线性化

对于三种基本变换器，上述分析结果的一般化如图 9.5 所示。对于所有三种变换器，平均电路方程由下式给出：

$$\bar{i}_a(t)=d\,\bar{i}_c(t)$$
$$\bar{v}_{cp}(t)=d(\bar{v}_{ap}(t)-r_{ap}\,\bar{i}_c(t)d') \tag{9.11}$$

式中

$$r_{ap} = \begin{cases} 0 & \text{无输入滤波器的 Buck 变换器} \\ R_d & \text{带输入滤波器的 Buck 变换器} \\ R_c \parallel R & \text{Boost 和 Buck/Boost 变换器} \end{cases}$$

有源-无源端之间的交流电阻 r_{ap} 如图9.5所示。r_{ap} 载波有源端电流的交流分量 $\tilde{i}_a(t) = i_a(t) - \bar{i}_a(t)$，如图9.5所示。对于独立的Buck变换器，很显然 $r_{ap}=0$。

对式（9.11）进行线性化处理，可得

$$I_a + \hat{i}_a(t) = (D + \hat{d}(t))(I_c + \hat{i}_c(t))$$
$$V_{cp} + \hat{v}_{cp}(t) = (D + \hat{d}(t))((V_{ap} + \hat{v}_{ap}(t)) - r_{ap}(I_c + \hat{i}_c(t))(1 - (D + \hat{d}))) \tag{9.12}$$

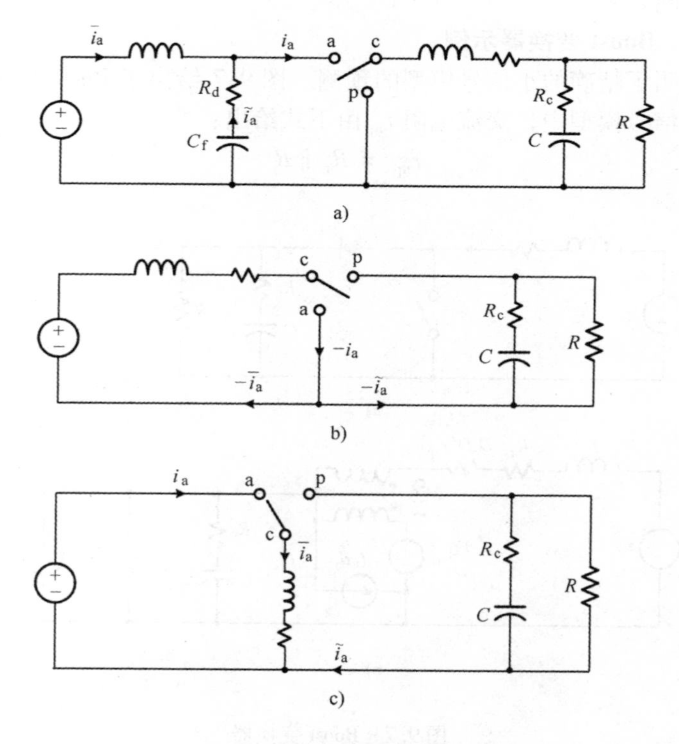

图9.5 三种基本变换器的电路图

a）带输入滤波器的Buck变换器

b）Boost变换器 c）Buck/Boost变换器

将式（9.12）中的一阶交流分量等量化，得到式（9.11）的小信号表示：

$$\hat{i}_a(t) = D\,\hat{i}_c(t) + I_c\,\hat{d}(t)$$
$$\hat{v}_{cp}(t) = D\,\hat{v}_{ap}(t) + V_D\,\hat{d}(t) - \hat{i}_c(t)DD'r_{ap} \tag{9.13}$$
$$V_D = V_{ap} + I_c(D - D')r_{ap} \tag{9.14}$$

上述小信号方程的电路模型如图 9.6 所示。在 $r_{ap}=0$ 的情况下，电路模型简化为前面的小信号模型，它不包含 r_{ap} 的影响。

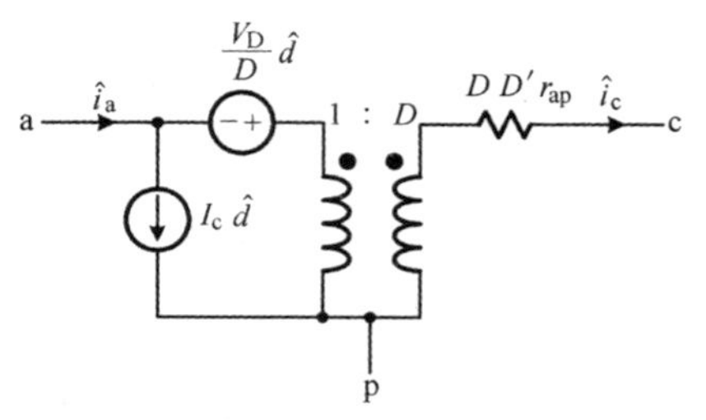

图 9.6　用于 PWM 开关的精确小信号模型

精确小信号模型的预测

有源 - 无源端之间的交流电阻 r_{ap} 替换相关电压源，并对 PWM 开关的小信号模型引入额外的电阻。这些变化仅影响传递函数的直流增益和阻尼比，并且其影响将不会很大，除非交流电阻 r_{ap} 非常大。因此，精确模型的传递函数将与前面忽略了 r_{ap} 影响的模型大致相同。

[例 9.1]　Boost 变换器示例

本实例说明了精确的小信号模型的预测。图 9.7 给出了 Boost 变换器及其小信号模型。在小信号模型中，交流电阻 r_{ap} 由下式给出：

$$r_{ap} = R_c \parallel R$$

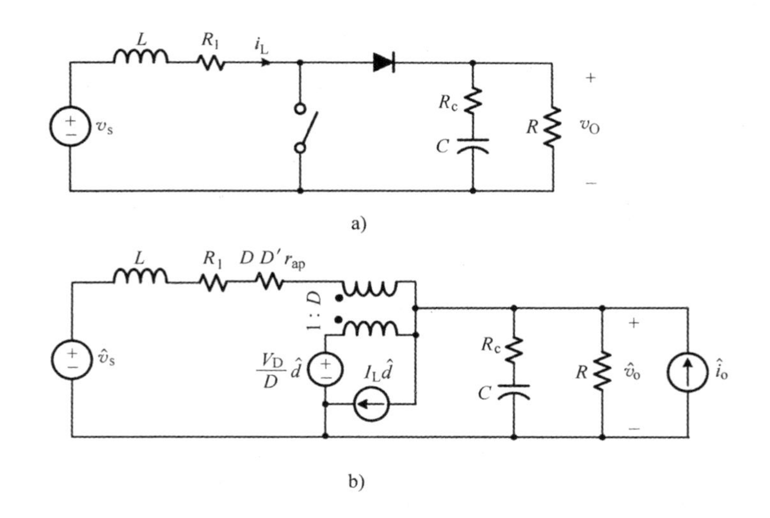

图 9.7　Boost 变换器

a）电路图　b）小信号模型

直流电压源 V_D 表示为

$$V_D = -V_O - I_L(D - D')r_{ap}$$

Boost 变换器的工作条件和电路参数为 $V_S=15V$，$L=800\mu H$，$R_l=0.01\Omega$，$C=1000\mu F$，$R_c=0.1\Omega$，$R=2\Omega$，$f_s=10kHz$，$D=0.25$。图 9.8 比较了两种不同条件下模拟的变换器的占空比 - 输出传递函数。一个仿真条件是 $r_{ap}=R \parallel R_c$，另一个仿真条件是 $r_{ap}=0$，即忽略 r_{ap} 的影响。传递函数之间的差异几乎无法检测。

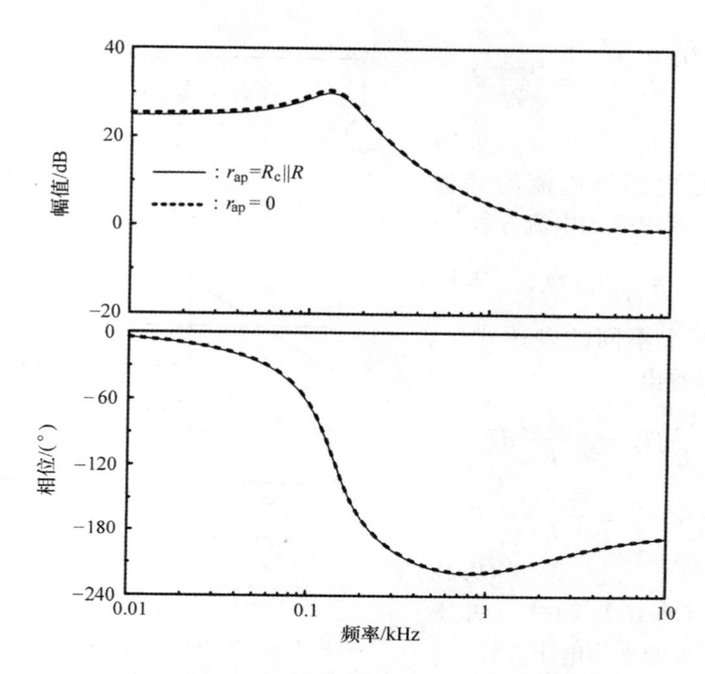

图 9.8 Boost 变换器的占空比－输出传递函数

如上例所示，在大多数情况下，r_{ap}的影响可以忽略不计。在本书中，为了简单表述，早期不含 r_{ap}的小信号模型将继续采用。尽管如此，带 r_{ap}的精确模型将被用于所有未来的 PSpice®模拟。

9.1.2 DCM 工作中 PWM 变换器的建模和分析

实际的 DC－DC 变换器的工作跨越了 CCM 和 DCM 边界。由于 DC－DC 变换器离开 CCM 并进入 DCM 工作，其小信号动态特性将被改变，从而需要新的小信号模型和新的分析。

DCM 中 PWM 开关的平均方程

选择 Buck/Boost 变换器来说明 DCM 动态的建模。建模结果与选定的变换器拓扑结构不变，因此可以扩展到所有三种基本的 DC－DC 变换器。在图 9.9a 的 Buck/Boost 变换器电路中，保持以下关系：

$$\bar{v}_{ac}(t) = V_S$$
$$\bar{v}_{cp}(t) = V_O \tag{9.15}$$

由伏－秒平衡条件可知，因为电感器电压的平均值为零，所以$\bar{v}_L=0$。

图 9.9b 中的 PWM 开关的电流波形表示为

$$\bar{i}_a(t) = \frac{\frac{1}{2}i_{Lpeak}dT_s}{T_s} = \frac{i_{Lpeak}}{2}d$$

$$\bar{i}_{\mathrm{p}}(t)=\frac{\frac{1}{2}i_{\mathrm{Lpeak}}d_1T_{\mathrm{s}}}{T_{\mathrm{s}}}=\frac{i_{\mathrm{Lpeak}}}{2}d_1 \tag{9.16}$$

式中，i_{Lpeak} 是电感器电流的峰值。由式（9.16）可得平均电流方程

$$\bar{i}_{\mathrm{a}}(t)=\frac{d}{d_1}\bar{i}_{\mathrm{p}}(t) \tag{9.17}$$

i_{Lpeak} 有两个不同的表达式，从图 9.9 中可以看出

$$i_{\mathrm{Lpeak}}=\frac{V_{\mathrm{S}}}{L}dT_{\mathrm{s}}=\frac{\bar{v}_{\mathrm{ac}}(t)}{L}dT_{\mathrm{s}}$$

$$i_{\mathrm{Lpeak}}=\frac{V_{\mathrm{O}}}{L}d_1T_{\mathrm{s}}=\frac{\bar{v}_{\mathrm{cp}}(t)}{L}d_1T_{\mathrm{s}} \tag{9.18}$$

使用式（9.16）和式（9.18）得到 PWM 开关的平均电压方程

$$\bar{v}_{\mathrm{ac}}(t)=\frac{d_1}{d}\bar{v}_{\mathrm{cp}}(t) \tag{9.19}$$

参数 d_1 用平均电路变量和工作条件表示为

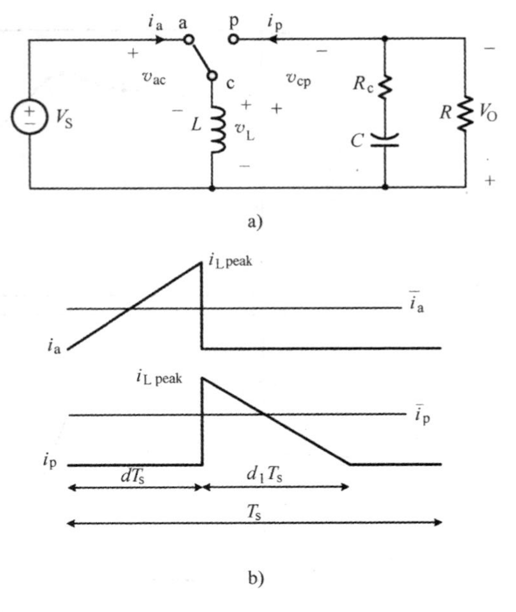

图 9.9　Buck/Boost 变换器和 DCM 开关波形

a）Buck/Boost 变换器

b）DCM 中的 PWM 开关波形

$$d_1=\frac{2Lf_{\mathrm{s}}}{d}\frac{\bar{i}_{\mathrm{a}}(t)}{\bar{v}_{\mathrm{cp}}(t)}=\frac{2Lf_{\mathrm{s}}}{d}\frac{\bar{i}_{\mathrm{p}}(t)}{\bar{v}_{\mathrm{ac}}(t)} \tag{9.20}$$

式中，$f_{\mathrm{s}}=1/T_{\mathrm{s}}$ 是开关频率。式（9.17）、式（9.19）和式（9.20）组合在一起，以建立描述 DCM 工作中 PWM 开关的平均动态特性的一组方程

$$\begin{aligned}\bar{i}_{\mathrm{a}}(t)&=\mu\,\bar{i}_{\mathrm{p}}(t)\\ \bar{v}_{\mathrm{cp}}(t)&=\mu\,\bar{v}_{\mathrm{ac}}(t)\end{aligned} \tag{9.21}$$

$$\mu=\frac{d}{d_1}=\frac{d^2\,\bar{v}_{\mathrm{cp}}(t)}{2Lf_{\mathrm{s}}\,\bar{i}_{\mathrm{a}}(t)}=\frac{d^2\,\bar{v}_{\mathrm{ac}}(t)}{2Lf_{\mathrm{s}}\,\bar{i}_{\mathrm{p}}(t)} \tag{9.22}$$

平均方程和小信号电路模型的线性化

通过组合式（9.21）和式（9.22）并对所得方程进行线性化，得到一组小信号方程

$$\begin{aligned}\hat{i}_{\mathrm{a}}(t)&=\frac{1}{r_{\mathrm{i}}}\hat{v}_{\mathrm{ac}}(t)+k_{\mathrm{i}}\hat{d}(t)\\ \hat{i}_{\mathrm{p}}(t)&=g_{\mathrm{f}}\hat{v}_{\mathrm{ac}}(t)+k_{\mathrm{o}}\hat{d}(t)+\frac{1}{r_{\mathrm{o}}}\hat{v}_{\mathrm{pc}}(t)\end{aligned} \tag{9.23}$$

式中

$$r_i = \frac{V_{ac}}{I_a} \qquad k_i = \frac{2I_a}{D}$$

$$g_f = \frac{2I_p}{V_{ac}} \quad k_o = \frac{2I_p}{D} \quad 和 \quad r_o = \frac{V_{cp}}{I_p} \tag{9.24}$$

上述等式构成 DCM 工作中 PWM 开关的小信号方程。式（9.23）和式（9.24）的推导在本章末尾的习题 9.1 中进行了讨论。

式（9.23）中的小信号方程的简单电路表示如图 9.10 所示。该电路模型称为 DCM PWM 开关模型。DCM PWM 开关模型包括两个电阻参数 r_i 和 r_o。这些电阻参数决定了模型的小信号动态特性，这将在短时间内得到证实。现在，通过用 DCM PWM 开关模型替换 PWM 开关，可以获得三种基本变换器的 DCM 小信号模型。图 9.11 给出了 Buck/Boost 变换器及其 DCM 小信号模型。

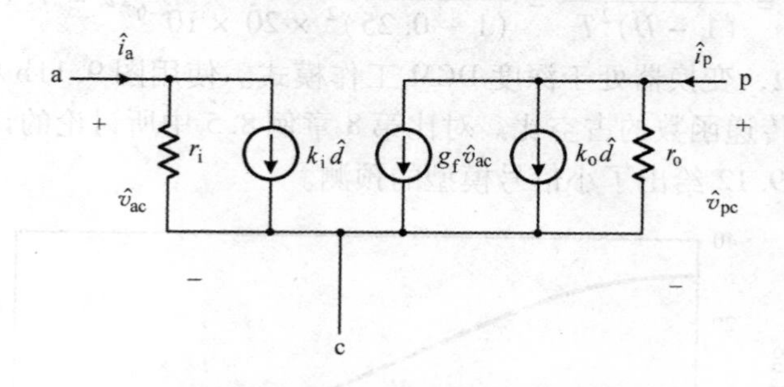

图 9.10　DCM 工作中 PWM 开关的小信号模型

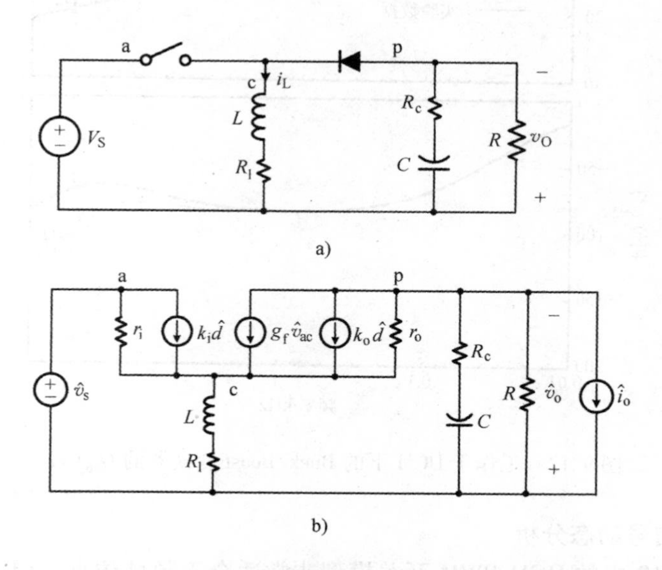

图 9.11　Buck/Boost 变换器及其 DCM 小信号模型
a）Buck/Boost 变换器　b）DCM 小信号模型

[例 9.2]　Buck/Boost 变换器的 DCM 小信号模型

本实例给出了 Buck/Boost 变换器的 DCM 小信号模型的预测。对于 Buck/Boost 变换器，式（9.24）中的 DCM PWM 开关模型的参数由下式给出：

$$r_{\mathrm{i}} = \frac{V_{\mathrm{S}}}{DI_{\mathrm{L}}} \quad k_{\mathrm{i}} = 2I_{\mathrm{L}} \quad g_{\mathrm{f}} = \frac{2M}{R}$$

$$k_{\mathrm{o}} = \frac{2MV_{\mathrm{S}}}{DR} \quad r_{\mathrm{o}} = R, I_{\mathrm{L}} = \frac{M^2 V_{\mathrm{S}}}{DR} \text{和} M = D\sqrt{\frac{RT_{\mathrm{S}}}{2L}}$$

鼓励读者证明 DCM PWM 开关模型参数的上述表达式。Buck/Boost 变换器的工作条件为 $V_{\mathrm{S}} = 18\mathrm{V}$，$L = 40\mu\mathrm{H}$，$R_{\mathrm{l}} = 0.01\Omega$，$C = 470\mu\mathrm{F}$，$R_{\mathrm{c}} = 0.03\Omega$，$R = 20\Omega$，$f_{\mathrm{s}} = 50\mathrm{kHz}$，$D = 0.25$。将变换器置于 CCM/DCM 边界的临界电阻为

$$R_{\mathrm{crit}} = \frac{2L}{(1-D)^2 T_{\mathrm{s}}} = \frac{2\times 40\times 10^{-6}}{(1-0.25)^2\times 20\times 10^{-6}}\Omega = 7.1\Omega$$

对于 $R = 20\Omega$，变换器处于深度 DCM 工作模式。使用图 9.11b 中的 DCM 小信号模型模拟输出传递函数的占空比。对比第 8 章例 8.5 中所讨论的计算方法而获得的实证结果，图 9.12 给出了小信号模型的预测。

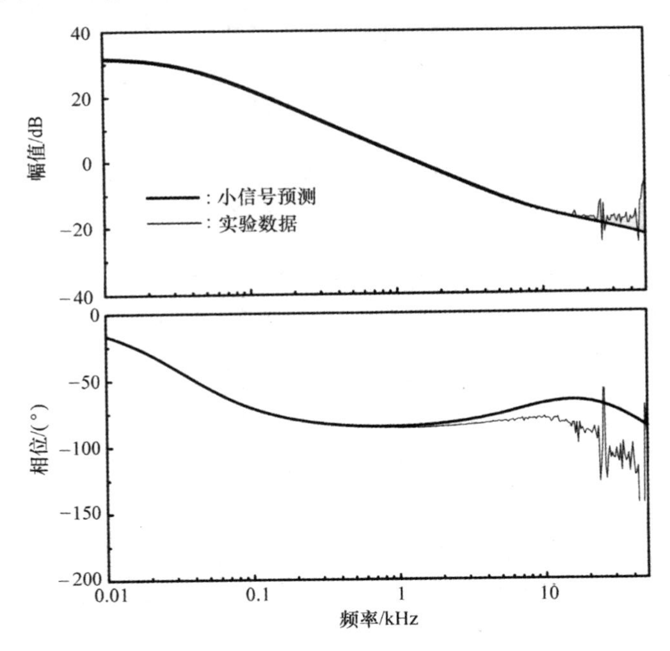

图 9.12　工作于 DCM 下的 Buck/Boost 变换器的 $G_{\mathrm{vd}}(s)$

DCM 小信号动态分析

尽管图 9.10 中的 DCM PWM 开关模型非常适合于频域仿真，但需要分析 DCM PWM 开关模型，以获得传递函数的分析表达式。这种分析在参考文献［1］中进

行，结果总结在表9.1中。如表所示，所有三种基本PWM变换器的占空比-输出传递函数$G_{vd}(s)$具有共同的结构：

$$G_{vd}(s)=K_d\frac{\left(1-\frac{s}{\omega_{rhp}}\right)\left(1+\frac{s}{\omega_{esr}}\right)}{\left(1+\frac{s}{\omega_{p1}}\right)\left(1+\frac{s}{\omega_{p2}}\right)} \tag{9.25}$$

DCM $G_{vd}(s)$的分母由两个实极点组成，与CCM下的复杂双极点相反，从而产生不同的DCM小信号动态。

表9.1 DCM中的三种基本变换器的$G_{vd}(s)$表达式

$G_{vd}(s)=K_d\frac{\left(1-\frac{s}{\omega_{rhp}}\right)\left(1+\frac{s}{\omega_{esr}}\right)}{\left(1+\frac{s}{\omega_{p1}}\right)\left(1+\frac{s}{\omega_{p2}}\right)}$	
Buck变换器	
$K_d=\frac{2V_O}{D}\frac{1-M}{2-M}$，其中$M=\frac{2D}{D+\sqrt{D^2+\frac{8L}{RT_s}}}$	
$\omega_{p1}=\frac{1}{CR}\frac{2-M}{1-M}$	$\omega_{p2}=2f_s\left(\frac{M}{D}\right)^2$
$\omega_{rhp}=\infty$	$\omega_{esr}=\frac{1}{CR_c}$
Boost变换器	
$K_d=\frac{2V_O}{D}\frac{M-1}{2M-1}$，其中$M=\frac{1}{2}\left(1+\sqrt{1+\frac{2D^2RT_s}{L}}\right)$	
$\omega_{p1}=\frac{1}{CR}\frac{2M-1}{M-1}$	$\omega_{p2}=2f_s\left(\frac{1-1/M}{D}\right)^2$
$\omega_{rhp}=\frac{R}{M^2L}$	$\omega_{esr}=\frac{1}{CR_c}$
Buck/boost变换器	
$K_d=\frac{V_O}{D}$	$M=D\sqrt{\frac{RT_s}{2L}}$
$\omega_{p1}=\frac{2}{CR}$	$\omega_{p2}=2f_s\left(\frac{1/D}{1+1/M}\right)^2$
$\omega_{rhp}=\frac{R}{M(1+M)L}$	$\omega_{esr}=\frac{1}{CR_c}$

注：对于Buck变换器，ω_{rhp}不存在，所以使用$\omega_{rhp}=\infty$。

[例9.3] DCM动态分析

本实例介绍了关于Buck/Boost变换器的DCM小信号动态特性的定性讨论。图9.13给出了例9.2中使用的Buck/Boost变换器的一系列占空比-输出传递函数。与$R=0.2\Omega(Q=D'R\sqrt{C/L}=0.5)$、$0.4\Omega(Q=1)$和$1\Omega(Q=2.5)$的CCM传递函数相比，分析了 $R=7.1\Omega$、10Ω、20Ω 的 DCM 传递函数。在例 9.2 中变换器的临界电阻为 $R_{crit}=7.1\Omega$。

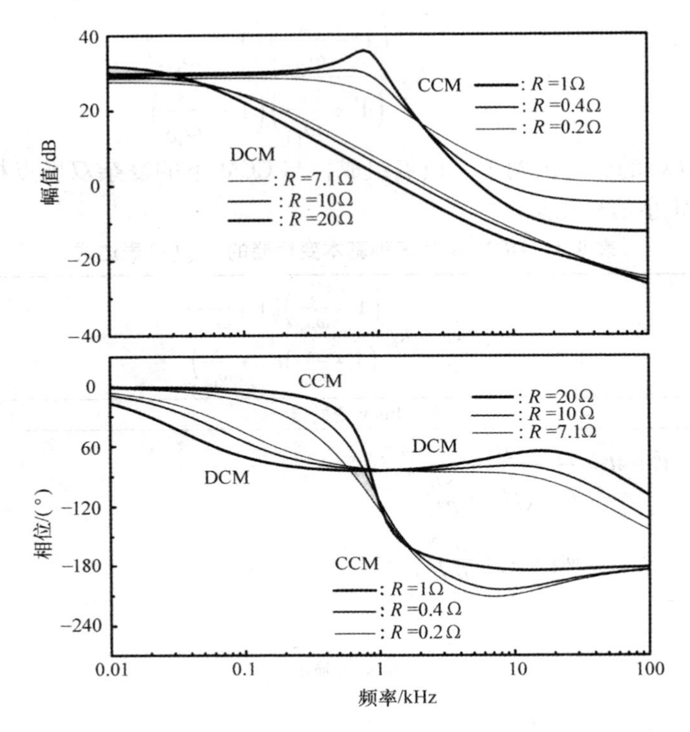

图 9.13　工作在 CCM 到 DCM 下的 Buck/Boost 变换器的 $G_{vd}(s)$

CCM 传递函数表明双极点位于 $\omega_o = D'\sqrt{1/(LC)} = 2\pi\times 871$ rad/s 处，相应的峰值为 $20\log Q$。随着变换器进入 DCM 工作，传递函数表现显著变化。

1）双极点受到严重阻尼，分裂为两个实极点，分别是式（9.25）中的 ω_{p1} 和 ω_{p2}。造成这种阻尼的原因是 DCM PWM 开关模型中的两个电阻参数 $r_i = V_S/(DI_L)$ 和 $r_o = R$。当负载电阻 R 变大时，阻尼将加剧。参考表 9.1 中 Buck/Boost 变换器的 $G_{vd}(s)$ 表达式，下面描述两个实极点的情况。

- 第一个极点 $\omega_{p1}=2/(RC)$ 出现在较低的频率处，随着 R 向无穷大变化而接近原点。
- 第二个极点 ω_{p2} 通常出现在比 ω_s/π 更高的频率处。

2）达到频率 ω_s/π，传递函数由第一个极点主导，呈现一阶动态。第二个极点只在非常高的频率上有影响，并且在现实中重要的频率范围上几乎对变换器动态特性无影响。一阶系统行为在幅值和相位特性中都是明显的。

3）由于第一个极点在低频下的出现，传递函数的幅值显著降低。幅值的减小将对 DCM 中的闭环性能产生不利影响，如下文所示。

如 Buck/Boost 变换器示例所示，DCM 工作有效地将二阶系统转换为一阶系统。通过对照表 9.1 中的 $G_{vd}(s)$ 表达式，相同的结论扩展到 Buck 和 Boost 变换器。对于在 CCM 和 DCM 下工作的 DC - DC 变换器，应考虑功率级动态特性的明显变化。

DCM 中的控制设计和闭环性能

为了控制设计的目的，有必要研究 CCM 和 DCM 工作中的占空比 - 输出传递函数。如图 9.13 所示，CCM 中的 $G_{vd}(s)$ 表现出比 DCM 中的 $G_{vd}(s)$ 更差的特性。CCM 传递函数中的双极点导致 180°相位降至 $\angle G_{vd}$。这种突变的和大的相位延迟是设计电压反馈补偿的主要难题。相比之下，DCM 传递函数仅表现出 90°相位延迟。

CCM 工作中的 $G_{vd}(s)$ 是控制设计的基础。如果控制设计是针对 DCM 工作，则由于 CCM 工作中的相位延迟过大，变换器进入 CCM 工作时变得不稳定。相反，为最坏情况 CCM 工作量身打造的控制设计将使变换器在 CCM 和 DCM 下能稳定工作。因此，合理的选择是为了设计 CCM 工作的控制器以及预测 DCM 工作中的闭环性能。

对于 CCM 工作，可以根据变换器的 CCM 动态特性来优化设计。当变换器进入 DCM 工作时，$G_{vd}(s)$ 将会如图 9.13 所示改变。这种变化将影响变换器的动态特性。特别地，$|G_{vd}|$ 的减少将直接影响环路增益特性，从而改变其他闭环性能。即使如此，$G_{vd}(s)$ 的更改也不会危及变换器的稳定性，如下例所示。

[例 9.4] Buck 变换器在 DCM 工作中的性能

本实例研究了 CCM 和 DCM 工作中 Buck 变换器的性能，其控制设计用于一个特定的 CCM 工作。为此，重新采用例 8.2 中使用的 Buck 变换器，并在广泛的工作范围内评估其性能，包括 CCM 和 DCM 工作。如例 8.2 所述，控制设计针对 $R=1\Omega$ 的 CCM 工作进行了优化。Buck 变换器的临界电阻确定为 $R_{crit}=2L/(D'T_s)=5.33\Omega$。

CCM 和 DCM 工作下，计算得到的 Buck 变换器的环路增益特性如图 9.14 所示。对于 CCM 工作，使用 $R=0.5\Omega$，$R=1\Omega$，$R=2\Omega$；另一方面，对于 DCM 工作，选择 $R=R_{crit}=5.33\Omega$，$R=10\Omega$，$R=20\Omega$。其他条件与例 8.2 相同。$|G_{vd}|$ 中的中频带增益减少影响 DCM 环路增益特性，产生更窄的交越频率。尽管如此，环路增益表明，即使在 DCM 操作中具有较大的相位裕度，变换器也保持稳定。这证明了控制设计的有效性——提供稳定的 CCM 工作的控制设计也保证了 DCM 工作的稳定性。

降低的中频带增益和较窄的交越频率对闭环传递函数仅产生较小的衰减。图 9.15 比较了在相同条件下计算的输出阻抗。正如所预测，DCM 输出阻抗显示较差的特性，具有更大的峰值 $|Z_o|_{peak}$。此外，DCM 输出阻抗的第一个极点 ω_{pz} 如图 9.15 所示，处于非常低的频率点上。

DCM 工作中输出阻抗的降低被预测是采用为 CCM 工作设计的电压反馈补偿的结果。对于改进的输出阻抗特性，控制可能最初针对 DCM 工作进行了优化。然而，

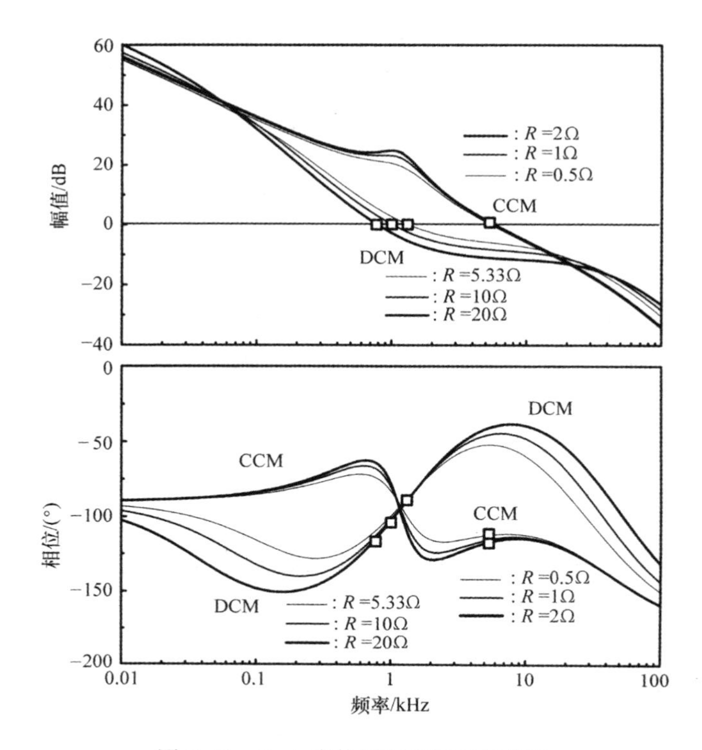

图 9.14 Buck 变换器的环路增益特性

在这种情况下，变换器在进入CCM 工作时立即变得不稳定。

如 8.4.6 节所分析，输出阻抗和阶跃负载响应之间存在直接的相关性。DCM 中较差的输出阻抗会降低阶跃负载响应。较大的 $|Z_o|_{peak}$ 会增加输出电压的转换偏差，而较低的 ω_{pz} 会减缓瞬态响应。图 9.16 比较了在 CCM 和 DCM 工作中的阶跃负载变化时，变换器的输出电压。对于 CCM 工作，引入 $R=0.8\Omega\Rightarrow1\Omega\Rightarrow0.8\Omega$ 的阶跃变化，从而产生 $\Delta I_{step}=1A$；另一方面，在 DCM 工作中，引入 $R=5.3\Omega\Rightarrow20\Omega\Rightarrow5.3\Omega$ 的阶跃变化，从而产生 $\Delta I_{step}=0.55A$。如根据输出阻抗特性所预测的，DCM 工作显示出对较大过冲和下冲的响应较为缓慢。

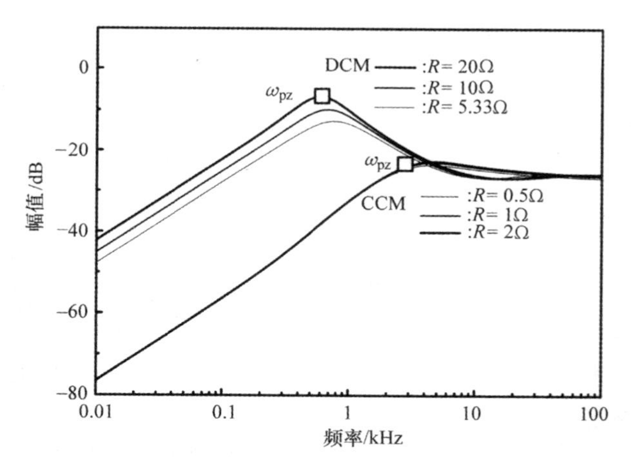

图 9.15 Buck 变换器的输出阻抗特性

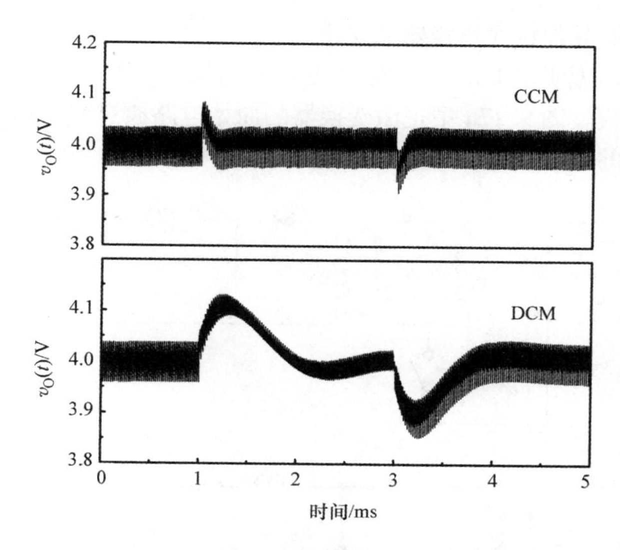

图 9.16 Buck 变换器的阶跃负载响应

CCM 和 DCM 工作之间的转换的性能变化不仅与功率级动态相关，而且与变换器的控制方案有关。DCM 工作中的性能下降是使用电压模控制的必然结果。对于电压模控制，CCM/DCM 边界上的功率级动态特性的波动会直接传递到闭环性能。尽管变换器将保持稳定，但 DCM 工作中的其他闭环性能将会下降。

如 8.4.7 节所述，存在 PWM 变换器的替代控制方案——电流模控制，其采用了额外的电感器电流反馈。下一章将展示电流模控制会有效降低变换器动态特性的灵敏度，并可为 CCM 和 DCM 工作提供近似一致的环路增益特性。

9.1.3 隔离 PWM 变换器的建模

使用 PWM 开关的概念推导了三种基本非隔离 PWM 变换器的动态模型。这些变换器的建模过程很简单，因为每个变换器都包含其原有结构的 PWM 开关。本节扩展了隔离 DC - DC 变换器的建模过程。

隔离 PWM 变换器包含多个有源和无源开关，由隔离变压器隔开。因此，PWM 开关结构在隔离变换器中并不明显。然而，隔离变换器的工作表明，有源和无源开关即使由于距离隔离，也可以共同执行 PWM 开关功能。因此，PWM 开关仍然可以用作建立隔离变换器动态模型的有效工具。

如第 4 章所示，每个隔离变换器都有一个从隔离变换器中分离出的预运行的非隔离变换器。通过使用先前的非隔离变换器的现有模型，可以帮助隔离变换器建模。例如，Buck 衍生 DC - DC 变换器的模型可以从 Buck 变换器的模型中获得。类似地，反激变换器可以使用 Buck/Boost 变换器的模型方便地建模。

正激变换器和其他桥式变换器的建模

用正激变换器说明了 Buck 衍生隔离变换器的建模。图 9.17 显示了三绕组复位正激变换器的建模。图 9.17a 中正激变换器的原始电路通过判断以下两个情况来修改为图 9.17b 中的功能模型：

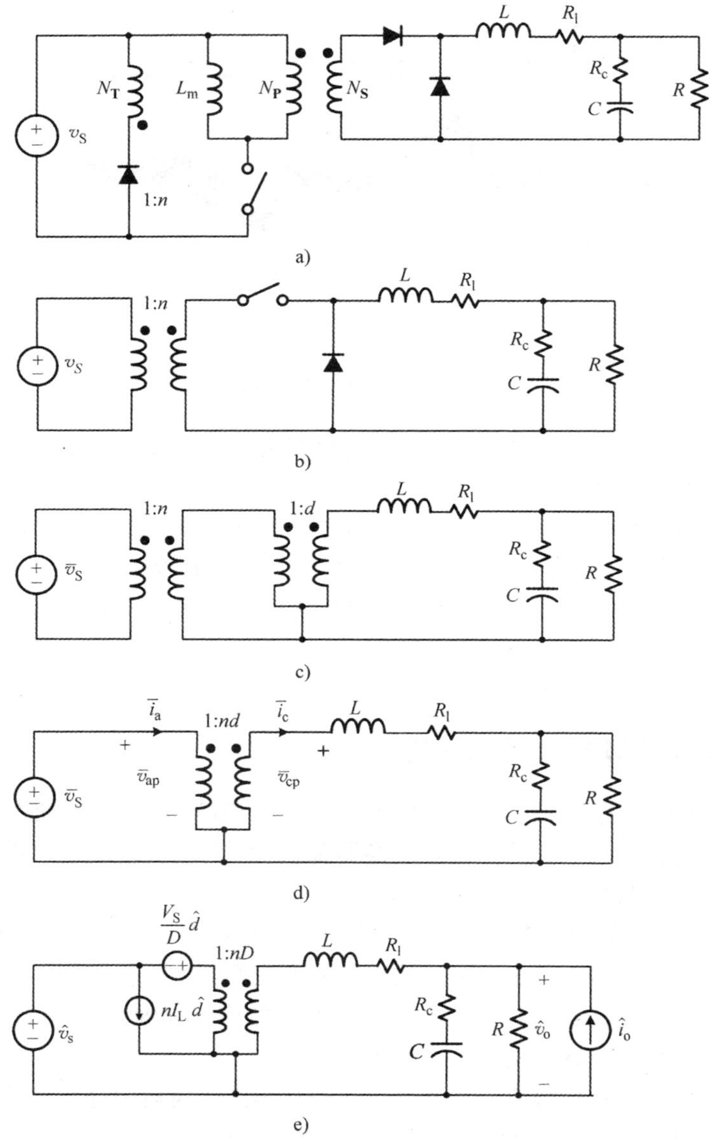

图 9.17 三绕组复位正激变换器的建模

a）原始电路 b）功能模型 c）平均模型 d）简化平均模型 e）小信号模型

1）仅用于复位隔离变压器的励磁电感的复位电路不会干扰变换器的动态特性。因此，为了建模的目的，可以去除复位电路以及磁化电感。

2）就功率级工作而言，正激变换器是与上游隔离变压器组合的 Buck 变换器的功能等效。隔离变压器的匝数比为 1∶n，其中 $n = N_S/N_P$。

通过用其一般模型代替 PWM 开关，正激变换器的一般模型如图 9.17c 所示。将图 9.17c 中两个理想变压器，即 PWM 开关中的 1∶n 隔离变压器和 1∶d 变压器，合并为单个 1∶nd 如图 9.17d 的简化平均模型。基于图 9.17d，得到一组平均方程

$$\begin{aligned} \bar{i}_a(t) &= nd\,\bar{i}_c(t) \\ \bar{v}_{cp}(t) &= nd\,\bar{v}_{ap}(t) \end{aligned} \tag{9.26}$$

通过线性化式（9.26），获得小信号表达式

$$\begin{aligned} \hat{i}_a(t) &= n(I_c\,\hat{d}(t) + D\,\hat{i}_c(t)) \\ \hat{v}_{cp}(t) &= n(D\,\hat{v}_{ap}(t) + V_{ap}\,\hat{d}(t)) \end{aligned} \tag{9.27}$$

通过并入 $I_c = I_L$ 和 $V_{ap} = V_S$，最终的小信号电路模型如图 9.17e 所示。

[例 9.5]　正激变换器的小信号模型

本实例给出了三绕组复位正激变换器的小信号模型的预测。正激变换器的工作条件和电路参数为 $V_S = 64\text{V}$，$L = 40\mu\text{H}$，$R_l = 0.01\Omega$，$C = 400\mu\text{F}$，$R_c = 0.02\Omega$，$R = 1\Omega$，$f_s = 50\text{kHz}$，$D = 0.25$。理想三绕组变压器的匝数比为 $N_P:N_S:N_T = 36:18:36$，励磁电感为 $L_m = 200\mu\text{H}$。使用图 9.17e 的小信号模型仿真占空比 - 输出传递函数。与图 9.17a 的原始电路获得的经验结果相比，图 9.18 给出了小信号模型的预测。

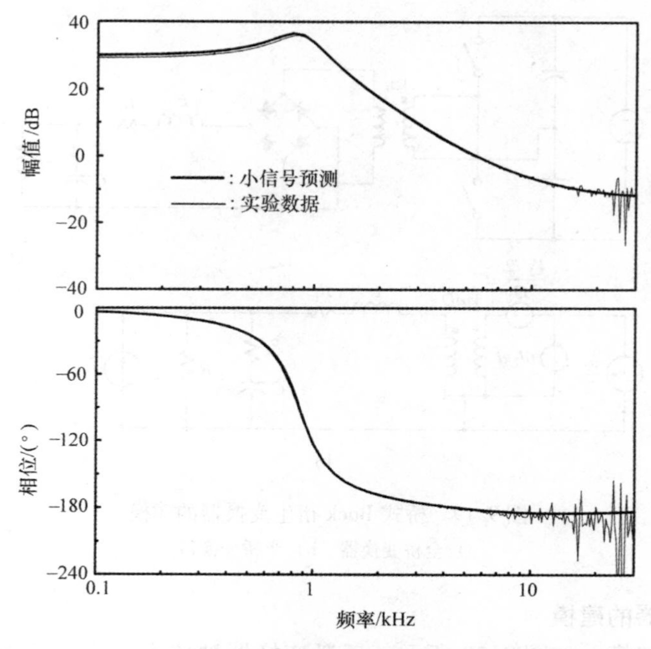

图 9.18　正激变换器的小信号模型预测

图 9. 17e 的小信号模型对于包括双开关正激变换器的其他类型的正激变换器也是有效的。此外，上述步骤也适用于其他 Buck 衍生隔离变换器。图 9. 19a 是全桥变换器及其小信号模型，图 9. 19b 是半桥变换器及其小信号模型。基于这些模型，使用 Buck 变换器开发的先前的建模、分析和控制结果现在都扩展到所有 Buck 衍生隔离变换器。

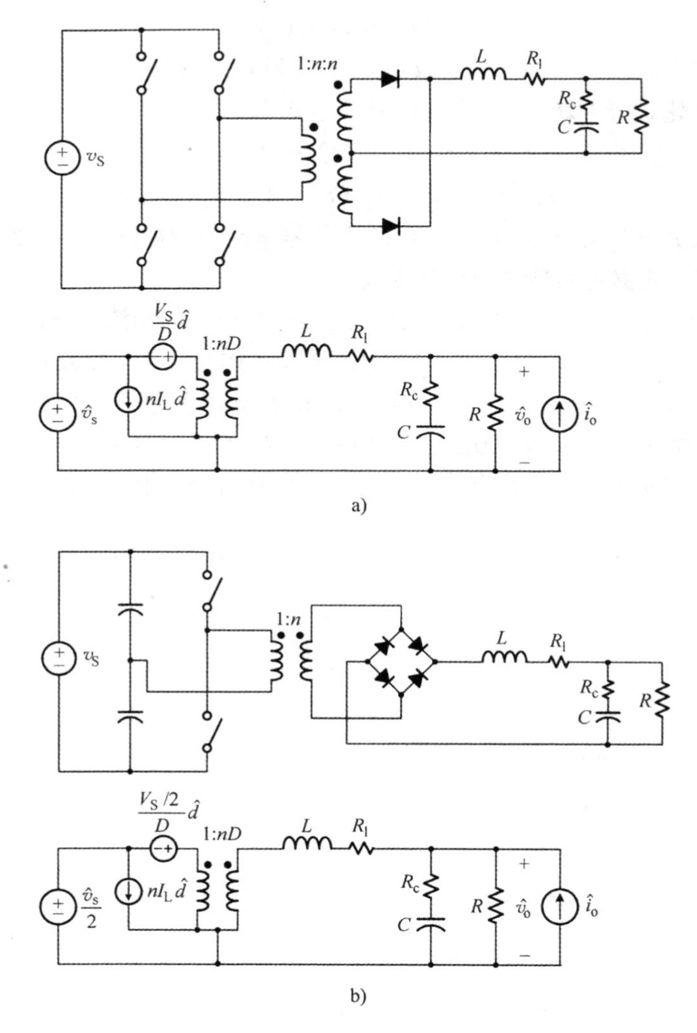

图 9. 19　桥式 Buck 衍生变换器的建模

a）全桥变换器　b）半桥变换器

反激变换器的建模

为了进行建模，如图 9. 20 所示，反激变换器被依次修改。反激变换器的原始电路如图 9. 20a 所示。图 9. 20a 改为图 9. 20b，其中通过将励磁电感和电压源映射到二次侧来去除理想变压器。通过改变输入和输出电压的极性并反转二极管的方向将图 9. 20b 修改为图 9. 20c。通过重新定位有源开关而不改变电路操作进一步将功率级电路修改为图 9. 20d。图 9. 20d 现在被认为是 Buck/Boost 变换器，其输入电压和电感通过变压器的匝数比来调整。最后，通过采用 Buck/Boost 变换器的小信号模型，获得反激变换器的小信号模型，如图 9. 20e 所示。

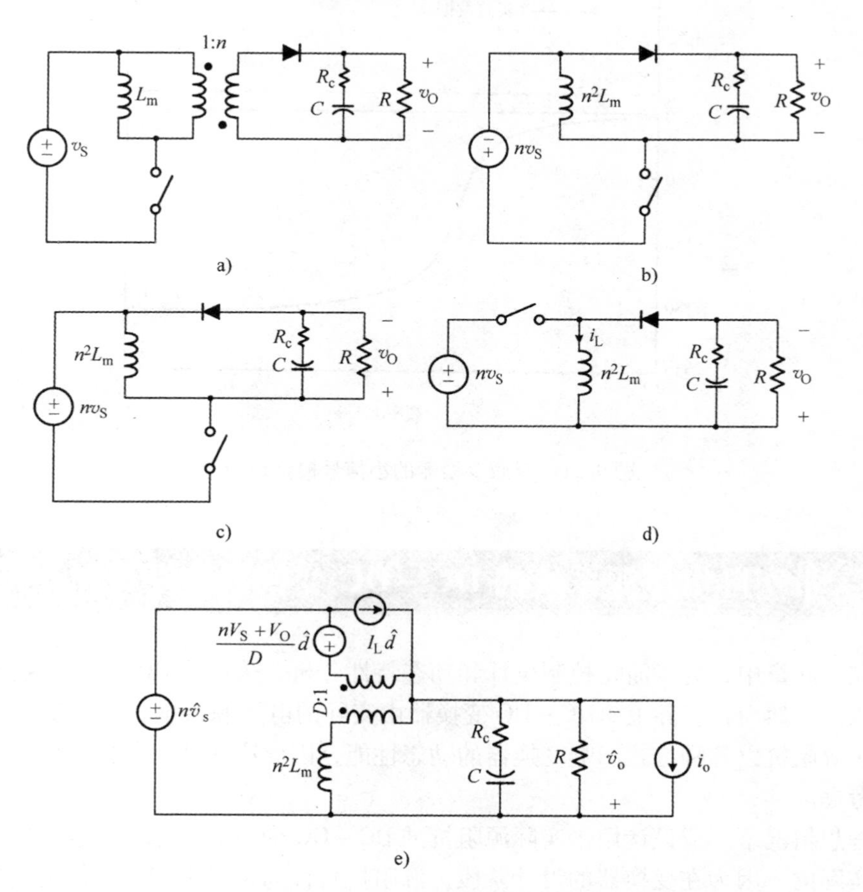

图 9. 20　反激变换器的建模

a）原始反激变换器　b）修正模型一

c）修正模型二　d）等效 Buck/Boost 变换器　e）小信号模型

［例 9. 6］　反激变换器的小信号模型

本实例给出了以参数 $V_S=180V$、$L_m=4.0mH$、$C=470\mu F$、$R_c=0.03\Omega$、$R=1\Omega$、$f_s=50kHz$、$D=0.25$ 工作的反激变换器的小信号模型的预测。正激变压器的匝数比为 60: 6。使用图 9. 20e 中的小信号模型仿真占空比－输出传递函数。图 9. 21 比较了小信号模型的预测结果与从图 9. 20a 的电路模型获得的经验数据结果。

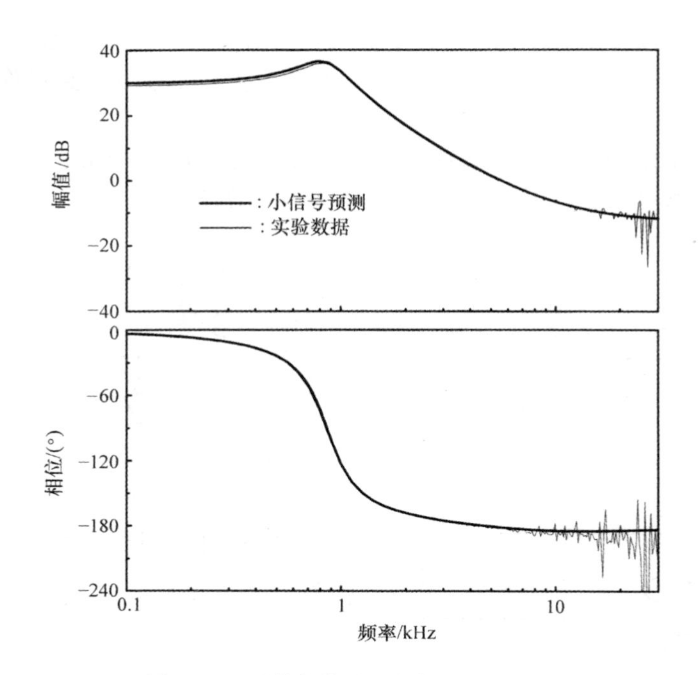

图 9.21　反激变换器的小信号模型预测

9.2　带实际电压源系统的 DC－DC 变换器的设计和分析

在前几章中，为了简化控制设计和动态特性分析，采用了 DC－DC 变换器的理想电压源。然而，实际上，DC－DC 变换器由实际的电压源供电，它提供一定的源阻抗。源阻抗以各种方式影响变换器的动态性能，因此应在动态分析和控制设计中进行考虑。

理想情况下，应设计用于实际源阻抗的 DC－DC 变换器。然而，这样的设计是不切实际的，因为在变换器的设计阶段，源阻抗特性通常是未知的或甚至是未定义的。解决这个问题的一个功能性方法是设计用于理想电压源的 DC－DC 变换器，同时降低存在实际源阻抗的性能变化的可能性。这种设计是非常可取的，因为前述设计方法可以最小改动或无修改的应用于理想电压源。

为了实现上述设计方法，必须调查源阻抗对变换器性能的影响。一旦获得了这种知识，控制设计可以以在某种源阻抗存在时对潜在性能变化影响最小的方式进行。随后可以通过将源阻抗特性融入来评估具有实际电压源系统的变换器性能。如上所述设计的 DC－DC 变换器将保持稳定性，并从采用理想电压源的初步预测中获得最小的性能变化。

在此背景下，开始讨论源阻抗对变换器性能的影响。图 9.22 显示了由具有有

限源阻抗 Z_s 的电压源供电的 DC－DC 变换器。源阻抗影响变换器的闭环性能，包括音频敏感度、环路增益、输出阻抗和最重要的稳定性。本节首先分析了源阻抗的影响，并提出了一种在源阻抗存在时提供稳定性和最小性能变化的设计策略。

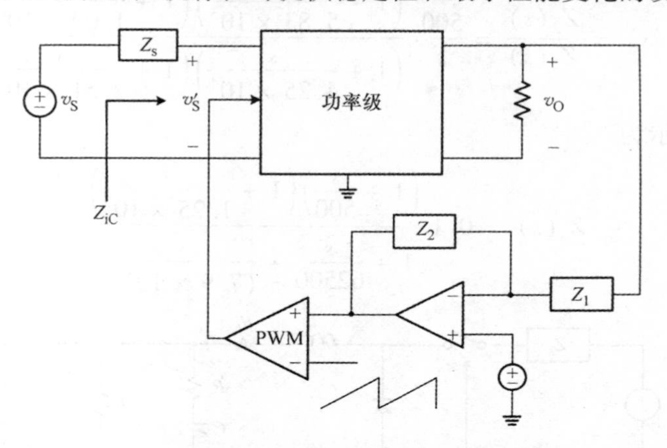

图 9.22 由带有限源阻抗的非理想电压源供电的 DC－DC 变换器

9.2.1 音频敏感性分析

参考图 9.22，具有源阻抗 $Z_s(s)$ 的变换器的闭环输入－输出传递函数或音响敏感度表示为

$$A_u(s)=\frac{\hat{v}_o(s)}{\hat{v}_s(s)}=\frac{\hat{v}'_s(s)}{\hat{v}_s(s)}\frac{\hat{v}_o(s)}{\hat{v}'_s(s)}=\frac{Z_{iC}(s)}{Z_{iC}(s)+Z_s(s)}A_{uC}(s)=\frac{1}{1+\dfrac{Z_s(s)}{Z_{iC}(s)}}A_{uC}(s) \tag{9.28}$$

式中，$Z_{iC}(s)$ 是变换器的输入阻抗；$A_{uC}(s)=\hat{v}_o(s)/\hat{v}'_s(s)$ 是具有零源阻抗（即理想电压源）的变换器的音频敏感度。关于闭环控制 DC－DC 变换器的输入阻抗的细节将在 9.2.3 节给出。很明显，如果条件 $|Z_{iC}|\gg|Z_s|$ 适用于所有频率，音频敏感度实际上不受源阻抗的影响。

对于一般情况，音频敏感度表达式近似为

$$A_u(s)=\frac{1}{1+\dfrac{Z_s(s)}{Z_{iC}(s)}}A_{uC}(s)\approx\begin{cases}\dfrac{A_{uC}}{\dfrac{Z_s}{Z_{iC}}} & |Z_{iC}|\ll|Z_s|\\ A_{uC} & |Z_{iC}|\gg|Z_s|\end{cases} \tag{9.29}$$

现在，使用这种关系分析源阻抗的影响。

[例 9.7] 在源阻抗下的音频敏感度

本实例演示了源阻抗对闭环控制 Buck 变换器的音频敏感度的影响。图 9.23 显示了由实际电压源系统供电的 Buck 变换器。Buck 变换器的工作条件为 $V_S=16\text{V}$，

$L=40\mu H$，$R_l=0.1\Omega$，$C=470\mu F$，$R_c=0.05\Omega$，$R=1\Omega$，$V_{ref}=4V$，$f_s=50kHz$，$V_m=3.8V$。电压反馈补偿由下式给出：

$$F_v(s)=\frac{Z_2(s)}{Z_1(s)}=\frac{500}{s}\frac{\left(1+\frac{s}{5.83\times10^3}\right)\left(1+\frac{s}{1.09\times10^4}\right)}{\left(1+\frac{s}{4.25\times10^4}\right)\left(1+\frac{s}{2.51\times10^5}\right)}$$

源阻抗表示为

$$Z_s(s)=0.1\frac{\left(1+\frac{s}{500}\right)\left(1+\frac{s}{1.25\times10^5}\right)}{1+\frac{s}{62500}+\frac{s^2}{(7.9\times10^3)^2}}$$

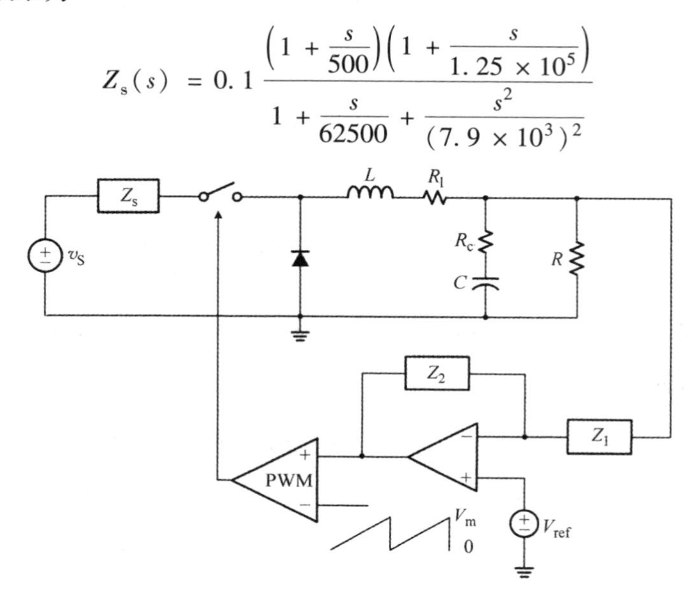

图 9.23　具有源阻抗的 Buck 变换器

图 9.24a 显示了具有源阻抗 $A_u(s)$ 的变换器与具有零源阻抗 $A_{uC}(s)$ 相比的音频敏感度。Buck 变换器的源阻抗 $Z_s(s)$ 和输入阻抗 $Z_{iC}(s)$ 如图 9.24b 所示。如式（9.29）所预测的，音频敏感度仅在 $|Z_{iC}| << |Z_s|$ 的频率下被修改。事实上，$|Z_s|$ 和 $|Z_{iC}|$ 之间的交叠被映射为源阻抗上的额外衰减。

9.2.2　稳定性分析

源阻抗对变换器的稳定性产生直接影响。更准确地说，源阻抗可以使具有零源阻抗而稳定的变换器脱离稳定。本节讨论稳定性问题的起源，后面的部分提供了避免这种问题的设计指导。

源阻抗诱发的不稳定性

对于稳定性分析，给出了具有源阻抗的先前的音频敏感度表达式

$$A_u(s)=\frac{v_o(s)}{v_s(s)}=\frac{1}{1+\frac{Z_s(s)}{Z_{iC}(s)}}A_{uC}(s) \tag{9.30}$$

式中，$A_{uC}(s)$是零源阻抗的音频敏感度。$A_{uC}(s)$表示为

$$A_{uC}(s) = \frac{N(s)}{D(s)} \tag{9.31}$$

音频敏感度表示为

$$A_u(s) = \frac{1}{1+\frac{Z_s(s)}{Z_{iC}(s)}}\frac{N(s)}{D(s)} \tag{9.32}$$

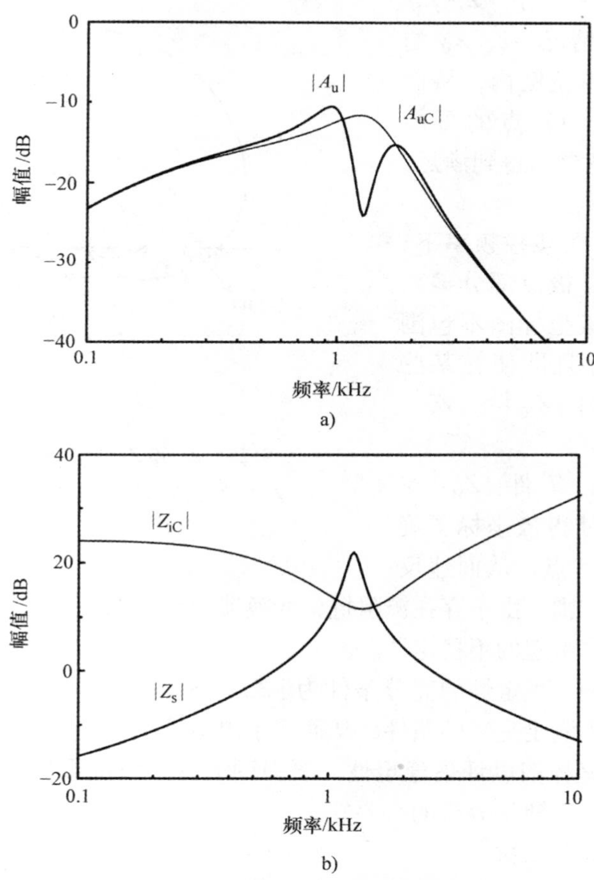

图 9.24　Buck 变换器的音频敏感度

a）音频敏感度　b）变换器的源阻抗和输入阻抗

然后给出系统的特征方程

$$\left(1+\frac{Z_s(s)}{Z_{iC}(s)}\right)D(s) = 0 \tag{9.33}$$

当变换器在零源阻抗稳定时，方程 $D(s)=0$ 不包含任何右半平面（RHP）根。因此，通过研究方程 $1+Z_s(s)/Z_{iC}(s)=0$ 中的任何 RHP 根的存在，即通过将奈奎斯特准则应用于 $Z_s(s)/Z_{iC}(s)$来评估稳定性。这种分析如图 9.25 所示。图 9.25a

给出了$|Z_{iC}|$的伯德图，以及$|Z_s|$的三种不同情况。图 9.25b 给出了相应三种情况下阻抗比Z_s/Z_{iC}的极坐标图。

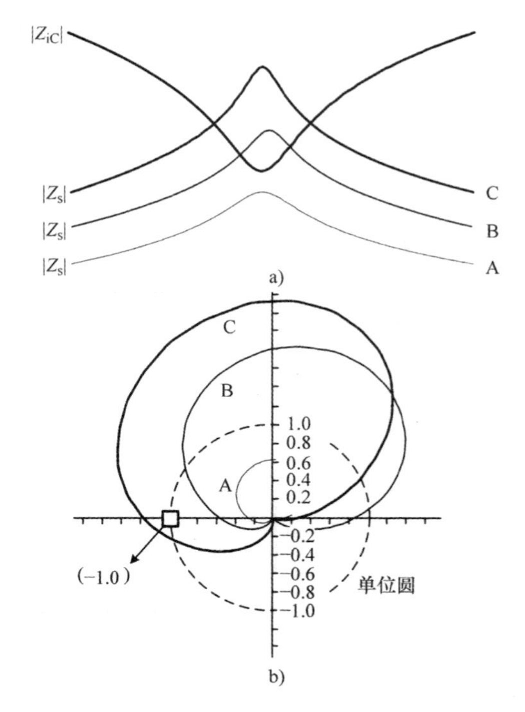

图 9.25 Z_s 和 Z_{iC}的伯德图和极坐标图

a）Z_s 和 Z_{iC}的伯德图 b）Z_s 和 Z_{iC}的极坐标图

1）情况 A：对于所有频率，阻抗满足条件$|Z_{iC}|>|Z_s|$。该条件相当于所有频率下$|Z_s/Z_{iC}|<1$。对于这种情况，Z_s/Z_{iC}的极坐标图保留在单位圆内，从而排除环绕（－1，0）点的可能性。奈奎斯特准则自动得到满足，变换器保持稳定。

2）情况 B：在某些频率下，$|Z_s|$超过$|Z_{iC}|$。极点部分偏离单位圆。然而，极坐标图不包围（－1，0）点，并且即使在某些频率下不满足条件$|Z_{iC}|>|Z_s|$，变换器仍保持稳定。

3）情况 C：条件$|Z_{iC}|>|Z_s|$更难满足，使得极坐标图确实包围（－1，0）点，从而违反奈奎斯特稳定性准则。由于存在源阻抗，变换器现在变得不稳定。这里所示的不稳定性被称为源阻抗引起的不稳定性。

对于所有频率，稳定性的充分条件为$|Z_{iC}|>|Z_s|$，如前面分析中的情况 A 所示。如果阻抗不满足足够的条件，从而显示出阻抗重叠，则奈奎斯特准则可以应用于Z_s/Z_{iC}的极坐标图以评估稳定性。要强调的是，阻抗重叠并不一定意味着不稳定，而是表明奈奎斯特分析的必要性。

输入滤波器和源阻抗

DC－DC 变换器通常在电压源和功率级之间采用滤波器级，原因如下：对于大多数 DC－DC 变换器，功率级的输入电流是不连续的脉冲电流。如果直接从电压源中抽出，则脉冲输入电流迫使电压源传递大量的谐波电流分量。谐波电流分量又产生过大的传导电磁干扰（EMI），从而不符合 EMI 监管标准。为了避免这种情况，通常在电压源和功率级之间采用输入滤波器级，使得电压源仅传送平滑滤波的连续电流波形。

输入滤波器级总是具有有限的输出阻抗。变换器功率级将输入滤波器的输出阻抗视为源阻抗。因此，DC－DC 变换器自然地处于可能影响变换器的稳定性和性能的重要的源阻抗中。

［例9.8］　带输入滤波器的Buck变换器

本实例说明了带输入滤波器的Buck变换器的工作情况。图9.26a显示了具有输入滤波器的闭环控制Buck变换器。工作条件和功率级参数与例9.7相同。输入滤波器参数为$L_f = 8\mu H$，$R_{lf} = 0.01\Omega$，$C_f = 320\mu F$，$R_d = 0.05\Omega$。图9.26b展示了功率级输入电流i_Q、电压源电流i_S和输入滤波器分支电流i_F的波形。电压源主要提供输入电流的直流分量，输入滤波器的并联支路提供交流分量。目前的滤波效果清晰可见。图9.27显示了变换器的源阻抗Z_s和输入阻抗Z_{iC}。阻抗之间的宽范围分离自动满足稳定性的充分条件。

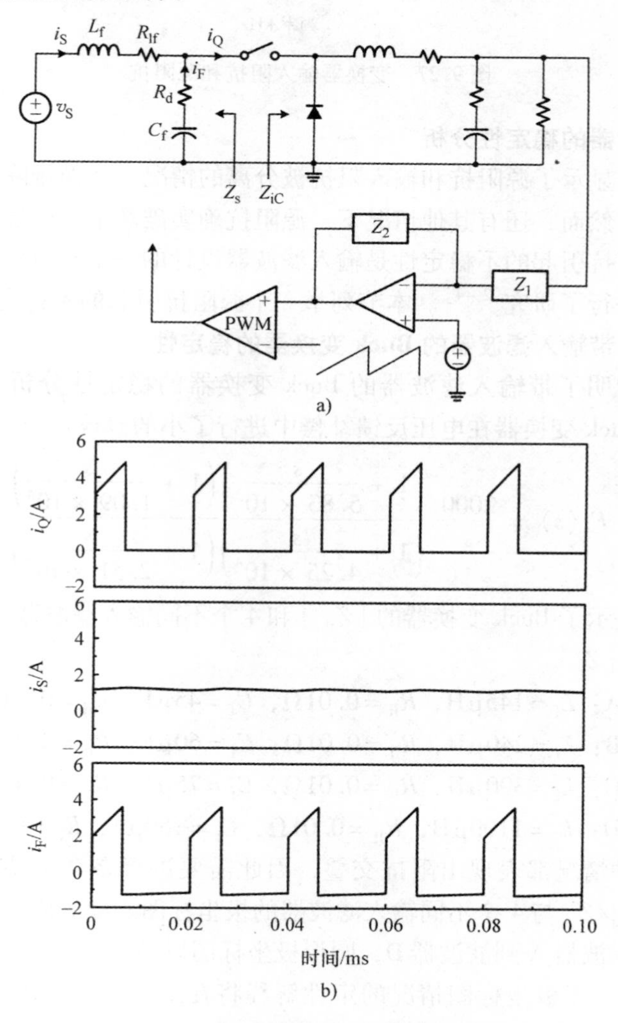

图9.26　具有输入滤波器的Buck变换器

a）电路框图　b）电流波形

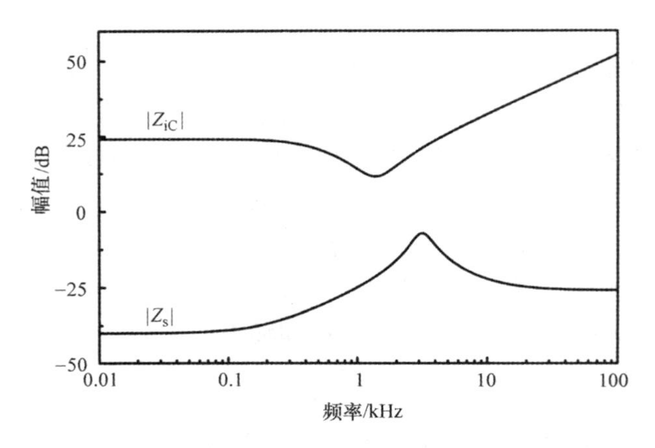

图 9.27　变换器输入阻抗和源阻抗

带输入滤波器的稳定性分析

前面的例子显示了源阻抗和输入阻抗被分离的情况，从而排除了产生稳定性问题的任何情况。然而，还有其他情况下，源阻抗确实破坏了以前稳定的变换器。事实上，这种源阻抗引起的不稳定性是输入滤波器设计的一个众所周知的问题，已经在许多论文中进行了研究[2-4]。本节列举一个源阻抗引起的不稳定性的示例。

[例 9.9]　带输入滤波器的 Buck 变换器的稳定性

本实例中说明了带输入滤波器的 Buck 变换器的稳定性分析。在例 9.7 和例 9.8 中使用的 Buck 变换器在电压反馈补偿中进行了小的修改：

$$F_v(s) = \frac{2000}{s}\frac{\left(1+\frac{s}{5.83\times10^3}\right)\left(1+\frac{s}{1.09\times10^4}\right)}{\left(1+\frac{s}{4.25\times10^4}\right)\left(1+\frac{s}{2.51\times10^5}\right)}$$

图 9.28a 显示了 Buck 变换器的 $|Z_{iC}|$ 和 4 个不同输入滤波器（称为滤波器 A、B、C 和 D）的 $|Z_s|$。

- 滤波器 A：$L_f=145\mu H$，$R_{lf}=0.01\Omega$，$C_f=45\mu F$，$R_d=0.4\Omega$。
- 滤波器 B：$L_f=240\mu H$，$R_{lf}=0.01\Omega$，$C_f=60\mu F$，$R_d=0.4\Omega$。
- 滤波器 C：$L_f=390\mu H$，$R_{lf}=0.01\Omega$，$C_f=75\mu F$，$R_d=0.4\Omega$。
- 滤波器 D：$L_f=1100\mu H$，$R_{lf}=0.01\Omega$，$C_f=150\mu F$，$R_d=0.4\Omega$。

所有这 4 种情况都表现出阻抗交叠，因此需要进行奈奎斯特稳定性分析。图 9.28b 显示了 Z_s/Z_{iC}与 4 个不同输入滤波器的极坐标图。随着阻抗交叠的区域从高频到低频，从滤波器 A 到滤波器 D，圆形极坐标图以逆时针方向滚动，直到它包围（−1，0）点。关于极坐标图情况的定性解释将在下一节中给出。使用滤波器 D，极坐标图包围（−1，0）点，表示变换器不稳定。图 9.29 显示了具有 4 个不同输入滤波器的 Buck 变换器的环路增益，与没有任何输入滤波器的环路增益。滤波器

C 的环路增益表明，变换器几乎不稳定，相位裕度很小。使用滤波器 D，环路增益预测具有负相位裕度的不稳定性。

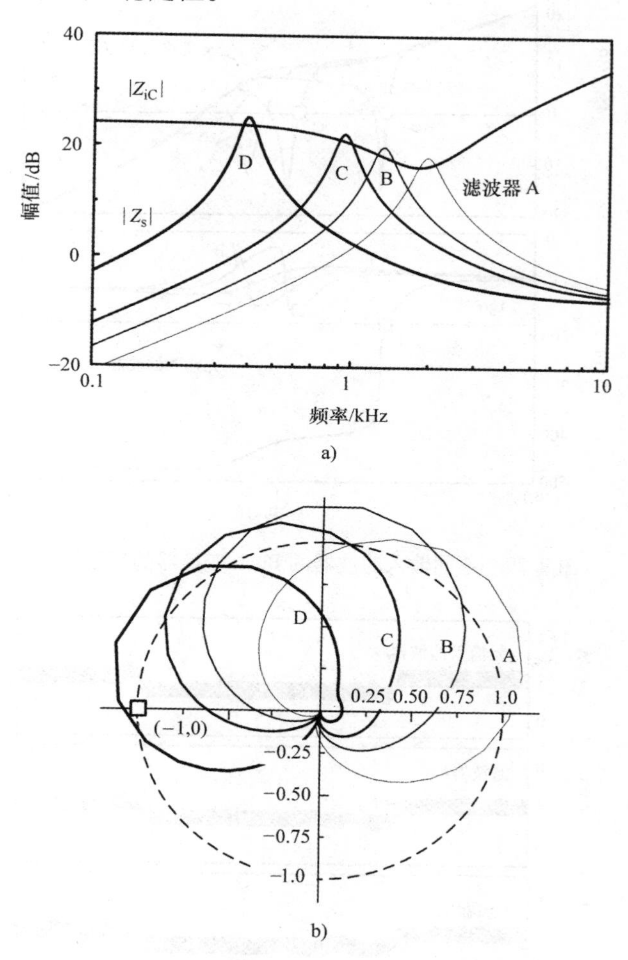

图 9.28 带输入滤波器的 Buck 变换器的稳定性分析

a) $Z_s(s)$ 和 $Z_{iC}(s)$ 的伯德图 b) $Z_s(s)/Z_{iC}(s)$ 的极坐标图

当负载的变化为 $R=1\Omega\Rightarrow1.5\Omega\Rightarrow1\Omega$ 时，Buck 变换器的电感器电流如图 9.30 所示。在没有任何输入滤波器的情况下，图中显示了 4 个不同的输入滤波器的电感器电流。电感器电流逐渐振荡，直到滤波器 D 呈现完全不稳定为止。

为了研究源阻抗引起的不稳定性的原因，首先需要了解闭环控制的 DC – DC 变换器的输入阻抗特性。输入阻抗的分析在下一节中给出。对于未知源阻抗特性的不稳定性和设计策略来源于在 9.2.4 节和 9.2.5 节中的讨论。8.4.2 节中将会显示出之前为理想电压源开发的控制设计指南实际上是最小化源阻抗引起的不稳定性风险的设计策略。

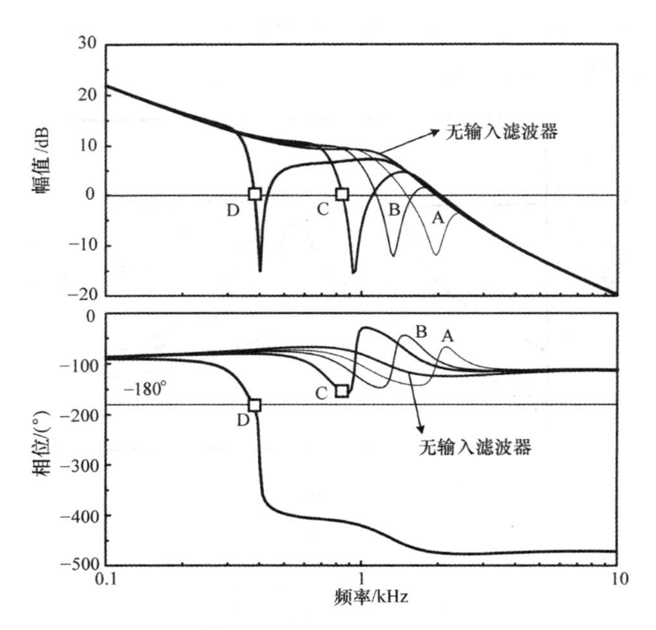

图 9.29　不同输入滤波器的 Buck 变换器的环路增益

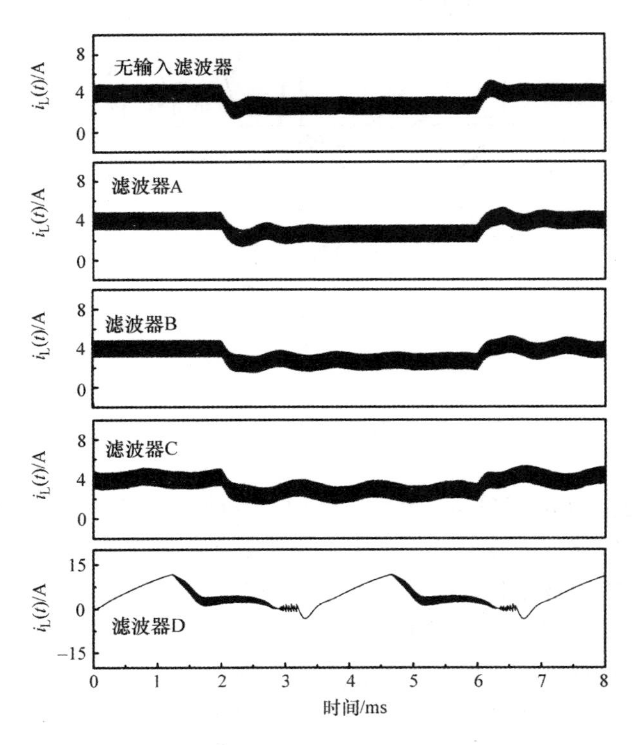

图 9.30　Buck 变换器的阶跃负载响应

9.2.3 稳压 DC－DC 变换器的输入阻抗

闭环控制 DC－DC 变换器或稳压 DC－DC 变换器的输入阻抗具有非常显著的特性。在低频时，稳压变换器的输入阻抗 Z_{iC} 为负电阻。当与一定的源阻抗 Z_s 组合时，负电阻会导致 Z_s/Z_{iC} 的极坐标图不满足奈奎斯特稳定性标准，如例 9.9 所示。

负电阻归因于稳压 DC－DC 变换器用作恒定功率负载。参考图 9.31a，即使输入电压 v_S 变化，稳压 DC－DC 变换器调节占空比以维持给定负载电阻 R 的输出电压 $v_O=V_O$。换句话说，稳压变换器是一种恒定功率负载，它始终消耗预定功率 $P=V_O^2/R$。如果 DC－DC 变换器以 100% 的效率无损耗运行，则

$$P=\frac{V_O^2}{R}=V_OI_O=v_Si_S \tag{9.34}$$

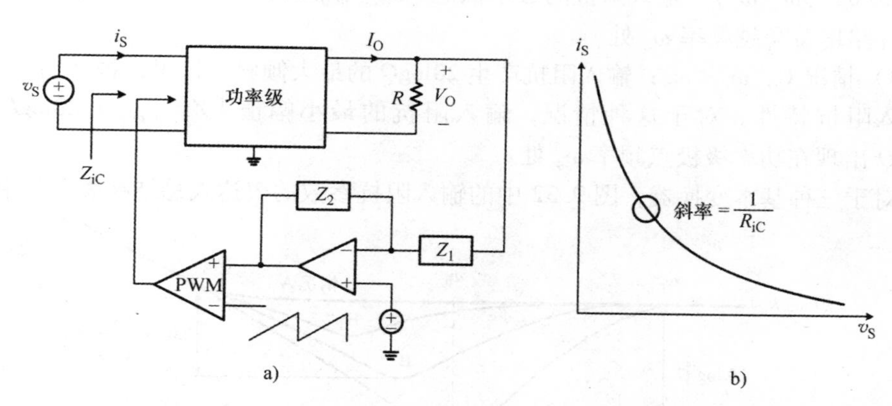

图 9.31 闭环控制 DC－DC 变换器的负输入电阻

a）框图 b）v_S-i_S 曲线

这表明

$$\frac{V_O}{v_S}=\frac{i_S}{I_O}=M \tag{9.35}$$

式中，M 为正向电压增益或反向电流增益。变换器的输入电阻为

$$R_{iC}=\frac{dv_S}{di_S}=\frac{d}{di_S}\left(\frac{P}{i_S}\right)=-\frac{P}{i_S^2}=-\frac{v_S}{i_S}=-\frac{1}{M^2}\frac{V_O}{I_O}=-\frac{1}{M^2}R \tag{9.36}$$

式中，$P=v_Si_S$，$v_S=V_O/M$，$i_S=MI_O$，并且 $R=V_O/I_O$。式（9.36）表示输入电阻 R_{ic} 为 $-R/M^2$ 的负电阻。

负输入电阻也在图 9.31b 中说明，图中给出了稳压变换器的 v_S-i_S 曲线。因为 v_S 和 i_S 的乘积是预先确定的常数，所以 v_S-i_S 曲线的斜率是负的，如图 9.31b 所示。例如，如果 v_S 增加，i_S 则必须减小，因为输入功率 $P=v_Si_S$ 始终保持不变。因此，稳压 DC－DC 变换器呈现为一种负的增量电阻，如式（9.36）给出的 R_{iC}。

详细分析[2,4,5]表明，稳压变换器的输入阻抗只有在低频时才是负电阻，通常低于变换器环路增益的 0dB 交越频率。在功率级电感器的电抗变得非常大的高频下，输入阻抗以 +20dB/dec 斜率增加，从而显示出电感特性。

稳压变换器的输入阻抗特性主要取决于环路增益的 0dB 交越频率的位置。图 9.32 显示了 DC－DC 变换器输入阻抗的典型结构。输入阻抗的一般形状可以分为三种情况，如图 9.32 所示，取决于环路增益交越频率 ω_c 的位置。

1）情况 A，$\omega_c > Q\omega_o$，其中 ω_c 为环路增益交越频率，ω_o 为极点频率，Q 为功率级双极点的阻尼比：输入阻抗为负电阻，$R_{iC} = -R/M^2$，超过交越频率后以 +20dB/dec斜率增加。对于这种情况，输入阻抗 $|Z_{iC}|_{min}$ 的最小幅值限制在 $20\log R_{iC}$。

2）情况 B 或 B′，$\omega_o < \omega_c < Q\omega_o$，输入阻抗显示在环路增益交越频率 ω_c 下的阻尼 $20\log(Q\omega_o/\omega_c)$。输入阻抗的最小幅值 $|Z_{iC}|_{min} = 20\log R_{iC} - 20\log(Q\omega_o/\omega_c)$ 出现在环路增益交越频率 ω_c 处。

3）情况 C，$\omega_c < \omega_o$：输入阻抗产生 $20\log Q$ 的最大倾斜。这可以被认为是最差的输入阻抗特性。对于这种情况，输入阻抗的最小幅值 $|Z_{iC}|_{min} = 20\log R_{iC} - 20\log Q$ 出现在功率级极点频率 ω_o 处。

对于三种基本变换器，图 9.32 中的输入阻抗参数的表达式总结在表 9.2 中。

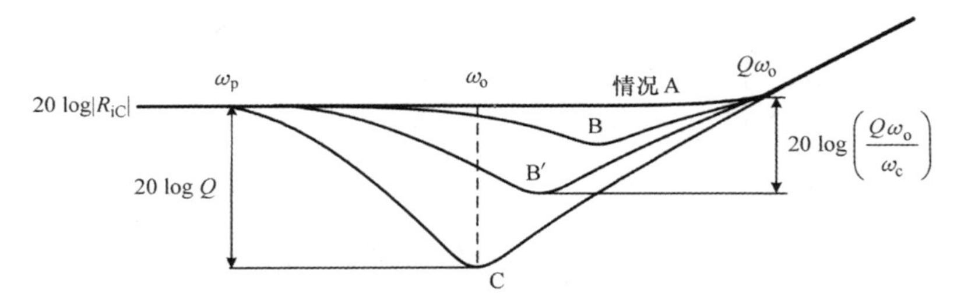

图 9.32　具有不同环路增益交越频率的 DC－DC 变换器的输入阻抗

表 9.2　图 9.32 中变换器输入阻抗的参数

	Buck 变换器	Boost 变换器	Buck/Boost 变换器
$\|R_{iC}\|$	$\frac{R}{D^2}$	$(1-D)^2R$	$\frac{(1-D)^2}{D^2}R$
ω_o	$\frac{1}{\sqrt{LC}}$	$\frac{1-D}{\sqrt{LC}}$	$\frac{1-D}{\sqrt{LC}}$
Q	$R\sqrt{\frac{C}{L}}$	$(1-D)R\sqrt{\frac{C}{L}}$	$(1-D)R\sqrt{\frac{C}{L}}$
ω_p	$\frac{1}{CR}$	$\frac{1}{CR}$	$\frac{1}{CR}$

［例 9.10］　Buck 变换器的输入阻抗

本实例显示了环路增益交越频率对例 9.7 ~ 例 9.9 中的 Buck 变换器的输入阻

抗的影响。图 9.33 显示了具有 4 种不同电压反馈补偿设计的 Buck 变换器的环路增益和输入阻抗。电压反馈补偿的角频率相同，只有积分器增益变化才能产生 4 个不同的交越频率。根据 Buck 变换器的工作条件和功率级参数，表 9.2 所示的输入阻抗参数确定为

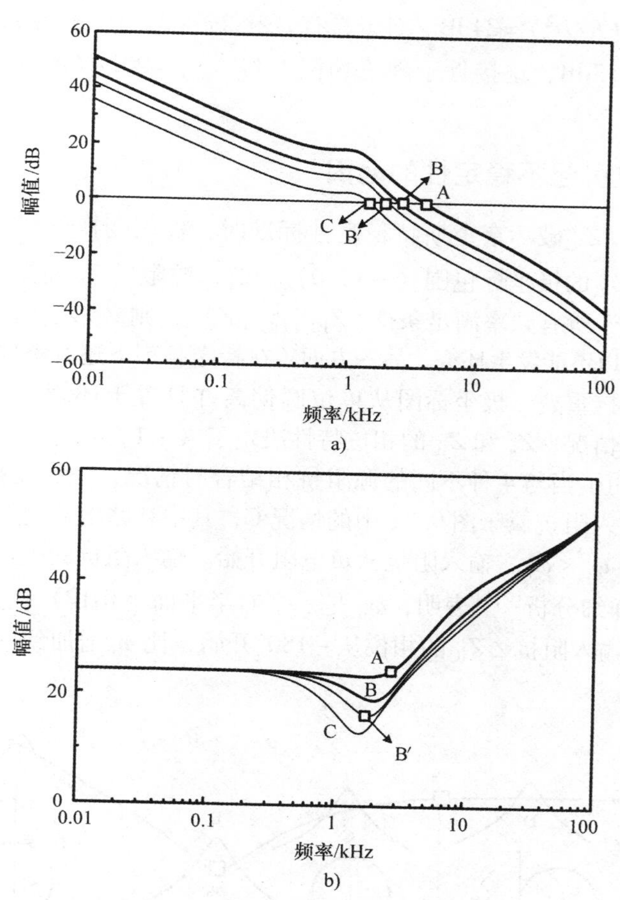

图 9.33　环路增益和输入阻抗

a）环路增益　b）输入阻抗

$$20\log R_{iC}=20\log\left(\frac{R}{D^2}\right)=20\log\left(\frac{1}{0.25^2}\right)\text{dB}=24\text{dB}$$

$$\omega_o=\frac{1}{\sqrt{LC}}=\frac{1}{\sqrt{40\times10^{-6}\times470\times10^{-6}}}\text{rad/s}=2\pi\times1.16\times10^3\text{rad/s}$$

$$Q=R\sqrt{\frac{C}{L}}=1\times\sqrt{\frac{470\times10^{-6}}{40\times10^{-6}}}=3.43$$

$$\omega_{\mathrm{p}}=\frac{1}{CR}=\frac{1}{470\times10^{-6}\times1}\mathrm{rad/s}=2\pi\times388\mathrm{rad/s}$$

实际输入阻抗与分析预测吻合良好。对于具有 $\omega_c\approx\omega_o Q=2\pi\times1.16\times10^3\times3.43\mathrm{rad/s}=2\pi\times4\times10^3\mathrm{rad/s}$ 的情况 A，输入阻抗的最小值确实提高到理论极限值 $|Z_{iC}|_{\min}=20\log(R/D^2)=24\mathrm{dB}$。对于具有 $\omega_c=2\pi\times2\times10^3$ 的情况 B′，输入阻抗呈现最小值为 16.3dB，这接近于理论预测 $|Z_{iC}|_{\min}=20\log(R/D^2)-20\log(Q\omega_o/\omega_c)=18\mathrm{dB}$。

9.2.4 源阻抗引起不稳定性的起因

当阻抗比 Z_s/Z_{iC} 破坏奈奎斯特稳定性标准时，稳压变换器变得不稳定。更准确地说，当 Z_s/Z_{iC} 的极坐标包围（−1，0）点时，源阻抗 Z_s 使先前稳定的变换器不稳定。如果对于所有频率满足条件 $|Z_{iC}|>|Z_s|$，则 Z_s/Z_{iC} 的极坐标图不能从单位圆延伸，所以不能发生环绕。另一方面，在特定频率下违背条件 $|Z_{iC}|>|Z_s|$ 时，由此产生阻抗重叠，极坐标图从单位圆偏离并且置于环绕（−1，0）点的风险中。对于这种情况，Z_s 和 Z_{iC} 的相位特性决定了（−1，0）点的包围圈。

图 9.34 说明了当与 4 种不同的源阻抗相结合时情况，稳压变换器的稳定性分析。变换器的输入阻抗属于图 9.32 中的情况 C，其中环路增益交越频率 ω_c 低于功率级双极点，即 $\omega_c<\omega_o$。输入阻抗从负电阻开始。输入阻抗的极点为 ω_p 并且第二个零点在 ω_o。详细分析[2,4]表明，ω_p 是一个右半平面（RHP）极点，将相位提升了 90°。因此，输入阻抗 $\angle Z_{iC}$ 的相位从 −180°开始，比 ω_p 增加到 −90°，最后在 ω_o 之后稳定在 90°。

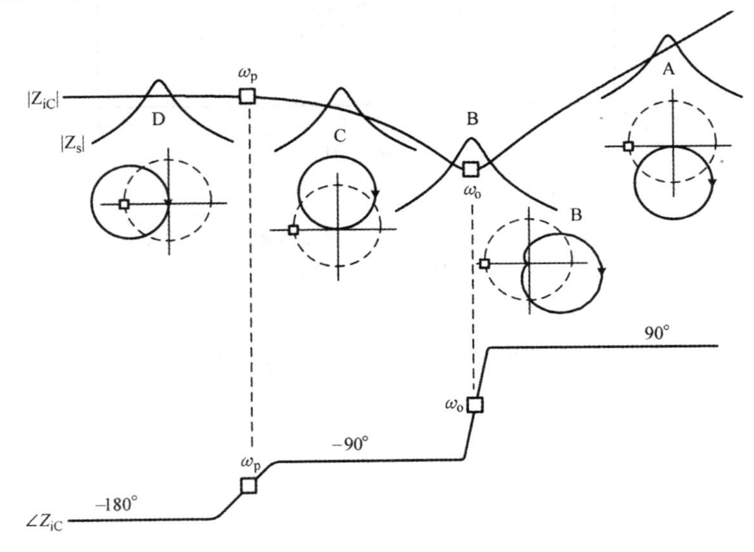

图 9.34 Z_s/Z_{iC} 的阻抗重叠和极坐标图

$|Z_s|$的 4 种不同情况如图 9.34 所示，每个$|Z_{iC}|$重叠在不同频率区域。从$|Z_s|$的形状可以明显看出，在重叠处$\angle Z_s$从 +90°变化到 -90°。为了判断对(-1，0)点的包围，对于4 种不同的情况，评估$\angle(Z_s/Z_{iC}) = \angle Z_s - \angle Z_{iC}$的边界。从$\angle Z_s$和$\angle Z_{iC}$特征可以推断出：

- 情况 A：$90° - 90° < \angle Z_s/Z_{iC} < -90° - 90° \Rightarrow 0° < \angle Z_s/Z_{iC} < -180°$
- 情况 B：$90° - (-90°) < \angle Z_s/Z_{iC} < -90° - 90° \Rightarrow 180° < \angle Z_s/Z_{iC} < -180°$
- 情况 C：$90° - (-90°) < \angle Z_s/Z_{iC} < -90° - (-90°) \Rightarrow 180° < \angle Z_s/Z_{iC} < 0°$
- 情况 D：$90° - (-180°) < \angle Z_s/Z_{iC} < -90° - (-180°) \Rightarrow 270° < \angle Z_s/Z_{iC} < 90°$

图 9.34 还显示了基于先前分析的Z_s/Z_{iC}的原理性极坐标图。随着阻抗重叠的频率从高频转移到低频，圆形极坐标图向逆时针方向转动，从而连续提高环绕(-1，0)点的风险。当重叠发生在$\angle Z_{iC} \approx -180°$的低频点时，极坐标包围(-1，0)点，变换器开始变得不稳定。

这种源阻抗引起的不稳定性是稳压变换器的输入阻抗的独特特性造成的直接后果，其在低频下表现为负电阻。如果源阻抗与正常正电阻耦合，则无论源阻抗的大小或阻抗重叠程度如何，系统都不会变得不稳定。应当注意，图 9.34 所示的分析与例 9.9 的结果一致。

9.2.5　源阻抗的控制设计

在存在一定的源阻抗的情况下最小化不稳定危险的设计策略是增加环路增益的 0dB 交越频率。当 0dB 交越频率发生在比$Q\omega_o$更高的频率时，即图 9.32 中的情况 A 时，输入阻抗的最小值提高到理论极限，即$|Z_{iC}|_{min} = 20\log(R/M^2)$。对于这种情况，如果满足条件$|Z_s|_{peak} < 20\log(R/M^2)$，则变换器保持稳定。这种情况如图 9.35 所示。

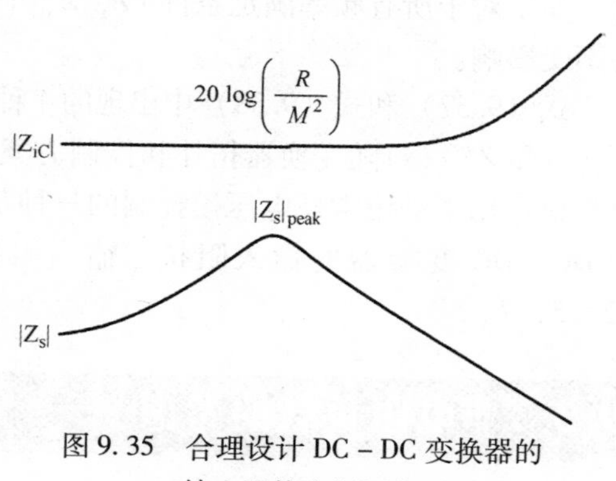

图 9.35　合理设计 DC - DC 变换器的输入阻抗和源阻抗

将 0dB 交越频率置于更高频率的设计目标实际上是理想电压源的控制设计的目标。因此，即使存在未知的源阻抗，以前的理想电压源设计指南实际上是一个非常理想的策略。一旦控制设计为比$Q\omega_o$更高的交越频率，只要满足条件$|Z_s|_{peak} < 20\log(R/M^2)$，变换器就保持稳定。

源阻抗Z_s可以通过输入滤波器设计来控制。输入滤波器应设计为最小$|Z_s|_{peak}$，同时满足 EMI 规格和其他限制。输入滤波器的设计技术见参考文献［2，6］。输入滤波器设计的示例在本章末尾的习题 9.9 和 9.10 中提供。

9.2.6 源阻抗对环路增益和输出阻抗的影响

源阻抗也影响变换器的输出阻抗和环路增益。参考文献［2，4］显示带源阻抗 $Z_s(s)$ 的输出阻抗 $Z_o(s)$ 为

$$Z_o(s) = Z_{oC}(s)\frac{1+\dfrac{Z_s(s)}{Z'_{iC}(s)}}{1+\dfrac{Z_s(s)}{Z_{iC}(s)}} \tag{9.37}$$

式中，$Z_{oC}(s)$是带理想电压源的变换器的输出阻抗，并且 $Z'_{iC}(s)$是变换器的输入阻抗，其反馈回路开路并且输出端口短路。如果对于所有频率满足条件 $|Z_s/Z_{iC}| \ll 1$ 和 $|Z_s/Z'_{iC}| \ll 1$，输出阻抗将不会随着源阻抗的增加而改变。

这表明带 $Z_s(s)$ 的环路增益 $T_m(s)$ 表示为

$$T_m(s) = T_{mC}(s)\frac{1+\dfrac{Z_s(s)}{Z''_{iC}(s)}}{1+\dfrac{Z_s(s)}{Z'''_{iC}(s)}} \tag{9.38}$$

式中，$T_{mC}(s)$是带理想电压源的环路增益；$Z''_{iC}(s)$是变换器的输入阻抗，其反馈闭环闭合，输出电压无效[2,4,5]；$Z'''_{iC}(s)$是变换器的输入阻抗，其反馈环路打开时，如果对于所有频率满足条件 $|Z_s/Z''_{iC}| \ll 1$ 和 $|Z_s/Z'''_{iC}| \ll 1$，则环路增益保持不受影响。

式（9.37）和式（9.38）中出现的 4 种不同的输入阻抗表达式 $Z_{iC}(s)$、$Z'_{iC}(s)$、$Z''_{iC}(s)$和 $Z'''_{iC}(s)$随变换器拓扑和控制方案而变化。事实上，上一节中的输入阻抗分析仅适用于采用常规电压模控制的三种基本 DC－DC 变换器。具有不同控制方案的 DC－DC 变换器的输入阻抗、输出阻抗和环路增益的详细分析见参考文献［2，5，7］。

9.3 非电阻负载的考虑

基于带电阻负载反馈的变换器的假设，前面已经研究了 DC－DC 变换器的控制设计。然而，DC－DC 变换器的实际负载通常是无源和有源元器件的组合，其阻抗特性可能会大大偏离纯电阻。此外，对于大多数应用，提供关于实际负载阻抗特性的信息是不可用的。

图 9.36 所示为与一般负载阻抗 Z_L 耦合的稳压 DC－DC 变换器。尽管 Z_L 特性具有不确定性，Z_L 的低频渐近线是由变换器的输出电压 V_O 和直流负载电流 I_O 决定的：

$$Z_L(j0) = R_{dc} = \frac{V_O}{I_O} \quad (9.39)$$

R_{dc}可以被认为是未知 Z_L 的等效电阻负载。等效电阻负载 R_{dc}由负载的直流分量确定，并与负载的交流或阻抗特性相关。该控制可以设计用于其等效电阻负载 R_{dc}，并且当 Z_L 的交流特性可用时，可以评估具有实际负载阻抗 Z_L 的变换器的性能。

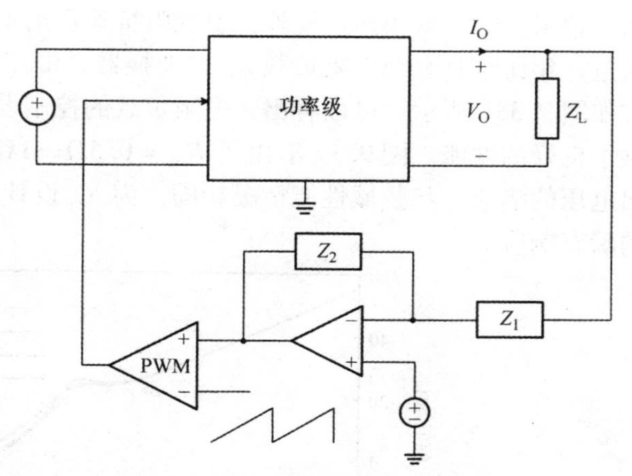

图 9.36　带一般负载阻抗的变换器

[例 9.11]　带一般负载阻抗变换器的性能

本实例说明了负载阻抗对变换器闭环性能的影响。图 9.37a 显示了三种不同的非阻性负载，其等效电阻负载都相同，$R_{dc}=1\Omega$。图 9.37b 显示了三种不同负载阻抗

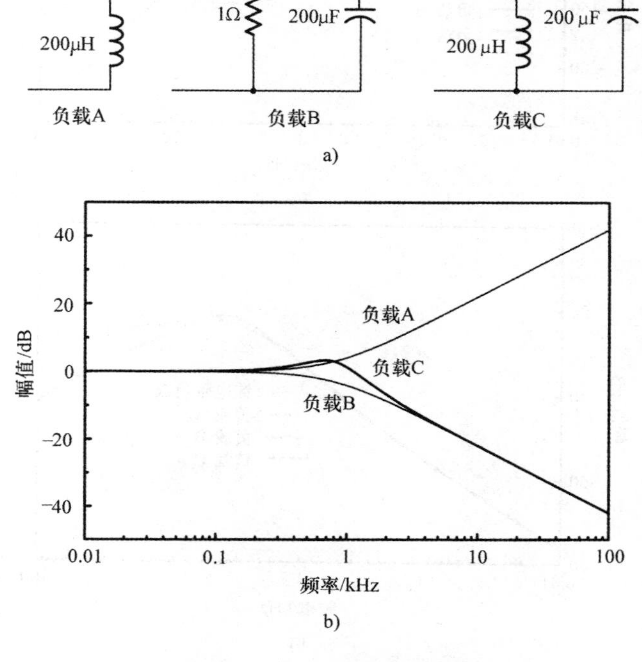

图 9.37　三种不同的负载系统

a) 电路图　b) 负载阻抗 Z_L 的伯德图

的伯德图。除了低频渐近线外，负载阻抗显示出不同的特性。图 9. 38a 显示了环路增益，相比于具有纯电阻负载 R_{dc} 的变换器，带三个非阻性负载的变换器的输出阻抗如图 9. 38b 所示。可以看出，电阻负载的控制设计也为带非阻性负载的变换器提供了良好的性能。图 9. 39 给出了 $R_{dc}=0.5\Omega\Rightarrow1\Omega\Rightarrow0.5\Omega$ 的阶跃变化时变换器输出电压的响应。与频域性能情况相同，为 R_{dc} 设计的控制给非阻性负载提供了良好的瞬态响应。

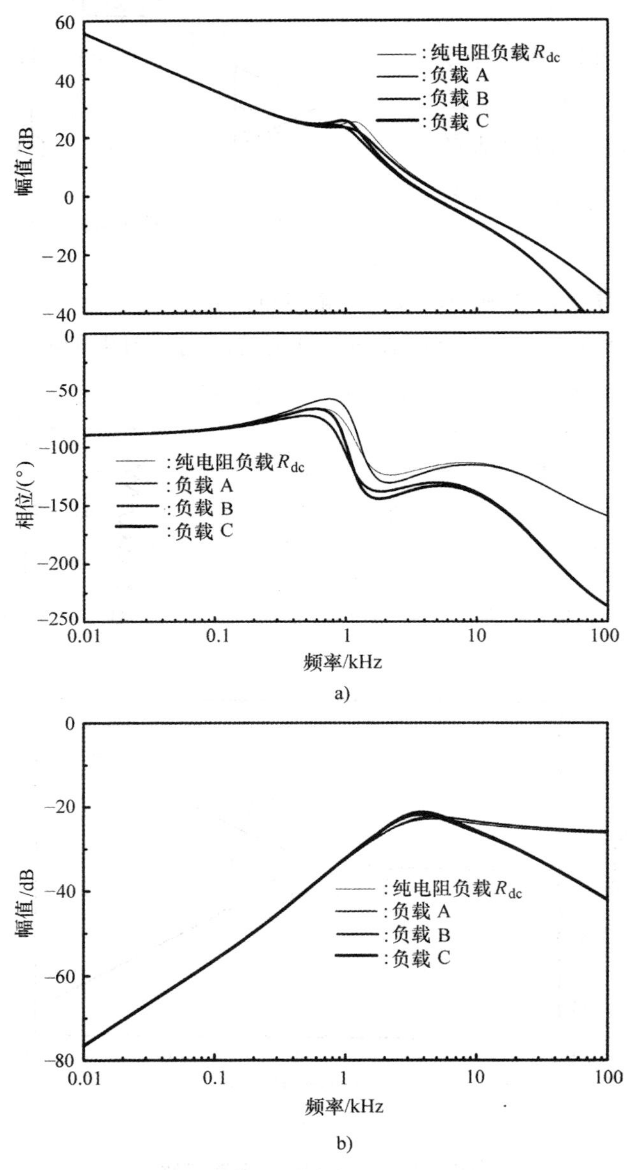

图 9. 38 具有不同负载阻抗的频域性能

a）环路增益 b）输出阻抗

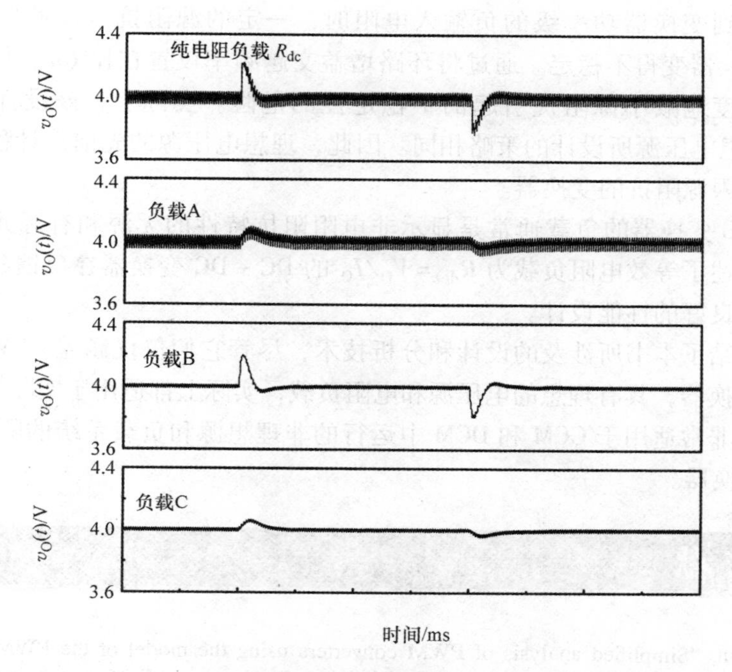

图 9.39　具有不同负载阻抗的阶跃负载响应

9.4　小结

本章讨论了实际应用的 DC－DC 变换器的建模、分析和设计的具体细节。为连续导通模式（CCM）工作的三种基本非隔离变换器建立的小信号模型扩展到包括 CCM 和不连续导通模式（DCM）下工作的所有隔离/非隔离 DC－DC 变换器。分析了 DCM 工作中 DC－DC 变换器的小信号动态特性，并与 CCM 工作进行了比较。已经证实，用于 CCM 工作的控制设计保证了 DCM 操作的稳定性，因此适用于 CCM 和 DCM 工作。

稳压 DC－DC 变换器的输入阻抗具有独特的特性——输入阻抗在低频下表现为负电阻。负输入电阻是由稳压 DC－DC 变换器的功能特性不同引起的。稳压 DC－DC 变换器总是消耗预定功率，因此起到恒定功率负载的作用。当恒功率负载的输入电压增加时，输入电流必须减小，导致输入电阻增量为负。

负输入电阻可能会导致实际的 DC－DC 变换器工作中的稳定性问题。在实际应用中，稳压变换器不直接连接到电压源。通常在电压源和稳压 DC－DC 变换器之间采用输入滤波器级，以满足强制性 EMI 标准。因此，稳压 DC－DC 变换器的功率级将输入滤波器的输出阻抗视为源阻抗，而功率级本身则为负输入电阻。

当耦合到变换器功率级的负输入电阻时，一定的源阻抗可以使以前稳定的 DC - DC 变换器变得不稳定。通过将环路增益交越频率设置在比 $Q\omega_o$ 更高的频率，可以最大限度地减小源阻抗引起的不稳定性的危险。实际上，该设计目标与在 8.4.2 节理想电压源所设计的策略相同。因此，理想电压源的先前设计程序可以适应于具有有限源阻抗的变换器。

DC - DC 变换器的负载通常是显示非电阻阻抗特性的无源和有源元器件的组合。本章阐述了等效电阻负载为 $R_{dc} = V_O/I_O$ 的 DC - DC 变换器在反馈各种非阻性负载时保持良好的性能设计。

本章总结了本书所涉及的设计和分析技术，尽管它们仅仅涵盖 CCM 工作中的三种基本变换器，具有理想的电压源和电阻负载，实际上都适用于实际情况。设计和分析方法非常适用于 CCM 和 DCM 中运行的非理想源和负载系统的隔离/非隔离 DC - DC 变换器。

参考文献

1. V. Vorpérian, "Simplified analysis of PWM converters using the model of the PWM switch: Part I and II," *IEEE Trans. Aerosp. Electron. Syst.*, vol. AES-26, no. 3, pp. 490-505, May 1990.
2. R. D. Middlebrook, "Input filter considerations in design and application of switching regulators," in *Proc. IEEE-IAS Annu. Meeting*, 1976, pp. 366-382.
3. R. D. Middlebrook, "Design techniques for preventing input filter oscillation in switch-mode regulators," in *Proc. Powercon 5*, May 1978, pp. A3.1-A3.16.
4. B. Choi, D. Kim, D. Lee, S. Choi, and J. Sun, "Analysis of input filter interactions in switching power converters," *IEEE Trans. Power Electron.*, vol. 22, no. 2, pp. 452-460, Mar. 2007.
5. D. Kim, D. Son, and B. Choi, "Input impedance analysis of PWM Dc-to-Dc converters," in *Proc. IEEE Appl. Power Electron. Conf.*, 2006, pp.1339-1346.
6. B. Choi and B. H. Cho, "Intermediate line filter design to meet both impedance compatibility and EMI specification," *IEEE Trans. Power Electron.*, vol. 10, no. 5, pp. 583-588, Sep. 1995.
7. D. Kim, B. Choi, D. Lee, and J. Sun, "Dynamics of current-mode controlled dc-to-dc converters with input filter stage," in *Proc. IEEE Power Electron. Specialists' Conf.*, 2005, pp. 2648-2656.

习　题

9.1* 推导出式（9.23）和式（9.24）表示的 DCM PWM 开关模型的小信号方程。可以通过将式（9.22）并入式（9.21）并得到所得方程的偏导数来加速推导。

9.2 构建 Buck 变换器和 Boost 变换器的 DCM 小信号模型。按照运算条件指定 5 个模型参数 $\{r_{\mathrm{i}}\ k_{\mathrm{i}}\ g_{\mathrm{f}}\ k_{\mathrm{o}}\ r_{\mathrm{o}}\}$ 以及变换器稳态电路变量。

9.3* 考虑图 P9.3 所示的正激变换器。

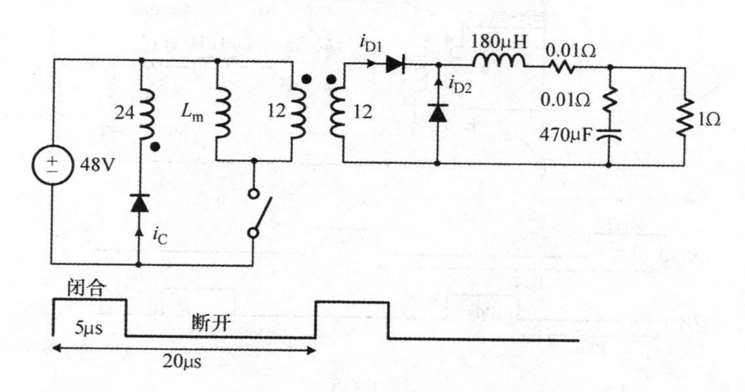

图 P9.3

a）假设 $L_{\mathrm{m}}=480\mu\mathrm{H}$ 并回答以下问题。

i）绘制两个工作周期的 $\{i_{\mathrm{D1}}\ i_{\mathrm{D2}}\ i_{\mathrm{C}}\}$ 的稳态波形。标出每个波形的最大值和最小值。

ii）构建功率级的小信号模型。给出所有模型参数。

b）现在假设 $L_{\mathrm{m}}=\infty$ 并重复 a)。

9.4 双开关正激变换器如图 P9.4 所示。回答以下问题。

a）假设变压器的励磁电感 $L_{\mathrm{m}}=72\mu\mathrm{H}$，并绘制两个工作周期的 $\{i_{\mathrm{D1}}\ i_{\mathrm{C}}\ v_{\mathrm{S}}\ v_{\mathrm{Q}}\}$ 的稳态波形。标出每个波形的最大值和最小值。

b）构建功率级的小信号模型。给出所有模型参数。

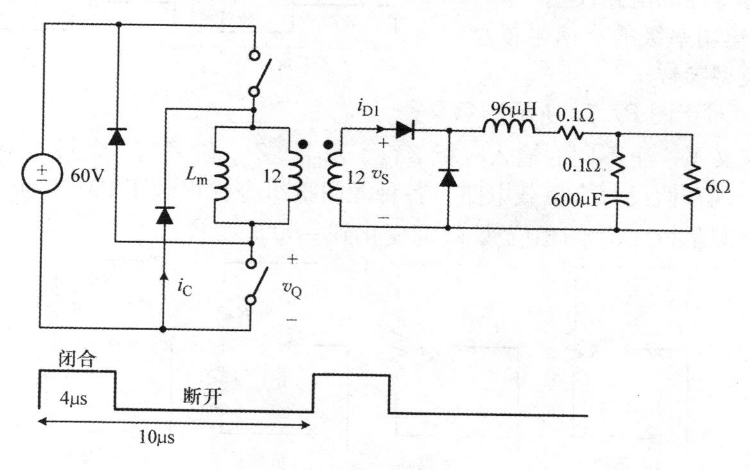

图 P9.4

9.5* 图 P9.5 所示为全桥 PWM 变换器。回答以下问题。

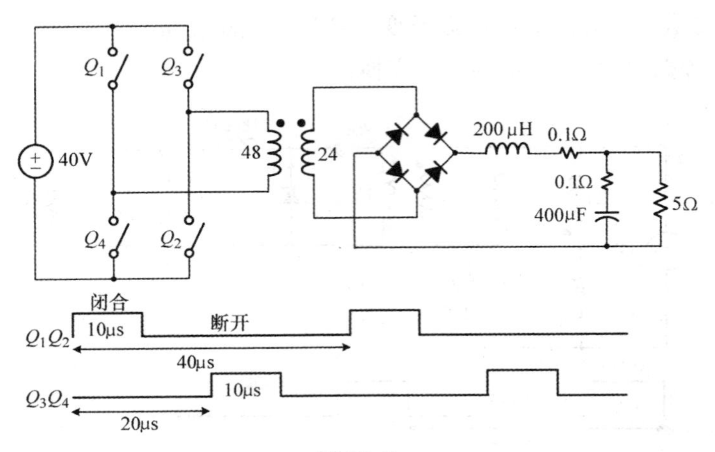

图 P9.5

a）参考电路图和开关驱动信号，画出能预测时间平均功率级动态特性的平均模型。给出所有模型参数。

b）构建功率级的小信号模型。给出所有模型参数。

9.6* 考虑图 P9.6 所示的反激变换器并回答以下问题。

a）假设变压器励磁电感L_m = 72μH，并描绘了两个工作周期的 $\{i_D\ v_S\ v_Q\}$ 的稳态波形。标出每个波形的最大值和最小值。

b）绘制一个预测功率级的时间平均动态特性的电路模型。

c）构建功率级的小信号模型。给出所有模型参数。

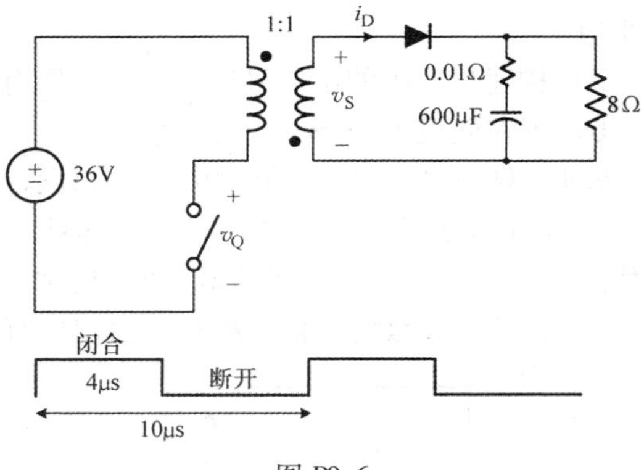

图 P9.6

9.7* 对于图 P9.7a 所示的负载电路，定义了 4 个不同的输入阻抗 Z_{iLA}、Z_{iLB}、Z_{iLC}和 Z_{iLD}。负载 B 和负载 D 包括负电阻。现在假设每个负载电路与各种源阻抗组合，得到图 P9.7b 所示的 4 个阻抗图。假设源阻抗$\angle Z_s$ 的相位从 +90°变化到 −90°。

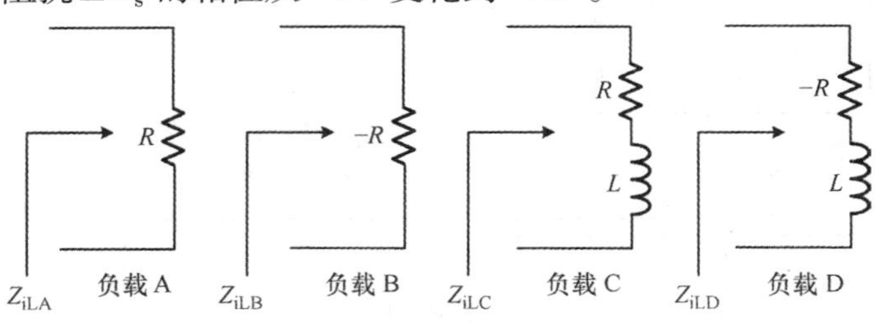

图 P9.7

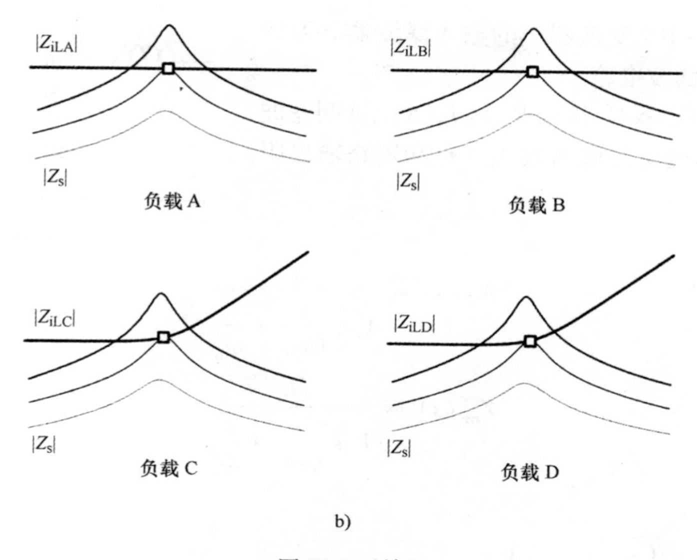

b)

图 P9.7（续）

对于每个阻抗图，绘制源阻抗与输入阻抗的比率 $Z_s(s)/Z_{iL}(s)$ 的相应极坐标图，以说明源阻抗引起的不稳定性的可能性。解释负电阻造成的后果。

9.8* 　如图 P9.8a 所示，一个可逆的双端口网络满足条件

$$A_{vF}(s) = A_{iF}(s)$$

式中，$A_{vF}(s) = v_F(s)/v_S(s)$ 是正向开路电压传递函数；$A_{iF}(s) = i_S(s)/i_F(s)$ 是反向短路电流传递函数。两个可逆网络滤波器 A 和滤波器 B 如图 P9.8b 所示。

对于滤波器 A 和滤波器 B，通过直接计算传递函数来验证 $A_{vF}(s) = A_{iF}(s)$ 的关系。这个习题的结果将被用在处理输入滤波器设计的习题 9.9 和 9.10 中。

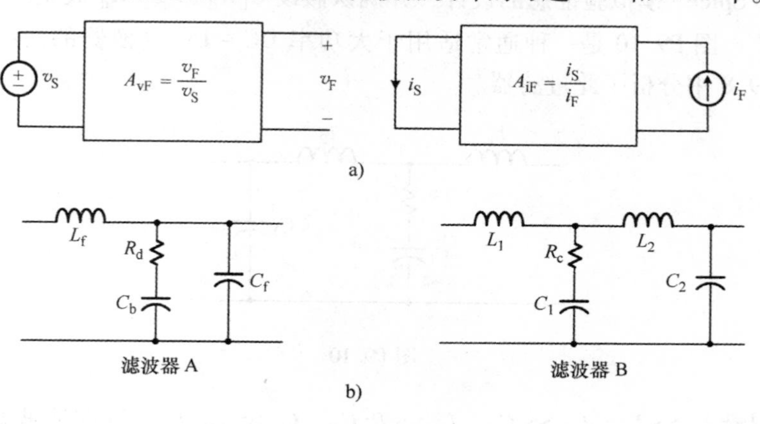

图 P9.8

9.9** 　图 P9.9 所示为具有阻尼分支的单级滤波器。该电路通常用作低功率

和中功率 DC - DC 变换器中的输入滤波器。习题 9.8 分析了该滤波电路。

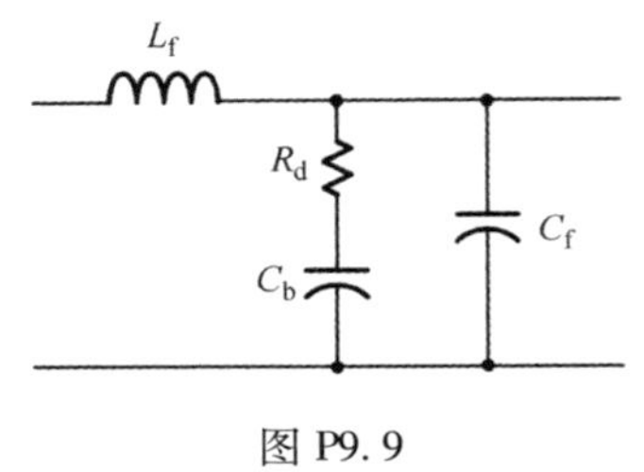

图 P9.9

a）假设 $C_b >> C_f$ 和 $C_bR_d >> L_f/R_d$，证明滤波器的反向短路电流传递函数 $A_{iF}(s)$ 和短路输出阻抗 $Z_{oF}(s)$ 为

$$A_{iF}(s) \approx \frac{1}{1+\frac{s}{Q\omega_o}+\frac{s^2}{\omega_o^2}}$$

$$Z_{oF}(s) \approx \frac{sL_f}{1+\frac{s}{Q\omega_o}+\frac{s^2}{\omega_o^2}}$$

式中，$Q=R_d\sqrt{\frac{C_f}{L_f}}$，$\omega_o=\frac{1}{\sqrt{L_fC_f}}$。

b）如果 $Q=1$ 成立，证明输出阻抗的峰值为

$$|Z_{oF}|_{peak}=\sqrt{\frac{L_f}{C_F}}=R_d$$

c）输入滤波器设计通常由反向短路电流传递函数的幅值指定，在变换器的开关频率下进行评估。滤波器的输出阻抗的峰值也被指定，以避免由于 DC - DC 变换器的给定输入阻抗特性引起的源阻抗不稳定。为以下规格设计输入滤波器：

i）$|A_{iF}|_{@100kHz}=-35\text{dB}$　ii）$|Z_{oF}|_{peak}=+5\text{dB}$　iii）$Q=1$　iv）$C_b=10C_f$

使用 PSpice®模拟验证您的设计，并确认假设 $C_bR_d >> L_f/R_d$ 成立。

9.10* 图 P9.10 是一种通常适用于大功率 DC - DC 变换器的两级输入滤波器。习题 9.8 中分析了此过滤器。

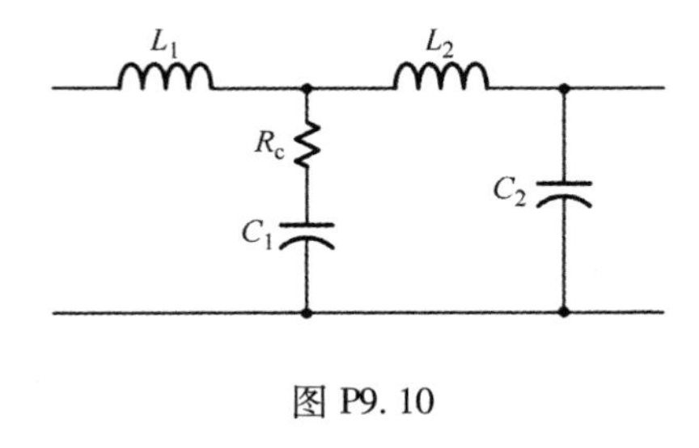

图 P9.10

a）假设 $L_1 >> L_2$，$C_1 >> C_2$，$L_1 >> R_c^2C_2$，$C_1 >> L_2/R_c^2$，证明滤波器的反向短路电流传递函数 $A_{iF}(s)$ 和短路输出阻抗 $Z_{oF}(s)$ 为

$$A_{iF}(s) \approx \frac{1+\dfrac{s}{\omega_{z1}}}{\left(1+\dfrac{s}{Q_1\omega_{o1}}+\dfrac{s^2}{\omega_{o1}^2}\right)\left(1+\dfrac{s}{Q_2\omega_{o2}}+\dfrac{s^2}{\omega_{o2}^2}\right)}$$

$$Z_{oF}(s) \approx \frac{sL_1\left(1+\dfrac{s}{\omega_{z1}}\right)\left(1+\dfrac{s}{\omega_{z2}}\right)}{\left(1+\dfrac{s}{Q_1\omega_{o1}}+\dfrac{s^2}{\omega_{o1}^2}\right)\left(1+\dfrac{s}{Q_2\omega_{o2}}+\dfrac{s^2}{\omega_{o2}^2}\right)}$$

式中

$$Q_1 = \frac{1}{R_c}\sqrt{\frac{L_1}{C_1}} \qquad \omega_{o1} = \frac{1}{\sqrt{L_1C_1}}$$

$$Q_2 = \frac{1}{R_c}\sqrt{\frac{L_2}{C_2}} \qquad \omega_{o2} = \frac{1}{\sqrt{L_2C_2}}$$

$$\omega_{z1} = \frac{1}{C_1R_c} \qquad \omega_{z2} = \frac{R_c}{L_2}$$

b）如果 $Q_1 = Q_2 = 1$ 成立，证明输出阻抗的峰值为

$$|Z_{oF}|_{Peak} = \sqrt{\frac{L_1}{C_1}} = R_c$$

c）为以下规格设计输入滤波器：

i）$|A_{iF}|_{@100kHz} = -43dB$　ii）$|Z_{oF}|_{peak} = +23dB$　iii）$Q_1 = Q_2 = 1$　iv）$\omega_{o2} = 10\omega_{o1}$

使用 PSpice®模拟验证您的设计，并确认假设 $L_1 >> R_c^2C_2$ 和 $C_1 >> L_2/R_c^2$ 成立。

9.11＊＊　图 P9.11 说明了 $Z_s(s)/Z_{iC}(s)$ 的阻抗比的极坐标图的两种不同情况，其中 $Z_s(s)$ 是源阻抗，$Z_{iC}(s)$ 是 DC－DC 变换器的输入阻抗。

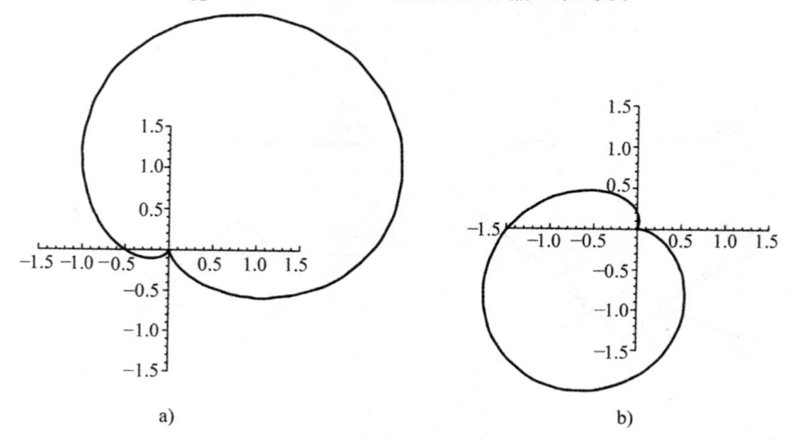

图 P9.11

a）对于图 a 的情况，确定变换器的稳定性。现在假设源阻抗 $|Z_s|$ 的幅值是变化的，而其相位特性保持不变。变换器的输入阻抗也保持不变。说明使变换器边缘稳定的条件。

b）对于图 b 的情况，重复 a）。

9.12* 带源阻抗 $Z_s(s)$ 的变换器的环路增益 $T_m(s)$ 为

$$T_m(s) = T_{mC}(s)\frac{1+\frac{Z_s}{Z''_{iC}}}{1+\frac{Z_s}{Z'''_{iC}}}$$

式中，$T_{mC}(s)$ 是具有理想电压源的环路增益；$Z''_{iC}(s)$ 和 $Z'''_{iC}(s)$ 是用 9.2.6 节中描述的两个特定条件评估的变换器的输入阻抗。

图 P9.12 显示了与上述方程相关的传递函数幅值图的 4 种不同情况。对于每种情况，基于渐近分析来绘制 $|T_m|$ 的曲线。给出循环增益曲线的所有突出特征。

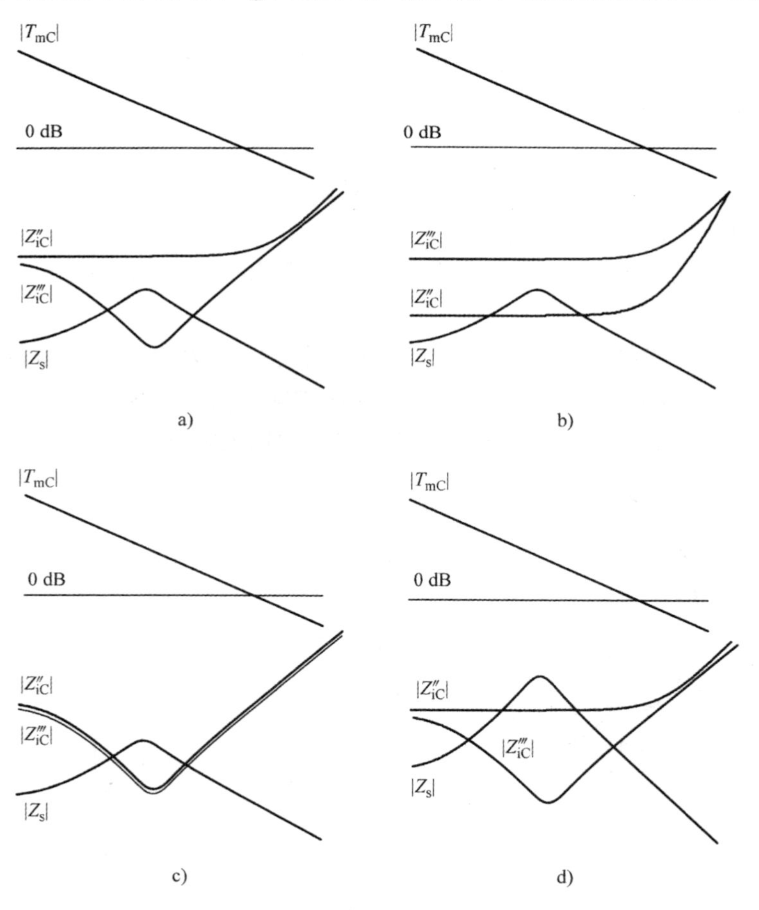

图 P9.12

第三部分　电流模控制

第 10 章 电流模控制——功能基础及经典分析

在第 3 章和第 8 章所研究的控制方案采用输出电压作为唯一的反馈信号来产生脉宽调制（PWM）开关驱动信号。这种控制方案称为电压模控制，这意味在 PWM 过程中只有电压参与。如 8.4.7 节所述，还存在一种称为电流模控制的 PWM DC-DC 变换器的替代控制方案。

电流模控制是指在 PWM 过程中使用电感电流作为附加功能组成部分的一类控制方案。因此，电流模控制使用输出电压和电感器电流来进行闭环 PWM 控制。电流模控制可以通过改变电流检测的方式或利用检测电流的方式等不同方法来实现。在各种电流模控制方案中，最流行的是使用电感器电流的峰值作为控制变量的峰值电流模控制。

在前几章中，介绍了电压模控制。关于电压模控制的 PWM 变换器，讨论了所有的动态分析和控制设计。然而，现代 PWM DC-DC 变换器广泛地使用电流模控制，而非电压模控制。

虽然从电压模控制中获得的理论基础同样适用于电流模控制，但是电流模控制需要额外的知识。正如接下来马上将要展示的那样，电流模控制的原理相当简单直接。然而，它的动态特性是复杂的，同时也有趣。事实上，从 20 世纪 80 年代末到 90 年代初期，电流模控制的动态分析一直是一个很活跃并具有挑战性的研究课题。

本章讨论了峰值电流模控制，涵盖了功能基础和动态特性。首先讨论峰值电流模控制的起源、发展和实现。然后介绍了动态分析和控制设计。本章还研究了峰值电流模控制 PWM 变换器的闭环性能。特别的，本章详细描述了用于在其传递函数中具有右半平面（RHP）为零的 Boost 和 Buck/Boost 变换器的峰值电流模控制的设计和性能。

10.1 电流模控制基础

本节介绍了电流模控制的发展、优势和存在的问题。虽然大多数内容都针对峰值电流模控制，但是还引入了其他类型的电流模控制。

10.1.1　峰值电流模控制的演进

电流模控制的概念如图 10.1 所示，它比较了适用于 Buck 变换器的电流模控制和电压模控制。图 10.1a 所示为电压模控制，它使用从电压反馈电路导出的斜坡信号 V_{ramp}和控制电压 v_{con}执行 PWM。在每个工作周期开始时，开关被打开，随后在 V_{ramp}与 v_{con}相交时关闭。在电压反馈电路中的条件 $|Z_2(j0)|/|Z_1(j0)|=\infty$，输出电压在参考电压 $V_O=V_{ref}$调制，v_{con}的值被自动调整，以产生所需的输出电压调节：$V_O=DV_S=V_{ref}$的占空比。

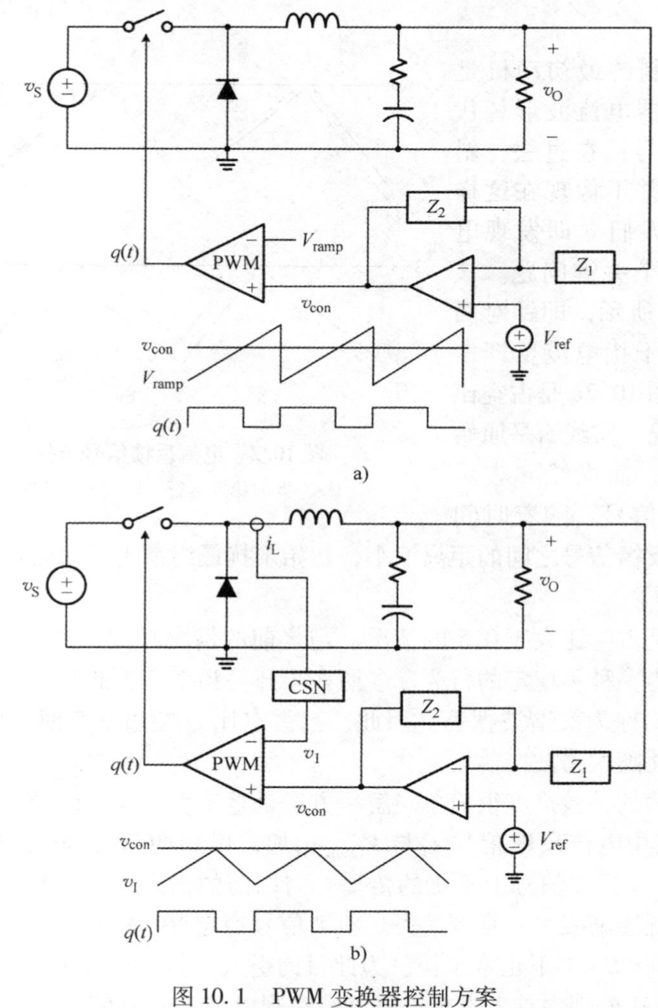

图 10.1　PWM 变换器控制方案

a）电压模控制　b）电流模控制

PWM 工作需要时变分频线性波形。在电压模控制的情况下，在控制器内产生斜坡信号，并用于时变波形。然而，为了 PWM 的目的，可以使用其他线性波形。

特别的，三角波形可以用于 PWM 处理。更重要的是，所需的三角波形在功率级波形中已经可用。在所有 PWM 变换器中，电感器电流在接通时间段内线性增加，在关断时间段内减小，从而变为三角波形。

图 10.1b 给出了电流模控制的示例。电感器电流通过电流感测网络（CSN）进行检测，并转换成图 10.1b 中的电压信号 v_I。然后将感测的电压信号 v_I与控制信号 v_{con}进行比较，以便确定关闭开关的时刻。电流模控制使用三角波形电感器电流来替代电压模控制中斜坡信号的功能。电压反馈电路的结构和功能保持不变。只要满足条件 $|Z_2(j0)|/|Z_1(j0)|=\infty$，则输出电压就会被调节为 $V_O=V_{ref}$。

斜坡补偿

电流模控制的最初动机是利用自有电感器电流波形替代昂贵的斜坡信号；在过去，斜坡信号的产生并不像现在这样容易。然而，人们立即发现电流模控制有一个关键问题。该问题如图 10.2 所示，即针对两种不同情况的干扰电流反馈信号 v_I的传播。图 10.2a 是占空比小于 0.5 的情况。实线 v_I是原始电流反馈信号，而虚线 v_I'表示扰动电流反馈信号。随着时间的推移，两个反馈信号之间的距离缩小，初始干扰最终消失；简而言之，变换器是稳定的。

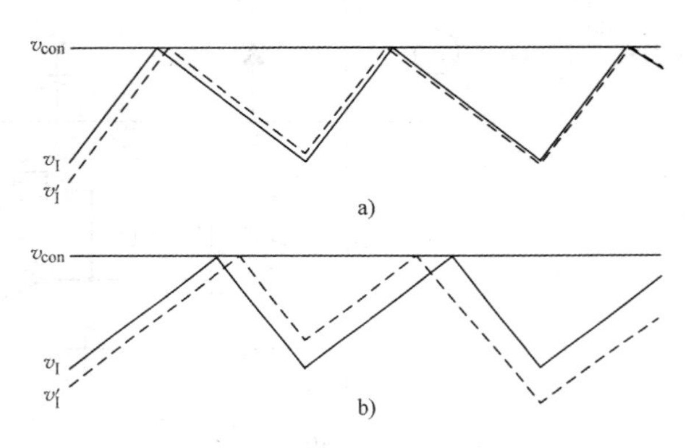

图 10.2 电流反馈信号干扰的传播

a）$D<0.5$ 时稳定运行 b）$D>0.5$ 时不稳定运行

图 10.2b 是占空比大于 0.5 的情况。与之前的情况相比，初始干扰依次增大，不久就发展成为一种不稳定的行为。参照在半开关频率产生的非线性振荡，这种不稳定的工作模式称为次谐波振荡。因此，当占空比 D 超过 0.5 时，电流模控制变得不稳定，并伴随次谐波振荡。

次谐波振荡的补救措施很简单。解决方案是重新引入斜坡信号。这种情况如图 10.3a 所示，其中电流反馈信号 v_I与 V_{ramp}相加，得到的信号与 v_{con}进行比较。图 10.3b 说明了电流反馈信号中干扰的传播。与以前的情况不同，在 $D>0.5$ 条件下引入的初始干扰逐渐减少，直到消失。斜坡信号稳定 PWM 处理，因此变换器在整个占空比范围 $0<D<1$ 下正常工作。为此目的引入的斜坡信号称为斜坡补偿。

虽然在 PWM 处理中首先设想了电流模控制以消除斜坡信号，但仍然需要斜坡补偿以避免次谐波振荡。因此，最初的目标没有实现。然而，人们很快就发现，即使仍然需要斜坡补偿，电流模控制提供了相当大的优势。下一节将介绍电流模控制的优点。

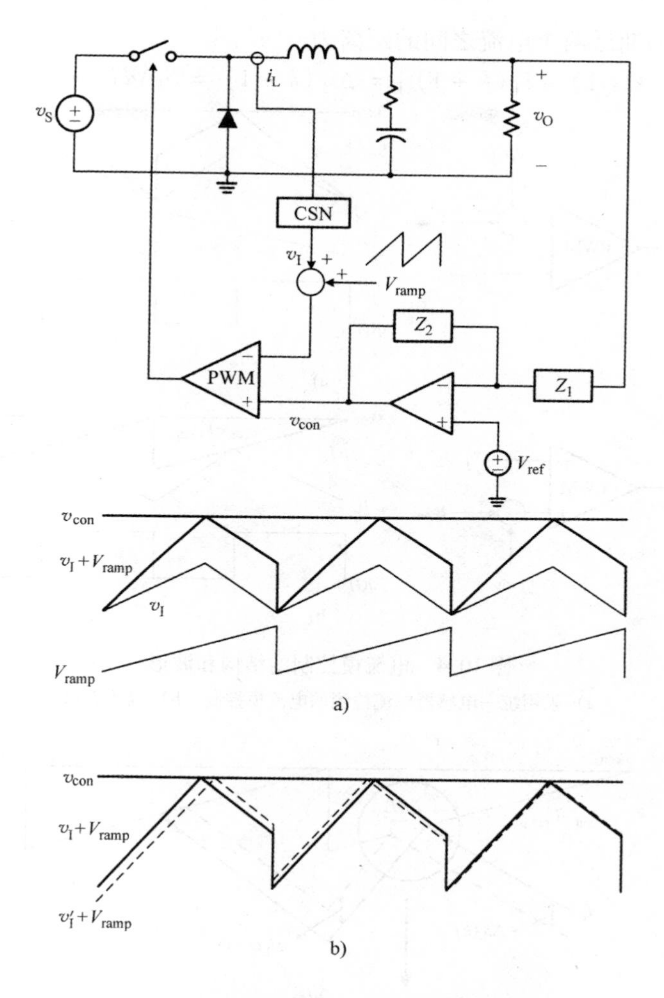

图 10.3　增加斜坡补偿以避免次斜坡振荡
a）控制方案　b）电流反馈信号干扰的传播

使用图 10.4 和图 10.5 所示的电流反馈信号来说明斜坡补偿的稳定效果。图 10.4a 所示为电流模控制的结构和 PWM 波形，为简单起见，其中 CSN 的电流－电压转换增益假定一致：因此在这种情况下，$v_I=i_L$。图 10.4a 重新排列成图 10.4b 中的等效形式。在图 10.5 中对图 10.5b 中的 PWM 波形进行了严格的分析，其中显示了干扰电感器电流的传播。在图 10.5 的放大图中，S_n是导通时电感器电流的斜率，S_f是关断时电感器电流的斜率，而 S_e是斜坡补偿的斜率。ΔdT_s表示由于电感器电流干扰导致的导通时周期的偏差。从图形结构来看，原始电流 i_L和干扰电流i_L'之间的初始距离由下式给出：

$$|i_L(k)-i_L'(k)|=\Delta i_L(k)=S_n\Delta dT_s+S_e\Delta dT_s \tag{10.1}$$

一个工作周期后两个电流之间的距离为

$$|i_{\mathrm{L}}(k+1)-i'_{\mathrm{L}}(k+1)|=\Delta i_{\mathrm{L}}(k+1)=S_{\mathrm{f}}\Delta dT_{\mathrm{s}}-S_{\mathrm{e}}\Delta dT_{\mathrm{s}} \tag{10.2}$$

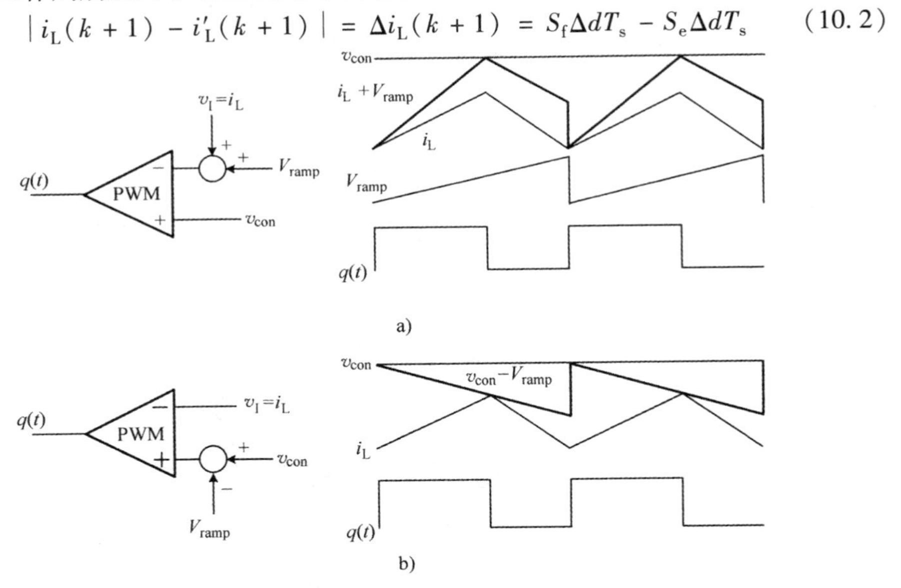

图 10.4 电流模控制的结构和波形

a）采用统一电感器电流检测的电流模控制 b）等效表示

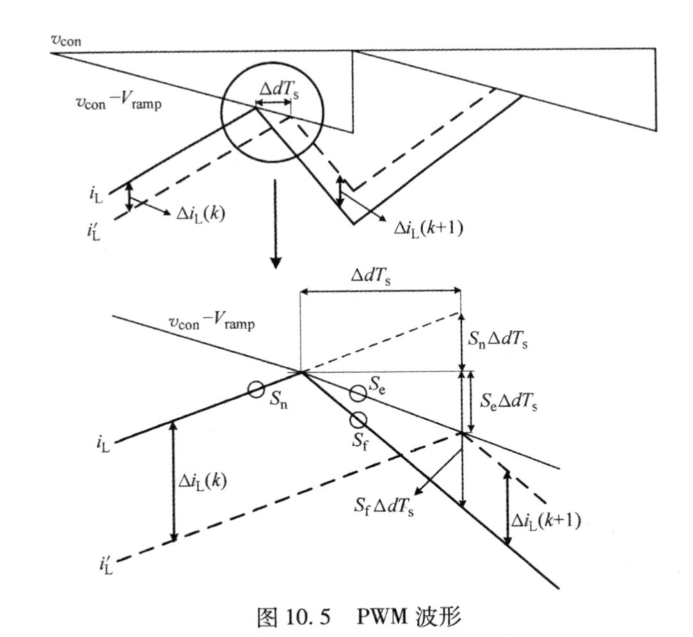

图 10.5 PWM 波形

在随后的工作周期 i_{L} 和 i'_{L} 之间的距离不断缩小，必要条件是

$$\frac{\Delta i_{\mathrm{L}}(k+1)}{\Delta i_{\mathrm{L}}(k)}=\frac{S_{\mathrm{f}}-S_{\mathrm{e}}}{S_{\mathrm{n}}+S_{\mathrm{c}}}<1 \tag{10.3}$$

补偿斜坡斜率的先决条件是

$$S_e > \frac{S_f - S_n}{2} \tag{10.4}$$

斜坡补偿斜率的精确值应考虑变换器的闭环性能来确定。事实上，如后所述，斜坡补偿斜率的选择是电流模控制设计中最重要的问题。式（10.3）也表示当 $S_e=0$ 时无斜坡补偿，仅在 $S_n>S_f$ 的条件下才能保持稳定性，这在占空比 $D<0.5$ 时是正确的。换句话说，变换器只有在占空比小于 0.5 的情况下才稳定。

峰值电流模控制

电流模控制能够以许多不同的形式实现。其中最受欢迎的是峰值电流模控制，如图 10.6 所示。在该控制方案中，利用开关电流代替电感器电流。对应于导通时间电感器电流的开关电流通过 CSN 检测并与斜坡补偿混合。开关电流的峰值或电感器电流的峰值等效地用于确定关闭开关的瞬间；因此，控制方案称为峰值电流模控制[㊀]。应该注意的是，开关电流检测在功能上与电感器电流检测相同，因为采用电感器电流的峰值作为关断开关的标准。

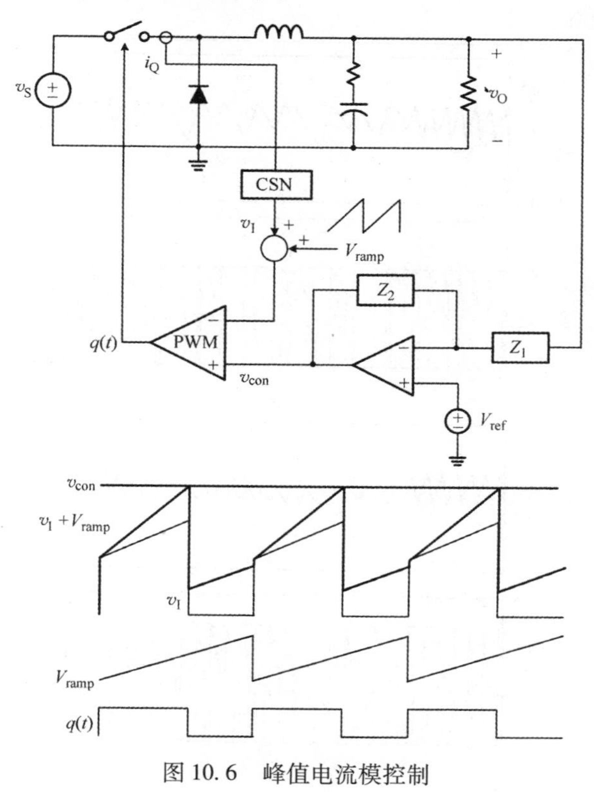

图 10.6　峰值电流模控制

㊀ 当 PWM 调制器关闭有源开关时，电感器电流开始下降。因此，该控制方案不适用，但是可以用来确定电感器电流的峰值。然而，峰值电流模控制的工作模式被广义地解释为如上所述。

感测开关电流相比电感器电流有几个优点：第一个优点是 CSN 的简单性。在后面的示例中显示了针对峰值电流模控制的 CSN 的实现方法。第二个优点是，感测的开关电流可以用于半导体开关的过电流保护。由于这些优点，峰值电流模控制广泛应用于现代 PWM DC - DC 变换器。

［例 10.1］ 次谐波振荡与斜坡补偿

本实例展示了次谐波振荡和斜坡补偿的影响。该例采用峰值电流模控制的 Buck 变换器。Buck 变换器的电路参数和工作条件为 $L=40\mu H$，$C=400\mu F$，$R_c=0.01\Omega$，$R=1\Omega$，$f_s=50kHz$。变换器的输出调节为 $V_O=4V$，而输入电压从 $V_S=16V$ 线性变化到 7V，之后从 $V_S=7V$ 变化到 16V。图 10.7a 所示为电路波形，其中 CSN 输出单独用于没有斜坡补偿的 PWM。

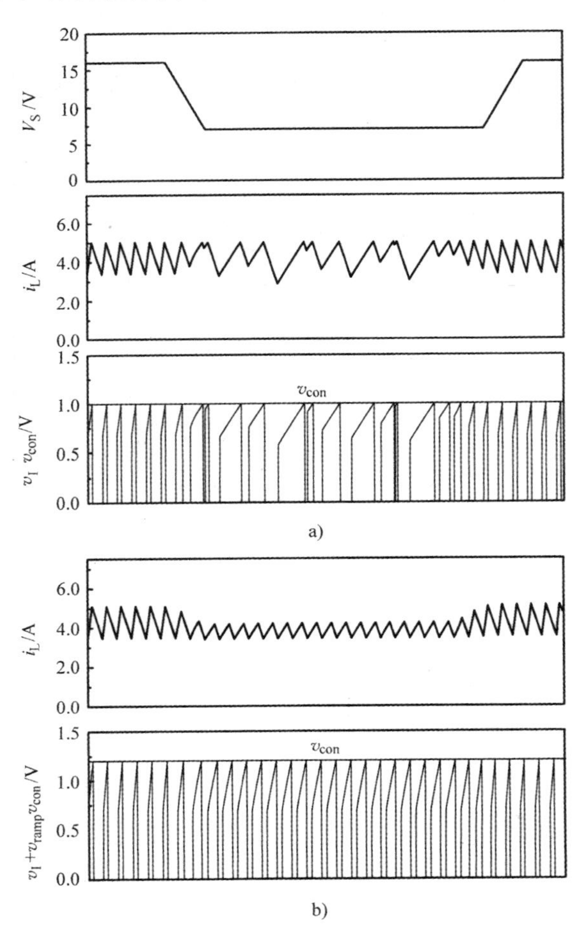

图 10.7 次谐波振荡和斜坡补偿的影响

a）次谐波振荡 b）斜坡补偿的影响

当输入电压为 $V_S = 16V$ 时，由此产生占空比 $D = 4/16 = 0.25$，电感器电流和 PWM 波形显示稳定运行。当输入电压从 $V_S = 16V$ 下降到 7V 时，波形偏离稳定模式，当占空比增加到 $D = 4/7 \approx 0.57$ 时，最终产生次谐波振荡。图 10.7b 给出了斜坡补偿加到 PWM 模块时的波形。无论输入电压如何变化，变换器都能稳定工作，从而证明斜坡补偿的稳定效果。

[例 10.2] 具有斜坡补偿的 CSN

本实例介绍了具有斜坡补偿的 CSN 的电路实现。电路如图 10.8 所示。开关电流 i_Q 由 $1:n$ 电流互感器感测并转换成感测电阻 R_{sense} 的电压信号。齐纳二极管 D_z 在电源开关 Q 闭合时提供感测电流的路径，并且当开关 Q 断开时复位电流互感器。使用 R_f 和 C_f 来构建一阶低通滤波器，以去除开关噪声并产生未损坏的电压信号 v_I。感测电压信号 v_I 与开关电流 i_Q 的比值构成 CSN 的电流－电压转换增益，R_i 为

$$R_i = \frac{v_I}{i_Q} = \frac{1}{n} R_{sense} \tag{10.5}$$

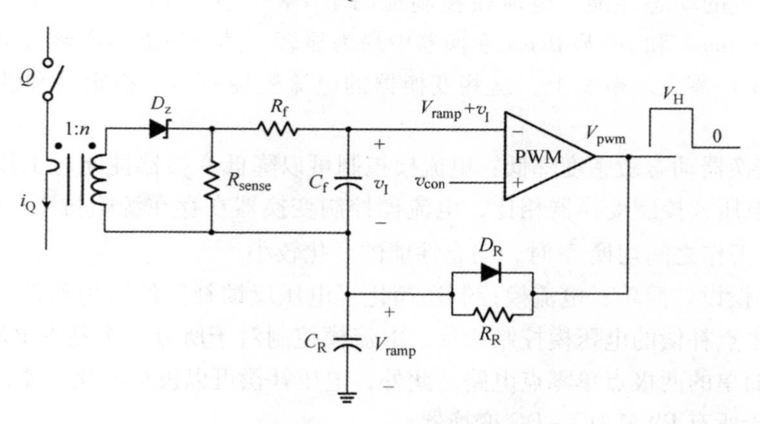

图 10.8 具有斜坡补偿的 CSN

使用 R_R、C_R 和 D_R 以及 PWM 模块的输出 V_{pwm} 生成斜坡补偿。在每个工作周期开始时，发出导通信号，V_{pwm} 设置为 V_H。然后，通过 R_R 将 C_R 电压充电到 V_H。当 V_{pwm} 复位为零以关闭电源开关 Q 时，C_R 立即通过 D_R 放电。在充电期间，C_R 上的电压为

$$V_{ramp}(t) = V_H(1 - e^{-\frac{t}{R_R C_R}}) \tag{10.6}$$

在转换周期 T_s 内，如果有 $T_s \ll R_R C_R$，则该电压可以近似作为线性斜坡信号

$$V_{ramp}(t) \approx V_H\left(1 - \left(1 - \frac{t}{R_R C_R}\right)\right) = \frac{V_H}{R_R C_R} t \tag{10.7}$$

斜坡信号的斜率由下式给出：

$$S_e = \frac{V_H}{R_R C_R} \tag{10.8}$$

因此，斜坡补偿的峰值幅值为

$$V_{\mathrm{m}} = \frac{V_{\mathrm{H}}}{R_{\mathrm{R}} C_{\mathrm{R}}} T_{\mathrm{s}} \tag{10.9}$$

斜坡电压信号 V_{ramp} 与检测到的电压信号 v_1 相加，所得到的信号被反馈到 PWM 比较器的反相端，其同相端连接到 v_{con}。

10.1.2 峰值电流模控制的优点和问题

峰值电流模控制仍然需要斜坡补偿来防止次谐波振荡。因此，从 PWM 处理中去除斜坡信号的初始尝试未得到满足。即便如此，峰值电流模控制被广泛接受，因为它与传统的电压模控制相比有明显的优点。

峰值电流模控制的优点

峰值电流模控制的优点主要体现在动态性能上。

1）改进的动态性能：电流模控制提高了 PWM DC－DC 变换器的动态性能。这些优点在 Boost 和 Buck/Boost 变换器中最为显著，其功率级传递函数中存在右半平面（RHP）零点。事实上，这些变换器的电流模控制对于稳定性和性能是不可或缺的。

2）变换器动态敏感度降低：电流模控制可以降低变换器性能对工作条件的敏感度。与电压模控制变换器相比，电流模控制变换器在存在源阻抗[1,2]或 CCM 工作与 DCM 工作之间切换[3]时，动态性能的变化较小。

3）补偿设计简单：电流模控制还简化了电压反馈补偿的结构和设计。与需要三极点二零点补偿的电压模控制相反，电流模控制对于所有三个基本 PWM 变换器都采用更简单的两极点单零点电路。此外，电压补偿可以被标准化，使得单个设计程序适用于所有 PWM DC－DC 变换器。

峰值电流模控制的问题

虽然电流模控制具有上述优点，但是它也使变换器的动态特性变得复杂化，并且在小信号分析和控制设计中面临着相当大的挑战。

1）动态建模和分析：在现有的输出电压反馈的基础上，电流模控制利用来自电感器电流的附加反馈。因此，在控制项中，电流模控制 PWM 变换器是一个多回路控制系统，其中存在多个反馈回路。需要对第 7 章和第 8 章中关于单回路电压模控制的分析技术进行强化和扩展，以处理多回路控制系统。

2）电流模控制的采样效果：在峰值电流模控制下，在电感器电流达到峰值的时刻周期性地执行控制动作。换句话说，通过对快速变化的电感器电流波形的峰值进行采样来执行控制动作。由于这一特点，系统具有采样数据离散时间系统的特点。这被称为电流模控制的采样效应。采样效应值得特别注意，需要进行相应的分析。

10.1.3　平均电流模控制和充电控制

除了峰值电流模控制，电流模控制的另外两个实用的类型是平均电流模控制和充电控制。本节简要讨论了这两种控制方案的功能性基本知识。

平均电流模控制

平均电流模控制如图 10.9 所示。参照图 10.9a 的框图和图 10.9b 的控制波形，平均电流模控制的工作过程如下所述。首先，通过 CSN 检测三角波形电感器电流。感测到的电流被转换成电压信号 v_I，并通过电流反馈电路进行处理，电流反馈电路由运算放大器以及电流反馈补偿 Z_{I1} 和 Z_{I2} 组成。如果电流反馈补偿满足条件

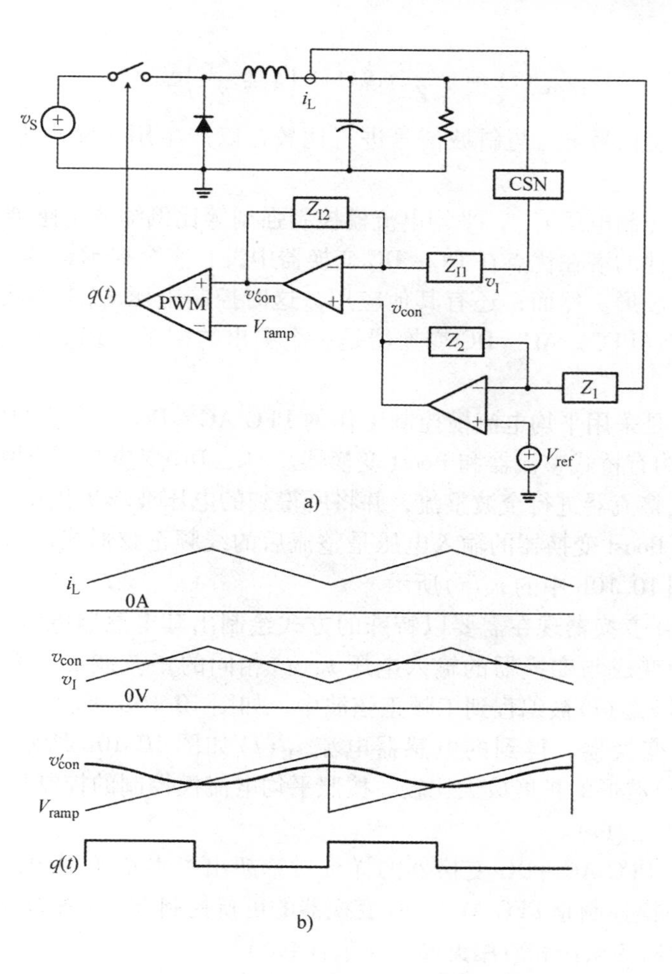

图 10.9　平均电流模控制

a）功能框图　b）控制波形

$$\frac{|Z_{I2}(j0)|}{|Z_{I1}(j0)|}=\infty \tag{10.10}$$

所感测的电压信号 v_I 被迫尽可能接近控制电压 v_{con}。读者可参考 3.6.1 节验证此声明。

感测到的电压信号 v_I 是三角波形电感器电流的等比例缩放后的复制，也是如图 10.9b 所示的三角波形。因此，如果 v_{con} 是直流或缓慢变化的波形，v_I 不能完全跟随控制电压 v_{con}。对于这种情况，v_I 只跟踪平均意义上的 v_{con}；换句话说，标定电感器电流的移动平均值将跟随控制电压 v_{con}。另一方面，只要电压反馈电路满足条件 $|Z_2(j0)|/|Z_1(j0)|=\infty$，则输出电压被调节为 $V_O=V_{ref}$。电流反馈补偿的输出由下式给出：

$$v'_{con}(t)=-\frac{Z_{I2}}{Z_{I1}}v_I(t)+\left(1+\frac{Z_{I2}}{Z_{I1}}\right)v_{con}(t) \tag{10.11}$$

将复合控制信号 v'_{con} 与斜坡信号进行比较，以产生用于输出电压调节的所需 PWM 信号。

为了跟随控制电压 v_{con}，平均电流模控制强制等比例缩放电感器电流的移动平均值。这种特性的潜在优点在 DC - DC 变换器中没有完全揭示，其中 v_{con} 通常表现为任意的直流波形。然而，还有其他应用，这时控制电压 v_{con} 被编程为特定波形。功率因数校正（PFC）AC - DC 变换器是一个突出的例子，其中 v_{con} 由低频正弦波给出。

图 10.10 是采用平均电流模控制工作的 PFC AC - DC 变换器的原理图。AC - DC 变换器结构有桥式整流器和 Boost 变换器。AC - DC 变换器从公用电力线接收交流电压。桥式整流器进行全波整流，并将所得到的电压波形提供给下游的 Boost 变换器。因此，Boost 变换器的输入电压是整流后的线频正弦形式，而不是直流电压形式，正如图 10.10b 中的 $v_S(t)$ 所示。

假设 Boost 变换器现在需要以特殊的方式绘制出其电感器电流 $i_L(t)$，使得它的移动平均值变成与变换器的输入电压 $v_S(t)$ 相同的正弦波形。为了实现这一目标，控制信号 $v_{con}(t)$ 被编程到工频正弦波中，如图 10.10b 所示，平均电流模控制适用于 Boost 变换器。得到的电感器电流 $i_L(t)$ 如图 10.10b 所示。图 10.10c 是 $i_L(t)$ 和 $v_{con}(t)$ 波形的扩展放大比较。按照平均电流模控制的控制规律，$i_L(t)$ 的移动平均值跟踪 $v_{con}(t)$。

虽然关于 PFC AC - DC 变换器的详细讨论超出了本章的主题，但现在可以看出，平均电流模控制是 PFC AC - DC 变换器的可行控制方案。平均电流模控制 PFC AC - DC 变换器的操作和应用见参考文献［4，5］。

充电控制

电流模控制的另一个有用的改变是充电控制，如图 10.11a 所示。开关电流 i_Q 通过 CSN 感测，感测到的电流立即用于对电容器 C_I 进行充电，产生如图 10.11b 所

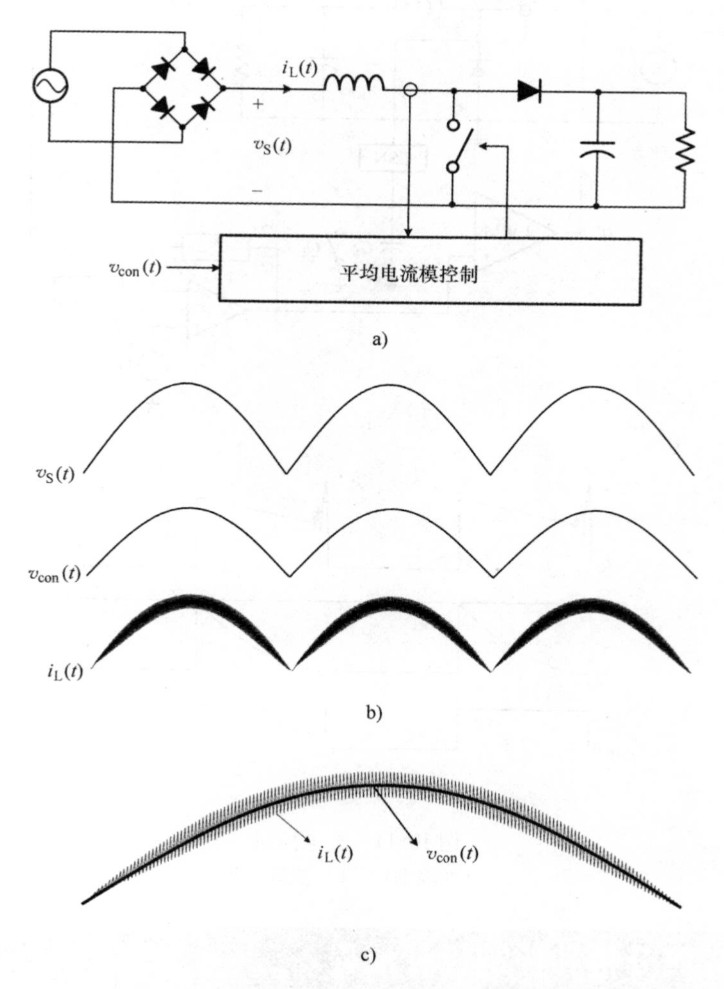

图 10.10　PFC AC－DC 变换器和控制波形

a）PFC AC－DC 变换器　b）主要波形　c）$i_L(t)$ 和 $v_{con}(t)$ 的扩展图

示的电压信号 v_I。当 v_I 与控制电压 v_{con} 相交时，发出关断信号，同时通过闭合并联开关 Q_I 立即把电容器 C_I 放电。

充电控制的一个明显的优点是抗噪声能力增强。开关电流 i_Q 通常会被高频振铃和尖峰破坏，这可能导致错误的触发。在充电控制中，通过对电容器 C_I 进行充电来有效地累积噪声开关电流，从而在图 10.11b 中平滑地增加 v_I。这实际上也消除了即使在存在大量高频噪声的情况下也会发生误触发的风险。关于充电控制的更多细节见参考文献［6］。

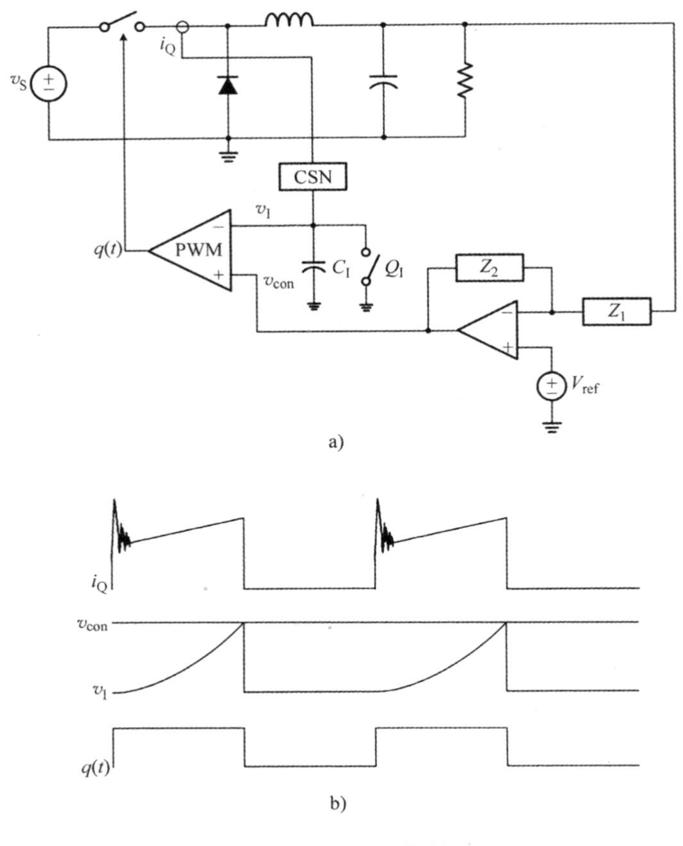

图 10.11　充电控制
a）功能框图　b）控制波形

10.2　经典分析和控制设计流程

如前所述，峰值电流模控制将离散时间采样效应嵌入变换器动态特性中。原则上，采样效应应纳入峰值电流模控制的分析和设计。这将需要使用 z 域技术的离散分析。

通常，峰值电流模控制已经基于连续时间 s 域技术进行了分析和设计，隐含地假设采样效应对变换器动态性能仅造成可忽略的影响。这个简化的分析被称为本书中的经典分析。经典分析虽然不包括采样效应，但准确描述了峰值电流模控制的主要动态特性，并为大多数情况提供了合理规范的设计方法。在本章中，通过经典（s 域）分析研究了峰值电流模控制，同时将采样效应的分析推迟到下一章。经典分析将揭示其自身的价值和优势，这将支持其长期流行下去。特别的，经典分析提供了逐步设计程序，为所有三个基本 PWM 变换器提供稳定性和良好的动态性能。

10.2.1　峰值电流模控制的小信号模型

图 10.12 所示为使用峰值电流模控制的 PWM 变换器的一般电路。通过连接 {a－X p－Y i－Z}，图 10.12 所示为 Buck 变换器。类似的，连接 {i－X a－Y p－Z} 形成 Boost 变换器，而连接 {a－X i－Y p－Z} 形成 Buck/Boost 变换器。

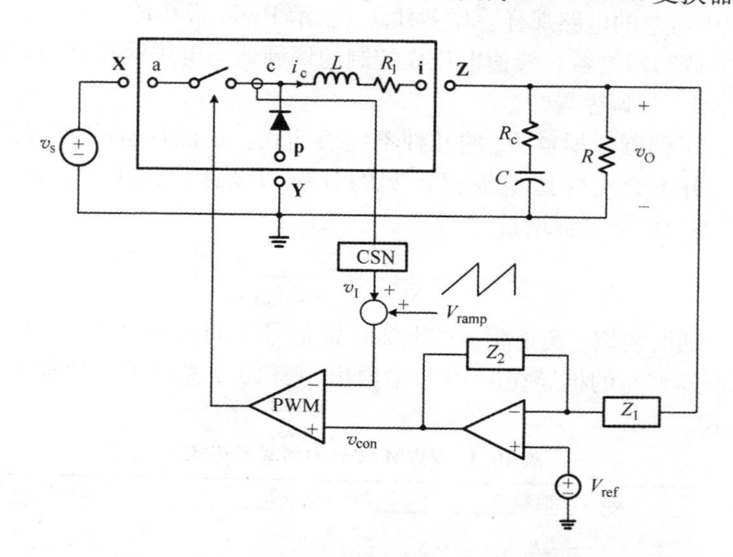

图 10.12　电流模控制 PWM 变换器的通用电路

图 10.13 是变换器的小信号模型，是将图 10.12 中的 PWM 开关、PWM 模块和电压反馈电路用它们各自的小信号模型替换而得，并引入适当的小信号激励。在图 10.13 中，即使从开关实际感测到电流，也会从电感器电流$\hat{i}_L$产生反馈路径。这是因为在开关电流达到其峰值时执行控制动作，因此开关电流检测在功能上与电感器电流感测相同。电感器电流$\hat{i}_L$的反馈路径符合这一事实。增益块 $F_v(s)$是电压反馈补偿：

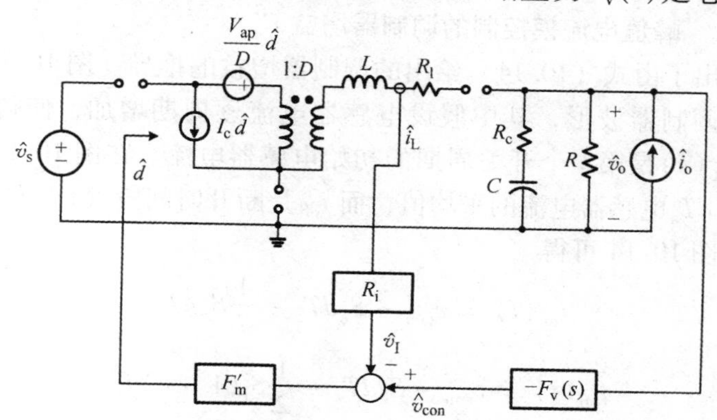

图 10.13　电流模控制 PWM 变换器的小信号模型

$$F_v(s) = \frac{Z_2(s)}{Z_1(s)} \tag{10.12}$$

R_i 是 CSN 的增益，由下式给出：

$$R_i = \frac{1}{n}R_{sense} \tag{10.13}$$

如同例 10.2 中讨论的电路那样。增益块 F'_m 表示 PWM 模块的小信号增益——峰值电流模控制的调制器增益。峰值电流模控制的调制器与电压模控制的调制器增益不同，符号 F'_m 用于强调差异。

过去提出了调制器增益 F'_m 的几种不同表达式。虽然现有的 F'_m 表达式存在细微的差异，但并不会对峰值电流模控制的分析和设计产生重大影响。本书采用 F. C. Lee[7,8] 提出的调制器增益

$$F'_m = \frac{2}{(S_n - S_f + 2S_e)T_s} \tag{10.14}$$

式中，S_n 是导通时斜率；S_f 是感测的电流反馈信号 v_I 的关断时斜率；S_e 是斜坡补偿的斜率。调制器增益的推导在例 10.3 中给出。表 10.1 总结了三种基本变换器的 S_n 和 S_f 的表达式。

表 10.1　PWM 波形的斜率表达式

	Buck 变换器	Boost 变换器	Buck/Boost 变换器
S_n	$\frac{V_S - V_O}{L}R_i$	$\frac{V_S}{L}R_i$	$\frac{V_S}{L}R_i$
S_f	$\frac{V_O}{L}R_i$	$\frac{\lvert V_S - V_O \rvert}{L}R_i$	$\frac{\lvert V_O \rvert}{L}R_i$

有趣的是式（10.14）中的调制器增益正确地预测了当没有斜坡补偿时占空比 D 大于 0.5 时发生的次谐波振荡。可以看出，$S_n > S_f$ 时，$D < 0.5$；$S_n = S_f$ 时，$D = 0.5$；$S_n < S_f$ 时，$D > 0.5$。当斜坡补偿不存在或者 $S_e = 0$ 时，F'_m 在 $D = 0.5$ 时接近无穷大，$D > 0.5$ 时变为负值。这一事实支持 $D \geq 0.5$ 和 $S_e = 0$ 时发生次谐波振荡。

［例 10.3］　峰值电流模控制的调制器增益 F'_m

本实例给出了由式（10.14）给出的调制器增益的推导。图 10.14 所示为峰值电流模控制的调制器波形，其中假设电感器电流逐周期增加，使得 $i_L(k+1) > i_L(k)$，其中 $i_L(k)$ 是第 k 个开关周期的初始电感器电流。在图 10.14 中，电流 i_{on} 是导通时间段 dT_s 电感器电流的平均值，而 i_{off} 是断开时间段 $(1-d)T_s$ 电感器电流的平均值。由图 10.14 可得

$$\bar{i}_{on}(t) = v_{con} - S_e dT_s - \frac{1}{2}S_n dT_s \tag{10.15}$$

$$\bar{i}_{off}(t) = v_{con} - S_e dT_s - \frac{1}{2}S_f(1-d)T_s \tag{10.16}$$

当假定电感器电流缓慢变化时，$i_L(k) \approx i_L(k+1)$ 变成 $\bar{i}_{on} \approx \bar{i}_{off}$，所以无论是 $\bar{i}_{on}$

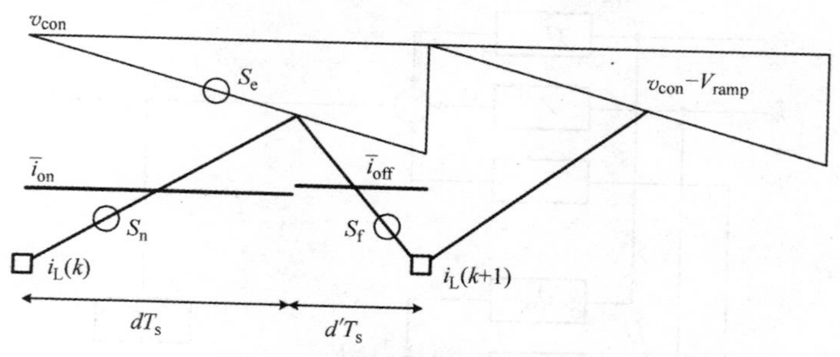

图 10.14　峰值电流模控制波形

还是$\bar{i}_{off}$，都可以被认为是平均电感器电流 $i_L(t)$。此外，假设 $i_L(k)\approx i_L(k+1)$，还可以近似地验证

$$S_n dT_s = S_f(1-d)T_s \tag{10.17}$$

式（10.17）可重新整理成

$$(S_n+S_f)d = S_f \tag{10.18}$$

将$\bar{i}_{off}$看作平均电感器电流的近似值$\bar{i}_L(t)$并使用式（10.18），可将式（10.16）改写成

$$\bar{i}_{off}(t) = \bar{i}_L(t) = v_{con} - S_e dT_s - \frac{1}{2}(S_n+S_f)d(1-d)T_s \tag{10.19}$$

对式（10.19）进行线性化后得到

$$\begin{aligned} I_L + \hat{i}_L = & (V_{con}+\hat{v}_{con}) - S_e(D+\hat{d})T_s \\ & - \frac{1}{2}(S_n+S_f)(D+\hat{d})(1-(D+\hat{d}))T_s \end{aligned} \tag{10.20}$$

通过使式（10.20）中的交流项相等，可得到

$$\hat{v}_{con} - \hat{i}_L = \left(S_e T_s + \frac{1}{2}(S_n+S_f)T_s(1-2D)\right)\hat{d} \tag{10.21}$$

使用式（10.18）的稳态表达式

$$(S_n+S_f)D = S_f \tag{10.22}$$

式（10.21）可重新整理为

$$F'_m = \frac{\hat{d}}{\hat{v}_{con}-\hat{i}_L} = \frac{2}{(S_n - S_f + 2S_e)T_s} \tag{10.23}$$

在 $R_i=1$ 的假设下式（10.23）符合图 10.13。

在此推导中，还假定电感器电流的斜率保持不变。忽略此假设的情况将在下一章讨论，其中包括电流模控制的采样效应。

图 10.15 所示为小信号模型的框图。该框图是通过扩展电压模控制的小信号模型构成的，如图 5.26 所示。该框图清楚地显示了两个单独的反馈回路：一个来自输出电压 $\hat{v}_o$；另一个来自电感器电流 $\hat{i}_L$。因此该系统被称为双回路或多回路控制系统。

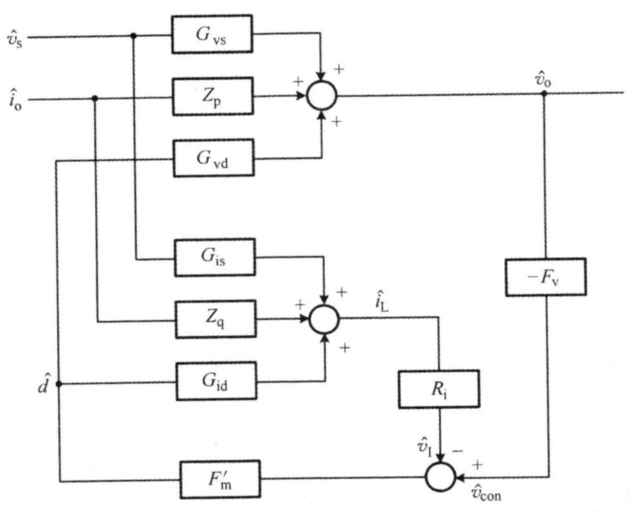

图 10.15　电流模控制 PWM 变换器的小信号框图表示

由于电感器电流反馈的存在，除了与输出电压反馈相关联的三个功率级增益块 $G_{\rm vs}(S)$、$Z_{\rm p}(s)$ 和 $G_{\rm vd}(s)$，还必须有三个附加增益块 $G_{\rm is}(s)$、$Z_{\rm q}(s)$ 和 $G_{\rm id}(s)$。三种基本 PWM 变换器的六个增益块的表达式如表 10.2 所示。现在，使用图 10.15 和表 10.2 来研究电流模控制 PWM 变换器的小信号动态特性。

表 10.2　三种基本变换器的功率级传递函数

传递函数		
$G_{\rm vs}=K_{\rm vs}\dfrac{1+\dfrac{s}{\omega_{\rm esr}}}{1+\dfrac{s}{Q\omega_{\rm o}}+\dfrac{s^2}{\omega_{\rm o}^2}}$	$G_{\rm vd}=K_{\rm vd}\dfrac{\left(1-\dfrac{s}{\omega_{\rm rhp}}\right)\left(1+\dfrac{s}{\omega_{\rm esr}}\right)}{1+\dfrac{s}{Q\omega_{\rm o}}+\dfrac{s^2}{\omega_{\rm o}^2}}$	$G_{\rm is}=K_{\rm is}\dfrac{1+\dfrac{s}{\omega_{\rm is}}}{1+\dfrac{s}{Q\omega_{\rm o}}+\dfrac{s^2}{\omega_{\rm o}^2}}$
$G_{\rm id}=K_{\rm id}\dfrac{1+\dfrac{s}{\omega_{\rm id}}}{1+\dfrac{s}{Q\omega_{\rm o}}+\dfrac{s^2}{\omega_{\rm o}^2}}$	$Z_{\rm p}=K_{\rm p}\dfrac{\left(1+\dfrac{s}{\omega_{\rm z}}\right)\left(1+\dfrac{s}{\omega_{\rm esr}}\right)}{1+\dfrac{s}{Q\omega_{\rm o}}+\dfrac{s^2}{\omega_{\rm o}^2}}$	$Z_{\rm q}=K_{\rm q}\dfrac{1+\dfrac{s}{\omega_{\rm esr}}}{1+\dfrac{s}{Q\omega_{\rm o}}+\dfrac{s^2}{\omega_{\rm o}^2}}$
用于直流增益和角频率的表达式		
Buck 变换器	Boost 变换器	Buck/Boost 变换器
$K_{\rm vs}=D$	$1/(1-D)$	$D/(1-D)$
$K_{\rm vd}=V_{\rm S}$	$V_{\rm S}/(1-D)^2$	$V_{\rm S}/(1-D)^2$
$K_{\rm is}=D/R$	$1/((1-D)^2R)$	$D/((1-D)^2R)$
$K_{\rm id}=V_{\rm S}/R$	$2V_{\rm S}/((1-D)^3R)$	$V_{\rm S}(1+D)/((1-D)^3R)$
$K_{\rm p}=R_{\rm l}$	$R_{\rm l}/(1-D)^2$	$R_{\rm l}/(1-D)^2$
$K_{\rm q}=-1$	$-1/(1-D)$	$-1/(1-D)$
$\omega_{\rm esr}=1/(CR_{\rm c})$	$1/(CR_{\rm c})$	$1/(CR_{\rm c})$
$\omega_{\rm rhp}=\infty$	$(1-D)^2R/L$	$(1-D)^2R/(DL)$
$\omega_{\rm is}=1/(CR)$	$1/(CR)$	$1/(CR)$
$\omega_{\rm id}=1/(CR)$	$2/(CR)$	$(1+D)/(CR)$
$\omega_{\rm z}=R_{\rm l}/L$	$R_{\rm l}/L$	$R_{\rm l}/L$
$\omega_{\rm o}=1/\sqrt{LC}$	$(1-D)/\sqrt{LC}$	$(1-D)/\sqrt{LC}$
$Q=R\sqrt{C/L}$	$(1-D)R\sqrt{C/L}$	$(1-D)R/\sqrt{C/L}$

注：表中表达式是近似表达式，在 $R>>R_{\rm l}$ 和 $R>>R_{\rm c}$ 的条件下，其精确度得以改进。

10.2.2 环路增益分析

在电流模控制 PWM 变换器中，存在两个单独的反馈回路：一个与输出电压反馈相关联，另一个与电感器电流反馈相关。此外，可以通过在系统中的不同位置断开信号路径来定义几个不同的系统环路增益。应首先分析这些单独的反馈回路和系统回路增益，以便表征双回路控制系统的小信号动态特性。

单独的反馈环路

从图 10.15 中的小信号框图可以看出，两个单独的反馈环路是电流环路和电压环路。

电流环路 $T_i(s)$：电流环路 $T_i(s)$ 是由电感器电流反馈产生的信号路径的负增益积：

$$T_i(s) = -\frac{\hat{i}_L(s)}{\hat{d}(s)}\frac{\hat{v}_I(s)}{\hat{i}_L(s)}\frac{\hat{d}(s)}{\hat{v}_I(s)} = G_{id}(s)R_iF'_m \tag{10.24}$$

使用表 10.2 中的表达式，电流环路 $T_i(s)$ 被确定为

$$T_i(s) = \underbrace{K_{id}\frac{1+\dfrac{s}{\omega_{id}}}{1+\dfrac{s}{Q\omega_o}+\dfrac{s^2}{\omega_o^2}}}_{G_{id}(s)}R_iF'_m = K_i\frac{1+\dfrac{s}{\omega_{id}}}{1+\dfrac{s}{Q\omega_o}+\dfrac{s^2}{\omega_o^2}} \tag{10.25}$$

式中

$$K_i = K_{id}R_iF'_m = K_{id}R_i\frac{2}{(S_n - S_f + 2S_e)T_s} \tag{10.26}$$

图 10.16 是 $|T_i|$ 的渐近图。$|T_i|$ 的结构和角频率由功率级参数固定，只有直流增益 K_i 可以通过 CSN 增益 R_i 和斜坡补偿 S_e 改变。式（10.26）表示直流增益 K_i 与 S_e 成反比。因此，当 S_e 变大时，电流回路 $|T_i|$ 的值将减小，如图 10.16 所示。这意味着，当斜坡补偿的斜率过大时，即使控制方案具有峰值电流模控制的结构，实际上也可以将控制方案降为电压模控制。

电压环路 $T_v(s)$：与输出电压反馈相关联的信号路径的负增益积称为电压回路 $T_v(s)$，有

$$T_v(s) = -\frac{\hat{v}_o(s)}{\hat{d}(s)}\frac{\hat{v}_{con}(s)}{\hat{v}_o(s)}\frac{\hat{d}(s)}{\hat{v}_{con}(s)} = G_{vd}(s)F_v(s)F'_m \tag{10.27}$$

电压回路直接受电压反馈补偿 $F_v(s)$ 的影响。因此，为了获得理想的 $T_v(s)$ 特性，应充分确定 $F_v(s)$ 的结构和参数。

总体环路增益和外部环路增益

对于单回路控制系统，系统中仅存在一个系统环路增益，如电压模控制的情况。相比之下，对于多回路控制系统，可以有多个系统环路增益。每个系统环路增益在动态分析和控制设计中都有其自身的含义和不同的作用。对于电流模控制的

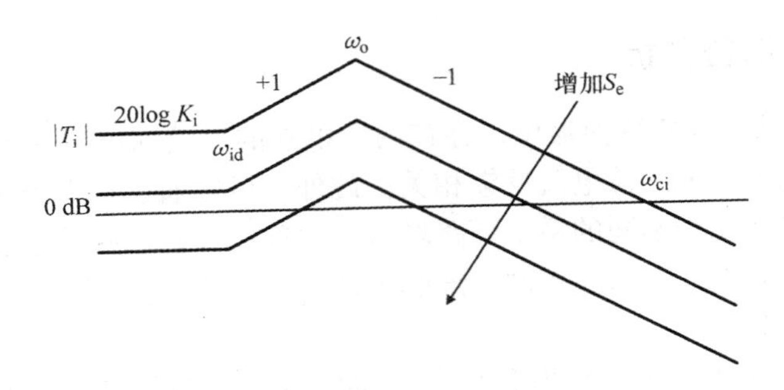

图 10.16　$|T_i|$的渐近图和斜坡补偿的影响

PWM 变换器，两个特定的系统环路增益是重要和有用的。图 10.17 说明了这两个系统环路增益，称为总体环路增益和外部环路增益。

总体环路增益 $T_1(s)$：第一个系统环路增益是通过断开图 10.17a 中 A 点处的信号路径来定义的。通过将梅森增益规则应用于图 10.17a，该环路增益表示为

$$T_1(s) = -\frac{\hat{v}_y(s)}{\hat{v}_x(s)} = T_i(s) + T_v(s) \tag{10.28}$$

式中，$T_i(s)$和 $T_v(s)$分别在式（10.24）和式（10.27）中定义。该环路增益称为总体环路增益，因为它是通过断开电流环路和电压环路内的信号路径来定义的。

外部环路增益 $T_2(s)$：另一个系统环路增益在图 10.17b 的 B 点处定义。对图 10.17b 使用梅森增益规则可得到

$$T_2(s) = -\frac{\hat{v}'_y(s)}{\hat{v}'_x(s)} = \frac{T_v(s)}{1 + T_i(s)} \tag{10.29}$$

该环路增益称为外部环路增益，因为它被定义在外电压反馈路径上。

[例 10.4]　梅森增益规则和系统环路增益

本实例显示了使用梅森增益规则的系统环路增益表达式的推导，梅森增益规则是在存在多个反馈回路时找到特定传递函数表达式的通用公式：

$$H(s) = \frac{1}{\Delta}\sum_{k=1}^{n} M_k \Delta_k \tag{10.30}$$

式中，$H(s)$是传递函数；Δ 是 1 −（所有单独环路的增益之和）+（所有两个非接触环路的增益乘积之和）−……；M_k 是第 k 个正向路径的增益；Δ_k 是 1 −（所有和第 k 个正向路径不接触的单独环路的增益之和）+（所有和第 k 个正向路径不接触的两个非接触环路的增益积之和）−……

为了估算总体环路增益 $T_1(s)$，对图 10.17a 使用梅森规则可得 $\Delta = 1$，$M_1 = G_{id}(s)R_iF'_m = T_i(s)$，$\Delta_1 = 1$，$M_2 = G_{vd}(s)F_v(s)F'_m = T_v(s)$，$\Delta_2 = 1$。总体环路增益为

$$T_1 = \frac{1}{\Delta}(M_1\Delta_1 + M_2\Delta_2) = T_i(s) + T_v(s)$$

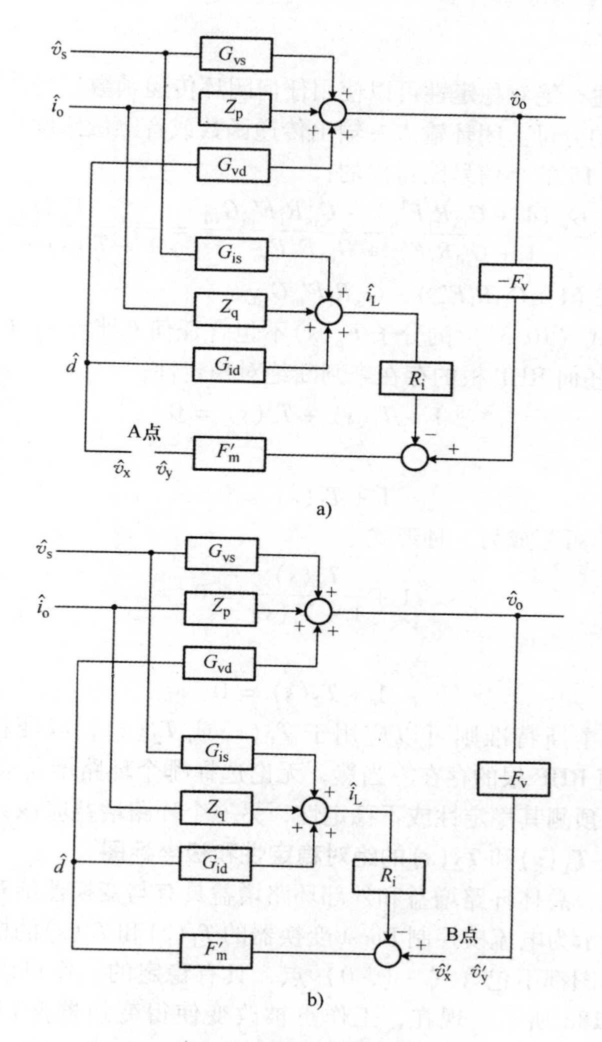

图 10.17 系统环路增益

a）总体环路增益 b）外部环路增益

同样的，对图 10.17b 使用梅森规则，可得 $\Delta = 1 + G_{id}(s)R_i F'_m = 1 + T_i(s)$，$M_1 = G_{vd}(s)F_v(s)F'_m = T_v(s), \Delta_1 = 1$。因此外部环路增益为

$$T_2 = \frac{1}{\Delta}M_1\Delta_1 = \frac{T_v(s)}{1 + T_i(s)}$$

10.2.3 稳定性分析

对于电压模控制，使用系统中存在的单回路增益进行稳定性分析。相比之下，对于电流模控制，整体环路增益和外部环路增益在确定变换器的绝对稳定性和相对稳定性方面都是必要和有用的。

绝对稳定性

如 7.5 节所述，绝对稳定性可以使用任何闭环传递函数进行计算，因为所有传递函数具有相同的分母。闭环输入－输出传递函数或音频敏感度是通过将梅森增益规则应用到图 10.15 的小信号图得出的：

$$A_u(s) = \frac{\hat{v}_o(s)}{\hat{v}_s(s)} = \frac{G_{vs}(1 + G_{id}R_iF'_m) - G_{is}R_iF'_mG_{vd}}{1 + G_{id}R_iF'_m + G_{vd}F_vF'_m} = \frac{F_p(s)}{1 + T_i(s) + T_v(s)} \quad (10.31)$$

式中，$F_p(s) = G_{vs}(1 + G_{id}R_iF'_m) - G_{is}R_iF'_mG_{vd}$。

可以看出，式（10.31）的分子 $F_p(s)$ 不包含任何右半平面（RHP）极点。因此，通过下式中任何 RHP 根的存在来判断绝对稳定性：

$$1 + T_i(s) + T_v(s) = 0 \quad (10.32)$$

变成

$$1 + T_1(s) = 0 \quad (10.33)$$

式（10.32）可写成另一种形式

$$1 + \frac{T_v(s)}{1 + T_i(s)} = 0 \quad (10.34)$$

变成

$$1 + T_2(s) = 0 \quad (10.35)$$

该分析意味着奈奎斯特准则可以应用于 $T_1(s)$ 或 $T_2(s)$，以便检查 $1 + T_i(s) + T_v(s) = 0$ 中任何 RHP 根的存在。当然，无论选择哪个环路增益应该是一样的；如果一个环路增益预测其稳定性或不稳定性，另一个环路增益应该具有相同用途。

[例 10.5]　$T_1(s)$ 和 $T_2(s)$ 的绝对稳定性和极坐标图

本实例表明，总体环路增益和外部环路增益具有与变换器绝对稳定性相同的信息。图 10.18 所示为电流模控制 Boost 变换器的 $T_1(s)$ 和 $T_2(s)$ 的极坐标图。两个环路增益的极坐标图都不包含（－1，0）点，具有稳定的工作点以保证变换器的稳定性，如图 10.18a 所示。现在，工作点被改变使得变换器变得稍微稳定。如图 10.18b 所示，两个极坐标图都同样穿过（－1，0）点，从而表明变换器处于不稳定的边缘。图 10.18c 是当工作点进一步改变以遇到不稳定性时的极坐标图。对于这种情况，两个循环增益包围（－1，0）点作为不稳定的标记。尽管形状和转换模式完全不同，但两个回路增益表现出与变换器的绝对稳定性相同的信息。

相对稳定性

尽管总体环路增益和外部环路增益提供了与绝对稳定性相同的信息，但它们是不同的 s 域传递函数。因此，两个环路增益的频率响应在形式和演变模式上是不同的，从而产生不同的相位和增益裕度。因此，稳定性边界应根据其原始定义进行解释。总体环路增益的频率响应 $T_1(s) = T_i(s) + T_v(s)$ 表示为

$$T_1(j\omega) = |T_i(j\omega) + T_v(j\omega)| \angle(T_1(j\omega) + T_v(j\omega)) \quad (10.36)$$

根据 7.6 节的定义，增益裕度是系统变得不稳定之前可以添加到 $|T_i + T_v|$ 的

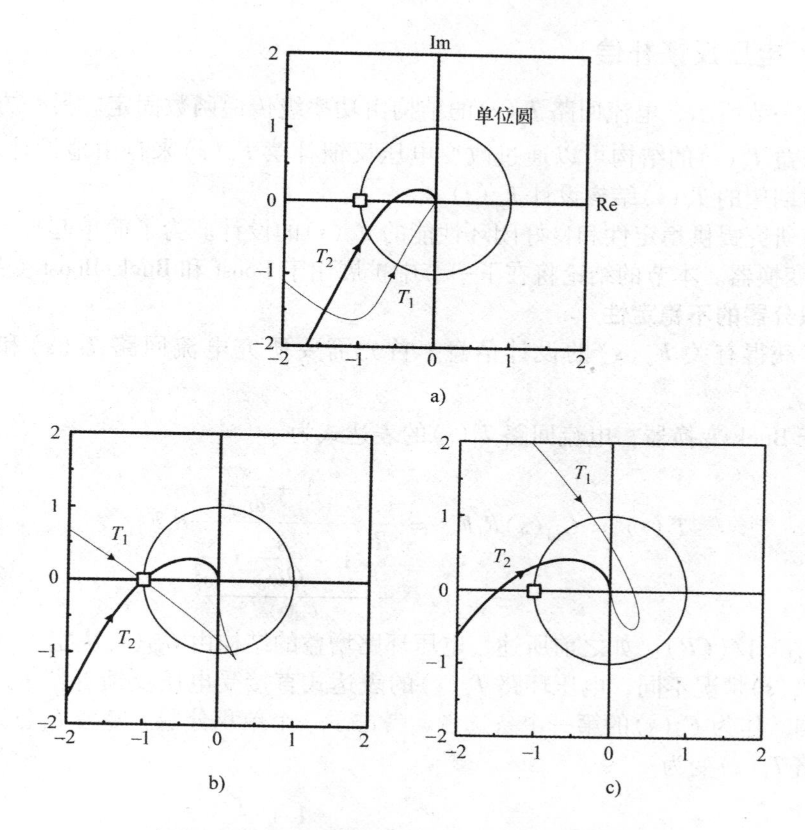

图10.18 总体环路增益 T_1 和外部环路增益 T_2

a）稳定情况 b）临界稳定情况 c）不稳定情况

额外增益。例如，如果 $T_1(s)$ 有 6dB 的增益裕度，系统将保持稳定直到 $|T_i + T_v|$ 翻倍：$20\log 2 \approx 6\text{dB}$。类似的，相位裕度是在保持稳定的同时能够加给 $\angle(T_i + T_v)$ 的额外延迟。

外部环路增益 $T_2(s) = T_v(s)/(1 + T_i(s))$ 的频率响应由下式给出：

$$T_2(j\omega) = \left|\frac{T_v(j\omega)}{1 + T_i(j\omega)}\right| \angle\left(\frac{T_v(j\omega)}{1 + T_i(j\omega)}\right) \tag{10.37}$$

T_2 的增益裕度和相位裕度可以以相同的方式解释。例如增益裕度是可以引入到 $|T_v/(1 + T_i)|$ 的附加增益。然而，当 $T_i(s)$ 在分析 $T_2(s)$ 之前是固定的，稳定性裕度变得更加丰富和有用。对于这种情况，$T_2(s) = T_v(s)/(1 + T_i(s))$ 的稳定性裕度实际上是 $T_v(s)$ 的稳定性裕度。正如在即将到来的控制设计程序中所显示出的，$T_i(s)$ 确实是预先固定的，并且随后 $T_v(s)$ 是为 $T_2(s)$ 最佳特性设计的。因此可以使用 $T_2(s)$ 的相位裕度和增益裕度来辅助和评估电压环路 $T_v(s)$ 的设计。有关此主题的更多详细信息，请参见 10.4.2 节。

10.2.4 电压反馈补偿

如前一节所示，电流回路 $T_i(s)$ 的结构由功率级传递函数固定。另一方面，电压环路增益 $T_v(s)$ 的结构可以通过改变电压反馈补偿 $F_v(s)$ 来自由地设计。因此，需要针对期望的 $T_v(s)$ 结构设计 $F_v(s)$。

本节研究提供稳定性和良好闭环性能的 $F_v(s)$ 的设计。为了简单起见，本节使用 Buck 变换器。本节的结论将在下一节中扩展用于 Boost 和 Buck/Boost 变换器中。

单积分器的不稳定性

为了获得有关 $F_v(s)$ 的设计信息，首先需要研究电流回路 $T_i(s)$ 和电压回路 $T_v(s)$。

对于 Buck 变换器，电流回路 $T_i(s)$ 的表达式为

$$T_i(s) = G_{id}(s)R_iF'_m = \underbrace{\frac{V_S}{R}\frac{1+\dfrac{s}{\omega_{id}}}{1+\dfrac{s}{Q\omega_o}+\dfrac{s^2}{\omega_o^2}}}_{G_{id}(s)}R_iF'_m \tag{10.38}$$

式中，$\omega_{id}=1/(CR)$。如之前所述，电压环路增益的结构由 $G_{id}(s)$ 决定。

与 $T_i(s)$ 情况不同，电压环路 $T_v(s)$ 的表达式直接受电压反馈补偿 $F_v(s)$ 的选择的影响。作为 $F_v(s)$ 的第一个备选者，考虑了一个单积分器。随着 $F_v(s)=K_v/s$，电压回路 $T_v(s)$ 变为

$$T_v(s) = G_{vd}(s)F_v(s)F'_m = \underbrace{V_S\frac{1+\dfrac{s}{\omega_{esr}}}{1+\dfrac{s}{Q\omega_o}+\dfrac{s^2}{\omega_o^2}}}_{G_{vd}(s)}\underbrace{\frac{K_v}{s}}_{F_v(s)}F'_m \tag{10.39}$$

$F_v(s)$ 选择的正确性可以通过研究总体环路增益 $T_1(s)=T_i(s)+T_v(s)$ 来判断。总体环路增益 $|T_1|=|T_i+T_v|$ 的幅值图连同 $|T_i|$ 与 $|T_v|$ 的渐近图如图 10.19 所示。确定 $|T_1|$ 的渐近图如下所述。基于渐近分析，可以看出

$$T_1(s) = T_i(s)+T_v(s) \approx \begin{cases} T_i(s) & |T_i| >> |T_v| \\ T_v(s) & |T_i| << |T_v| \end{cases} \tag{10.40}$$

因此 $|T_1|$ 遵循 $|T_i|$ 或 $|T_v|$，以给定频率的幅值较大者为准。然而，有一个奇点可以完全脱离这个总体趋势。在 $|T_i|=|T_v|$ 的频率处，在图 10.19 中表示为 ω_{cr}，T_1 由两个等长向量 $\vec{T}_1=\vec{T}_i+\vec{T}_v$ 之和给出。在这种情况下，T_1 的大小受到 T_i 与 T_v 相位特性的强烈影响。$|T_i|$ 和 $|T_v|$ 的斜率表示 ω_{cr} 处的 $\angle T_i\approx-90°$ 和 $\angle T_v\approx-270°=90°$。现在，$\omega_{cr}$ 处的 T_1 变得无限小，因为 $\vec{T}_i$ 和 $\vec{T}_v$ 相差 180°，所以相互抵消。幅值的突然变化又意味着相位的急剧下降。因此，$|T_1|$ 早跨越 0dB 线，相位远小于 -180°；总之，变换器不稳定。

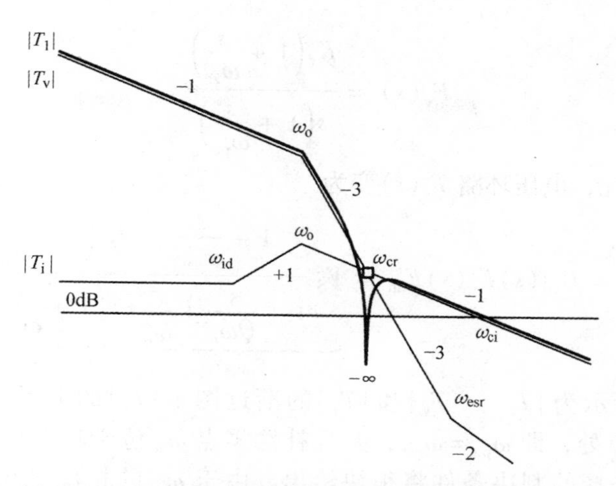

图 10.19　单个反馈环路和带单积分器的总体环路增益

[例 10.6]　单积分器的不稳定性

本实例演示了单一积分器的不稳定性。图 10.20 所示为使用单个积分器的 Buck 变换器的 $T_i(s)$、$T_v(s)$和 $T_1(s)$的伯德图。在 $|T_i| \approx |T_v|$ 的频率处，总体环路增益表现为 $|T_1|$ 减少和 $\angle T_1$ 的突然下降。有这些环路增益特性的变换器肯定不稳定。

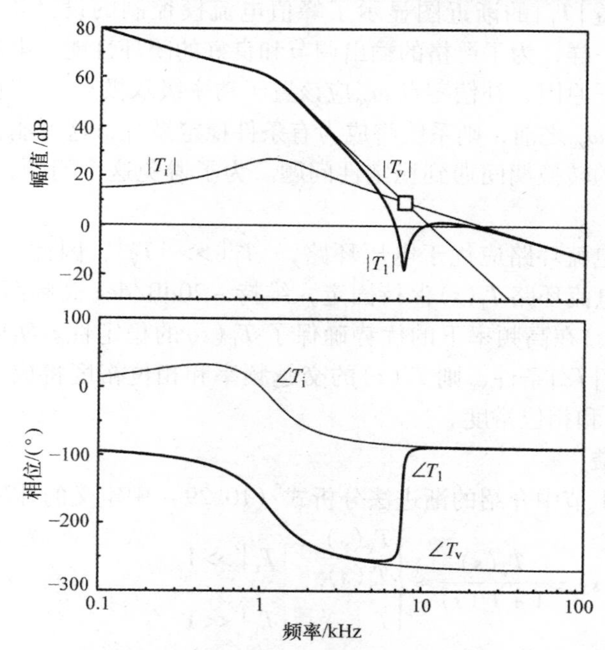

图 10.20　单个反馈环路和总体环路增益的示例

双极点单零点补偿

作为电压反馈补偿的第二个备选项，现在考虑一个双极点单零点电路

$$F_v(s) = \frac{K_v\left(1+\frac{s}{\omega_{zc}}\right)}{s\left(1+\frac{s}{\omega_{pc}}\right)} \tag{10.41}$$

对于这种情况，电压环路 $T_v(s)$ 变为

$$T_v(s) = G_{vd}(s)F_v(s)F'_m = \underbrace{V_S\frac{1+\frac{s}{\omega_{esr}}}{1+\frac{s}{Q\omega_o}+\frac{s^2}{\omega_o^2}}}_{G_{vd}(s)}\underbrace{\frac{K_v\left(1+\frac{s}{\omega_{zc}}\right)}{s\left(1+\frac{s}{\omega_{pc}}\right)}}_{F_v(s)}F'_m \tag{10.42}$$

图 10.21a 所示为 $|T_i|$、$|T_v|$ 和 $|T_1|$ 的渐近图。$|T_v|$ 的渐近图表明补偿极点 ω_{pc} 位于 ESR 零点处，即 $\omega_{pc}=\omega_{esr}$，并且补偿零点 ω_{zc} 位于功率级双极点 ω_o 前面：$\omega_{zc}<\omega_o$。这些选择的判决条件将很快给出。由于 ω_{zc} 的相位升高 90°，在 $|T_i|=|T_v|$ 的频率处 $\angle T_v$ 接近 -180°。$\angle T_i$ 与 $\angle T_v$ 之间相差 90°，现在整个环路增益的幅值变为 $|T_1|=\sqrt{2}|T_i|=\sqrt{2}|T_v|$ 而不显示任何反常情况。因此两极点单零点电路非常适合于电压反馈补偿。正如在即将进行的讨论中所确定的那样，两极点单零点补偿确实是 $T_v(s)$ 的最佳结构，可以用于所有三个基本的 PWM 变换器。

总体环路增益 $|T_1|$ 的渐近图显示了峰值电流模控制的设计策略。在低频时，如同电压模控制一样，为了严格的输出调节和良好的闭环性能，电压环路的幅值应该很大。由于以下原因，补偿零点 ω_{zc} 应该置于功率级双极点 ω_o 之前。如 8.4.2 节所示，如果 ω_o 在 ω_{zc} 之前，则系统将成为有条件稳定系统，这可能会在反馈控制器的输出保持饱和的转换期间遇到稳定性问题。为了避免这个问题，ω_{zc} 应该出现在 ω_o 之前。

在高频时，电流环路应优于电压环路，$|T_i|>>|T_v|$，因此 $T_1(s)=T_i(s)+T_v(s)\approx T_i(s)$。电流环路 $T_i(s)$ 保持固定，维持 -20dB/dec 高频渐近线和 90° 最终相位。因此，$T_i(s)$ 在高频率下的优势确保了 $T_1(s)$ 的稳定性。实际上，如果在高频下满足 $|T_i|>>|T_v|$ 条件，则 $T_i(s)$ 的交越频率和相位裕度将成为整个环路增益 $T_1(s)$ 的交越频率和相位裕度。

外部环路增益

现在使用 8.1 节中介绍的渐进法分析式（10.29）中定义的外环增益

$$T_2(s) = \frac{T_v(s)}{1+T_i(s)} \approx \begin{cases} \frac{T_v(s)}{T_i(s)} & |T_i|>>1 \\ T_v(s) & |T_i|<<1 \end{cases} \tag{10.43}$$

图 10.21b 所示为 $|T_i|$、$|T_v|$ 和 $|T_2|$ 的渐近图。基于式（10.43）构建了 $|T_2|$ 的渐近图。在超过 $|T_i|$ 交越频率 ω_{ci} 的频率处，$|T_2|$ 跟踪 $|T_v|$。在低于 ω_{ci} 的频率下，$|T_2|$ 遵循第 8 章表 8.1 中给出的渐近线图形规则创建的线段：$|T_2|=|T_v|-|T_i|$。

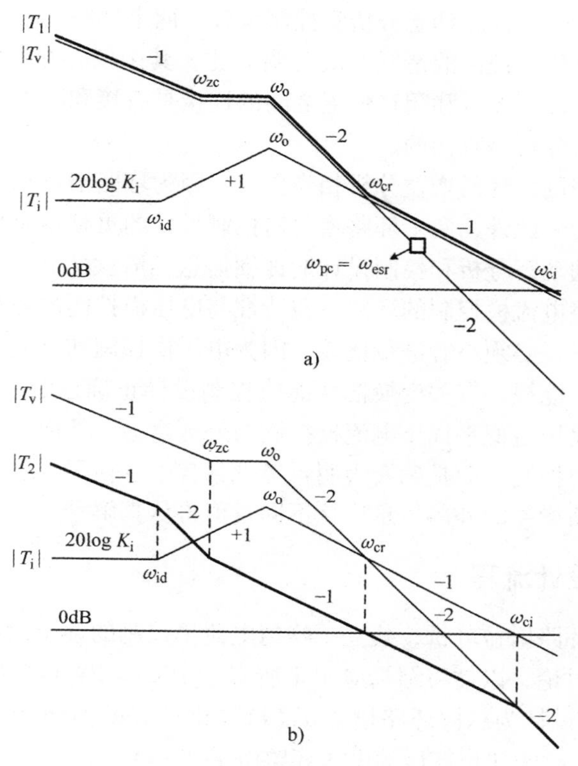

图 10.21　系统环路增益

a）总体环路增益 T_1　b）外部环路增益 T_2

外环增益 $|T_2|$ 在结构、幅值和交越频率上与总体环路增益 $|T_1|$ 非常不同。$|T_2|$ 的特征总结如下：

1）二阶功率级动态特性不会出现在 $|T_2|$ 中。通常出现在 $T_i(s)$ 和 $T_v(s)$ 中的二阶动态特性在 $T_2(s)\approx T_v(s)/T_i(s)$ 中被消除，并且环路增益显示了斜率为 −20dB/dec 的很宽的频率范围。

2）$|T_2|$ 显著小于 $|T_1|$：$|T_2|\approx|T_v/T_i|\ll|T_1|=|T_i+T_v|$。

3）$|T_2|$ 的交越频率远低于 $|T_i|$ 的交越频率。实际上，$|T_2|$ 交叉发生在 $|T_v|=|T_i|$ 所对应的频率处，即条件 $|T_v|=|T_i|$ 表示 $|T_2|=|T_v|/|T_i|=1=0\text{dB}$。该频率以前表示为 ω_{cr}。

4）外环增益在 $|T_i|$ 交越频率处具有高频极点，在图 10.21b 中表示为 ω_{ci}。对于足够的相位裕度，$|T_2|$ 交越频率 ω_{cr} 应在高频极点 ω_{ci} 之前表现良好：$\omega_{cr}\ll\omega_{ci}$。

环路增益特性

对于电流模控制，系统中的不同位置定义了两个系统回路增益。这两个环路增益共同提供了有关反馈控制器的内部结构的有用信息，然而，两个环路增益的信息内容是非常不同的。因此，动态分析和控制设计中两个环路增益的作用是独一无二的。这种情况与电压模控制的情况形成鲜明对比，其中仅存在一个系统环路增益。对于电压模控制，环路增益和闭环性能之间的连接是直接和明确的。因此，在这种情况下，环路增益分析是直接的。

对于电流模控制，环路增益分析相当重要，因为环路增益和闭环性能之间的关系是间接和隐式的。此外，两个环路增益对控制设计的贡献是非常不同的。有关使用两个环路增益的动态分析和控制设计的详细信息，请参见下一节。

读者可能会将电流模控制的环路增益特性与电压模控制的环路增益特性进行比较。在这种情况下，必须小心进行比较，因为电压模控制和电流模控制的环路增益之间的直接比较不能提供有关变换器性能或控制设计正确性的一致信息。实际上，电压模控制的环路增益似乎优于电流模控制的外环增益。然而，这并不意味着电压模控制优于电流模控制，而是确实表明：考虑到各个变换器系统的闭环性能的连接关系，这两个回路增益的外部信息应该不同且值得认真解释。

10.2.5 控制设计流程

基于以前的环路增益分析，建立了峰值电流模控制的逐步设计过程。设计过程以一般方式进行讨论，以便将结果应用于所有三个基本 PWM 变换器。第一步，电流环路 $|T_i(s)|$ 被设计为总体环路增益 $T_i(s)$ 提供良好的高频特性。第二步是设计用于外环增益 $T_2(s)$ 的理想特性的电压环路电平 $T_v(s)$。

电流环路设计

一般的电流环路表达式为

$$T_i(s)=G_{id}(s)R_iF'_m=\underbrace{K_{id}\frac{1+\dfrac{s}{\omega_{id}}}{1+\dfrac{s}{Q\omega_o}+\dfrac{s^2}{\omega_o^2}}}_{G_{id}(s)}R_iF'_m=K_i\frac{1+\dfrac{s}{\omega_{id}}}{1+\dfrac{s}{Q\omega_o}+\dfrac{s^2}{\omega_o^2}} \tag{10.44}$$

式中

$$K_i=K_{id}R_iF'_m \tag{10.45}$$

电流环路 $T_i(s)$ 应该是指高频下的整体环路 $T_1(s)$。通过将 $T_i(s)$ 的 0dB 交越频率置于较高频率下，可简单实现该设计目标。$T_i(s)$ 交越频率可以增加至小信号分析的有效性和准确度不会受到严重损害的频率，通常为开关频率的 15% ~30%。有关本声明的背景，读者可参考第 8 章的例 8.4。如下一章所示，该设计策略还可以防止或最小化由当前模式控制的采样效应产生的有害影响。

一旦选择了图 10.21 中表示为 ω_{ci} 的 $T_i(s)$ 交越频率，则基于式（10.44）中的 $T_i(s)$ 表达式进行电流环路设计。

1）确定电流环路的直流增益，使 $T_i(s)$ 交越频率出现在所需的频率。建议将

交越频率设置在开关频率的 15% ~30%。从图 10.21 中 $|T_i|$ 的渐近图可以看出以下关系：

$$20\log K_i + 20\log\left(\frac{\omega_o}{\omega_{id}}\right) = 20\log\left(\frac{\omega_{ci}}{\omega_o}\right) = 0\text{dB} \tag{10.46}$$

式中，K_i 是电流环路的直流增益；ω_{ci} 是 $T_i(s)$ 交越频率的期望值。将式（10.46）转换为设计方程

$$K_i\left(\frac{\omega_o}{\omega_{id}}\right)\left(\frac{\omega_o}{\omega_{ci}}\right) = 1 \Rightarrow K_i = \left(\frac{\omega_{id}\omega_{ci}}{\omega_o^2}\right) \tag{10.47}$$

其可用于确定预选的 ω_{ci} 所需的 K_i。

2）考虑到硬件限制，确定 CSN 增益 R_i。峰值电感器电流 i_{Lpeak} 和 CSN 增益 R_i 的乘积应落在 PWM 模块的允许电压范围内：$i_{Lpeak} < V_{max}$，其中 V_{max} 是 PWM 模块的最大允许输入电压。

3）使用以下关系来确定调制器增益 F'_m：

$$K_i = K_{id}R_iF'_m \Rightarrow F'_m = \frac{K_i}{K_{id}R_i} \tag{10.48}$$

式中，K_{id} 在表 10.2 中给出。一旦调制器增益固定，则斜坡补偿 S_e 由下式决定：

$$F'_m = \frac{2}{(S_n - S_f + 2S_e)T_s} \Rightarrow S_e = \frac{1}{T_sF'_m} + \frac{S_f - S_n}{2} \tag{10.49}$$

该设计过程将 $T_i(s)$ 交越频率设置为需求频率。$T_i(s)$ 交越频率与总体环路增益 $T_1(s) = T_i(s) + T_v(s)$ 的交越频率相同，这是因为在高频时的条件是 $|T_i| >> |T_v|$。

电压环路设计

电压环路的一般表达式为

$$T_v(s) = G_{vd}(s)F_v(s)F'_m = \underbrace{K_{vd}\frac{\left(1 - \frac{s}{\omega_{rhp}}\right)\left(1 + \frac{s}{\omega_{esr}}\right)}{1 + \frac{s}{Q\omega_o} + \frac{s^2}{\omega_o^2}}}_{G_{vd}(s)}F_v(s)F'_m \tag{10.50}$$

对于 Buck 变换器，RHP 零点不存在，所以在式（10.50）中，$\omega_{rhp} = \infty$。电压环路应在低频下优于电流环路。为此，采用两极点一零点电路进行电压反馈补偿：

$$F_v(s) = \frac{K_v\left(1 + \frac{s}{\omega_{zc}}\right)}{s\left(1 + \frac{s}{\omega_{pc}}\right)} \tag{10.51}$$

电压环路 $T_v(s)$ 就变为

$$T_v(s) = \underbrace{K_{vd}\frac{\left(1 - \frac{s}{\omega_{rhp}}\right)\left(1 + \frac{s}{\omega_{esr}}\right)}{1 + \frac{s}{Q\omega_o} + \frac{s^2}{\omega_o^2}}}_{G_{vd}(s)}\underbrace{\frac{K_v\left(1 + \frac{s}{\omega_{zc}}\right)}{s\left(1 + \frac{s}{\omega_{pc}}\right)}}_{F_v(s)}F'_m \tag{10.52}$$

参考图 10.21 中系统环路增益的渐近图，补偿参数的选择如下所述：

1）将补偿极点 ω_{pc} 置于 RHP 零点、ESR 零点和开关频率的一半之间的最低频率：$\omega_{pc}=\min\{\omega_{rhp}\ \omega_{esr}\ 0.5\omega_s\}$。补偿极点 ω_{pc} 抵消 ω_{rhp} 或 ω_{esr}（以先到者为准），因此 $T_v(s)$ 在高频下维持 -40dB/dec 衰减。该设计步骤对于确保电流环路在高频下的优势是必要的。

2）在功率级双极点 ω_o 之前放置补偿零点 ω_{zc} 以提供 90° 相位增强，而不会成为条件稳定系统。如稍后所示，ω_{zc} 的位置决定了瞬态响应的速度。对于更快的响应，ω_{zc} 应该放置在较高的频率，但仍然不超过功率级双极点。根据经验，建议 $\omega_{zc}=(0.6\sim0.8)\omega_o$。

3）调整积分增益 K_v 进行设计折中。在这个阶段电流环路 $T_i(s)$ 是固定的，并且确定补偿极点和零点在 $F_v(s)$ 中的位置。现在，积分增益 K_v 是唯一未定的设计参数。通过改变 K_v 可以提高或降低外环增益的幅值，$|T_2|=|T_v|/|1+T_i|$；换句话说，K_v 控制 $T_2(s)$ 的交越频率 ω_{cr}。为了设计目的，首先选择 ω_{cr} 的位置，然后确定积分器增益 K_v。

- 对于 Buck 变换器，ω_{cr} 可以定位在高频，接近 ESR 零点：$\omega_{cr}=(0.3\sim1.0)\omega_{esr}$。
- 对于 Boost 和 Buck/Boost 变换器，ω_{cr} 应选择在比 RHP 零点足够低的频率下：$\omega_{cr}=(0.1\sim0.3)\omega_{rhp}$。

关于 ω_{cr} 的讨论将在 10.3.3 节和 10.4.1 节中给出。一旦选择了 $T_2(s)$ 交越频率 ω_{cr}，则积分器增益 K_v 由以下设计方程给出：

$$\frac{K_{vd}K_v}{K_{id}R_i\omega_{id}}\left(\frac{\omega_{id}}{\omega_{zc}}\right)^2\frac{\omega_{zc}}{\omega_{cr}}=1\Rightarrow K_v=\frac{K_{id}\omega_{cr}R_i\omega_{zc}}{\omega_{id}K_{vd}} \tag{10.53}$$

在例 10.7 中解释了（10.53）的推导过程。

4）检查 $T_2(s)$ 的相位裕度，并调整积分器增益 K_v 以确保相位裕度为 45°~70°。

[例 10.7]　$T_2(s)$ 的设计方程

本实例显示了式（10.53）中给出的 $T_2(s)$ 的设计方程的推导。参考图 10.21b，在 ω_{id} 处 $T_2(s)$ 的大小由下式给出：

$$|T_2(j\omega_{id})|=\left|\frac{T_v(j\omega_{id})}{T_i(j\omega_{id})}\right|=20\log\left(\frac{K_{vd}\dfrac{K_v}{\omega_{id}}F'_m}{K_{id}R_iF'_m}\right)=20\log\left(\frac{K_{vd}K_v}{K_{id}R_i\omega_{id}}\right) \tag{10.54}$$

由图 10.21b 同样可得

$$20\log\frac{K_{vd}K_v}{K_{id}R_i\omega_{id}}-40\log\frac{\omega_{zc}}{\omega_{id}}-20\log\frac{\omega_{cr}}{\omega_{zc}}=0\text{dB} \tag{10.55}$$

式（10.55）能在线性度上转换为式（10.53）。

双极点单零点补偿电路

图 10.22 显示了双极点单零点补偿电路的实现方法。电阻 R_x 用于控制输出电

压的大小：$V_O = V_{ref}(1 + R_1/R_x)$。如果不使用 R_x，则输出电压被调制为参考电压：$V_O = V_{ref}$，$R_x = \infty$。该电阻与电压反馈补偿无关。直流电路分析显示如下：

$$F_v(s) = \frac{Z_2(s)}{Z_1(s)} = \frac{K_v\left(1 + \frac{s}{\omega_{zc}}\right)}{s\left(1 + \frac{s}{\omega_{pc}}\right)} \tag{10.56}$$

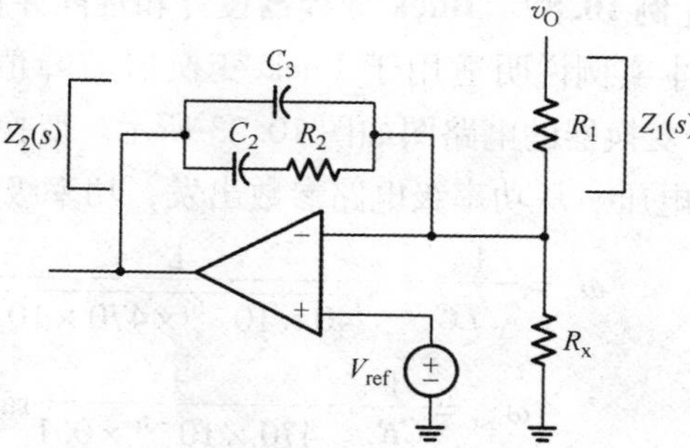

图 10.22　双极点单零点补偿电路的实现

$$K_v = \frac{1}{R_1(C_2 + C_3)} \quad \omega_{zc} = \frac{1}{R_2 C_2} \quad \omega_{pc} = \frac{1}{R_2\left(\frac{C_2 C_3}{C_2 + C_3}\right)} \tag{10.57}$$

一旦选择了补偿参数，使用上述等式确定图 10.22 中的电路元器件。在四个电路元器件中，可以任意选择一个，并使用式（10.57）找到其他元器件。本部分开发的设计过程总结在表 10.3 中，以供参考。

表 10.3　峰值电流模控制的设计过程

电流环路设计
$$T_i(s) = K_{id}\underbrace{\frac{1 + \frac{s}{\omega_{id}}}{1 + \frac{s}{Q\omega_o} + \frac{s^2}{\omega_o^2}}}_{G_{id}(s)} R_i F'_m = K_i \frac{1 + \frac{s}{\omega_{id}}}{1 + \frac{s}{Q\omega_o} + \frac{s^2}{\omega_o^2}},\ K_i = K_{id} R_i F'_m$$
1）选择 $T_i(s)$ 交越频率：$\omega_{ci} = (0.15 \sim 0.3)\omega_s$。 2）估算直流增益：$K_i = (\omega_{id}\omega_{ci})/\omega_o^2$，$K_i = K_{id}R_iF'_m$。 3）选择 CSN 增益 R_i 使得 $i_{Lpeak} < V_{max}$，其中 V_{max} 是 PWM 模块的最大输入电压。 4）估算调制器增益：$F'_m = K_i/(K_{id}R_i)$。 5）估算斜坡补偿：$S_e = 1/(T_sF'_m) + (S_f - S_n)/2$。
电压环路设计
$$T_v(s) = K_{vd}\underbrace{\frac{\left(1 - \frac{s}{\omega_{rhp}}\right)\left(1 + \frac{s}{\omega_{esr}}\right)}{1 + \frac{s}{Q\omega_o} + \frac{s^2}{\omega_o^2}}}_{G_{vd}(s)} \underbrace{\frac{K_v\left(1 + \frac{s}{\omega_{zc}}\right)}{s\left(1 + \frac{s}{\omega_{pc}}\right)}}_{F_v(s)} F'_m$$
1）设置补偿极点：$\omega_{pc} = \min\{\omega_{rhp}\ \omega_{esr}\ 0.5\omega_s\}$。 2）选择补偿零点：$\omega_{zc} = (0.6 \sim 0.8)\omega_o$。 3）设置 $T_2(s)$ 交越频率： 对于 Buck 变换器，$\omega_{cr} = (0.3 \sim 1.0)\omega_{esr}$ 对于 Buck/Boost 变换器，$\omega_{cr} = (0.1 \sim 0.3)\omega_{rhp}$ 4）估算积分器增益：$K_v = (K_{id}\omega_{cr}R_i\omega_{zc})/(\omega_{id}K_{vd})$。 5）检查 $T_2(s)$ 的相位裕度并调整 K_v 使得相位裕度在 45° ~70°。 6）使用式（10.57）评估电压反馈补偿的电路元器件。

注：对于 Buck 变换器，ω_{rhp} 不存在，所以 $\omega_{rhp} = \infty$。

［例 10.8］ **Buck 变换器设计和性能评估**

本实例说明适用于 Buck 变换器的峰值电流模控制的控制设计和闭环性能。Buck 变换器的电路图如图 10.23 所示。变换器使用双极点单零点补偿调节 4V 时的输出电压。从功率级电路参数出发，功率级传递函数的角频率和直流增益确定为

$$\omega_o = \frac{1}{\sqrt{LC}} = \frac{1}{\sqrt{40\times10^{-6}\times470\times10^{-6}}}\text{rad/s} = 2\pi\times1.16\times10^3\text{rad/s}$$

$$\omega_{esr} = \frac{1}{CR_c} = \frac{1}{470\times10^{-6}\times0.1}\text{rad/s} = 2\pi\times3.39\times10^3\text{rad/s}$$

$$K_{vd} = V_s = 16$$

$$\omega_{id} = \frac{1}{CR} = \frac{1}{470\times10^{-6}\times1}\text{rad/s} = 2\pi\times339\text{rad/s}$$

$$K_{id} = \frac{V_S}{R} = \frac{16}{1} = 16$$

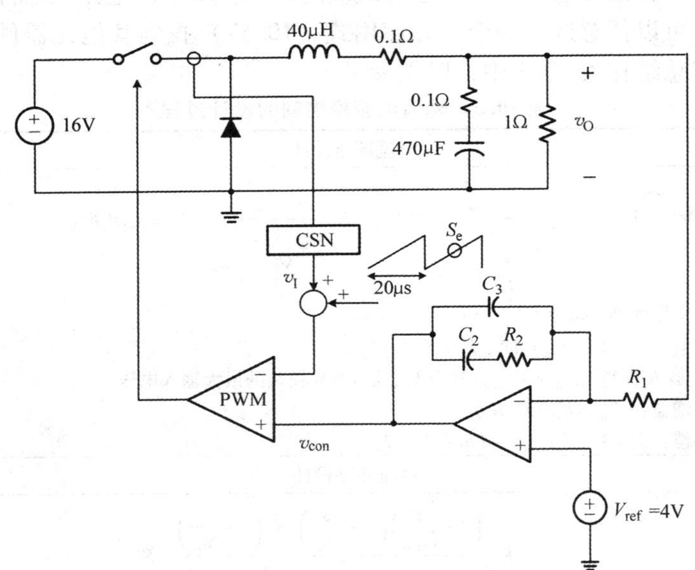

图 10.23 电流模控制 Buck 变换器：$R_i=0.67$，$S_e=1.46\times10^5\text{V/s}$，$R_1=10\text{k}\Omega$，$R_2=92.3\text{k}\Omega$，$C_2=1.86\text{nF}$，$C_3=0.70\text{nF}$

开关频率是 $\omega_s=2\pi\times50\times10^3\text{rad/s}$。假设 PWM 模块的最大输入电压为 $V_{max}=5.0\text{V}$，计算电感器电流的峰值为

$$i_{L\,peak} = \frac{V_O}{R} + \frac{1}{2}\frac{V_S - V_O}{L}DT_s = \frac{4}{1}\text{A} + \frac{1}{2}\times\frac{16-4}{40\times10^{-6}}\times0.25\times20\times10^{-6}\text{A} = 4.75\text{A}$$

基于所提出的设计过程，控制设计如下。

电流环路设计

1）$T_i(s)$交越频率：

$$\omega_{ci}=0.2\omega_s=0.2\times(2\pi\times50\times10^3)\text{rad/s}=2\pi\times10\times10^3\text{rad/s}$$

2）T_i的直流增益：

$$K_i=\frac{\omega_{id}\omega_{ci}}{\omega_o^2}=\frac{(2\pi\times339)(2\pi\times10\times10^3)}{(2\pi\times1.16\times10^3)^2}=2.52$$

3）CSN 增益：

$$R_i<\frac{V_{max}}{i_{L\ peak}}=\frac{5.0}{4.75}=1.05\Rightarrow R_i=0.67$$

4）调制器增益：

$$F'_m=\frac{K_i}{K_{id}R_i}=\frac{2.52}{16\times0.67}=0.235$$

5）斜坡补偿：

$$\begin{aligned}S_e&=\frac{1}{T_sF'_m}+\frac{S_f-S_n}{2}\\&=\frac{1}{20\times10^{-6}\times0.235}\text{V/s}+\frac{\frac{4}{40\times10^{-6}}\times0.67-\frac{16-4}{40\times10^{-6}}\times0.67}{2}\text{V/s}\\&=1.46\times10^5\text{V/s}\end{aligned}$$

$$V_m=S_eT_s=(1.46\times10^5)(20\times10^{-6})\text{V}=2.92\text{V}$$

电压环路设计

1）补偿极点：$\omega_{pc}=\omega_{esr}=2\pi\times3.39\times10^3\text{rad/s}$

2）补偿零点：$\omega_{zc}=0.8\omega_o=0.8\times(2\pi\times1.16\times10^3)\text{rad/s}=2\pi\times928\text{rad/s}$

3）$T_2(s)$ 交越频率：$\omega_{cr}=\omega_{esr}=2\pi\times3.39\times10^3\text{rad/s}$

4）积分器增益：

$$\begin{aligned}K_v&=\frac{K_{id}\omega_{cr}R_i\omega_{zc}}{\omega_{id}K_{vd}}\\&=\frac{16\times(2\pi\times3.39\times10^3)\times0.67(2\pi\times928)}{(2\pi\times339)\times16}\\&=3.91\times10^4\end{aligned}$$

5）电压反馈电路：$R_1=10\text{k}\Omega$

$$\Rightarrow R_2=92.3\text{k}\Omega,\ C_2=1.86\text{nF},\ C_3=0.70\text{nF}$$

使用 PSpice®仿真器来评估变换器的性能。一旦适当且信息翔实，就可以将理论预测结果和从计算方法中得到的经验数据进行比较。图 10.24 所示为各个反馈回路和系统回路增益的伯德图。伯德图与图 10.21 中的渐近图非常相似。图 10.24a 确认交越频率 $T_1(s)$ 位于精确的目标频率，$\omega_{ci}=2\pi\times10\times10^3\text{rad/s}$。另一方面，

$T_2(s)$ 交越频率被设置在设计目标附近，$\omega_{cr}=2\pi\times3.0\times10^3\mathrm{rad/s}$。

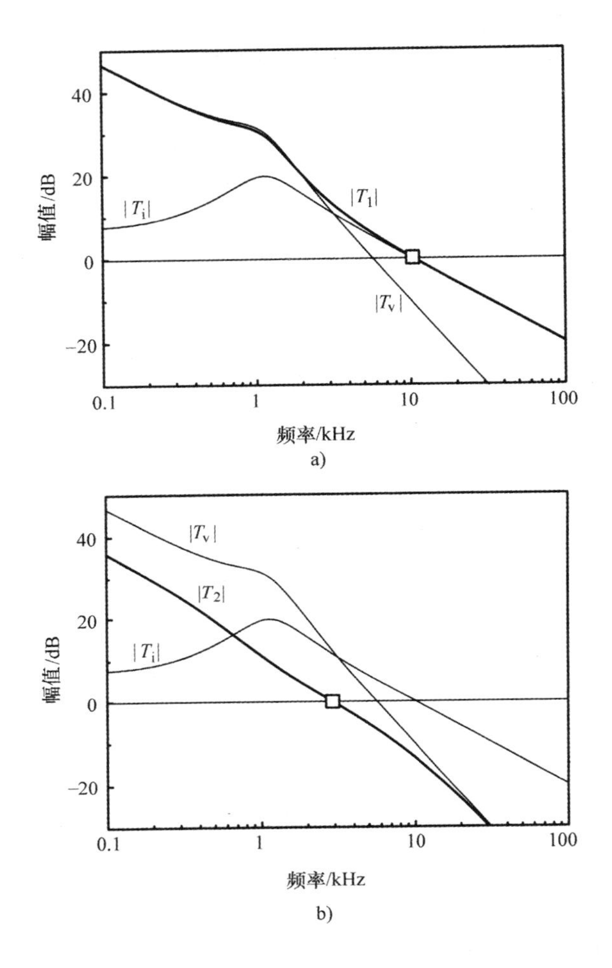

图 10.24 单独反馈环路与系统环路增益

a）总体环路增益 T_1 b）外部环路增益 T_2

图 10.25 比较了 $T_1(s)$ 和 $T_2(s)$ 的伯德图。将外环增益 $T_2(s)$ 的理论预测与经验数据进行比较。预测和经验数据在相位特性方面表现出明显的差异。这种差异是由于电流模控制的采样效应，这在经典分析中没有考虑。下一章将给出有关这一现象的进一步讨论。环路增益都具有足够的相位裕度；$T_1(s)$ 的相位裕度为 78°，$T_2(s)$ 的相位裕度为 65°。输出阻抗和音频敏感度特性如图 10.26 所示。变换器的时域性能如图 10.27 所示。图 10.27a 是由于负载电阻 $R=1\Omega\Rightarrow0.5\Omega\Rightarrow1\Omega$ 的阶跃变化导致的输出电压的瞬态响应，而图 10.27b 显示了输入电压 $V_S=16V\Rightarrow8V\Rightarrow16V$ 的变化导致的瞬态响应。

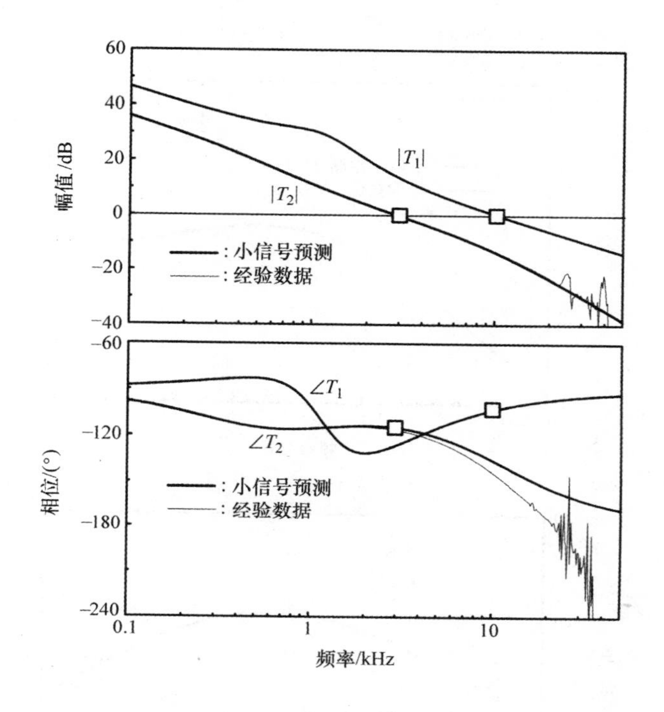

图 10.25 总体环路增益 T_1 和外部环路增益 T_2 的比较

10.2.6 DCM 中变换器动态特性分析

正如第 9 章所讨论的那样，由于 DC − DC 变换器跨越 CCM/DCM 边界，功率级动态特性变化明显。因此，调查 DCM 工作对变换器性能的影响是有益的。与电压模控制相比，电流模控制可以减轻变换器性能对工作模式的灵敏度。

[例 10.9] DCM 变换器性能

在 DCM 工作中计算前面示例中使用的 Buck 变换器的性能，并与 CCM 工作进行比较。对于给定的工作条件，CCM/DCM 边界的临界电阻确定为 $R_{\mathrm{crit}} = 2L/(D'T_s) = 5.33\Omega$。在 9.1.2 节中开发的 DCM 功率级模型与峰值电流模控制的小信号模型相结合，产生 DCM 工作中完整的小信号模型。与从计算方法获得的经验数据相比，提出了模型预测。图 10.28 首先显示了用 $R = 10\Omega$ 评估的变换器的外环增益。

图 10.29 显示了使用 $R = R_{\mathrm{crit}} = 5.33\ \Omega$、$R = 10\Omega$ 和 $R = 20\Omega$ 计算的 DCM 外环增益，以及 $R = 1\Omega$ 的 CCM 环路增益。与图 9.14 所示的常规电压模控制的情况相比，环路增益在交越频率和相位裕度方面都呈现相对较小的变化。环路增益的灵敏

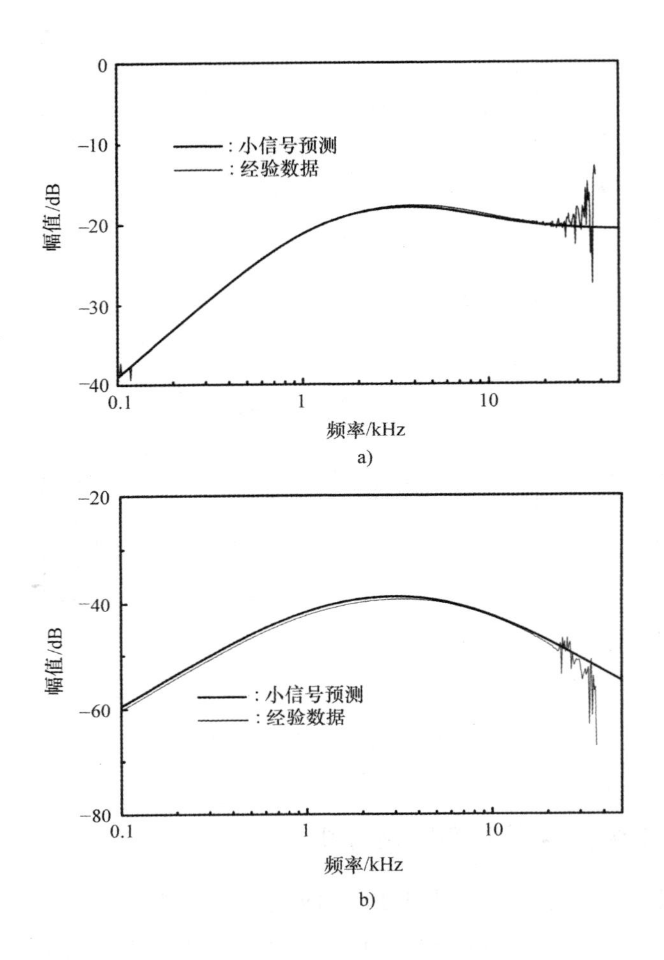

图 10.26 闭环性能
a）输出阻抗 b）音频敏感度

度降低可以解释如下。功率级动态特性的变化始终发生在所有功率级传递函数中。在DCM工作中，功率级双极点的分离和中频带增益的减少将出现在 $G_{vd}(s)$ 和 $G_{id}(s)$ 中。对于 $|T_i|>>1$ 的频率，外环增益近似为 $T_2(s)\approx T_v(s)/T_i(s)=G_{vd}(s)F_v(s)F'_m/(G_{id}(s)R_iF'_m)$。因此，$G_{vd}(s)$ 和 $G_{id}(s)$ 中发生的更改将被取消，不会在 $T_2(s)$ 中显示。

最后，对应于负载电阻的步进变化，转换输出电压如图 10.30 所示。对于CCM情况，$R=0.8\Omega\Rightarrow1\Omega\Rightarrow0.8\Omega$；而对于DCM情况，$R=5.3\Omega\Rightarrow20\Omega\Rightarrow5.3\Omega$。与图 9.16 所示的电压模控制相比较，瞬态响应的变化也减弱。

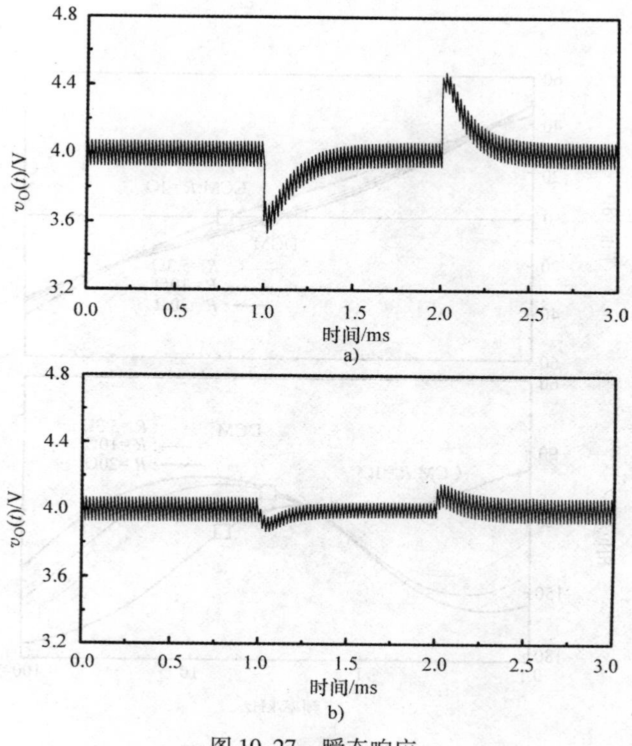

图 10.27　瞬态响应
a）阶跃负载响应　b）阶跃输入响应

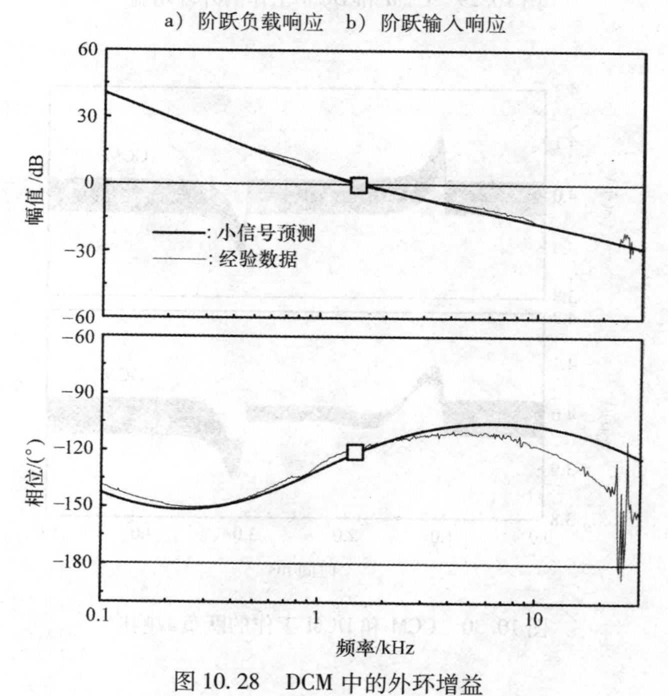

图 10.28　DCM 中的外环增益

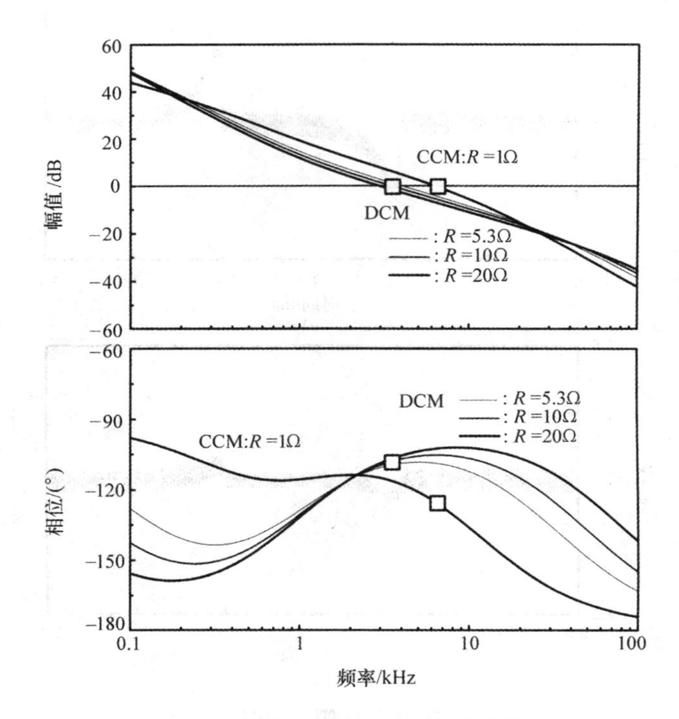

图 10.29　CCM 和 DCM 工作的外环增益

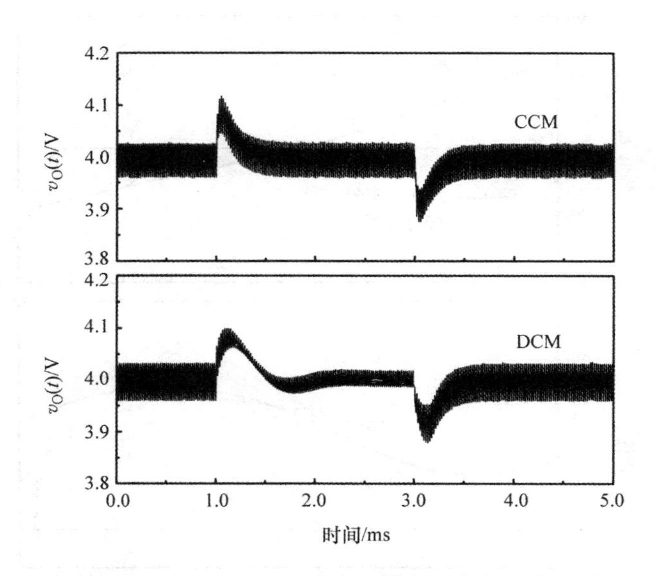

图 10.30　CCM 和 DCM 工作的跃负载响应

10.3　峰值电流模控制的闭环性能

上一节研究了峰值电流模控制的动态特性，重点是各个反馈回路和系统回路增益，以及它们在稳定性分析和控制设计中的应用。基于这些分析，建立了分步控制设计过程。可以看出两极点单零点补偿提供稳定性和良好的环路增益特性。

本节现在研究采用两极点单零点补偿的电流模控制 PWM 变换器的闭环性能；详细分析了音频敏感度和输出阻抗，集中于电压反馈补偿的影响。特别的，结合外环增益 $T_2(s)$ 的交越频率的位置来研究积分器增益的选择。

本节还分析了电流模控制 PWM 变换器的阶跃负载响应；研究了输出阻抗和阶跃负载响应之间的关系，从而导出了从输出阻抗特性预测阶跃负载响应的实际方法。

分析以一般方式呈现，因此，结果可以应用于所有三个基本变换器中。本节首先介绍 Buck 变换器的例子。Boost 变换器的例子将在下一节讨论。

10.3.1　音频敏感度分析

音频敏感度表示闭环输入 - 输出传递函数。三个基本 PWM 变换器的音频敏感度的一般表达式来自图 10.15：

$$A_u(s)=\frac{\hat{v}_o(s)}{\hat{v}_s(s)}=\frac{G_{vs}(1+G_{id}R_iF'_m)-G_{is}R_iF'_mG_{vd}}{1+G_{id}R_iF'_m+G_{vd}F_vF'_m}\tag{10.58}$$

使用电流回路 $T_i(s)=G_{id}(s)R_iF'_m$ 和电压回路 $T_v(s)=G_{vd}(s)F_v(s)F'_m$ 的定义，式（10.58）可写为

$$A_u(s)=\frac{G_{vs}(1+T_i)-G_{is}\dfrac{T_i}{G_{id}}G_{vd}}{1+T_i+T_v}=\frac{G_{vs}+T_i\left(G_{vs}-\dfrac{G_{is}G_{vd}}{G_{id}}\right)}{1+T_i+T_v}\tag{10.59}$$

现在，使用式（10.59）分析音频敏感度。首先考虑 Buck 变换器，然后考虑 Boost 和 Buck/Boost 变换器。

Buck 变换器

Buck 变换器是以简单的方式进行音频敏感度分析的特殊情况。对于 Buck 变换器，从表 10.2 可以看出

$$\frac{G_{vs}(s)}{G_{vd}(s)}=\frac{G_{is}(s)}{G_{id}(s)}=\frac{D}{V_s}\tag{10.60}$$

意味着

$$G_{vs}(s)-\frac{G_{is}(s)G_{vd}(s)}{G_{id}(s)}=0\tag{10.61}$$

音频敏感度表达式（10.59）现在简化为

$$A_u(s)=\frac{G_{vs}(s)}{1+T_i(s)+T_v(s)}=\frac{G_{vs}(s)}{1+T_1(s)} \tag{10.62}$$

式中，$T_1(s)=T_i(s)+T_v(s)$ 是总体环路增益。因此，对于 Buck 变换器，音频敏感度分析与电压模控制相同。在电压模控制中，环路增益的作用被替换为电流模控制中的总体环路增益 $T_1(s)$。

在式（10.62）上进行渐近分析，得到如图 10.31 所示的结果。使用表 10.2 中的 $G_{vs}(s)$ 表达式和图 10.21a 所示的 $|T_1|$ 结构构建渐近图。根据以前的设计程序，电压反馈补偿的参数选为 $\omega_{pc}=\omega_{esr}$ 和 $\omega_{zc}<\omega_o$。基于表 8.2 所示的分析技术，渐近图被转换为音频敏感度的方程式

$$A_u(s)=\frac{D}{V_S F'_m K_v}s\frac{1+\frac{s}{\omega_{esr}}}{\left(1+\frac{s}{\omega_{zc}}\right)\left(1+\frac{s}{\omega_{cr}}\right)\left(1+\frac{s}{\omega_{ci}}\right)} \tag{10.63}$$

参数 ω_{cr} 表示 $|T_i|=|T_v|$ 的频率，其对应于外环增益 $T_2(s)$ 的交越频率。图 10.31 是 ω_{cr} 位于 ESR 零点以下（$\omega_{cr}<\omega_{esr}$）的具体示例。

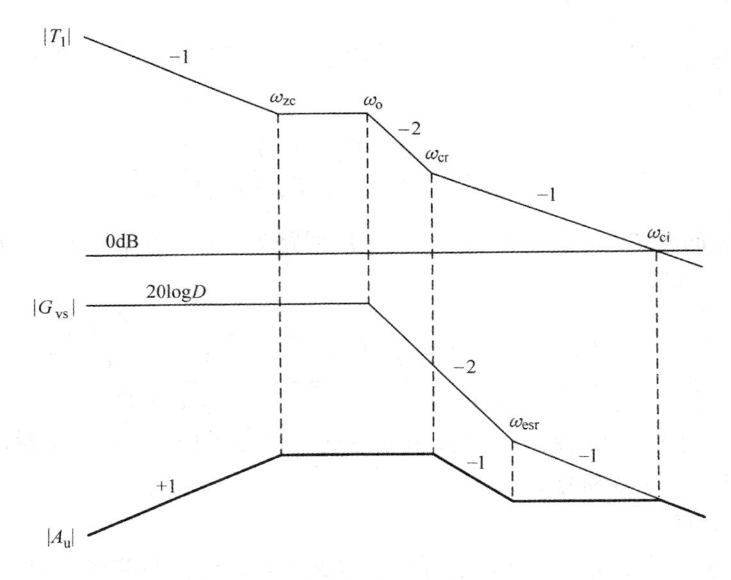

图 10.31　音频敏感度的渐近分析一

音频敏感度分析在图 10.32 中进行了总结，它显示了 $|G_{vs}|$、$|T_1|$ 和 $|A_u|$ 以及 $|T_i|$ 和 $|T_v|$ 的渐近图。在这个一般分析中，电压反馈补偿的积分器增益 K_v 变化，产生以下三种情况：

- 情况 1：$\omega_{cr}<\omega_{esr}$；

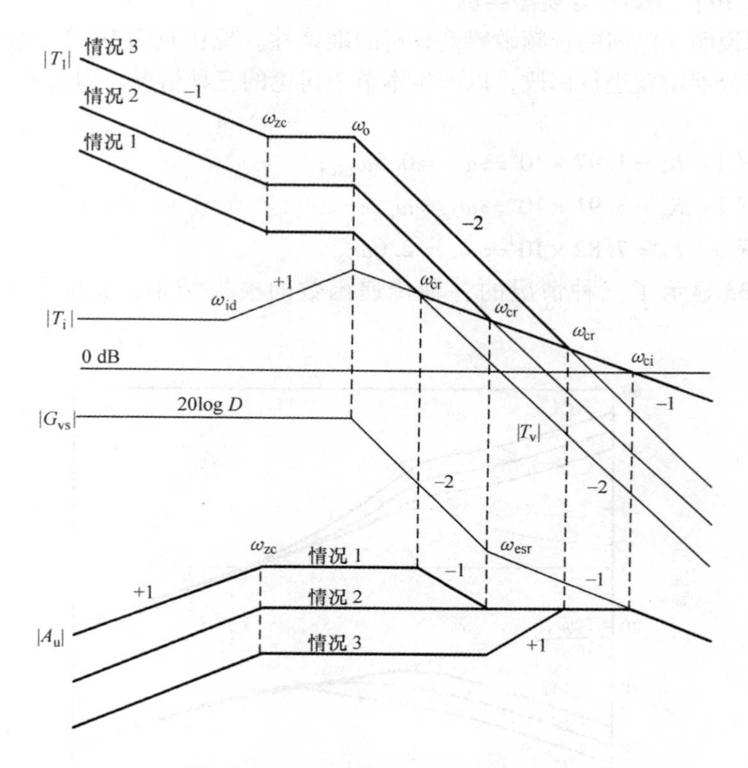

图 10.32　音频敏感度的渐近分析二

- 情况 2：$\omega_{cr}=\omega_{esr}$；
- 情况 3：$\omega_{cr}>\omega_{esr}$。

K_v的影响如图 10.32 所示。较大的 K_v将 ω_{cr}移向较高频率，并降低$|A_u|$的峰值。然而，这种减少仅发生在将 ω_{cr}置于 ω_{esr}的 K_v值。超出该值的 K_v不会进一步降低音频敏感度。相反，它可能使 $T_1(s)$ 的相位特性恶化；当 ω_{cr}接近交越频率 ω_{ci}时，相位裕度将会减小。对于情况 2 和情况 3，音频敏感度的峰值确定为

$$|A_u|_{peak}=20\log\left(\frac{D\omega_{zc}}{V_S F'_m K_v}\right) \tag{10.64}$$

对于情况 1，音频敏感度的峰值由下式给出：

$$|A_u|_{peak}=20\log\left(\frac{D\omega_{zc}}{V_S F'_m K_v}\right)+20\log\left(\frac{\omega_{cr}}{\omega_{esr}}\right)=20\log\left(\frac{D\omega_{zc}}{V_S F'_m K_v}\frac{\omega_{cr}}{\omega_{esr}}\right) \tag{10.65}$$

对于所有三种情况，补偿零点 ω_{zc}成为音频敏感度的第一个极点。如 8.4.5 节所示，该极点决定了阶跃输入响应的稳定时间，$t_s=3\tau=3/\omega_{zc}$。因此，ω_{zc}应设置得尽可能高，但不会超过功率级双极点 ω_o，如前面在控制设计过程中所述。作为一般指导，建议在上一节中 $\omega_{zc}=(0.6\sim0.8)\omega_o$。

[例 10.10] Buck 变换器实例

本实例说明了以前的音频敏感度分析的准确性。现在对例 10.8 中使用的 Buck 变换器的积分器增益进行修改，以产生本节中讨论的三种情况，而其他补偿参数保持不变：

- 情况 1：$K_v = 1.97 \times 10^4 \Rightarrow \omega_{cr} = 0.5\omega_{esr}$；
- 情况 2：$K_v = 3.91 \times 10^4 \Rightarrow \omega_{cr} = \omega_{esr}$；
- 情况 3：$K_v = 7.82 \times 10^4 \Rightarrow \omega_{cr} = 2.0\omega_{esr}$。

图 10.33 显示了三种情况的各种传递函数的模拟结果，验证了前面的理论讨论。

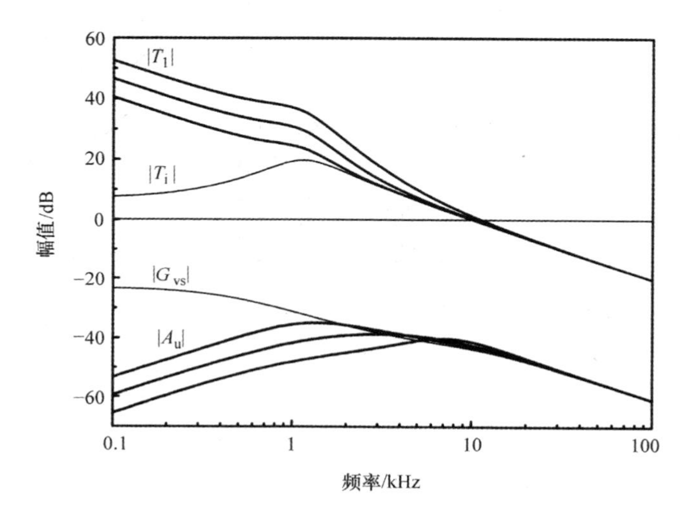

图 10.33 Buck 变换器的音频敏感度

Boost 和 Buck/Boost 变换器

对于其他拓扑结构，音频敏感度的表达并不能简化为式（10.62）的简单形式。对于 Boost 和 Buck/Boost 变换器，音频敏感度分析从式（10.59）开始。在 $T_i(s)$ 交越频率以下的频率，其中 $|T_i| >> 1$，式（10.59）中的音频敏感度表达近似为

$$A_u(s) = \frac{G_{vs} + T_i\left(G_{vs} - \dfrac{G_{is}G_{vd}}{G_{id}}\right)}{1 + T_i + T_v} \approx \frac{G_{vs} + (1 + T_i)\left(G_{vs} - \dfrac{G_{is}G_{vd}}{G_{id}}\right)}{1 + T_i + T_v} \quad (10.66)$$

式（10.66）重新排列得

$$A_u(s) = \frac{G_{vs}}{1 + T_i + T_v} + \frac{G_{vs} - \dfrac{G_{is}G_{vd}}{G_{id}}}{1 + \dfrac{T_v}{1 + T_i}} = \frac{G_{vs}}{1 + T_1} + \frac{G_{vs} - \dfrac{G_{is}G_{vd}}{G_{id}}}{1 + T_2} \quad (10.67)$$

$T_1(s)=T_i(s)+T_v(s)$是整体环路增益；$T_2(s)=T_v(s)/(1+T_i(s))$是外环增益。通过$T_1(s)$和$T_2(s)$的定义，可以得出

$$|T_1|=|T_i+T_v|\gg|T_2|=\left|\frac{T_v}{1+T_i}\right| \tag{10.68}$$

从表 10.2 中也可以看出

$$\left|G_{vs}-\frac{G_{is}G_{vd}}{G_{id}}\right|\gg|G_{vs}| \tag{10.69}$$

式（10.68）和式（10.69）这两个不等式进一步简化了音频敏感度

$$A_u(s)\approx\frac{G_{vs}-\dfrac{G_{is}G_{vd}}{G_{id}}}{1+T_2(s)}=\frac{A_{ui}(s)}{1+T_2(s)} \tag{10.70}$$

式中，$A_{ui}(s)=G_{vs}-G_{is}G_{vd}/G_{id}$。

现在可以将渐近分析应用于式（10.70），以便研究音频敏感度。在这种分析中，外环增益$T_2(s)$单独出现在分母中，而整个环路增益$T_1(s)$根本不涉及。这与$T_1(s)$是与音频敏感度分析相关的唯一环路增益的 Buck 变换器情况相反。

使用表 10.2 中的功率级传递函数，式（10.70）的分子$A_{ui}(s)=G_{vs}-G_{is}G_{vd}/G_{id}$能以简单的形式表示。结果如表 10.4 所示。使用这些表达式以及关于外环增益$T_2(s)$的知识，分析音频敏感度。有关此分析的详细信息，请参见下一节，介绍了 Boost 变换器的情况。应该提醒的是，该分析仅对低于$T_i(s)$交越频率的频率才有效。在较高频率，其中$|T_i|\approx 0$和$|T_v|\approx 0$，从式（10.59）可以看出音频敏感度简单地跟随$G_{vs}(s)$。

表 10.4　$A_u(s)$和$Z_o(s)$的分子表达式

	$A_{ui}(s)=G_{vs}-\frac{G_{is}G_{vd}}{G_{id}}$	$Z_{oi}(s)=Z_p-\frac{Z_pG_{vd}}{G_{id}}$
Buck 变换器	0	$R\frac{1+sCR_c}{1+sC(R+R_c)}$
Boost 变换器	$\frac{1}{2(1-D)}\frac{1+sCR_c}{1+sC(R+R_c)/2}$	$\frac{R}{2}\frac{1+sCR_c}{1+sC(R+R_c)/2}$
Buck/Boost 变换器	$\frac{D^2}{(1+D)(1-D)}\frac{1+sCR_c}{1+\frac{sC(R+R_c)}{1+D}}$	$\frac{R}{1+D}\frac{1+sCR_c}{1+\frac{sC(R+R_c)}{1+D}}$

10.3.2　输出阻抗分析

输出阻抗是闭环控制变换器的另一个重要性能标准。以与音频敏感度相同的方式分析输出阻抗。由图 10.15 可得输出阻抗的表达式

$$Z_o(s)=\frac{Z_p(1+T_i)-Z_qR_iF'_mG_{vd}}{1+T_i+T_v}=\frac{Z_p(1+T_i)-Z_p\dfrac{T_i}{G_{id}}G_{vd}}{1+T_i+T_v} \tag{10.71}$$

式（10.71）可以简化为

$$Z_o(s)=\frac{Z_p+T_i\left(Z_p-\dfrac{Z_qG_{vd}}{G_{id}}\right)}{1+T_i+T_v}\approx\frac{Z_p+(1-T_i)\left(Z_p-\dfrac{Z_qG_{vd}}{G_{id}}\right)}{1+T_i+T_v} \tag{10.72}$$

在低于 $T_i(s)$ 交越频率的频率范围内，并重新整理为

$$Z_o(s)=\frac{Z_p}{1+T_i+T_v}+\frac{Z_p-\dfrac{Z_qG_{vd}}{G_{id}}}{1+\dfrac{T_v}{1+T_i}}=\frac{Z_p}{1+T_1}+\frac{Z_p-\dfrac{Z_qG_{vd}}{G_{id}}}{1+T_2} \tag{10.73}$$

由于存在条件 $|T_1|\gg|T_2|$ 和 $|Z_p-Z_qG_{vd}/G_{id}|\gg|Z_p|$，输出阻抗可以进一步简化为

$$Z_o(s)\approx\frac{Z_p-\dfrac{Z_qG_{vd}}{G_{id}}}{1+T_2(s)}=\frac{Z_{oi}(s)}{1+T_2(s)} \tag{10.74}$$

式中，$Z_{oi}(s)=Z_p-Z_qG_{vd}/G_{id}$

式（10.74）中的分子 $Z_{oi}(s)=Z_p-Z_qG_{vd}/G_{id}$ 被解释为在仅有电流环路闭合且电压环路断开的条件下计算的输出阻抗。这是因为当 $T_2(s)=T_v(s)/(1+T_i(s))=0$ 时，输出阻抗 $Z_o(s)$ 减少到 $Z_{oi}(s)$，在 $T_v(s)=0$ 成立。$Z_{oi}(s)$ 的表达式如表 10.4 所示。对于所有三个基本变换器，$Z_{oi}(s)$ 的表达式为

$$Z_{oi}(s)\approx K_{oi}\frac{1+\dfrac{s}{\omega_{esr}}}{1+\dfrac{s}{\omega_{pi}}} \tag{10.75}$$

式中，$\omega_{esr}=1/(CR_c)$ 是 ESR 零点。K_{oi} 和 ω_{pi} 的表达式在表 10.5 中给出。应该注意的是，在表 10.2 中的 $G_{id}(s)$ 表达式中，ω_{pi} 实际上与 ω_{id} 相同。在图 10.21b 中，ω_{id} 为 $|T_2|$ 结构中的极点。从表 10.5 可以看出，$|Z_{oi}|$ 的高频渐近线是负载电阻和输出电容器的 ESR 的并联组合：

表 10.5　K_{oi} 和 ω_{pi} 的表达式

	K_{oi}	ω_{pi}
Buck 变换器	R	$\dfrac{1}{C(R+R_c)}$
Boost 变换器	$\dfrac{R}{2}$	$\dfrac{2}{C(R+R_c)}$
Buck/Boost 变换器	$\dfrac{R}{1+D}$	$\dfrac{1+D}{C(R+R_c)}$

$$|Z_{oi}(j\infty)| = 20\log\left(K_{oi}\frac{\omega_{pi}}{\omega_{esr}}\right) = 20\log\left(\frac{RR_c}{R+R_c}\right) = 20\log(R \parallel R_c) \quad (10.76)$$

现在，通过对式（10.74）进行渐近分析来研究输出阻抗。图 10.34 是本次分析的结果。渐进图是使用式（10.75）中的 $Z_{oi}(s)$ 表达式和图 10.21b 中的 $|T_2|$ 结构构建的，并结合 $\omega_{pi} = \omega_{id}$ 情况。该分析假设 $|T_2|$ 交叉发生在 ESR 零点之前：$\omega_{cr} < \omega_{esr}$。

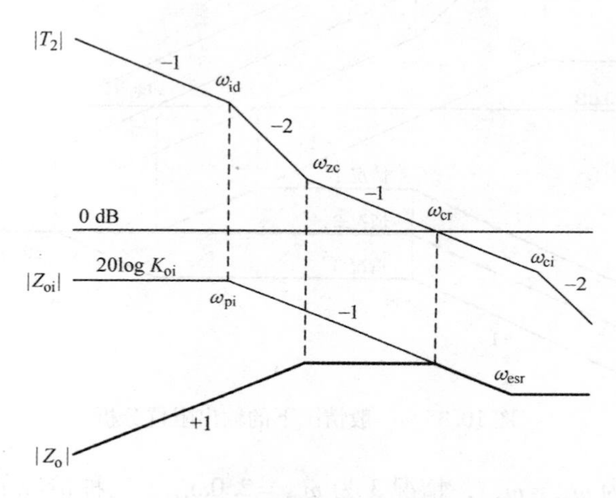

图 10.34　输出阻抗分析

图 10.35 给出了一般情况下的输出阻抗分析。在控制 $T_2(s)$ 交越频率 ω_{cr} 的电压反馈补偿中的积分器增益 K_v 变化时，产生三种情况：情况 1 是 $\omega_{cr} < \omega_{esr}$，情况 2 是 $\omega_{cr} = \omega_{esr}$，情况 3 是 $\omega_{cr} > \omega_{esr}$。对于情况 2 和情况 3，输出阻抗的峰值降低到 $20\log(R \parallel R_c)$，这是给定功率级参数的理论最小值。对于情况 1，峰值为

$$|Z_o(j\omega)|_{peak} = 20\log(R \parallel R_c) + 20\log\left(\frac{\omega_{esr}}{\omega_{cr}}\right) = 20\log\left(R \parallel R_c\frac{\omega_{esr}}{\omega_{cr}}\right) \quad (10.77)$$

对于所有这三种情况，输出阻抗在补偿零点 ω_{zc} 处具有相同的第一个极点。如稍后所示，该极点确定阶跃负载响应的速度。为了更快的响应，ω_{zc} 应该放置在更高的频率，但不应超过功率级极点 ω_o，以便不会成为条件稳定系统。

图 10.35 显示了输出阻抗可以通过将 $T_2(s)$ 交越频率置于 ω_{esr} 进行优化。增加超出 ω_{esr} 的 $T_2(s)$ 交越频率不会进一步降低输出阻抗的峰值。

图 10.35 中的渐近线假设 $T_2(s)$ 的相位裕度足够大。该假设排除了在 $T_2(s)$ 的交越频率处的输出阻抗中的潜在峰值。外环增益不满足此假设的情况将在下一节讨论。

[例 10.11]　Buck 变换器实例

重新使用例 10.10 中使用的 Buck 变换器，以便验证先前的输出阻抗分析。采用例 10.10 相同的补偿参数来产生输出阻抗分析的三种情况：情况 1 为 ω_{cr} =

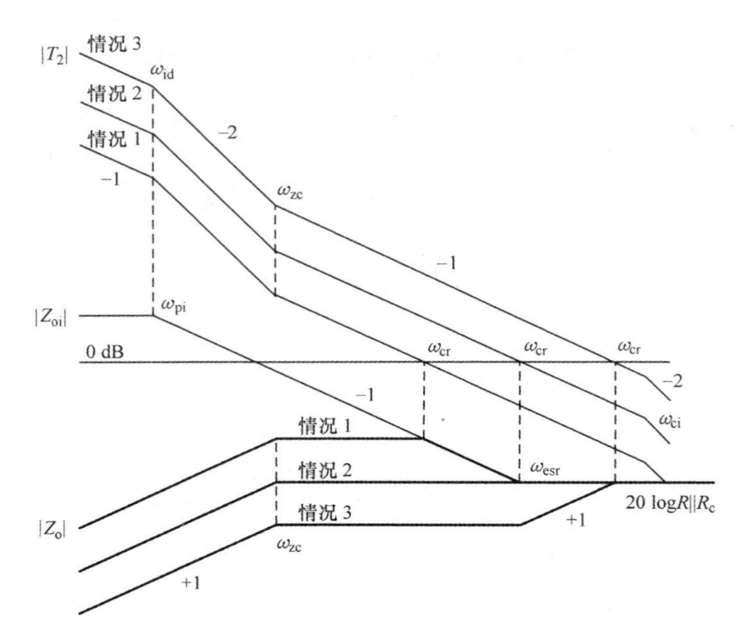

图 10.35　一般情况下的输出阻抗分析

$0.5\omega_{esr}$，情况 2 为 $\omega_{cr}=\omega_{esr}$，情况 3 为 $\omega_{cr}=2.0\omega_{esr}$。三种情况的计算机仿真结果如图 10.36 所示，与图 10.35 的渐近分析结果吻合较好。

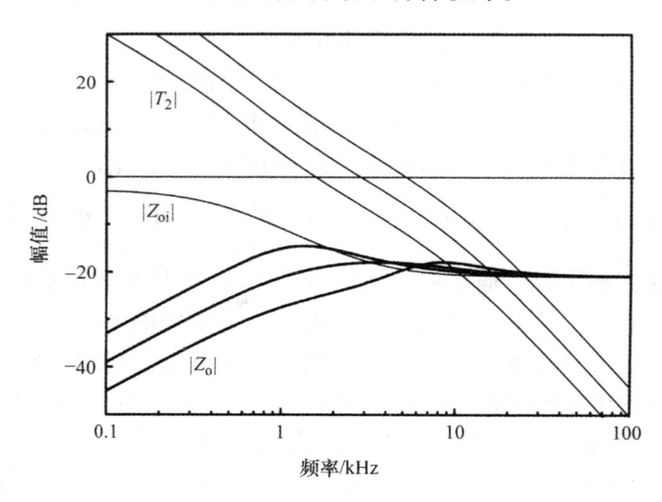

图 10.36　输出阻抗分析

10.3.3　阶跃负载响应分析

由于负载电流的阶跃变化，阶跃负载响应被称为输出电压的瞬态波形。7.3.1

节讨论了阶跃负载响应的分析方法。使用输出阻抗及其与输出电压的关系来研究阶跃负载响应

$$v_O(t) = \mathcal{L}^{-1}\left(\frac{I_{step}}{s}Z_o(s)\right) \tag{10.78}$$

式中，$\mathcal{L}^{-1}$是拉普拉斯反变换；I_{step}是负载电流中阶跃变化的幅值。

在本节中，使用先前输出阻抗分析的结果以及式（10.78）的关系来研究阶跃负载响应。如图 10.35 所示，输出阻抗根据 $T_2(s)$交越频率 ω_{cr}和 ESR 零点 ω_{esr}的相对位置，分为三种情况。图 10.35 中的三个说明性示例按照 $T_2(s)$交越频率的递增顺序排列在情况 1、情况 2 和情况 3 中。然而，为了更流畅的分析开发，首先讨论用于 $\omega_{cr} = \omega_{esr}$的情况 2 的输出阻抗的阶跃负载响应。然后分析 $\omega_{cr} > \omega_{esr}$的情况 3，最后分析 $\omega_{cr} < \omega_{esr}$的情况 1。现在从情况 2 开始分析。

情况 2：$\omega_{cr} = \omega_{esr}$

这是 $T_2(s)$ 交越频率落在 ESR 零点的情况。这种情况下的输出阻抗如图 10.37a 所示。输出阻抗的表达式变为

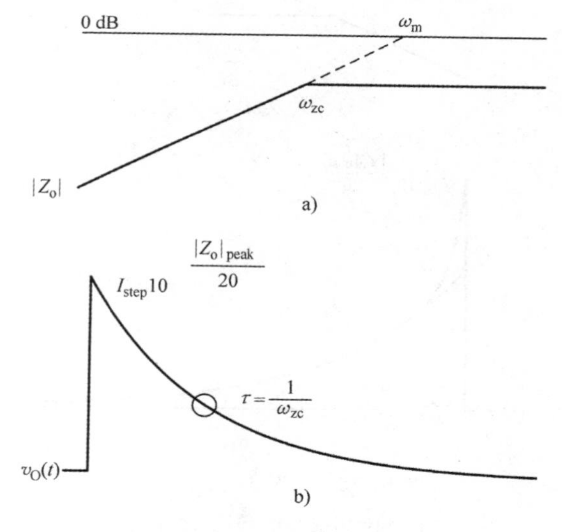

图 10.37 情况 2：$\omega_{cr} = \omega_{esr}$

a）输出阻抗 b）阶跃负载响应

$$Z_o(s) = \frac{s}{\omega_m}\frac{1}{1+\dfrac{s}{\omega_{zc}}} \tag{10.79}$$

式中，ω_m表示$|Z_o|$的初始线段与 0dB 线交叉的频率。输出阻抗的峰值幅值为

$$|Z_o(j\omega)|_{peak} = |Z_o(j\infty)| = 20\log\left(\frac{\omega_{zc}}{\omega_m}\right) \tag{10.80}$$

由于 I_{step} 的阶跃负载变化引起的输出电压的瞬态响应为

$$v_O(t)=\mathcal{L}^{-1}\left(\frac{I_{step}}{s}\frac{s}{\omega_m}\frac{1}{1+\frac{s}{\omega_{zc}}}\right)=I_{step}\frac{\omega_{zc}}{\omega_m}e^{-\omega_{zc}t} \tag{10.81}$$

输出电压的峰值过冲表示为

$$v_O(t)_{peak}=v_O(0)=I_{step}\frac{\omega_{zc}}{\omega_m}=I_{step}10^{\frac{|Z_o|_{peak}}{20}} \tag{10.82}$$

输出电压从其初始峰值衰减，时间常数为 $\tau=1/\omega_{zc}$。因此，v_O 的建立时间为 $t_s=3\tau=3/\omega_{zc}$。输出电压波形如图 10.37b 所示。

情况 3：$\omega_{cr}>\omega_{esr}$

这种情况对应于 $T_i(s)$ 交越频率超出 ESR 零点的情况。图 10.38a 给出了这种情况下的输出阻抗。输出阻抗表示为

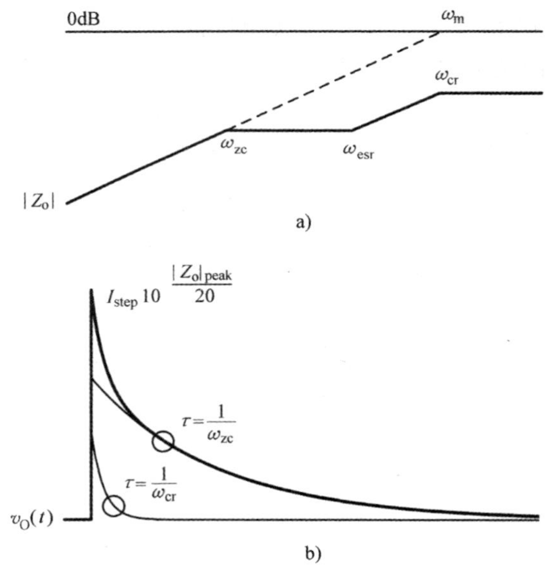

图 10.38　情况 3：$\omega_{cr}>\omega_{esr}$

a）输出阻抗　b）阶跃负载响应

$$Z_o(s)=\frac{s}{\omega_m}\frac{1+\frac{s}{\omega_{esr}}}{\left(1+\frac{s}{\omega_{zc}}\right)\left(1+\frac{s}{\omega_{cr}}\right)} \tag{10.83}$$

式中，$\omega_{zc}\ll\omega_{esr}\ll\omega_{cr}$。输出阻抗的峰值为

$$|Z_o(j\omega)|_{peak}=|Z_o(j\infty)|=20\log\left(\frac{\omega_{zc}}{\omega_m}\frac{\omega_{cr}}{\omega_{esr}}\right) \tag{10.84}$$

由于 I_{step} 的阶跃负载变化，输出电压的瞬态响应为

$$v_O(t)=\mathcal{L}^{-1}\left(\frac{I_{step}}{s}\frac{s}{\omega_m}\frac{1+\frac{s}{\omega_{esr}}}{\left(1+\frac{s}{\omega_{zc}}\right)\left(1+\frac{s}{\omega_{cr}}\right)}\right)$$

$$=\frac{I_{step}}{\omega_{cr}-\omega_{zc}}\frac{\omega_{zc}\omega_{cr}}{\omega_m\omega_{esr}}((\omega_{esr}-\omega_{zc})e^{-\omega_{zc}t}+(\omega_{cr}-\omega_{esr})e^{-\omega_{cr}t}) \quad (10.85)$$

式中，$(\omega_{esr}-\omega_{zc})>0$，$(\omega_{cr}-\omega_{esr})>0$。阶跃负载响应是两个指数衰减项的总和。由于条件 $\omega_{zc}\ll\omega_{cr}$，第二项衰减比第一项要快得多。输出电压的峰值偏差表示为

$$v_O(t)_{peak}=v_O(0)=I_{step}\frac{\omega_{zc}}{\omega_m}\frac{\omega_{cr}}{\omega_{esr}}=I_{step}10^{\frac{|Z_o|_{peak}}{20}} \quad (10.86)$$

图 10.38b 所示为输出电压波形。输出电压从初始峰值开始以 $1/\omega_{cr}$ 快速衰减，第二项之后变为慢速 $1/\omega_{zc}$。输出电压的峰值过冲与情况 2 相同，但是由于条件 $\omega_{zc}\ll\omega_{cr}$，其初始衰减更快。尽管如此，建立时间将由慢时间常数 $t_s=3/\omega_{zc}$ 决定。

情况 1：$\omega_{cr}<\omega_{esr}$

在这种情况下，$T_2(s)$ 交越频率低于 ESR 零点。图 10.39 给出了这种情况下的输出阻抗和阶跃负载响应。输出阻抗表示为

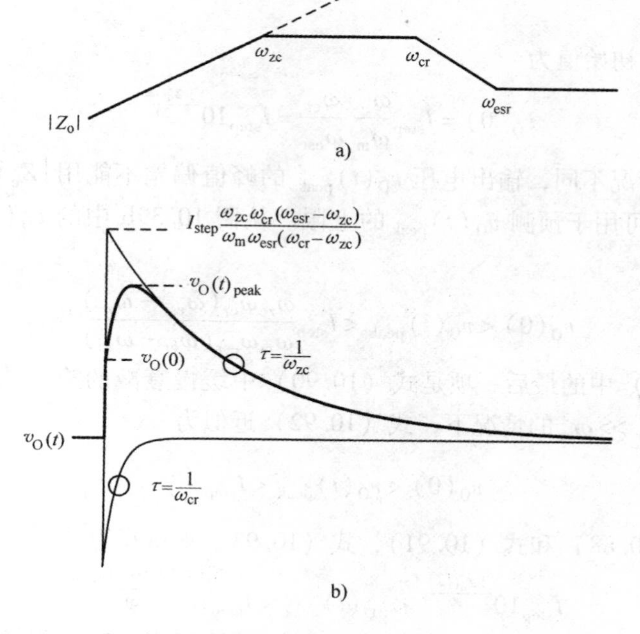

图 10.39　情况 1：$\omega_{cr}<\omega_{esr}$

a）输出阻抗　b）阶跃负载响应

$$Z_o(s)=\frac{s}{\omega_m}\frac{1+\frac{s}{\omega_{esr}}}{\left(1+\frac{s}{\omega_{zc}}\right)\left(1+\frac{s}{\omega_{cr}}\right)} \tag{10.87}$$

式中，$\omega_{zc} \ll \omega_{cr} \ll \omega_{esr}$。式（10.87）与式（10.83）相同，但是角频率的顺序是不同的。与前两种情况不同，输出阻抗的峰值与高频渐近线不一致。根据图 10.39a，输出阻抗的峰值幅值为

$$|Z_o(j\omega)|_{peak}=\left|\frac{s}{\omega_m}\right|_{s=j\omega_{zc}}=20\log\left(\frac{\omega_{zc}}{\omega_m}\right) \tag{10.88}$$

另一方面，高频渐近线表示为

$$|Z_o(j\infty)|=20\log\left(\frac{\omega_{zc}}{\omega_m}\frac{\omega_{cr}}{\omega_{esr}}\right) \tag{10.89}$$

由 I_{step} 的阶跃负载变化引起的瞬态响应为

$$v_O(t)=\frac{I_{step}}{\omega_{cr}-\omega_{zc}}\frac{\omega_{zc}\omega_{cr}}{\omega_m\omega_{esr}}((\omega_{esr}-\omega_{zc})e^{-\omega_{zc}t}+(\omega_{cr}-\omega_{esr})e^{-\omega_{cr}t}) \tag{10.90}$$

式中，$(\omega_{esr}-\omega_{zc})>0$，$(\omega_{cr}-\omega_{esr})<0$。式（10.90）与式（10.85）相同，但系数的符号不同。阶跃负载响应是两个指数衰减的总和，与情况 2 相同。然而，两个指数项的极性相反；第一个系数为正，而第二个为负。第二个负项比第一个正项衰减得快得多。误差波形如图 10.39b 所示。输出电压的稳定时间仍然由慢时间常数 $t_s=3/\omega_{zc}$ 决定。

输出电压的初始值为

$$v_O(0)=I_{step}\frac{\omega_{zc}}{\omega_m}\frac{\omega_{cr}}{\omega_{esr}}=I_{step}10^{\frac{|Z_O(j\infty)|}{20}} \tag{10.91}$$

与之前的情况不同，输出电压 $v_O(t)_{peak}$ 的峰值偏差不能用 $|Z_o|_{peak}$ 准确表示。相反，$|Z_o|_{peak}$ 可用于预测 $v_O(t)_{peak}$ 的上限。从图 10.39b 中的 $v_O(t)$ 的曲线可以看出

$$v_O(0)<v_O(t)_{peak}<I_{step}\frac{\omega_{zc}\omega_{cr}(\omega_{esr}-\omega_{zc})}{\omega_m\omega_{esr}(\omega_{cr}-\omega_{zc})} \tag{10.92}$$

式（10.92）中的最后一项是式（10.90）中缓慢衰减的第一项的初始值。在 $\omega_{esr} \gg \omega_{zc}$ 和 $\omega_{cr} \gg \omega_{zc}$ 的情况下，式（10.92）近似为

$$v_O(0)<v_O(t)_{peak}<I_{step}\frac{\omega_{zc}}{\omega_m} \tag{10.93}$$

使用式（10.88）和式（10.91），式（10.93）被重写为

$$I_{step}10^{\frac{|Z_O(j\infty)|}{20}}<v_O(t)_{peak}<I_{step}10^{\frac{|Z_O(j\omega)|_{peak}}{20}} \tag{10.94}$$

输出电压的峰值偏差可以从式（10.94）计算出来。输出阻抗的高频渐近线 $|Z_o(j\infty)|$ 预测 $v_O(t)_{peak}$ 的下限，而输出阻抗的峰值 $|Z_o(j\omega)|_{peak}$ 估计 $v_O(t)_{peak}$ 的

上限。

［例 10.12］　**Buck 变换器实例**

本实例验证了前面有关阶跃负载响应的讨论。例 10.11 中的 Buck 变换器用于为三种不同情况产生阶跃负载响应：情况 1 是 $\omega_{cr}=0.5\omega_{esr}$，情况 2 是 $\omega_{cr}=\omega_{esr}$，情况 3 是 $\omega_{cr}=2.0\omega_{esr}$。这些情况的输出阻抗如图 10.36 所示。一系列阶跃变化 $I_O=4A\Rightarrow 8A\Rightarrow 4A$ 引入负载电流，则输出电压的波形如图 10.40 所示。虽然瞬态响应的曲线不同，但是对于所有三种情况，建立时间可以被认为是大致相同的：

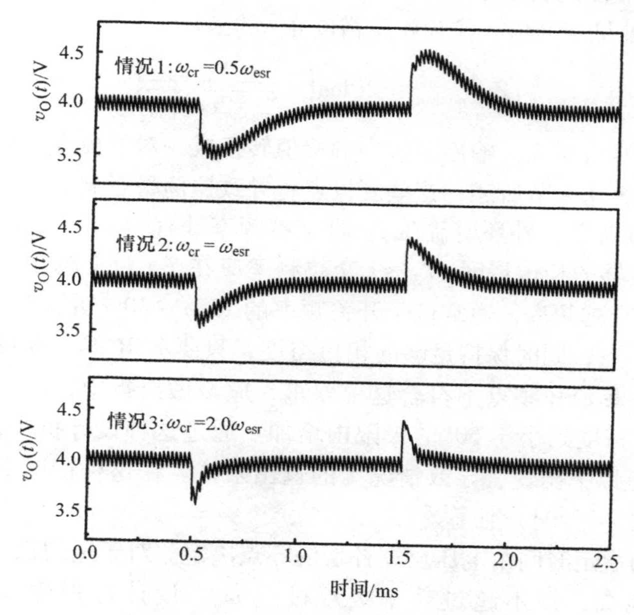

图 10.40　Buck 变换器的阶跃负载响应

$$t_s=\frac{3}{\omega_{zc}}=\frac{3}{2\pi\times 928}\text{s}=0.51\text{ms}$$

对于情况 2 和情况 3，输出电压的峰值偏差为

$$v_O(t)_{peak}=I_{step}10^{\frac{|Z_o|_{peak}}{20}}=4\times 10^{-20/20}\text{V}=0.4\text{V}$$

对于情况 1，$v_O(t)_{teak}$ 计算为

$$I_{step}10^{\frac{|Z_o(j\infty)|}{20}}<v_O(t)_{peak}<I_{step}10^{\frac{|Z_o(j\omega)|_{peak}}{20}}$$
$$\Rightarrow 4\times 10^{-20/20}\text{V}<v_O(t)_{peak}<4\times 10^{-15/20}\text{V}$$
$$\Rightarrow 0.40\text{V}<v_O(t)_{peak}<0.71\text{V}$$

补偿设计和阶跃负载响应

如上一节所示，阶跃负载响应主要由电压反馈补偿设计决定。特别是，通过将 $T_2(s)$ 交越频率置于 ESR 零点，可以将输出电压偏差降低到理论最小值。增加超过

ESR 零点的 $T_2(s)$ 交越频率不会进一步降低峰值偏差。尽管如此，如例 10.12 所示，较高的 $T_2(s)$ 交越频率在开始时导致更快的瞬态响应，从而减少输出电压达到其最终值的特定百分比所需的总时间。

之前的分析假设 $T_2(s)$ 的相位裕度足够大。然而，在实际应用中，并不总是可以在保持较大的相位裕度的情况下将 $T_2(s)$ 交越频率推到 ESR 零点。在某些情况下，将 $T_2(s)$ 交越频率推向更高的频率会导致相位裕度的减小。如 8.4.4 节所示，小的相位裕度在输出阻抗中引起峰值。如果相位裕度小于 60°，则输出阻抗在 $T_2(s)$ 交越频率处呈现峰值，作为相位裕度 ϕ_m 的函数

$$|Z_o|_{\text{peaking}}=20\log\left(\frac{1}{\sqrt{2-2\cos\phi_m}}\right) \tag{10.95}$$

相位裕度越小，峰值越大。输出阻抗中的峰值转换成一对复极点，其阻尼比与相位裕度成反比。如 8.4.4 节所述，这些复极点将导致振荡瞬态响应。

如图 10.21b 所示，外环增益在 $T_i(s)$ 交越频率处有一个极点，如图 10.21b 中 ω_{ci} 所示。对于足够的相位裕度，$T_2(s)$ 交越频率应在 $T_i(s)$ 交越频率之前出现。具有预定的 $T_i(s)$ 交越频率，通常位于开关频率的 15% ~30% 处，$T_2(s)$ 交越频率可以增加到 ESR 零点，同时保持足够的相位裕度，只要 ESR 零点本身的频率比开关频率低很多。如果 ESR 零点不符合这个要求，应该做出折中，即 $T_2(s)$ 交越频率应在不降低相位裕度到小于 60°的极限内增加。通过这种设计折中，$T_2(s)$ 交越频率将在 ESR 零点以下出现，导致情况 1 的输出阻抗。在这种情况下，输出电压的峰值偏差依据式（10.94）估算。

输出电压的稳定时间由电压反馈补偿的零点决定。对于短的稳定时间，补偿零点 ω_{zc} 应尽可能高，但不超过功率级双极点 ω_o。设计过程建议 $\omega_{zc}=(0.6\sim0.8)\omega_o$。

[例 10.13]　Buck 变换器实例

本实例说明了一个 Buck 变换器的控制设计和闭环性能，其 ESR 零点不会低于开关频率。在例 10.11 中使用的 Buck 变换器中，输出电容器的 ESR 降低到 $R_c=25\text{m}\Omega$，而其他功率级参数保持不变。现在，ESR 零点位于 $\omega_{esr}=2\pi\times1.36\times10^4\text{rad/s}=0.27\omega_s$ 处。通过这种修改，电压反馈补偿中的积分器增益范围变为 $3.90\times10^4<K_v<3.13\times10^5$，以产生表 10.6 中所列的四种不同的设计。$T_2(s)$ 交越频率范围为 $0.2\omega_{esr}<\omega_{cr}<1.0\omega_{esr}$，相位裕度为 $32°<\phi_m<64°$。

表 10.6　四种不同的设计

	积分器增益	T_2 交越频率	T_2 相位裕度
设计 A	$K_v=3.90\times10^4$	$\omega_{cr}=0.2\omega_{esr}$	$\phi_m=64°$
设计 B	$K_v=7.82\times10^4$	$\omega_{cr}=0.4\omega_{esr}$	$\phi_m=57°$
设计 C	$K_v=1.56\times10^5$	$\omega_{cr}=0.6\omega_{esr}$	$\phi_m=45°$
设计 D	$K_v=3.13\times10^5$	$\omega_{cr}=1.0\omega_{esr}$	$\phi_m=32°$

四种不同设计的外环增益如图 10.41 所示。随着积分器增益的增加，交越频率以相位裕度的减小为代价向较高频率移动。图 10.42 显示了四种不同设计的输出阻抗。当相位裕度降低到 60°以下时，输出阻抗在 $T_2(s)$ 交越频率处呈现峰值。最

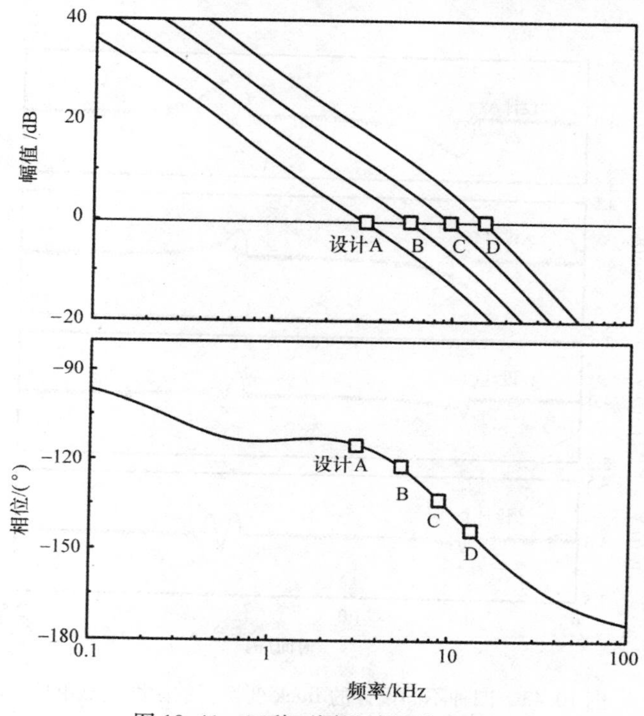

图 10.41　四种不同设计的外环增益

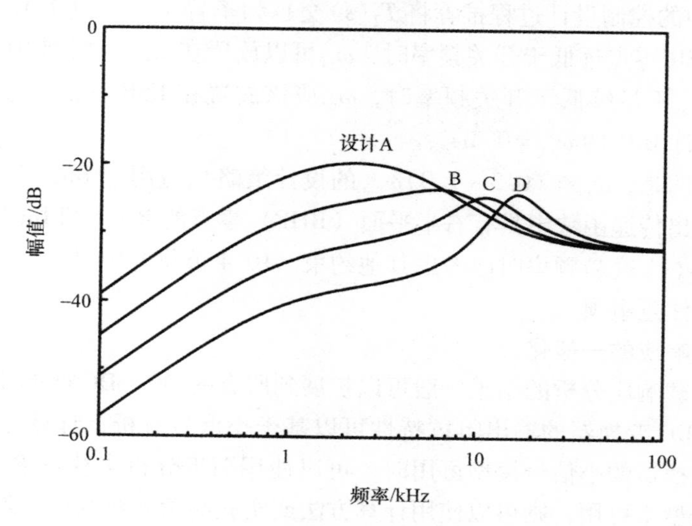

图 10.42　四种不同设计的输出阻抗

后，图10.43给出了一系列阶跃负载变化的瞬态响应，即 $I_O=4A\Rightarrow 8A\Rightarrow 4A$。输出电压显示了设计C和设计D的振荡行为，其中输出阻抗由于相位裕度小而显示峰值。因此，认为设计A或设计B是可以接受的，其中输出阻抗特性属于先前分析中的情况1。

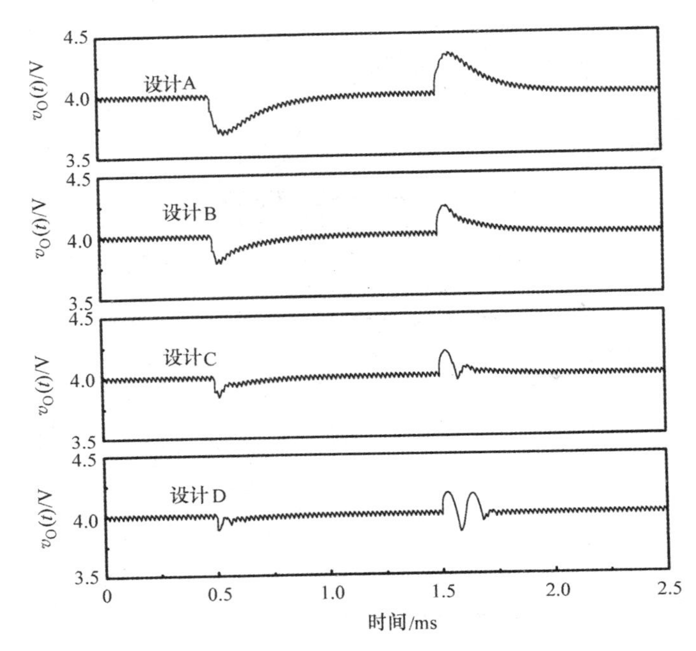

图10.43 四种不同设计的Buck变换器的阶跃负载响应

表10.3中的控制设计过程推荐将 $T_2(s)$ 交越频率置于 $\omega_{cr}=(0.3\sim1.0)\omega_{esr}$ 的范围内。当ESR零点远低于开关频率时，ω_{cr} 可以放置在 ω_{esr}，如例10.8所示。另一方面，当 ω_{esr} 不足够低于开关频率时，ω_{cr} 应该放置在ESR零点 ω_{esr} 之前，例如例10.13的设计B中的 $\omega_{cr}=0.4\omega_{esr}$。

应该强调的是，$\omega_{cr}=(0.3\sim1.0)\omega_{esr}$ 的设计策略只适用于Buck变换器。对于在占空比-输出传递函数中具有右半平面（RHP）零点的Boost和Buck/Boost变换器，在确定 $T_2(s)$ 交越频率时应考虑其他约束。10.4节将介绍Boost和Buck/Boost变换器的设计注意事项。

阶跃负载响应的一般化

上一步负载响应分析的结果一般可以扩展到所有的DC-DC变换器。

1）DC-DC变换器的输出阻抗特性可以基于小信号分析、计算方法或实验测量获得。当变换器的小信号模型可用时，可以使用渐近分析来获得输出阻抗特性。如果小信号模型不可用，则可以使用计算方法或实验测量来获取输出阻抗数据。输出阻抗以伯德图形式显示。

2）可以从输出阻抗图中提取阶跃负载响应分析所需的输出阻抗参数。

3）然后根据输出阻抗参数调整前一部分的结果来预测阶跃负载响应。

实际的 DC－DC 变换器的输出阻抗通常遵循前面分析中情况 1 的模式。对于这种情况，建立时间由 $t_s=3/\omega_{zc}$ 给出，输出电压的峰值偏差可以用式（10.94）估算。如果需要更详细的预测，则式（10.90）可用于导出输出电压的分析方程。得到的方程可以转换为输出电压波形。下面给出一个例子来说明上述分析步骤。

［例 10.14］ 开关电容变换器实例

本实例解释了阶跃负载响应分析的一般性。为此，在本例中仅使用电容器和开关来执行 DC－DC 功率变换的开关电容 DC－DC 变换器[10]。图 10.44a 是使用阻抗分析仪从实验变换器测量的开关电容变换器的输出阻抗。输出阻抗与情况 1 的形式非常相似，因此在此应用相应的分析结果。

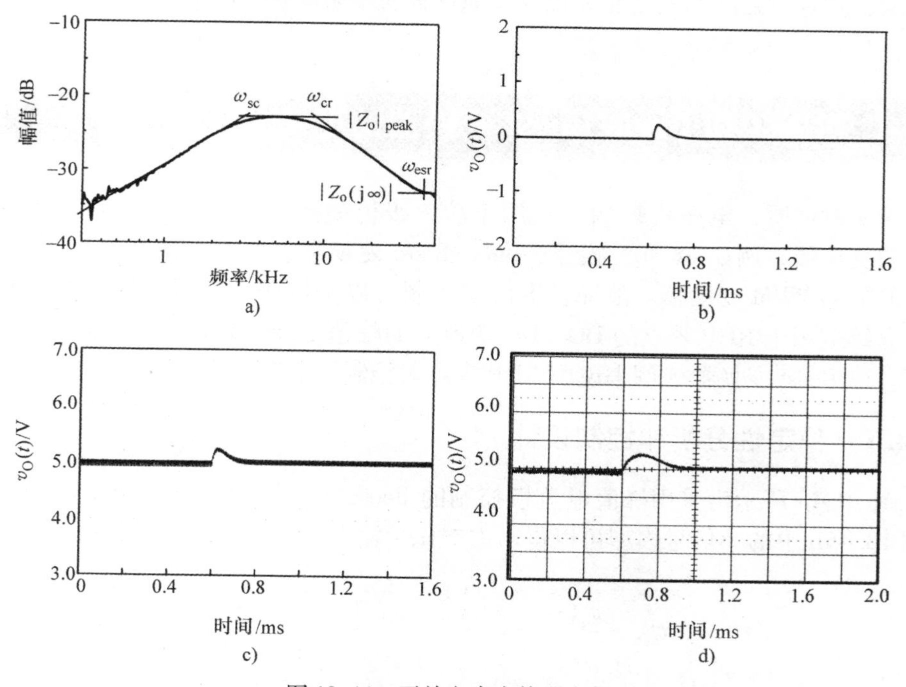

图 10.44 开关电容变换器实例

a）输出阻抗 b）式（10.90）的预测 c）逐周期的时域仿真 d）测量的阶跃负载响应

如图 10.44a 所示，测量主要输出阻抗参数为 $\omega_{zc}=2\pi\times3\times10^3\text{rad/s}$，$|Z_o|_{peak}=-23\text{dB}$ 和 $|Z_o(j\infty)|=-33\text{dB}$。变换器的调制输出为 $V_O=5\text{V}$。现在，负载电流发生 4A 的阶跃降低，产生输出电压的瞬态响应。输出电压的稳定时间预测为

$$t_s=\frac{3}{\omega_{zc}}=\frac{3}{2\pi\times3\times10^3}\text{s}=0.16\text{ms}$$

峰值过冲量估计为

$$I_{\text{step}}10^{\frac{|Z_o(j\infty)|}{20}} < v_O(t)_{\text{peak}} < I_{\text{step}}10^{\frac{|Z_o(j\omega)|_{\text{peak}}}{20}}$$

$$\Rightarrow 4\times10^{-33/20} < v_O(t)_{\text{peak}} < 4\times10^{-23/20}$$

$$\Rightarrow 0.09\text{V} < v_O(t)_{\text{peak}} < 0.28\text{V}$$

对于更详细的预测，估计图 10.39a 和图 10.44a 中的其他输出阻抗参数 ω_{cr}、ω_{esr}和 ω_m，并且将结果代入式（10.90）以得到$v_O(t)$的分析方程。图 10.44b 是所得方程的曲线。

将阶跃负载响应分析的预测结果与精确的时域仿真和实验数据进行比较。图 10.44c 是从精确的逐周期时域仿真产生的阶跃负载响应。最后，图 10.44d 是从实验开关电容变换器测量的阶跃负载响应。从分析来看，仿真和测量获得的输出阻抗和阶跃负载响应之间的紧密相关性和相似性证实了阶跃负载响应分析的通用性和准确性。

10.4 Boost 和 Buck/Boost 变换器的电流模控制

第 8 章证明，电压模控制不适用于功率级传递函数中具有右半平面（RHP）零点的变换器，例如 Boost 变换器、Buck/Boost 变换器和所有其他从这两种变换器衍生的隔离 PWM 变换器。故而，电流模控制可以是这些变换器的候选控制方案。本节介绍适用于 RHP 零点的 DC－DC 变换器的峰值电流模控制的反馈设计和动态分析。以 Boost 变换器为例来说明 RHP 零点对控制设计和闭环性能的影响。

10.4.1 稳定性分析和控制设计

图 10.45 所示为采用峰值电流模控制的 Boost 变换器的电路图和小信号模型。从图 10.45b 中的小信号模型可以得出占空比－输出传递函数

$$G_{vd}=\frac{\hat{v}_o(s)}{\hat{d}(s)}=K_{vd}\frac{\left(1-\frac{s}{\omega_{rhp}}\right)\left(1+\frac{s}{\omega_{esr}}\right)}{1+\frac{s}{Q\omega_o}+\frac{s^2}{\omega_o^2}} \tag{10.96}$$

并且占空比－电感器电流传递函数为

$$G_{id}(s)=\frac{\hat{i}_L(s)}{\hat{d}(s)}=K_{id}\frac{1+\frac{s}{\omega_{id}}}{1+\frac{s}{Q\omega_o}+\frac{s^2}{\omega_o^2}} \tag{10.97}$$

表 10.2 给出了传递函数的直流增益、角频率和阻尼因子的表达式。图 10.46 所示为带两极点一零点补偿的 Boost 变换器的占空比－输出传递函数 $G_{vd}(s)$ 和电压环路 $T_v(s) = G_{vd}(s)F_v(s)F'_m$ 的渐近图。这个例子假设 RHP 零点在 ESR 零点之

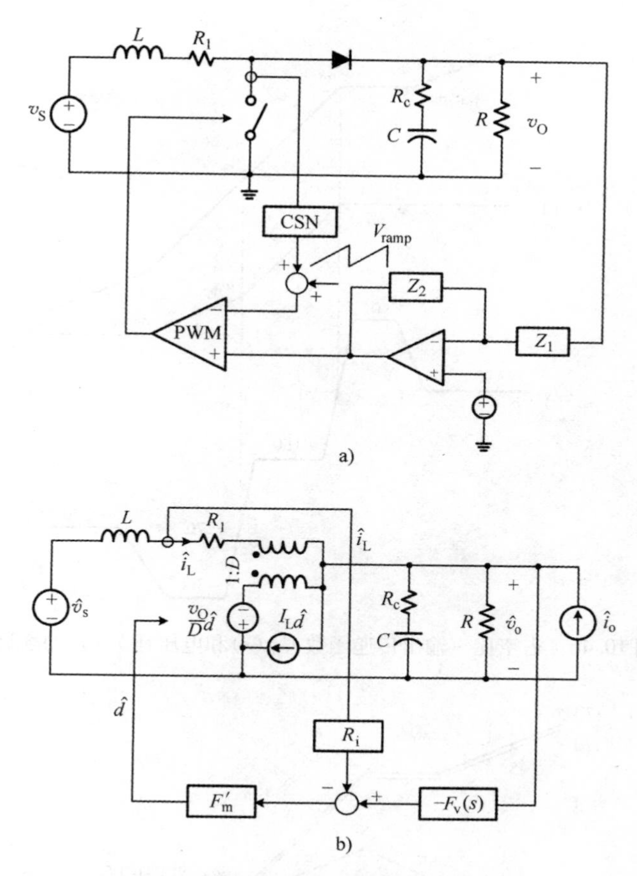

图 10.45　峰值电流模控制的 Boost 变换器

a）电路图　b）小信号模型

前，即 $\omega_{rhp} < \omega_{esr}$。根据控制设计指南，电压反馈补偿参数选择为 $\omega_{pc} = \omega_{rhp}$ 和 $\omega_{zc} < \omega_o$，得到如图 10.46 所示的渐近图。

在补偿极点 ω_{pc} 位于 RHP 零点位置处，电压环路的相位相对于 ω_{rhp} 下降了 $-180°$。由 ω_{rhp} 引起的 90°相位延迟增加了由 ω_{pc} 引起的额外的 90°相位差，导致 $\angle T_v$ 的 $-180°$变化，而 $|\angle T_v|$ 保持在 -40dB/dec 斜率。这些相位特性非常不好，在主功率级双极点 ω_o 后的频率则主要保持在 $-180°$以下。特别地，$\angle T_v$ 在 ω_{rhp} 处下降到 $-270°$，如图 10.46 所示。

图 10.47 所示为电流环路 $|T_i|$、电压环路 $|T_v|$ 和总体环路增益 $|T_1|$ 的渐近图。为了阐明 RHP 零点对稳定性的影响，假设在图 10.47 中的 ω_{rhp} 处 $|T_v| = |T_i|$。在这种情况下，在 ω_{rhp} 处的总体环路增益 $\vec{T}_1 = \vec{T}_i + \vec{T}_v$ 由具有 180°相位差的两个等长向量之和给出：$\angle T_v = -270° = 90°$，而 $\angle T_i = -90°$。因此，$|T_1|$ 下降到负无穷大，并且 $\angle T_1$ 在 ω_{rhp} 处迅速下降。这意味着变换器不稳定，相位裕度为负值。

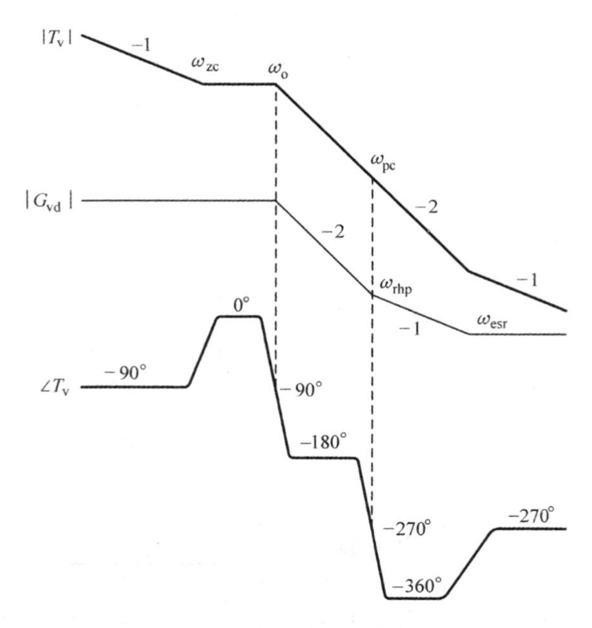

图 10.46　占空比 - 输出传递函数 $G_{vd}(s)$ 和电压环 $T_v(s)$ 的渐近图

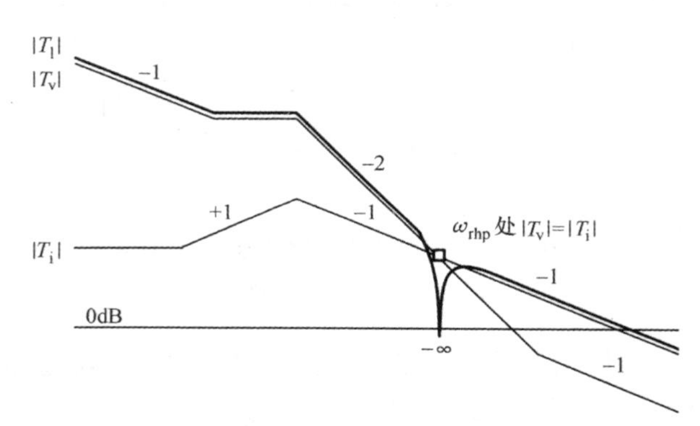

图 10.47　在 ω_{rhp} 处 $|T_i| = |T_v|$ 时单反馈环路和总体环路增益的渐近图

[例 10.15]　条件为在 ω_{rhp} 处 $|T_v| = |T_i|$ 的不稳定性

本实例说明了前面关于不稳定性的讨论。图 10.48 所示为采用两极点一零点补偿的 Boost 变换器的 $T_v(s)$、$T_i(s)$ 和 $T_1(s)$ 伯德图，其中条件为在 ω_{rhp} 处 $|T_i| = |T_v|$。总体环路增益揭示了在 $|T_v| \approx |T_i|$ 频率处 $|T_1|$ 和 $\angle T_1$ 的下降，从而确认变换器不稳定。

以前的分析表明，对于稳定性，$|T_v| = |T_i|$ 处频率应该在 RHP 零点之前出现。其中 $|T_v| = |T_i|$ 的频率是外环增益 $T_2(s)$ 的交越频率，先前表示为 ω_{cr}。因此，$T_2(s)$ 交越频率 ω_{cr} 应置于 RHP 零点 ω_{rhp} 之前。

假设 $\omega_{cr} < \omega_{rhp}$，图 10.49 所示为 $|T_v|$、$|T_i|$、$|T_2|$ 和 $\angle T_2$ 的渐近图。如图

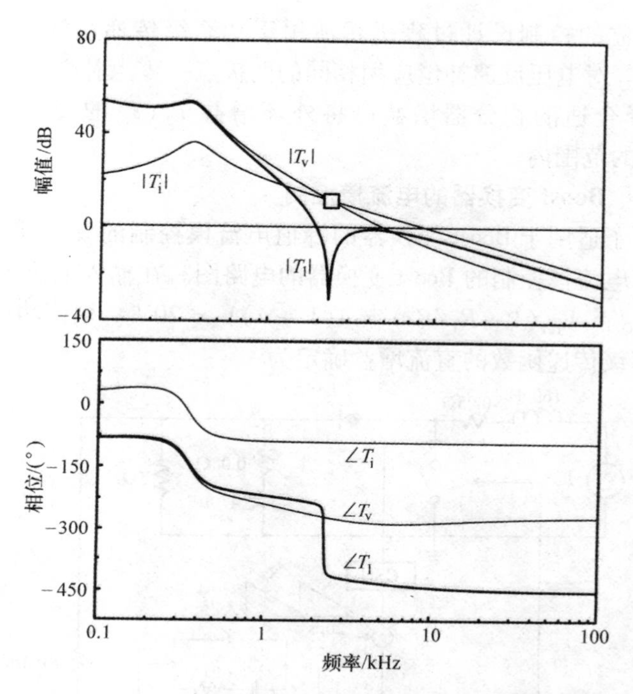

图 10.48　在 ω_{rhp}处 $|T_i| = |T_v|$ 时单反馈环路和总体环路增益的伯德图

10.49 所示，在 ω_{rhp}处的 $T_2(s)$ 的相位为 $\angle T_2 = \angle T_v - \angle T_i = -270° - (-90°) = -180°$。这也验证了对于 ω_{cr}的可接受的相位裕度 $\omega_{cr} < \omega_{rhp}$的要求。在以前的设计过程中，建议对于 Boost 和 Buck/Boost 变换器，$\omega_{cr} = (0.1 \sim 03)\omega_{rhp}$ 。

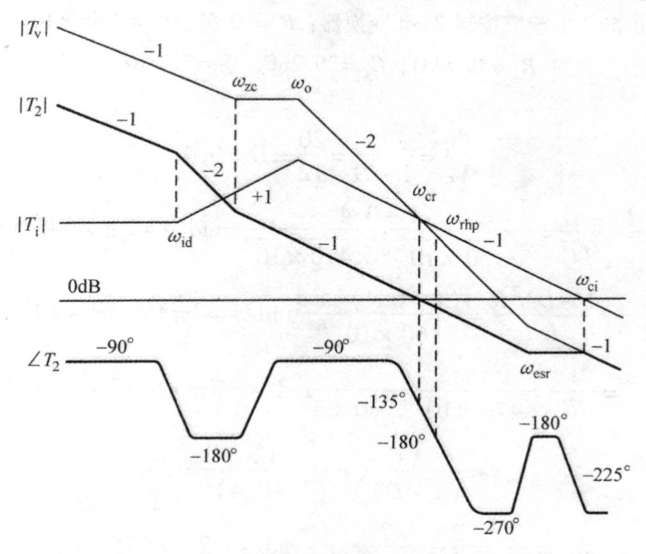

图 10.49　$\omega_{cr} < \omega_{rhp}$时单反馈环路和外部环路增益

上一节中建立的控制设计过程仍然适用于功率级传递函数中有 RHP 零点的 DC－DC 变换器。对电压反馈补偿应用相同的两极点一零点补偿。作为一个关键设计约束，应选择合适的积分器增益以将外环增益 $T_2(s)$ 的交越频率置于 $\omega_{cr}=(0.1\sim0.3)\omega_{rhp}$ 的范围内。

[例 10.16]　Boost 变换器的电流模控制

本实例说明了适用于 Boost 变换器的峰值电流模控制的设计和性能。图 10.50 所示为采用峰值电流模控制的 Boost 变换器的电路图。在输入电压 $V_S=12V$ 时，输出电压调节为 $V_O=V_{ref}(1+R_1/R_x)=4(1+4)V=20V$。根据功率级电路参数和工作条件，功率级传递函数的直流增益确定为

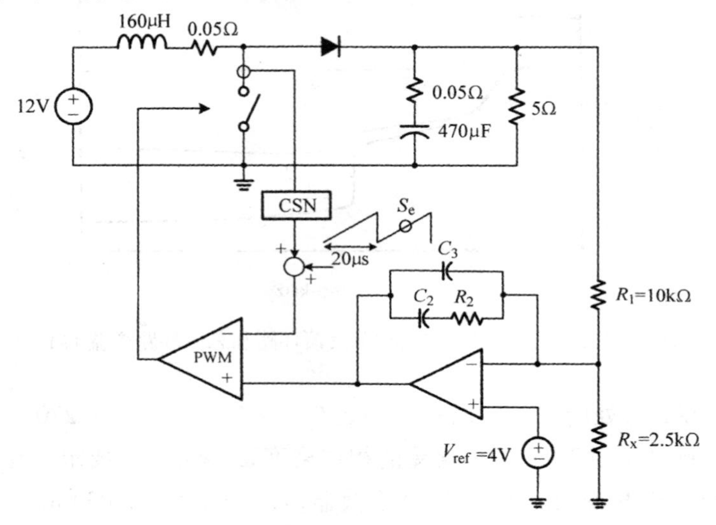

图 10.50　电流模控制 Boost 变换器：$R_i=0.67$，$S_e=7.49\times10^4V/s$，$R_2=19.6k\Omega$，$C_2=29.2nF$，$C_3=5.38nF$

$$\frac{V_O}{V_S}=\frac{1}{1-D}=\frac{20}{12}\Rightarrow D=0.4$$

$$\omega_o=\frac{1-D}{\sqrt{LC}}=\frac{1-0.4}{\sqrt{160\times10^{-6}\times470\times10^{-6}}}rad/s=2\pi\times348rad/s$$

$$\omega_{rhp}=\frac{(1-D)^2R}{L}=\frac{(1-0.4)^2\times5}{160\times10^{-6}}rad/s=2\pi\times1.79\times10^3rad/s$$

$$\omega_{esr}=\frac{1}{CR_c}=\frac{1}{470\times10^{-6}\times0.05}rad/s=2\pi\times6.77\times10^3rad/s$$

$$K_{vd}=\frac{V_S}{(1-D)^2}=\frac{12}{(1-0.4)^2}=33.3$$

$$\omega_{id}=\frac{2}{CR}=\frac{2}{470\times10^{-6}\times5}rad/s=2\pi\times135rad/s$$

$$K_{id}=\frac{2V_S}{(1-D)^3R}=\frac{2\times12}{(1-0.4)^3\times5}=22.2$$

变换器的开关频率为 $\omega_s=2\pi\times50\times10^3\text{rad/s}$。PWM 模块的最大输入电压为 $V_{max}=5.0\text{V}$，电感器电流的峰值计算为

$$i_{L\,peak}=\frac{V_O}{(1-D)R}+\frac{1}{2}\frac{V_S}{L}DT_s$$

$$=\frac{20}{(1-0.4)\times5}\text{A}+\frac{1}{2}\frac{12}{160\times10^{-6}}\times0.4\times20\times10^{-6}\text{A}=6.97\text{A}$$

现在，根据所提出的设计步骤进行控制设计。

电流环路设计

1）T_i交越频率：$\omega_{ci}=0.16\omega_s=2\pi\times8\times10^3\text{rad/s}$

2）T_i的直流增益：

$$K_i=\frac{\omega_{id}\omega_{ci}}{\omega_o^2}=\frac{(2\pi\times135)(2\pi\times8\times10^3)}{(2\pi\times348)^2}=8.92$$

3）CSN 增益：

$$R_i<\frac{V_{max}}{i_{L\,peak}}=\frac{5.0}{6.97}=0.72\Rightarrow R_i=0.67$$

4）调制器增益：

$$F'_m=\frac{K_i}{K_{id}R_i}=\frac{8.92}{22.2\times0.67}=0.60$$

5）斜坡补偿：

$$S_e=\frac{1}{T_sF'_m}+\frac{S_f-S_n}{2}$$

$$=\frac{1}{20\times10^{-6}\times0.60}\text{V/s}+\frac{\frac{20-12}{160\times10^{-6}}\times0.67-\frac{12}{160\times10^{-6}}\times0.67}{2}\text{V/s}$$

$$=7.50\times10^4\text{V/s}$$

$$V_m=S_eT_s=(7.50\times10^4)(20\times10^{-6})\text{V}=1.50\text{V}$$

电压环路设计

1）补偿极点：$\omega_{pc}=\omega_{rhp}=2\pi\times1.79\times10^3\text{rad/s}$

2）补偿零点：$\omega_{zc}=0.8\omega_o=0.8\times(2\pi\times348)\text{rad/s}=2\pi\times278\text{rad/s}$

3）T_2交越频率：$\omega_{cr}=0.28\omega_{rhp}=0.28\times(2\pi\times1.79\times10^3)\text{rad/s}=2\pi\times501\text{rad/s}$

4）积分器增益：

$$K_v=\frac{K_{id}\omega_{cr}R_i\omega_{zc}}{\omega_{id}K_{vd}}=\frac{22.2(2\pi\times501)0.67(2\pi\times278)}{(2\pi\times135)33.3}$$

$$=2.90\times10^3$$

5）电压反馈电路：$R_1 = 10\text{k}\Omega$

$$\Rightarrow R_2 = 19.6\text{k}\Omega,\ C_2 = 29.2\text{nF},\ C_3 = 5.38\text{nF}$$

图 10.51 所示为单反馈环路和系统环路增益的伯德图。图 10.51a 显示，$T_1(s)$ 交越频率精确地置于目标频率 $\omega_{ci} = 2\pi \times 8.0 \times 10^3 \text{rad/s}$ 处。$T_2(s)$ 交越频率也被置于 $\omega_{cr} = 2\pi \times 501 \text{rad/s}$ 的确切设计目标。图 10.52 比较了 $T_1(s)$ 和 $T_2(s)$ 的伯德图。两个环路增益具有不同的相位和增益裕度。总体环路增益 T_1 具有 90°的相位裕量和 ∞ dB 的增益裕度。相反，T_2 的相位裕度只有 45°，增益裕度只有 11dB。

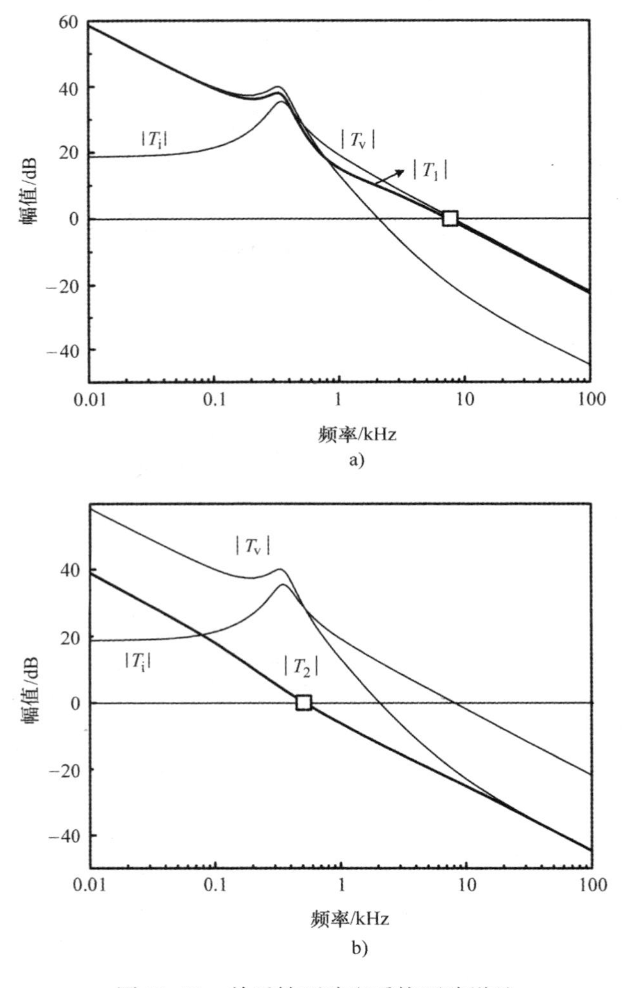

图 10.51 单反馈环路和系统环路增益
a）总体环路增益 $T_1(s)$ b）外部环路增益 $T_2(s)$

如 10.2.3 节所述，两个环路增益的稳定性边界的影响是非常不同的。对于总体环路增益 $T_1(s) = T_i(s) + T_v(s)$，用两个单反馈环路之和来定义稳定裕度。

∞ dB增益裕度意味着只要$|T_v|$和$|T_i|$同时增加，而不管增加量，变换器不会变得不稳定。然而，这个信息对于控制设计目标来说并不是非常有用，因为一般不会同时增加$|T_v|$和$|T_i|$。相反，$|T_i|$首先被固定，并且$|T_v|$随后被调整以进行设计折中。

外环增益$T_2(s) = T_v(s)/(1+T_i(s))$的稳定裕度与电压反馈补偿直接相关。在控制设计中，大多数控制参数被常规地确定，并且在最后阶段，积分器增益K_v被校准用于精细化设计。$T_2(s)$的稳定性裕度提供了有关此设计优化的简明信息。例如，11dB 的增益裕度表示当K_v增加超过$10^{11/20}=3.54$时，变换器变得不稳定。当增加积分器增益以提高闭环性能时，此信息至关重要。

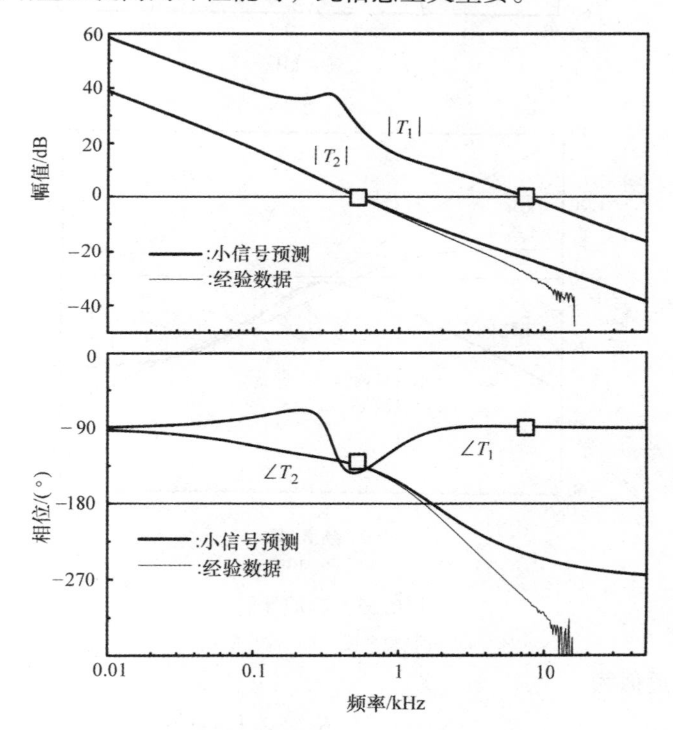

图 10.52　总体环路增益$T_1(s)$和外部环路增益$T_2(s)$之间的比较

音频敏感度和输出阻抗特性如图 10.53 所示。参考 10.3.1 节，音频敏感度大致由下式决定：

$$A_u(s)=\frac{A_{ui}(s)}{1+T_2(s)}\approx\frac{\dfrac{1}{2(1-D)}\dfrac{1+sCR_c}{1+sC(R+R_c)/2}}{1+T_2(s)} \tag{10.98}$$

图 10.53a 显示$|A_{ui}|$、$|T_2|$和$|A_u|$。如 10.3.1 节所述，式（10.98）的关系仅在中频范围内有效，并且在高频范围内$|A_u|$跟随$|G_{vs}|$。

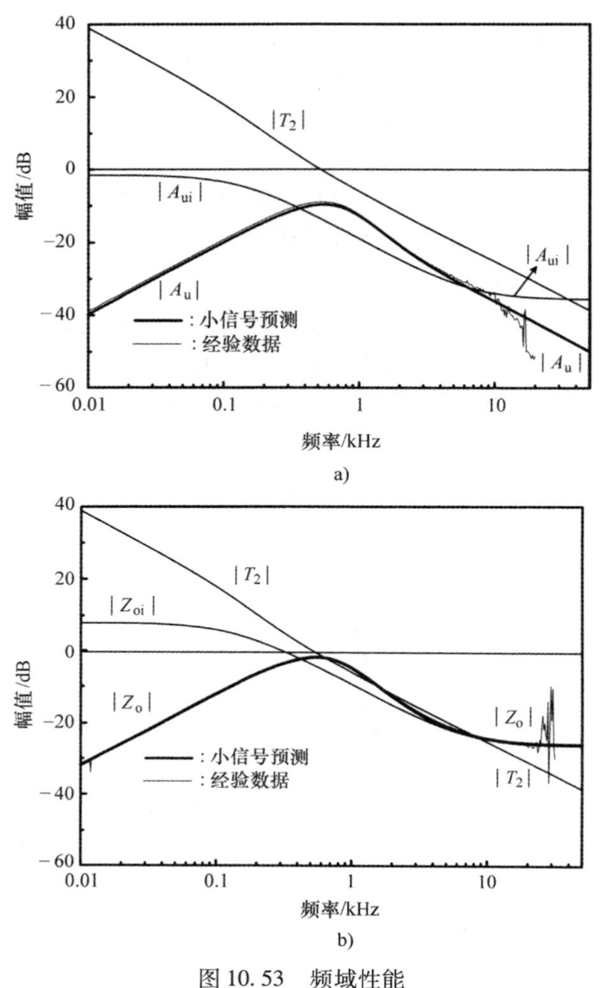

图 10.53 频域性能

a）音频敏感度 b）输出阻抗

输出阻抗近似为

$$Z_o(s)=\frac{Z_{oi}(s)}{1+T_2(s)}\approx\frac{\dfrac{R}{2}\dfrac{1+sCR_c}{1+sC(R+R_c)/2}}{1+T_2(s)} \tag{10.99}$$

图 10.53b 显示$|Z_{oi}|$、$|T_2|$和$|Z_o|$。第一个极点和输出阻抗峰值的预测如图 10.53b 所示，此时$\omega_{zc}=2\pi\times400\text{rad/s}$和$|Z_o|_{peak}=-2\text{dB}$。该信息将用于预测输出电压的阶跃负载响应。

阶跃输入响应和阶跃负载响应如图 10.54 所示。图 10.54a 是由于输入电压$V_S=12\text{V}\Rightarrow8\text{V}\Rightarrow12\text{V}$的阶跃变化而导致的输出电压的瞬态响应。最后，图 10.54b 是由于负载电流$I_o=4\text{A}\Rightarrow7\text{A}\Rightarrow4\text{A}$的阶跃变化而引起的输出电压波形。输出电压的稳定时间预测为

$$t_s = \frac{3}{\omega_{zc}} = \frac{3}{2\pi \times 400}\text{s} = 1.19\text{ms}$$

输出电压偏差的上限为

$$v_O(t)_{peak} < I_{step}10^{|Z_o|_{peak}/20} = 3 \times 10^{-2/20}\text{V} = 2.38\text{V}$$

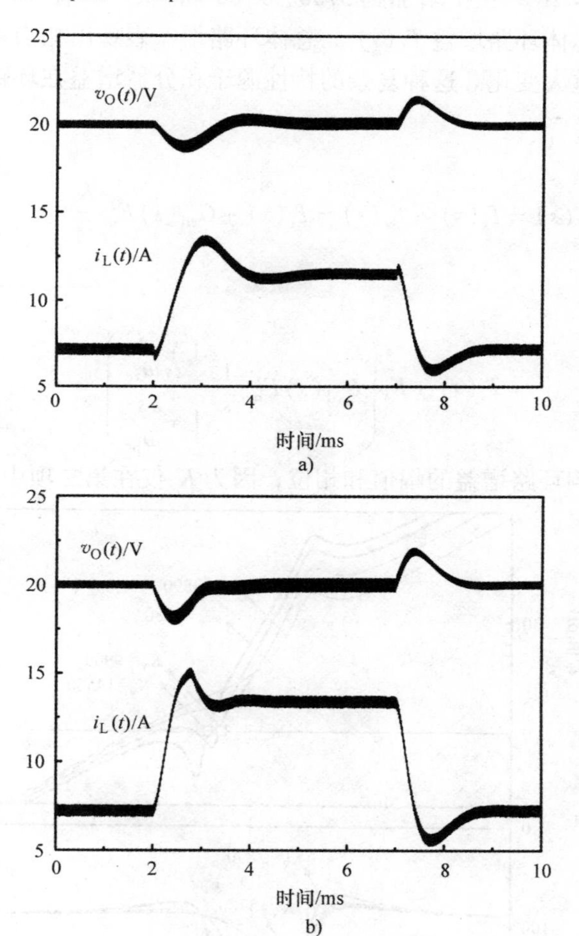

图 10.54 瞬态响应

a）阶跃输入响应 b）阶跃负载响应

10.4.2 环路增益分析

在以前的控制设计过程中，所有的控制参数都是基于功率级参数和工作条件进行系统选择的。然而，积分器增益通常最后被调整以获得最佳闭环性能。因此，当积分器增益变化时，研究总体环路增益和外部环路增益的特性将是有益的，可以获得关于两个环路增益的含义和特性以及多环路控制变换器系统的总体动态性能。

［例 10.17］ 环路增益分析

对于环路增益分析，重新引入例 10.16 中使用的 Boost 变换器。具有$K_v=2890$的积分器增益的 Boost 变换器的总体环路增益和外环增益如图 10.52 所示。现在，积分器增益从 $K_v=2890$ 依次增加到 5780、9900 和 14560。图 10.55 显示了四个不同积分器增益的总体环路增益 $T_1(s)$ 。总体环路增益表现出相当复杂的特性，证明幅值和相位都有重大变化。这种复杂的特性源于积分器增益在环路增益表达式中的位置：

$$T_1(s)=T_i(s)+T_v(s)=T_i(s)+G_{vd}(s)F'_m\underbrace{\frac{K_v}{s}\frac{1+\dfrac{s}{\omega_{zc}}}{1+\dfrac{s}{\omega_{pc}}}}_{F_v(s)}$$

$$=T_i(s)+K_v\left(G_{vd}(s)F'_m\frac{1}{s}\frac{1+\dfrac{s}{\omega_{zc}}}{1+\dfrac{s}{\omega_{pc}}}\right) \tag{10.100}$$

K_v的变化影响环路增益的幅值和相位，因为 K_v仅在第二项中作为乘法因子。

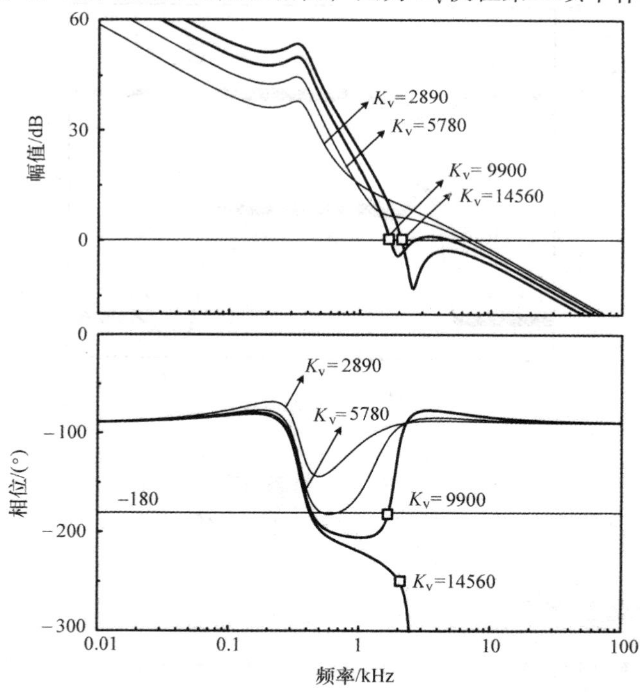

图 10.55 不同积分器增益的总体环路增益

图 10.56 显示四个不同积分器增益的外环增益 $T_2(s)$ 。与 $T_1(s)$ 形成对照的是，外环增益仅显示幅值的线性变化，而相位保持不变。这种转换模式可以很容易

地从 $T_2(s)$ 表达式推断出来：

$$T_2(s)=\frac{T_v(s)}{1+T_i(s)}=\frac{G_{vd}(s)F'_m\frac{K_v}{s}\frac{1+\frac{s}{\omega_{zc}}}{1+\frac{s}{\omega_{pc}}}}{1+T_i(s)}=K_v\frac{G_{vd}(s)F'_m\frac{1}{s}\frac{1+\frac{s}{\omega_{zc}}}{1+\frac{s}{\omega_{pc}}}}{1+T_i(s)} \tag{10.101}$$

式中，积分器增益 K_v 是整个环路增益表达式中的公共因子。因此，K_v 仅线性增加幅值，而不影响相位。$K_v=2890$ 的初始外环增益呈现出 11dB 的增益裕度。因此，变换器的积分器增益为 $K_v=2890\times10^{11/20}=9900$ 时变化不大，对于较大的增益，$K_v=14560$ 变得不稳定。图 10.56 的显示与此分析完全匹配。

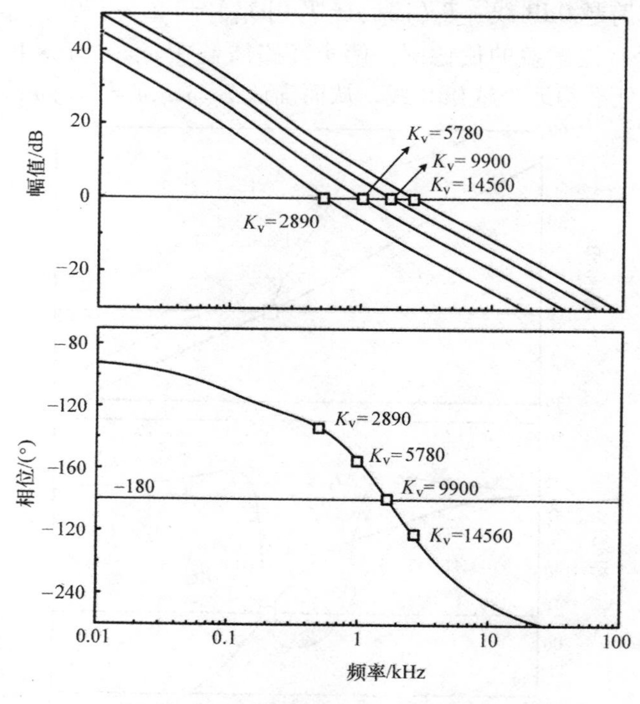

图 10.56　不同积分器增益的外环增益

尽管总体环路增益和外环增益显示出非常不同的稳定裕度和演变方式，但它们应提供与绝对稳定性相同的信息。如图 10.55 和图 10.56 所示，$K_v=2890$ 和 5780 时两个环路增益均表明变换器稳定，而 $K_v=14560$ 时为不稳定。

从 $K_v=9900$ 的环路增益曲线得到重要的观察结果。图 10.56 中的外环增益曲线表明，当积分器增益增加到 $K_v=9900$ 时，环路增益在 $\omega_{cr}=2\pi\times1.70\times10^3\text{rad/s}$、相位角为 $-180°$处跨越 0dB 线。这意味着

$$T_2(j\omega_{cr})=\frac{T_v(j\omega_{cr})}{1+T_i(j\omega_{cr})}=1\angle-180°=-1 \tag{10.102}$$

式中，$\omega_{cr}=2\pi\times1.70\times10^3\text{rad/s}$。式（10.102）重新写为

$$1+\frac{T_v(j\omega_{cr})}{1+T_i(j\omega_{cr})}=0\Rightarrow1+T_i(j\omega_{cr})+T_v(j\omega_{cr})=0 \tag{10.103}$$

这也表明

$$T_1(j\omega_{cr})=T_i(j\omega_{cr})+T_v(j\omega_{cr})=-1=1\angle-180° \tag{10.104}$$

式（10.102）和式（10.104）意味着总体环路增益和外环增益同样预测变换器在积分器增益 $K_v=9900$ 时临界稳定。该信息应该显示在两个环路增益的伯德图和极坐标图中。

- 总体环路增益和外环增益的伯德图在频率 $\omega_{cr}=2\pi\times1.70\times10^3$ rad/s 处、相位角为 $-180°$都跨越 0dB 线：$T_1(j\omega_{cr})=T_2(j\omega_{cr})=1\angle-180°$。图 10.57 所示为 $K_v=9900$ 的两个环路增益的伯德图。两个环路增益在 $\omega_{cr}=2\pi\times1.70\times10^3\text{rad/s}$、相位角为 $-180°$处准确地跨越 0dB 线，从而确认 $T_1(j\omega_{cr})=T_2(j\omega_{cr})=1\angle-180°$。

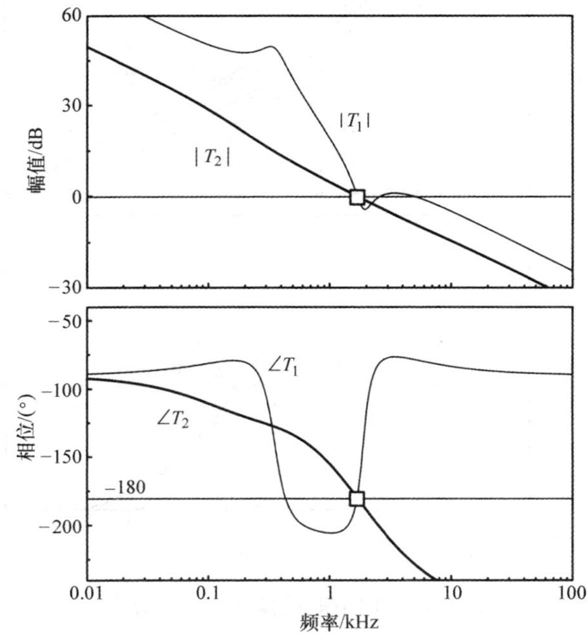

图 10.57　$K_v=9900$ 时系统环路增益

- 两个环路增益的极坐标图在 $\omega_{cr}=2\pi\times1.70\times10^3\text{rad/s}$ 时触及（−1，0）点：$T_1(j\omega_{cr})=T_2(j\omega_{cr})=-1$。图 10.58 所示为利用四种不同积分器增益计算的环

路增益的极坐标图。总体环路增益表现出非常复杂的转换模式，正如式（10.100）所预测的。另一方面，随着积分器增益的增加，外环增益的极坐标图成比例地扩大。尽管有非常不同的转换模式，两个环路增益的极坐标图以 $K_v=9900$ 相同的方式遍历（-1，0）点。

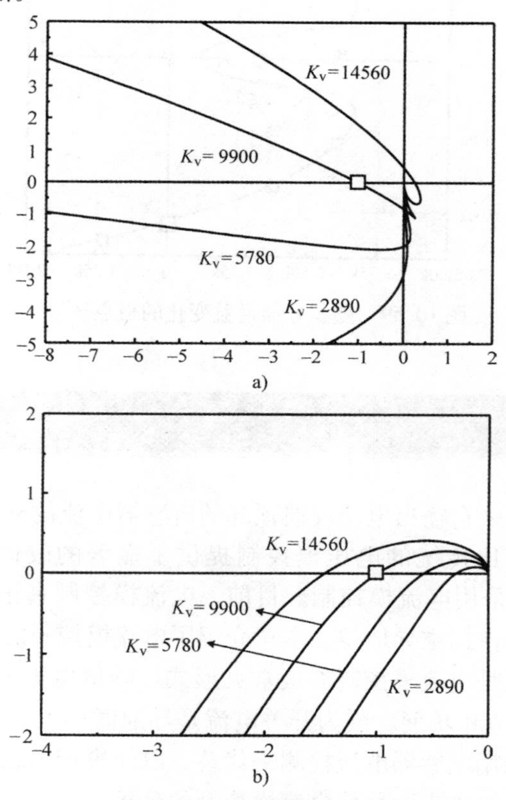

图 10.58　环路增益的极点

a）总体环路增益　b）外部环路增益

式（10.103）的左侧也表示 $\pm\omega_{cr}=\pm 2\pi\times 1.70\times 10^3$ rad/s 是变换器特征方程的根。因此，当积分器增益增加到 $K_v=9900$ 时，一对系统极点位于虚轴上。考虑到积分器增益 K_v后而估算的根轨迹如图 10.59 所示。

$$1+T_2(s)=1+K_v\frac{G_{vd}(s)F'_m\dfrac{1}{s}\dfrac{1+\dfrac{s}{\omega_{zc}}}{1+\dfrac{s}{\omega_{pc}}}}{1+T_i(s)}=0 \tag{10.105}$$

在根轨迹图上，主极点的位置标记为 $K_v=2890$、5780、9900 和 14560。如所预测的那样，一对闭环极点确实与 $K_v=9900$ 相交。交点应为 $\pm\omega_{cr}=\pm 2\pi\times 1.70\times 10^3$ rad/s $=\pm 1.07\times 10^4$ rad/s，它们的频率满足 $1+T_1(j\omega_{cr})=1+T_2(j\omega_{cr})=0$。

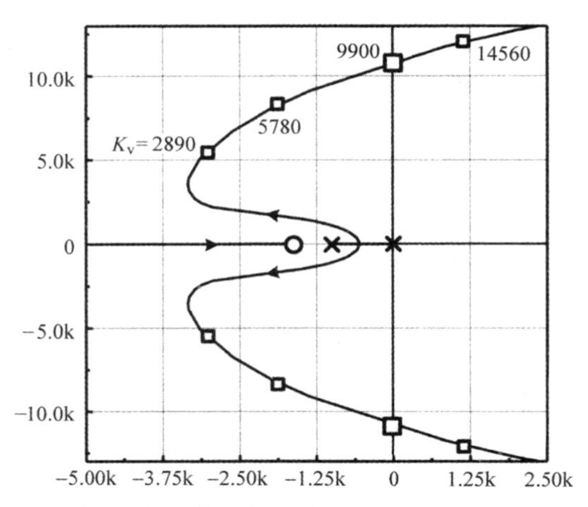

图 10.59　随积分器增益变化的极点轨迹

10.5　小结

电流模控制采用来自输出电压反馈顶部的电感器电流的额外反馈。使用两个反馈信号，电流模控制比传统的电压模控制提供了显著的改进。因此，现代 PWM DC－DC 变换器广泛采用电流模控制。目前，电流模控制真正在 PWM DC－DC 功率变换器控制方法中占据主导地位。本章介绍了电流模控制的综合分析与设计。

峰值电流模控制是电流模控制的最常见形式。峰值电流模控制检测开关电流，并使用其峰值执行 PWM 功能。因为开关电流是导通时的电感器电流，所以开关电流检测在概念上可以用电感器电流检测来代替，以便进行动态分析和控制设计。可以使用电感器电流检测来表示峰值电流模控制的分析和设计。

电流模控制是一种多环控制方案，其中系统中存在多个系统环路增益。两个特定的系统环路增益——总体环路增益和外部环路增益被识别并用于动态分析。这两个环路增益在某些情况下共同使用，并在其他情况下分别用于当前节点控制的分析和设计。本章讨论了两个环路增益的各自作用和含义。

针对适用于所有三个基本 PWM 变换器的峰值电流模控制，制定了系统的非迭代设计过程。电流反馈电路设计为将总体环路增益的交越频率置于目标频率。电压反馈电路采用两极点单零点补偿构成。选择补偿参数用于稳定性和良好的闭环性能。尤其是，确定外环增益的交越频率的期望位置的积分器增益。表 10.3 给出了三个基本 PWM 变换器的分步设计步骤。

详细分析了适用于 Buck 变换器和 Boost 变换器的峰值电流模控制的性能。特别地，阶跃负载响应被彻底分析，产生用于从变换器的输出阻抗特性预测输出电压的瞬态响应的实用方法。已经表明，该阶跃负载分析的结果一般可以扩展到所有的

DC－DC变换器。具体示例见例10.14，其中呈现开关电容变换器的阶跃负载响应。

使用Boost变换器示例来说明稳定性分析中总体环路增益和外部环路增益的使用和影响。环路增益的外部信息应根据相应环路增益的定义进行解释。尽管两个环路增益具有完全不同的形状、稳定裕度和转换模式，但它们提供了有关变换器稳定性的内部信息的一致消息。此分析在例10.17中介绍。

本章介绍的分析称为经典分析，因为分析不包括峰值电流模控制的采样效应，并且已经不如以往那样流行。包含采样效应的新分析方法已经成为古典分析的替代方法。即使如此，经典分析仍然是有价值的，因为它恰当而方便地描述了电流模控制的主要动态特性。下一章将介绍包含采样效应的变换器动态特性的新分析。只要适当和翔实，新分析所得结果将与目前的经典分析所得结果进行比较。

参考文献

1. B. Choi, D. Kim, D. Lee, S. Choi, and J. Sun, "Analysis of input filter interactions in switching power converters," *IEEE Trans. Power Electron.*, vol. 22, no. 2, pp. 452-460, Mar. 2007.

2. D. Kim, B. Choi, D. Lee, and J. Sun, "Dynamics of current-mode controlled dc-to-dc converters with input filter stage," in *Proc. IEEE Power Electron. Specialists' Conf.*, 2005, pp 2648-2656.

3. D. Sable, R. Ridley, and B. Cho, "Comparison of performance of single-loop and current-injection control for PWM converters that operate in both continuous and discontinuous modes of operation," *IEEE Trans. Power Electron.*, vol. 7, no. 1, pp. 136-142, Jan. 1992.

4. L. Dixon, "Average current mode control of switching power supplies," *UNITRODE Power Supply Seminar SEM-700,* 1990.

5. L. Dixon, "Optimizing the design of a high power factor switching regulator," *UNITRODE Power Supply Seminal SEM-700,* 1990.

6. W. Tang, F. C. Lee, R. B. Ridley, and I. Cohen, "Charge control: modeling, analysis, and design," *IEEE Trans. Power Electron.*, vol. 8, no. 4, pp. 396-403, Oct. 1993.

7. F. C. Lee, M. F. Mahmoud, and Y. Yu, *"Design handbook for a standardized control module for dc-to-dc converters,"* vol. I, NASA Contract NAS-3-20102, Apr. 1980.

8. F. C. Lee, Y. Yu, and M. F. Mahmoud, "A unified analysis and design procedure for a standardized control module for dc-dc switching regulators," in *PESC Conf. Rec.*, pp. 284-301, 1979.

9. R. B. Ridley, B. H. Cho, and F. C. Lee, "Analysis and interpretation of loop gains of multi-loop-controlled switching regulator," *IEEE Trans. Power Electron.*, vol. 3, no. 4, pp. 489-498, Oct. 1988. in *PESC Conf. Rec.*, pp. 284-301, 1979.

10. B. Choi and W. Lim, "Control design and closed-loop analysis of a switched-capacitor dc-to-dc converter," *IEEE Trans. Aerosp. Electron. Syst.*, vol. 37, no. 3, pp. 1099-1107, Jul. 2001.

习 题

10.1* 在具有以下条件的 Buck 变换器中采用例 10.2 中讨论的电流感测网络（CSN）：

$$V_S = 24\text{V} \quad V_O = 12\text{V} \quad L = 80\mu\text{H} \quad R = 4\Omega$$
$$C = 400\mu\text{F} \quad R_c = 0.01\Omega \quad f_s = 50\text{kHz}$$

CSN 的电路参数如图 P10.1 所示。

a）绘制两个操作周期中开关电流 i_Q、感测电压信号 v_I 和斜坡补偿电压 V_{ramp} 的波形。显示波形的最大值和最小值。

b）在两个操作周期中，绘制复合信号 $V_{ramp} + v_I$、控制电压 v_{con} 和 PWM 输出电压 V_{pwm}，以说明峰值电流模控制的波形。

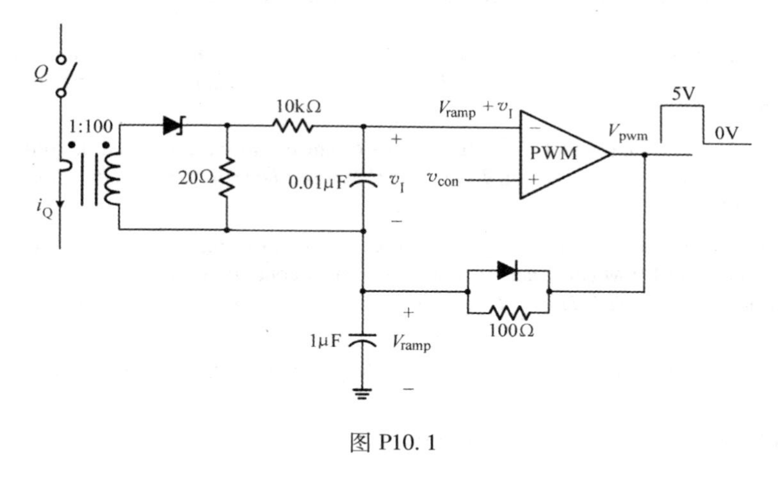

图 P10.1

10.2** 如 10.2.1 节所述，根据与如下的导通和/或断开时电感器电流 $\bar{i}_{on}$ 和 $\bar{i}_{off}$（t）的平均值相关联的方式来建立调制器增益 F'_m 的若干不同表达式：

$$\bar{i}_{on}(t) = v_{con} - S_e dT_s - \frac{1}{2}S_n dT_s$$

$$\bar{i}_{off}(t) = v_{con} - S_e dT_s - \frac{1}{2}S_f(1-d)T_s$$

对于电感器电流的平均值 $\bar{i}_L(t)$

a）假设 $\bar{i}_L(t) = \bar{i}_{on}(t)$ 并线性化下面的方程：

$$\bar{i}_L(t) = v_{con} - S_e dT_s - \frac{1}{2}S_n dT_s$$

一个调制器增益表达式为

$$F'_m = \frac{2}{(2S_e + S_n)T_s}$$

b）通过线性化

$$\bar{i}_L(t) = \bar{i}_{off}(t) = v_{con} - S_e dT_s - \frac{1}{2}S_f(1-d)T_s$$

另一个调制器增益表达式为

$$F'_m = \frac{2}{(2S_e - S_f)T_s}$$

c）通过线性化 $\bar{i}_{on}$ 和 $\bar{i}_{off}(t)$ 的加权平均值

$$\bar{i}_L(t) = d\,\bar{i}_{on}(t) + (1-d)\bar{i}_{off}(t)$$
$$= v_{con} - S_e dT_s - \frac{1}{2}S_n d^2 T_s - \frac{1}{2}S_f(1-d)^2 T_s$$

最后，还有另一个调制器增益表达式为

$$F'_m = \frac{1}{S_e T_s}$$

10.3　对于包含图 10.13 中的无功元件的寄生电阻 R_l 和 R_c 的 Buck、Boost 和 Buck/Boost 变换器，得出占空比－电感器电流传递函数 $G_{id}(s)$ 的精确表达式。将精确表达式与表 10.2 中给出的近似值进行比较。

10.4** 　图 P10.4 所示为电流模控制的 Buck 变换器的电路图。

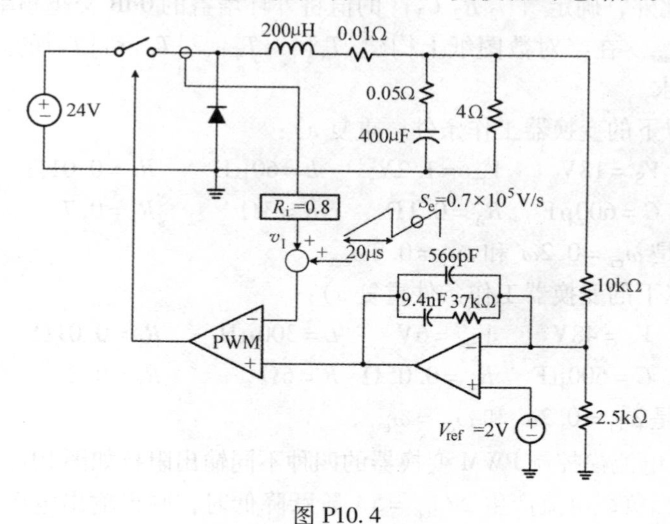

图 P10.4

a）写出电流环路 $T_i(s)$ 和电压环路 $T_v(s)$ 的表达式。

b）在半对数图纸上，绘制 $|T_i|$ 和 $|T_v|$ 的渐近图，以构造总体环路增益 $|T_1|$ 和外环增益 $|T_2|$ 的渐近图。预测 $T_1(s)$ 和 $T_2(s)$ 的 0dB 交越频率。

c）使用 b）的结果来构造 $T_1(s)$ 和 $T_2(s)$ 的因式分解表达式。

10.5** 图 P10.5 所示为电流模控制的 Buck 变换器的电路图。

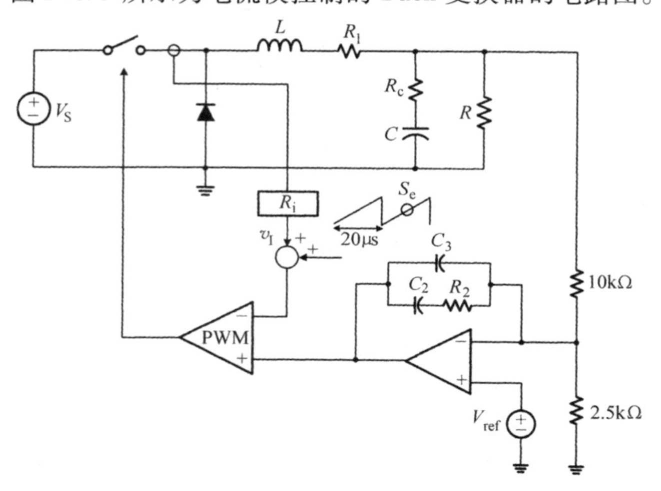

图 P10.5

a）考虑 Buck 变换器的以下功率级参数和工作条件：

$V_S = 24V$ $V_{ref} = 2V$ $L = 80\mu H$ $R_l = 0.01\Omega$

$C = 400\mu F$ $R_c = 0.1\Omega$ $R = 2\Omega$ $R_i = 0.5$

确定补偿斜坡 S_e 的斜率，将电流环路的 0dB 交越频率置于开关频率的 20%，即 $\omega_{ci} = 0.2\omega_s$。此外，确定 $\{C_2\ R_2\ C_3\}$ 的值将外环增益的 0dB 交越频率置于 ESR 零点，即 $\omega_{cr} = \omega_{esr}$。在半对数图纸上构建 $|T_i|$、$|T_v|$、$|T_1|$ 和 $|T_2|$ 的渐近图，以确认符合设计要求。

b）基于以下的变换器工作条件，重复 a)：

$V_S = 18V$ $V_{ref} = 1.2V$ $L = 60\mu H$ $R_l = 0.01\Omega$

$C = 600\mu F$ $R_c = 0.1\Omega$ $R = 3\Omega$ $R_i = 0.7$

设计目标是 $\omega_{ci} = 0.2\omega_s$ 和 $\omega_{cr} = 0.8\omega_{esr}$。

c）基于以下的变换器工作条件重复 a)：

$V_S = 48V$ $V_{ref} = 6V$ $L = 300\mu H$ $R_l = 0.01\Omega$

$C = 600\mu F$ $R_c = 0.05\Omega$ $R = 6\Omega$ $R_i = 0.2$

设计目标是 $\omega_{ci} = 0.2\omega_s$ 和 $\omega_{cr} = \omega_{esr}$。

10.6** 电流模控制 PWM 变换器的四种不同输出阻抗如图 P10.6 所示。对于每一种情况，当负载电流产生 $\Delta I_{step} = 5A$ 阶跃降低时，画出输出电压 $v_O(t)$ 的一般轮廓图。并给出所有 $v_O(t)$ 的突出特点，包括峰值过冲及建立时间的估计。

10.7** 图 P10.7 所示为电流模控制的 Buck 变换器的 $|T_i|$、$|T_v|$、$|Z_p|$ 和 $|G_{vs}|$ 的伯德图。

a）在图 P10.7 中构建 $|T_1|$、$|T_2|$、$|Z_o|$ 和 $|A_u|$ 的渐近图。

b）使用 a）的结论来推导 $T_1(s)$、$T_2(s)$、$Z_o(s)$ 和 $A_u(s)$ 的因式分解表达式。

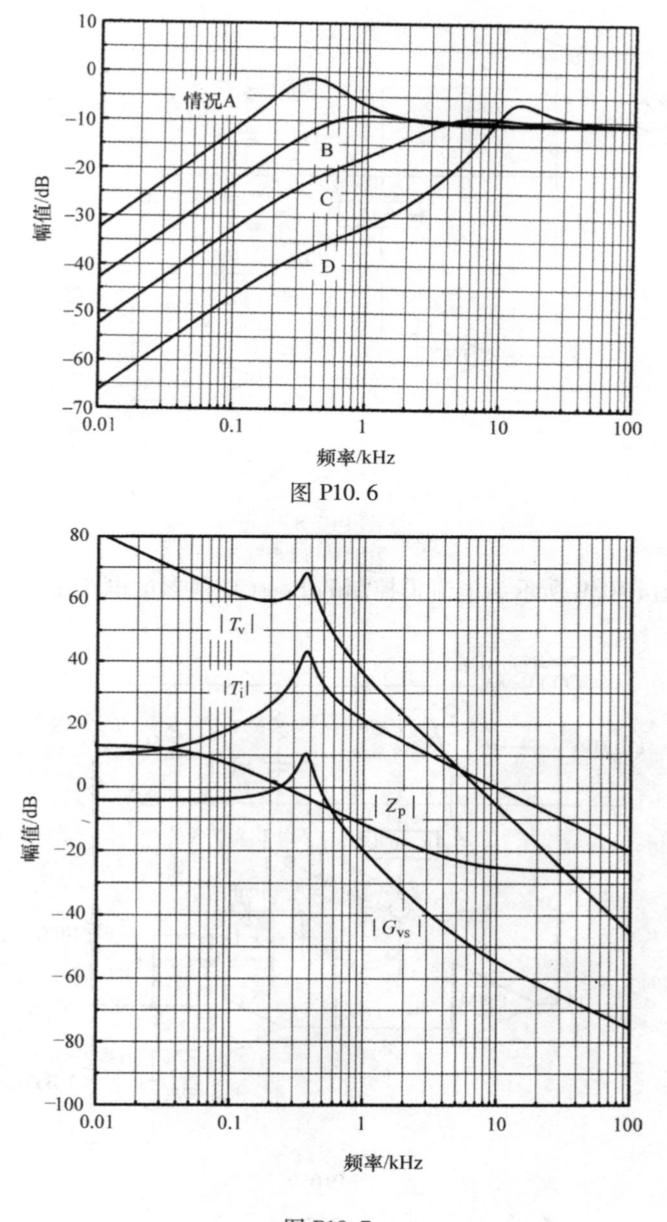

图 P10.6

图 P10.7

10.8** 执行渐近分析以评估图 P10.8 所示的电流模控制的 Buck 变换器的闭环性能。

a）在半对数图纸上画出$|T_i|$、$|T_v|$、$|Z_p|$和$|G_{vs}|$。

b）使用 a）的结果来构建$|T_1|$、$|T_2|$、$|Z_o|$和$|A_u|$的渐近线。

c）使用 b）的结果来推导 $T_1(s)$、$T_2(s)$、$Z_o(s)$和$A_u(s)$的因式分解表达式。

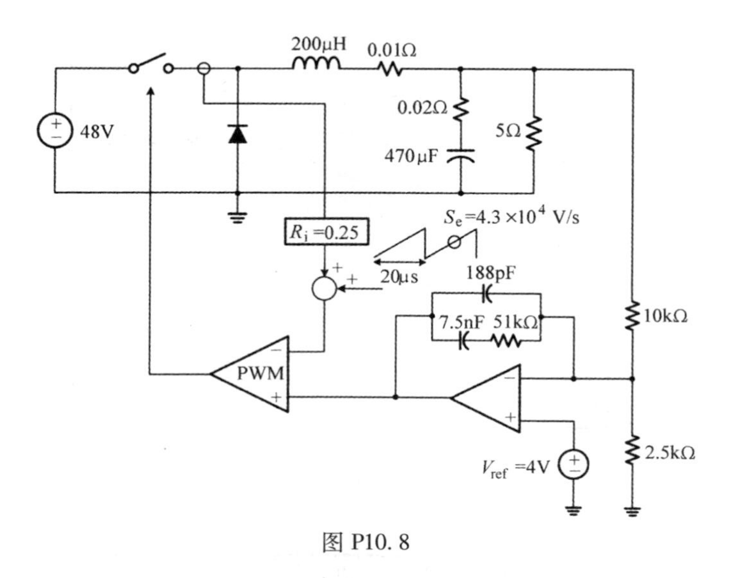

图 P10. 8

10. 9 * 图 P10. 9 所示为电流模控制的 Boost 变换器的电路图。

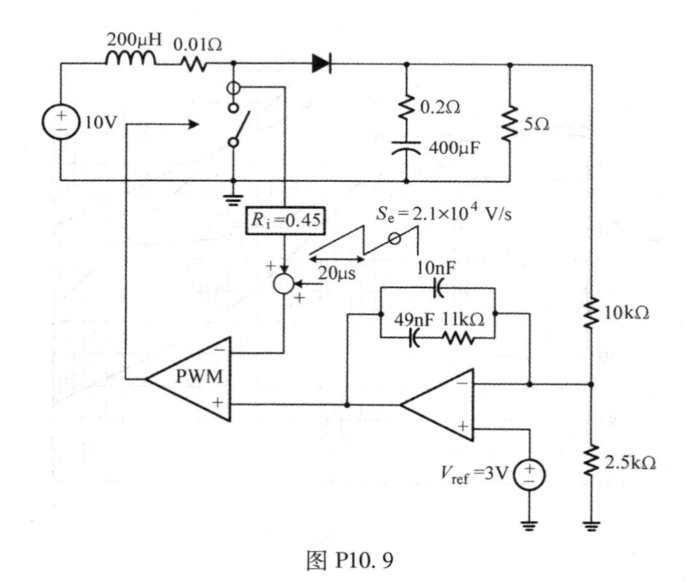

图 P10. 9

a）写出电流环路 $T_i(s)$ 和电压环路 $T_v(s)$ 的表达式。

b）在半对数图纸上，绘制 $|T_i|$ 和 $|T_v|$ 的渐近图，并构造总体环路增益 $|T_1|$ 和外环增益 $|T_2|$ 的渐近图。预测环路增益的 0dB 交越频率。

c）使用 b）的结果来推导 $T_1(s)$ 和 $T_2(s)$ 的因式分解表达式。

10. 10 * 图 P10. 10 所示为电流模控制的 Boost 变换器的电路图。

a）对于 Boost 变换器，考虑如下电路参数和工作条件：

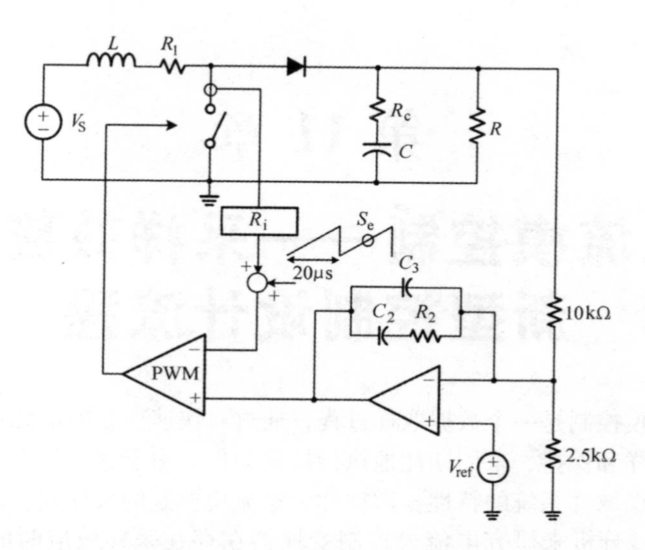

图 P10. 10

$$V_S = 24\text{V} \quad V_{ref} = 9.2\text{V} \quad L = 160\mu\text{H} \quad R_l = 0.01\Omega$$
$$C = 400\mu\text{F} \quad R_c = 0.05\Omega \quad R = 10\Omega \quad R_i = 0.45$$

确定补偿斜坡 S_e 的斜率，将电流环路的 0dB 交越频率置于开关频率的 20%，即 $\omega_{ci} = 0.2\omega_s$。此外，确定 $\{C_2\ R_2\ C_3\}$ 的值将外环增益的 0dB 交越频率置于 RHP 零点的 20%，即 $\omega_{cr} = 0.2\omega_{rhp}$。在半对数图纸上构造 $|T_i|$、$|T_v|$、$|T_1|$ 和 $|T_2|$ 的渐近图，以确认符合设计要求。

b）基于以下的变换器工作条件，重复 a）：

$$V_S = 30\text{V} \quad V_{ref} = 9.6\text{V} \quad L = 80\mu\text{H} \quad R_l = 0.01\Omega$$
$$C = 860\mu\text{F} \quad R_c = 0.05\Omega \quad R = 10\Omega \quad R_i = 0.15$$

设计目标是 $\omega_{ci} = 0.2\omega_s$ 和 $\omega_{cr} = 0.15\omega_{rhp}$。

c）基于以下的变换器工作条件，重复 a）：

$$V_S = 12\text{V} \quad V_{ref} = 5.6\text{V} \quad L = 240\mu\text{H} \quad R_l = 0.01\Omega$$
$$C = 40\mu\text{F} \quad R_c = 0.02\Omega \quad R = 2\Omega \quad R_i = 0.3$$

设计目标是 $\omega_{ci} = 0.2\omega_s$ 和 $\omega_{cr} = 0.3\omega_{rhp}$。

第11章 电流模控制——采样效应及新型控制设计流程

峰值电流模控制是一个数据取样过程，通过对快速变化的电感器电流产生的误差信号进行采样和保持，来周期性地执行控制动作。由于这一特点，电流模控制的变换器具有数据取样系统的特性，这被称为电流模控制的采样效应。可以通过采样数据建模和 z 域分析来研究电流模控制变换器在存在采样效应时的动态性能。然而，得出的结果将太复杂而无法揭示对变换器动态性能或设计策略的任何较简单见解。事实上，通过尝试，已经可以用 z 域表达式完全表征变换器的动态性能特征，但由于其明显的复杂性，结果并没有被广泛接受。

传统来说，峰值电流模控制在假设采样效应影响可被忽略的情况下，已经可以使用 s 域技术进行分析和设计。前一章探讨了这一经典分析。已经证明，该经典分析适当地预测了电流模控制的动态性能，并为大多数情况提供了正确的设计流程。这一经典分析广泛流行直至20世纪80年代后期。

20世纪90年代初，出现了一类新的动态模型，仅通过常规 s 域描述来解释采样效应。这些新模型重新引起了对电流模控制的采样效应的兴趣和关注，本书中，该模型被称为电流模控制的 s 域模型。通过这种新的 s 域模型，电流模控制的几个新特点被揭示，且补充和加强了早期经典分析的结果。

本章借助于电流模控制的 s 域模型来研究采样效应。对变换器动态性能的采样效应的结果将进行详细研究。基于分析结果，开发新的设计电流模控制流程。将未考虑采样效应的经典设计与新设计的预测及表现进行比较和对比。我们还将探讨新设计流程与经典设计流程之间的相关性。最后，作为应用实例，讨论光耦合器隔离峰值电流模控制的反激变换器的设计与计算评价。

11.1 电流模控制的采样效应

本节介绍了采样效应的起因、性质和结果；还引入了用于电流模控制的 s 域模型，该模型将在本书中用于解释采样效应。

11.1.1 采样效应的起因和结果

图 11.1 所示为峰值电流模控制的三种基本 PWM 变换器。正如 10.2.1 节中讨论，该模型可以表示每一个具有功率级结构连接的三种基本 PWM 转换器。对于峰值电流模控制，开关电流通过电流感测网络（CSN）检测得到。如前一章所述，就控制机制而言，开关电流检测与电感器电流检测相同。为了方便图形说明和分析处理，峰值电流模控制是通过电感器电流检测来描述的。

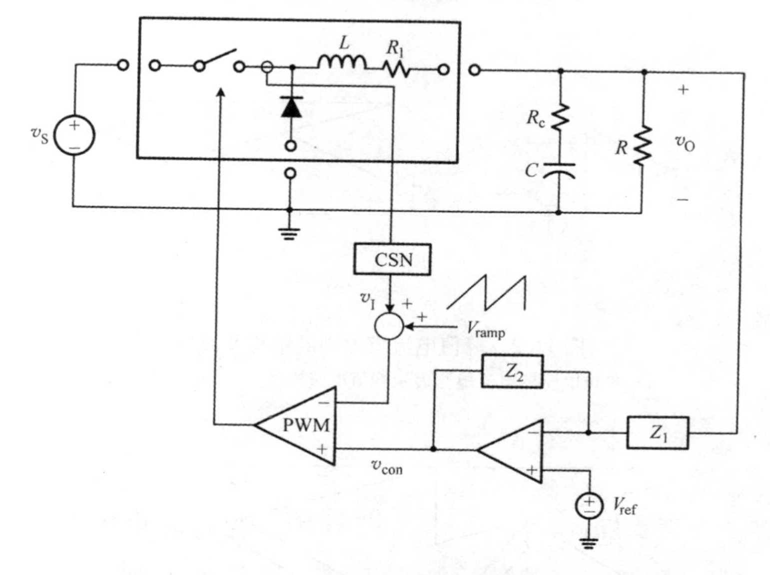

图 11.1 峰值电流模控制的三种基本 PWM 变换器

采样效应的起因

PWM 调制器的工作过程中调用了采样效应。PWM 波形如图 11.2 及图 11.3 所示，通过波形图对电流模控制的采样效应进行研究。图 11.2a 所示为 PWM 调制器的结构及波形，其中峰值电流模控制由电感器电流检测表示。不失一般性假设 CSN 增益一致，为此有 $v_I = i_L$。图 11.2a 可变换为如图 11.2b 所示的等效形式。

图 11.2 中的控制波形修改后如图 11.3 所示，以便说明与初始电感器电流 i_L 相比，扰动电感器电流 i_L' 的演变。采样效应起因于通过采样和保持由快速变化的电感器电流产生的误差信号来周期性地执行控制动作的事实。在第 k 个周期的峰值时刻，电感器电流中出现初始扰动 $\hat{i}_L(k) = i_L'(k) - i_L(k)$，传递到之后的开关周期，并产生连续误差信号 $\hat{i}_L(t) = i'_L(t) - i_L(t)$。在第（$k+1$）个周期，当 i'_L 与复合信号 $v_{con} - V_{ramp}$ 相交时，误差信号被采样。被采样的误差信号 $\hat{i}_L(k+1)$ 保持恒定直到下一个采样瞬间。PWM 调制器采样并保持了与开关周期同步的误差信号。图

11.3 中底部 $\hat{i}_L^*(t)$ 是 PWM 调制器中采样和保持的误差信号的原理表示。

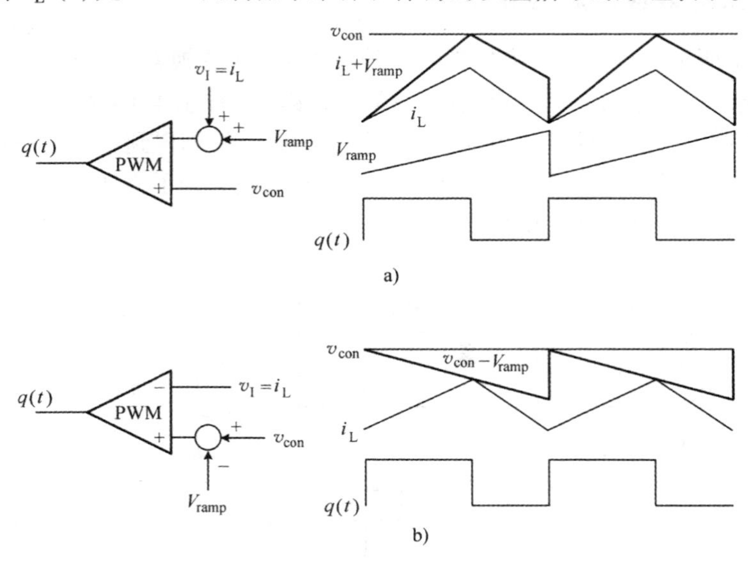

图 11.2 峰值电流模控制的结构及波形

a）单位电感器电流检测表示峰值电流模控制 b）等效形式

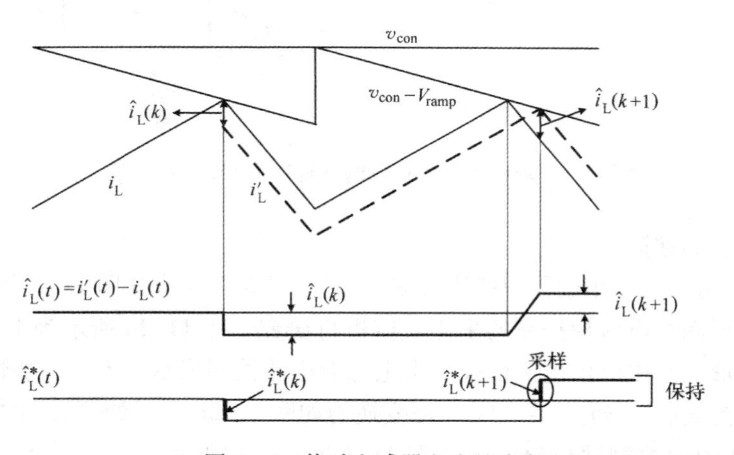

图 11.3 扰动电感器电流的演变

采样效应的结果

采样效应渗透到变换器的动态特性中，并引发了经典分析无法预测的现象。由于 PWM 调制器以开关频率的速率采样并保持误差信号，因此采样效应主要在较高频率下显现，如频率接近或高于开关频率的一半时。

［例 11.1］ 采样效应的结果

本实例显示了采样效应对环路增益特性的影响。图 11.4 所示为从两种不同的动态模型获得的电流模控制Boost变换器的环路增益的伯德图。图中细曲线是不考虑采样效应的经典分析的预测。粗曲线是本章开发的新模型的结果，用于解释采样效应。除了模型预测结果，使用计算方法获得的经验环路增益曲线也显示在图11.4中。变换器的开关频率为$f_s=50\text{kHz}$。在低频下环路增益曲线没有显示出任何明显的差异。然而，在高频下它们表现出显著的偏差，特别是在开关频率$f_s/2=25\text{kHz}$左右的频率附近。显然，新模型在幅值和相位特性方面都更好地与经验数据相关。新模型的改进精度是考虑电流模控制的采样效应的直接结果。在11.2.3节和11.3节中将对采样效应的结果进行详细讨论。

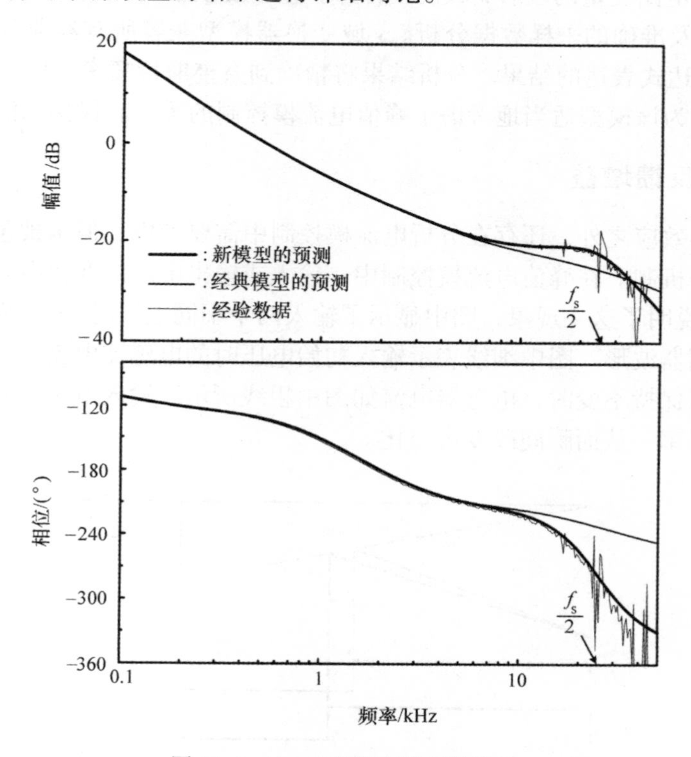

图11.4　Boost变换器的环路增益

11.1.2　采样效应的建模方法学

在电流模控制PWM变换器中，电路变量分为两类：缓变变量和瞬变变量。输出电压和控制电压是平滑滤波的缓变变量。相比之下，电感器电流是快速变化的三角波瞬变变量。

采样效应是一种在离散时间上的现象，需要通过采样数据建模和z域分析进行研究。采样效应最初由快速变化的电感器电流调用，因此采样数据建模需要应用于电感器电流反馈电路。另一方面，对于缓变电路变量占优的变换器电路的剩余部分，不需要进行采样数据建模。对于这一部分，离散时间分析不会产生与基于平均法的经典分析结果大不相同的结果。事实上，电压模控制也是数据采样过程，在每个开关周期中占空比仅更新一次。尽管如此，平均法提供了足够的精度，因为涉及 PWM 处理的所有电路变量都变化很慢。

电流模控制的一个有效的建模方法是尽可能多地利用现有的 s 域模型，只进行必要的修改或添加来适应采样效应。在这种实践中，采样效应首先被建模为离散时间过程，且所得到的 z 域模型随后被转换成等效的 s 域表示。然后将等效的 s 域表示与用于缓变电路变量的现有 s 域模型合并。整个变换器的最终 s 域模型提供了简单的 s 域分析及准确的采样数据分析。s 域变换器模型兼容所有经典分析技术，并提供由 s 域表达式表达的结果。分析结果将精确到奈奎斯特频率，即变换器开关频率的一半，因为该模型适当地考虑了峰值电流模控制的采样和保持功能。

11.1.3 正反馈增益

除了采样效应之外，还存在分析电流模控制中需要考虑、但未被包括在经典分析中的另一种机制。在峰值电流模控制中，输入或输出电压的变化会立即影响占空比。图 11.5 说明了这一现象，图中显示了输入两个不同电压时 Buck 变换器的电感器电流和调制器波形。图中细线表示输入初始电压时的电感器电流。当输入电压下降而输出电压保持不变时，电感器电流如图中粗线所示。输入电压的变化会改变电感器电流的斜率，从而瞬间改变占空比。

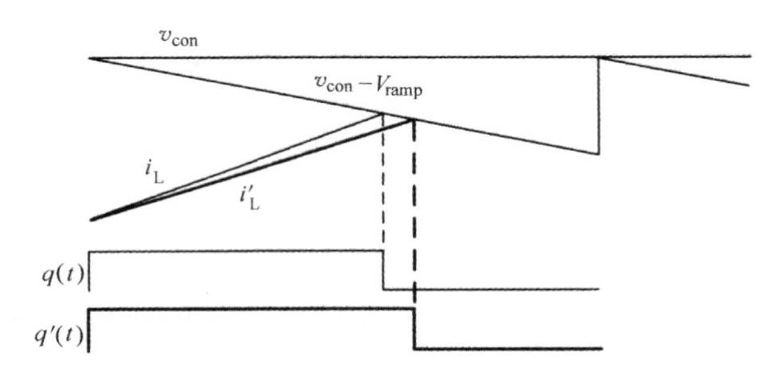

图 11.5 不同输入电压下的 PWM 波形

对例 10.3 进行经典分析时，首先假设电感器电流的斜率保持不变，得出峰值电流模控制的调制器增益。为了提高小信号模型的保真度和准确性，现在讨论除去这种假设的情况。电感器电流的斜率受输入电压和输出电压的影响，并且所产生的斜率变化立即影响占空比。这种关联性作用被建模为新模型中输入和输出电压的前馈增益。

11.1.4 完整的电流模控制 s 域模型

电流模控制 PWM 变换器的完整 s 域小信号模型可以通过 10.2.1 节中介绍的小

信号模型增加必要的增益块获得。图 11.6 显示了所得到的小信号模型。在这种新的小信号模型中，增加或修改了四个增益块，来表征电流模控制的采样效应数据特征，但电压反馈补偿 $F_v(s)$ 和 CSN 增益 R_i 保持不变。

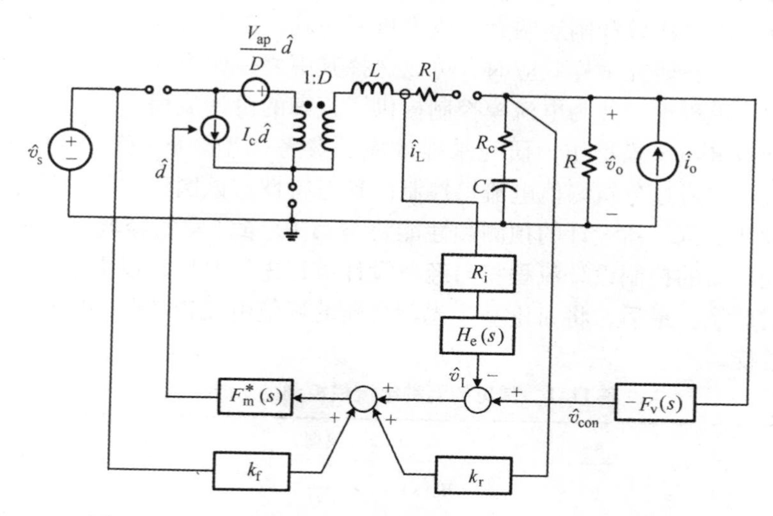

图 11.6　电流模控制 PWM 变换器的完整 s 域小信号模型

1）采样效应：采样效应的 s 域表示可以合并到 PWM 模块中，组成新的 s 域调制器增益 $F_m^*(s)$，或作为单独的 s 域增益块 $H_e(s)$ 被包含，增益块位于电感器电流反馈路径中。

2）前馈增益：增益块 k_f 表示输入电压的影响，k_r 是来自输出电压的前馈增益。

一旦确定了四个额外的增益块，就建立了电流模控制的完整 s 域模型。当 $F_m^*(s)=F'_m$，$H_e(s)=1$ 且 $k_f=k_r=0$ 时，图 11.6 所示模型被简化为第 10 章中提出的经典分析的模型。

11.1.5　两种流行的电流模控制 s 域模型

目前有两种不同的电流模控制 s 域模型被广泛使用。第一种 s 域模型由 R. B. Ridley 提出[1]。在 Ridley 模型中，采样效应作为单独的 s 域增益块 $H_e(s)$ 被并入，调制器增益被建模为常数。电流模控制的采样数据特征最初被描述为 z 域传递函数，然后转换成等效的 s 域表示 $H_e(s)$。调制器增益包括了斜坡补偿的斜率，但不包含任何频率相关项。它还包括了来自输入和输出电压的前馈增益。表 11.1 列出了三种基本 PWM 变换器的 Ridley 模型增益块的表达式。

另一种 s 域模型由 F. D. Tan 稍后提出[2]。在 Tan 模型中，采样效应作为频率相关项并入调制器增益中，但电流反馈回路仅包含 CSN 增益，即 $H_e(s)=1$。该模型还包含了来自输入电压和输出电压的前馈增益。Tan 模型的增益块表达式也在

表 11.1 中列出。

Ridley 模型和 Tan 模型这两个电流模控制的 s 域模型，仅仅采用 s 域技术来分析电流模控制的采样数据特征。然而，这两个模型在建模方法和最终结果方面都有微妙的差异，因此比较和阐述两者已成为重要主题。虽然这两个模型的精确性仍待严格评估，但是在研究采样效应时，可以选择其中之一作为参考模型。这两个模型都有自己的建模理论，并为电流模控制提供了正确的设计流程。

本书选择 Ridley 模型作为研究采样效应的参考模型。下一节将研究 Ridley 模型的增益块；并通过分析峰值电流模控制的动态特性，试图建立新的设计流程；给出了几个设计实例。新设计的预测和性能将与第 10 章开发的经典设计的预测和性能进行比较。新的控制设计流程将与经典设计流程进行对比，以揭示两种不同设计流程之间的联系。最后，将讨论基于光耦合器的峰值电流模控制的隔离反激变换器的设计和性能。

表 11.1　常见的两种电流模控制的 s 域模型

	Ridley 模型	Tan 模型
三种基本变换器的 s 域增益	$H_e(s)=1+\frac{s}{\omega_n Q_z}+\frac{s^2}{\omega_n^2}$ $Q_z=-\frac{2}{\pi}$ $\omega_n=\frac{\pi}{T_s}$	$H_e(s)=1$
三种基本变换器的 s 域调制器增益	$F_m^*(s)=\frac{1}{(S_n+S_e)T_s}$	$F_m^*(s)=\frac{K_m^*}{1+\frac{s}{\omega_p}}$ $K_m^*=\frac{2}{(S_n-S_f+2S_e)T_s}$ $\omega_p=\frac{\omega_s^2}{4K_m^*(S_n+S_f)}$
k_f：Buck 变换器	$-\frac{DT_sR_i}{L}\left(1-\frac{D}{2}\right)$	$-\frac{D(1-D)T_sR_i}{2L}$
Boost 变换器	$-\frac{T_sR_i}{2L}$	0
Buck/Boost 变换器	$-\frac{DT_sR_i}{L}\left(1-\frac{D}{2}\right)$	$-\frac{D(1-D)T_sR_i}{2L}$
k_r：Buck 变换器	$\frac{T_sR_i}{2L}$	0
Boost 变换器	$\frac{(1-D)^2T_sR_i}{2L}$	$-\frac{D(1-D)T_sR_i}{2L}$
Buck/Boost 变换器	$\frac{(1-D)^2T_sR_i}{2L}$	$-\frac{D(1-D)T_sR_i}{2L}$

注：感应电流反馈电压 v_I 的导通周期斜率为 S_n，关断周期为 S_f，S_e 为斜坡补偿的斜率。

11.2　电流模控制 s 域模型表达式

本节分析 Ridley 的 s 域模型的细节；给出表示电流模控制的采样数据特征的增益块的表达式。

11.2.1　修改后的小信号模型

为了简化增益块表达式的推导，图 11.6 中的 s 域模型被修改为图 11.7 中的等效替代形式。图 11.7 中的修改列出如下。

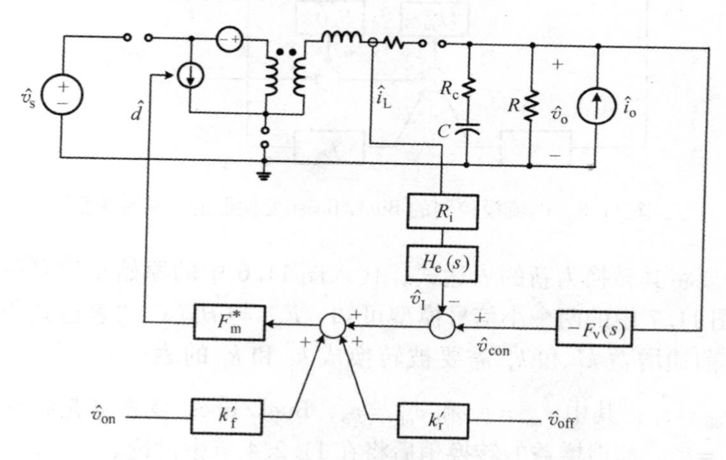

图 11.7　电流模控制的修改后的小信号模型

1）在修改后的模型中，调制器增益由 F_m^* 而不是 $F_m^*(s)$ 表示，因为调制器增益在 Ridley 模型中是一个常数。

2）在图 11.6 中的原始模块中，前馈增益 k_f 和 k_r 源于变换器的输入电压及输出电压。另一方面，在修改后的模型中，前馈增益源于小信号源 $\hat{v}_{on}$ 和 $\hat{v}_{off}$。小信号源 $\hat{v}_{on}$ 表示导通周期电感器两端的电压，$\hat{v}_{off}$ 表示关断周期（负）电感器电压。因此，前馈增益被重命名为 k_f' 和 k_r'。

以上修改的目的是为了简化对前馈增益的分析。修改模型的优点将在 11.2.4 节中进行介绍。

现将图 11.7 中的修改模型应用到 Buck/Boost 变换器中。所得模型如图 11.8 所示。对 Buck/Boost 变换器而言，修改模型与图 11.6 中的原始模型相同，因为在这种情况下 $\hat{v}_{on}=\hat{v}_s$ 且 $\hat{v}_{off}=\hat{v}_o$。图 11.8 没有包括电压反馈补偿 $F_v(s)$，因为 $F_v(s)$ 是预定的且不影响电流模控制的小信号模型。CSN 增益 R_i 也可预先得知。

四个增益块 F_m^*、$H_e(s)$、k_f' 和 k_r' 都可由图 11.8 导出。一旦这四个增益块被

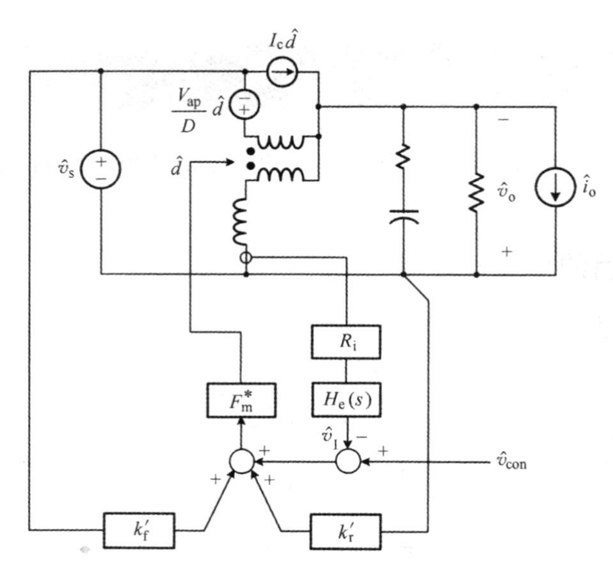

图 11.8　电流模控制的 Buck/Boost 变换器的小信号模型

导出，则需要将其转换为新的表达式，代入图 11.6 中的原始小信号模型中。比较图 11.6 与图 11.7 中的两个小信号模型可知，F_m^* 与 $H_e(s)$ 的表达式明显与原来一致。然而，前馈增益 k_f' 和 k_r' 需要被转换成 k_f 和 k_r 的表达式，因为通常情况下 $\hat{v}_{on} \neq \hat{v}_s$ 且 $\hat{v}_{off} \neq \hat{v}_o$；其中 $\hat{v}_{on} = \hat{v}_s$ 和 $\hat{v}_{off} = \hat{v}_o$，Buck/Boost 变换器是特殊情况，所以 $k_f = k_f'$ 且 $k_r = k_r'$。前馈增益的转换稍后将在 11.2.4 节中讨论。

当四个增益块 F_m^*、$H_e(s)$、k_f 和 k_r 被代入图 11.6 中时，三个基本变换器的 s 域小信号模型可通过合理安排功率级电路结构中的连接得到。图 11.8 是 $k_f = k_f'$ 且 $k_r = k_r'$ 情况下的 Buck/Boost 变换器的小信号模型。

下一节介绍了通过图 11.8 得到 F_m^*、$H_e(s)$、k_f' 和 k_r' 的推导过程。在接下来的模型推导中，除非特别说明，否则 CSN 增益被假定为 $R_i = 1$。

11.2.2　调制器增益 F_m^*

调制器增益 F_m^* 是通过将控制电压 $\hat{v}_{con}$ 中的扰动与占空比 $\hat{d}$ 的变化进行图形化关联得出的。图 11.9 所示为在第二个工作周期开始时 $\hat{v}_{con}$ 发生扰动的调制器波形。实线表示原始控制电压 v_{con} 下的调制器波形，虚线表示受到扰动的控制电压 $\hat{v}_{con}$ 下的波形。控制电压的扰动 $\hat{v}_{con} = v_{con}' - v_{con}$ 导致了导通周期 $\hat{d}T_s$ 的改变。从图 11.9 中被标出并放大的调制器波形中，可得

$$\hat{v}_{con} = S_n\hat{d}T_s + S_e\hat{d}T_s = (S_n + S_e)\hat{d}T_s \tag{11.1}$$

式中，S_n 为电感器电流的导通周期斜率；S_e 为斜坡补偿的斜率。式（11.1）可化为

$$F_m^* = \frac{\hat{d}}{\hat{v}_{con}} = \frac{1}{(S_n + S_e)T_s} \tag{11.2}$$

由此可得调制器增益。

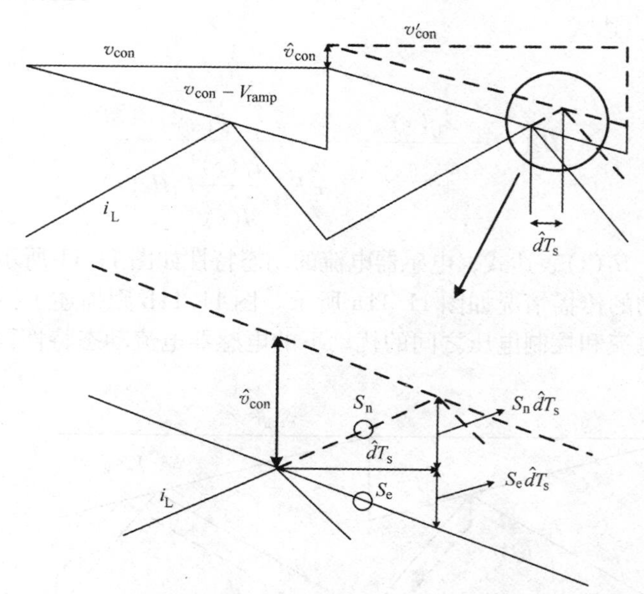

图 11.9　控制电压被扰动时的调制器波形

11.2.3　采样效应的 s 域表示$H_e(s)$

电流模控制的采样效应被建模为位于电流反馈路径中的单独增益块 $H_e(s)$。为了实现其推导，输入和输出电压被固定为如图 11.8 所示的 $\hat{v}_s = \hat{v}_o = 0$。由此，图 11.8 可简化为图 11.10。$H_e(s)$ 的表达式可按如下三步从图 11.10 中推导得到：

第一步：从控制电压到电感器电流的传递函数的表达式 $H_i(s) = \hat{i}_L(s)/\hat{v}_{con}(s)$ 可由两种方法导出，从而产生传递函数的两个可选表达式。增益块 $H_e(s)$ 被包括在两个 $H_i(s)$ 表达式中的一个中。

第二步：通过使两个 $H_i(s)$ 的不同表达式相等，得到增益块表达式为 $H_e(s) = sT_s/(e^{sT_s} - 1)$。

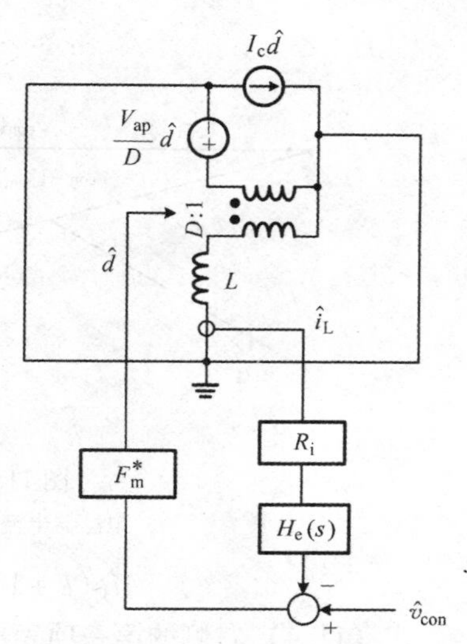

图 11.10　简化的电流模控制 s 域模型

第三步：通过复指数的泰勒级数展开，在 $Q_z = -2/\pi$ 且 $\omega_n = \pi/T_s$ 时，$H_e(s)$ 的表达式可近似为 $H_e(s) = sT_s/(e^{sT_s}-1) \approx 1 + s/(\omega_n Q_z) + s^2/\omega_n^2$。

1）第一步：$H_i(s) = \hat{i}_L(s)/\hat{v}_{con}$的两个表达式

对图 11.10 应用梅森增益规则可以得到从控制电压到电感器电流的传递函数 $H_i(s)$的第一个表达式

$$H_i(s) = \frac{\hat{i}_L(s)}{\hat{v}_{con}(s)} = \frac{F_m^* \dfrac{\hat{i}_L(s)}{\hat{d}(s)}}{1 + F_m^* \dfrac{\hat{i}_L(s)}{\hat{d}(s)} R_i H_e(s)} \tag{11.3}$$

对于第二个 $H_i(s)$表达式，电感器电流的动态特性如图 11.11 所示。假设 $R_i = 1$，电感器电流扰动的传播情况如图 11.11a 所示。图 11.11b 则描述了控制电压扰动的影响。电感器电流和控制电压之间的扰动下的电感器电流动态特性可由如下差分方程描述：

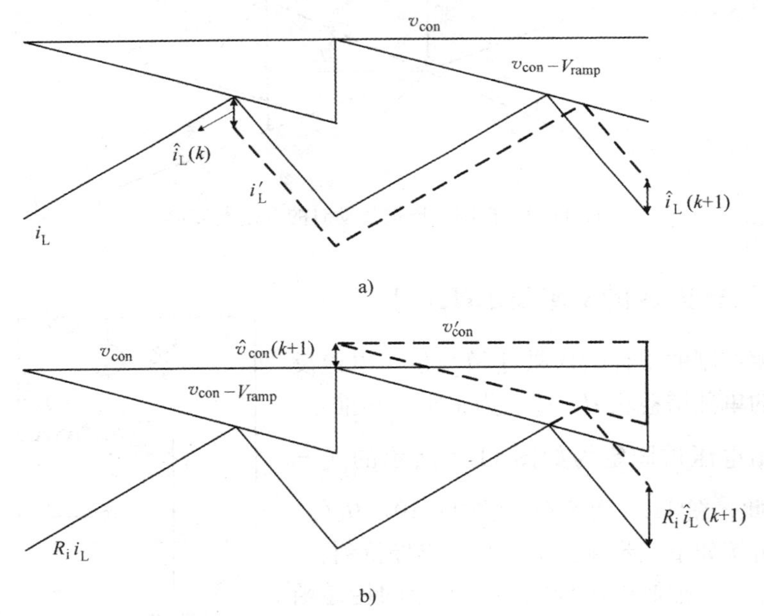

图 11.11 电感器电流动态特性

a）电感器电流扰动的传播 b）控制电压扰动的影响

$$\hat{i}_L(k+1) = k_1 \hat{i}_L(k) + k_2 \hat{v}_{con}(k+1) \tag{11.4}$$

式（11.4）右侧的第一项表示电感器电流扰动的传播。第 $k+1$ 个周期的电感器电流扰动 $\hat{i}_L(k+1)$受到前一个电感器电流扰动 $\hat{i}_L(k)$的影响。这一项是自然响应。第二项描述了控制电压扰动对电感器电流的影响。在第（$k+1$）个周期的控制电压扰动

$\hat{v}_{\mathrm{con}}(k+1)$立即影响电感器电流 $\hat{i}_{\mathrm{L}}(k+1)$，没有任何延迟。第二项是受迫响应。式（11.4）中的两个比例系数 k_1 和 k_2 通过分析自然和受迫响应来计算得到。

自然响应

图 11.12 显示了电感器电流扰动 $\hat{i}_{\mathrm{L}}(k)=i'_{\mathrm{L}}(k)-i_{\mathrm{L}}(k)$到下一个采样时刻的传播。根据 PWM 波形，建立如下关系式：

$$-\hat{i}_{\mathrm{L}}(k)=(S_{\mathrm{n}}+S_{\mathrm{e}})\hat{d}T_{\mathrm{s}} \tag{11.5}$$

和

$$\hat{i}_{\mathrm{L}}(k+1)=(S_{\mathrm{f}}-S_{\mathrm{e}})\hat{d}T_{\mathrm{s}} \tag{11.6}$$

由式（11.5）与式（11.6）可得

$$\frac{\hat{i}_{\mathrm{L}}(k+1)}{\hat{i}_{\mathrm{L}}(k)}=-\frac{S_{\mathrm{f}}-S_{\mathrm{e}}}{S_{\mathrm{n}}+S_{\mathrm{e}}} \tag{11.7}$$

式（11.7）可化为

$$\hat{i}_{\mathrm{L}}(k+1)=-\alpha\,\hat{i}_{\mathrm{L}}(k) \tag{11.8}$$

式中

$$\alpha=\frac{S_{\mathrm{f}}-S_{\mathrm{e}}}{S_{\mathrm{n}}+S_{\mathrm{e}}} \tag{11.9}$$

式（11.8）是电感器电流的自然响应部分。

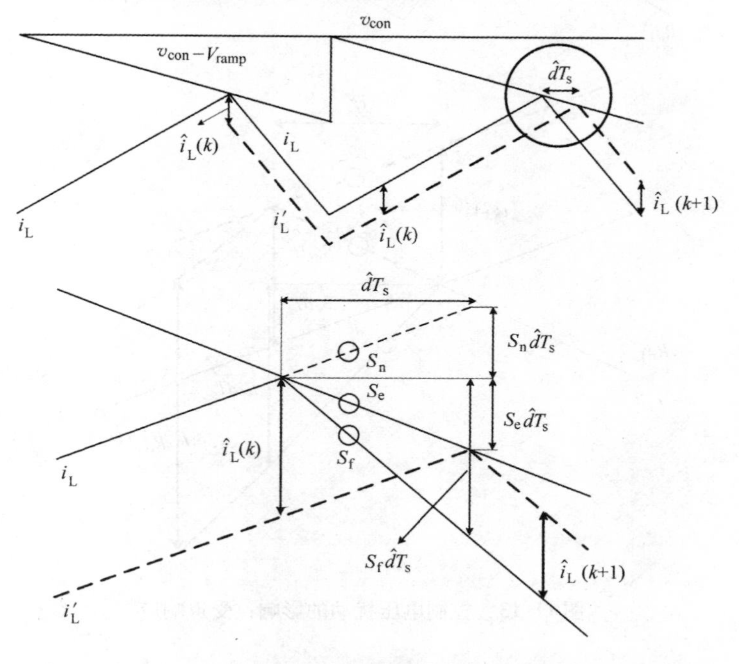

图 11.12　电感器电流扰动的传播：自然响应

受迫响应

图 11.13 显示了控制电压扰动的影响。根据调制器波形，建立如下关系式：

$$\hat{v}_{\text{con}}(k+1)=(S_{\text{n}}+S_{\text{e}})\hat{d}T_{\text{s}} \tag{11.10}$$

和

$$R_{\text{i}}\hat{i}_{\text{L}}(k+1)=(S_{\text{n}}+S_{\text{f}})\hat{d}T_{\text{s}} \tag{11.11}$$

通过式（11.10）和式（11.11）消除 $\hat{d}T_{\text{s}}$，得到

$$R_{\text{i}}\hat{i}_{\text{L}}(k+1)=\frac{S_{\text{n}}+S_{\text{f}}}{S_{\text{n}}+S_{\text{e}}}\hat{v}_{\text{con}}(k+1)=\left(1+\frac{S_{\text{f}}-S_{\text{e}}}{S_{\text{n}}+S_{\text{e}}}\right)\hat{v}_{\text{con}}(k+1) \tag{11.12}$$

式（11.12）可化为

$$\hat{i}_{\text{L}}(k+1)=\frac{1}{R_{\text{i}}}(1+\alpha)\hat{v}_{\text{con}}(k+1) \tag{11.13}$$

式中，$\alpha=(S_{\text{f}}-S_{\text{e}})/(S_{\text{n}}+S_{\text{e}})$在式（11.9）中已经定义。式（11.13）即表示受迫响应。

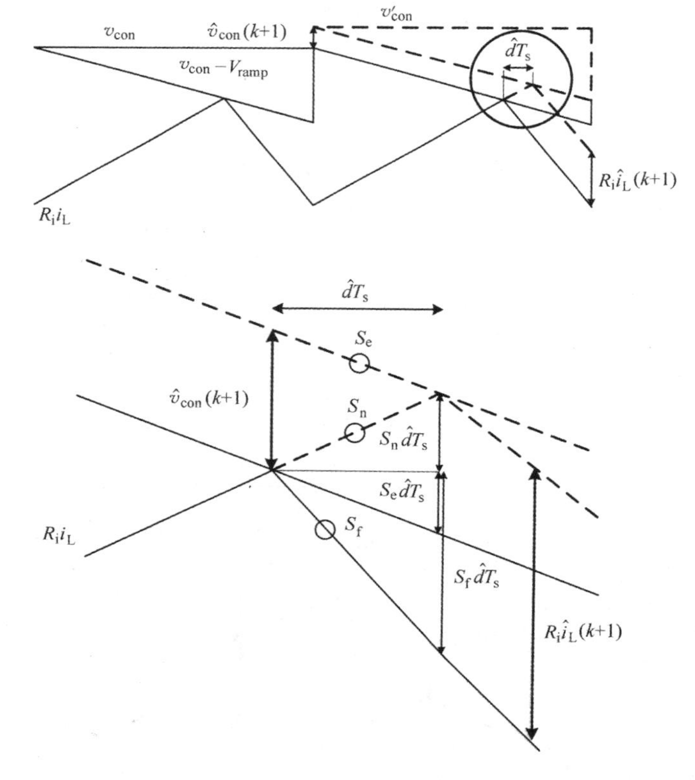

图 11.13 控制电压扰动的影响：受迫响应

全响应

将自然响应与受迫响应结合起来，电感器的全响应由下式给出：

$$\hat{i}_L(k+1)=k_1\hat{i}_L(k)+k_2\hat{v}_{con}(k+1) \tag{11.14}$$

式中，$k_1=-\alpha$；$k_2=(1+\alpha)/R_i$，且有 $\alpha=(S_f-S_e)/(S_n+S_e)$。电感器电流的最终表达式为

$$\hat{i}_L(k+1)=-\alpha\,\hat{i}_L(k)+\frac{1}{R_i}(1+\alpha)\hat{v}_{con}(k+1) \tag{11.15}$$

通过对式（11.15）进行 z 变换可得

$$z\,\hat{i}_L(z)=-\alpha\,\hat{i}_L(z)+\frac{1}{R_i}(1+\alpha)z\,\hat{v}_{con}(z) \tag{11.16}$$

控制电压－电感器电流的传递函数的 z 域表达式 $H_i(z)$ 为

$$H_i(z)=\frac{\hat{i}_L(z)}{\hat{v}_{con}(z)}=\frac{1}{R_i}(1+\alpha)\frac{z}{z+\alpha} \tag{11.17}$$

对式（11.17）乘以$(1-e^{-sT_s})/(sT_s)$，再用 e^{sT_s}替代 z，得到 $H_i(z)$的连续时间表达式[3]

$$H_i(s)=\frac{1-e^{-sT_s}}{sT_s}H_i(z=e^{sT_s})=\frac{1}{R}\,\frac{1+\alpha}{sT_s}\,\frac{e^{sT_s}-1}{e^{sT_s}+\alpha} \tag{11.18}$$

众所周知，z 域到 s 域转换仅对低于奈奎斯特频率 $\omega_n=0.5\omega_s=\pi/T_s$ 的频率有效。式（11.18）是控制电压－电感器电流传递函数的第二个 s 域表达式。第二个 $H_i(s)$表达式是从调制器波形得到的，因此不包括 $H_e(s)$增益块。由式（11.3）给出的第一个 $H_i(s)$表达式中包括了 $H_e(s)$ 增益块。

2）第二步：$H_e(s)$增益块的推导

$H_i(s)$ 的两个互相独立的表达式，即式（11.3）、式（11.8）已经得到。通过使两式相等，得到 $H_e(s)$ 的表达式

$$H_e(s)=\frac{sT_s}{e^{sT_s}-1} \tag{11.19}$$

推导细节在例 11.2 给出。

[例 11.2]　$H_e(s)$的推导

本实例说明了式（11.19）的推导过程。通过使式（11.13）和式（11.18）相等，得到

$$\frac{F_m^*\dfrac{\hat{i}_L(s)}{\hat{d}(s)}}{1+F_m^*\dfrac{\hat{i}_L(s)}{\hat{d}(s)}R_iH_e(s)}=\frac{1}{R_i}\,\frac{1+\alpha}{sT_s}\,\frac{e^{sT_s}-1}{e^{sT_s}+\alpha} \tag{11.20}$$

该分析的目的是找到满足式（11.20）的 $H_e(s)$表达式。首先，根据图 11.10

中的简化 s 域模型，推导出电感器电流－占空比传递函数

$$\frac{\hat{i}_{\rm L}(s)}{\hat{d}(s)}=\frac{V_{\rm ap}}{D}D\frac{1}{sL} \tag{11.21}$$

PWM 开关的无源端与有源端间的电压 $V_{\rm ap}$ 的表达式可由图 11.14 推导：

$$V_{\rm ap}=V_{\rm ai}+V_{\rm ip} \tag{11.22}$$

电压 $V_{\rm ai}$ 和 $V_{\rm ip}$ 与电流反馈信号的导通时间和关断时间斜率相关：

$$S_{\rm n}=\frac{V_{\rm ai}}{L}R_{\rm i} \tag{11.23}$$

$$S_{\rm f}=\frac{V_{\rm ip}}{L}R_{\rm i} \tag{11.24}$$

图 11.14　PWM 开关及端电压定义

由式（11.22）～式（11.24），可得

$$V_{\rm ap}=\frac{L}{R_{\rm i}}(S_{\rm n}+S_{\rm f}) \tag{11.25}$$

通过合并式（11.21）与式（11.25），可得

$$\frac{\hat{i}_{\rm L}(s)}{\hat{d}(s)}=\frac{1}{R_{\rm i}}\frac{S_{\rm n}+S_{\rm f}}{s} \tag{11.26}$$

通过式（11.26）及 $F_{\rm m}^{*}=1/((S_{\rm n}+S_{\rm e})T_{\rm s})$，可得

$$F_{\rm m}^{*}\frac{\hat{i}_{\rm L}(s)}{\hat{d}(s)}=\frac{1}{(S_{\rm n}+S_{\rm e})T_{\rm s}}\frac{1}{R_{\rm i}}\frac{S_{\rm n}+S_{\rm f}}{s}=\frac{1}{R_{\rm i}}\frac{1+\alpha}{sT_{\rm s}} \tag{11.27}$$

式中，$\alpha=(S_{\rm f}-S_{\rm e})/(S_{\rm n}+S_{\rm e})$，运用式（11.27），式（11.20）可化为

$$\frac{\dfrac{1}{R_{\rm i}}\dfrac{1+\alpha}{sT_{\rm s}}}{1+\dfrac{1}{R_{\rm i}}\dfrac{1+\alpha}{sT_{\rm s}}R_{\rm i}H_{\rm e}(s)}=\frac{1}{R_{\rm i}}\frac{1+\alpha}{sT_{\rm s}}\frac{{\rm e}^{sT_{\rm s}}-1}{{\rm e}^{sT_{\rm s}}+\alpha} \tag{11.28}$$

由此可以得到 $H_{\rm e}(s)$ 的表达式（11.19），如在本章末尾的习题 11.2 所示。

3）第三步：增益块 $H_{\rm e}(s)$ 的近似

推导的最后一步，对增益块 $H_{\rm e}(s)$ 采样效应的 s 域表达式进行近似

$$H_{\rm e}(s)=\frac{sT_{\rm s}}{{\rm e}^{sT_{\rm s}}-1}\approx 1+\frac{s}{\omega_{\rm n}Q_{\rm z}}+\frac{s^2}{\omega_{\rm n}^2} \tag{11.29}$$

式中

$$Q_{\rm z}=-\frac{2}{\pi} \tag{11.30}$$

$$\omega_{\rm n}=\frac{\pi}{T_{\rm s}} \tag{11.31}$$

基于复指数的泰勒级数展开，近似的推导过程在例 11.3 中给出。

[例 11.3] $H_e(s)$的近似

本实例介绍了式（11.29）的推导。首先，复指数函数近似等于

$$e^{sT_s}=\frac{e^{s\frac{T_s}{2}}}{e^{-s\frac{T_s}{2}}}=\frac{e^{s\frac{\pi}{\omega_s}}}{e^{-s\frac{\pi}{\omega_s}}}\approx\frac{1+s\frac{\pi}{\omega_s}+\frac{1}{2}\left(s\frac{\pi}{\omega_s}\right)^2}{1-s\frac{\pi}{\omega_s}+\frac{1}{2}\left(s\frac{\pi}{\omega_s}\right)^2} \tag{11.32}$$

根据等式 $e^x=1+x+x^2/2!\ +\cdots$其中 $x\ll 1$。在频率 $\omega\ll\omega_s/\pi$ 时，该近似是精确的。对式中进行 $\pi^2/2\approx4.935\approx4$ 的近似，式（11.32）可进一步修改为

$$e^{sT_s}\approx\frac{1+s\frac{\pi}{\omega_s}+\frac{1}{2}\left(s\frac{\pi}{\omega_s}\right)^2}{1-s\frac{\pi}{\omega_s}+\frac{1}{2}\left(s\frac{\pi}{\omega_s}\right)^2}\approx\frac{1+\frac{1}{2/\pi}\frac{s}{\omega_s/2}+\left(\frac{s}{\omega_s/2}\right)^2}{1-\frac{1}{2/\pi}\frac{s}{\omega_s/2}+\left(\frac{s}{\omega_s/2}\right)^2} \tag{11.33}$$

将式（11.33）代入后，可得 $H_e(s)$表达式

$$H_e(s)=\frac{sT_s}{e^{sT_s}-1}\approx\frac{s\frac{2\pi}{\omega_s}}{\left(\frac{1+\frac{1}{2/\pi}\frac{s}{\omega_s/2}+\left(\frac{s}{\omega_s/2}\right)^2}{1-\frac{1}{2/\pi}\frac{s}{\omega_s/2}+\left(\frac{s}{\omega_s/2}\right)^2}\right)-1}=1-\frac{1}{2/\pi}\frac{s}{\omega_s/2}+\left(\frac{s}{\omega_s/2}\right)^2 \tag{11.34}$$

式（11.34）可通过对式（11.31）应用 $\omega_s=2\pi/T_s$ 并代入式（11.29）中得到。

基于式（11.18）中的 z 域到 s 域转换和式（11.32）中使用的假设，采样效应的 s 域表示仅对奈奎斯特频率以下的频率有效。图 11.15 比较了 $H_e(s)$ 原始表达式和式（11.29）低频近似的伯德图。

由式（11.29）给出的采样效应的 s 域表示是具有负阻尼因子 Q_z 的双零点函数，其中 $Q_z=-2/\pi\approx-0.637$。双零点位于奈奎斯特频率，$\omega_n=\pi/T_s=0.5\omega_s$。因此，$H_e(s)$ 在低频处的影响可以忽略，仅在高频下影响较为显著。如图 11.15 所示，当频率低于 $\omega_s/20$ 时，$H_e(s)$ 不会造成任何实际影响。$H_e(s)$ 在奈奎斯特频率处具有最大影响，其中 $|H_e(j\omega)|$ 增加约 4dB，$\angle H_e(j\omega)$ 下降 90°。该结果与图 11.4 显示一致，说明了采样效应对环路增益特性的影响。采样效果仅在奈奎斯特频率附近或以上的频率发生。这一事实也支持了忽略采样效应的经典分析。如果控制带宽远低于奈奎斯特频率，则采样效果不会影响控制设计和闭环性能。

[例 11.4] $H_e(s)$的电路模型

图 11.16 给出了 $H_e(s)$ 的简单电路模型。电路模型的独特之处在于存在负电阻，这使得该模型可被包括 PSpice®在内的大多数电路模拟器所接受。电路的传递

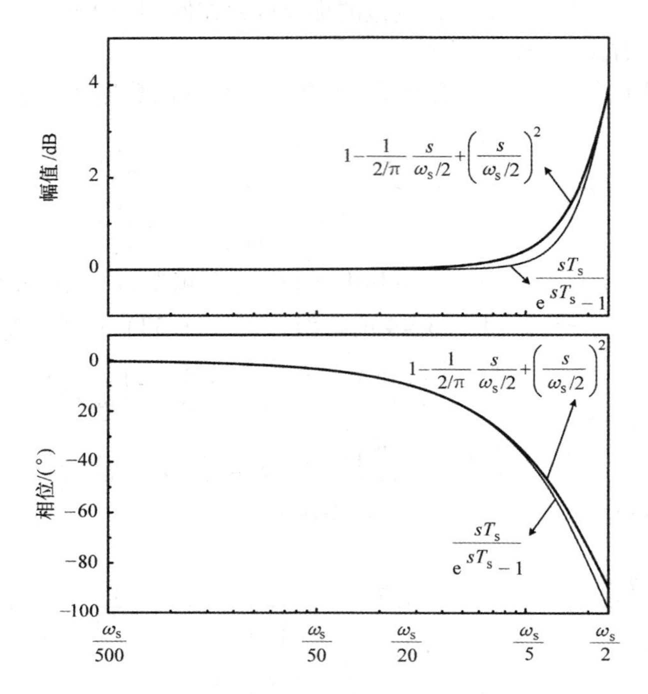

图 11.15　原始 $H_e(s)$ 及其低频近似的伯德图

函数为

$$F(s) = -\frac{-\frac{\pi}{2}+\frac{1}{s\frac{2}{\omega_s}}+s\frac{2}{\omega_s}}{\frac{1}{s\frac{2}{\omega_s}}} = -\left(1-\frac{1}{2/\pi}\frac{s}{\omega_s/2}+\left(\frac{s}{\omega_s/2}\right)^2\right) \tag{11.35}$$

该电路模型可用于对具有采样效应的变换器进行小信号动态性能的仿真。

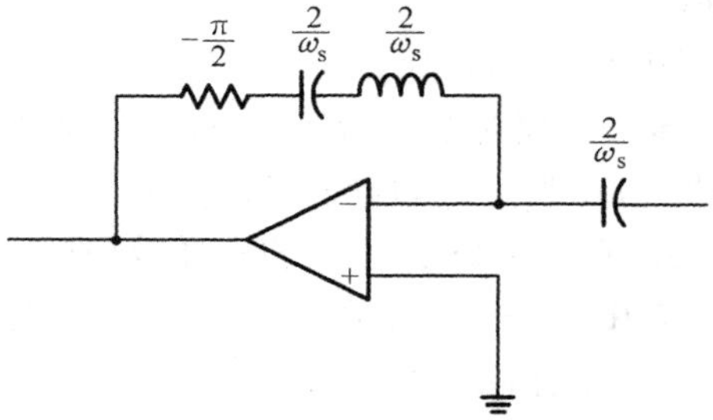

图 11.16　$H_e(s) = 1-\frac{1}{2/\pi}\frac{s}{\omega_s/2}+\left(\frac{s}{\omega_s/2}\right)^2$ 的电路模型

11.2.4　正反馈增益

在电流模控制的四个小信号增益模块中，调制器增益 F_m^* 和采样效应 $H_e(s)$ 已被定义。本节现在介绍前馈增益 k_f' 和 k_r' 的推导。类似于 $H_e(s)$ 的推导过程，建立两个电感器电压-电感器电流传递函数的不同表达式。通过使这两个可相互替代的表达式相等，得到前馈增益的具体表达式。

前馈增益 k_f'

前馈增益可从图 11.17 显示的峰值电流模控制的调制器波形中推导得到。由图 11.17 可知

$$R_i \bar{i}_L = v_{con} - S_e d T_s - \frac{1}{2} S_f (1-d) T_s \tag{11.36}$$

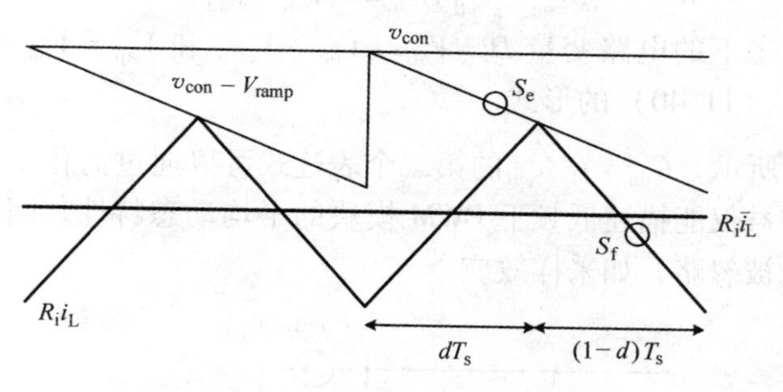

图 11.17　稳态下的调制器波形

式中，$\bar{i}_L$ 是电感器电流的平均值。关断时的电感器电流斜率为

$$S_f = \frac{v_{off}}{L} R_i \tag{11.37}$$

式中，v_{off}是关断周期的（负）电感器电压。电感器上的磁通平衡条件写为

$$v_{on} d T_s = v_{off} (1-d) T_s \tag{11.38}$$

式中，v_{on}是导通周期的电感器电压。由式（11.38）可得电感器电压的占空比的表达式

$$d = \frac{v_{off}}{v_{on} + v_{off}} \tag{11.39}$$

将式（11.37）和式（11.39）代入式（11.36）中，并将所得等式相对 $\bar{i}_L$ 和 $\hat{v}_{on}$进行线性化，得到

$$G_{on}(s) = \frac{\hat{\bar{i}}_L}{\hat{v}_{on}} = \frac{S_e T_s}{R_i} \frac{D}{V_{ap}} - \frac{T_s}{2L} D^2 \tag{11.40}$$

式中，$V_{ap} = V_{on} + V_{off}$ 是导通期间和关断期间电感器电压的直流分量总和。式（11.40）是 $G_{on}(s) = \hat{\bar{i}}_L / \hat{v}_{on}$的第一个等式。式（11.40）的推导过程在例 11.5 中给出。

[例 11.5]　$G_{on}(s)$的推导

本实例说明了式（11.40）中 $G_{on}(s)$ 的推导过程。将式（11.37）和式（11.39）代入式（11.36）得到

$$R_i \bar{i}_L = v_{con} - S_e T_s \frac{v_{off}}{v_{on} + v_{off}} - \frac{1}{2} \frac{v_{off}}{L} R_i T_s \frac{v_{on}}{v_{on} + v_{off}} \tag{11.41}$$

对式（11.41）关于 v_{on}求微分可得

$$\frac{\partial \bar{i}_L}{\partial v_{on}} = \frac{1}{R_i} S_e T_s \frac{\partial}{\partial v_{on}}\left(\frac{-v_{off}}{v_{on}+v_{off}}\right) - \frac{1}{2}\frac{v_{off}}{L} T_s \frac{\partial}{\partial v_{on}}\left(\frac{v_{on}}{v_{on}+v_{off}}\right)$$

$$= \frac{1}{R_i} S_e T_s \frac{v_{off}}{(v_{on}+v_{off})^2} - \frac{T_s}{2L}\frac{v_{off}^2}{(v_{on}+v_{off})^2} \tag{11.42}$$

通过考虑稳态下的电路变量 $D = V_{off}/(V_{on}+V_{off})$和 $V_{ap} = V_{on}+V_{off}$，可以将式（11.42）化为式（11.40）的形式。

如图 11.18 所示，$G_{on} = \hat{\bar{i}}_L/\hat{v}_{on}$的第二个表达式可以通过简化变换器的小信号模型得到。前馈增益仅能描述低频下 PWM 模块的平均动态特性。因此，高频的调制器动态特性可以被忽略，如采样效应。

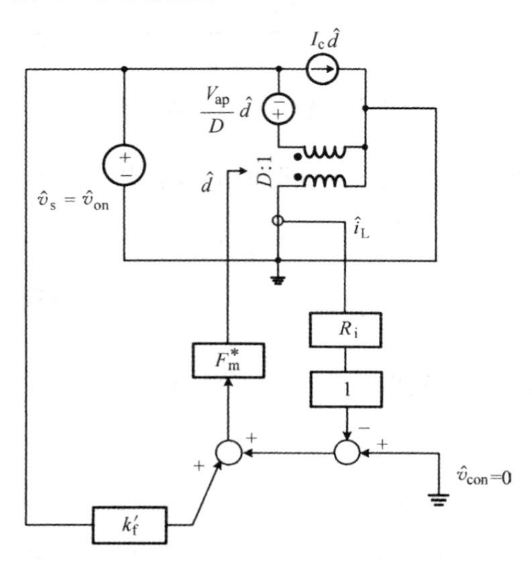

图 11.18　前馈增益推导的小信号模型

图 11.18 是基于如下条件，建立的低频平均动态特性小信号模型。

1）增益模块 $H_e(s)$ 统一近似为 $H_e(s) = 1$。

2）电感器电压的平均值为 0，因此，电感器在低频下的行为相当于短路电路。

3）变换器的输出电压是常数：$\hat{v}_o = \hat{v}_{off} = 0$。

4）控制电压保持常数：$\hat{v}_{con} = 0$。

注意到变压器绕阻是短路的，由图 11.18 可以建立如下关系：

$$(\hat{v}_{on} k_f' - R_i \hat{\bar{i}}_L) F_m^* \frac{V_{ap}}{D} = -\hat{v}_{on} \tag{11.43}$$

式（11.43）可以重新变化为

$$G_{on}(s)=\frac{\hat{i}_L}{\hat{v}_{on}}=\frac{1}{R_i}\left(\frac{D}{F_m^* V_{ap}}s+k_f'\right) \tag{11.44}$$

得到 $G_{on}(s)$ 的第二个表达式。将 $F_m^*=1/((S_n+S_e)T_s)$ 代入后，通过使式（11.40）与式（11.44）相等，得到前馈增益

$$k_f'=-\frac{DT_sR_i}{L}\left(1-\frac{D}{2}\right) \tag{11.45}$$

前馈增益 k_r'

通过对关断时的电感器电压重复相同的过程，经计算得到前馈增益 k_r' 为

$$k_r'=\frac{(1-D)^2T_sR_i}{2L} \tag{11.46}$$

前馈增益的转换

正如 11.2.1 节中所讨论的，在之前的小节中推导得到的前馈增益 k_f' 和 k_r' 应该被转换为如图 11.6 中所定义的初始前馈增益 k_f 和 k_r。图 11.19 显示了用于表示 $\{k_f'k_r'\}$ 和 $\{k_fk_r\}$ 之间关系的小信号模型。这个模型是在 $\hat{v}_I=\hat{v}_{con}=0$ 条件下，从图 11.7 中推导得到的。

在图 11.19 中，调制器增益块 F_m^* 的输入信号表示为

$$\hat{v}_{feed}=k_f'\hat{v}_{on}+k_r'\hat{v}_{off} \tag{11.47}$$

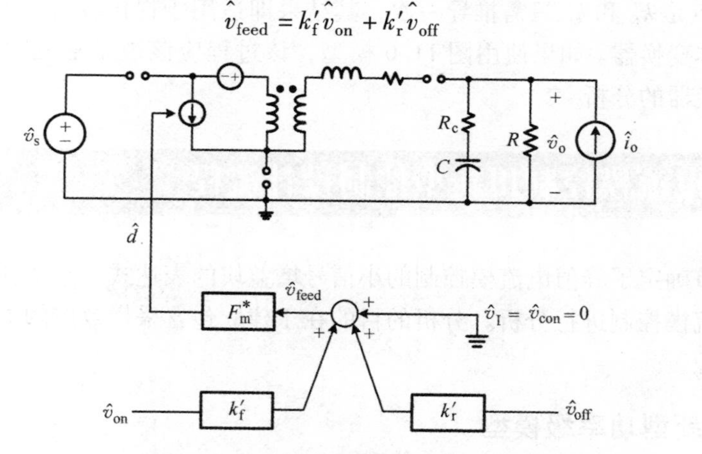

图 11.19　前馈增益转换的小信号模型

现在使用 Buck 变换器来解释从 $\{k_f'k_r'\}$ 到 $\{k_fk_r\}$ 的转换。对于 Buck 变换器，以下关系式成立：

$$\hat{v}_{on}=\hat{v}_s-\hat{v}_o \quad 和 \quad \hat{v}_{off}=\hat{v}_o \tag{11.48}$$

联合式（11.47）和式（11.48）有

$$\hat{v}_{feed}=k_f'(\hat{v}_s-\hat{v}_o)+k_r'\hat{v}_o=k_f'\hat{v}_s+(-k_f'+k_r')\hat{v}_o \tag{11.49}$$

得到如下关系式：

$$\hat{v}_{feed} = k_f \hat{v}_s + k_r \hat{v}_o \tag{11.50}$$

式中

$$k_f = k_f' \text{ 且 } k_r = -k_f' + k_r' \tag{11.51}$$

如图 11.6 所示，式（11.51）是 Buck 变换器的初始前馈增益。Boost 和 Buck/Boost 变换器都可采用相同的过程。该分析的结果如表 11.2 所示。前馈增益 k_f' 和 k_r' 的推导见式（11.45）和式（11.46），现在被转换为如图 11.6 所示的初始增益 k_f 和 k_r。表 11.2 用于此转换。如表 11.1 所示，最后的表达式显示了三种基本变换器的前馈增益。

表 11.2　电感器电压关系及前馈增益

	Buck 变换器	Boost 变换器	Buck/Boost 变换器
v_{on}	$v_S - v_O$	v_S	v_S
v_{off}	v_O	$v_O - v_S$	v_O
k_f	k_f'	$k_f' - k_r'$	k_f'
k_r	$-k_f' + k_r'$	k_r'	k_r'

使用修改后的模型进行小信号增益块的分析，而不是图 11.6 的原始模型。图 11.7 的优点是 k_f' 和 k_r' 只需推导一次，其结果即适用于提供各自的 k_f 和 k_r 表达式的三种基本变换器。如果使用图 11.6 模型，该过程应该被重复三次来对应用于三种基本变换器的分析。

11.3　电流模控制用新型控制设计流程

上一节确定了峰值电流模控制的小信号增益块的表达式。本节介绍使用这些增益块对电流模控制进行分析。分析的目的在于建立包含采样效应的电流模控制的新型设计流程。

11.3.1　新型功率级模型

图 11.20a 所示为电流模控制 PWM DC－DC 变换器的完整小信号模型。通过定义一个新型功率级模型，来帮助分析。小信号模型块被认为是一个新型功率级模型，已经在图 11.20a 中用实线圈出。新型功率级模型实际上是功率级的小信号模型与峰值电流模控制的增益块合并得到。图 11.20a 通过定义以下复合增益块来转换为图 11.20b 中的框图表示新型功率级模型：

$$G_{vci}(s) \equiv \left. \frac{\hat{v}_o(s)}{\hat{v}_{con}(s)} \right|_{\text{电流闭环}} \tag{11.52}$$

$$A_{ui}(s) \equiv \left.\frac{\hat{v}_o(s)}{\hat{v}_s(s)}\right|_{\text{电流闭环}} \tag{11.53}$$

$$Z_{oi}(s) \equiv \left.\frac{\hat{v}_o(s)}{\hat{i}_o(s)}\right|_{\text{电流闭环}} \tag{11.54}$$

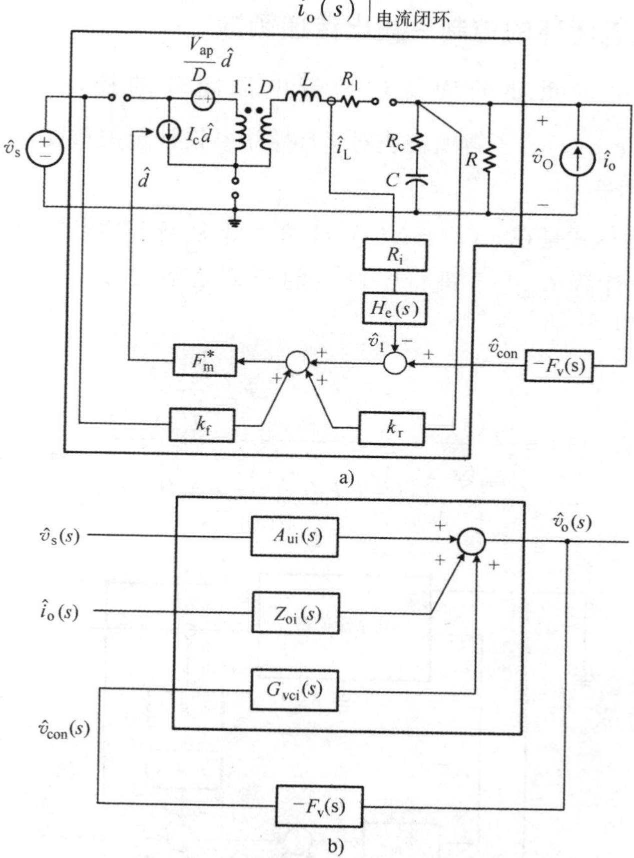

图 11.20　电流模控制 PWM 变换器的小信号模型

a）电路模型　b）模块框图表示

每个传递函数仅在电流反馈被激活且电压反馈路径被破坏的条件下才有效。参考图 11.20b，环路增益被定义为

$$T_m(s) = (-)G_{vci}(s)(-)F_v(s) = G_{vci}(s)F_v(s) \tag{11.55}$$

一旦确定了 $G_{vci}(s)$，可以设计电压反馈补偿 $F_v(s)$ 为环路增益提供稳定性和良好的闭环性能。

音频敏感度由下式给出：

$$A_u(s) = \frac{A_{ui}(s)}{1+T_m(s)} \tag{11.56}$$

输出阻抗被确定为

$$Z_o(s)=\frac{Z_{oi}(s)}{1+T_m(s)} \tag{11.57}$$

以上描述可使用第 8 章中讨论的渐近分析法来研究闭环性能。更多相关细节见参考文献［4］。

11.3.2 带电流闭环的控制－输出传递函数

图 11.20b 中最重要的增益块为带电流闭环的控制－输出传递函数 $G_{vci}(s)=\hat{v}_o(s)/\hat{v}_{con}(s)$。了解增益块对于环路增益设计至关重要。

$G_{vci}(s)$的推导

$G_{vci}(s)$的表达式是在 $\hat{v}_s(s)=\hat{i}_o(s)=0$ 条件下从新型功率级模型推导得到。图 11.21 给出了为计算 $G_{vci}(s)$ 进行了修改的新型功率级模型。梅森增益准则中，$G_{vci}(s)$ 被定义为

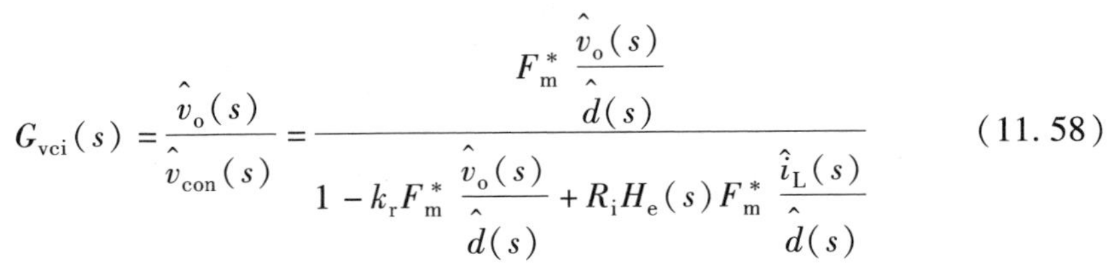

$$G_{vci}(s)=\frac{\hat{v}_o(s)}{\hat{v}_{con}(s)}=\frac{F_m^*\dfrac{\hat{v}_o(s)}{\hat{d}(s)}}{1-k_rF_m^*\dfrac{\hat{v}_o(s)}{\hat{d}(s)}+R_iH_e(s)F_m^*\dfrac{\hat{i}_L(s)}{\hat{d}(s)}} \tag{11.58}$$

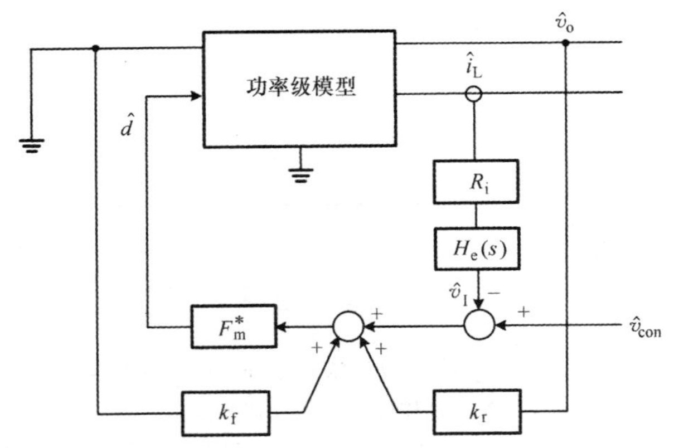

图 11.21 计算 $G_{vci}(s)$ 的小信号模型

虽然上述描述十分复杂难懂，但是可以将其简化为简单的表达式，并对功率级参数和操作条件进行一些实际的假设。如例 11.6 中，$G_{vci}(s)$ 被应用到以下三阶近似中：

$$G_{vci}(s)\approx K_{vc}\frac{\left(1-\dfrac{s}{\omega_{rhp}}\right)\left(1+\dfrac{s}{\omega_{esr}}\right)}{\left(1+\dfrac{s}{\omega_{pl}}\right)\left(1+\dfrac{s}{Q_p\omega_n}+\dfrac{s^2}{\omega_n^2}\right)} \tag{11.59}$$

Q_p、ω_n 和 ω_{esr} 的表达式对于所有三种基本 PWM 变换器都是相同的：

$$Q_p = \frac{1}{\pi\left(\left(1+\frac{S_e}{S_n}\right)D'-0.5\right)} \tag{11.60}$$

$$\omega_n = \frac{\pi}{T_s} \tag{11.61}$$

$$\omega_{esr} = \frac{1}{CR_c} \tag{11.62}$$

其他三个参数 K_{vc}、ω_{pl} 和 ω_{rhp} 随着变换器拓扑结构变化而变化。三种基本变换器的这些参数的表达式如表 11.3 所示。

[例 11.6]　Buck 变换器 $G_{vci}(s)$ 的推导

Buck 变换器 $G_{vci}(s)$ 的表达式通过对式（11.58）进行一些简单假设得到。作为第一步，调制器增益表示为

$$F_m^* = \frac{1}{(S_n+S_e)T_s} = \frac{1}{m_c S_n T_s} \tag{11.63}$$

式中

$$m_c = 1 + \frac{S_e}{S_n} \tag{11.64}$$

调制器增益进而可化为

$$F_m^* = \frac{L}{m_c V_S (1-D) R_i T_s} \tag{11.65}$$

基于如下关系：

$$S_n = \frac{V_S - V_O}{L}R_i = \frac{V_S(1-D)}{L}R_i \tag{11.66}$$

根据表 10.2 和表 11.1 中给出的 Buck 变换器的 $\hat{v}_o(s)/\hat{d}(s)$、$\hat{i}_L(s)/\hat{d}(s)$ 和 k_r 的表达式以及式（11.65），得到式（11.58）中的 $G_{vci}(s)$ 为

$$G_{vci}(s) = \frac{F_m^* \frac{\hat{v}_o(s)}{\hat{d}(s)}}{1 - k_r F_m^* \frac{\hat{v}_o(s)}{\hat{d}(s)} + R_i H_e(s) F_m^* \frac{\hat{i}_L(s)}{\hat{d}(s)}}$$

$$= \frac{\frac{L}{m_c V_S D' R_i T_s} V_S \frac{1+sCR_c}{\Delta(s)}}{1 - \frac{T_s R_i}{2L}\frac{L}{m_c V_S D' R_i T_s} V_S \frac{1+sCR_c}{\Delta(s)} + \frac{R_i L}{m_c V_S D' R_i T_s}\frac{V_S}{R}\frac{1+sCR}{\Delta(s)} H_e(s)} \tag{11.67}$$

式中

$$D' = 1 - D$$

$$\Delta(s)=1+\frac{s}{Q\omega_o}+\frac{s^2}{\omega_o^2} \tag{11.68}$$

且 $Q=R\sqrt{C/L}$，$\omega_o=1/\sqrt{LC}$。式（11.67）可变化为

$$G_{vci}(s)=\frac{L}{R_i}\frac{1+sCR_c}{m_cT_sD'\Delta(s)+\frac{L}{R}(1+sCR)H_e(s)-\frac{T_s}{2}(1+sCR_c)} \tag{11.69}$$

现在，根据表达式 $H_e(s)=1+s/(Q_z\omega_n)+s^2/\omega_n^2$，其中 $Q_z=-2/\pi$ 且 $\omega_n=\pi/T_s$，式（11.69）可被写作

$$G_{vci}(s)=\frac{L}{R_i}\frac{1+sCR_c}{a+bs+cs^2+ds^3} \tag{11.70}$$

式中

$$\begin{aligned}
a&=m_cT_sD'+\frac{L}{R}-\frac{T_s}{2}=T_s(m_cD'-0.5)+\frac{L}{R}\\
b&=m_cT_sD'\frac{L}{R}+\frac{L}{R}\left(CR-\frac{T_s}{2}\right)-\frac{T_s}{2}CR_c\approx\frac{L}{R}CR-\frac{T_s}{2}CR_c\approx LC\\
c&=m_cT_sD'LC+\frac{L}{R}\left(\frac{T_s^2}{\pi^2}-\frac{CRT_s}{2}\right)\\
&\approx m_cT_sD'LC+\frac{L}{R}\left(-\frac{CRT_s}{2}\right)=m_cT_sD'LC-LC\frac{T_s}{2}\\
d&=\frac{L}{R}CR\frac{T_s^2}{\pi^2}=LC\frac{T_s^2}{\pi^2}
\end{aligned} \tag{11.71}$$

以上均在假设 $CR>>T_s/2$、$CR>>m_cD'T_s$、$L/R_c>>T_s/2$ 和 $CRT_s/2>>T_s^2/\pi^2$ 的条件下进行。

根据在 $b>>c$ 和 $b>>d$ 条件下的 $a+bs+cs^2+ds^3\approx a(1+(b/a)s)(1+(c/b)s+(d/b)s^2)$的近似，$G_{vci}(s)$可被分解为

$$G_{vci}(s)=K_{vc}\frac{\left(1-\frac{s}{\omega_{rhp}}\right)\left(1+\frac{s}{\omega_{esr}}\right)}{\left(1+\frac{s}{\omega_{pl}}\right)\left(1+\frac{s}{Q_p\omega_n}+\frac{s^2}{\omega_n^2}\right)} \tag{11.72}$$

对于 Buck 变换器，ω_{rhp}不存在，所以有

$$\omega_{rhp}=\infty$$

ESR 零点由下式给出：

$$\omega_{esr}=\frac{1}{CR_c}$$

其他参数如下：

$$K_{vc}=\frac{L}{R_i}\frac{1}{a}=\frac{L}{R_i}\frac{1}{T_s(m_cD'-0.5)+\frac{L}{R}}=\frac{R}{R_i}\frac{1}{1+\frac{RT_s}{L}(m_cD'-0.5)} \tag{11.73}$$

$$\omega_{pl}=\frac{a}{b}=\frac{T_s(m_cD'-0.5)+\frac{L}{R}}{LC}=\frac{1}{CR}+\frac{T_s}{LC}(m_cD'-0.5) \tag{11.74}$$

$$\omega_n=\sqrt{\frac{b}{d}}=\sqrt{\frac{LC}{LC\frac{T_s^2}{\pi^2}}}=\frac{\pi}{T_s} \tag{11.75}$$

和

$$Q_p\omega_n=\frac{b}{c}=\frac{LC}{m_cT_sD'LC-LC\frac{T_s}{2}}=\frac{1}{(m_cD'-0.5)T_s} \tag{11.76}$$

得到表达式

$$Q_p=\frac{1}{\pi(m_cD'-0.5)}=\frac{1}{\pi\left(\left(1+\frac{S_e}{S_n}\right)\right)D'-0.5} \tag{11.77}$$

应用于前面推导过程的假设 $CR>>T_s/2$、$CR>>m_cD'T_s$、$L/R_c>>T_s/2$ 和 $CRT_s/2>>T_s^2/\pi^2$ 很容易符合实际情况。$G_{vci}(s)$ 近似式的准确性将在下一个例子中得到证实。

对于 Boost 和 Buck/Boost 变换器，可由相同的方法推导得到 $G_{vci}(s)$，结果如表 11.3 所示。

表 11.3　三种基本变换器的 $G_{vci}(s)$ 表达式

控制－输出传递函数	
$G_{vci}(s)=K_{vc}\frac{\left(1-\frac{s}{\omega_{rhp}}\right)\left(1+\frac{s}{\omega_{esr}}\right)}{\left(1+\frac{s}{\omega_{pl}}\right)\left(1+\frac{s}{Q_p\omega_n}+\frac{s^2}{\omega_n^2}\right)}$	
对于所有三种变换器：$Q_p=\frac{1}{\pi((1+S_e/S_n)D'-0.5)}$ $\omega_n=\frac{\pi}{T_s}$ $\omega_{esr}=\frac{1}{CR_c}$	
Buck 变换器	
$K_{vc}=\frac{R}{R_i}\frac{1}{1+\frac{RT_s}{L}(m_cD'-0.5)}$	$\omega_{pl}=\frac{1}{CR}+\frac{T_s}{LC}(m_cD'-0.5)$ $\omega_{rhp}=\infty$

（续）

Boost 变换器	
$K_{vc}=\frac{D'R}{2R_i}\frac{1}{1+\frac{D'^3RT_s}{2L}(m_c-0.5)}$	$\omega_{pl}=\frac{2}{CR}+\frac{T_sD'^3}{LC}(m_c-0.5)$ $\omega_{rhp}=D'^2\frac{R}{L}$
Buck/Boost 变换器	
$K_{vc}=\frac{D'R}{(1+D)R_i}\frac{1}{1+\frac{D'^3RT_s}{(1+D)L}}(m_c-0.5)$	$\omega_{pl}=\frac{1+D}{CR}+\frac{T_sD'^3}{LC}(m_c-0.5)$ $\omega_{rhp}=\frac{D'^2}{D}\frac{R}{L}$

注：对于 Buck 变换器，ω_{rhp}不存在，因此使用 $\omega_{rhp}=\infty$。

$G_{vci}(s)$的预测

为了构建渐进图，$G_{vci}(s)$表达式重写如下：

$$G_{vci}(s)=K_{vc}\frac{\left(1-\frac{s}{\omega_{rhp}}\right)\left(1+\frac{s}{\omega_{esr}}\right)}{\left(1+\frac{s}{\omega_{pl}}\right)\left(1+\frac{s}{Q_p\omega_n}+\frac{s^2}{\omega_n^2}\right)} \tag{11.78}$$

传递函数的显著特征是分母中存在二次项。源于电流模控制采样效应的二次项在开关频率的一半处，$\omega_n=\pi/T_s$，引入了双极点。双极点产生峰值达 20 $\log Q_p$。图 11.22 所示为在 $\omega_{pl}\ll\omega_{rhp}\ll\omega_{esr}\ll\omega_n$ 和 $Q_p>0.5$ 条件下的$|G_{vci}|$的渐近图。

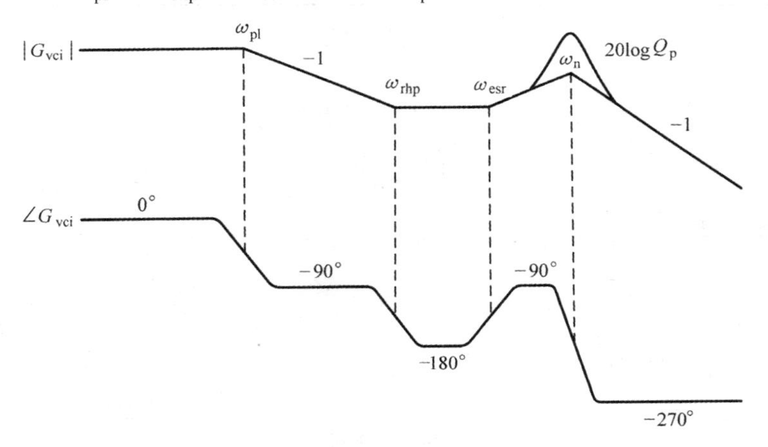

图 11.22　$G_{vci}(s)$ 的渐近图

［例 11.7］　$G_{vci}(s)$分析的准确性

本实例分析了 G_{vci}近似式的准确性。图 11.23 比较了式（11.78）的预测结果和使用图 11.20a 进行的精确小信号模拟结果。本分析重新考察了例 10.8 中使用的 Buck 变换器且考虑了 Q_p 的三个不同值：$Q_p=1$、4 和 16。图中粗线是式（11.78）

中 $G_{vci}(s)$ 近似表达式的曲线。细线是精确小信号模拟的结果。图 11.24 还显示了与计算方法所得的经验数据相比，$Q_p=1.0$ 情况下式（11.78）的 $G_{vci}(s)$ 预测结果。伯德图和经验数据之间的紧密匹配证实了 G_{vci} 近似的准确性。

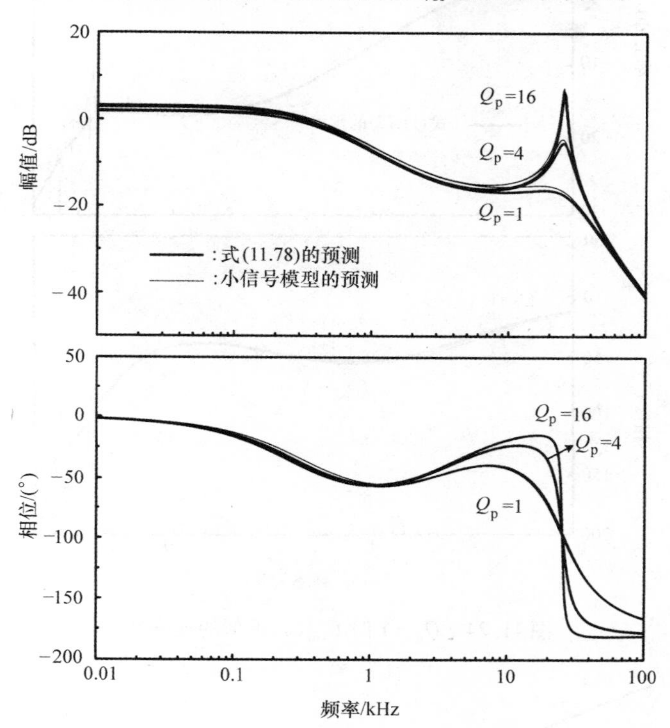

图 11.23　$Q_p=16$、4 和 1 时 $G_{vci}(s)$ 近似的准确性

11.3.3　控制设计流程

$G_{vci}(s)$ 最重要的作用是应用于控制设计中。图 11.25 所示为 $|G_{vci}|$ 和环路增益 $|T_m|$ 的渐近图。该图假设用于电压反馈补偿的是双极点单零点电路：

$$F_v(s)=\frac{K_v\left(1+\frac{s}{\omega_{zc}}\right)}{s\left(1+\frac{s}{\omega_{pc}}\right)} \tag{11.79}$$

补偿极点位于 RHP 零点处，$\omega_{pc}=\omega_{rhp}$。补偿零点被置于 G_{vci} 低频极点 ω_{pl} 之后，环路增益交越频率之前。补偿参数的更多细节将在后面进行说明。

图 10.22 及 10.2.5 节中的式（10.57）给出了双极点单零点补偿的结构和电路元器件。环路增益的曲线与之前的经典分析中的外环增益非常相似。然而，环路增益在开关频率的一半处具有双极点。双极点在 $\omega_n=\pi/T_s$ 处有 $20\log Q_p$ 的峰值。如

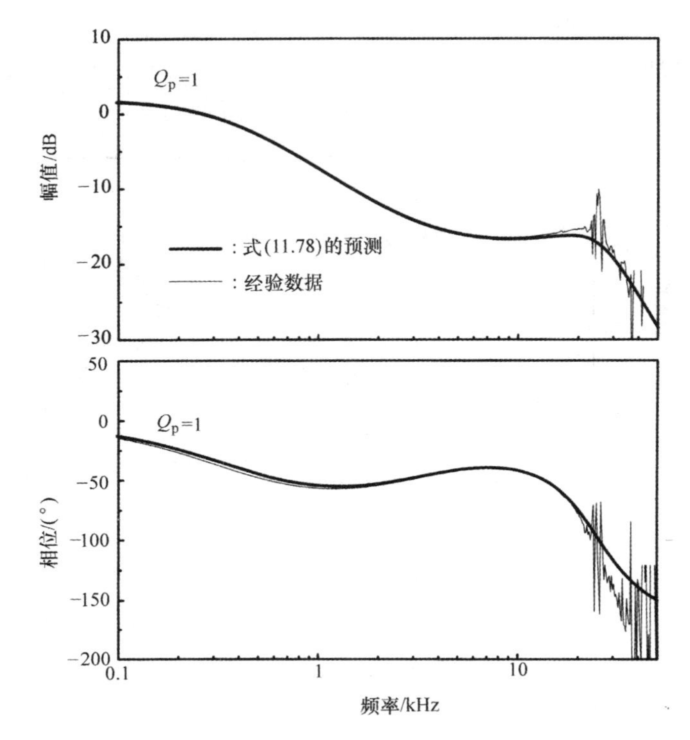

图 11.24　$Q_p=1$ 时 $G_{vci}(s)$ 近似的准确性

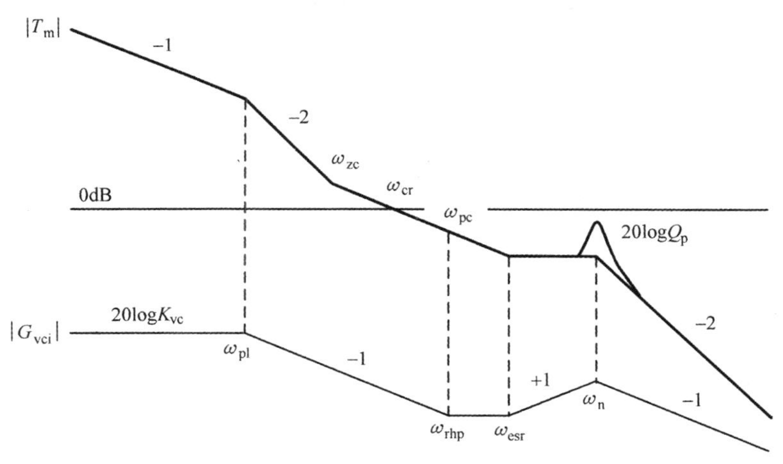

图 11.25　用于双极点单零点补偿的 $|G_{vci}|$ 和 $|T_m|$ 的渐近图

果峰值很大，环路增益会在 $\omega_n=\pi/T_s$ 处跨越 0dB 线，从而使变换器达到稳定[㊀]。

㊀ 由于峰值产生的位于 0dB 处的交叉将导致相位的急剧下降，使得极坐标图违反奈奎斯特稳定性标准。

这成为电流模控制中经常遇到的高频振荡的理论背景。作为一个简单的例子，当斜坡补偿不存在时，峰值变得无限大：

$$20\log Q_p = 20\log\left(\frac{1}{\pi((1+S_e/S_n)D'-0.5)}\right) = \infty \text{ dB} \tag{11.80}$$

$S_e=0$ 和 $D'=0.5$，这是次谐波振荡开始的条件。

从先前的讨论可知，双极点的阻尼比 $Q_p=1/(\pi((1+S_e/S_n)D'-0.5))$ 应该适当地进行控制，以避免由于过高的峰值而引起的不稳定性。在开关频率的一半处适当地抑制双极点的思想是实现电流模控制的简单、实用设计方法的指导思想。

电流环设计

电流环设计的主要思想是控制阻尼比 $Q_p=1/(\pi((1+S_e/S_n)D'-0.5))$。

1）确定 CSN 增益 R_i，使得 $i_{L\,peak}R_i<V_{max}$，其中 V_{max} 是 PWM 模块的最大允许输入电压。CSN 增益 R_i 影响电流反馈信号的导通期间的斜率 S_n。

2）确定补偿斜坡的斜率 S_e，为 $\omega_n=\pi/T_s$ 时的双极点提供 $0.3<Q_p<1.3$ 的阻尼比：

$$0.3 < \frac{1}{\pi((1+S_e/S_n)D'-0.5)} < 1.3 \tag{11.81}$$

这样可以防止开关频率的一半处出现可能会触发高频振荡的过高的峰值。

电压反馈补偿设计

电压反馈补偿旨在实现所需的环路增益特性。通过双极点单零点补偿，环路增益由下式给出：

$$T_m(s)=G_{vci}(s)F_v(s)=\underbrace{K_{vc}\frac{\left(1-\dfrac{s}{\omega_{rhp}}\right)\left(1+\dfrac{s}{\omega_{esr}}\right)}{\left(1+\dfrac{s}{\omega_{pl}}\right)\left(1+\dfrac{s}{Q_p\omega_n}+\dfrac{s^2}{\omega_n^2}\right)}}_{G_{vci}(s)}\underbrace{\frac{K_v\left(1+\dfrac{s}{\omega_{zc}}\right)}{s\left(1+\dfrac{s}{\omega_{pc}}\right)}}_{F_v(s)} \tag{11.82}$$

电压反馈补偿的设计流程如下：

1）将补偿极点 ω_{pc} 置于 RHP 零点、ESR 零点和开关频率的一半三者中的最低频率处：$\omega_{pc}=\min\{\omega_{rhp}\ \omega_{esr}\ 0.5\omega_s\}$。

2）将补偿零点 ω_{zc} 置于高于 ω_{pl} 的频率但低于功率级双极点 ω_o 处：$\omega_{zc}=(0.6\sim0.8)\omega_o$。功率级双极点 ω_o 的表达式见表 10.2。

3）选择环路增益中的 0dB 交越频率，如图 11.25 中的 ω_{cr} 所示，并确定所选 ω_{cr} 所需的积分器增益 K_v。根据第 10 章中建立的指导原则，即 Buck 变换器对应 $\omega_{cr}=(0.3\sim1.0)\omega_{esr}$，Boost、Buck/Boost 变换器对应 $\omega_{cr}=(0.1\sim0.3)\omega_{rhp}$ 来进行 ω_{cr} 位置的选择。由图 11.25 可以看出以下关系：

$$\left(20\log K_{vc}+20\log\frac{K_v}{\omega_{pl}}\right)-40\log\frac{\omega_{zc}}{\omega_{pl}}-20\log\frac{\omega_{cr}}{\omega_{zc}}=0\text{dB} \tag{11.83}$$

式（11.83）中的第一项表明环路增益的大小 $|T_m|$，可在 ω_{pl} 处由

$|T_m(j\omega_{pl})| = 20\log(K_{vc}K_v/\omega_{pl})$计算得到。将式（11.83）转为设计方程

$$\frac{K_{vc}K_v}{\omega_{pl}}\left(\frac{\omega_{pl}}{\omega_{zc}}\right)^2\frac{\omega_{zc}}{\omega_{cr}} = 1 \tag{11.84}$$

积分器增益由此确定为

$$K_v = \frac{\omega_{zc}\omega_{cr}}{K_{vc}\omega_{pl}} \tag{11.85}$$

以上设计流程总结于表 11.4 中。

表 11.4 峰值电流模控制的新型设计流程

电流环设计
$$Q_p = \frac{1}{\pi\left(\left(1+\frac{S_e}{S_n}\right)D' - 0.5\right)}$$
1）确定 CSN 增益 R_i，使得 $i_{L\,peak}R_i < V_{max}$，其中 V_{max}是 PWM 模块的最大允许输入电压
2）确定 Q_p：$0.3 < Q_p < 1.3$
3）计算斜坡补偿斜率 $$S_e = S_n\left(\frac{\frac{1}{\pi Q_p}+0.5}{D'} - 1\right)$$
电压环设计
$$T_m(s) = \underbrace{K_{vc}\frac{\left(1-\frac{s}{\omega_{rhp}}\right)\left(1+\frac{s}{\omega_{esr}}\right)}{\left(1+\frac{s}{\omega_{pl}}\right)\left(1+\frac{s}{Q_p\omega_n}+\frac{s^2}{\omega_n^2}\right)}}_{G_{vci}(s)}\ \underbrace{\frac{K_v\left(1+\frac{s}{\omega_{zc}}\right)}{s\left(1+\frac{s}{\omega_{pc}}\right)}}_{F_v(s)}$$
1）设置补偿极点：$\omega_{pc} = \min\{\omega_{rhp}\ \omega_{esr}\ \omega_s/2\}$
2）选择补偿零点：$\omega_{zc} = (0.6 \sim 0.8)\omega_o$。$\omega_o$ 的表达式在表 10.2 中给出
3）设置环路增益的交越频率 ω_{cr}： 对于 Buck 变换器，$\omega_{cr} = (0.3 \sim 1.0)\omega_{esr}$ 对于 Boost 和 Buck/Boost 变换器，$\omega_{cr} = (0.1 \sim 0.3)\omega_{rhp}$
4）计算积分器增益： $$K_v = \frac{\omega_{zc}\omega_{cr}}{K_{vc}\omega_{pl}}$$
5）检查相位裕量并调整 K_v，以确保相位裕度为 45°～70°
6）使用第 10 章中的式（10.57）评估电压反馈补偿的电路元器件

注：对于 Buck 变换器，ω_{rhp}不存在，所以使用 $\omega_{rhp} = \infty$。

[例 11.8] Buck 变换器设计实例

本实例说明了本节中开发的新型设计流程的适应性。例 10.8 中应用于 Buck 变

换器的峰值电流模控制在该例中重新进行了设计。Buck 变换器的角频率及工作条件为 $\omega_o = 2\pi \times 1.16 \times 10^3 \text{rad/s}$、$\omega_{esr} = 2\pi \times 3.39 \times 10^3 \text{rad/s}$ 和 $D = 0.25$。开关频率为 $\omega_s = 2\pi \times 50 \times 10^3 \text{rad/s}$。PWM 模块的最大输入电压被假定为 $V_{max} = 5.0\text{V}$ 且电感器电流的峰值经计算为 $i_{L\ peak} = 4.75\text{A}$。基于新型设计流程，控制设计如下。

电流环设计

1） CSN 增益：

$$R_i < \frac{V_{max}}{i_{L\ max}} = \frac{5.0}{4.75} = 1.05 \Rightarrow R_i = 0.67$$

2） 双极点的阻尼比：

$$Q_p = \frac{1}{\pi\left(\left(1 + \frac{S_e}{S_n}\right)D' - 0.5\right)} = 1$$

式中
$$S_n = \frac{V_S - V_O}{L} R_i = \frac{10 - 4}{40 \times 10^{-6}} 0.67\text{V/s} = 1.01 \times 10^5 \text{V/s}$$

$$\Rightarrow S_e = S_n \left(\frac{\frac{1}{\pi Q_p} + 0.5}{D'} - 1 \right)$$

$$= 1.01 \times 10^5 \left(\frac{\frac{1}{\pi \times 1} + 0.5}{0.75} - 1 \right) \text{V/s} = 9.2 \times 10^3 \text{V/s}$$

$$\Rightarrow V_m = S_e T_s = (9.2 \times 10^3)(20 \times 10^{-6})\text{V} = 0.18\text{V}$$

$$m_c = 1 + \frac{S_e}{S_n} = 1 + \frac{9.2 \times 10^3}{1.01 \times 10^5} = 1.09$$

可以注意到，斜坡补偿的斜率 $S_e = 9.2 \times 10^3 \text{V/s}$ 比例 10.8 中的常规设计的斜率 $S_e = 1.46 \times 10^5 \text{V/s}$ 小。当前设计与例 10.8 中设计的细节比较将稍后给出。

电压环设计

电压环设计步骤如下。

1） 补偿极点：$\omega_{pc} = \omega_{esr} = 2\pi \times 3.39 \times 10^3 \text{rad/s}$

2） 补偿零点：$\omega_{zc} = 0.8\omega_o = 2\pi \times 928 \text{rad/s}$

3） 环路增益交越频率：$\omega_{cr} = \omega_{esr} = 2\pi \times 3.39 \times 10^3 \text{rad/s}$

4） 积分器增益：

$$K_v = \frac{\omega_{zc}\omega_{cr}}{K_{vc}\omega_{pl}}$$

式中　$K_{vc} = \frac{R}{R_i} \frac{1}{1 + \frac{RT_s}{L}(m_c D' - 0.5)}$

$$=\frac{1}{0.67}\frac{1}{1+\frac{1\times20\times10^{-6}}{40\times10^{-6}}(1.09\times0.75-0.5)}=1.29$$

$$\omega_{\mathrm{pl}}=\frac{1}{CR}+\frac{T_{\mathrm{s}}}{LC}(m_{\mathrm{c}}D'-0.5)$$

$$=\frac{1}{470\times10^{-6}\times1}\mathrm{rad/s}+\frac{20\times10^{-6}}{40\times10^{-6}\times470\times10^{-6}}\times(1.09\times0.75-0.5)\mathrm{rad/s}=2\pi\times392\mathrm{rad/s}$$

因此 $$K_{\mathrm{v}}=\frac{(2\pi\times928)(2\pi\times3.39\times10^{3})}{(1.29)(2\pi\times392)}=3.91\times10^{4}$$

5）电压反馈电路：$R_1=10\mathrm{k}\Omega$

$$\Rightarrow R_2=92.3\mathrm{k}\Omega,\ C_2=1.86\mathrm{nF},\ C_3=0.70\mathrm{nF}$$

设计结果与例 10.8 中的经典设计相同，但斜坡补偿斜率减小。设计结果相似的理论背景将在下一节讨论。

电流模控制的性能

现在，对新型设计的峰值电流模控制的 Buck 变换器的性能进行评估分析，以显示设计流程的有效性和新型模型的准确性。变换器的环路增益如图 11.26 所示。将新型模型的预测结果与不包括采样效应但具有与新型模型相同的控制参数（即控制参数使用新型设计的控制参数）的经典模型计算方法所得经验数据进行比较。

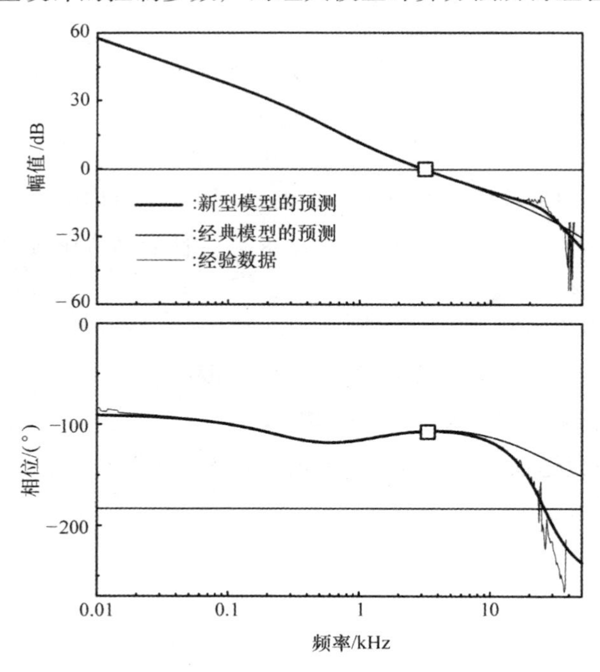

图 11.26 Buck 变换器的环路增益：新型模型与经典模型的预测结果

双极点位于开关频率的一半处，这可由新型模型理论预测得到，也受到实验数据的支持。新型模型与经验数据精确相关，从而显示出超过经典模型的显著改进。更具体地说，新型模型正确地预测了位于开关频率的一半处的双极点，这受到 $Q_p = 1$ 的设计目标的阻碍。

环路增益交越频率位于具有足够的相位裕度的精确目标频率 $\omega_{cr} = 2\pi \times 3.39 \times 10^3$ rad/s 处。图 11.27a 显示了变换器的输出阻抗特性。新型模型和经典模型的预测结果与经验数据吻合良好。图 11.27b 描述了变换器的音频敏感度。音频敏感度曲线显示了新型模型中前馈增益的影响。与假设零前馈增益的经典模型相比，新型模型显示出改善的音频敏感度特征。

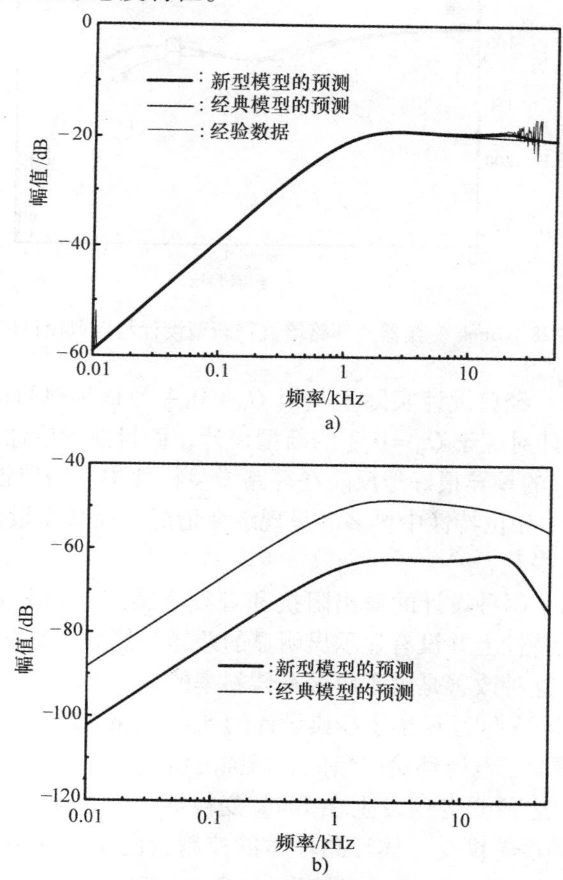

图 11.27　Buck 变换器的频域性能

a）输出阻抗　b）音频敏感度

新型设计与经典设计的比较

将新型设计的性能与例 10.8 中不考虑采样效应的经典设计相比较。对于本比较研究，本章开发的新型模型用于两种设计的理论预测。将理论预测与经验数据进行比较。图 11.28 比较了两种设计的环路增益。虽然新型设计和经典设计都预测到了具有足够的相位裕度的稳定性，但它们在高频下显示出明显的差异。

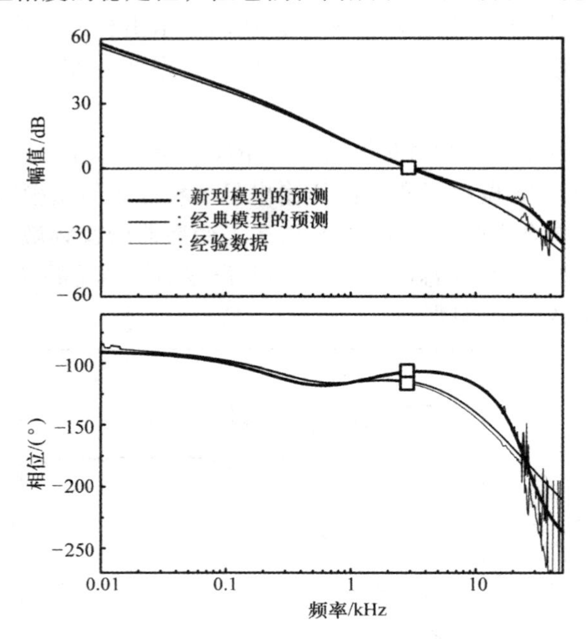

图 11.28 Buck 变换器的环路增益：新型设计与经典设计的比较

如下一节所示，经典设计实际上与以 $Q_p=0.4$ 为目标执行的新型设计完全匹配。因此，经典设计对应于 $Q_p=0.4$ 的新型设计，而目前的设计是以 $Q_p=1.0$ 的设计目标进行的。Q_p 的差异很好地反映在环路增益特性中。经典设计在阻尼比 $Q_p=0.4$ 较小时，在频率相位特性中更多的呈现缓变情况，而新型设计在 $Q_p=1.0$ 时表现出高频下的增益提升。

图 11.29 显示了两种设计的输出阻抗和音频敏感度。如图 11.29a 所示，这两种设计在输出阻抗特性上并没有显示出明显的差异。然而，新型设计提供了更好的音频敏感度特性。这种改善是由于斜坡补偿斜率的减小引起的。新型设计的斜坡补偿斜率 $S_e=9.2\times10^3$V/s 远远小于经典设计的 $S_e=1.46\times10^5$V/s。参考 10.2.2 节，较小的斜坡斜率增加了电流环路的幅值。增强的电流环路又为音频敏感度提供了更多的衰减。然而，这种改进仅发生在 Buck 变换器中。在 10.3.1 节中显示，对于 Buck 变换器，音频敏感度受总体环路增益的控制，而总体环路增益受到直流环路的直接影响。相比之下，对于 Boost 和 Buck/Boost 变换器，音频敏感度由外部环路增益决定，电流环路对外部环路增益影响不大。

图 11.30 比较了时域性能。对于这种分析，新型设计和经典设计都使用相同的时域模型。唯一的区别是斜坡补偿的斜率。负载电流发生 $I_O=4\text{A}\Rightarrow8\text{A}\Rightarrow4\text{A}$ 的变化时，输出电压的瞬态响应如图 11.30a 所示，而输入电压有 $V_S=16\text{V}\Rightarrow8\text{V}\Rightarrow16\text{V}$ 变化时，输出电压的瞬态波形响应如图 11.30b 所示。如从输出阻抗分析预测的一样，

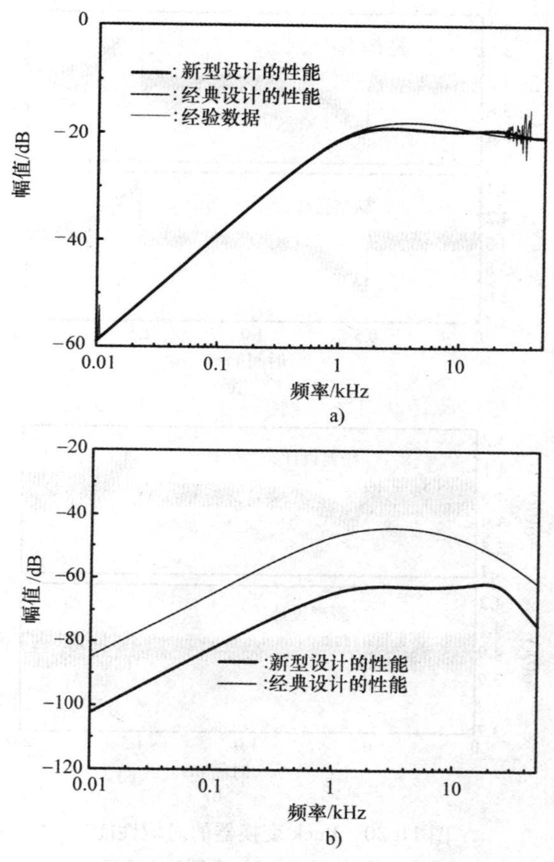

图 11.29　Buck 变换器的频域性能

a）输出阻抗　b）音频敏感度

两个设计中的阶跃负载响应是相同的。另一方面，新型设计显示了更优的阶跃输入响应。该结果与音频敏感度分析一致，并展示了增强的电流环幅值的优点。

[例 11.9]　Boost 变换器设计实例

将新型设计流程应用于例 10.16 中的 Boost 变换器。小信号参数及工作条件为 $\omega_o = 2\pi \times 348\text{rad/s}$，$\omega_{rhp} = 2\pi \times 1.79 \times 10^3\text{rad/s}$，$\omega_{esr} = 2\pi \times 6.77 \times 10^3\text{rad/s}$ 及 $D = 0.4$。开关频率为 $\omega_s = 2\pi \times 50 \times 10^3\text{rad/s}$ 且 PWM 模块的最大输入电压为 $V_{max} = 5.0\text{V}$。电感器电流的峰值为 $i_{L\ peak} = 6.97\text{A}$。新型设计流程现在适用于这些条件。

电流环设计

1）CSN 增益：

$$R_i < \frac{V_{max}}{i_{L\ peak}} = \frac{5.0}{6.97} = 0.72 \Rightarrow R_i = 0.67$$

2）双极点的占空比：

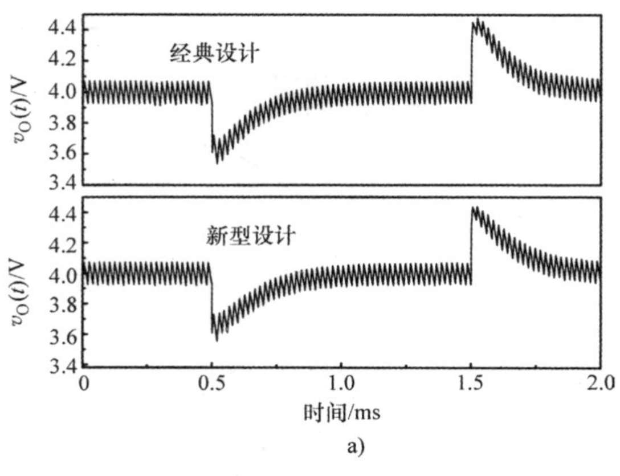

a)

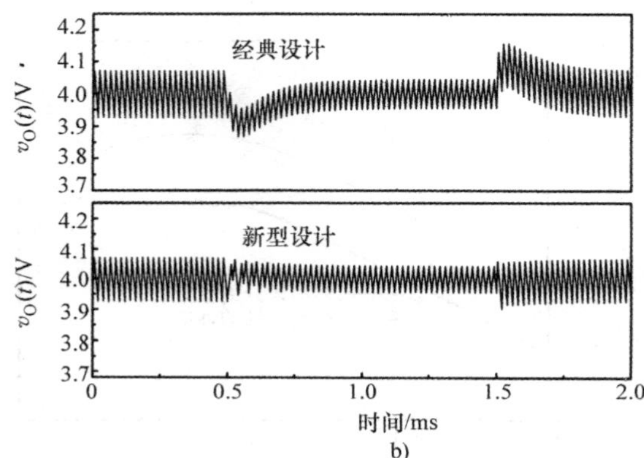

b)

图 11.30　Buck 变换器的时域性能

a）阶跃负载响应　b）阶跃输入响应

$$Q_p = \frac{1}{\pi\left(\left(1+\dfrac{S_e}{S_n}\right)D' - 0.5\right)} = 1$$

式中

$$S_n = \frac{V_S}{L}R_i = \frac{12}{160\times10^{-6}}0.67\text{V/s} = 5.03\times10^4\text{V/s}$$

$$\Rightarrow S_e = S_n\left(\frac{\dfrac{1}{\pi Q_p}+0.5}{D'} - 1\right)$$

$$= 5.03\times10^4\left(\frac{\dfrac{1}{\pi\times1}+0.5}{0.6} - 1\right)\text{V/s} = 1.83\times10^4\text{V/s}$$

$$\Rightarrow V_m = S_eT_s = 1.83\times10^4\times20\times10^{-6}\text{V} = 0.73\text{V}$$

$$m_c = 1+\frac{S_e}{S_n} = 1+\frac{1.83\times10^4}{5.03\times10^4} = 1.36$$

电压环设计

1）补偿极点：$\omega_{pc}=\omega_{rhp}=2\pi\times1.79\times10^3\text{rad/s}$

2）补偿零点：$\omega_{zc}=0.8\omega_o=2\pi\times278\text{rad/s}$

3）环路增益交越频率：$\omega_{cr}=0.28\omega_{rhp}=2\pi\times501\text{rad/s}$

4）积分器增益：

$$K_v=\frac{\omega_{zc}\omega_{cr}}{K_{vc}\omega_{pl}}$$

式中

$$K_{vc}=\frac{D'R}{2R_i}\frac{1}{1+\frac{D'^3RT_s}{2L}(m_c-0.5)}$$

$$=\frac{0.6\times5}{2\times0.67}\frac{1}{1+\frac{0.6^3\times5\times20\times10^{-6}}{2\times160\times10^{-6}}(1.36-0.5)}=2.12$$

$$\omega_{pl}=\frac{2}{CR}+\frac{T_sD'^3}{LC}(m_c-0.5)$$

$$=\frac{2}{470\times10^{-6}\times5}+\frac{20\times10^{-6}0.6^3}{(160\times10^{-6})(470\times10^{-6})}$$

因此，$K_v=\frac{(2\pi\times278)(2\pi\times501)}{2.12(2\pi\times143)}=2.88\times10^3$

5）电压反馈电路：$R_1=10\text{k}\Omega$

$$\Rightarrow R_2=19.6\text{k}\Omega,\ C_2=29.2\text{nF},\ C_3'=5.38\text{nF}$$

设计结果与例 10.16 中的经典设计相同，但斜坡补偿斜率减小。新型设计的斜坡补偿斜率为 $S_e=1.83\times10^4\text{V/s}$，而经典设计的斜坡补偿斜率为 $S_e=7.50\times10^4\text{V/s}$。

电流模控制的性能

Boost 变换器的环路增益如图 11.31 所示。使用新型模型和经典模型表示环路增益以及经验数据。环路增益与设计目标 $\omega_{cr}=2\pi\times501\text{rad/s}$ 完全匹配，且具有足够的相位裕度。新型模型与经验结果间也显示出了良好的相关性，并显示了较经典模型更高的模型精度。在新型模型预测和实证结果中，开关频率一半处的双极点是显而易见的。Boost 变换器的输出阻抗和音频敏感度如图 11.32 所示。此处，经典模型和新型模型都与经验数据良好对应。

新型设计与经典设计的比较

在图 11.33 中，将新型设计的环路增益特性与例 10.16 中不考虑采样效应的经典设计的环路增益特性进行比较。用考虑了采样效应的新型模型来得到两种设计的环路增益特性。两种设计都显示出良好的环路增益特性，并且与经验数据呈现出密切的一致性。可以看出，经典设计与 $Q_p=0.32$ 的新型设计完全匹配。另一方面，目前的设计是以 $Q_p=1.0$ 的目标完成的。Q_p 值的明显差异在环路增益特性中得到很好的体现。

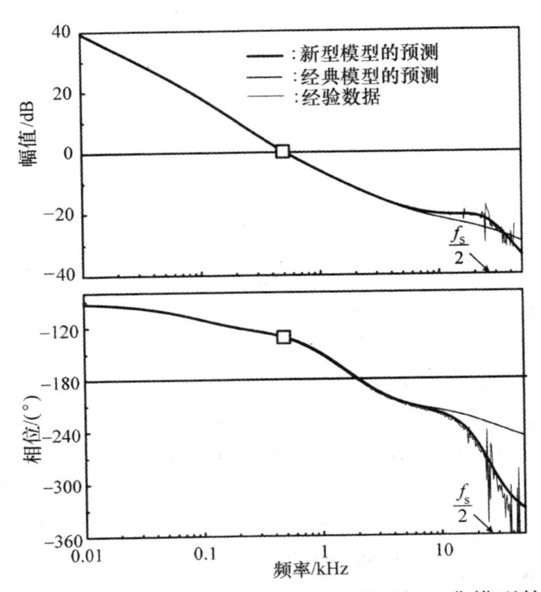

图 11.31 Boost 变换器的环路增益：新型模型与经典模型的预测结果

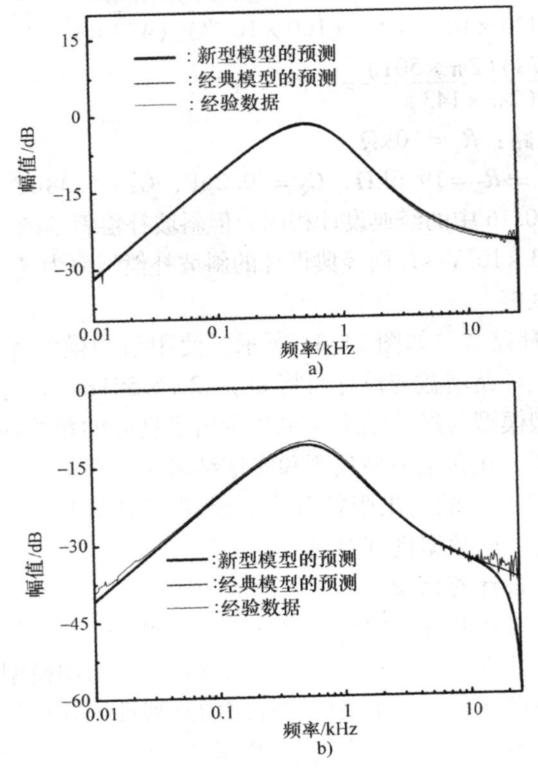

图 11.32 Boost 变换器的频域性能

a）输出阻抗 b）音频敏感度

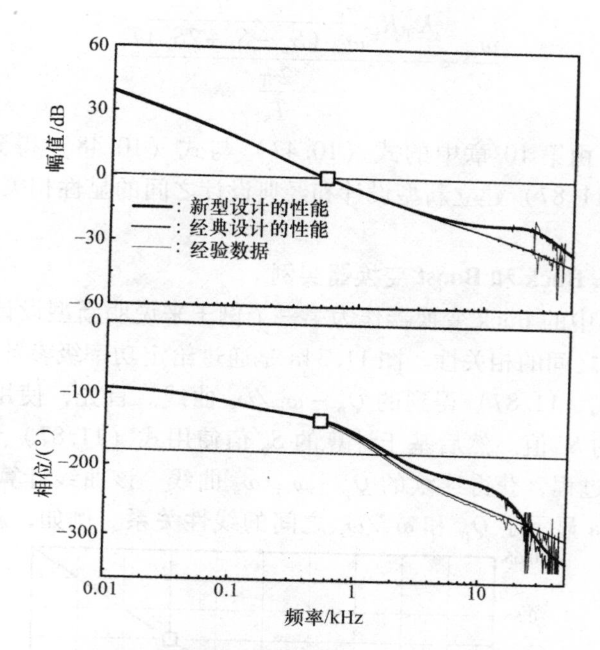

图 11.33　Boost 变换器的环路增益：新型设计与经典设计的比较

11.3.4　新型和经典设计流程间的相关性

本章开发的控制设计程序与第 10 章不同。新型设计流程明确纳入了峰值电流模控制的采样效应。相比之下，经典设计根本不考虑采样效应。尽管如此，两个设计流程还是表现出显著的相似性，如例 11.8 和例 11.9 所示。本节探讨了这种相似的理论背景。首先研究电流环设计，随后比较电压环设计。

电流环设计

新型电流环设计的目标是为 Q_p 提供一个预定值。另一方面，经典设计的目标是将电流环的交越频率置于所需的频率。虽然这两个设计的目标是截然不同的，但是实现目标的手段是一样的。一旦确定了功率级和 CSN 参数，唯一剩余的设计自由度就是斜坡补偿的斜率。

新型设计通过调整斜坡补偿的斜率 S_e 来达到所需的 Q_p，表达式如下：

$$Q_p = \frac{1}{\pi\left(\left(1+\frac{S_e}{S_n}\right)D' - 0.5\right)} \tag{11.86}$$

经典设计旨在通过控制下式中的 S_e 调整电流环交越频率与开关频率 ω_{ci}/ω_s 的比值：

$$\frac{\omega_{ci}}{\omega_s}=\frac{K_{id}R_i\dfrac{\omega_o^2}{\omega_{id}}\dfrac{2}{(S_n-S_f+2S_e)T_s}}{\dfrac{2\pi}{T_s}} \tag{11.87}$$

式（11.87）由第 10 章中的式（10.47）与式（10.48）得到。可以使用式（11.86）和式（11.87）建立新型设计和经典设计之间的显性相关性，详细情况见下面的实例。

［例 11.10］ Buck 和 Boost 变换器实例

使用例 11.8 中的 Buck 变换器作为第一个例子来说明新型设计中的 Q_p 与经典设计中的 ω_{ci}/ω_s 之间的相关性。图 11.34a 是通过给定功率级参数和工作条件下的式（11.86）和式（11.87）得到的 $Q_p-\omega_{ci}/\omega_s$ 曲线。首先，使用式（11.86）计算特定 Q_p 所需的 S_e 值。然后基于计算的 S_e 值使用式（11.87）计算 ω_{ci}/ω_s 的比值。通过重复该过程，获得连续的 $Q_p-\omega_{ci}/\omega_s$ 曲线。该曲线计算范围为 $0.3<Q_p<1.3$。图 11.34a 显示了 Q_p 和 ω_{ci}/ω_s 之间的线性关系。例如，新型设计中 $Q_p=$

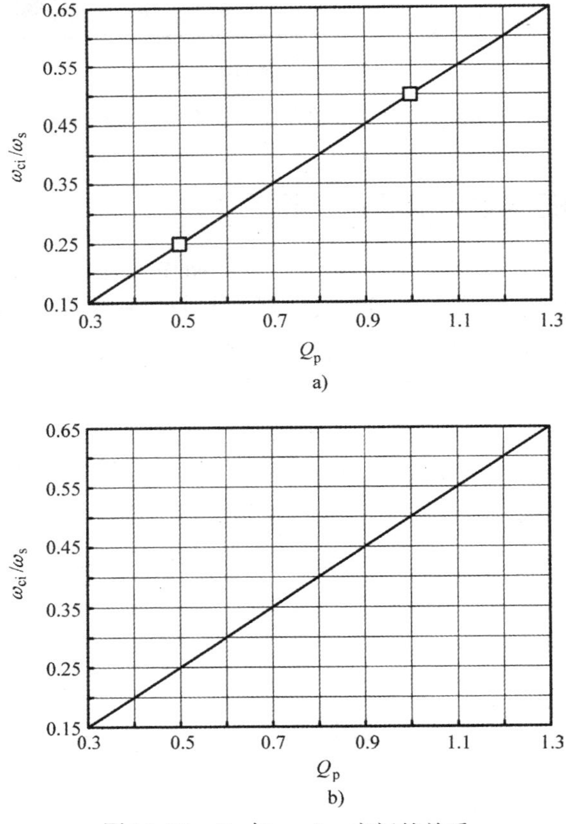

图 11.34 Q_p 与 ω_{ci}/ω_s 之间的关系

a）例 11.8 中的 Buck 变换器 b）例 11.9 中的 Boost 变换器

0.5 的目标需要在经典设计中提供满足条件 $\omega_{ci}/\omega_s=0.25$ 的 S_e 值。作为另一个例子，新型设计中 $Q_p=0.5$ 的设计目标在经典设计中转化为条件 $\omega_{ci}/\omega_s=0.5$，即将电流环交越频率设置在开关频率的一半处。此外，在新型设计中选择 $0.3<Q_p<1.3$ 的阻尼比相当于经典设计中的约束 $0.15<\omega_{ci}/\omega_s<0.65$。

图 11.34b 显示了例 11.9 中 Boost 变换器的 $Q_p-\omega_{ci}/\omega_s$ 曲线。有趣的是，该曲线与图 11.34a 的曲线相同。图 11.34a 和图 11.34b 中的相同点实际上是连接 Q_p 和 ω_{ci}/ω_s 的一般关系的可预期且合乎逻辑的结果。这个关系的确切描述如下。

如前面的例子所示，新型设计与经典设计之间存在着直接的相关性。事实上，对于所有的三种基本的 DC - DC 变换器，无论工作条件和功率级参数如何，可以证明以下关系成立：

$$\frac{\omega_{ci}}{\omega_s}=\frac{Q_p}{2} \tag{11.88}$$

图 11.34a 和图 11.34b 中的相同之处可由式（11.88）证明。式（11.88）的验证见例 11.11。

［例 11.11］　Buck 变换器中 $\omega_{ci}/\omega_s=Q_p/2$ 的推导

本实例借 Buck 变换器表明了式（11.88）是成立的。首先，由 Buck 变换器，可以推导出如下两个等式：

$$K_{id}R_i\frac{\omega_o^2}{\omega_{id}}=\frac{V_S}{R}R_i\frac{\frac{1}{LC}}{\frac{1}{CR}}=\frac{V_S}{L}R_i \tag{11.89}$$

$$\begin{aligned}\frac{2}{(S_n-S_f+2S_e)T_s}&=\frac{2}{(S_n(2m_c-1)-S_f)T_s}\\&=\frac{2}{\left(\frac{V_S-V_O}{L}R_i(2m_c-1)-\frac{V_O}{L}R_i\right)T_s}\\&=\frac{L}{2R_iV_S}\frac{2}{(m_cD'-0.5)T_s}\end{aligned} \tag{11.90}$$

式中

$$m_c=1+\frac{S_e}{S_n}$$

根据式（11.89）和式（11.90），式（11.87）可写为

$$\frac{\omega_{ci}}{\omega_s}=\frac{K_{id}R_i\frac{\omega_o^2}{\omega_{id}}\frac{2}{(S_n-S_f+2S_e)T_s}}{\frac{2\pi}{T_s}}$$

$$=\frac{\left(\frac{V_S}{L}R_i\right)\left(\frac{L}{2R_iV_S}\frac{2}{(m_cD'-0.5)T_s}\right)}{\frac{2\pi}{T_s}}$$

$$=\frac{1}{2\pi(m_cD'-0.5)}=\frac{1}{2\pi\left(\left(1+\frac{S_e}{S_n}\right)D'-0.5\right)}=\frac{Q_p}{2} \tag{11.91}$$

同样的流程可以应用于 Boost 变换器和 Buck/Boost 变换器，以此表明对于三种基本 PWM 变换器，$\omega_{ci}/\omega_s=Q_p/2$ 一直成立。

电压环设计

电压环设计的目的是为双极点单零点补偿电路选择三个参数 ω_{pc}、ω_{zc} 和 K_v。在新型设计和经典设计中，ω_{pc} 和 ω_{zc} 的选择都是相同的。唯一的区别在于 K_v 的选择。

在新型设计中，式（11.85）中积分器增益 K_v 为

$$K_v=\frac{1}{K_{vc}\omega_{pl}}\omega_{zc}\omega_{cr} \tag{11.92}$$

式中，ω_{cr}是环路增益 $T_m(s)$ 的理想交越频率。在经典设计中，式（10.53）中的 K_v 被定义为

$$K_v=\frac{1}{\frac{K_{vd}}{K_{id}R_i}\omega_{id}}\omega_{zc}\omega_{cr} \tag{11.93}$$

式中，ω_{cr}是外环增益 $T_2(s)$ 的理想交越频率。对于多数设计，在三种基本 PWM 变换器中，下式都成立：

$$K_{vc}\omega_{pl}\approx\frac{K_{vd}}{K_{id}R_i}\omega_{id} \tag{11.94}$$

如例 11.12 所示。因此，如果在两个设计中选择相同的 ω_{cr}，则所需的 K_v 实际上是相同的。现在，在两种设计方法中的三个参数 ω_{pc}、ω_{zc} 和 K_v 是相同的。

[例 11.12]　Buck 变换器实例

本实例说明了式(11.94)的有效性。对于 Buck 变换器,有 $1\gg RT_s(m_cD'-0.5)/L$，有如下关系：

$$K_{vc}=\frac{R}{R_i}\frac{1}{1+\frac{RT_s}{L}(m_cD'-0.5)}\approx\frac{R}{R_i} \tag{11.95}$$

此外，根据假设 $1/(CR)\gg T_s(m_cD'-0.5)/(LC)$，有

$$\omega_{pl}=\frac{1}{CR}+\frac{T_s}{LC}(m_cD'-0.5)\approx\frac{1}{CR} \tag{11.96}$$

另一方面，根据功率级传递函数，有

$$\frac{K_{vd}}{K_{id}R_i}=\frac{R}{R_i} \tag{11.97}$$

和

$$\omega_{id}=\frac{1}{CR} \tag{11.98}$$

根据式（11.95）~式（11.98），式（11.94）中的关系可推断为

$$K_{vc}\omega_{pl}=\frac{R}{R_i}\frac{1}{CR}\approx\frac{K_{vd}}{K_{id}R_i}\omega_{id} \tag{11.99}$$

式（11.99）是十分精确的，因为条件 $1 >> RT_s(m_cD'-0.5)/L$ 和 $1/(CR) >> T_s(m_cD'-0.5)/(LC)$ 对于大多数设计可同时成立。例11.8和例11.9成功证明了式（11.94）的有效性。

后记

对于采样效应的分析引出了峰值电流模控制的新设计流程。这种替代设计控制了控制-输出传递函数中的阻尼比，使得采样效应既不引起稳定性问题也不会干扰闭环性能。新型设计的理论与以前不考虑采样效应的经典设计截然不同。尽管如此，这两种设计的结果显然相似。

鉴于新型设计的环路增益交越频率与经典设计中外环增益的交越频率相同，两种方案中的电压环设计有相同的结果。

电流环设计与 $\omega_{ci}/\omega_s=Q_p/2$ 关系密切相关。据此信息，两种设计中的电流环设计的结果应该相同。更重要的是，如果按照第10章的建议对经典设计施加 $0.15<\omega_{ci}/\omega_s<0.3$ 的保守设计约束，变换器的性能不会受到电流模控制的采样效应的不利影响。这是因为 $0.15<\omega_{ci}/\omega_s<0.3$ 的设计约束与 $0.3<Q_p<0.6$ 的要求相同，避免了采样效应的有害后果。现在，通过了解电流模控制的采样效应，$0.15<\omega_{ci}/\omega_s<0.3$ 的保守设计目标被放宽到 $0.15<\omega_{ci}/\omega_s<0.65$ 的较少限制条件。

总之，只要在经典设计中使用设计约束 $0.15<\omega_{ci}/\omega_s<0.65$，或将等效条件 $0.3<Q_p<1.3$ 纳入新型设计，经典设计或新型设计可以适用于三种基本的PWM变换器。对于这种情况，新型设计和经典设计可以提供稳定性和良好的闭环性能。此外，两个设计之间根据条件 $\omega_{ci}/\omega_s=Q_p/2$，有精确的一对一对应关系。例如，$\omega_{ci}/\omega_s=0.5$ 的经典设计可以解释为 $Q_p=1$ 的新型设计，因为它们实际上是相同的设计。

11.4 带光耦合器隔离电流模控制的离线反激变换器

本节介绍了光耦合器隔离峰值电流模控制的设计和分析。以离线电源中作为后端DC-DC变换器的反激变换器为例，解释说明峰值电流模控制实际应用中的各项

细节。

11.4.1 离线电源

离线电源是指从电网中接收交流电压并为负载提供直流电压的功率变换器。图 11.35 是典型的离线电源的功能图。该系统由 AC－DC 整流器、滤波电容器 C_F 和 DC－DC 变换器组成。前端 AC－DC 整流器将交流电源电压变换为中间直流电压。然后，后端 DC－DC 变换器将中间电压变换为负载所需的电压电平。

AC－DC 整流器的结构和功能种类繁多，从简单的线频整流器到复杂的功率因数校正（PFC）AC－DC 变换器。10.1.3 节介绍了 PFC AC－DC 变换器。AC－DC 整流器的输出端连接有大的滤波电容器 C_F，以稳定中间直流电压。

根据法律要求，出于安全性等实际原因，后端 DC－DC 变换器需提供电隔离。功率级和反馈控制器都需要提供电隔离。对于功率级隔离，采用了一种隔离拓扑结构。对于反馈隔离，控制器通常采用耦合红外二极管和光敏晶体管的光耦合器，以传输隔离形式的控制信号。这种光耦合器隔离的反馈控制广泛适用于对成本敏感的应用，如消费类电子产品的离线电源。

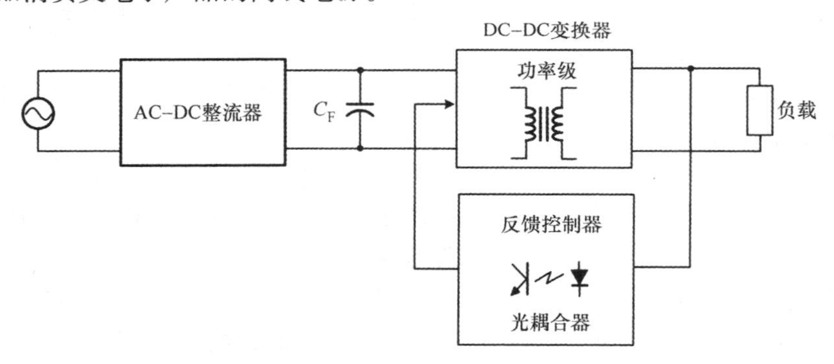

图 11.35 离线电源的结构

11.4.2 带光耦合器隔离反馈的反激变换器电流模控制

反激变换器广泛用于离线电源，因为它可以通过用最少的元器件数目来提供功率级隔离。离线反激变换器通常使用光耦合器隔离反馈技术来实现峰值电流模控制。

图 11.36 显示了使用具有光耦合器隔离反馈控制的反激变换器结构的离线电源的原理电路图。简单的桥式整流器将交流电压变换为直流电压，用于后端的反激变换器。EMI 滤波器放置在桥式整流器的前面，且在整流器的输出端使用大的滤波电容器 C_F。反激变换器应用了通过光耦合器隔离反馈控制器实现的峰值电流模控制。

光耦合器隔离反馈电路

如图 11.36 所示，反激变换器采用标准的光耦合器隔离反馈电路。通过电阻

R_x 根据固定参考电压 V_{ref} 来调节输出电压 $V_O = V_{ref}(1 + Z_1(j0)/R_x)$。光耦合器中的红外二极管由通过限流电路的输出电压 v_o 供电，限流电路由图 11.36 中的阻抗 $Z_D(s)$ 表示。直流电压 V_T 和电阻 R_T 允许光耦合器中的光敏晶体管按红外二极管电流 i_D 成比例地传递电流 i_T。两个增益块 $Z_1(s)$ 和 $Z_2(s)$ 表示电压反馈电路中无源电路元器件的阻抗。

光耦合器的电气特性由两个参数指定。第一个参数是光敏晶体管电流 i_T 与红外二极管电流 i_D 的比率。该比率称为电流传输比 $\mathrm{CTR} \equiv i_T/i_D$。另一个参数是光敏晶体管集电极和发射极之间的寄生电容，表示为 C_j。因为这些参数可能随光耦合器的工作条件而变化很大，所以在给定工作点的实际值需要进行实验测量。测量光耦合器的 CTR 和 C_j 的简单方法见例 11.13。

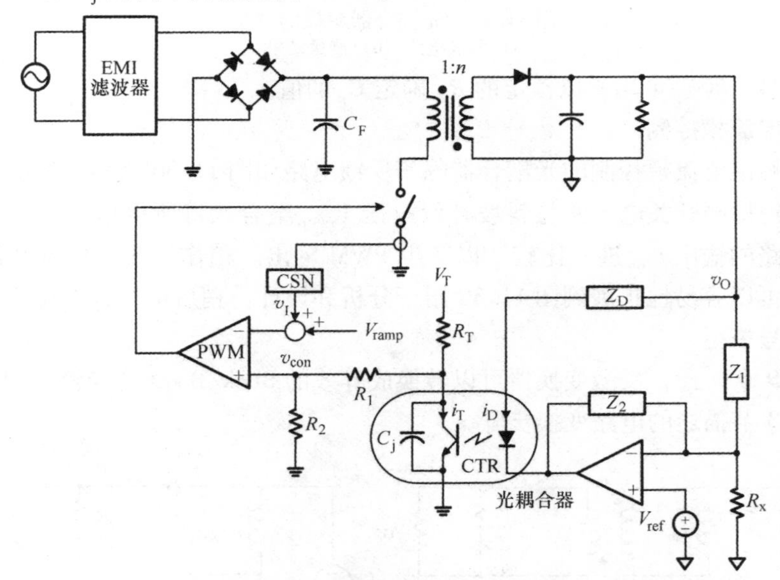

图 11.36　光耦合器隔离电流模控制反激变换器

[例 11.13]　光耦合器参数的测量

图 11.37a 所示为测量光耦合器的电流传输比 CTR 和寄生电容 C_j 的简单电路。选择电路参数 R_T、V_T、R_D 和 V_D，以确定变换器中光耦合器的实际工作条件。在这种情况下，测量 i_T 与 i_D 来计算电流传输比 $\mathrm{CTR} = i_T/i_D$。该过程中，小信号源 $v_s(t)$ 未被激活。

接下来，激活小信号源 $v_s(t)$ 并使用阻抗分析仪记录 $|v_c(j\omega)|/|v_s(j\omega)|$ 的频率响应。图 11.37b 显示了测量的一个例子。在条件 $C_s(R_s \parallel R_D) \ll C_jR_T$ 下，频率响应呈现一阶低通滤波器特性，其角频率由下式给出：

$$f_p = \frac{1}{2\pi C_j R_T} \tag{11.100}$$

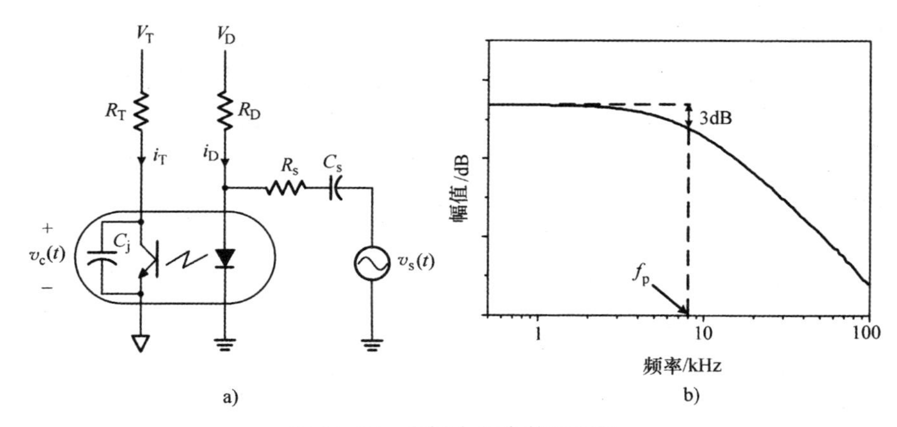

a)　　b)

图 11.37　光耦合器参数的测量
a）测量电路　b）测量结果

式（11.100）可用于以预定的 R_T 确定 C_j 的值。

峰值电流模控制

采用峰值电流模控制的光耦合器隔离反馈电路如图 11.36 所示。用电流感测网络（CSN）检测开关电流并与斜坡补偿电压 V_{ramp} 组合。将所得信号与光耦合器隔离反馈电路的输出 v_{con} 进行比较，以产生 PWM 输出。稍作修改，传统峰值电流模控制技术可以容易地扩展到图 11.36 用于分析和设计，稍后进行具体说明。

小信号模型

如第 9 章所述，反激变换器可以转换成等效的 Buck/Boost 变换器。图 11.38 显示了 9.1.3 节描述的电路变换步骤。

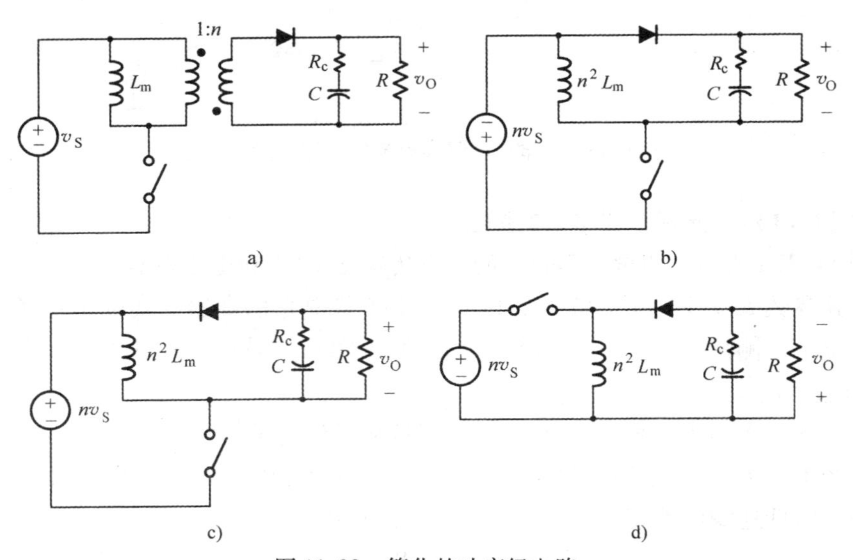

a)　　b)　　c)　　d)

图 11.38　简化的功率级电路
a）反激变换器　b）输入电压和励磁电感的映射　c）改进电路　d）等效 Buck/Boost 变换器

图11.39显示了通过合并等效Buck/Boost变换器的小信号模型和电流模控制的s域模型获得的反激变换器的小信号模型。在小信号模型中，CSN增益由下式给出：

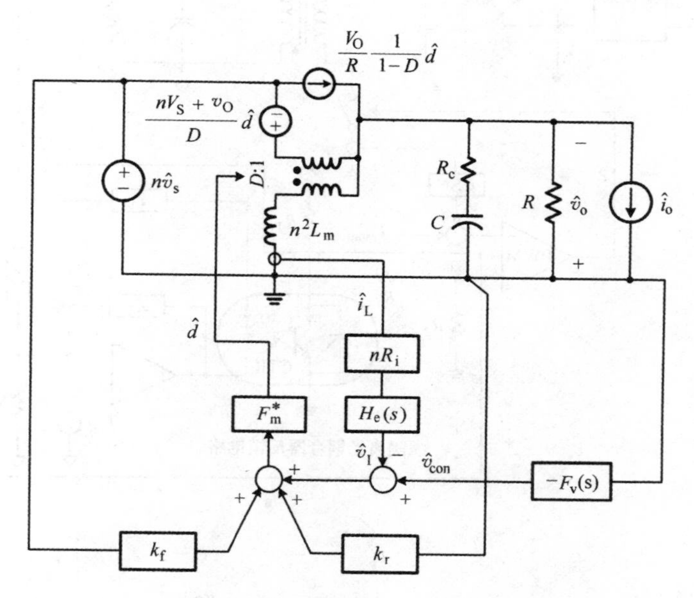

图11.39 反激变换器的小信号模型

$$R_i' = nR_i \tag{11.101}$$

式中，R_i是原始反激电路的CSN增益；n是变压器的匝数比。这种修改是必要的，因为电流反馈信号是从小信号模型中的次级侧提取，而在原始反激电路中的电流反馈作用于初级侧。增益块$F_v(s)$表示光耦合器反馈电路的传递函数。

光耦合器隔离反馈电路

图11.36中的光耦合器反馈电路重新绘制如图11.40a所示。通过适当选择阻抗$Z_D(s)$、$Z_1(s)$和$Z_2(s)$，该电路可构建为双极点单零点电路

$$F_v(s) = \frac{K_v\left(1+\frac{s}{\omega_{zc}}\right)}{s\left(1+\frac{s}{\omega_{pc}}\right)} \tag{11.102}$$

或三极点双零点电路

$$F_v'(s) \equiv \frac{K_v\left(1+\frac{s}{\omega_{zc}}\right)\left(1+\frac{s}{\omega_{zc}'}\right)}{s\left(1+\frac{s}{\omega_{pc}}\right)\left(1+\frac{s}{\omega_{pc}'}\right)} \tag{11.103}$$

图11.40b显示了双极点单零点电路的实现，图11.40c显示了三极点双零点电路的实现。两个传递函数的直流增益和角频率表达式如表11.5所示，例11.14给

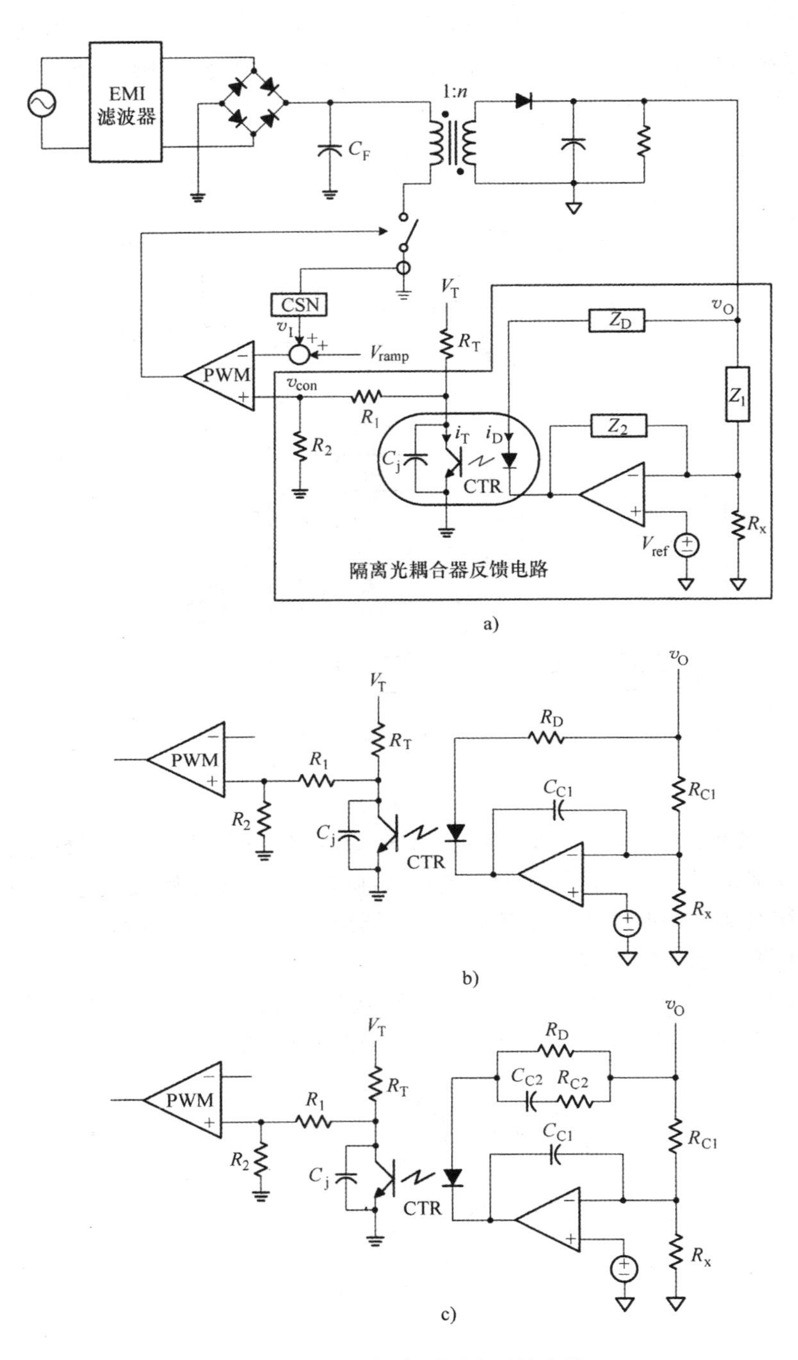

图 11.40　光耦合器隔离反馈电路

a）电压反馈电路　b）双极点单零点电路　c）三极点双零点电路

出了式（11.102）和式（11.103）的推导过程。

［例 11.14］　光耦合器隔离反馈电路的分析

本实例展示了光耦合器反馈电路的传递函数的推导。参照图 11.40a，给出电压反馈补偿

$$F_{\mathrm{v}}(s) = -\frac{\hat{v}_{\mathrm{con}}(s)}{\hat{v}_{\mathrm{o}}(s)} = -\frac{\hat{i}_{\mathrm{D}}(s)}{\hat{v}_{\mathrm{o}}(s)}\frac{\hat{i}_{\mathrm{T}}(s)}{\hat{i}_{\mathrm{D}}(s)}\frac{\hat{v}_{\mathrm{con}}(s)}{\hat{i}_{\mathrm{T}}(s)} \tag{11.104}$$

式（11.104）右侧的第一项由下式计算得到。因为误差放大器的反相端为交流信号的虚拟地，所以 $\hat{v}_{\mathrm{o}}$ 和 $\hat{i}_{\mathrm{D}}$ 之间的关系为

$$\hat{i}_{\mathrm{D}}(s) = \frac{\hat{v}_{\mathrm{o}}(s) - \left(-\frac{Z_2(s)}{Z_1(s)}\right)\hat{v}_{\mathrm{o}}(s)}{Z_{\mathrm{D}}(s)} \tag{11.105}$$

式（11.105）可变化为

$$\frac{\hat{i}_{\mathrm{D}}(s)}{\hat{v}_{\mathrm{o}}(s)} = \frac{1}{Z_{\mathrm{D}}(s)}\left(1 + \frac{Z_2(s)}{Z_1(s)}\right) \tag{11.106}$$

式（11.104）中的第二项是光耦合器的电流传输比 CTR。

通过将光敏晶体管视为如图 11.40a 中的小信号电流源 $\hat{i}_{\mathrm{T}}$，就形成了以下关系：

$$\hat{v}_{\mathrm{con}}(s) = -\left(\frac{1}{sC_{\mathrm{j}}} \parallel R_{\mathrm{T}} \parallel (R_1 + R_2)\right)\left(\frac{R_2}{R_1 + R_2}\right)\hat{i}_{\mathrm{T}}(s) \tag{11.107}$$

可得到

$$\frac{\hat{v}_{\mathrm{con}}(s)}{\hat{i}_{\mathrm{T}}(s)} = -\frac{R_{\mathrm{T}} \parallel (R_1 + R_2)}{1 + sC_{\mathrm{j}}(R_{\mathrm{T}} \parallel (R_1 + R_2))}\left(\frac{R_2}{R_1 + R_2}\right) \tag{11.108}$$

结合式（11.106）和式（11.108），给出反馈电路的传递函数如下：

$$F_{\mathrm{v}}(s) = \frac{R_2}{R_1 + R_2}\frac{R_{\mathrm{T}} \parallel (R_1 + R_2)}{Z_{\mathrm{D}}(s)}\mathrm{CTR} \cdot \left(1 + \frac{Z_2(s)}{Z_1(s)}\right)\frac{1}{1 + sC_{\mathrm{j}}(R_{\mathrm{T}} \parallel (R_1 + R_2))} \tag{11.109}$$

上述传递函数可以转换成双极点单零点电路或三极点双零点电路。选择 $Z_{\mathrm{D}}(s) = R_{\mathrm{D}}$、$Z_1(s) = R_{\mathrm{C1}}$ 和 $Z_2(s) = 1/(sC_{\mathrm{C1}})$，图 11.40b 中的电路可变为具有双极点单零点补偿的电路。所得到的传递函数表示为表 11.5 中的 $F_{\mathrm{v}}(s)$。另一方面，在图 11.40c 的电路中，有 $Z_{\mathrm{D}}(s) = R_{\mathrm{D}} \parallel (R_{\mathrm{C2}} + 1/(sC_{\mathrm{C2}}))$、$Z_1(s) = R_{\mathrm{C1}}$ 和 $Z_2(s) = 1/(sC_{\mathrm{C1}})$，在双极点单零点补偿之前增加了一对极点 - 零点对，从而产生三极点双零点补偿。该传递函数表示为表 11.5 中的 $F'_{\mathrm{v}}(s)$。

表 11.5 光耦合器隔离反馈电路传递函数的直流增益和角频率表达式

传递函数	
$F_v(s)=\dfrac{K_v\left(1+\dfrac{s}{\omega_{zc}}\right)}{s\left(1+\dfrac{s}{\omega_{pc}}\right)}$	$F'_v(s)=\dfrac{K_v\left(1+\dfrac{s}{\omega_{zc}}\right)\left(1+\dfrac{s}{\omega'_{zc}}\right)}{s\left(1+\dfrac{s}{\omega_{pc}}\right)\left(1+\dfrac{s}{\omega'_{pc}}\right)}$
$K_v=\dfrac{R_2}{R_1+R_2}\dfrac{R_T\parallel(R_1+R_2)}{R_D}\mathrm{CTR}\dfrac{1}{C_{C1}R_{C1}}$ $\omega_{pc}=\dfrac{1}{C_j(R_T\parallel(R_1+R_2))}$ $\omega_{zc}=\dfrac{1}{C_{C1}R_{C1}}$	$\omega'_{pc}=\dfrac{1}{C_{C2}R_{C2}}$ $\omega'_{zc}=\dfrac{1}{C_{C2}(R_{C2}+R_D)}$

控制设计流程

现在将上一节中的控制设计流程应用于图 11.39 的小信号模型。以下实例说明了详细的设计步骤。

［例 11.15］ 离线反激变换器的电流模控制

图 11.41 所示为使用光耦合器隔离反馈的峰值电流模控制的反激变换器的电路图。反馈控制器使用 PWM 芯片、光耦合器和运算放大器以及其他无源元器件来实现。简单的电阻传感用于低成本 CSN 实现。反激变换器的开关频率为 $\omega_s=2\pi\times65\times10^3\mathrm{rad/s}$，变压器的匝数比为 $n=6/62=0.097$。根据图 11.41 给出的信息，小信号参数和操作条件确定如下：

$$\frac{V_O}{V_S}=\frac{D}{1-D}n\Rightarrow\frac{10}{220\sqrt{2}}=\frac{D}{1-D}0.097\Rightarrow D=0.25$$

$$\omega_o=\frac{1-D}{\sqrt{n^2L_mC}}$$

$$=\frac{1-0.25}{\sqrt{0.097^2\times1.5\times10^{-3}\times910\times10^{-6}}}\mathrm{rad/s}=2\pi\times1.05\times10^3\mathrm{rad/s}$$

$$\omega_{rhp}=\frac{(1-D)^2}{D}\frac{R}{n^2L_m}$$

$$=\frac{(1-0.25)^2}{0.25}\frac{2}{0.097^2\times1.5\times10^{-3}}\mathrm{rad/s}=2\pi\times5.07\times10^4\mathrm{rad/s}$$

$$\omega_{esr}=\frac{1}{CR_c}=\frac{1}{910\times10^{-6}\times0.04}\mathrm{rad/s}=2\pi\times4.37\times10^3\mathrm{rad/s}$$

开关电流的最大值由下式计算得到：

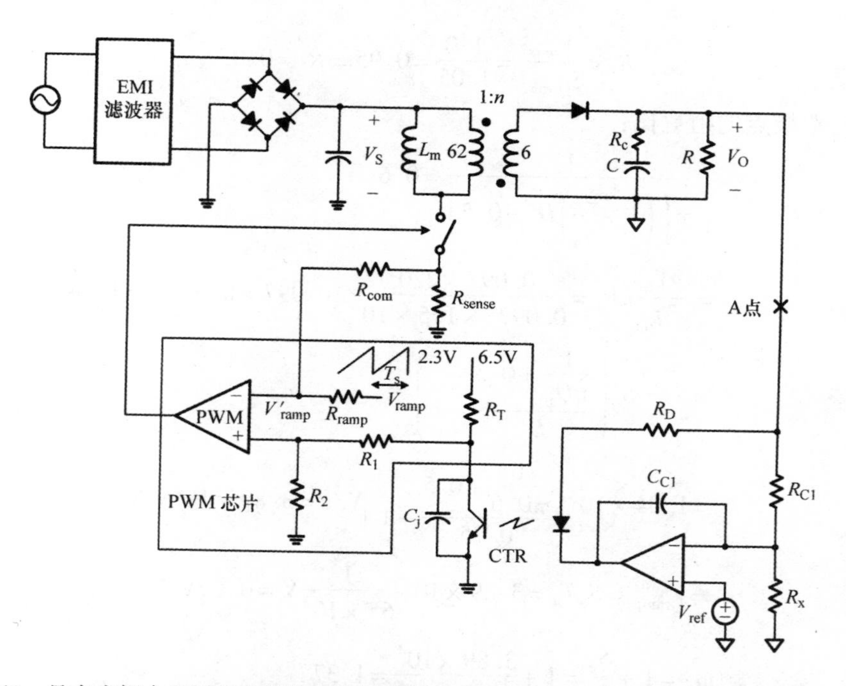

图 11.41　具有光耦合器隔离的峰值电流模控制的离线反激变换器：$V_S=220\sqrt{2}$V，$V_O=10$V，$L_m=1.5$mH，$n=6162=0.097$，$C=910\mu$F，$R_c=0.04\Omega$，$R=2\Omega$，$R_D=393\Omega$，$R_{C1}=2$kΩ，$C_{C1}=0.1\mu$F，$V_{ref}=2.5$V，$R_x=667\Omega$，CTR $=0.236$，$C_j=2.3$nF，$R_T=20$kΩ，$R_1=55$kΩ，$R_2=25$kΩ，$R_{com}=6.4$kΩ，$R_{sense}=0.67\Omega$，$R_{ramp}=18$kΩ，$V_{ramp}=2.3$V，$T_s=(65\times10^3)^{-1}$s，PWM 芯片：NCP1230

$$
\begin{aligned}
i_{Q\max} &= n\frac{V_O}{R}\frac{1}{1-D}+\frac{1}{2}\frac{V_S}{L_m}DT_s \\
&=0.097\frac{10}{2}\frac{1}{1-0.25}\text{A}+\frac{1}{2}\frac{220\sqrt{2}}{1.5\times10^{-3}}0.25\frac{1}{65\times10^3}\text{A} \\
&=1.05\text{A}
\end{aligned}
$$

PWM 模块的最大输入电压为 $V_{max}=1.0$V。PWM 芯片内的四个电阻提前确定：$R_{ramp}=18$kΩ，$R_T=20$kΩ，$R_1=55$kΩ，$R_2=25$kΩ。此外，PWM 芯片提供了一个斜坡信号，其幅值固定在 $V_{ramp}=2.3$V。斜坡信号由三个电阻 R_{ramp}、R_{com} 和 R_{sense} 分压，结果信号作为斜坡补偿 V'_{ramp} 施加到 PWM 模块上。

电流环设计

电流环设计包括根据设计规范选择 R_{com} 和 R_{sense} 的电阻，同时使用预先设定的电阻 $R_{ramp}=18$kΩ 和 $V_{ramp}=2.3$V。

1）CSN 增益：

$$R_i < \frac{V_{\max}}{i_{Q\max}} = \frac{1.0}{1.05} = 0.95 \Rightarrow R_i = 0.05$$

2）双极点的阻尼比：

$$Q_p = \frac{1}{\pi\left(\left(1+\frac{S_e}{S_n}\right)D' - 0.5\right)} = 0.6$$

$$S_n = \frac{nV_S}{n^2L_m}nR_i = \frac{0.097\times 220\sqrt{2}}{0.097^2\times 1.5\times 10^{-3}}0.097\times 0.5\mathrm{V/s} = 1.04\times 10^5\mathrm{V/s}$$

$$\Rightarrow S_e = S_n\left(\frac{\frac{1}{\pi Q_p}+0.5}{D'} - 1\right)$$

$$= 1.04\times 10^5\left(\frac{\frac{1}{\pi 0.6}+0.5}{0.75} - 1\right)\mathrm{V/s} = 3.89\times 10^4\mathrm{V/s}$$

$$\Rightarrow V'_{\mathrm{ramp}} = S_eT_s = 3.89\times 10^4\frac{1}{65\times 10^3}\mathrm{V} = 0.60\mathrm{V}$$

$$m_c = 1 + \frac{S_e}{S_n} = 1 + \frac{3.89\times 10^4}{1.04\times 10^5} = 1.37$$

式中，V'_{ramp}是施加到 PWM 模块的输入的实际斜坡补偿的幅值。

3）假设 $R_{\mathrm{sense}} \ll R_{\mathrm{ramp}}$且 $R_{\mathrm{sense}} \ll R_{\mathrm{com}}$，选择 R_{com}和 R_{sense}：

$$V'_{\mathrm{ramp}} = V_{\mathrm{ramp}}\frac{R_{\mathrm{com}}+R_{\mathrm{sense}}}{R_{\mathrm{ramp}}+R_{\mathrm{com}}+R_{\mathrm{sense}}} \approx V_{\mathrm{ramp}}\frac{R_{\mathrm{com}}}{R_{\mathrm{ramp}}+R_{\mathrm{com}}}$$

$$\Rightarrow 0.6 = 2.3\frac{R_{\mathrm{com}}}{18\times 10^3 + R_{\mathrm{com}}}$$

$$\Rightarrow R_{\mathrm{com}} = 6.4\mathrm{k}\Omega$$

$$R_i = \frac{R_{\mathrm{sense}}}{R_{\mathrm{ramp}}+R_{\mathrm{com}}+R_{\mathrm{sense}}}R_{\mathrm{ramp}} \approx \frac{R_{\mathrm{sense}}}{R_{\mathrm{ramp}}+R_{\mathrm{com}}}R_{\mathrm{ramp}}$$

$$\Rightarrow 0.5 = \frac{R_{\mathrm{sense}}}{18\times 10^3 + 6.4\times 10^3}18\times 10^3$$

$$\Rightarrow R_{\mathrm{sense}} = 0.68\Omega$$

电流环闭合的控制－输出传递函数

根据表 11.3，电流环闭合的反激变换器的控制－输出传递函数为

$$G_{\mathrm{vci}}(s) = K_{\mathrm{vc}}\frac{\left(1-\frac{s}{\omega_{\mathrm{rhp}}}\right)\left(1+\frac{s}{\omega_{\mathrm{esr}}}\right)}{\left(1+\frac{s}{\omega_{\mathrm{pl}}}\right)\left(1+\frac{s}{Q_p\omega_n}+\frac{s^2}{\omega_n^2}\right)} \tag{11.110}$$

式中

$$\omega_{\mathrm{n}}=\frac{\omega_{\mathrm{s}}}{2}=2\pi\times32.5\times10^{3}\mathrm{rad/s}$$

$$\begin{aligned}K_{\mathrm{vc}}&=\frac{D'R}{(1+D)nR_{\mathrm{i}}}\frac{1}{1+\dfrac{D'^{3}RT_{\mathrm{s}}}{(1+D)n^{2}L_{\mathrm{m}}}(m_{\mathrm{c}}-0.5)}\\&=\frac{0.75\times2}{(1+0.25)0.097\times0.5}\\&\quad\cdot\frac{1}{1+\dfrac{0.75^{3}\times2(65\times10^{3})^{-1}}{(1+0.25)0.097^{2}\times1.5\times10^{-3}}(1.37-0.5)}\\&=15.1\end{aligned}$$

$$\begin{aligned}\omega_{\mathrm{pl}}&=\frac{1+D}{CR}+\frac{T_{\mathrm{s}}D'^{3}}{n^{2}L_{\mathrm{m}}C}(m_{\mathrm{c}}-0.5)\\&=\frac{1+0.25}{910\times10^{-6}\times2}\mathrm{rad/s}+\frac{(65\times10^{3})^{-1}0.75^{3}}{0.097^{2}\times1.5\times10^{-3}\times910\times10^{-6}}(1.37-0.5)\mathrm{rad/s}\\&=2\pi\times179\mathrm{rad/s}\end{aligned}$$

图 11.42 显示了当电流环闭合时的控制 - 输出传递函数。理论预测结果与使用计算方法获得的经验数据一起显示。

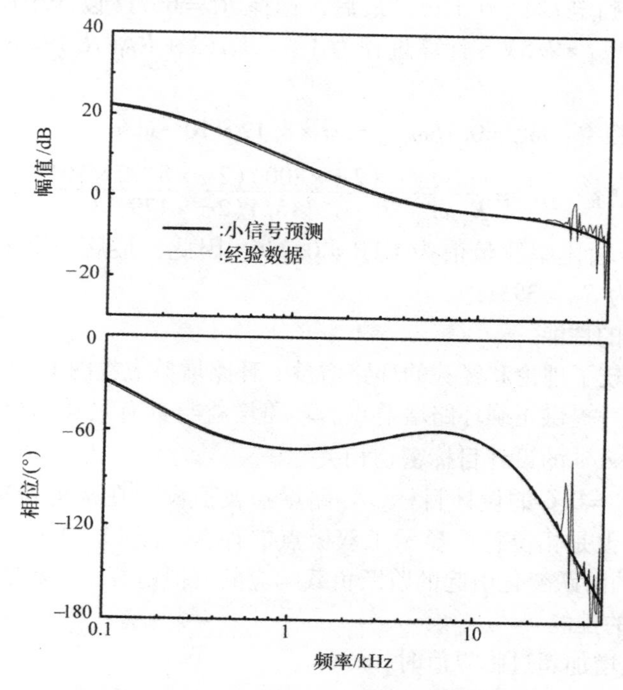

图 11.42　电流环闭合时的控制 - 输出传递函数

电压环设计

电压反馈电路构造的双极点单零点补偿如图 11. 40a 所示：

$$F_v(s)=\frac{K_v\left(1+\frac{s}{\omega_{zc}}\right)}{s\left(1+\frac{s}{\omega_{pc}}\right)} \tag{11.111}$$

式中

$$\omega_{pc}=\frac{1}{C_j(R_T \parallel (R_1+R_2))} \tag{11.112}$$

$$\omega_{zc}=\frac{1}{C_{C1}R_{C1}} \tag{11.113}$$

$$K_v=\frac{R_2}{R_1+R_2}\frac{R_T \parallel (R_1+R_2)}{R_D}\text{CTR}\frac{1}{C_{C1}R_{C1}} \tag{11.114}$$

1）补偿极点：$\omega_{pc}=\min\{\omega_{rhp}\ \omega_{esr}\ 0.5\omega_s\}=\omega_{esr}=2\pi\times4.37\times10^3\text{rad/s}$。通过用给定的电阻参数计算式（11. 112），其中所需电容被确定为 $C_j=2.3\text{nF}$。测量光耦合器的集电极 - 发射极寄生电容值为 1. 2 nF。因此，在集电极和发射极端子之间增加外部电容 $C_{ext}=1.1\text{nF}$，以便获得所需的电容 2. 3nF。

2）补偿零点：$\omega_{zc}=0.76\omega_o=2\pi\times800\text{rad/s}$。首先选择 $R_{C1}=2\text{k}\Omega$。然后，根据式（11. 113）确定 $C_{C1}=0.1\mu\text{F}$。最后，选择 $R_x=667\Omega$ 以产生所需的输出电压 $V_O=10\text{V}$，其中 $V_{ref}=2.5\text{V}$。计算过程为 $V_O=V_{ref}(1+R_{C1}/R_x)\Rightarrow10=2.5(1+2\times10^3/667)$。

3）T_2 交越频率：$\omega_{cr}=0.16\omega_{rhp}=2\pi\times8.12\times10^3\text{rad/s}$。

4）积分器增益：$K_v=\frac{\omega_{zc}\omega_{cr}}{K_{vc}\omega_{pl}}=\frac{(2\pi\times800)(2\pi\times8.12\times10^3)}{15.1(2\pi\times179)}=1.51\times10^4$。光耦合器的电流传输比率测量值为 CTR = 0. 236。因此，最后一个补偿分量根据式（11. 114）确定为 $R_D=393\Omega$。

电流模控制的性能

图 11. 43 比较了理论和经验的环路增益。环路增益应在图 11. 41 的 A 点处进行计算。A 点是唯一提供正确环路增益点。环路增益与具有足够的相位裕度的 $\omega_{cr}=2\pi\times8.12\times10^3\text{rad/s}$ 的设计目标密切相关。

虽然由于 $Q_p=0.6$ 的设计目标，环路增益幅值没有在奈奎斯特频率处显示任何峰值的迹象，但是相位特性显示了双极点的存在。图 11. 44 比较了由于 $R=1\Omega$ 和 $R=2\Omega$ 之间的阶跃变化引起的阶跃负载响应的模拟仿真结果和实际测量结果。

DCM 工作的性能

当负载电阻增加超过临界值时

$$R_{crit}=\frac{2n^2L_M}{(1-D)^2T_s}=\frac{2\times0.097^2\times1.5\times10^{-3}}{(1-0.25)^2(65\times10^3)^{-1}}\Omega=3.3\Omega$$

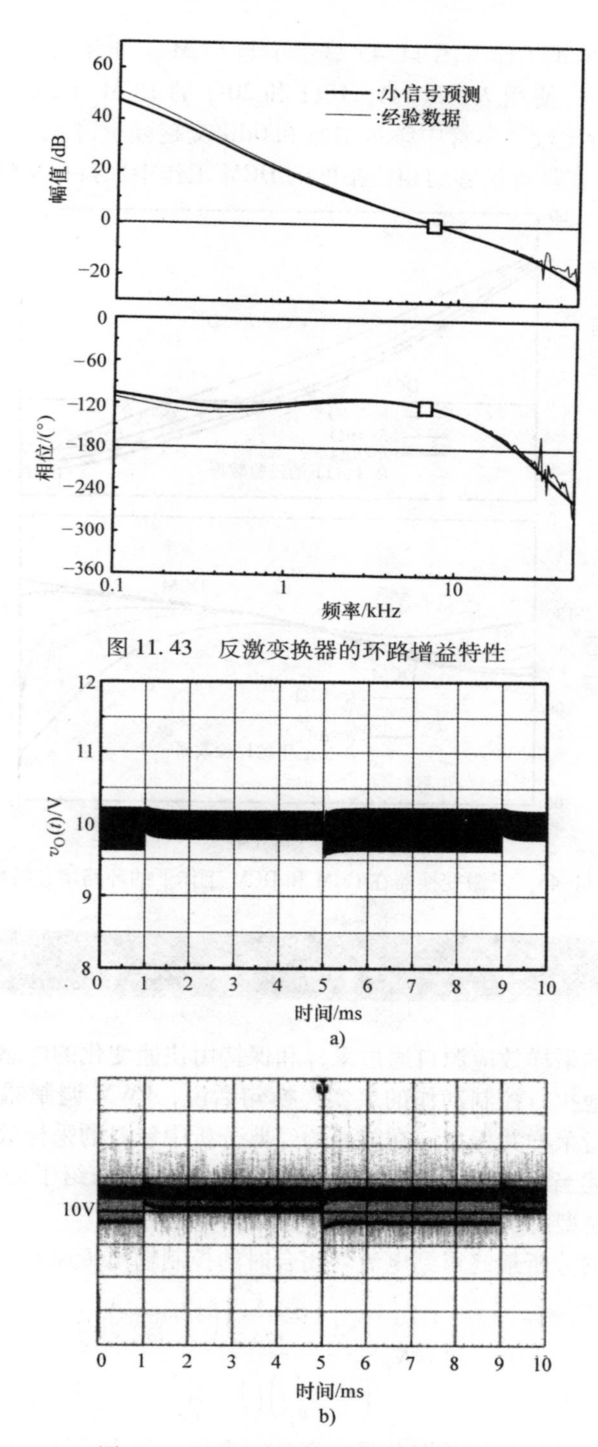

图 11.43　反激变换器的环路增益特性

a)

b)

图 11.44　反激变换器的阶跃负载响应

a）模拟响应　b）测量的瞬态响应

反激变换器进入 DCM 工作。图 11.45 显示了与 CCM 工作相比，DCM 工作下变换器的环路增益特性。使用 $R=3.3\Omega$、10Ω 和 20Ω 的 DCM 环路增益与 $R=2\Omega$ 的 CCM 环路增益进行比较。尽管中频带增益和 0dB 交越频率降低了，但是环路增益曲线证实了变换器在具有足够的相位裕度的 DCM 工作中保持稳定性。

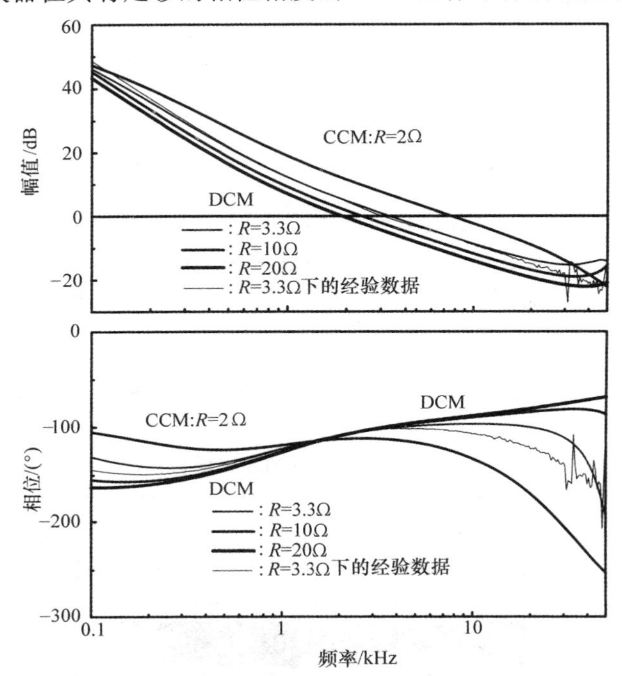

图 11.45　反激变换器在 CCM 和 DCM 工作下的环路增益特性

11.5　小结

电流模控制的采样效应源自通过采样和保持由快速变化的电感器电流产生的误差信号来周期性地执行控制动作的事实。换句话说，PWM 调制器以开关频率的速率对误差信号进行采样并保持。在前面的经典分析中忽略的采样效应需要得到妥善解决，以准确描述当前模式控制的高频动态特性。本章介绍了使用了 Ridley 的电流模控制的 s 域模型对采样效应进行综合分析的方法。

由采样效应的分析最终得到电流环闭合时的控制输出传递函数

$$G_{vci}(s)=K_{vc}\frac{\left(1-\dfrac{s}{\omega_{rhp}}\right)\left(1+\dfrac{s}{\omega_{esr}}\right)}{\left(1+\dfrac{s}{\omega_{pl}}\right)\left(1+\dfrac{s}{Q_p\omega_n}+\dfrac{s^2}{\omega_n^2}\right)}$$

传递函数最显著的特征是在分母中存在二次项。作为采样效应的最终结果，二次项在开关频率的一半处引入双极点。该项对所有的三种基本 PWM 变换器都是通用的，且构成了所有 PWM 变换器的控制设计的基础。

传递函数在开关频率 $\omega_n = \pi/T_s$ 的一半处产生 $20\log Q_p$ 的峰值。该峰值可能导致环路增益违反奈奎斯特稳定性标准，从而使变换器不稳定。为了避免这种后果，二次项的阻尼因子需要控制在 $0.3 < Q_p < 1.3$ 之间。在开关频率的一半处充分地抑制双极点的想法得到了电流模控制的简单实用的设计方法。这些新的设计流程在 11.3.3 节中进行了说明。

新型设计流程的目标是为 Q_p 提供预定值。另一方面，第 10 章中的经典设计的目标是将电流环路的交越频率 ω_{ci} 设置在所需的频率，从而获得电流环路交越频率与开关频率的比率 ω_{ci}/ω_s 的预先确定的值。这两个显然不同的设计目标通过如下方程紧密联系在一起：

$$\frac{\omega_{ci}}{\omega_s} = \frac{Q_p}{2}$$

因此，新型设计与经典设计之间存在一对一关系。例如，在新型设计中选择 $Q_p = 1$ 的目标，与将经典设计中的电流环交越频率设置为开关频率的一半的效果相同。参考文献 [2] 中使用完全不同的方法也证实了这个相当令人惊讶的事实。

控制 - 输出传递函数中的二次项（作为采样效应的最终结果）也可以被用来研究高频变换器的动态特性。例如，开关频率的一半处的 $20\log Q_p$ 峰值可以用于考虑即使占空比小于 0.5 也可能发生的亚谐波振荡。此外，当变换器连接到除纯电阻之外的一般负载系统时，控制 - 输出传递函数可用于研究变换器的动态特性[5]。

本章介绍了应用于各种 PWM 变换器的峰值电流模控制的多个分析及设计实例，其中包括具有光耦合器隔离反馈控制的离线反激变换器。这些实例的结果可在实际应用中应用于所有类型的隔离或非隔离 PWM DC - DC 变换器。

参 考 文 献

1. R. B. Ridley, “A new, continuous-time model for current-mode control,” *IEEE Trans. Power Electron.*, vol. 6, no. 2, pp.271- 280, Apr. 1991.
2. F. D. Tan and R. D. Middlebrook, “A unified model for current-programmed converters,” *IEEE Trans. Power Electron.*, vol. 10, no. 4, pp. 397-408, Jul. 1995.
3. G. F. Franklin, J. D. Power, and M. Workman, *Digital Control of Dynamic Systems*, 3rd Ed., Addison-Wesley Longman, Inc., 1998, Chapter 6.
4. R. B. Ridley, *A new small-signal model for current mode control,* Ph. D. Dissertation, Virginia Polytechnic Institute and State University, Blacksburg, VA, Nov. 1990.
5. B. Choi, B. H. Cho, and S. Hong, “Dynamics and control of dc-to-dc converters driving other converters downstream,” *IEEE Trans. Circuits Syst. I*, vol. 46, pp. 1240-1248, Oct. 1999.

习　题

11.1** 在第 10 章的例 10.3 中，假设电感器电流的斜率保持不变，可从下式得出峰值电流模控制的调制器增益：

$$\bar{i}_L(t) = v_{con} - S_e d T_s - \frac{1}{2}(S_n + S_f) d(1-d) T_s$$

现在，舍弃该假设并引入 S_n 和 S_f 的扰动，以便得到从输入电压/输出电压到占空比的前馈增益。根据下式给出前馈增益：

Buck 变换器：$k_f = -\dfrac{D(1-D)T_s R_i}{2L}$　$k_r = 0$

Boost 变换器：$k_f = 0$　$k_r = -\dfrac{D(1-D)T_s R_i}{2L}$

Buck/Boost 变换器：$k_f = -\dfrac{D(1-D)T_s R_i}{2L}$　$k_r = -\dfrac{D(1-D)T_s R_i}{2L}$

上述表达式与 Ridley 模型的不同之处在于，它们与 Tan 模型的前馈增益相符，如表 11.1 所示。

11.2 根据式（11.28）

$$\frac{\dfrac{1}{R_i}\dfrac{1+\alpha}{sT_s}}{1+\dfrac{1}{R_i}\dfrac{1+\alpha}{sT_s}R_i H_e(s)} = \frac{1}{R_i}\frac{1+\alpha}{sT_s}\frac{e^{sT_s}-1}{e^{sT_s}+\alpha}\text{，其中 } \alpha = \frac{S_f - S_e}{S_n + S_e}$$

推导式（11.9）给出的 $H_e(s)$ 表达式

$$H_e(s) = \frac{sT_s}{e^{sT_s}-1}$$

11.3* 修改例 11.5 中的流程，从式（11.46）给出的输出电压中得出前馈增益的表达式

$$k_r' = \frac{(1-D)^2 T_s R_i}{2L}$$

11.4 将控制－输出传递函数转换为三阶表达式的过程在例 11.6 中进行了说明，三阶表达式如下：

$$G_{vci}(s) = K_{vc}\frac{\left(1-\dfrac{s}{\omega_{rhp}}\right)\left(1+\dfrac{s}{\omega_{esr}}\right)}{\left(1+\dfrac{s}{\omega_{pl}}\right)\left(1+\dfrac{s}{Q_p\omega_n}+\dfrac{s^2}{\omega_n^2}\right)}$$

a）根据例 11.6 中的流程推导表 11.3 中给出的 Boost 变换器的控制－输出传递函数：

$$K_{vc}=\frac{D'R}{2R_i}\frac{1}{1+\frac{D'^3RT_s}{2L}(m_c-0.5)}$$

$$\omega_{pl}=\frac{2}{CR}+\frac{T_sD'^3}{LC}(m_c-0.5)$$

$$\omega_{rhp}=D'^2\frac{R}{L}$$

指定功率级参数和工作条件的限制，提高近似值的精度。

b）重复 a）中的步骤，推导表 11.3 中给出的 Buck/Boost 变换器的控制 - 输出传递函数：

$$K_{vc}=\frac{D'R}{(1+D)R_i}\frac{1}{1+\frac{D'^3RT_s}{(1+D)L}(m_c-0.5)}$$

$$\omega_{pl}=\frac{1+D}{CR}+\frac{T_sD'^3}{LC}(m_c-0.5)$$

$$\omega_{rhp}=\frac{D'^2}{D}\frac{R}{L}$$

11.5＊＊　例 11.8 中将新型设计流程应用于 Buck 变换器。重新设计 $Q_p=0.4$ 的反馈控制器，同时保持其他设计标准不变。将设计结果与例 10.8 的结果进行比较。

11.6＊　重新设计例 11.9 中使用的 Boost 变换器，其中 $Q_p=0.32$，同时保持其他设计标准相同。将设计结果与例 10.16 的结果进行比较。

11.7＊　例 11.11 中为 Buck 变换器提供了如下关系：

$$\frac{\omega_{ci}}{\omega_s}=\frac{Q_p}{2}$$

证明在 Boost 变换器和 Buck/Boost 变换器中该关系式都成立。

11.8　例 11.12 解释说明了 Buck 变换器中的关系式：

$$K_{vc}\omega_{pl}\approx\frac{K_{vd}}{K_{id}R_i}\omega_{id}$$

验证此关系对于 Boost 和 Buck/Boost 变换器也是有效的，并指定提高近似精度的条件。

11.9＊　图 P11.9 显示了具有光耦合器隔离峰值电流模控制的离线反激变换器。变换器的开关频率为 $\omega_s=2\pi\times65\times10^3$rad/s。完成控制设计以满足 $Q_p=0.8$ 和 $\omega_{cr}=0.1\omega_{rhp}$的标准，同时应用例 11.15 中实施的其他设计指南。确定 $\{R_{sense}\ R_{com}\ C_{C1}\ R_D\ C_j\}$ 的值。

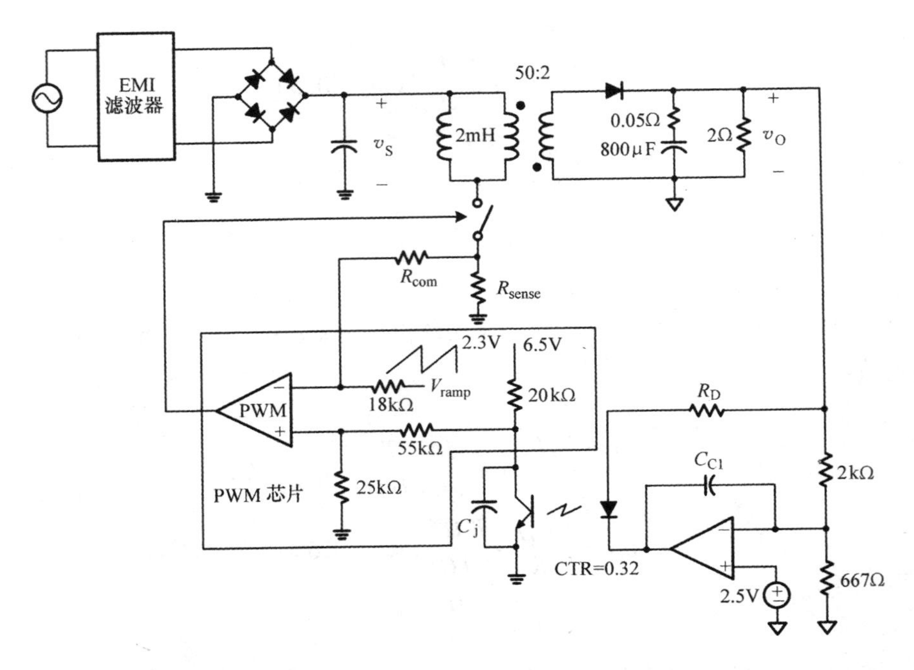
EMI
滤波器
50:2
2mH
0.05Ω
800μF
2Ω
v_S
v_O
R_{com}
R_{sense}
2.3V
6.5V
V_{ramp}
18kΩ
20kΩ
PWM
55kΩ
25kΩ
PWM 芯片
R_D
C_{C1}
2kΩ
C_j
CTR=0.32
2.5V
667Ω

图 P11. 9

图书在版编目（CIP）数据

脉宽调制 DC－DC 功率变换：电路、动态特性与控制设计/（韩）崔秉周（Byungcho Choi）著；雷鑑铭等译．—北京：机械工业出版社，2018.8

（电子科学与工程系列图书）

书名原文：Pulsewidth Modulated DC－to－DC Power Conversion：Circuits，Dynamics，and Control Designs

ISBN 978-7-111-60325-2

Ⅰ.①脉…　Ⅱ.①崔…②雷…　Ⅲ.①脉宽调制器－功率变换器　Ⅳ.①TN787

中国版本图书馆 CIP 数据核字（2018）第 136290 号

机械工业出版社（北京市百万庄大街 22 号　邮政编码 100037）
策划编辑：刘星宁　责任编辑：刘星宁
责任校对：王　延　封面设计：马精明
责任印制：李　昂
北京宝昌彩色印刷有限公司印刷
2018 年 8 月第 1 版第 1 次印刷
169mm×239mm·32.75 印张·669 千字
0001—2600 册
标准书号：ISBN 978-7-111-60325-2
定价：139.00 元

凡购本书，如有缺页、倒页、脱页，由本社发行部调换

电话服务
服务咨询热线：010－88361066
读者购书热线：010－68326294
　　　　　　　010－88379203
封面无防伪标均为盗版

网络服务
机 工 官 网：www.cmpbook.com
机 工 官 博：weibo.com/cmp1952
金　书　网：www.golden－book.com
教育服务网：www.cmpedu.com